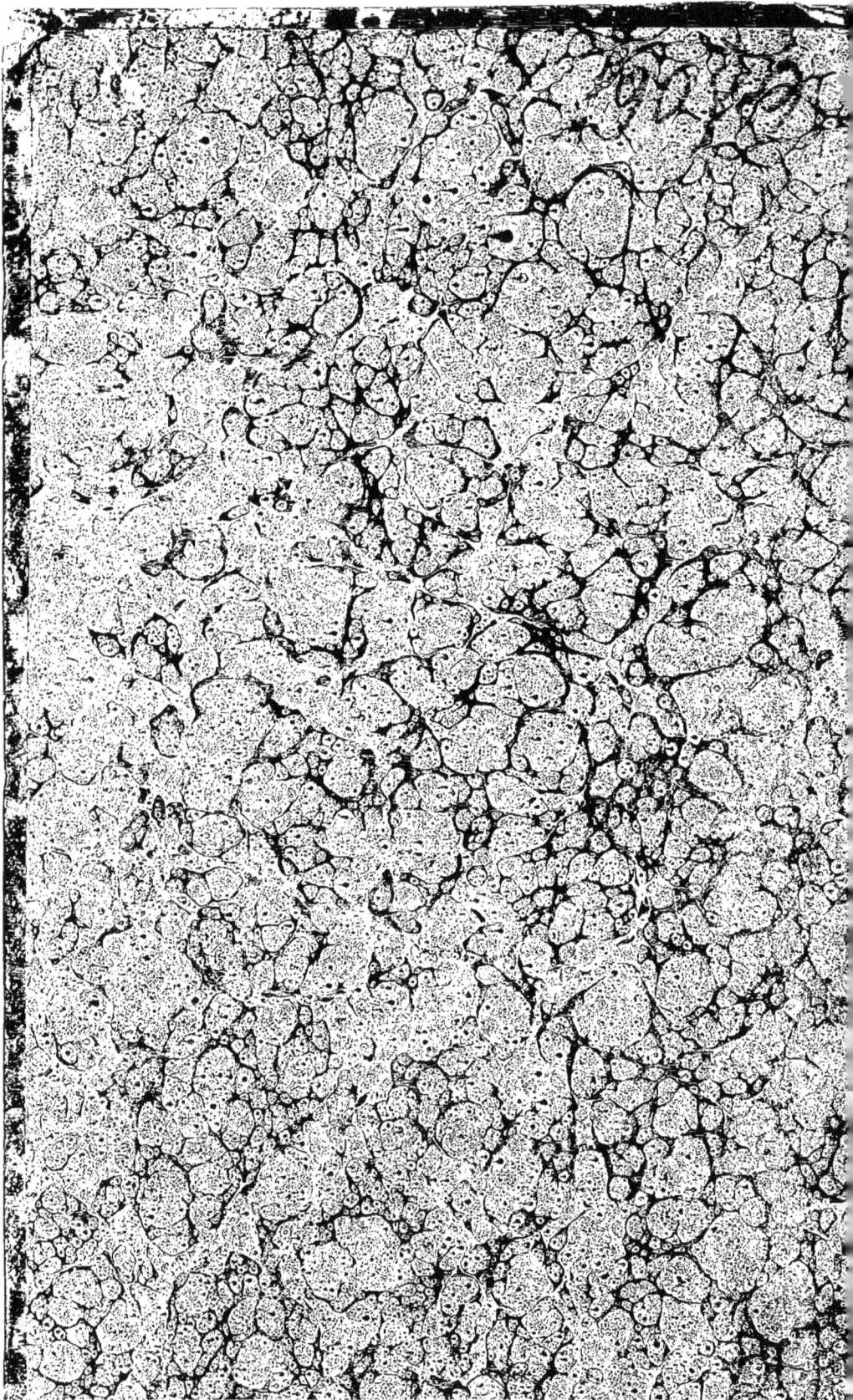

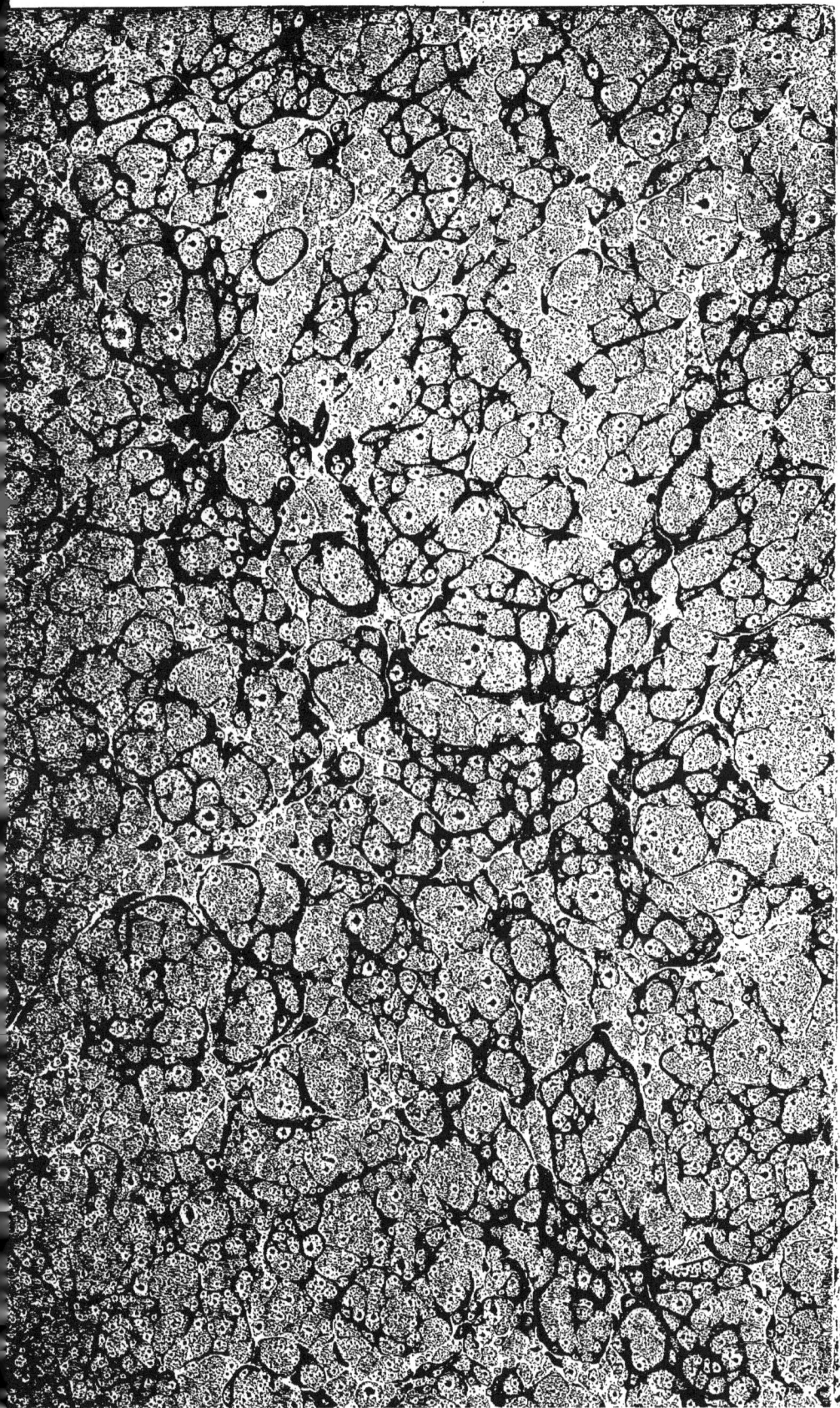

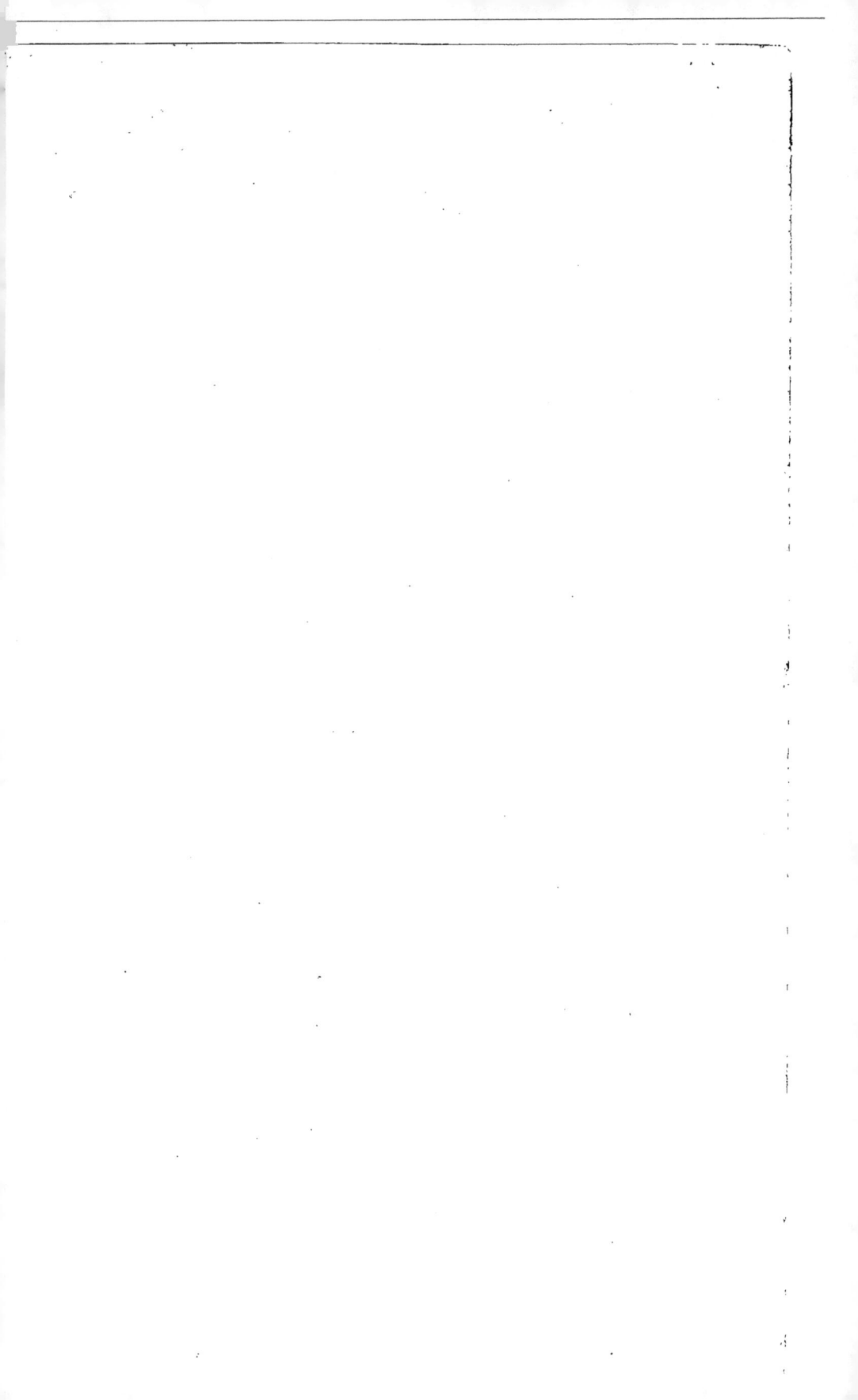

$T_3^8$

10

Mathematon

# TRAITÉ

## DE

# PHYSIOLOGIE.

### TOME IV.

ANATOMIE COMPARÉE DU SYSTÈME NERVEUX CONSIDÉRÉ DANS SES RAPPORTS AVEC L'INTELLIGENCE, comprenant la description de l'encéphale et de la moelle rachidienne, des recherches sur le développement, le volume, le poids, la structure de ces organes, chez l'homme et les animaux vertébrés; l'histoire du système ganglionnaire des animaux articulés et des mollusques; et l'exposé de la relation graduelle qui existe entre la perfection progressive de ces centres nerveux et l'état des facultés instinctives, intellectuelles et morales, par François Leuret, médecin de l'hospice de Bicêtre. Paris, 1839; ce bel ouvrage sera composé de 2 forts volumes in-8, et d'un atlas de 33 planches in-fol., dessinées d'après nature et gravées avec le plus grand soin; il est publié en 4 livraisons, chacune d'un demi-volume de texte, et d'un cahier de 8 planches in-fol.

Prix de chaque livraison : 12 fr. — Figures coloriées.　　24 fr.

TRAITÉ DE PATHOLOGIE EXTERNE ET DE MÉDECINE OPÉRATOIRE, par Aug. Vidal (de Cassis), professeur agrégé à la Faculté de médecine de Paris, chirurgien des hôpitaux civils de Paris. Paris, 1839, 5 vol. in-8, prix de chaque.　　6 fr. 50 c.

LE SYSTÈME LYMPHATIQUE, considéré sous les rapports anatomiques, physiologiques et pathologiques, par G. Breschet, professeur d'anatomie à la Faculté de médecine de Paris, membre de l'Institut de France. Paris, 1836, in-8, fig.　　6 fr.

ÉTUDES ANATOMIQUES, PHYSIOLOGIQUES ET PATHOLOGIQUES DE L'ŒUF dans l'espèce humaine, et dans quelques unes des principales familles des animaux vertébrés, par G. Breschet. Paris, 1832, in-8, avec 6 pl.　　16 fr.

MÉMOIRES CHIRURGICAUX sur différentes espèces d'anévrysmes, par G. Breschet. Paris, 1834, in-4 avec 6 pl. in-fol.　　12 fr.

RECHERCHES ANATOMIQUES ET PHYSIOLOGIQUES SUR L'ORGANE DE L'OUIE et sur l'Audition dans l'homme et les animaux vertébrés, par G. Breschet. Paris, 1836, in-4, avec 13 pl. gravées.　　16 fr.

RECHERCHES ANATOMIQUES ET PHYSIOLOGIQUES sur l'Organe de l'ouïe des poissons, par G. Breschet. Paris, 1838, in-4, avec 17 pl. gravées.　　12 fr.

RECHERCHES ANATOMIQUES ET PHYSIOLOGIQUES sur l'Organe de l'Audition chez les oiseaux, par G. Breschet. Paris, 1836, in-8 et atlas de 8 pl. in-4.　　7 fr.

NOUVELLES RECHERCHES SUR LA STRUCTURE DE LA PEAU, par G. Breschet et Roussel de Vauzème. Paris, 1835, in-8 avec 3 pl. 4 fr. 50 c.

TRAITÉ ÉLÉMENTAIRE D'ANATOMIE COMPARÉE, suivi de RECHERCHES D'ANATOMIE PHILOSOPHIQUE ou TRANSCENDANTE sur les parties primaires du système nerveux et du squelette intérieur et extérieur, par C.-G. Carus, conseiller et médecin du roi de Saxe; traduit de l'allemand sur la deuxième édition, et précédé d'une *esquisse historique et bibliographique de l'Anatomie comparée*, par A.-J.-L. Jourdan, membre de l'Académie royale de médecine. Paris, 1835, 3 forts volumes in 8, accompagnés d'un bel atlas de 31 pl. gr. in-4. gr.　　34 fr.

PARIS. — IMPRIMERIE DE COSSON,
9, rue Saint-Germain-des-Prés.

# TRAITÉ

## DE

# PHYSIOLOGIE

## CONSIDÉRÉE

## COMME SCIENCE D'OBSERVATION,

### PAR C. F. BURDACH,

PROFESSEUR A L'UNIVERSITÉ DE KŒNIGSBERG,

avec des additions de MM. les professeurs

BAER, MEYER, J. MULLER, RATHKE, SIEBOLD, VALENTIN, WAGNER,

Traduit de l'allemand, sur la deuxième édition,

### PAR A.-J.-L. JOURDAN,

MEMBRE DE L'ACADÉMIE ROYALE DE MÉDECINE.

## TOME QUATRIÈME.

## PARIS,

### CHEZ J.-B. BAILLIÈRE,

LIBRAIRE DE L'ACADÉMIE ROYALE DE MÉDECINE,

RUE DE L'ÉCOLE-DE-MÉDECINE, 13 *bis;*

A LONDRES, MÊME MAISON, 219, REGENT-STREET.

—

## 1839.

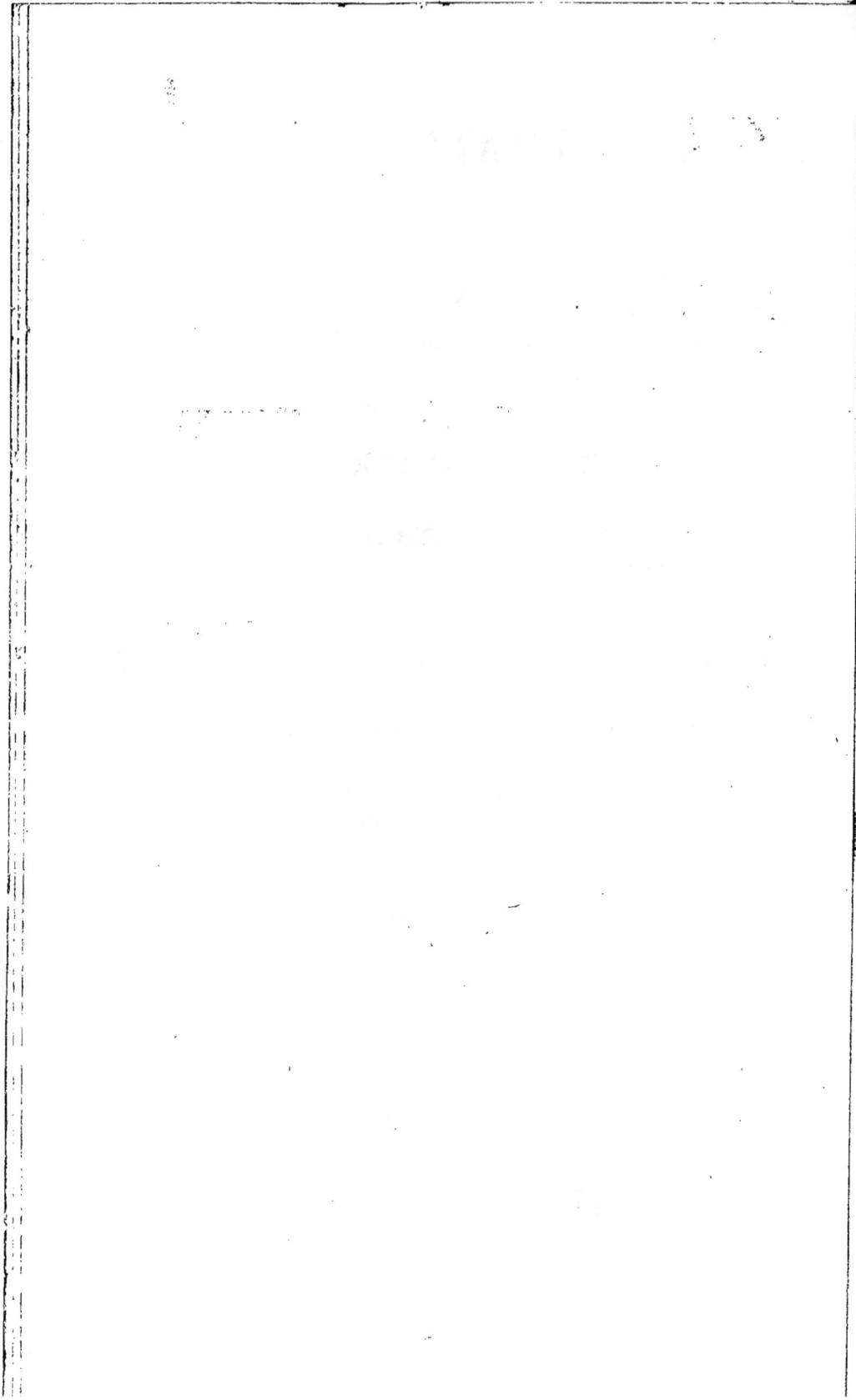

# DE LA PHYSIOLOGIE

## CONSIDÉRÉE

## COMME SCIENCE D'OBSERVATION.

*Résumé des considérations sur le développement de la configuration extérieure.*

§ 455. Les parties dont nous avons étudié jusqu'ici la formation et les métamorphoses (§ 416-455), représentent la nature extérieure et mécanique, ou la capacité matérielle de l'embryon. Elles sont les manifestations d'une cause intérieure, d'une activité plastique, qu'on désigne sous le nom de *vie*, en raison des caractères particuliers que présentent ses produits. Cherchons maintenant à déduire les résultats généraux de l'histoire qui vient d'être tracée des différens organes.

### I. La vie considérée eu égard à l'espace.

Si nous essayons d'arriver, par voie d'abstraction, à la connaissance des lois de la formation organique, ou, en d'autres termes, si nous tentons de découvrir en quoi consiste la *vie envisagée dans l'espace*, la *direction* doit être l'objet principal et proprement dit de nos recherches, puisque l'étendue est l'essence de la matière, et que la direction est le rapport de l'étendue.

### A. *Direction de l'embryon par rapport à l'œuf et au corps incubateur.*

Nous avons d'abord à examiner la direction de l'embryon par rapport à l'œuf et au corps qui accomplit l'incubation.

I. La direction en *profondeur* se manifeste, chez l'embryon humain, dans le rapport des surface spinale et viscérale l'une à l'égard de l'autre.

IV.                              1

1° La membrane proligère est toujours située à la face externe du jaune, et tournée vers le corps chargé d'effectuer l'incubation. Ainsi, chez les Oiseaux, tandis que la sphère vitelline traverse l'oviducte, dans la cavité duquel les chalazes s'étendent suivant le sens de la longueur, cette membrane est toujours tournée vers la paroi du canal, et pendant l'incubation elle se dirige du côté du corps maternel. De même aussi, chez les Mammifères, la membrane proligère, ou, quand celle-ci est une vésicule (§ 342, 8°), le point germinatif (§ 417, 5°), apparaît sur la surface de l'œuf qui est située vis-à-vis de la paroi de la matrice cylindrique. L'organe central de la sensibilité, et avec lui le côté spinal, c'est-à-dire la face inférieure ou ventra'e des animaux sans vertèbres, et la face supérieure ou dorsale des animaux vertébrés, regarde la superficie de l'œuf et le corps maternel, ou, quand l'incubation s'effectue loin de ce dernier, l'air atmosphérique.

2° Dès que l'embryon humain a acquis une situation déterminée, il a son dos tourné vers le côté ventral de la mère, et son ventre vers le côté dorsal de cette dernière. Cette disposition peut s'expliquer d'une manière purement mécanique; car le dos convexe de l'embryon doit correspondre à la surface la plus concave de la matrice, et cette surface est l'antérieure, celle qui confine aux parois abdominales planes, tandis que la colonne vertébrale et les viscères de la mère font saillie en arrière. Peut-être aussi l'inclinaison du bassin et la situation oblique de la matrice y contribuent-elles, puisqu'il résulte de là que la face antérieure de ce dernier organe se dirige obliquement de haut en bas, et que le dos de l'embryon, en vertu de sa pesanteur plus considérable, se loge dans la partie la plus profonde de la matrice.

II. L'antagonisme compris dans la dimension en *longueur*

1° Affecte une direction bien déterminée chez les végétaux : la radicule est située du côté de la superficie de l'œuf, et la plumule en dedans (1). Dans les plantes qui prennent racine en terre, la plumule croît de haut en bas et la radicule de bas en haut, quelque direction qu'on donne à la graine :

(1) F.-V. Raspail, Nouveau système de physiologie végétale et de botanique, Paris, 1837, t. II, p. 143.

de même, les filets radiculaires qui poussent des lenticelles n'ont jamais, dans l'air, d'autre direction que la perpendiculaire, jusqu'à ce qu'ils aient atteint le sol. On ne
saurait admettre que la radicule se porte en bas parce que
l'humidité qu'elle absorbe la rend plus pesante, comme
le prétendait Hedwig; car, d'un côté, loin qu'on puisse
constater cet accroissement de pesanteur, les cotylédons sont
presque toujours la partie la plus lourde, tant absolument que
spécifiquement; d'un autre côté, lorsqu'on place une graine
à l'envers, la radicule monte d'abord, puis se courbe en arc
sur le côté, pour aller gagner la terre; enfin les radicules
qui naissent des lenticelles, et qui en conséquence sont nourries par la tige, ne sauraient différer de celle-ci sous le point
de vue de la pesanteur spécifique. Nous pourrions donc considérer ce phénomène comme l'effet d'une cause spéciale, et
établir en loi que la radicule cherche la terre et l'eau, qu'elle
fuit l'eau et la lumière en vertu d'une affinité particulière,
et que la plumule se comporte autrement par suite de sa
nature propre. Mais nous ne ferions ainsi qu'exprimer le phénomène sans en rendre raison; car on ne peut considérer
que comme une expression figurée celle de Percival et de
Keith, qui veulent voir là le résultat d'un instinct végétal.
D'ailleurs, l'expérience nous montre qu'il y a en cela quelque chose de plus général. En effet, lorsque Duhamel plaçait
une graine entre deux éponges humides, malgré la similitude
des circonstances dans les deux directions, la radicule se
portait en bas et la plumule en haut, dans l'obscurité comme
à la lumière; et quand Dutrochet mettait une graine sur le
fond troué d'un vase plein de terre humide et suspendu, la
plumule descendait dans l'air sec et pénétré de lumière,
tandis que la radicule montait dans la terre obscure et humide, expérience que Keith a répétée aussi (1) avec le même
résultat. Nous devons donc exprimer le fait de la manière
suivante : la radicule est attirée par le centre de la planète,
et la plumule par sa périphérie. Or la radicule est la partie
périphérique de la graine, puisqu'elle se dirige toujours en

(1) *Trans. of the linnean Society,* t. XI, p. 255.

mités du diamètre longitudinal de ce dernier pendant le premier développement de l'embryon, l'une étant plus pointue
et l'autre plus large ( § 409 ). Elle est plus prononcée encore
dans l'œuf de Poule, au gros bout duquel la chambre à air se
forme et la chalaze disparaît de meilleure heure, tandis qu'au
petit bout le blanc se condense et la chalaze dure plus long-
temps. Lorsqu'on applique alternativement ses lèvres sur les
deux bouts d'un œuf de Poule, on sent que le gros bout est
chaud et le petit bout frais ; quelques économistes prétendent
que ce phénomène n'a lieu que dans les œufs frais et aptes à
se déveloper, et Murray (1) dit avoir constaté, à l'aide du thermomètre, une différence de température, même dans l'intérieur des deux bouts de l'œuf ; mais, d'après la remarque
de Baer, il ne faut accuser ici que la différence de capacité
pour la chaleur entre le sac à air et l'albumine plus dense du
petit bout. Quoi qu'il en soit, on ne saurait méconnaître une
différence de polarité, en sorte que l'équateur paraît comme
le centre, comme le point d'indifférence, qui devient le siége
d'une force plastique supérieure. La vue de l'axe longitudinal
de l'embryon coupant l'axe longitudinal de l'œuf nous rappelle ce qui a lieu dans l'électro-magnétisme : cependant nous
ne nous hasarderons point à poursuivre cette analogie, quelque attrayante qu'elle puisse être.

2° Quand on peut distinguer la situation de l'embryon humain, elle est, comme nous l'avons dit, opposée à celle du
corps de la mère eu égard à la dimension en profondeur
et à celle en longueur, mais concordante avec elle sous le
point de vue de la direction en largeur, de manière que le
côté droit de l'embryon répond à celui de la mère et son côté
gauche au sien. Ainsi, comme il règne, au dedans de l'embryon lui-même, différence dans le sens de la longueur et
de la profondeur, et concordance dans celui de la largeur
( § 459 ), la même loi s'étend aussi au rapport entre lui et le
corps de sa mère.

3° Nous ne pouvons jusqu'à présent établir que des hypothèses au sujet de la situation primordiale de l'embryon hu-

(1) Gerson, *Magazin*, t. XIII, p. 295.

main. En premier lieu, on peut présumer que la partie germi-
native est située vers l'orifice de la matrice ; car nous trouvons plus tard l'embryon à la surface de l'œuf qui est directement opposée au placenta, et comme celui-ci établit son siége
au fond de la matrice, il faut que l'embryon soit situé du côté
de l'orifice. En second lieu, chez tous les ovipares, la membrane proligère occupe constamment l'endroit sur lequel l'air
agit le plus, et, dans les Mammifères, ce lieu serait l'endroit situé en face de l'orifice de la matrice, dont le bouchon gélatineux
pourrait absorber de l'air. Cela posé, il est vraisemblable, en
outre, que l'embryon est d'abord situé dans le diamètre antéro-postérieur de la matrice, ayant la tête dirigée vers la
colonne vertébrale de la mère, le dos en bas et le ventre en
haut, car cette situation est la seule de laquelle il puisse, à
l'époque où la polarité s'établit entre lui et la mère, passer
immédiatement à la subséquente, qu'il doit conserver.

4° L'embryon des Oiseaux, comme celui des Mammifères,
a d'abord une situation telle, que son côté gauche est tourné
vers le gros bout, et son côté droit vers le petit bout de l'œuf.
Chez les Mammifères, la tête se tourne davantage vers le côté
droit de la mère, et l'embryon humain en particulier acquiert
peu à peu une situation telle, qu'il a sa tête et sa poitrine plus
à droite, son tronc et son dos un peu à gauche, et qu'en pénétrant dans le bassin, il tourne sa face vers la symphyse sacro-
iliaque droite et son occiput vers la cavité cotyloïde gauche.

B. *La direction considérée en elle-même.*

### 1. PÉRIPHÉRIE ET CENTRE.

§ 456. Dans les rapports matériels de l'embryon lui-même
et de ses organes, ce qui nous frappe d'abord, c'est la relation de *centre* et de *périphérie*.

1° Nous trouvons l'extérieur avant l'intérieur, et la formation marche de dehors en dedans. Les cotylédons naissent
avant la plumule ; dans le bourgeon, chaque feuille extérieure
est plus ancienne que celle qui vient après elle en dedans ;
la formation du sang et des vaisseaux s'effectue de meilleure
heure au dehors qu'au dedans de l'embryon ; la vésicule om-

bilicale entre dans ce dernier en devenant organe digestif, et
ses veines gagnent peu à peu le cœur, à mesure qu'elles se dé :
veloppent ; l'ossification marche des côtés vers la ligne médiane à la tête et au tronc ( § 427, 8º ), du sommet vers la base
aux phalanges onguéales des doigts et des orteils ( § 427, 9º )
de dehors en dedans, et de la couronne vers la racine, aux
dents (443, 11º ); la formation de l'étendard des plumes commence par le sommet ( § 426, 5º ). Mais, dans d'autres circonstances, l'intérieur apparaît le premier, et la formation
procède de dedans en dehors ; dans le bois, la couche la plus
intérieure est aussi la plus ancienne, et les couches extérieures
ont toutes été formées après elle. L'organe central de la sensibilité existe plus tôt que la périphérie animale, et c'est du
cerveau que part la formation des organes sensoriels ; les
glandes salivaires, le foie, les poumons partent également du
canal digestif, et l'allantoïde, avec ses vaisseaux, pousse de
la cavité abdominale vers la surface de l'œuf. Dans le plus
grand nombre des os, l'ossification s'étend du centre à la périphérie (§ 427, 9º), et, dans les dents, elle va de la ligne médiane vers l'un et l'autre côté ( § 439***, 5º), de même que
le dépôt de l'émail s'opère aussi de dedans en dehors.

Nous ne pouvons donc admettre, ni avec Serres que toute
formation organique procède de dehors en dedans, ni avec
Mayer (1) qu'elle suit la marche inverse. Mais nous reconnaissons que, tandis que ces directions partielles sont seulement des formes variables, l'harmonie entre la formation
centrale et la formation périphérique est une loi générale. Les
parties centrales et périphériques se forment simultanément et
en concordance les unes avec les autres, quoique séparées
dans l'espace, et plus tard elles se réunissent ensemble. De
même que, dans les bourgeons, le prolongement en forme de
gaîne du corps cortical se prépare d'avance pour recevoir le
prolongement en forme de broche du corps ligneux, qui est
encore loin de lui, de même aussi la bourse péritonéale
( § 452, 9º ) et le scrotum ( § 452, 14º ) se développent pour
servir à loger le testicule qui est encore contenu dans la ca-

(1) Meckel, *Archiv fuer Anatomie,* 1826, p. 228.

vité abdominale ; le cœur et le cercle sanguin naissent à distance l'un de l'autre, mais le cercle sanguin se rallie au cœur
par le mouvement du sang dont il est le point de départ, et
le cœur étend ses cuisses en devant du sang avant même que
celui-ci arrive jusqu'à lui ( § 440, 10°-12° ). Les organes périphériques du système génito-urinaire, la vessie, les vésicules séminales et la matrice, sont des espèces de hernies
du canal intestinal, mais qui se mettent en connexion avec les
uretères, les conduits déférens et les oviductes, dont la formation est indispensable à la leur ( § 450, III, 453, 8°, 454, 2° ) :
les organes sensoriels sont le produit commun de l'organe
central de la sensibilité et de la périphérie animale ( § 429, 1° );
les nerfs ne poussent ni de la moelle épinière vers les membres, ni des membres vers la moelle épinière, mais naissent
entre cette moelle et les membres ('§ 429, 2° ); pour produire
les ouvertures extérieures, la membrane muqueuse et la paroi
viscérale se rompent toutes deux, la première de dedans en
dehors et l'autre de dehors en dedans ( § 438, 2° ). Ainsi l'intérieur et l'extérieur se forment simultanément, sans annexion
mécanique ; lorsque la membrane pupillaire se développe,
les paupières se collent ensemble, et celles-ci s'ouvrent quand
la pupille se ferme à la lumière, quoique des vaisseaux et des
nerfs tout différens se rendent à l'une et à l'autre partie
( § 433, 5°). Mais comme l'intérieur et l'extérieur se développent
harmoniquement, sans que l'un soit le produit de l'autre, il peut
arriver, et il arrive en effet, quelquefois, que l'un se produit
sans l'autre.

2° En même temps que les organes se forment, leurs enveloppes sont aussi données, soit que l'organe s'approprie une
partie déjà existante, et dont une portion doit lui servir de
tunique, comme le testicule et l'ovaire, par exemple, font à
l'égard du péritoine, soit que l'organe et son enveloppe proviennent peu à peu tous les deux d'une même masse homogène,
comme il arrive à l'organe central de la sensibilité et à ses
membranes, soit que tous deux soient distincts l'un de l'autre
dès l'origine, comme le cartilage et le périchondre, soit enfin
que tous deux se développent à part, mais simultanément,
comme la moelle épinière et la colonne vertébrale.

organe sphérique dominant et d'un organe cylindrique subordonné. Dans d'autres cas, la forme cylindrique procède de la forme globuleuse ; la vésicule ombilicale devient canal intestinal, en admettant la direction longitudinale pour suivre l'organe central de la sensibilité ; la vessie qui pousse du cloaque forme, en se rétrécissant et s'allongeant sur deux points, l'ouraque et l'urètre, ce qui fait qu'elle se divise en deux portions, l'une permanente et l'autre transitoire (vessie urinaire et allantoïde). Ailleurs, d'un organe cylindrique en procède, par l'effet d'un développement supérieur, un autre globuleux, qui jouit d'une plus grande activité vitale intérieure ; c'est ainsi que l'estomac et le cœcum se développent au canal digestif, la matrice à l'oviducte, la vésicule du fiel au conduit biliaire. La forme cylindrique naît aussi tantôt de la sphère et tantôt de la lame ; ainsi les membres ressemblent, chez les Mammifères, à des bourgeons qui sortent de la profondeur du corps, tandis que, chez les Arachnides et les Crustacés, ils proviennent de lames superficielles, et se détachent de la paroi du corps dans toute leur longueur.

5° Des parties cylindriques se développent surtout comme intermédiaires entre la sphère et la lame, et sont appelées à l'existence par l'antagonisme de ces deux dernières, comme réalisation du rapport entre la périphérie mise en conflit avec l'extérieur et le centre qui domine tout ; ce sont les voies diverses, que ces directions de l'activité vitale créent. Ainsi les vaisseaux proviennent de l'antagonisme entre le cœur et l'auréole vasculaire périphérique, celle-ci attirant les artères et l'autre les veines ; de même, les nerfs se forment entre la surface de la périphérie animale et le cerveau, qu'ils communiquent avec celui-ci soit directement, soit d'une manière indirecte, par l'intermédiaire de la moelle épinière.

6° De même que la forme cylindrique procède de la forme globuleuse, de même aussi elle fournit la base des ramifications ; la spore végétale devient un filament, et celui-ci se ramifie ; les flocons de l'exochorion, les branchies des Batraciens, les poumons, le foie, le pancréas, etc., naissant sous la forme de verrues, deviennent des cylindres, et prennent ensuite la forme dendritique. La division en branches est une

détermination de la formation en longueur par attraction latérale : si les vaisseaux sanguins croissent par la répulsion et
l'attraction de sang agissant dans le sens de leur direction
longitudinale, ils se ramifient quand ils rencontrent à leurs
côtés une partie, soit que celle-ci ne consiste qu'en masse
organique primordiale et devienne un organe vasculaire par
leur addition (§ 449), soit que la masse ait déjà acquis des
différences et que les vaisseaux ne fassent que s'ajouter à des
organes déjà en train de se développer, par exemple au poumon ou au foie. Dans le cas de cette attraction latérale, la
division en branches est un effort que fait la forme cylindrique
pour se rapprocher de la forme lamelleuse, et une expression
de la tendance à entrer en conflit avec l'extérieur; les racines
nées à l'air ne croissent d'abord qu'en longueur, ou sous
forme de cylindres, parce qu'elles n'ont point d'affinité avec
l'air : ce n'est qu'après avoir pénétré dans le sol et être en-
trées en conflit avec lui, qu'elles croissent en épaisseur et
jettent des branches latérales (1). La scission de la tige en
branches est déterminée, au contraire, par le conflit de l'air
et de la lumière, en sorte que, dans l'obscurité ou dans un
air trop humide, cette tige devient longue et grêle, et ne
pousse que peu ou point de feuilles ou de fleurs (2). Si l'impulsion en longueur est trop puissante, parce qu'il se forme
une trop grande quantité de seve, la tige donne moins de
branches latérales, de fleurs et de fruits; si cette impulsion
est moindre, ceux-ci se forment en plus grande abondance.
Il est donc très-probable aussi que, dans l'embryon animal,
les prolongemens qui constituent, soit des branches simples
de la membrane muqueuse (sinus frontaux sphénoïdaux et
maxillaires, appendice cœcal, allantoïde), soit des branches
ramifiées elles-mêmes (glandes salivaires, poumons, foie), sont
sollicitées à se produire, non seulement par une impulsion de
dedans en dehors, mais encore par une attraction de dehors
en dedans, et qu'en particulier ils sont appelés à l'existence
par la masse organique primordiale qui s'est déposée au côté
externe de la membrane muqueuse.

(1) Decandolle, Organographie, t. I, p. 258.
(2) Gmelin, *Naturwissenschaftliche Abhandlungen*, t. I, p. 83.

b. *Dimensions dans leurs rapports les unes avec les autres.*

§ 458. Parmi les dimensions, envisagées sous le point de vue de leur *situation* respective,

I. La *profondeur* se manifeste dans la scission de la membrane proligère en feuillet muqueux et feuillet séreux pour représenter l'antagonisme le plus pénétrant de tous, celui de la vie animale et de la vie végétale. L'organe central de la sensibilité se forme dans le feuillet séreux, comme dans son sol natal, de telle sorte que celle de ses faces qui repose primordialement sur ce feuillet devient, chez l'animal complétement développé, la face inférieure ou terrestre, puisque c'est dans sa direction que poussent les membres par lesquels le corps est porté (1). Mais l'autre surface, celle qui est à l'opposé du feuillet séreux, se trouve placée, chez l'animal parfait, en haut, ou dans la direction opposée à celle des membres. Maintenant, chez les animaux vertébrés, l'organe central de la sensibilité est situé au côté externe du feuillet séreux; il a donc sa face adhérente tournée vers le feuillet muqueux, et par conséquent aussi les membres croissent dans la direction de ce feuillet muqueux, de manière que la surface viscérale devient la face terrestre, et que la surface spinale, qui reste libre, devient la face lumineuse. Chez les animaux invertébrés, au contraire, l'organe central de la sensibilité repose au côté interne du feuillet séreux (§ 419, 2°), de manière que sa surface adhérente est tournée vers la périphérie de l'œuf, et que les membres se développent aussi dans cette direction; mais la face supérieure, ou opposée au feuillet séreux, touche au feuillet muqueux, et comme la cavité du corps se produit là, avec les viscères, l'organe central de la sensibilité demeure plongé au dessous de ces derniers, éloigné de la face lumineuse, et enchaîné à la face terrestre. Nous pouvons dire que l'animal sans vertèbres se forme au dessous du jaune (2), et l'animal vertébré au dessus (3).

(1) Rathke, dans *Isis*, 1819, p. 1098.
(2) Pl. I, fig. 1-4 du tome précédent.
(3) *Ib*, pl. II.

II. La *longueur*

1° Est la direction qui domine d'abord dans l'embryon lui-même, celle à laquelle se rattache l'antagonisme de plumule et de radicule dans la plante, de tête et de tronc dans l'animal. Chez les végétaux et chez tous les animaux vertébrés, l'une des extrémités est étalée et sphérique, l'autre resserrée et pointue, et cette différence, qui n'est à coup sûr pas sans signification, annonce une analogie avec les formes sphériques de l'électricité négative et les formes linéaires rayonnées de l'électricité positive, analogie que nous n'entreprendrons point d'ailleurs de développer ici. La différence est primordiale et déterminante dans l'organe central de la sensibilité, ce qui fait aussi qu'on la trouve moins prononcée chez les animaux sans vertèbres. Le libre développement du côté de l'extrémité céphalique et l'expansion limitée du côté du tronc commencent donc chez les animaux vertébrés, dès la première production du feuillet muqueux et du feuillet séreux, mais se répètent dans les productions du feuillet muqueux et du feuillet vasculaire : ainsi les prolongemens de la membrane muqueuse sont ramifiés du côté de la tête, et simples du côté du tronc (§ 400, 22°); tandis que l'aorte se partage, à sa sortie du cœur, en dix grands arcs, qui se répandent latéralement, elle marche simple et effilée vers l'extrémité du tronc.

2° L'embryon humain est étendu en long pendant les premiers mois. Au second mois il se courbe tellement, que l'axe longitudinal de sa situation est à la longueur de son corps :: 1 : 2; en effet, la tête, à partir du tubercule cervical, s'infléchit de haut en bas vers le ventre, et l'extrémité du tronc prolongée en forme de queue se renverse en dessus, tandis que le tronc lui-même est droit. Au troisième mois, l'embryon est plus étendu, et l'axe de sa situation est à la longueur de son corps :: 1 : 1, 20, attendu que les muscles extenseurs deviennent plus vigoureux à la face spinale, et que le tubercule cervical n'est plus un angle saillant, mais une courbe doucement inclinée. A partir du quatrième mois, il s'arrondit davantage, mais d'une manière uniforme ; car la nuque et le dos se courbent, les membres se ploient (§ 434, 7°), et l'axe longitudinal est à la longueur du corps, mesurée du vertex aux talons, :: 1 : 2, de sorte par conséquent que la courbure est moindre qu'à la période où la longueur du corps ne comprenait point encore de membres inférieurs. L'embryon des Mammifères est également recourbé, la tête sur la poitrine, la queue le long du ventre, les pattes de derrière sous le ventre, les jambes sur les cuisses, les pieds sur les jambes, les pattes de devant ramassées sur les côtés de la tête, ou au dessous d'elle, les oreilles appliquées contre la tête et la plupart du temps dirigées en arrière. De même aussi l'embryon des Oiseaux se courbe peu à peu, et finit par mettre sa tête sous l'aile droite. Celui des Ophidiens et des Sauriens est roulé en un cône spiral, dont la tête forme la base et la queue la pointe, tandis que la gaîne ombilicale s'étend dans l'axe du cône. Ainsi, il n'y a point un seul animal qui ne soit ployé et recourbé pendant la vie embryonnaire, et il ne saurait en être autrement, puisque l'embryon devient plus gros que son œuf, dans lequel il doit par conséquent chercher à occuper le moins possible d'espace. Mais cette cause mécanique ne peut point être la première, car la courbure commence et devient plus forte que jamais à une époque où l'embryon trouve une place suffisante dans l'œuf, tandis qu'ensuite elle diminue, précisément lorsqu'il augmente beaucoup de volume. Nous devons plutôt reconnaître comme une loi générale que toute direction longitudinale apparaît d'abord sous la forme qui lui est propre, celle de rayon, et qu'ensuite elle s'infléchit sur elle-même par une sorte de tendance à retourner vers la forme globuleuse primordiale. C'est ce qui arrive aux membres, aux doigts, aux orteils, au pénis, au clitoris, à l'embryon entier. De même que la forme globuleuse exprime l'équilibre des forces et l'état d'indifférence, de même aussi le retour de la forme longitudinale à la forme sphérique est un état analogue au sommeil. Ce qui doit devenir animal naît comme production végétative, sous la forme allongée d'un végétal; mais la première manifestation de l'animalité est une tendance à la centralisation, et les parties animales se ploient pour l'état de sommeil, afin de pouvoir plus tard, au réveil, mettre en jeu toute la plénitude de leur vie.

Mais, si telle est la signification qu'on doit attacher à la courbure de l'embryon, il reste à savoir si cette courbure ne dépendrait pas de quelque circonstance particulière. Chez les Mammifères et les Oiseaux, elle arrive vers l'époque à laquelle se développent les vaisseaux omphalo-mésentériques, et nous devons présumer que l'embryon se courbe autour des vaisseaux ombilicaux, de même que les reins, qui sont également en droite ligne au moment de leur origine, croissent en ligne recourbée autour du point qui livre entrée à leurs vaisseaux, de même aussi qu'il se forme un hile au foie, à la rate, etc. Ici cependant il n'y a point accroissement, mais véritable mouvement. L'ombilic n'est pas non plus le centre de la flexion, surtout pendant la première période. Enfin l'embryon de l'Écrevisse décrit également une courbure, non pas vers la vésicule ombilicale, mais du côté de sa surface spinale ; et il semble ici que l'organe central de la sensibilité déposé à cette surface ait déterminé la courbure à s'effectuer dans le sens de sa face adhérente, ou, en d'autres termes, dans la direction suivant laquelle les membres se forment. Au second mois, nous trouvons le corps de l'embryon humain étendu en ligne droite dans tous les points où la moelle épinière est homogène, et la courbure commence aux endroits où celle-ci subit une métamorphose qui la polarise, c'est-à-dire au tubercule cervical, où elle se développe en cerveau, et à l'extrémité du tronc, où elle s'éteint dans la queue. Ces deux points peuvent, en vertu de leur différence, exercer une attraction l'un sur l'autre, et, dans l'embryon du Limaçon, cette attraction devient un véritable mouvement, comme l'a démontré Carus : l'extrémité pointue du foie tend à atteindre la tête, et l'embryon n'ayant pas de situation fixe, il se trouve entraîné parlà dans un mouvement de rotation.

Quant à l'intestin, aux oviductes, aux vaisseaux ombilicaux, etc., si, après avoir commencé par être droits, ils se courbent et se contournent peu à peu, c'est uniquement parce que leur longueur devient trop considérable eu égard à l'espace qui leur est destiné.

3° Dans les végétaux, où l'antagonisme de la polarité n'est point aussi multiplié que dans le corps animal, celui des deux pôles opposés de la direction en longueur se manifeste d'une manière évidente dans l'accroissement : si la racine déploie une activité prédominante, dans son conflit avec le sol, la sève ne marche que dans le sens de la longueur, et le conflit avec l'air éprouvant de son côté une réduction plus ou moins considérable, la tige se ramifie moins ; il se produit une moins grande quantité de fleurs et de fruits ; si le développement de ces derniers organes se trouve empêché, la racine se déploie davantage en pousses latérales, et il se forme, chez les plantes dont l'organisation le comporte, des bulbes plus nombreuses et plus parfaites.

Dans l'embryon humain, l'accroissement en longueur a lieu, suivant Autenrieth (1) et Sœmmerring (2), avec des oscillations : très-rapide pendant le premier mois, il devient plus lent au second, reprend de l'activité au troisième, se ralentit de nouveau au commencement du quatrième, marche plus vite depuis le milieu du quatrième jusqu'au septième, et se ralentit encore à dater du septième. Le ralentissement de l'accroissement paraît coïncider en partie avec l'augmentation du développement suivant d'autres directions ; mais, d'un autre côté aussi, la plupart des avortemens semblent avoir lieu aux époques où l'accroissement est le plus rapide, soit que la vie coure alors plus de danger, soit que la matrice se trouve affectée plus profondément.

4° Si nous nous figurons la longueur de l'embryon animal divisée en deux parties par une ligne traversant l'ombilic, nous trouvons le développement de la moitié céphalique plus rapide que celui de la moitié caudale. Le milieu de la longueur du corps de l'embryon humain répond à la partie supérieure de la poitrine vers le commencement du second mois, à la partie inférieure du sternum dans le sixième mois, au dessous de cet os dans le septième, à quelques lignes au dessus de l'ombilic dans le huitième, à l'ombilic même dans le dixième, et à la région pubienne chez l'homme adulte. Sa tête acquiert de très-bonne heure un volume considérable ; la proportion entre elle et la longueur totale du corps est de 1 : 2 à la fin du second

(1) *Supplementa ad historiam embryonis*, p. 4.
(2) *Icones embryonum*, p. 3.

mois, de 1 : 3 au quatrième, de 1 : 4 au cinquième, de 1 : 5
au septième, de 1 : 6 au neuvième, de 1 : 8 chez l'adulte. La
cavité abdominale commence par n'être à proprement parler
que les régions supérieure et médiane du ventre, car le foie
s'étend jusqu'à son extrémité inférieure, et l'ombilic se trouve
immédiatement à l'extrémité inférieure du tronc. La région
hypogastrique ne se développe que peu à peu, de sorte que
l'ombilic remonte et s'éloigne de l'extrémité du tronc ou des
parties génitales; cependant, même encore chez le fœtus à
terme, la portion de la région ventrale située au dessous de
l'ombilic est encore à celle qui occupe le dessus de ce même
ombilic : : 1 : 1,18, tandis que, chez l'adulte, elle est : : 1 : 0,93.
Les membres pectoraux se développent plus tôt que les membres pelviens, et le rapport des premiers aux derniers est encore au dixième mois de 1 : 1,04, tandis que, chez l'adulte, il
est de 1 : 1,10. La poitrine se limite et se ferme de meilleure
heure que le ventre : la bouche paraît avant l'anus, etc. Dans
l'embryon du Poulet, la région sacrée est celle où la paroi
spinale se forme en dernier lieu (§ 399, 1°); la paroi viscérale
de l'extrémité céphalique se développe avant celle de l'extrémité caudale (§ 399, 4°), la même chose arrive au canal digestif
(§ 399, 6°), les feuillets du mésentère s'accollent d'avant en arrière (§ 400, 4°), la torsion de l'embryon s'effectue suivant la
même direction (§ 400, 10°), etc. Les membres pectoraux paraissent l'emporter d'abord sur les autres chez tous les animaux,
même le Kanguroo (1), et s'ils se développent plus tard qu'eux
dans les Batraciens, il faut peut-être en accuser le développement considérable des branchies cervicales, qui les empêchent
de se former.

  Nous ne pouvons donc point admettre l'opinion de Tiedemann, qui repose uniquement sur l'observation des monstres
acéphales (2), et d'après laquelle la cavité abdominale serait
la première de toutes les parties qui se développent dans
l'embryon. Ce qui paraît en premier lieu, c'est l'organe central de la sensibilité, le long duquel se produisent ensuite les
viscères, et le développement, envisagé d'une manière géné-

(1) Meckel, Anatomie comparée, t. I, p. 367.]
(2) *Loc. cit.*, p. 56.]

rale, marche de l'extrémité céphalique vers l'extrémité opposée. Mais certaines formations procèdent du milieu de la longueur vers les deux extrémités, comme le développement des parois spinales et l'ossification du tronc de la colonne vertébrale. D'autres, comme le canal intestinal, marchent des deux extrémités vers le milieu.

Dans les végétaux, la radicule existe avant la plumule, ou du moins se développe avec plus de rapidité et sort de ses enveloppes avant elle (1); mais nous ne devons ici comparer la plante qu'avec le système plastique du corps animal, et sous ce rapport nous trouvons une analogie parfaite entre les deux règnes.

III. Après qu'une polarité s'est développée dans la profondeur et dans la longueur, on voit paraître la polarité en *largeur*, qui semble résulter de la rencontre des deux autres directions, et à laquelle se rattache l'antagonisme de côté droit et de côté gauche. Lorsque l'organe central de la sensibilité s'est formé, avec ses enveloppes, le cœur, l'intestin et le foie, un déploiement latéral a lieu dans l'embryon humain, et donne naissance à des organes pairs, les sens cérébraux, les parois du tronc, les membres, les poumons, les reins et les organes génitaux, tandis que l'accroissement en longueur marche avec moins de rapidité.

5° Certaines parties, comme le tronc vertébral, sont impaires dès l'origine. D'autres naissent paires, et ne se soudent que plus tard, comme le voile du palais, la glande thyroïde, le thymus, les arcs vertébraux, l'os frontal, l'occipital, l'ethmoïde et le vomer. D'autres encore sont d'abord impaires, et se divisent ensuite, par la disparition de la masse sur la ligne médiane; tel est le cas du cerveau et de la moelle épinière, qui s'ouvrent sur la ligne médiane, à leur côté spinal, pour s'y refermer plus tard. Dans les Poissons, les reins naissent sous la forme d'une masse impaire, qui se divise ensuite en deux moitiés latérales; chez le Monocle, au contraire, on observe d'abord les rudimens de deux yeux, qui se confondent en un organe impair (2).

(1) Raspail, Nouveau syst`eme de physiologie végétale, Paris, 1837, t. I, p. 557.

(2) Jurine, Histoire des Monocles, p. 90.

6° La différence est absolue dans les directions en longueur et en profondeur ; mais, dans celle en largeur, elle n'est que relative, et consiste en un déploiement uniforme vers les deux côtés, ou dans l'établissement d'une symétrie. Cette symétrie persiste dans la sphère animale, mais elle ne se montre que d'une manière passagère dans la sphère plastique : ainsi l'intestin est d'abord placé sur la ligne médiane, l'estomac s'étend verticalement du haut en bas, le lobe gauche du foie a autant de volume que le lobe droit, le cœur est perpendiculaire, avec sa cloison correspondante à la ligne médiane (1). La sphère plastique suit donc d'abord les traces de la sphère animale, dont elle ne se détache que quand elle devient plus libre dans son développement.

7° Lorsqu'il se développe une inégalité entre les deux côtés, nous devons présumer que cette différence tient à une loi générale. Chez les Limaçons, le foie, placé à droite, détermine l'enroulement de la coquille, par les mouvemens de torsion qu'il fait exécuter à l'embryon (2). Le Poulet étend son côté gauche sur la sphère vitelline, et l'allantoïde croît au côté droit. J'ai trouvé de très-bonne heure la gaîne ombilicale de l'embryon humain tournée à droite, et au dixième mois encore j'ai vu, dans l'œuf qui n'avait subi aucune lésion, le cordon ombilical occuper ce même côté pour aller gagner le placenta. De plus amples recherches seront nécessaires pour nous apprendre si ces phénomènes annoncent une prédominance de l'ingestion à gauche et de l'éjection à droite, et s'ils ont lieu à tous les âges de la vie, comme aussi à tous les degrés de la série animale. Qu'il nous suffise ici de faire remarquer que le fond de la matrice remplie par le produit de la conception et la tête de l'embryon se rapprochent davantage du côté droit du corps maternel, et que, même chez les monstres privés de cœur et de foie, on trouve l'aorte à gauche et la veine cave à droite (3).

(1) Meckel, Manuel d'anatomie, t. I. ?
(2) Carus, *Von den aussern Lebensbedingungen*, p. 64.
(3) Reil, *Archiv*, t. XII, p. 393.

## II. La matière considérée eu égard à la vie.

§ 459. Des circonstances matérielles déterminées sont les conditions de la vie embryonnaire, mais se rattachent elles-mêmes, comme effets, à une activité plastique vitale. L'embryon ne peut se développer que sous la condition d'une certaine disposition mécanique de l'œuf, laquelle dépend à son tour de la disposition mécanique du corps de la mère; mais toutes ces dispositions ne sont que des produits de l'activité plastique. Le *mécanisme* est donc le moyen et non la cause de la vie; aussi se manifeste-t-il sous des formes différentes, quoique son but soit le même.

1° Les enveloppes extérieures du germe (membrane testacée, coquille, *nidamentum*) affectent des formes diversifiées, et sont produites par des forces et des parties différentes, par des actions tantôt purement organiques, tantôt aussi volontaires; mais toujours elles fournissent l'abri nécessaire, c'est-à-dire qu'elles ne rendent pas l'action du monde extérieur impossible, mais l'adoucissent, en la réduisant au degré qui seul permet que l'embryon se développe. Si l'on enlève l'enveloppe extérieure d'un œuf végétal, la plante ne se développe point, ou devient débile et difforme : et quand les deux enveloppes sont minces et soudées ensemble, la germination n'a lieu qu'à la condition que le péricarpe sera enfoui en terre avec la graine.

2° Chez les Oiseaux et les Batraciens, il faut que la membrane proligère se trouve à la surface, et la pesanteur l'y amène, mais de différentes manières. Dans les Oiseaux, la portion de la sphère vitelline qui contient la membrane proligère étant plus légère, à cause de la disposition des chalazes (§ 341, 4°), elle se tourne toujours vers le haut, quelque position que prenne l'œuf. Chez les Batraciens, le même résultat est obtenu par un autre moyen, c'est-à-dire par une excavation que le jaune présente au dessous de la membrane proligère (§ 342, 6°), et d'une autre manière, attendu que l'œuf entier, en nageant dans l'eau, tourne sa membrane proligère vers le haut. D'après les observations de Baer, les embryons ne tardent point à périr dans la machine appelée cou-

veuse, lorsque les œufs ont une situation verticale ; mais, dans
le nid, ces mêmes œufs sont placés obliquement, et non horizontalement, de manière qu'outre la membrane proligère,
la chambre à air se trouve aussi dirigée vers la partie supérieure : or cet effet tient en partie à ce que le petit bout de
l'œuf tend à se porter vers le bas, parce que la densité plus
grande du blanc lui donne plus de pesanteur, et que sa forme
s'accommode mieux à l'étroitesse du fond du nid, en partie
aussi à ce que l'œuf est obligé par sa forme même de reposer toujours sur l'une de ses faces latérales. D'après Faber (1), les Oiseaux pondent leurs œufs en cercle, le gros
bout tourné en dehors ; quand ils n'en ont qu'un, ils en placent le petit bout contre un corps solide, un rocher par exemple, de manière que le gros bout soit libre.

3° L'adjonction d'un degré déterminé de pression est un
puissant levier dans la vie embryonnaire. L'eau de l'amnios
est le milieu dans lequel vit l'embryon, et elle se comporte à
son égard comme l'air ou l'eau par rapport à l'animal éclos,
ou comme la vapeur séreuse envers les organes renfermés
dans une membrane séreuse. Mais toute atmosphère indique
la tension entre un corps organique et un autre corps étranger, à laquelle tiennent et l'indépendance dans laquelle ils
sont l'un de l'autre et l'action qu'ils exercent réciproquement
l'un sur l'autre. L'eau de l'amnios sert donc d'abord à établir
une distance suffisante entre l'embryon d'une part, les enveloppes de l'œuf et la matrice de l'autre ; elle procure à l'embryon l'espace dans lequel il peut se développer librement en
organisme indépendant, et qu'il remplit de plus en plus par
les progrès continuels de son accroissement. De même qu'elle
maintient l'individualité de l'embryon entier, de même aussi
elle assure la spécialité de ses diverses parties, et empêche
qu'elles ne se soudent ensemble, surtout pendant les premières périodes, avant la formation de l'épiderme. Morlanné
a trouvé les membres attachés au tronc chez un embryon de
cinq mois, qui était mort un mois après la sortie de l'eau de
l'amnios (2). Ce liquide pénètre aussi en partie dans les ca-

(1) *Ueber das Leben der hochnœrdischen Vœgel*, p. 186.
(2) Adelon, Physiologie, t. IV, p. 473.

vités ouvertes, et il peut, de concert avec la sécrétion de la
membrane muqueuse, contribuer à leur procurer un certain
degré de distension, et à favoriser leur développement,
comme aussi à entretenir l'équilibre entre les diverses parties. De la gorge il s'introduit dans la cavité tympanique,
où il fait équilibre à la pression du liquide agissant sur la surface externe de la membrane du tympan, et dans la trachée-
artère, comme l'a principalement démontré Scheel (1), qui a
retrouvé dans le liquide que contient ce tube, non seulement
les qualités ordinaires de l'eau amniotique, mais encore celles
qui dépendent de son mélange accidentel avec les excrémens
du fœtus. Du reste, quoique la matrice et les enveloppes de
l'œuf croissent par une force propre, cependant leur accroissement est favorisé par l'état de distension dans lequel l'eau
de l'amnios les entretient. Ce liquide permet encore à l'embryon d'exercer avec plus de liberté ses mouvemens, qui deviennent en effet moins vifs vers la fin de la vie embryonnaire,
lorsque l'espace a perdu beaucoup de son étendue ; la circulation dans le cordon ombilical est d'autant moins troublée
que ce cordon nage dans l'eau de l'amnios, et celle-ci, peut,
en pénétrant dans la gorge, provoquer les premiers mouvemens des organes de la déglutition. Si elle existe en plus
grande quantité dans l'espèce humaine que chez les animaux,
cette différence doit peut-être moins être attribuée, comme le
pensait Emmert (2), à ce que l'embryon humain jouit d'une
plus grande mobilité, qu'à ce qu'il est en possession d'une individualité plus prononcée.

L'eau de l'amnios presse l'œuf contre la matrice, de manière que l'un et l'autre entrent en contact immédiat, et qu'ils
peuvent d'autant plus complétement réagir l'un sur l'autre.
Nous trouvons de très-bonne heure déjà l'œuf des Mammifères en contact intime avec la matrice, attendu que celle-ci
s'est resserrée sur lui, tandis que lui-même se presse contre
elle, en raison du liquide qui le distend. Cette pression mutuelle
contribue encore à répartir uniformément le liquide sur les

(1) *Ueber Beschaffenheit und Nutzen des Fruchtwassers*, p. 9-22.
(2) *Deutsches Archiv*, t. V, p. 12.

surfaces, de manière à ce qu'aucun point ne soit plus affecté que les autres, et qu'il ne résulte de là qu'une tension générale, tandis qu'en sa qualité de corps intermédiaire mobile, l'eau modère les chocs partiels du fœtus par la matrice ou de la matrice par le fœtus. Le liquide amniotique a également pour effet de prévenir la contraction prématurée de la matrice, tant parce qu'il distend cet organe d'une manière uniforme, que parce qu'il limite l'action mécanique exercée sur lui par l'embryon ; car lorsqu'il diminue, dans les derniers temps de la grossesse, les mouvemens de l'embryon deviennent plus douloureux pour la mère, et son écoulement est suivi de contractions utérines, comme le prouvent les accouchemens qu'on détermine en rompant les membranes de l'œuf.

Barry (1) a prétendu que la circulation du sang était déterminée dans l'œuf des Oiseaux par la pression de la chambre à l'air, et dans celui des Mammifères par la pression du liquide amniotique. C'est là une hypothèse insoutenable. Meinecke (2) prétend, au contraire, avoir fait une observation remarquable sur le cocon du grand Paon ; ce cocon a une couverture que ferment des piquans réunis en forme d'entonnoir ; lorsque l'Insecte, après avoir quitté sa dépouille de chrysalide, cherche à traverser cette ouverture, elle chasse la substance plastique dans la poitrine et les ailes, dont le développement se trouve facilité par là ; en effet, des chrysalides à terme, qu'on avait tirées du cocon, n'acquirent point d'ailes complètes, et la pression exercée avec le doigt détermina le déploiement de ces organes.

Les diverses parties de l'embryon pèsent également les unes sur les autres, et ont par là de l'influence sur la configuration générale ; le sang se fraie sa route, et la pression qu'il exerce de dedans en dehors donne les parois latérales. Chez les Poissons, la forme des organes génitaux, qui paraissent assez tard, est déterminée par le volume de la vessie natatoire, de l'estomac, de l'intestin et du foie (3). Suivant

(1) Recherches sur les causes du mouvement du sang dans les veines, Paris, 1825, in-8°.
(2) *Der Naturforscher*, t. VIII, p. 127-137.
(3) Rathke, *Beitræge zur Geschichte der Thierwelt*, t. I, p. 149.

Grant (1), chez l'embryon du Limaçon, le cœur, situé au côté gauche de la partie antérieure, refoule fortement vers la droite, à chaque systole, toute la moitié antérieure du corps, et produit par-là des circonvolutions, en même temps que le pied de l'embryon doit s'enfoncer toujours de plus en plus, pour atteindre la surface sur laquelle il peut ramper, ce qui produit le cone en spirale. Mais il y a ici une harmonie d'action ; un organe en limite un autre au degré convenable, et met en jeu, par sa pression, la force vivante de résistance. Cependant il paraît inconvenant de tout attribuer au mécanisme dans une organisation compliquée. Quand, par exemple, Haller (2) et Broussais (3) prétendent que le foie de l'embryon sert de réservoir qui modère l'afflux du sang vers le cœur, il est clair que cette utilité ne peut être que momentanée, et doit se borner à l'époque de l'apparition du foie ; car plus tard, quoique le sang fasse un détour par cet organe, le cœur en reçoit cependant, par la veine cave, la même quantité, en temps égal, qu'il le ferait si le foie n'existait pas ; en outre, la circulation dans les veines n'est pas assez tumultueuse pour exiger une disposition spéciale ayant pour objet de la ralentir.

SECONDE SÉRIE.

*Du développement de la composition matérielle.*

**CHAPITRE PREMIER.**

*De l'admission des substances du dehors dans l'organisme.*

ARTICLE I.

*Des voies par lesquelles s'introduisent les substances du dehors.*

§ 460. Dans tous les cas de propagation par œufs, l'ovaire fournit l'embryotrophe primitif. Celui-ci provient, chez les végétaux, de l'œuf préalablement produit dans l'ovaire, où il

(1) Froriep, *Notizen*, t. XVIII, p. 306.
(2) Elém. physiol., t. VI, p. 618.
(3) Mém. de la soc. méd. d'Émul., Paris, 1817, t. VIII, p. 101.

faisait partie du corps maternel (§ 340, 1°) ; mais, chez les animaux, il est sécrété immédiatement par l'ovaire, et se développe en œuf (§ 340, 2°). La plupart du temps aussi, d'autres parties du corps maternel fournissent encore un embryotrophe extérieur ou secondaire, qui consiste en un blanc (§ 340, 3°) ou en un *nidamentum* (§ 343). Nul œuf ne subit l'incubation sans que des substances ne lui arrivent du dehors, pendant qu'elle dure, ne fût-ce seulement que de l'air atmosphérique (§ 357) ; mais, parmi les œufs de végétaux et des animaux ovipares, il en est peu qui reçoivent encore de la substance organique à cette époque (§ 356), et l'on ne connaît que les œufs des Mammifères auxquels le corps maternel en fournisse. De même que le tubercule est plus riche en substance alibile, et le bourgeon foliacé, au contraire, plus puissant en faculté nutritive (§ 40), de même aussi l'œuf des ovipares est accompagné de sa provision de substance plastique, tandis que celui des Mammifères la reçoit sans interruption du corps maternel pendant la durée de la gestation. L'accroissement de la masse, chez ce dernier, ne peut donc être comparé qu'à celui des œufs végétaux, qui tirent leur nourriture du sol. Lorsque l'œuf humain sort de l'ovaire, il ne pèse certainement pas un demi-grain ; mais, au dixième mois, son poids est de huit livres, c'est-à-dire au moins 122,880 fois plus considérable ; de même une graine de courge devient en dix-huit jours 83,039 fois plus pesante, et une graine de radis, en quarante-deux jours, 671,600 fois (1).

I. Les sucs de la mère passent-ils immédiatement de la matrice dans l'embryon, chez les Mammifères ? L'expérience établit la négative de la manière la plus formelle.

1° L'œuf demeure pendant quelque temps libre et sans attaches dans la matrice, comme il l'était auparavant dans l'ovaire, et c'est cependant alors que lui et l'embryon croissent le plus. Cruikshank a vu les œufs de Lapin libres au sixième jour, et fixés, mais sans connexions vasculaires encore, au septième (2). Prevost et Dumas (3) ont également

(1) Haller, *loc. cit.*, t. VIII, p. 295.
(2) *Philos. Trans.*, 1797, p. 203-207.
(3) Annales des sc. nat., t. III, p. 130.

reconnu, dans la Chienne, qu'on trouvait les plus gros œufs au douzième jour, époque à laquelle l'embryon était déjà formé, quoique l'œuf lui-même fût libre de toute adhérence.

2° Un passage immédiat ne pourrait avoir lieu qu'au moyen du placenta et des vaisseaux ombilicaux; mais ces organes naissent postérieurement (§ 448).

3° Lorsque le placenta s'est enfin formé, on reconnaît que la mère et l'embryon ont deux systèmes vasculaires clos (§ 448, 15°); s'il arrive parfois à quelques vaisseaux utérins d'aller gagner le placenta ou le chorion, jamais ils ne se continuent avec les vaisseaux de l'embryon. Les substances ne peuvent donc qu'être déposées à la face interne de la matrice et absorbées là par l'œuf. Chez les végétaux mêmes, où l'œuf a des connexions organiques avec le tronc maternel, l'embryon n'en a aucune, du moins pendant la plus grande partie de sa vie, et il ne fait qu'absorber le suc qu'a déposé la membrane interne de la graine. L'œuf animal est clos par rapport au corps de la mère, et il annonce par là une individualité supérieure à celle de l'œuf végétal. Il peut bien admettre aussi des substances étrangères; car, lorsque Magendie (1) injectait une décoction de garance ou une émulsion camphrée dans les veines, il trouvait ensuite les os de l'embryon colorés en rouge ou son sang imprégné de l'odeur du camphre; mais le passage dépend uniquement de l'activité vitale, et il n'a pas lieu nécessairement; car certaines maladies, dont la contagion dépend d'une cause matérielle et suppose un contact immédiat, comme la syphilis et la gale, paraissent ne jamais se communiquer à l'embryon dans l'intérieur de la matrice.

II. Comme, à l'exception des membranes perméables, il n'y a pas d'autre voie par laquelle l'œuf puisse recevoir les substances nécessaires à son accroissement et à la formation de l'embryon, il s'agit maintenant d'établir la possibilité de cette pénétration.

1° La pénétrabilité est une qualité générale et essentielle, tant de la substance organique en général, que des membranes animales en particulier (§ 833, 4°, 16°). Si l'on

(1) Adelon, Physiologie, t. IV, p. 481.

plonge l'œuf d'un Mammifère dans l'eau, au moment où il vient d'arriver dans la matrice, il absorbe ce liquide, la membrane proligère se gonfle, se ride, se plisse, et se détache de la membrane de l'œuf (1).

2° Un liquide passe plus ou moins facilement à travers une membrane animale suivant que son affinité pour cette dernière est parfaitement libre ou restreinte par une autre substance affine. Si une quantité d'eau pure s'évapore entièrement à travers une vessie dans un temps donné, vient-on à opérer sur un mélange d'eau et d'alcool, il ne se volatilise que la moitié de l'eau pendant le même laps de temps, de sorte qu'ici l'alcool retient l'eau (2). Si donc la substance de l'œuf et de l'embryon a de l'affinité pour le liquide séreux de la matrice, elle le retiendra et l'empêchera de transsuder.

6°. Lorsque les deux surfaces d'une vessie sont en contact avec un même liquide, il ne s'opère point de pénétration ; mais si elles se trouvent en rapport avec deux liquides différens qui aient de l'affinité adhésive l'un pour l'autre, la pénétration a lieu, tantôt dans une direction, tantôt dans l'autre, c'est-à-dire constituant ou une absorption ou une exhalation, suivant que le liquide interne ou externe est plus puissant que l'autre et l'attire avec plus de force. Quand on plonge dans de l'eau une vessie aux deux tiers pleine d'urine, son poids augmente d'environ 0,142 en vingt-quatre heures ; la remplit-on d'eau, et l'immerge-t-on ensuite dans de l'urine, elle diminue d'environ 0,290 dans le même laps de temps. Si l'on met dans l'eau un flacon plein d'alcool et bouché avec une vessie, on trouve, au bout de quelques heures, qu'il y a pénétré assez d'eau pour que la vessie fasse une saillie hémisphérique ; qu'on vienne à mettre un flacon plein d'eau dans de l'alcool, au bout du même laps de temps il en est sorti assez d'eau pour que la vessie présente une dépression bien prononcée (3). Dutrochet a fait des remarques analogues sur le cœcum du Poulet ; rempli à moitié de lait ou de blanc d'œuf,

(1) Coste, Recherches sur la génération des Mammifères, p. 32.
(2) *Denkschriften der Akademie zu Muenchen*, t. III, p. 292.
(3) Parrot, *Ueber den Einfluss der Physik*, p. 17.

et plongé ensuite dans l'eau, le cœcum absorbe celle-ci, mais il exhale lorsque la putréfaction commence à s'établir : si l'on y introduit une solution peu chargée de gomme, il absorbe dans l'eau pure, mais exhale dans une solution contenant davantage de gomme ; si l'on y introduit une solution peu chargée de gomme, il absorbe dans l'eau pure, mais exhale dans une solution contenant davantage de gomme ; si l'on y introduit une dissolution alcaline, et qu'on le plonge dans un acide, il absorbe, tandis que, dans le cas inverse, il exhale. Suivant Prout, un œuf de Poule qu'on a laissé pendant deux ans à l'air, et dont le blanc s'est desséché, absorbe encore quand on le met dans l'eau, tandis qu'un œuf frais, qu'on fait bouillir dans de l'eau, perd deux à trois pour cent de son poids, attendu qu'il abandonne une partie de ses sels à l'eau.

Maintenant nous ne pouvons guère douter qu'il n'y ait une différence entre la substance de l'œuf des Mammifères et le liquide sécrété par la matrice. Il nous est donc permis d'admettre ici une attraction et une pénétration de ce genre. La différence de densité détermine, non pas seule à la vérité, mais en partie, la direction de la pénétration, et quand bien même, par conséquent, la concentration de l'embryotrophe primitif ne consisterait pas uniquement en un excès de densité, il ne s'ensuivrait pas moins de là que l'avantage de la puissance est du côté de cette substance, et qu'elle doit absorber le liquide séreux de la matrice.

4° Mais il n'y a même pas besoin d'une différence de composition ou de cohésion pour produire une semblable pénétration, et il suffit d'une différence dynamique entre deux liquides parfaitement identiques. Qu'à l'exemple de Porret (1), on partage un cylindre de verre en deux moitiés égales, et qu'on rapproche ces deux moitiés l'une de l'autre, après avoir tendu une membrane humide dans l'intervalle et rempli l'une d'elles avec de l'eau, si l'on met cette dernière en communication avec le pôle positif d'une pile galvanique, l'eau traverse la vessie pour passer dans l'autre moitié ; mise en rapport avec le pôle négatif, elle monte à une plus grande

(1) *Isis*, 1817, p. 933.

hauteur dans celle-ci que dans celle-là. Ainsi l'identité chimique et mécanique du contenu de l'œuf et du liquide de la matrice, n'empêcherait pas que le premier exerçât une attraction en vertu d'une différence dans son état intime ; or, il est impossible qu'une telle différence n'ait pas lieu, puisque tout changement de cohésion, comme il s'en opère tant pendant la formation de l'embryon, est accompagné d'une manifestation d'électricité.

5° Les observations faites sur l'œuf vivant lui-même témoignent aussi en faveur de cette pénétration. Dans l'ovaire, la sphère vitelline croît uniquement parce qu'au moyen de la membrane vitelline, elle absorbe le liquide de l'ovaire. Suivant Muller (1), les œufs des Insectes ne sont qu'appliqués à la surface des renflemens des ovaires, d'où ils absorbent de la substance plastique. De même, l'embryon végétal ne croît que par absorption cellulaire, même pendant qu'il est uni organiquement avec le corps maternel.

6° Une affinité adhésive spéciale existe entre l'embryotrophe primaire et l'embryotrophe secondaire ; elle se manifeste dans la manière dont le blanc forme des couches régulières autour du jaune, auquel il tient si bien, même sans coquille, par exemple chez les Poissons et les Batraciens, qu'on ne peut l'en séparer.

7° Enfin, il y a manifestement absorption pendant l'incubation hors du corps de la mère. La graine absorbe l'eau par toute sa surface, même, suivant Senebier, après qu'on a bouché le trou ombilical. L'eau pénètre, sans trouver de voies ouvertes, à travers les deux membranes résistantes de l'œuf et son embryotrophe, et comme elle n'y est pas poussée par une pression extérieure, il faut qu'elle soit sollicitée par une attraction qui s'exerce du dedans au dehors. La substance intérieure de l'œuf doit agir en vertu d'une affinité adhésive pour l'eau, ou comme corps hygrométrique. De même aussi le *nidamentum* albumineux des Batraciens et des Poissons absorbe de l'eau (§ 290, 3°), comme le fait également la coquille molle des œufs d'Ophidiens, qui n'éclosent que

(1) *Nov. Act. Nat. Cur.*, t. XII, p. 648-665.

dans la terre humide, le fumier, ou autres objets semblables ;
ces œufs se dessèchent à l'air; quand on les met dans l'eau,
ils se gonflent et deviennent plus pesants, mais il ne s'y développe également point d'embryon (1). Enfin l'œuf des Bivalves absorbe évidemment le liquide muqueux du canal
branchial de la mère, dans lequel il est renfermé.

8° D'après toutes ces analogies prochaines et éloignées, on
peut à peine supposer que l'œuf vivant des Mammifères, logé
dans une matrice chaude et richement imprégnée de sucs, ne
se pénètre pas de liquide par sa surface entière. Cette hypothèse acquiert plus de vraisemblance encore lorsqu'on se
rappelle que les derniers des Entozoaires ne prennent de
nourriture que par absorption au moyen d'une simple surface, sans organes spéciaux, sans voies ouvertes, et que
l'œuf des Mammifères, surtout pendant la première période,
n'a point une organisation supérieure à la leur, qu'il se
trouve absolument dans les mêmes conditions qu'eux. Enfin, il
est une circonstance qui confirme ce mode d'ingestion de la
substance plastique, admis principalement par Schweighæuser,
c'est que l'œuf humain continue encore pendant quelque
temps de croître après la mort de l'embryon (2), phénomène
qui évidemment n'est possible qu'à la faveur d'une absorption
ayant lieu sans vaisseaux. Lobstein (3) dit même avoir observé
un cas dans lequel, l'embryon ayant été expulsé au troisième
mois, l'œuf se cicatrisa, et sortit, au sixième mois seulement, avec un liquide amniotique qui ne présentait rien d'a-
normal.

9° Des graines qu'on sème trop rapprochées, se gênent
les unes les autres dans leur développement. Il ne peut
prospérer que cinq à six brins de froment dans l'espace d'un
pied carré, et les autres périssent, ou ne donnent que de
l'herbe; lorsqu'on sème trop dru, les plantes périssent souvent toutes; un semis qui pousse d'une manière robuste, qui
couvre bien la terre, et qui s'élève avec rapidité, étouffe les

(1) Froriep, *Notizen*, t. XXX, p. 176.
(2) Meckel, *Beitræge*, t. I, cah. I, p. 61.
(3) *Loc. cit.*, p. 41.

mauvaises herbes, au dire de Thaer. De même, les jumeaux humains s'enlèvent l'un à l'autre la nourriture; ils demeurent faibles, délicats et maigres, de sorte que, selon Dugès (1), ils ne pèsent ordinairement pas plus qu'un fœtus à terme qui s'est développé seul. D'après Mende (2), le poids des jumeaux ou des trijumeaux dépasse au plus de quatre à cinq livres celui d'un fœtus unique. Parfois aussi le trouble ne se manifeste que d'une manière purement dynamique; ainsi les Vaches dont les organes génitaux sont incomplétement développés et qui n'entrent point en chaleur, sont fréquemment venues au monde avec des veaux du sexe masculin (3).

Quelques larves d'Insectes, celles des Coccinelles par exemple, dévorent parfois les larves plus jeunes ou plus petites de leur espèce. La même chose arrive, suivant Gœze (4), aux têtards de Grenouille, après qu'ils ont consommé leur nidamentum. D'après Rusconi (5), les têtards de Crapauds sont dans le même cas, et ce phénomène semble même presque normal chez les Tritons (6), dont les larves ne vivent pas de plantes aquatiques, comme celles des Batraciens, et ne se développent point quand on les tient renfermées seules dans un vase, quoiqu'elles y vivent jusqu'à trois mois de suite; mais, lorsqu'elles sont ensemble, elles se mangent réciproquement les organes transitoires, les branchies et les queues. Quelque chose d'analogue arrive parfois aux jumeaux humains, dont le plus robuste attire à lui presque toute la substance plastique, ce qui fait que le plus faible périt de bonne heure, ou vient au monde, avec l'autre, petit, maigre, desséché, de sorte qu'on s'imagine à tort qu'il est plus jeune, ou qu'il résulte d'une superfétation.

(1) Revue médicale, t. I, p. 351.
(2) *Handbuch der gerichtlichen Medicin*, t. III, p. 192.
(3) Smellie, *Philosophie der Naturgeschichte*, t. I, p. 286.
(4) *Der Naturforscher*, t. XX, p. 117.
(5) *Descrizione anatomica*, p. 44.
(6) *Ibid.*, p. 35.

**I. Voies par lesquelles]les substances du dehors pénètrent dans l'œuf.**

§ 461. La substance plastique doit pénétrer dans l'œuf des Mammifères ,

I. A travers le chorion. Les flocons de l'exochorion ne sont, comme nous l'avons vu , ni des lymphatiques, ni des vaisseaux sanguins, mais des excroissances qui , en vertu de leur hygrométricité ou de leur capillarité, absorbent le liquide contenu dans les cellules de la membrane nidulante réfléchie ou dans la cavité de la membrane nidulante extérieure, qu'Osiander a effectivement trouvé dans leur intérieur (1). Ils renferment, surtout dans leurs extrémités renflées , une cavité, ou du moins un tissu plus lâche. On peut donc les comparer aux racines des plantes. En leur qualité de premiers organes nutritifs spéciaux , leur formation est déterminée par une attraction qui a son point de départ dans la matrice ; ce qui le prouve , c'est que le placenta fœtal des Ruminans , qui n'est autre chose que des flocons de l'exochorion plus développés et pourvus de vaisseaux , ne se produit nulle part ailleurs qu'en face précisément du placenta utérin ( § 448, 14° ), analogue en cela aux racines des plantes, qui , situées au milieu d'une couche de sable , ne s'allongent que dans la direction suivant laquelle elles peuvent rencontrer la terre végétale apte à leur fournir de la substance nutritive. Le corps organique cherche partout de la nourriture , et s'il n'en vient point dans sa sphère qu'il puisse attirer à lui, il est attiré par elle. La matrice, comme organe plus volumineux et appartenant à un organisme parfait, l'emporte sur l'œuf, dont elle oblige la surface extérieure à s'allonger en flocons ; mais l'embryotrophe contenu dans l'œuf l'emporte sur le liquide renfermé dans la matrice , que ce soit par son plus de densité et de cohésion , ou par sa concentration, ou par la vitalité qui lui est inhérente et par les formations qui se développent en lui ; de là résulte une attraction mutuelle, qui saute aux yeux chez les Ruminans , puisqu'ici les cotylédons embryonnaires sont en quelque sorte avalés par les cotylédons

(1) Lobstein , *loc. cit.,* p. 169.

utérins, mais se remplissent du liquide sécrété dans ces derniers. Au reste, les fibres aspirantes ne sont que les organes
d'une absorption fort active, ce qui fait qu'on ne les voit sur
toute la surface de l'œuf humain que pendant les premiers
mois, durant lesquels cette absorption a surtout besoin de se
déployer ; mais les analogies rapportées plus haut ( § 461, 8°,
9°, 10) prouvent qu'après cette époque l'œuf peut encore
absorber, quoiqu'avec beaucoup moins de force. Il absorbe
en premier lieu le liquide qui existe dans la cavité de la
membrane nidulante, et qui a été sécrété par la matrice. Ce
liquide, appelé *hydropérione* par Breschet (1), est limpide dans
les premiers temps, mais plus tard il devient lactescent et
un peu épais. On le retrouve dans l'œuf, entre le chorion et
l'amnios, sous la forme d'un liquide épais et visqueux, qui
absorbe l'eau avec avidité, que la chaleur, l'alcool et les
acides coagulent, et que Baer (2) considère comme un analogue du blanc de l'œuf des Oiseaux, ou comme un embryotrophe secondaire.

II. A partir de la fin du quatrième mois, la membrane nidulante réfléchie est appliquée immédiatement à l'externe, de
sorte que la cavité intermédiaire a disparu, et avec elle le liquide qui s'y était d'abord amassé ; en outre, l'amnios s'était
déjà antérieurement accolé au chorion, et avait par conséquent
refoulé cet embryotrophe secondaire albumineux. La substance plastique sécrétée par la matrice peut alors, sans s'accumuler en quantité appréciable pendant le trajet, pénétrer
dans la cavité de l'amnios à travers la membrane nidulante et
le chorion ; mais, si elle est absorbée par le placenta fœtal,
elle arrive, au moyen du cordon ombilical, dans le corps de
l'embryon lui-même. Quoiqu'il ne soit pas certain qu'elle
suive aussi cette voie, les circonstances suivantes (1°-4°)
portent cependant à croire qu'elle le fait en réalité.

1° Le placenta se compose des fibres absorbantes de l'exo

(1) Etudes anatomiques, physiologiques et pathologiques de l'œuf dans
l'espèce humaine, Paris, 1832, in-4°, p. 109.
(2) *Untersuchungen ueber die Gefœssverbindung zwischen Mutter und
Frucht in den Sœugethieren*, p. 5.

chorion, qui ont admis en elles les extrémités des vaisseaux sanguins de l'endochorion, et qui sont unies ensemble par du tissu cellulaire (§ 448, III). Mais il est très-probable que ces fibres, devenues gaînes de vaisseaux, ne perdent pas sur-le-champ leur premier mode d'action, et qu'elles continuent encore pendant quelque temps d'absorber.

2° De même qu'on découvre, chez les Ruminans, pendant toute la vie intra-utérine, un liquide blanc et lactescent entre le placenta fœtal et le placenta utérin, qui ne contractent point d'adhérence ensemble, de même aussi on aperçoit un liquide analogue dans le placenta humain, ou du moins on peut l'en exprimer, mais seulement au troisième et au quatrième mois (1). La membrane nidulante est aussi tellement imprégnée de sucs pendant les premiers temps, qu'on ne peut plus la considérer comme une simple mucosité, et elle paraît absorber continuellement les liquides de la matrice, ainsi que le ferait une éponge. Plus tard, l'humidité intermédiaire n'existe plus, et si les fibres absorbantes pompent encore quelque chose à cette époque, elles ne peuvent que le tirer immédiatement du sang contenu dans le placenta utérin.

3° Quelquefois on aperçoit, au cordon ombilical, des nœuds insolubles, à la hauteur desquels les vaisseaux sont en partie oblitérés, la veine étant dilatée du côté du placenta utérin, et les artères du côté de l'embryon. Dans ces cas, le cordon ombilical est plus épais entre le nœud et le placenta fœtal qu'entre lui et l'embryon, mais ce dernier est mort dans un état d'émaciation (2).

4° Lobstein (3) a trouvé, chez une femme dont l'embryon était mort dix jours auparavant dans la matrice, le placenta fœtal encore frais et en conséquence entretenu vivant par la matrice. Mayer injecta du cyanure de potassium dans la trachée-artère d'une Lapine pleine, et découvrit ce sel, au moyen du chlorure de fer, non seulement dans l'eau de l'am-

---

(1) Reuss, *Obs. circa structuram vasorum in placenta*, p. 36. — Danz, *Zergliederungskunde des ungebornen Kindes*, t. I, p. 108. — Lobstein, *loc. cit.*, p. 167.

(2) Wigand, *Die Geburt des Menschen*, p. 56.

(3) *Loc. cit.*, p. 128.

nios, mais encore dans le placenta fœtal et dans différens organes de l'embryon (1). La perméabilité du placenta fœtal frais est prouvée aussi par une expérience de Jæger, qui a filtré à travers cet organe de l'eau pendant plusieurs heures, et ensuite une livre de lait dans l'espace d'un quart d'heure.

Mais le liquide absorbé par les gaînes vasculaires du placenta fœtal peut pénétrer dans les vaisseaux eux-mêmes, ou rester en dehors d'eux.

5° On a admis des lymphatiques chargés d'absorber le liquide; mais on n'a point démontré l'existence de ces vaisseaux (§ 448, 13°). Que le calibre de la veine ombilicale surpasse celui des artères, ce n'est point là une preuve qu'elle absorbe, car la même proportion a lieu entre les vaisseaux dans les organes sécrétoires, les artères étant toujours, en vertu de leur contractilité, plus étroites que les veines, dont le sang, qui y coule avec lenteur, tend à accroître le calibre. Mais les vaisseaux sanguins du placenta fœtal accomplissent la respiration (§ 467, V), et l'on se demande s'ils servent en même temps à la nutrition. Assurément la respiration est d'abord une fonction confondue avec l'ingestion de nourriture liquide; mais les deux directions se séparent bientôt : les cotylédons de la plante contiennent d'abord de la substance alimentaire et absorbent de l'eau, de manière qu'on peut nourrir l'embryon entier en les humectant; mais plus tard ils deviennent organes purs de respiration, en tant du moins que cette fonction se manifeste purement dans les feuilles des végétaux. Les vaisseaux omphalo-mésentériques, au contraire, sont d'abord organes de respiration et de nutrition, mais ils ne tardent pas à se démettre de la dernière fonction, et les vaisseaux de l'allantoïde ne servent évidemment, chez les Oiseaux et les Reptiles supérieurs, qu'à l'excrétion et à la respiration. Or, comme la scission de la nutrition et de la respiration se rattache essentiellement à un placement élevé dans la série des organismes, nous ne devons pas croire qu'ayant lieu dans l'embryon des Oiseaux et des Reptiles, elle n'existe point chez les Mammifères. Nous pen-

(1) *Medic. chirurgische Zeitung*, 1817, t. II, p. 431, t. IV, p. 140.

chons donc à croire que les vaisseaux ombilicaux de l'embryon humain ne pompent aucun liquide de la matrice, du moins pendant la seconde moitié de la vie embryonnaire.

6° Cette fonction ne pourrait donc être attribuée qu'au tissu cellulaire qui enveloppe les vaisseaux ombilicaux, et peut-être le liquide gélatineux qu'il contient est-il un amas de substance plastique, dont la consommation par l'embryon n'a lieu que peu à peu. Ce qui semble autoriser à le croire, c'est que cette gelée est moins abondante sur la fin de la vie embryonnaire que pendant les premiers temps (1). Mais peut-être aussi est-elle le moyen principal à l'aide duquel s'effectue l'absorption des liquides séreux ; car lorsqu'on plonge une extrémité du cordon ombilical dans l'eau, celle-ci, d'après Noortwyk (2), monte le long de la gelée, contre les lois de la pesanteur. Le cordon ombilical de l'homme contient plus de gelée que celui des animaux ; mais, chez les Solipèdes et les Ruminans, les vaisseaux du chorion (endochorion) et de l'amnios (*membrana media*) sont entourés d'un mucus gélatineux.

S'il se rencontre réellement des cas où le cordon ombilical manque chez des monstres humains, qui cependant ont vécu jusqu'au terme normal de la gestation, comme Dietrich l'a observé dans ces derniers temps, c'est une preuve que la surface entière du chorion peut absorber une quantité suffisante de substance plastique.

**II. Voies par lesquelles les substances du dehors pénètrent dans l'embryon.**

§ 462. Le liquide nourricier, parvenu dans la cavité du chorion, pénètre

I. *Dans la vésicule ombilicale.* Chez les Oiseaux, il est évident que le jaune se recouvre d'une membrane épidermoïde, très-peu de temps après avoir été sécrété, et qu'il ne croît, dans l'ovaire, qu'au moyen d'une absorption exercée par la membrane vitelline, puisqu'on a trouvé des globules

---

(1) Burns, *The anatomy of the gravid uterus*, p. 132.
(2) Lobstein, *loc. cit.*, p. 122.

vitellins qui étaient en dehors de cette membrane, c'est-à-dire en train de suivre la voie qui devait les conduire à leur destination. Il est également de fait, d'après les recherches de Prout, qu'une partie du blanc est absorbée par le jaune pendant l'incubation, qu'en conséquence il pénètre à travers la membrane vitelline ou le feuillet muqueux qui se forme à la place de cette dernière. Nous sommes à peu près certains aussi qu'il y a analogie, quant au contenu, entre la vésicule ombilicale des Mammifères et le jaune des ovipares, comme embryotrophe primitif; mais cette vésicule et son contenu croissent beaucoup, de même que l'œuf entier, avant l'apparition de l'embryon et de son système vasculaire. La substance nécessaire pour opérer cet accroissement ne peut arriver par une autre voie que par celle de l'absorption; c'est donc incontestablement par absorption que la vésicule, tant qu'elle contient du liquide, le reçoit, ainsi que Jœrg l'avait déjà reconnu. Les artères omphalo-mésentériques ne peuvent point sécréter le contenu de la vésicule ombilicale, comme on l'a plus d'une fois prétendu (1), car elles se forment après lui, et, chez certains animaux, les Rongeurs surtout, elles demeurent en pleine activité quelque temps après qu'il a totalement disparu.

La vésicule ombilicale est pendant quelque temps en communication libre avec l'intestin; mais cette communication cesse de très-bonne heure chez les Mammifères, tandis que la vésicule regorge encore de liquide, en sorte que celui-ci ne peut point avoir pour destination de passer immédiatement dans l'intestin. D'ailleurs, chez ceux des animaux ovipares dont le canal de la vésicule ombilicale demeure ouvert jusqu'à l'éclosion, il ne passe point de jaune dans l'intestin durant la vie embryonnaire. C'est donc évidemment aux veines omphalo-mésentériques seules, qui subsistent jusqu'au quinzième jour chez le Poulet et jusqu'au troisième mois de la vie intra-utérine chez l'homme, qu'il appartient d'absorber le liquide de la vésicule et de le porter dans les veines porte et cave. Aussi Mayer (2) a-t-il trouvé dans la veine de la vésicule om-

(1) Bichat, Anat. descript., t. V, p. 382.
(2) *Nov. Act. Nat. Cur.*, t. XVII, p. 558.

bilicale, chez des embryons humains, un liquide analogue au contenu de la vésicule elle-même.

II. Le liquide contenu dans la cavité de l'amnios

1° A été regardé comme un produit sécrétoire de l'embryon. Galien le disait produit par la peau, Deusing par les reins, Bohn par les glandes mammaires, Lister par les glandes salivaires, Wharton par la gélatine du cordon ombilicale (1). Cette opinion est réfutée par les faits; l'eau de l'amnios existe avant que toutes les parties dont nous venons de faire l'énumération aient paru. Sa quantité, eu égard à l'embryon, est plus considérable dans l'origine qu'à toute autre époque, et elle diminue à mesure que le développement de l'embryon fait des progrès. D'ailleurs, elle est fréquemment fort abondante dans les cas de maladies du fœtus et de monstruosités. Enfin, si l'embryon la reprenait, il y aurait là une cohobation dont on n'apercevrait pas le but.

D'autres, par exemple Van der Bosch (2) et Scheel (3), voyent en elle un produit sécrétoire des vaisseaux de l'amnios. Mais ces vaisseaux manquent totalement dans l'œuf humain (§ 448, 7°), et, quand on les rencontre, ils proviennent des vaisseaux ombilicaux de l'embryon seulement, non des vaisseaux de la matrice. Si Monro, en injectant les vaisseaux ombilicaux, et Chaussier (4), en injectant ceux de la matrice, ont vu un peu de liquide passer dans la cavité de l'amnios, ce phénomène atteste seulement qu'après la mort les parois vasculaires sont perméables sous l'effort de la seringue; et quand Lobstein admet (5) que le liquide amniotique est sécrété par la matrice chez la femme, par les vaisseaux ombilicaux chez les Mammifères, il suppose là une différence trop grande, dans une opération si simple, pour qu'elle ait la moindre vraisemblance en sa faveur. Mais ce qui s'élève le plus contre toutes ces opinions, c'est que la formation de l'amnios et de son liquide précède celle des vaisseaux ompha-

(1) Haller, *loc. cit.*, t. VIII, p. 196.
(2) Schlegel, *Sylloge operum minorum*, t. I, p. 426-429.
(3) *Loc. cit.*, p. 70-81.
(4) Adelon, Physiologie, t. IV, p. 402.
(5) *Loc. cit.*, p. 150.

lo-iliaques, ainsi que Baer particulièrement l'a observé dans des embryons de Chien.

Bischoff fait remarquer (1) que l'amnios n'a jamais de vaisseaux, qu'en conséquence il ne pourrait jamais non plus être le siège d'une sécrétion ; mais il admet que celle-ci part de la couche vasculaire interposée entre le chorion et l'amnios. Cependant ces vaisseaux, qui ne font que précéder l'endochorion durant un court espace de temps, sont trop insignifians et trop transitoires pour pouvoir accomplir une sécrétion si abondante et si durable.

Enfin, lorsque Dragendorff (2) suppose que le liquide amniotique est sécrété tant par l'amnios que par la peau de l'embryon, il émet là une hypothèse contre laquelle s'élèvent tous les argumens qui viennent d'être rapportés.

2° Nous ne pouvons donc admettre autre chose, sinon que le liquide amniotique est un embryotrophe secondaire, puisé par l'amnios dans le liquide qui a pénétré à travers le chorion. La facilité avec laquelle des substances étrangères passent de la mère au fruit, prouve qu'il a sa source dans le corps maternel, et non point dans l'embryon. Quand Mayer (3) injectait un liquide coloré en vert par l'indigo et le safran dans la trachée-artère d'une Lapine pleine, il le retrouvait dans l'eau de l'amnios et dans l'intestin de l'embryon. Le safran et le mercure dont avaient fait usage des femmes grosses, ont été retrouvés dans la liqueur amniotique (4). Or ce qui prouve que ces substances étrangères n'ont point d'abord passé dans le sang de l'embryon, mais qu'elles ont pénétré à travers le chorion et l'amnios, c'est que, chez un embryon de cinq mois, dont la mère avait été empoisonnée avec de l'acide sulfurique, Otto (5) a trouvé la peau d'un rouge-brun, et dure comme du parchemin, partout où elle s'était trouvée en contact avec l'eau de l'amnios, tandis qu'au-

(1) *Beitræge zur Lehre von der Eihuellen des menschlichen Fœtus*, p. 87, 105.
(2) *Annotationes quædam aphoristicæ de fœtus sanguine*, p. 29.
(3) *Medic. chirurg. Zeitung*, 1817, t. II, p. 431.
(4) Bichat, Anat. descript., t. V, p. 374.
(5) *Seltene Beobachtungen*, t. II, p. 152.

cun autre organe n'offrait rien de semblable, observation qui annonce d'ailleurs que l'absorption par l'amnios s'accomplit encore à une époque assez avancée. On voit quelque chose d'analogue dans certaines maladies. Ainsi, d'après Mende (1), l'eau de l'amnios est parfois tellement âcre, chez les femmes atteintes de fièvres, qu'elle fait naître des ampoules sur la peau de l'embryon, et détruit l'épiderme. Jœrdens dit avoir observé le même phénomène chez des femmes attaquées de la syphilis (2).

3° L'eau de l'amnios est nutritive, car elle contient de l'albumine, de l'osmazome et des sels. La faible quantité d'albumine qui s'y trouve (3) ne constituerait pas une objection; car, comme le premier lait que les mamelles sécrètent après l'accouchement est très-chargé d'eau aussi, une nourriture légère paraît être ce qui convient à la plasticité fort active de l'embryon. Weydlich (4) a nourri pendant quinze jours un veau nouveau-né avec de la liqueur amniotique fraîche, et l'animal vint aussi bien que s'il eût pris du lait. Jœrg (5) dit avoir remarqué que cette liqueur, envisagée sous le point de vue de la composition, chez divers animaux, correspond parfaitement à leur lait, qu'en conséquence elle est plus chargée d'albumine chez les Ruminans, et plus pauvre de ce principe chez les Carnassiers. Au reste, sa quantité augmente jusqu'au milieu de la vie embryonnaire, et, dans l'embryon humain, elle s'élève jusqu'à environ deux livres; plus tard, elle diminue, de manière qu'à l'époque de la naissance elle ne va généralement plus à une livre, et que souvent même elle ne dépasse point quelques onces. Il faut donc qu'une partie de ce liquide ait passé dans la substance de l'embryon; car on ne trouve aucune trace de dépôt quelconque à l'extérieur. On dit aussi avoir remarqué qu'elle contient moins d'albumine vers la fin de la vie embryonnaire qu'auparavant (6). En gé-

(1) *Loc. cit.*, t. III, p. 47.
(2) Hufeland, *Journal*, t. X, 3ᵉ cah., p. 95.
(3) Schreger, *De functione placentæ uterinæ*, p. 88.
(4) *Lehre der Geburtshuelfe*, t. I, p. 243.
(5) *Grundlinien der allgemeinen Physiologie*, p. 302.
(6) Lobstein, *loc. cit.*, p. 146.

néral, l'analogie doit suffire déjà pour nous faire juger qu'elle
ne peut point subsister sans changemens, et comme elle se
reproduit, quand elle a été évacuée d'une manière prématurée (1), elle paraît se former continuellement : or, s'il en
est ainsi, on doit conclure de toute nécessité qu'elle subit
également une consommation continuelle. Enfin, comme l'absorption par le chorion est plus certaine et plus abondante que
celle par le placenta embryonnaire, comme elle est aussi plus
persistante que celle par les vaisseaux omphalo-mésentériques,
mais que le liquide absorbé par le chorion ne peut arriver à
l'embryon qu'à travers l'amnios, nous sommes forcés, chez
les Mammifères, où la fonction nutritive de la vésicule ombilicale s'éteint de bonne heure, d'admettre que l'eau de l'amnios est la substance alimentaire la plus générale et la plus
importante de l'embryon. Il ne nous reste plus qu'à savoir si
c'est par la peau ou par l'intestin qu'elle lui arrive.

4° Après que la vésicule ombilicale a cessé de fournir de
la nourriture à l'embryon, la peau de celui-ci se développe,
et il est très-présumable qu'elle absorbe le liquide amniotique
qui la baigne, comme l'admettaient Harvey (2) et autres. À
peine même est-il permis de douter que les vaisseaux lymphatiques, qui acquièrent un développement considérable
chez l'embryon, se forment précisément par suite de cette
absorption, comme les vaisseaux sanguins sont appelés à l'existence par la circulation. L'épiderme ne peut point mettre obstacle à cette absorption, puisqu'il est excessivement mince
jusque dans les derniers mois, et que la liqueur amniotique
contient elle-même une très-grande proportion d'eau : le vernis caséeux ne paraît non plus que pendant la seconde moitié
de la vie embryonnaire, et il ne peut pas plus que le mucus
des intestins rendre l'absorption impossible. Brugmans a
fait une observation directe à ce sujet (3) : dans des embryons
d'animaux qu'il avait tirés de la matrice, il a trouvé pleins
les lymphatiques de la peau, et non ceux des intestins ; ayant

(1) Wiegand, *Die Geburt des Menschen*, t. II, p. 46.
(2) *Exercit. de generat.*, p. 270.
(3) Schlegel, *Sylloge*, t. I, p. 466.

plongé les membres, après les avoir liés, dans le liquide de
l'amnios, il s'aperçut, au bout de quelque temps, que les
lymphatiques de la peau étaient gorgés de lymphe au dessous
de la ligature, après l'enlèvement de laquelle ils ne tardèrent
point à disparaître.

Oken pensait que les glandes mammaires pourraient être les
organes chargés d'absorber l'eau de l'amnios. Mais l'hypothèse invraisemblable de conduits excréteurs jouant le rôle
des lymphatiques, n'est appuyée d'aucun argument valable,
car si les mamelles sont très-développées chez l'embryon humain mâle, c'est uniquement la suite de l'indifférence sexuelle
(§ 455, III); si elles contiennent un liquide lactescent, c'est
que ce caractère appartient en commun à toutes les sécrétions
(§ 470, I); si enfin Oken admettait des lymphatiques puisant
l'eau de l'amnios aux mamelles et la portant au thymus pour y
être élaborée, c'était là une opinion purement gratuite
(§ 468, 4°).

5° La pénétration de l'eau amniotique dans le canal intestinal par la bouche, n'est point nécessaire pour la nutrition
de l'embryon. Nous en avons la preuve dans les acéphales et
dans les monstres dont la bouche est close ou représente un cul-
de-sac. Il est invraisemblable que cette pénétration ait lieu
avant la dernière période de la vie embryonnaire, puisqu'on
ne remarque jusque-là aucun mouvement volontaire dans les
organes de la déglutition, et que le canal intestinal ne peut
digérer aucune substance étrangère; car, chez l'embryon de
l'Oiseau, le jaune n'y passe point, malgré la perméabilité du
conduit de la vésicule vitelline. Mais on ne saurait nier que
l'entrée n'ait lieu durant la dernière période; car on voit les
embryons d'Oiseaux, comme ceux de Mammifères, exécuter
sur la fin, avec leurs mâchoires, des mouvemens de respiration, pendant lesquels l'eau de l'amnios doit nécessairement
être avalée aussi. Heister et Trew ont vu, dans des œufs
gelés de Vache, une languette non interrompue de glace qui
s'étendait depuis les lèvres de l'embryon jusque dans son estomac. Scheel a remarqué (1); chez les Ruminans, que quand

(1) *Loc. cit.*, p. 116.

l'eau de l'amnios était teinte en vert par du méconium, il y
avait aussi un liquide vert dans l'estomac. Oken a trouvé,
chez les embryons de Cochon, des globules de matière fécale
tant dans l'eau de l'amnios que dans la gorge, le pharynx et
l'estomac (1). On y voit souvent aussi des poils, chez les embryons de Veau (§ 470, 5°), et Osiander (2) a également
rencontré, dans les intestins d'embryons humains, des poils
lanugineux, qui n'avaient pu y arriver qu'ayant été avalés
avec la liqueur amniotique. Ce qui prouve enfin que la digestion s'accomplit pendant la dernière période de la vie embryonnaire, c'est l'observation recueillie par Boerhaave (3) d'un
enfant dont les parois du ventre avaient été déchirées durant
l'accouchement, et chez lequel on voyait du chyle se mouvoir
dans les vaisseaux lymphatiques du mésentère, avant qu'il eût
encore pris de nourriture.

De même que les têtards des Batraciens et les larves de
beaucoup d'Insectes, après être sortis des membranes de
l'œuf, dévorent leur *nidamentum* albumineux, et apprennent
ainsi à digérer, de même la déglutition de l'eau de l'amnios
par les embryons renfermés dans la matrice prépare leur estomac à digérer le premier lait, qui ressemble beaucoup à
ce liquide, comme Harvey (4), l'avait déjà reconnu. Du reste,
il n'est pas sans importance que la vésicule ombilicale et l'intestin soient les parties dominantes chez les Ovipares, où le
liquide amniotique diminue au point de finir par laisser l'embryon presque entièrement à sec, tandis qu'au contraire, chez
les Mammifères, les productions du feuillet séreux, l'amnios
et la peau, ont la prédominance, la vésicule ombilicale s'effa-
çant de très-bonne heure.

(1) *Beitræge zur vergleichenden Zoologie*, t. I, p. 41.
(2) *Handbuch der Entbindungskunst*, t. I, p. 646.
(3) *Prælect. in Instit. rei med.*, t. V, P. II, p. 350.
(4) *Loc. cit.*, p. 263.

ARTICLE II.

*De la nature des substances qui servent au développement de l'organisme.*

§ 463. Relativement à la *nature de la substance plastique* à laquelle le corps de l'embryon doit son origine et son développement ultérieur, la chimie ne nous a guère fourni, sous ce rapport, que des données vagues et sans liaison scientifique, dont nous devons parler brièvement, afin de nous procurer, par le moyen d'autres expériences, une idée générale de la composition chimique de cette substance plastique :

1° Pour ce qui concerne l'embryotrophe primaire, l'endosperme est très-différent dans les diverses plantes. Ses principes constituans les plus généraux sont l'amidon, le gluten, le mucus et l'huile grasse. Le jaune de l'œuf des Oiseaux est composé d'albumine, d'huile grasse, d'une matière colorante soluble dans l'éther et l'alcool, et, suivant Hatchett, de gélatine : d'après Prout, on obtient, en le décomposant, du soufre, du phosphore et de l'acide hydrochlorique, qui est combiné avec de la potasse et de la soude, de la chaux et de la magnésie. Il y a impossibilité d'examiner à l'état de pureté l'embryotrophe primaire des Mammifères, qui se forme dans l'ovaire, attendu qu'il consiste en une gouttelette des plus exiguës : plus tard, lorsque, constituant le contenu de la vésicule ombilicale, il a augmenté d'une manière considérable, il ressemble, généralement parlant, à un liquide coagulable, dont la couleur vire au jaunâtre. Emmert (1) a trouvé le liquide de la vésicule ombilicale des Chats jaune, de saveur salée, susceptible de se troubler par l'alcool, et laissant à l'évaporation un résidu brunâtre et brillant. Dans les Phoques, il est, suivant Alessandrini (2), blanchâtre, transparent, inodore et semblable à du blanc d'œuf. Velpeau le dit, chez la femme, d'un jaune pâle, opaque, semblable à une émulsion épaisse, par conséquent aussi tout-à-fait diffé-

(1) Reil, *Archiv.*, t. X, p. 53.
(2) *Deutsches Archiv*, t. V, p. 643.

rent du sérum, mais quelquefois limpide et clair comme de l'eau, contenant parfois des caillots qui ont l'air de jaune cuit (1).

2° A l'égard de l'embryotrophe secondaire, formé dans l'oviducte ou la matrice, le blanc de l'œuf d'Oiseau se compose, d'après Bostock, de 15,5 d'albumine, 4,5 de substance non coagulable et 80 d'eau. Suivant Prout, il contient les mêmes principes inorganiques que le jaune, mais davantage de soufre et d'hydrochlorate de potasse et de soude, avec moins de phosphore et d'hydrochlorates de chaux et de magnésie. Le *nidamentum* gélatineux de la Grenouille et du Squale constitue, selon Brande (2), une substance particulière, qui diffère de la gélatine par son insolubilité dans l'eau et par l'absence de la propriété d'être précipitée par le tannin, et qui s'éloigne aussi de l'albumine parce que les acides ne la coagulent pas, qu'elle absorbe puissamment l'eau, et qu'elle contracte avec les alcalis des combinaisons qui ne sont point savonneuses. Peschier (3) a trouvé, dans la cendre du frai de Grenouille, de l'hydrochlorate de soude, de la silice, du phosphate et du carbonate calcaires : Vauquelin (4), dans les œufs de Poissons, de l'albumine, de la gélatine, de l'huile, des hydrochlorates de potasse, de soude et d'ammoniaque, des phosphates de potasse, de chaux et de magnésie, du sulfate de soude et du phosphore ; Rayer, dans le *nidamentum* des Sangsues, un liquide gélatineux composé de onze douzièmes de mucus et d'un douzième d'albumine.

Le liquide qui se trouve au dehors et au dedans du chorion, chez les Mammifères, paraît être riche en albumine, si l'on en juge d'après son apparence lactescente.

L'eau de l'amnios est alcaline chez l'embryon du Poulet, et neutre, au contraire, chez celui de Veau, d'après Prevost et Leroyer (5). Dans les Mammifères, elle est, généralement parlant, un peu visqueuse, plus ou moins transparente, et

(1) Embryologie ou Ovologie humaine, Paris, 1833, in-fol.
(2) Home, *Lectures*, t. III, p. 391.
(3) *Deutsches Archiv*, t. IV, p. 366.
(4) *Ibid.*, p. 608.
(5) Bulletin des sciences médicales, t. VII, p. 26.

limpide comme l'eau, ou légèrement teinte en jaunâtre. Vogt a trouvé (1) qu'entre le troisième et le quatrième mois de la gestation elle était claire et moussait beaucoup par l'agitation ; elle était inodore, mais possédait une saveur un peu salée ; sa pesanteur spécifique s'élevait à 1018 ; elle était neutre, et contenait 0,021 de substance solide, savoir 0,011 d'albumine, 0,004 d'osmazome, et 0,006 de sels alcalins et terreux. Dans un embryon de six mois, il la trouva trouble, jaunâtre, et d'une pesanteur spécifique de 1,009 seulement ; elle ne contenait que 0,010 de substance solide, dans laquelle la proportion des sels terreux avait augmenté, tandis que celle des autres principes constituans avait diminué. Frommherz et Gugert (2) l'ont examinée telle qu'elle s'écoule au moment de la naissance ; elle était trouble, faiblement alcaline, et contenait, outre l'albumine et de l'osmazome, de la ptyaline et de la matière caséeuse. Buniva lui assignait à cette époque une pesanteur spécifique de 1,004, et 0,012 de contenu solide. Si l'on y a rencontré l'acide appelé amniotique, ou même l'urée, c'était par suite de mélanges accidentels. La liqueur amniotique des Vaches, pendant les premiers temps de la gestation, est jaunâtre, au dire de Prout : elle a la saveur du petit-lait frais, et contient 0,023 de substance solide, consistant en 0,003 d'albumine, 0,016 d'osmazome, et 0,004 de ptyaline, avec du sucre de lait et des sels.

3° Ce qu'il y a de certain d'abord, c'est que l'embryon des Mammifères forme lui-même son propre sang, ainsi qu'il arrive à celui des Ovipares. Comme le sang maternel ne peut lui arriver ni par absorption de l'exochorion (§ 462, 1°), ni d'une manière immédiate par prolongation et communication directe de vaisseaux (§ 448, 15°), il faudrait que le placenta utérin l'exhalât sous la forme d'une vapeur, qui serait absorbée par le placenta fœtal. Mais il est prouvé que le sang se forme dans l'embryon avant que les vaisseaux ombilicaux et le placenta embryonnaire existent, et si cette formation a lieu dès les temps les plus reculés, on ne peut pas

---

(1) Muller, *Archiv fuer Anatomie*, 1837, p. 69.
(2) Sweigger, *Journal fuer Chemie und Physik*, t. L, p. 491.

croire qu'en continuant de croître, et en acquiérant une individualité de plus en plus développée, l'embryon reçoive de
l'extérieur du sang tout formé. D'ailleurs son sang diffère de
celui de la mère : il est d'une teinte foncée, peu épais et peu
coagulable ; d'après Fourcroy, on n'y trouve pas de phosphates, mais il contient une quantité extrémement faible de fibrine, et un cruor mou, qui rougit peu à l'air. Enfin, suivant
Dumas et Prevost (1), les globules du sang de l'embryon sont
une fois aussi gros que ceux de la mère.

4° En second lieu, il est clair que l'embryotrophe n'a que les
qualités générales de la matière organique, et que l'embryon se
développe, à ses dépens, d'après un type qui lui est propre,
qu'il ne résulte pas d'un mode particulier de composition,
comme le cristal qui se forme dans une dissolution saline. On
pourrait croire que l'embryotrophe primaire formé, dans l'o-
vaire, est la quintessence de laquelle l'embryon se forme, et
que l'embryotrophe secondaire, sécrété dans l'oviducte et la
matrice, sert uniquement à la nutrition de ce qui existe déjà.
Mais la chimie ne découvre rien de spécifique dans le jaune;
elle n'y aperçoit que les élémens généraux, seulement dans
des proportions particulières, attendu que ces proportions varient partout suivant les tissus et les parties. L'embryotrophe
secondaire sert donc essentiellement à la formation de l'embryon. Il est vrai que, chez les Batraciens, le têtard commence par dévorer son *nidamentum*, dès qu'il a acquis la
mobilité animale; mais, comme l'a démontré Spallanzani (2),
ce *nidamentum* est une condition nécessaire du premier développement de l'embryon, et si l'on en juge d'après l'analogie, il ne sert pas seulement d'abri mécanique. Chez les
autres animaux ovipares, le blanc est presque généralement
consommé le premier, et ce n'est qu'après son épuisement
que le jaune est employé à titre de substance nutritive.
Ce phénomène est évident chez les Araignées, où Herold
a prétendu que le jaune ne contribue en rien à la formation de l'embryon, et que celui-ci provient uniquement du

(1) Annales des sciences naturelles, t. IV, p. 499.
(2) Exp. sur la génération, p. 46.

blanc. Chez les Ophidiens et les Sauriens, le blanc disparaît avant le jaune. Dans l'œuf de Poule frais, le blanc s'élève à 0,604 suivant Prout, et vers la fin de l'incubation il n'en reste plus qu'un coagulum membraneux, tandis que le jaune ne s'élève d'abord qu'à 0,288, et n'est réduit sur la fin qu'à 0,167; l'embryon à terme forme les 0,555 de l'œuf, et, en supposant que toute la masse de jaune qui a disparu pendant l'incubation, soit passée en lui, elle ne s'éleverait qu'à 0, 121, tandis qu'il aurait absorbé 0,434 du blanc. Le jaune ne diffère du blanc par aucun de ses principes constituans, si ce n'est par l'huile ; mais celle-ci semble être précisément consommée la dernière; les gouttelettes d'huile ne commencent à diminuer, chez les Poissons, que dans les derniers temps de la vie embryonnaire.

Mais l'embryotrophe secondaire paraît même fournir la substance nécessaire à la formation de l'organe primordial ; car l'organe central de la sensibilité renferme de l'albumine en surabondance, il se développe au côté tourné vers le blanc ( § 456, 1° ), et probablement il se forme aux dépens du blanc, qui est plus coagulable, en effet, que le jaune, et qui reçoit aussi d'une manière plus immédiate l'impression de l'air et de la chaleur incubatrice, de sorte, par conséquent, qu'il doit être le point de départ de la première coagulation. Peut-être l'organe central de la sensibilité des animaux sans vertèbres ne devient-il moins parfait que parce qu'il naît à la face interne du feuillet séreux, tandis que, chez les animaux vertébrés, il se développe à sa face externe, séparé seulement du blanc par la membrane vitelline amincie. Avant son développement, la membrane vitelline se sépare ici de la membrane proligère ( § 398, 1° ), ce qu'on ne peut expliquer autrement que par l'insinuation entre elles deux d'un liquide provenant du blanc ( § 465, 2° ).

Chez les Mammifères, l'embryotrophe primaire, tel que le fournit l'ovaire, est infiniment peu abondant, et il augmente beaucoup, tant dans l'oviducte que dans la matrice, avant d'arriver à former l'embryon. Mais l'œuf ne reçoit rien de spécifique de ces organes par le moyen de l'endochorion : il n'en tire qu'un liquide animal général, semblable à celui que l'on rencontre dans toutes les régions du corps, ou une eau animale contenant de l'albumine et des sels ( sérosité, lymphe ); substance indifférente, qui a besoin de subir des métamorphoses ultérieures. Les grossesses extra-utérines nous en fournissent la preuve la plus convaincante ( § 365, 2° ). Mayer a vu (1), chez une Lapine, l'œuf et le placenta embryonnaire contenus dans la cavité abdominale, sans la moindre connexion avec les vaisseaux de la mère, quoique l'embryon fût parfaitement développé; la vapeur séreuse du péritoine avait donc pu seule ici servir à la nutrition. De même, la sphère vitelline des Oiseaux, quand elle manque d'oviducte et tombe dans le sac péritonéal, ne s'y entoure pas moins d'un blanc. L'embryotrophe secondaire est donc essentiel à la formation de l'embryon, il est même la matière qui sert à en produire le noyau animal, et cependant il n'a point une composition spéciale, comme aussi sa formation ne se rattache pas nécessairement à tel ou tel organe particulier; mais c'est tout simplement un liquide animal général, tel que toute partie quelconque peut le fournir par exhalation. A l'embryotrophe primaire appartient exclusivement la faculté de développer le rudiment de la membrane proligère, ou le point apte à vivre d'où part la formation de l'embryon; mais il paraît que cette faculté ne tient pas tant à sa substance qu'à son siége dans l'ovaire, c'est-à-dire dans l'organe où la féminité se trouve concentrée et portée au plus haut degré. La tendance à vivre, éveillée par la fécondation, a besoin d'un support, ou d'une matière à laquelle elle soit inhérente, et ce support est la membrane proligère; mais celle-ci n'en est point la cause matérielle, ou, en d'autres termes, elle n'a point une constitution matérielle qui corresponde aux effets spéciaux du penchant à vivre commençant à se manifester. Nous avons vu, par l'exemple de la sexualité ( § 454, 3°-8° ), comment un type intérieur peut exister primordialement dans une matière homogène, et ne s'exprimer matériellement que peu à peu; de même le rudiment imperceptible de la membrane proligère renferme en lui la tendance à vivre, avant que cette tendance

_____

(1) *Deutsches Archiv,* t. III, p. 145.

se soit encore manifestée par des effets susceptibles de tomber sous les sens. Sa manifestation, ou le dévelopement d'un corps organique à la membrane proligère, consiste en une métamorphose de l'embryotrophe ( § 465 ); mais cette métamorphose n'est que rendue possible par les circonstances de composition chimique, et elle ne parvient à la réalité que par le seul fait de ce type intérieur, ou par l'aptitude à vivre que la fécondation a développée dans un point du jaune; car les œufs non fécondés pourrissent à la chaleur de l'incubation, quoiqu'il ne leur manque autre chose que le rudiment de la membrane proligère; suivant Harvey (1), la première tendance à la putréfaction se manifeste à l'époque où le sang se forme dans l'œuf fécondé, et elle a pour point de départ la membrane proligère. L'embryotrophe n'est pas identique avec l'embryon; en servant à le produire, il cesse d'être embryotrophe, il change de propriétés chimiques et de qualités physiques, et devient l'expression matérielle du type contenu idéalement dans la membrane proligère; il n'acquiert donc point la forme d'embryon immédiatement et en vertu de sa composition chimique, mais il ne fait que fournir la base de la matière qui, sollicitée par ce type idéal, prend la forme d'un corps organique. Ainsi, le rapport de l'embryotrophe à l'embryon ne diffère point de celui des alimens au corps organique développé, tout comme, dans la graine qui germe au sein de l'eau, le germe vivant décompose cette eau, avec les élémens de laquelle il développe, dans une proportion correspondante au type de son espèce, et les principes organiques spéciaux et les élémens inorganiques généraux ( § 465, 4° 5°). Il y a plus, l'embryotrophe, pour peu qu'il soit concentré, se montre presque partout apte à nourrir les corps animaux ( § 362, 3°, 366, 3°). Suivant Decandolle (2), l'endosperme de toutes les plantes, sans exception, fournit un aliment soluble, et il n'y a que celui des euphorbiacées qui possède des propriétés purgatives; de même aussi les cotylédons charnus des végétaux, c'est-à-dire ceux qui contiennent de l'embryotrophe,

_____

(1) *Loc. cit.*, p. 74.
(2) Organographie, t. II, p. 85.

sont nourrissans, et il n'y a que les cotylédons foliacés, c'est-à-
dire ceux qui servent à la respiration, qui soient incapables
de nourrir l'homme, ou même dangereux pour sa santé (1).
Comme toutes les graines fournissent un aliment plus substan-
tiel que les herbes, ainsi les œufs des animaux ovipares, précisément parce qu'ils sont munis d'une provision d'embryotrophe, procurent une nourriture plus concentrée que d'autres
parties animales ; l'homme mange jusqu'aux œufs des Iguanes
et des Crocodiles. La graisse animale n'est autre chose qu'une
substance alimentaire intérieure et concentrée, une provision
que le corps animal lui-même se crée du superflu de sa nutrition, afin d'en pouvoir subsister lorsque la nourriture extérieure
ne lui suffit point, et l'huile grasse qui seule fait différer essentiellement du blanc le jaune de l'œuf des ovipares, n'a
pas non plus d'autre signification, ce qui fait qu'elle n'est
consommée qu'en dernier lieu, ou lorsque le blanc devient
insuffisant. C'est par un phénomène analogue que l'embryon
se consomme lui-même, c'est-à-dire qu'il reprend comme
nourriture ce qui, après avoir été produit par l'activité vitale, vient ensuite à se détacher de son propre corps.

3° Ici se rangent d'abord les organes transitoires. Les cotylédons riches en substance alibile maigrissent et se flétrissent
à mesure que la masse de la jeune plante augmente. Dans
l'état chrysalidaire, plusieurs organes, notamment ceux du
mouvement et de la génération, se développent davantage,
quoique l'animal ne prenne point de nourriture du dehors ; la
substance nécessaire à ces changemens provient du corps adipeux, qui s'est formé pendant l'état de larve, et qui peu à
peu devient plus pâle et plus mou, après quoi il se réduit en
bouillie et finit par disparaître. La queue des têtards de Batraciens disparaît de la même manière, tandis que ces larves
se développent sans prendre de nourriture. La même chose
arrive incontestablement aux branchies extérieures des Raies,
des Squales et des Batraciens, aux corps de Wolff des animaux vertébrés supérieurs, et, d'après Siebold (§ 374, 11°),
aux queues de Cercaires, ainsi qu'aux appendices sacciformes

(1) *Ibid.*, p. 105.

du *Distomum duplicatum* et aux longs prolongemens du *Buce-phalus polymorphus*. Ce sont donc là des organes transitoires, qui achèvent le cours de leur vie avant le corps organique auquel ils appartiennent, et qui, en perdant leurs fonctions spéciales, reprennent le caractère général de matière orga-nique apte à revêtir toutes les formes possibles : on doit les considérer comme un embryotrophe qui est devenu membre de l'organisme. D'après cela, nous pouvons apprécier l'essence de la substance nutritive, et par conséquent aussi celle de l'embryotrophe ; elle consiste dans l'impossibilité de subsister par une vie propre, avec l'aptitude à s'incorporer dans un être vivant, par décomposition et combinaison.

6° La même chose arrive dans les organes persistans, avec cette seule différence que la perte qu'ils subissent se répare continuellement, de sorte qu'elle est toujours partielle et in-sensible. Dœllinger a vu ce travail réduit à sa plus simple ex-pression dans des embryons de Poissons (1) ; une partie d'un tissu solide acquérait du mouvement, oscillait, se détachait, et était entraînée par le courant du sang. Ce qui nous prouve qu'une portion de la masse des organes solides se sépare ainsi du reste, c'est que certaines parties deviennent plus pe-tites d'une manière absolue pendant la vie embryonnaire, c'est qu'il s'effectue des changemens de forme qu'on ne peut concevoir sans résorption, c'est que des ouvertures se pro-duisent dans des parois solides, comme par exemple aux or-ganes digestifs (§ 438, 2°) et aux organes sensoriaux (§ 433, 5°, 9°, 11°), c'est enfin que des cavités se creusent au milieu de masses pleines, comme dans le cœur (§ 441, 1°) et dans les os (§ 427, 11°). Pour pouvoir servir de nouveau à la vie, tantôt la masse redevenue liquide se joint immédiatement au courant de sang, comme le noyau liquefié du cœur forme le premier courant artériel (§ 440, 10°, 12°), tandis que, dans d'autres organes, elle est entraînée par le courant veineux ; tantôt, rencontrant d'autres courans qui lui ressemblent, no-tamment à l'époque où les veines ont déjà pris des parois plus solides, elle acquiert davantage d'indépendance, et constitue

(1) *Denkschriften der Ak. zu Muenchen*, t. VII, p. 206.

un courant distinct, qui s'abouche dans une veine, persiste et acquiert peu à peu des parois solides. Du moins paraît-il difficile d'expliquer autrement la formation des vaisseaux lymphatiques dans l'intérieur des organes. A part cette conjecture, il résulte des faits que la masse de chaque organe ne contribue pas seulement à la production de cet organe, mais peut encore servir de substance plastique au reste de l'organisme.

7° L'embryon tire aussi des substances du liquide que lui-même exhale; les matières qui se déposent du foie et des parois intestinales dans la cavité de l'intestin nous en fournissent la preuve la plus palpable. Dans l'intestin grêle, c'est un liquide coulant et verdâtre; dans le gros intestin, une bouillie épaisse et de couleur foncée (§ 470, 5°); ici donc le produit propre est digéré, décomposé et en partie absorbé. Partout donc nous trouvons une circulation de matière, en sorte que ce qui se détache d'un organe a encore de la valeur pour l'ensemble de l'organisme, et s'y incorpore de nouveau.

8° Le résultat général de ces considérations (4°, 7°) est que la matière, par elle-même dépourvue de signification et variable, n'acquiert le caractère de corps vivant que par un type idéal permanent, et qu'en conséquence elle est le support, non la cause de la vie.

### CHAPITRE II.

*Des transformations que les substances du dehors subissent dans l'organisme.*

§ 464. Pour nous éclairer sur la *transformation* que l'embryotrophe subit pendant le développement de l'embryon, nous sommes obligés d'envisager surtout les phénomènes de l'incubation extérieure.

1° Ce qui nous frappe d'abord ici, c'est un conflit avec le milieu extérieur, d'où résulte une augmentation et une diminution de poids. L'œuf des plantes et des animaux aquatiques (Poissons et Reptiles) absorbe de l'eau; celui des animaux aériens (Oiseaux) en exhale; celui des Serpens tient le milieu, car s'il absorbe de l'eau dans la terre humide (§ 461,

10°), il exhale encore bien davantage, puisque, d'après Herholdt (1), l'œuf des Couleuvres devient plus léger d'environ seize grains pendant le développement de l'embryon.

Un œuf de Poule qui vient d'être pondu pèse ordinairement une once et demie à deux onces, ou de sept cent vingt à neuf cent soixante grains. Pendant l'incubation, il perd, terme moyen, un sixième de son poids, ou cent seize à cent cinquante grains, d'après les observations de Prevost et Dumas (2), Pfeil (3), Gaspard (4) et Prout. Cette diminution de poids tient à l'évaporation de l'eau; car un œuf que Prout laissa pendant deux années au grand air, avait perdu cinq cent quarante-quatre grains; le jaune et le blanc étaient desséchés; mais, après avoir absorbé de l'eau, ils reprirent l'aspect qu'ils ont dans l'état frais. A la vérité il s'exhale aussi de l'acide carbonique avec l'eau; mais on ne peut point le faire entrer en ligne de compte dans le calcul rigoureux de la diminution du poids, parce que, d'un autre côté, l'œuf absorbe de l'oxygène; or nous sommes dans l'impossibilité d'estimer qu'elle est la quantité de ce dernier qui se fixe dans l'embryon, quoique nous devions présumer qu'elle se rapproche du poids de l'acide carbonique exhalé. Quant à l'évaporation de l'eau, elle dépend d'une circonstance chimique, c'est-à-dire qu'elle tient à ce que l'affinité adhésive de l'air pour l'eau l'emporte sur celle du jaune et du blanc, car elle a lieu aussi sans incubation et sans développement d'embryon. Dans ce cas, la perte de poids ne s'élève qu'à vingt-sept grains en trois semaines; par conséquent elle n'est que 1/5, ou, suivant Prout, 1/8 seulement de celle qui arrive pendant l'incubation. Cette différence dépend de ce que la chaleur incubatrice doit nécessairement accroître l'évaporation; mais les opérations chimiques qui accompagnent la formation de l'embryon semblent y prendre aussi une certaine part; car Prevost et Dumas (5) ont trouvé

(1) Froriep, *Notizen*, t. XXX, p. 176.
(2) Annales des sc. nat., t. IV, p. 48.
(3) *Diss. de evolutione pulli in ovo incubato*, Berlin, 1823, in-8.
(4) Journal de Magendie, t. V, p. 329.
(5) *Loc. cit.*, p. 47.

que, tandis qu'un œuf fécondé perdait cent trente-cinq grains pendant l'incubation, la perte d'un œuf non fécondé ne s'élevait qu'à cent vingt-cinq, après trois semaines d'exposition à la chaleur incubatrice.

2° Au commencement de l'incubation il s'effectue dans le jaune des changemens visibles, qui annoncent un changement chimique sur certains points et dans des directions déterminées. Dans l'œuf d'Oiseau, on voit paraître les *halos*, ou les anneaux concentriques de jaune liquéfié qui entourent le disque de la membrane proligère. Des changemens analogues surviennent aussi, dans l'œuf des Batraciens, d'après les observations de Prevost et Dumas, et ils y marchent avec tant de rapidité, qu'on peut les observer comme mouvemens, qu'ils se succèdent même comme les changemens de décorations au théâtre (§ 298, 7°). Des sillonnemens passagers semblables à ceux-là ont été observés aussi dans d'autres œufs, par exemple dans ceux des Ascarides (§ 375, IV) et des Poissons (§ 389, 1°).

3° L'embryotrophe change d'aspect. Entre le primaire et le secondaire a lieu un échange de substance, que Prout a démontré. En effet, le jaune de l'œuf de Poule augmente de volume pendant la première semaine de l'incubation, devient plus liquide, et se convertit en un liquide semblable à de la crême, dont la fluidité augmente peu à peu. Après huit jours d'incubation, il est plus pesant d'environ quinze grains, il a tiré des sels et de l'eau surtout du blanc, et il a déposé de l'huile dans ce dernier. Le blanc est en partie modifié, notamment au gros bout de l'œuf : il y est plus liquide, de sorte qu'il ne devient que semblable à du lait quand on le coagule, et il contient une huile jaunâtre, soluble dans l'alcool, qui provient du jaune. Sa quantité a diminué : avant l'incubation il s'élevait à 0,604 : aujourd'hui il ne va plus qu'à 0,412, dont 0,232 n'ont point changé d'état et 0,180 ont subi une modification. La membrane vitelline est en partie intacte, en partie remplacée par la membrane proligère, et comme il s'opère, à travers ses parois, un échange de substance, qui ne peut avoir lieu à travers des canaux, ni être produit par une force mécanique, il faut qu'une attraction mutuelle, fondée sur les lois de l'affinité chimique, soit entrée en jeu, et qu'il se soit passé une opération chimique, essentiellement liée au développement de l'embryon, l'œuf ne subit point de pareils changemens. Du reste, il est digne de remarque qu'à cette époque, quoique l'œuf aie perdu une soixantaine de grains d'eau par l'évaporation, le jaune et le blanc sont cependant plus liquides qu'auparavant, ce qui ne peut tenir qu'à un travail chimique fort intime. Rathke a observé aussi qu'il existe dix à douze petites gouttes d'huile dans le jaune de l'œuf des Blennies, que, quand le développement de l'embryon a commencé, ces gouttelettes se réunissent en une seule (*guttula oleosa* de Forchhammer), et qu'alors le jaune absorbe du blanc, qui le fait renfler. Pfeifer (1) a reconnu aussi, sur les œufs des Bivalves, que le jaune devient plus volumineux et que le blanc diminue pendant l'incubation dans les branchies.

4° Tandis que l'embryon se forme, un changement a lieu dans les matériaux immédiats de l'embryotrophe. Ce changement n'est nulle part plus sensible que dans l'œuf des Oiseaux, parce qu'il ne s'introduit ici aucune substance venant du dehors. L'huile du jaune disparaît, et indépendamment de l'albumine on rencontre dans l'embryon de la fibrine, du mucus, de la gélatine, de la matière colorante, du sang, du sucre de lait, etc., dont aucune trace n'existait dans l'embryotrophe. Nous devons considérer ces substances comme des modifications de l'albumine; si nous les connaissions réellement, c'est-à-dire si nous savions quelle est leur nature chimique, quelle est la véritable proportion des élémens qui entrent dans leur composition, nous serions aussi en état de faire voir comment elles naissent de l'albumine par une répartition inégale des élémens contenus dans cette dernière; nous montrerions alors que la formation d'un produit dans lequel prédomine tel ou tel élément, entraîne nécessairement celle d'un autre produit caractérisé par la prédominence de tel ou tel autre élément, en un mot que l'albumine, comme matière animale primaire, contenant tous les autres principes immédiats, comme matières animales secondaires,

(1) *Naturgeschichte deutscher Mollusken*, t. II, p. 11.

non point en réalité, mais en puissance, c'est-à-dire dans leurs élémens ; nous ferions voir comment l'admission d'un élément venu du dehors, ou le rejet d'un des élémens primordiaux, doit métamorphoser l'albumine en substances animales secondaires. Mais la chimie animale n'a point encore envisagé les divers principes immédiats du corps animal sous un point de vue général, et les expériences de Gay-Lussac, qui ont ouvert ici la carrière, en ce qui concerne la chimie végétale, sont trop isolées pour qu'on en puisse tirer dès à présent des conclusions applicables à l'histoire du développement. Au reste, le développement chimique de l'embryon végétal a été trop peu étudié encore, et si nous savons que l'amidon de l'embryotrophe se transforme en sucre par absorption d'oxygène, et que, par une nouvelle addition d'oxygène, ce sucre se métamorphose en fibre ligneuse et en acides végétaux, tandis qu'en perdant de l'oxygène, il se convertit par degrés en mucus, alcaloïdes, extractif, résine, huile essentielle et huile grasse, ce n'est là qu'un bien faible commencement d'une théorie chimique de la formation des végétaux.

5° Les matériaux inorganiques médiats de l'embryotrophe diminuent ou augmentent pendant le développement de l'embryon. D'après Prout, un œuf de Poule couvé, avec l'embryon qu'il contient, donne 0,04 d'acide sulfurique, 0,11 d'acide phosphorique et 1,42 d'hydrochlorates neutres en moins, et 2,91 de sels terreux en plus, que l'œuf qui vient d'être pondu. Mais nous ignorons encore ce que deviennent le soufre, le phosphore et l'hydrochlorate alcalin qui disparaissent, comme aussi nous ne savons pas de quelles substances provient la chaux qu'on trouve de plus. Il est difficile de croire que cette dernière tire son origine de la coquille, puisqu'elle ne peut point pénétrer à travers la membrane testacée, et que celle-ci se détache aussi de la coquille pendant la dernière semaine. Mais Macquer, Thomson, Bostock, John (1) et Prout n'ont trouvé de chaux ni dans le jaune ni dans le blanc frais. D'autres prétendent cependant en avoir rencontré, Adet et Fourcroy dans le blanc, Hatchett dans le

(1) John, *Chemische Tabellen des Thierreichs*, p. 407.

jaune. Ce qu'il y a de certain au moins, c'est que sa quantité augmente ; Jordan en a trouvé cinq parties dans l'œuf frais, et huit après dix jours d'incubation (1). Lassaigne (2) a publié une analyse plus exacte, de laquelle il résulte qu'un œuf de Poule récemment pondu pesait neuf cent neuf grains ; qu'après la cuisson dans de l'eau distillée, son poids était de huit cent quatre-vingt six grains ( sept cent soixante-huit de jaune et de blanc, et cent dix-huit de coquille et de membrane testacée) ; soumis à la combustion, il laissa 270 grains de cendres, contenant 2,29 de chlorure de sodium, de sulfate et de carbonate de soude, et 0,41 de phosphate calcaire. Lassaigne fit couver à peu près dans le même temps un œuf pondu par la même Poule et du poids de neuf cent vingt-six grains ; le Poulet, au moment de l'éclosion, pesait cinq cent soixante-six grains : il laissa, après avoir été brûlé, 6,321 grains de cendres, consistant en 2,134 de sels neutres et 4,187 de phosphate calcaire, avec des traces de carbonate de chaux ; le Poulet contenait donc dix fois autant de chaux qu'il n'en avait été trouvé dans l'œuf fraîchement pondu. Pfeifer a remarqué, dans les Bivalves, que, vers la fin de l'incubation, l'acide nitrique étendu annonçait la présence du carbonate calcaire par une effervescence qui n'avait point lieu auparavant (3). Cependant il serait possible ici que la chaux fût provenue du mucus des branchies. D'après Grant (4), on ne commence à découvrir de la chaux, dans les œufs du *Buccinum undatum*, que quand le jeune animal est entré en contact avec l'eau de la mer, par l'ouverture du *nidamentum ;* cependant la coquille calcaire des Gastéropodes terrestres se forme dès avant l'éclosion. Si l'on a trouvé du phosphate calcaire dans les œufs de Poissons, de Batraciens et d'Ophidiens (§ 464, 2°), ce sel y était en petite quantité.

On n'a rencontré non plus aucune trace de fer dans l'œuf d'Oiseau, quoique l'embryon à terme en renferme très-pro-

(1) Scherer, *Journal der Chemie*, t. X, p. 232.
(2) Journal de chimie médicale, t. X, p. 195.
(3) *Loc. cit.*, t. II, p. 12.
(4) Froriep, *Notizen*, t. XVIII, p. 306.

bablement. Mais, en général, toutes les substances qu'on trouve isolées dans la nature inorganique, se forment dans la substance animale, l'eau et les terres, les acides et les alcalis, les corps combustibles et les métaux, de sorte que l'embryon ressemble à un extrait chimique de la planète. La formation de matériaux inorganiques est plus évidente encore dans l'œuf végétal. Un pied de jacinthe qu'Eller avait élevé en plongeant l'ognon dans de l'eau distillée bien exempte de chaux, laissa, après avoir été brûlé, huit grains de résidu terreux de plus qu'un ognon de même taille qui n'avait point poussé. L'œuf végétal absorbe les substances solubles dans l'eau qui sont mêlées avec la terre. Cependant ce n'est point là une condition essentielle. Car, d'un côté, Braconnot assure que le terreau ne contient plus rien de soluble quand sa décomposition est complète; d'un autre côté, les graines germent parfaitement au milieu des corps solides les plus divers, pourvu seulement qu'il y ait de l'eau, dans le sable et le plâtre d'après Tillet, la silice rougie au feu et pulvérisée, d'après Crell, le soufre, le verre et la porcelaine en poudre selon Schrader, la litharge, le plomb en grenaille, le spath fluor, le spath pesant, le charbon, la sciure de bois, les hachures de papier, le coton, la laine, etc., suivant Braconnot. Il n'y a d'impropres à la germination que les substances qui absorbent trop d'eau, ou qui s'y dissolvent, comme la farine, le sucre, le sel. Ainsi le rôle essentiel que joue le sol pendant l'incubation de l'œuf végétal, consiste à présenter l'eau dans un état de division mécanique, et à favoriser la décomposition (peut-être électrique) que ce liquide doit éprouver. Pour que la graine puisse se développer et la jeune plante se nourrir, il n'y a pas nécessité du concours d'une substance nutritive autre que l'eau.

6° La chaleur extérieure est nécessaire aux œufs des animaux ovipares en général, mais principalement à ceux des ovipares à sang chaud. L'albumine qui entoure la membrane proligère ou l'embryon pendant les premiers temps de l'incubation, doit, comme corps mauvais conducteur du calorique, retenir la chaleur communiquée et empêcher l'œuf de se refroidir. Chez les Mammifères, c'est du corps maternel surtout que l'embryon reçoit la chaleur nécessaire à son développement et au maintien de sa vie. Cette chaleur lui arrive, non pas seulement par le placenta fœtal, comme l'admettent Lobstein (1) et Wagner (2), mais par toute la paroi de la matrice. Nous en avons la preuve dans une observation d'Autenrieth et de Schutz, qui ont reconnu qu'un embryon de Lapin, tiré de la matrice, se refroidissait aussi vite, quoique le placenta fœtal n'eût point été détaché, qu'un autre embryon entièrement séparé de la mère et qu'on avait tué en le lançant avec force contre le sol. Ces deux observateurs ont trouvé la température de l'embryon à vingt-sept degrés, tandis que celle de la mère était à trente. Chez les embryons qui naissent au septième mois, le ventre demeure toujours frais, quelque soin qu'on prenne de le couvrir; les membres sont froids aussi, et il n'y a de chaud que le dos (3). D'après cela il semblerait que les changemens de composition chimique et de cohésion qui surviennent dans l'œuf ne sont point accompagnés d'un dégagement notable de chaleur; mais, comme l'embryon de dix mois indique plus de chaleur propre, après sa naissance, que celui de sept mois, nous devons présumer que la production de chaleur s'accroît peu à peu pendant la dernière période de la vie embryonnaire, époque à laquelle les changemens chimiques sont proportionnellement moins considérables, tandis que la vie générale acquiert un plus grand développement, surtout dans la sphère de la sensibilité. En effet, il n'est pas croyable que l'embryon, qui ne se développe partout que d'une manière graduelle, et qui, sans arriver à l'indépendance, tend à l'acquérir et s'en rapproche, soit entièrement privé de la faculté de dégager de la chaleur, et que cette faculté ne commence à entrer en exercice qu'après la naissance; elle doit exister chez lui, comme chez les animaux hibernans, à un degré plus faible, et qui va en croissant peu à peu.

(1) *Loc. cit.*, p. 181.
(2) *Comment. de fœminarum in graviditate mutationibus*, p. 106.
(3) Wrisberg, *Commentationes*, p. 26.

## ARTICLE I.

### De l'assimilation.

§ 465. Tandis que la base de l'organe central de la sensibilité apparaît comme formation immédiate de l'embryotrophe et surtout de l'embryotrophe secondaire (§ 464, 4°;
465, 2°), le développement du système plastique ou des organes de la conservation de soi-même résulte d'une *assimilation*, notamment de l'embryotrophe primaire.

1° Il se forme d'abord, entre le feuillet muqueux et le feuillet séreux, une *masse organique primordiale*, composée de
grains, et comme cette masse a la plus grande analogie avec
la masse vitelline grenue, nous devons admettre qu'elle provient de celle-ci, et qu'elle a pénétré à travers le feuillet muqueux. Mais comme elle n'est point du véritable jaune, comme
elle n'a en particulier ni la matière colorante ni l'huile de la
matière vitelline, il faut que celle-ci ait subi une métamorphose durant le passage, de sorte que le feuillet muqueux se
montre à nous avec les caractères de premier organe d'assimilation. Maintenant, pour faire un pas de plus, s'il y a une
cause particulière de laquelle dépende cette pénétration, ce
ne peut être qu'une chose placée en dehors du feuillet muqueux qui attire le jaune; mais nous ne trouvons là que le
feuillet muqueux, avec l'organe central de la sensibilité. Nous
devons donc présumer, d'après cela, que ce feuillet exerce
une action attractive sur le jaune. Ainsi la vie intérieure de la
formation primitive serait le noyau, qui, pour se développer
et se maintenir, attirerait l'embryotrophe primaire; mais le
feuillet muqueux, comme portion tellurique (§ 417, 8°), qui
se développe plus tard en organes principaux de la vie végétale (canal digestif, glandes salivaires, foie, branchies, poumons), accomplirait dès l'orifice la métamorphose de l'embryotrophe, au profit de l'organe central de la sensibilité.

2° Dœllinger et Pander, Prevost et Dumas, Baer, Baumgaertner, Schultz et autres observateurs des œufs d'Oiseaux et d'a-
nimaux invertébrés à l'état de développement, ont décrit la
première apparition du sang. La masse grenue se partage en

îlots de granulations et en stries transparentes de liquide.
Mais Valentin (1) considère les îlots comme des renflemens
du feuillet muqueux et de la couche superficielle du jaune,
qui s'établissent dans les sillons ou vides dont le feuillet vasculaire s'est creusé : en effet, suivant lui, le feuillet vasculaire
se concentre, sur divers points, en amas de liquide visqueux,
transparent et blanc, tandis que la masse s'amincit et disparaît en grande partie dans les interstices : ces accumulations
de masse liquide deviennent ensuite plus considérables, arrivent à se toucher les unes les autres, forment une espèce de
réseau, et se séparent en sang et en vaisseaux. Le sang est
d'abord sans couleur, c'est-à-dire une sérosité limpide ( *li-
quor sanguinis* ); puis il se colore en jaune, contenant alors
des globules sanguins épars, dont la multiplication lui fait acquérir une teinte rouge. D'abord les globules sont sphériques
partout ; plus tard seulement ils s'aplatissent, et deviennent
elliptiques ou oblongs dans les trois classes inférieures d'animaux vertébrés : ils sont en même temps plus volumineux
chez les embryons de ces classes que chez les animaux
adultes.

Gruithuisen (2) disait que le premier sang qui se forme est
un jaune devenu plus liquide. Baumgaertner (3) prétendait
aussi qu'un globule de sang se produit de plusieurs globules
vitellins qui se fondent peu à peu ensemble. Suivant Schultz (4),
les noyaux ainsi formés sont entourés d'une membrane vési-
culeuse, sur la paroi interne de laquelle se dépose de la matière colorante, et il pensait aussi (5) que la sérosité sanguine
doit naissance à des globules du jaune. Mais il faut que la
substance du jaune pénètre à travers le feuillet muqueux, et
se métamorphose en masse organique primordiale, avant que
du sang puisse s'en produire. D'après Valentin (6), les globu-

(1) *Entwickelungsgeschichte des Menschen* , p. 288.
(2) *Beitræge zur Physiognosie* , p. 166.
(3) *Beobachtungen ueber die Nerven und das Blut in ihrem gesunden
und krankhaften Zustande* , p. 80.
(4) *Das system der Circulation in seiner Entwickelung durch die
Thierreihe und im Menschen dargestellt* , p. 30 , 33.
(5) *Ibid.*, p. 172.
(6) *Entwickelungsgeschichte des Menschen*, p. 293.

les vitellins sont doubles des premiers globules. sanguins, et
les petits corps cubiques auxquels on peut réduire ces derniers en les écrasant, sont plus petits que les globules auxquels les granulations vitellines se réduisent par la compression, et n'ont point d'identité avec eux (1). Prevost et Dumas
ont démontré (2) que les globules du jaune et ceux du sang
diffèrent les uns des autres, puisqu'ils ne sont point parvenus
à produire avec le jaune un liquide semblable au sang, tandis
que Pfeil a vu la masse organique primordiale se convertir en
ce liquide (§ 467, 4°). Dœllinger a reconnu que la masse organique primordiale et le sang se ressemblent, à cette seule
différence près que le sang est coulant, et que ses globules
sont plus réguliers, mieux limités. L'organe central de la sensibilité paraît avoir aussi de l'influence sur la formation du sang ;
c'est souvent un liquide aqueux, et non du sang, qu'on rencontre dans les vaisseaux des monstres acéphales (3), et, chez les
animaux vertébrés inférieurs, quand le développement de l'organe central de la sensibilité est incomplet, on ne trouve point
le système vasculaire sanguin, qui, comme l'a fait voir Carus,
ne manque pas chez les Insectes, où il n'a fait que perdre ses
branches, ne conservant que son tronc, parallèle au cordon
ganglionnaire. D'après cela, la formation du sang aurait sa
cause dans l'individualité intérieure, sa substance dans un extérieur relatif, et ses moyens d'accomplissement dans l'organe
du conflit avec cet extérieur.

3° La première formation de sang a lieu hors de l'embryon,
dans la vésicule ombilicale, et elle résulte de ce que la masse
organique primordiale, qui s'est produite à la surface externe
du feuillet muqueux, entre là en contact immédiat avec l'air
atmosphérique (§ 467, 4°). Là le sang commence à couler
vers le cœur, et produit de cette manière les premières veines
situées à la face extérieure de la vésicule ombilicale. Par conséquent, les vaisseaux efférens de l'intestin s'emparent, chez

(1) Ibid., p. 297.
(2) Loc. cit., t. III, p. 106.
(3) Meckel, Handbuch der pathologischen Anatomie, t. I, p. 170.—Is.
Geoffroy-Saint-Hilaire, Hist. des anomalies de l'organisation, Paris, 1836,
t. II, p. 464.

l'animal développé, de la substance plastique assimilée ; ils remplissent également ce rôle dès l'origine dans l'embryon. Chez les Oiseaux, la formation du sang dans la vésicule ombilicale s'éteint vers le milieu de la vie embryonnaire, tandis qu'une portion considérable du jaune reste pour servir à la la digestion après l'éclosion. Chez les animaux dont le conduit de la vésicule ombilicale s'oblitère pendant la vie embryonnaire, le jaune n'est employé qu'à la formation immédiate du sang ; ainsi, dans les Sauriens, le volume de la sphère vitelline est plus considérable, eu égard au blanc, que chez les Oiseaux ; mais, comme le canal de la vésicule ombilicale disparaît de bonne heure, le jaune, converti en sang, est absorbé par les vaisseaux omphalo-mésentériques, et disparaît de meilleure heure, en sorte qu'il n'en reste que fort peu au moment de l'éclosion (1). Dans l'embryon humain, le liquide de la vésicule ombilicale s'épaissit vers le troisième mois, se remplit de flocons albumineux, et finit par disparaître entièrement, les vaisseaux venant à périr en même temps.

4° La formation du sang n'apparaît, à la vésicule ombilicale, que sous sa forme la moins élevée, puisqu'elle s'y effectue hors de l'embryon, et qu'elle y est le résultat d'une opération fort simple. Elle s'éteint sur ce point, soit parce que la vésicule ombilicale s'efface, avec ses vaisseaux, comme chez l'homme et la plupart des Mammifères, soit parce que le liquide de cette vésicule disparaît, et que ses vaisseaux servent à la respiration, comme chez les Rongeurs, soit enfin parce ses vaisseaux s'oblitèrent et que son liquide est mis en réserve pour la digestion future. La formation du sang se manifeste ensuite sous une forme plus élevée, et pour persister toute la vie, lorsqu'elle vient à être effectuée, dans l'intérieur de l'embryon, par le concours de parties diverses. A cette époque, l'eau de l'amnios est absorbée par les vaisseaux lymphatiques (§ 463, 3°, 4°), assimilée et mêlée au sang veineux. Schreger (2) dit avoir toujours vu, chez les nombreux embryons de Veau qu'il a ouverts, un liquide blanchâtre mêlé au sang dans

_____

(1) Emmert, dans Reil, *Archiv*, t. X, p. 110.
(2) *De functione placentæ*, p. 42.

les artères, les veines et le cœur. Mais la conversion de ce sang blanc en sang rouge est accomplie par la respiration des branchies ventrales (§ 467, V), probablement avec le concours des glandes vasculaires (§ 469) et du foie (§ 470, IV).

5° Comme le sang naît de la masse organique primordiale formée à la surface extérieure du feuillet muqueux, il peut probablement être produit aussi par les parties solides qui proviennent de cette masse. C'est ce qu'a également observé Dœllinger (1); il a vu quelquefois, dans des embryons de Poissons, une languette de masse organique primordiale devenir liquide, osciller, et se partager enfin en deux courans, l'un artériel, l'autre veineux. Haller (2) a vu paraître, aux vésicules cérébrales, d'abord des veines, puis des artères, et aux membres, en premier lieu des points rouges, ensuite des stries sanguinolentes non interrompues, enfin des vaisseaux sanguins cohérens. L'explication qu'il donne de ce phénomène, en disant que le calibre plus considérable des veines et leur transparence sont les causes qui les font apercevoir de meilleure heure, et que, si le sang paraît d'abord sous la forme de simples points isolés, puis sous celle de stries non cohérentes, c'est qu'il y a encore de la sérosité incolore interposée entre ces molécules, ne pourrait satisfaire pleinement qu'autant qu'on viendrait à réfuter, par des observations répétées, l'hypothèse, assurément fort admissible, que le sang se forme dans ces organes. Au reste, la masse solide qui se liquéfie ne se mêlera guère immédiatement avec le sang que durant les premières périodes, tant que ce liquide ne sera point emprisonné par des parois solides; plus tard, elle passera de préférence dans les lymphatiques, et de là dans un tronc veineux. D'ailleurs Baer (3) croit avoir vu, dans les villosités du placenta fœtal, du sang dépourvu de parois, et qui par conséquent s'y était formé.

Nous avons déjà fait remarquer précédemment (§ 464, 7°)

(1) Loc. cit., t. II, p. 404.

(2) Loc. cit., t. VIII, p. 277.

(3) Untersuchungen ueber die Gefæssverbindung zwischen Mutter und Frucht in den Saeugethieren, p. 15.

que les produits sécrétoires de l'embryon fournissent des
molécules nutritives, qui sont assimilées de nouveau par cette
même voie et reportées dans le courant du sang; mais la théorie de Geoffroy-Saint-Hilaire (1), suivant laquelle le sang de
la mère, absorbé par la veine ombilicale, sécréterait dans l'intestin un mucus qui constituerait l'aliment proprement dit de
l'embryon, est pour ainsi dire trop monstrueuse pour qu'on
puisse s'y arrêter.

### I. Respiration.

§ 466. Dans l'incubation extérieure, l'afflux de l'*air* atmosphérique vers l'œuf est une condition nécessaire pour le développement de l'embryon ( § 357 ). Chez les animaux aériens,
l'œuf présente, pour l'admission et la conservation de l'air,
des dispositions spéciales, qui sont très-variées dans les Insectes : ainsi, d'après Muller (2), les œufs des Phasmes offrent sur leur coquille une ouverture ovale, à laquelle s'adapte
un couvercle percé dans le milieu, qui se compose de deux
couches testacées, séparées par un tissu celluleux de substance
analogue; cette ouverture admet l'embryotrophe avant la
naissance, et l'air après. Suivant Succow (3), il y aurait même,
chez les Bombyx, des trachées qui partiraient d'une ouverture semblable, pour se répandre dans la membrane de l'œuf.
Au dire de Miger (4), les Hydrophiles, qui, lorsqu'ils sont
dans l'eau, ont toujours une bulle d'air sous le ventre, introduisent également de l'air dans le *nidamentum* qu'ils filent,
et ce dernier présente une extrémité, formée d'un tissu sec,
poreux, et analogue à de la soie, qui fait toujours saillie hors
de l'eau et reçoit l'air. Dans l'œuf de l'Oiseau, aussitôt après
la ponte, il se produit une chambre à air, au gros bout,
entre les feuillets de la membrane testacée. L'eau du blanc
s'évapore, le feuillet interne de cette membrane suit le blanc
à mesure qu'il diminue de volume, et de là résulte un vide,

(1) Philosophie anatomique, Monstruosités, t. II , p. 294-297.
(2) *Nov. Act. Nat. Cur.*, t. XII, p. 671.
(3) *Anat. phys. Untersuchung der Insekten*, p. 19.
(4) Annales du Muséum , t. XIV, p. 446.

dans lequel l'air pénètre à travers la coquille et le feuillet
externe de la membrane testacée. La chambre à air grandit
à mesure que l'évaporation et la consommation de l'embryotrophe s'accroissent. Paris (1) a obtenu d'un œuf de Poule frais
1/10 de pouce cube d'air, et d'un autre œuf couvé depuis
vingt jours un demi-pouce cube. Pendant l'incubation, les
œufs sont disposés obliquement, le gros bout en haut, de
manière que la chambre est exposée le plus librement possible à l'air ( § 460, 2° ). Ce dernier est d'une haute importance
pour le développement. Des œufs de Poule, à moitié couverts
de cire ou de vernis, se développèrent quand on eut soin d'en
laisser le gros bout libre : dans le cas contraire, ils ne se développèrent point (2). Si les œufs des Sauriens n'ont point de
chambre, leur coquille est, en revanche, plus perméable à
l'air.

I. Nous trouvons ici la même disposition que dans l'organisme parfait, où l'air est la condition du maintien de la vie.
Il y a donc respiration jusque dans l'œuf.

1° En effet, on remarque un échange de substances ga-
zeuses. L'œuf végétal, pendant sa maturation, exhale, au soleil, du gaz oxygène, et, à l'ombre, du gaz acide carbonique,
comme font les organes respiratoires de la plante développée, ou les feuilles : pendant la germination, il diminue la
quantité d'oxygène de l'air, et y dépose de l'acide carbonique. Ce changement d'air a été observé par Sorg (3), et
par Michelotti (4) dans les œufs d'Insectes ; ils absorbaient de
l'oxygène, exhalaient de l'acide carbonique, et périssaient
dans les gaz privés d'oxygène. Dulk (5) a trouvé, dans la
chambre à air des œufs de Poule, avant l'incubation, 0,260
de gaz oxygène et 0,740 de gaz azote ; après huit jours d'incubation, 0,225 du premier, 0,731 du second et 0,044 de gaz

(1) *Trans. of the Linnean society*, t. X, p. 307.
(2) Pfeil, *Diss. de evolutione pulli*, p. 12.
(3) *Disq. physiolog. circa respirat. insectorum*, p. 75.
(4) Rathke, *Abhandlung zur Bildungs-und Entwickelungsgeschichte des Menschen und der Thiere*, p. 365.
(5) Schweigger, *Journal fuer Chemie und Physik*, t. LVIII, p. 163.

acide carbonique ; à la fin de l'incubation, 0,180 d'oxigène, 0,740 d'azote, et 0,080 d'acide carbonique. Suivant Schwann (1), le développement de ce dernier gaz avait lieu même alors que les œufs étaient exposés à la chaleur incubatrice dans des gaz privés d'oxigène ou n'en contenant tout au plus que 0,003, et alors il s'élevait de 0,006 à 0,010. L'œuf lui-même renferme, selon Prout, du phosphore, qui absorbe l'oxygène pendant l'incubation, abandonne l'embryotrophe, c'est-à-dire le jaune, et, s'unissant avec la chaux, produit du phosphate calcaire, lequel se dépose principalement dans les os. Cette oxydation du phosphore a lieu par l'oxygène de l'air atmosphérique, et elle est quelquefois si vive, dans les œufs des Sauriens, surtout quand on les secoue, qu'ils deviennent lumineux, comme l'ont observé Grundler (2) et Lienert (3). Ce qui prouve qu'elle est fort répandue dans la nature, c'est que les pommes de terre qui germent répandent parfois, pendant quelques jours, une lumière phosphorique, accompagnée d'une odeur de moisi.

2° L'absorption du gaz oxygène exalte la vitalité de l'œuf, et accélère son développement. Lorsqu'on humecte des graines avec du chlore étendu d'eau, elles germent plus rapidement qu'à l'ordinaire, celles du cresson, par exemple, en six heures, tandis qu'elles en exigent communément trente, et l'on parvient ainsi à faire germer des graines que leur ancienneté avait rendues incapables de lever à la manière ordinaire. Le degré de développement que l'embryon acquiert dans l'œuf des Oiseaux paraît être aussi en raison directe de la quantité d'air qui agit sur lui ; du moins Pâris a-t-il remarqué que (4), la chambre à air est proportionnellement plus spacieuse chez les Oiseaux qui éclosent couverts de plumes et pouvant faire usage de leurs organes sensoriels et locomoteurs (Gallinacés), que chez ceux qui sortent de l'œuf nus et incapables d'agir (Pigeons, Corneilles, Passereaux). Mais l'oxygène, lorsqu'il

(1) *Diss. de necessitate aeris atmospherici ad evolutionem pulli in ovo*, p. 24-27.
(2) *Der Naturforscher*, t. III, p. 218.
(3) Reil, *Archiv*, t. IX, p. 85.
(4) *Loc. cit.*, t. VIII, p. 308.

agit avec trop de force, peut nuire par surexcitation; la germination des graines a lieu très-rapidement dans ce gaz, mais la jeune plante demeure pour la plupart du temps débile, ou même périt. Il y a certains végétaux qui ne peuvent point supporter l'air dans les premiers temps, et qu'on est obligé de couvrir d'une cloche; de même, suivant Pâris (1), la moindre piqûre à la chambre tue l'œuf d'Oiseau, parce qu'elle permet à une trop grande quantité d'air de pénétrer.

Maintenant si une respiration a lieu dans l'œuf des ovipares, nous devons supposer qu'il s'en effectue une aussi dans celui des Mammifères; car nous savons qu'en général cette fonction est en raison directe du degré d'organisation d'un être, et les Mammifères ne peuvent pas être au dessous des ovipares sous ce rapport.

II. Comme dans les végétaux et les animaux inférieurs, de même dans l'œuf, pendant son état primordial, la respiration n'a point d'organes spéciaux; l'embryotrophe en masse attire de l'oxygène et exhale de l'acide carbonique, d'après les lois de l'affinité chimique.

III. Bientôt il se développe des organes, mais qui servent autant à la nutrition qu'à la respiration. Ici le conflit avec le monde extérieur est encore uniforme et indifférent; l'ingestion est à la fois inspiration et introduction de substance alimentaire, l'éjection est simultanément expiration et excrétion.

1° Les *cotylédons* se rangent ici dans la série des formations végétales, mais de telle sorte cependant qu'ils n'exécutent pas simultanément les deux fonctions au même degré. Dans la plupart des plantes, ce n'est que quand ils ont cessé d'absorber de l'eau et de préparer de la substance plastique, qu'ils commencent à absorber de l'air par leurs stomates, comme les œufs de Phasmes, dont nous avons parlé précédemment. Chez certains végétaux, leur activité est plus spécialement tournée vers la nutrition, et chez d'autres vers la respiration, de même que, dans les plantes aquatiques, les feuilles inférieures absorbent de l'eau et les supérieures de l'air.

(1) *Loc. cit.*, p. 309.

2° La *vésicule ombilicale*, avec ses vaisseaux, se comporte de la même manière, et, dans les premiers temps, elle est simultanément organe de nutrition et organe de respiration. C'est en elle qu'on aperçoit le premier sang rouge ; mais le rougissement du sang suppose l'action de l'air atmosphérique. Pfeil (1) a vu, dans l'embryon du Poulet, que la masse organique primordiale jaune qui s'amasse entre le feuillet muqueux et le feuillet séreux, rougissait lorsqu'il l'exposait à l'air libre (§ 466, 1°). La formation du sang rouge part aussi de la vésicule ombilicale chez les Mammifères ; on en peut juger d'après l'embryon de Chien décrit par Baer (2), et comme le rougissement qui avait lieu ici est à peine concevable sans intervention de l'air, nous conjecturons (§ 357, 7°), d'après l'analogie, que le bouchon gélatineux de l'orifice utérin laisse pénétrer une certaine quantité d'air, qui doit s'amasser dans la cavité de l'utérus, attendu que l'œuf ne remplit point encore entièrement cette cavité. Les vaisseaux omphalo-mésentériques disparaissent lorsque d'autres sources d'alimentation s'ouvrent (notamment dans l'eau de l'amnios) et que d'autres organes de respiration se sont formés. Chez les Poissons et les Batraciens, les branchies se développent quand les parois viscérales ont acquis assez d'épaisseur pour ne plus laisser passer d'air ; mais les vaisseaux omphalo-mésentériques servent à la nutrition après qu'ils ont cessé de respirer. Chez les Rongeurs, au contraire, la respiration dure plus long-temps que la nutrition dans la vésicule ombilicale, car ses vaisseaux subsistent encore à la fin de la vie embryonnaire, quand le liquide de la vésicule est consommé depuis long-temps déjà. Dans l'embryon humain, les vaisseaux et le liquide disparaissent à peu près simultanément, vers le troisième mois, lorsque le placenta se développe.

IV. Il est certain que les *branchies cervicales* des Batraciens respirent ; mais on ne peut décider si celles des animaux supérieurs agissent également, ou si elles n'ont point de fonctions spéciales et ne sont que des vestiges du passage

(1) *Loc. cit.*, p. 24.
(2) *De ovi mammalium epistola*, fig. VII.

par les degrés inférieurs d'organisation. Il n'y a pas proba-
bilité qu'elles soient des organes de respiration, parce que les
vaisseaux omphalo-mésentériques existent avant elles et durent plus long-temps, et parce que les artères, quoiqu'elles
marchent le long des arcs branchiaux, ne s'y ramifient pas,
comme elles le font chez les Batraciens, de sorte qu'elles ne
multiplient point le contact du sang avec le milieu ambiant.
Cependant, chez l'embryon d'Oiseau, l'époque de leur disparition est précisément celle à laquelle l'allantoïde se développe en organe respiratoire, ce qui semblerait annoncer
qu'elles ne sont point demeurées absolument sans usage.
Dans les embryons des Squales et des Raies vivipares, les
branchies extérieures, filamenteuses, sont, d'après Leukart (1),
des organes de respiration dans le corps maternel, l'eau de
la mer arrivant, par l'ouverture de l'oviducte, à l'enveloppe
qui renferme les œufs, tandis que, chez les Raies ovipares,
la coquille cornée de l'œuf présente de chaque côté deux
ouvertures qui permettent à l'eau marine de pénétrer. Le
défaut de prolongemens filiformes aux branchies cervicales
des Oiseaux et des Mammifères ne prouve nullement que
cette formation soit donnée uniquement par le type général
de la série animale, et qu'elle soit sans utilité pour la vie individuelle ; car la respiration s'accomplit souvent sur des surfaces simples.

V. Nul doute que le *placenta fœtal*, et en général l'*endochorion*, qui lui sert de base, ne soient des organes de
respiration. Aussi n'avons-nous point hésité à considérer cet
organe comme une branchie abdominale ( § 445 ), et cela en
raison des motifs suivans :

1° Les branchies cervicales acquièrent plus de développement chez les Batraciens que chez les animaux supérieurs,
et persistent jusqu'au commencement de la respiration pulmonaire ; c'est pourquoi la vésicule cloacale de ces animaux
demeure petite, reste dans l'intérieur de la cavité abdominale,
et ne se développe qu'en vessie urinaire. Chez les Reptiles su-

(1) *Untersuchungen ueber die œussern Kiemen der Embryonen von
Rochen und Hayen*, p. 33.

périeurs et les Oiseaux, les branchies cervicales, qui n'existent qu'en rudiment, s'effacent, et font place à l'allantoïde. Celle-ci est une vésicule partant du cloaque, qui consiste en un feuillet muqueux intérieur, et en un feuillet vasculaire externe, conduisant les artères omphalo-iliaques et la veine ombilicale. Cette vésicule croît tout autour de l'œuf, en dedans de la membrane testacée, en dehors de l'amnios, et ses deux portions sont par conséquent appliquées l'une contre l'autre. Sa moitié interne est mince, transparente, collée à l'amnios et à la vésicule ombilicale, peu chargée de vaisseaux, et en général rudimentaire ; la moitié externe, au contraire, dont le feuillet vasculaire, appliqué immédiatement à la membrane testacée, se rapproche en conséquence autant que possible de l'air atmosphérique, est plus développée, plus épaisse, plus riche en vaisseaux, et les effets de la respiration s'y manifestent de la manière la plus prononcée, attendu que le sang des artères est d'un rouge foncé, et celui des veines d'un rouge vermeil. Maintenant l'allantoïde existe aussi chez les Mammifères ; seulement elle y est divisée en deux parties indépendantes l'une de l'autre ; l'allantoïde proprement dite (§ 447) en est le feuillet muqueux ; car, à l'instar de celui-ci, elle pousse du cloaque ; l'endochorion (§ 448) en est le feuillet vasculaire, car il résulte de l'expansion des artères omphalo-iliaques et de la veine ombilicale. Le placenta fœtal humain, comme l'a surtout fait voir Weber (1), est organisé tout entier de manière à établir un rapprochement aussi grand que possible entre le sang de l'embryon et celui de la mère, et à exposer le premier au contact du second sur des surfaces très-étendues et pendant un long laps de temps. Les plus fortes branches même des artères ombilicales ont des parois minces et transparentes, sans membrane fibreuse ; les vaisseaux capillaires n'ont que 0,003 à 0,009 ligne de diamètre : ils ne sont donc pas beaucoup plus gros qu'un globule de sang, et ils sont plus petits encore que ceux qu'on voit dans les poumons d'un adulte. Leur marche, dans les villosités épaisses de 0,013 à 0,020 ligne, est telle, qu'ils

(1) *Handbuch der Anatomie*, t. IV, p. 493.

forment des anses dans les étroites franges par le moyen desquelles ces villosités se plongent dans les veines du placenta utérin (§ 448, 15°), de sorte que chacune des parcelles du sang doit demeurer pendant fort long-temps en contact intime avec leurs minces parois.

2° La circulation a cela de particulier, chez l'embryon, que le sang venant du placenta fœtal se porte aux points de l'organisme qui jouissent de la plus grande vitalité, le ventricule gauche du cœur et le cerveau, par conséquent, d'une manière générale, à la moitié supérieure du corps, aux organes qui, après la naissance, reçoivent le sang le plus imprégné de vie, celui qui vient immédiatement des poumons. Le courant qui va du placenta fœtal à l'aorte ascendante, par la veine ombilicale, la veine cave inférieure, le trou ovale et le ventricule gauche du cœur, est pareil au système du sang rouge après la naissance, c'est-à-dire aux veines pulmonaires, à la moitié gauche du cœur et à l'aorte ; le courant de la moitié supérieure du corps, dans l'inférieure et le placenta fœtal, par la veine cave supérieure, l'oreillette droite, le ventricule droit du cœur et l'aorte descendante, correspond au système du sang noir après la naissance, c'est-à-dire aux deux veines caves, au cœur droit et à l'artère pulmonaire.

3° Lorsqu'avant le commencement de la respiration pulmonaire, la circulation entre l'embryon et le placenta vient à être interrompue, ou le cordon ombilical comprimé, la circulation ne cesse pas pour cela d'être impossible dans l'embryon, attendu que, par ses ramifications dans la moitié inférieure du corps, l'aorte descendante transmet le sang à la veine cave inférieure ; cependant la mort arrive en pareil cas avec une rapidité telle qu'on n'en observe jamais d'aussi prompte après la naissance, par l'effet du défaut de nourriture, mais seulement par la privation d'air respirable. D'après la remarque de Wigand (1), la mort est plus prompte alors chez les embryons gras que chez ceux qui sont maigres, de même qu'après la naissance, l'activité de la nutrition rend la respiration un besoin plus impérieux et exige qu'elle se fasse plus large-

(1) *Die Geburt des Menschen*, t. II, p. 439.

ment. Une pléthore qui proviendrait de ce que la carrière du sang se trouve restreinte, ne peut point non plus être la cause de la mort; car, d'abord, dans le cas d'une pression exercée sur le cordon ombilical, une quantité considérable de sang demeure hors de l'embryon, dans le placenta et dans les vaisseaux ombilicaux; ensuite, la pléthore tue tout à coup par apoplexie ou par affection du cerveau, et cet organe a trop peu d'activité encore, chez l'embryon, pour être susceptible d'apoplexie. Du reste, l'embryon périt très-promptement aussi lorsque le placenta fœtal se détache de la matrice dans une étendue un peu considérable et que la naissance ne s'opère pas très-peu de temps après.

4° La mort arrive, au milieu des phénomènes de l'asphyxie, quand la circulation vient à être interrompue entre l'embryon et le placenta. Lorsque le cordon ombilical a été complétement aplati pendant l'accouchement, on trouve, suivant Mende (1) le cœur rempli de sang outre mesure, et tous les vaisseaux gorgés de sang noir. Jœrg (2) a reconnu que quand l'avortement a lieu par suite d'une vive affection morale, la crainte et la frayeur surtout, circonstance dans laquelle la mort de l'embryon a vraisemblablement dépendu de ce que le sang maternel s'était détourné de la matrice et du placenta utérin, l'embryon présente de fortes congestions dans les veines du cerveau, et une coloration en noir de la rate et du foie, comme chez les asphyxiés.

5° Il y a antagonisme entre le placenta fœtal et les poumons. La mort pendant et après l'accouchement part presque toujours des organes respiratoires. Si l'embryon périt pendant la parturition, avant l'établissement de la respiration pulmonaire, la mort, suivant les observations de Wigand (3), part du cordon ombilical, dont les pulsations se ralentissent. S'il succombe après l'établissement de la respiration pulmonaire, les poumons meurent d'abord, et, par antagonisme avec eux, le cordon ombilical acquiert des pulsations plus fréquentes.

(1) Loc. cit., t. III, p. 145.
(2) Physiologie, p. 274.
(3) Loc. cit., t. II, p. 439.

L'enfant nouveau-né peut se passer de la respiration pulmonaire tant qu'il y a encore communication non interrompue
entre lui et le placenta fœtal, et il peut se passer de cette
communication dès qu'il respire par les poumons. S'il respire fortement, le sang ne coule plus dans le cordon ombilical;
si la respiration s'arrête, aussitôt le sang coule de nouveau
dans les artères ombilicales. Carus a vu, sur des embryons
de Lapin qu'il tirait de l'œuf, la circulation cesser dans le cordon ombilical, lorsque ces animaux commençaient à respirer,
et reparaître dès qu'il les plongeait dans de l'eau tiède.
Mayer a remarqué, en ouvrant la matrice d'animaux vivans,
que les embryons exécutaient des mouvemens respiratoires
dans l'intérieur de l'œuf, aussitôt qu'on comprimait le cordon
ombilical, et Osiander a reconnu qu'il y avait une très-forte
congestion vers les poumons chez des enfans nouveau-nés dont
le cordon ombilical avait été très-tortillé (1).

6° La preuve immédiate de la respiration au moyen du
placenta fœtal se trouve dans la nature du sang des artères et
de la veine ombilicale. Haller, Hunter, Bichat et autres n'ont
pu apercevoir aucune différence dans la couleur de ces deux
sangs. Autenrieth et Schutz ont également trouvé, dans des
Chats et des Lapins tirés immédiatement de la matrice, le sang
de la veine ombilicale aussi noir que celui des artères, quoiqu'il devînt vermeil par son exposition à l'air. Scheel (2) a
vu aussi le sang de la veine ombilicale semblable, quant à la
couleur, au sang veineux d'un enfant qui respire; mais ce
sang devenait vermeil après que le cordon ombilical était
demeuré pendant une heure exposé à l'air. Hoboken, Swammerdam, Bohn, Burns (3) et Jœrg prétendaient avoir trouvé
le sang plus rouge dans la veine ombilicale que dans les artères. Les recherches exactes de Muller ont tranché cette
question : des Lapins, des Cochons d'Inde et des Chats ne
lui ont offert aucune différence dans la couleur du sang que
contenaient les troncs des vaisseaux ombilicaux, mais bien

(1) Muller, *De respiratione fœtus*, p. 176.
(2) *Loc. cit.*, p. 42.
(3) *The anatomy of the gravid uterus*, p. 160.

dans celui du liquide qui remplissait leurs ramifications déliées (1), et la différence lui a paru plus sensible encore chez les Brebis (2), assertion que depuis (3) il a retirée. Mais, ce qui était plus important encore, il a constaté une différence chimique entre les deux sangs : celui de la veine ombilicale se coagulait moins vite que celui des artères : le caillot du premier se couvrait promptement à l'air d'une membrane épaisse, tandis que celui de l'autre y restait long-temps gélatineux; enfin le premier donnait du gaz oxygène par l'action de la chaleur, devenait plus noir sous le récipient de la machine pneumatique, et acquérait une couleur plus foncée dans le gaz acide carbonique, de sorte qu'il se comportait plus à la manière du sang artériel que celui des artères ombilicales (4). Ces observations s'accordent avec celles de Lavagna (5), d'après lesquelles le sang de la veine ombilicale donne un caillot solide et contient beaucoup de fibrine, mais plus molle que celle de l'adulte, tandis que le sang des artères ombilicales se coagule extrêmement peu, et ne donne que quelques filamens grêles de fibrine.

7° Il est donc prouvé que le placenta fœtal respire comme les poumons, mais d'une manière moins complète, ainsi que le pensaient déjà Mayow (6) et autres (7). L'opinion de Schweighæuser (8), qui le croyait destiné à convertir le sang artériel en sang veineux au profit de la sécrétion biliaire, se trouve donc aussi refutée. Nous pourrions dire encore qu'il n'y a qu'une seule veine ombilicale, tandis qu'on compte deux artères, que par conséquent la première se comporte comme artère, et les artères comme veines ; que, chez les Ruminans, où les cotylédons embryonnaires sont répandus sur

---

(1) *Loc. cit.*, p. 163.
(2) *Loc. cit.*, p. 166.
(3) Muller, *Archiv fuer Anatomie*, t. I, p. 303.
(4) *Loc. cit.*, p. 169.
(5) *Deutsches Archiv*, t. IV, p. 153.
(6) *Tractatus quinque medico-physic*, p. 320.
(7) Haller, *Elem. physiol.* t. VIII, p. 245.
(8) Sur quelques points de physiologie, p. 19.

la surface entière de l'œuf, le développement de l'embryon est porté plus loin que chez les Carnassiers, ou le placenta fœtal ne forme qu'une espèce de ceinture ; que, chez certaines larves d'Insectes, les branchies ventrales ( lames caudales ), disparaissent quand les ailes se développent comme organes aériens, etc. Cependant nous n'attacherons aucun poids à ces argumens. Mais, par contre aussi, nous récuserons celui que Gehler allègue, pour nier la respiration placentaire, en disant qu'il y a des cas où le cordon ombilical manque, où l'embryon survit encore vingt-quatre heures à sa mère, car lorsque le cordon ombilical manquait, l'embryon s'était arrêté aussi à un degré inférieur de développement, en sorte que la respiration pouvait s'exécuter par la vésicule ombilicale et les membranes de l'œuf, ainsi qu'elle a lieu d'abord dans l'état normal, et, en second lieu, ce qui prouve que la matrice peut survivre à la femme, c'est qu'elle a encore, long-temps après la mort, la faculté d'accomplir la parturition.

Il ne nous reste donc plus qu'à examiner la modalité de cette respiration.

8° D'abord, elle consiste en un conflit, non avec un gaz, mais avec un liquide ; car le placenta embryonnaire étant en contact immédiat avec le placenta utérin, auquel il adhère, de manière qu'il ne reste point d'espace entre eux pour loger de l'air, et aucune parcelle d'air n'ayant jamais été trouvée non plus dans son tissu, tout ce que nous pouvons admettre, c'est que l'action du sang maternel fait subir les changemens respiratoires au sang contenu dans les vaisseaux du placenta fœtal. Il y a donc ici respiration aquatique, et le placenta embryonnaire est une branchie. Le placenta fœtal et le placenta utérin sont unis ensemble par adhésion, et représentent des plateaux dont les surfaces sont en conflit électrique et disposées pour un échange mutuel de matériaux. Les dilatations celluleuses entre les extrémités des artères et les racines des veines du placenta utérin sont le tropique de la révolution du sang maternel, et probablement l'endroit où il entre en conflit avec celui de l'embryon. Nous n'avons aucune raison de penser que ce conflit soit le résultat d'un liquide séparé du sang maternel, comme l'admettait Mayow (1); car un tel liquide ne se rencontre que pendant fort peu de temps dans l'espèce humaine, et il paraît plutôt servir à la nutrition, en passant dans la gélatine du cordon ombilical.

9° La respiration n'est point rhythmique, ni accomplie par un mouvement animal; elle a lieu d'une manière continue et purement végétative, par une affinité chimico-dynamique entre les deux espèces de sang. Tel est aussi le caractère de la respiration branchiale des têtards de Batraciens.

10° Il n'y a point respiration intérieure consistant en ce que, soit de l'air, soit de l'eau chargée d'air, pénètre dans les cavités organiques pour entrer en conflit avec le sang, mais respiration extérieure, consistant en ce que le sang, attiré par le milieu ambiant, arrive à la surface et va au devant des changemens respiratoires, comme il arrive aussi dans les branchies libres des têtards de Batraciens.

11° La respiration de l'embryon est plus incomplète que celle de l'organisme développé. D'après les observations de Schutz, le sang de la veine ombilicale n'est point si noir que le sang veineux de la mère, mais il n'est pas non plus aussi vermeil que le sang artériel de cette dernière. En outre, il se mêle, dans la veine cave inférieure, avec le sang purement veineux qui revient de la moitié inférieure du corps. Cette imperfection de la respiration dans le placenta embryonnaire rend nécessaire le concours d'autres organes encore, notamment du foie (§ 470, IV) et des glandes vasculaires (§ 468). La respiration n'est donc point concentrée, mais fractionnée, éparpillée, de même qu'au degré le moins élevé de la formation, elle est commune ou générale, et ne se rattache à aucun organe en particulier.

12° La respiration de l'organisme développé n'est point une activité qui ne s'exerce que d'un seul côté; c'est un conflit, un échange de matériaux avec le milieu ambiant, un acte qui consiste tout aussi essentiellement dans l'exhalation d'acide carbonique, que dans l'absorption d'oxygène. Nous devons donc présumer que le sang de l'embryon ne se borne

(1) *Loc. cit.*, p. 318.

pas non plus à attirer de l'oxygène des artères utérines dans les cellules du placenta utérin, mais qu'il abandonne aussi de l'acide carbonique aux veines prenant racine dans ces cellules. Muller regarde ce dernier phénomène comme improbable, parce que la sécrétion biliaire soustrait déjà du carbone (1). Mais les deux directions paraissent être trop essentiellement liées l'une à l'autre, pour qu'aucune d'elles puisse exister seule. D'ailleurs l'exhalation de carbone est prouvée par le liquide, d'abord d'un brun foncé, puis d'un vert foncé, qui se dépose au bord du placenta fœtal, surtout chez les Carnassiers, liquide qui a une analogie frappante avec la bile : suivant Breschet (2), il se compose du pigment vert de la bile tout pur, sans matière jaune, ni matière amère de cette humeur.

13° Schreger (3) pensait que ce sont les lymphatiques, et non les veines ombilicales, qui absorbent l'oxygène. Cette opinion répugne à toute analogie, et n'a pour elle aucun fait.

VI. Quant aux *poumons*,

1° Scheel et Béclard soutiennent qu'ils respirent l'eau de l'amnios. Scheel croyait avoir remarqué que l'eau de l'amnios donne une couleur plus vermeille au sang veineux, même sous une couche d'huile, et qu'elle oxyde les métaux plus rapidement que ne le fait l'eau distillée (4). A l'égard de Béclard, il avait vu de la liqueur amniotique dans la trachée-artère, et lorsqu'il injectait un liquide coloré dans l'amnios, par une petite ouverture pratiquée à ce sac, il le retrouvait dans les bronches. Dans aucun cas, les poumons ne pourraient agir ainsi que pendant la dernière période de la vie embryonnaire, lorsqu'ils reçoivent une plus grande quantité de sang, et que les mouvemens respiratoires ont déjà commencé ; mais ces derniers ne peuvent point être allégués en preuve, comme le prétend Béclard, puisqu'ils ne sont déterminés que par l'activité de l'organe central de la sensibilité.

(1) *Ibid.*, p. 182.

(2) Études anatomiques, physiologiques et pathologiques de l'œuf dans l'espèce humaine, etc., Paris, 1832, in-4°, fig.

(3) *Loc. cit.*, p. 95.

(4) *Loc. cit.*, p. 117.

Nous ne trouvons nulle part qu'un seul et même organe serve en même temps à la respiration aérienne et à la respiration aquatique ; du moins, les poumons des Cétacés et des Mammifères amphibies, auxquels l'embryon des autres Mammifères peut être comparé dans les derniers temps, ne respirent-ils que l'air. D'ailleurs, l'eau de l'amnios ne convient point à la respiration, car elle ne contient pas d'oxygène libre, comme l'a démontré Muller (1). Lorsqu'on la fait chauffer modérément, elle exhale un gaz dans lequel une allumette s'éteint et le phosphore ne brûle point; si on la met sous le récipient de la machine pneumatique, les bougies s'éteignent dans l'espace compris au dessus d'elle, avec la même rapidité que quand on opère sur de l'eau ; elle ne change point la couleur des hydrates blancs d'oxydes de manganèse; elle brunit bien le protosulfate de fer, mais plus tard que ne se fait l'eau distillée, et plus tard encore que l'eau de source; elle donne moins de précipité avec ce sel; les Poissons y périssent très-promptement (2), et les embryons du Chat y meurent tout aussi vite que dans l'eau distillée (3).

2° La tête de l'embryon du Poulet est située près de la chambre à air, vers la fin de l'incubation. Le bec pénètre dans cette chambre au dix-neuvième ou vingtième jour environ, et dès lors commence la respiration pulmonaire. On ne saurait révoquer en doute que l'embryon humain ne puisse aussi respirer par les poumons pendant la dernière période. L'eau de l'amnios a considérablement diminué alors, et, au moment où le fœtus arrive à terme, elle ne s'élève parfois pas à plus de quelques onces. Wrisberg (4) a même vu, dans un avortement, où sa quantité était encore d'une livre et demie, qu'elle ne couvrait qu'à moitié, l'embryon pesant six livres et demie. Il ne peut manquer d'arriver que le vide se remplisse d'air, surtout lorsque la matrice commence à s'ouvrir; et comme les mouvemens respiratoires s'exécutent à cette époque (§ 471, 10°), cet air peut aussi pénétrer dans les pou-

(1) *Loc. cit.*, p. 187-192.
(2) *Ibid.*, p. 195.
(3) *Ibid.*, p. 200.
(4) *Commentationes*, p. 317.

mons. Mais c'est là un cas extraordinaire ; dans la règle,
l'embryon a sa tête vers la partie inférieure de l'œuf et de la
matrice, où se rassemble aussi ce qui reste de l'eau de l'amnios ; d'ailleurs, l'air amassé dans l'amnios ne saurait être
assez pur pour exercer une stimulation suffisante, capable de
provoquer une respiration profonde, d'autant plus que celle-ci
est rendue fort difficile par la position fortement recourbée
de l'embryon. Au reste, un état contre nature, tel que le phy-
somètre, peut aussi développer dans la matrice de l'air, qui
pénètre dans l'œuf, ou qui même se dégage dans son intérieur.

## II. Glandes sanguines.

§ 467. Les *glandes vasculaires*, ou *sanguines*, aglomérations
de ramifications vasculaires, qui sont réunies par de la masse
organique primordiale, et qui n'ont ni conduits excréteurs, ni
connexions immédiates avec le système des membranes muqueuses, ne peuvent servir qu'à la métamorphose du sang,
sans réaction avec le monde extérieur. Mais la métamorphose
peut être le résultat, soit du séjour du sang dans ces organes,
séjour qu'on ne saurait concevoir sans un changement quelconque dans la proportion des élémens constitutifs, soit de
leur propre nutrition, ou d'un dépôt de substance dans leur
tissu, soit de la formation d'un liquide qui s'amasse dans ce
tissu et qui est ensuite résorbé.

1º La *rate* est une glande vasculaire permanente, peu développée encore dans l'embryon, par conséquent aussi peu
active, et qui ne joue aucun rôle spécial par rapport à la vie
embryonnaire.

2º La *glande thyroïde* est également un organe permanent,
mais qui a plus de développement et un volume proportionnel plus considérable chez l'embryon que chez l'adulte, et qui
contient un suc laiteux. On ignore si sa grosseur annonce seulement un premier degré de développement, comme dans
d'autres organes ( § 478, 7º) dont la vitalité ne se manifeste
à cette époque que par la seule nutrition, sans qu'ils remplissent encore de fonction spéciale, et si par conséquent elle
ne contient plus de sucs que chez l'adulte qu'en raison du
caractère général de la constitution de l'embryon ( § 470, I),

ou si elle joue un rôle particulier pendant la vie embryonnaire.
Dans le cas où cette dernière conjecture serait fondée, il y
aurait à présumer que la glande thyroïde agit d'une manière
analogue à celle du thymus.

3° Les *capsules surrénales* ne sont également point un organe qui appartienne à l'embryon d'une manière exclusive ;
mais , chez lui , leur volume proportionnel dépasse bien plus
celui qu'elles ont chez l'adulte , qu'on ne l'observe à l'égard
de la glande thyroïde. Si elles remplissent un office spécial
pendant la vie embryonnaire , nous devons penser que leur
action a de l'analogie avec celle de l'allantoïde (§ 470, VI ).
En effet, c'est chez l'homme , où cette dernière s'éteint de
meilleure heure que chez aucun animal, qu'elles présentent le
plus de volume proportionnel. Aussi Malfatti (1) les regardait-
il déjà comme un organe intermédiaire, qui entre encore en
action lorsque la fonction de l'allantoïde a cessé sans que
celle des reins ait commencé.

4° Le thymus étant un organe transitoire, il a incontestablement une fonction qui se rattache spécialement à la vie
embryonnaire, mais qui ne peut point être bornée à cette
fraction de l'existence , puisque la glande subsiste pendant toute l'enfance , et qu'elle croît encore durant les
premières années (2). D'après cela , il est hors de vraisemblance qu'elle serve d'une manière spéciale à l'assimilation
pendant la vie embryonnaire ; pour lui attribuer une telle
fonction , il a fallu imaginer des voies par lesquelles la substance qui a besoin d'être assimilée puisse être amenée, tandis
que, quand il s'agit d'expliquer une partie quelconque , la
physiologie doit , non en admettre d'autres hypothétique-
ment, mais considérer le mécanisme démontré par l'observation comme la base de ses conjectures. Des lymphatiques particuliers seraient chargés de conduire au thymus, suivant
Caldani, la lymphe formée dans le foie , et d'après Lucæ (3)

(1) *Entwur feiner Pathogenie*, p. 32.
(2) *Voyez* Billiard, Traité des maladies des enfans nouveau-nés, Paris,
1837, p. 539, 626.
(3) *Grundriss der Entwickelungsgeschichte des menschlichen Kœpers,*
p. 80.

l'eau de l'amnios absorbée par les mamelons. Mais l'existence de ces lymphatiques n'a point été démontrée; car si Osiander (1), en injectant les conduits lactifères, a vu quelques lymphatiques se rendre à la région du thymus, ce n'est point une preuve qu'ils allassent à la glande même et qu'ils s'ouvrissent dans son tissu, puisqu'on ne connaît point encore d'abouchement de lymphatiques avec des organes autres que les veines. Muller (2) présume que l'eau de l'amnios passe non des mamelons, mais de la trachée-artère, dans le thymus : or il reste encore à découvrir la voie qu'elles suivaient pour parcourir ce trajet, et Fohmann (3), en particulier, affirme qu'il n'y a point là de vaisseaux lymphatiques. Lobstein admet (4) que le liquide laiteux du thymus sert à exciter le cœur; mais cette hypothèse ne repose sur aucun argument admissible, puisque le cœur se meut avec l'énergie convenable long-temps avant l'apparition du thymus.

Il est plus vraisemblable que cette glande a des connexions avec la respiration. La moitié inférieure du corps de l'embryon ne reçoit que du sang qui a déjà circulé dans la moitié supérieure ( § 422, 3°), qui par conséquent est moins propre à l'animation et à la nutrition. A ce sang se mêle celui qui revient du thymus, et qui s'épanche dans la veine cave supérieure, soit immédiatement, soit en passant par les veines thorachiques internes, les sous-clavières et les thyroïdiennes. On peut donc penser que le thymus, par sa nutrition et la production de son liquide laiteux, enlève au sang assez de carbone pour le rendre apte à l'animation et à la nutrition. Peut-être la thyroïde participe-t-elle à cette fonction, de sorte que les deux organes seraient, pour le sang de la moitié inférieure du corps, ce que le placenta fœtal et le foie accomplissent, d'accord avec elles, pour celui de la moitié supérieure. Fohmann admet, au contraire, que le thymus, comme les autres ganglions sanguins, sécrète un liquide qui,

(1) *Handbuch der Entbindungskunst*, t. I, p. 510.
(2) *Loc. cit.*, p. 118.
(3) Mémoires sur les communications des vaisseaux lymphatiques avec les veines, p. 29.
(4) *Loc. cit.*, p. 186,

conduit dans les veines par les lymphatiques, favorise la conversion en sang du liquide puisé dans l'eau de l'amnios et absorbé dans le placenta fœtal.

### ARTICLE II.

## De la sécrétion.

§ 468. Si, dans l'assimilation, il se manifeste une tendance à la formation d'un produit commun et homogène, le sang, une tendance inverse se déploie dans la production de parties et de liquides hétérogènes.

### I. Formation des solides.

1° Nous avons prouvé précédemment ( § 440 , 5° ) que les *parties solides* ne naissent point indistinctement du sang , et comme ramifications du système vasculaire, d'où se déposerait ensuite le parenchyme (1). Le premier produit de l'assimilation de l'embryotrophe est une masse organique primordiale, qui s'accumule entre le feuillet muqueux et le feuillet séreux (§ 466 , 1°) Une partie de cette masse commence à se résoudre en liquide, et devient du sang ( § 466 , 2° ); une autre se fixe , prend une configuration spéciale , et se divise en organes de la cavité viscérale ( § 440 , 450); car l'espace compris entre les feuillets muqueux et séreux , ou, en d'autres termes, entre l'intestin et la peau, n'est autre chose que la cavité viscérale. Il est probable que, plus tard, non seulement le feuillet muqueux ( intestin) absorbe l'embryotrophe primaire (jaune), mais encore la seconde zone du feuillet séreux (peau) s'empare de l'embryotrophe secondaire (blanc), et que le produit commun de cette double absorption est le développement des différens viscères, ainsi que des organes de la paroi viscérale, mais de telle sorte néanmoins que la vésicule ombilicale et son contenu prennent plus de part à la formation des viscères et des vaisseaux sanguins , en un mot du système plastique, tandis que le feuillet séreux et l'em-

_____

(1) Fleischmann, *Leichenœffnungen*, p. 32-35. — Tiedemann , *Anatomie der kopflosen Missgeburten*, p. 105. — Bischoff, *Beiträge zur Lehre von den Eihuellen des menschlichen Fœtus*, p. 98.

bryotrophe secondaire (blanc et eau de l'amnios), contribuent davantage à celle du système animal, ou des nerfs et du squelette. C'est ce qui paraît expliquer pourquoi, chez les animaux inférieurs, la vésicule ombilicale a une prédominence absolue, et l'amnios manque, avec le liquide amniotique (§ 435); tandis que, chez l'homme, l'embryotrophe primaire et la vésicule ombilicale sont plus réduits que chez aucun animal, la peau et l'eau de l'amnios acquérant au contraire la prédominance, eu égard à leur relation mutuelle.

2° Le solide procède du liquide, et la formation est une solidification; mais celle-ci peut avoir lieu par syntèse ou par analyse. A la rencontre de deux liquides, qui produisent, soit par leur masse entière, soit par quelques uns de leurs principes constituans, une combinaison dans laquelle la force de cohésion acquiert plus de puissance, dans le premier cas la totalité, et dans le second une partie seulement du tout devient solide. On pourrait admettre que les divers embryotrophes agissent l'un sur l'autre de l'une de ces deux manières, et donnent lieu ainsi aux premiers produits solides, mais qu'ensuite, les produits se multipliant, l'opération devient de plus en plus complexe, que par exemple l'addition du sang rouge à la gélatine détermine la précipitation de la substance osseuse (§ 427, 3°). La solidification peut aussi s'effectuer par analyse, lorsque les principes constituans qui ont plus d'affinité de cohésion les uns pour les autres deviennent prédominans dans le liquide, et se rapprochent assez pour pouvoir mettre en jeu leur force attractive, soit que le liquide contienne une plus grande quantité de ces principes qu'il n'en peut conserver sous cette forme (sursaturation), soit que la prédominance de la force d'expansion le fasse dissiper en totalité ou en partie (évaporation). Haller (1) présumait qu'une portion du liquide s'échappe sous forme de vapeur pendant la formation des parties solides de l'embryon, et peut-être serait-il permis d'alléguer l'évaporation de l'œuf (§ 465, 1°) en faveur de cette hypothèse. Bauer (2) dit même

(1) *Loc. cit.*, t. VIII, p. 272.
(2) *Deutsches Archiv*, t. V, p. 372.

avoir observé, pendant le développement de l'embryon végétal, un dégagement de gaz, par conséquent une séparation
du liquide en deux formes entre lesquelles règne un antagonisme de polarité, la forme solide et la forme liquide. Cependant nous ne pouvons ici que hasarder des conjectures relativement à la modalité possible de cette opération, eu égard
à laquelle l'expérience ne nous trace aucune direction déterminée.

3° Les organes sont d'abord mous et gélatineux, et ils ne
se condensent que peu à peu, leurs parties constituantes s'attirant mutuellement avec plus de force. Leur volume augmente aussi, parce qu'ils attirent les substances ayant de l'affinité avec eux. Le liquide adhère au solide, et celui-ci devient la souche ou le noyau de la cristallisation. Un cristal
inorganique exerce déjà une faculté assimilatrice de ce genre :
si l'on en plonge un dans une dissolution saline qui cristallise
avec lenteur, une cristallisation semblable à la sienne s'opère
d'une manière rapide; il exerce aussi cette faculté à distance,
et même, d'après Wakernagel et Kaestner (1), après avoir
été isolé par un enduit de vernis ou de cire.

4° Le cœur, et, plus tard, tous les autres organes provenant de la masse organique primordiale, attirent de la même
manière, non seulement le sang, mais encore ceux des principes
constituans de ce dernier qui ont de l'affinité avec eux, pour se
les incorporer, ou les faire servir à leur nutrition et à leur
accroissement en volume. Ainsi Dœllinger a vu quelquefois (2), dans des embryons de Poissons, des globules s'écarter du courant sanguin, se fixer aux organes, et en devenir
une partie intégrante, dans laquelle se développaient ensuite
de petits courans allant d'abord avec lenteur, puis avec plus
de rapidité.

### II. Formation des liquides.

§ 469. La *sécrétion*, ou la formation de liquides spéciaux,
I. Parait s'opérer de plusieurs manières diverses. Origi-

(1) *Archiv fuer die gesammte Naturlehre*, t. V, p. 299, 314.
(2) *Loc. cit.*, t. VII, p. 190, 198.

nairement elle coïncide avec la configuration , par la séparation de la masse organique primordiale en liquide et en solide. Il ne se produit pas de canal qui ne contienne quelque
liquide dans ses parois. Ensuite elle procède d'un tissu solide
déjà développé , et dont une partie redevient liquide : tel est
le cas des organes qui sont d'abord pleins et dans lesquels
se développent ensuite des canaux. Enfin , lorsque les parties
ont acquis une densité plus considérable et une plus grande
fixité d'existence, quand il s'est développé des vaisseaux
lymphatiques, constituant des voies spéciales à travers lesquelles les portions redevenues liquides de leur masse passent
pour rentrer dans la circulation , le sang devient le matériel
de la sécrétion, car il est l'élément mobile et continuellement
variable, qui revêt des formes spéciales dans chaque tissu.
Aussi la sécrétion devient-elle plus abondante lorsque le système vasculaire a pris davantage de développement et que
l'accroissement s'opère d'une manière plus lente ; aussi, pendant la seconde moitié de la vie embryonnaire , non seulement
les viscères sont-ils plus imprégnés de sucs, mais encore
quelques uns d'entre eux , notamment le pancréas , la glande
thyroïde, les capsules surrénales, le thymus, les mamelles,
le vagin, la matrice, contiennent-ils un liquide lactescent (1).
En général, tous les liquides de l'embryon sont doux et ont le
caractère de l'indifférence.

II. La formation de la graisse commence lorsque la configuration et la nutrition ont fait certains progrès , et que la
quantité de substance assimilée dépasse les besoins du moment. Ainsi la graisse se forme chez les larves des Insectes,
pour être consommée pendant l'état chrysalidaire ; chez
les Anoures, elle paraît aussitôt après que le canal intestinal s'est développé. Chez les Urodèles , sa production a lieu
plus tard , et l'on n'en rencontre qu'au cinquième mois dans
l'embryon. Mais elle a constamment les caractères d'un superflu de formation réellement animale, car on n'en voit jamais aux parties transitoires de l'œuf, les membranes , le cordon ombilical et le placenta, même quand la mère et l'em-

(1) Harvey , loc. cit., p. 251. — Rœderer, Diss. de fœtu perfecto , p.
24. — Danz, loc. cit., t. II, p. 70.

bryon en regorgent. Chez les Mammifères, et surtout chez l'homme, la graisse ne se dépose que sous la peau de l'embryon, au cinquième mois en petites masses isolées, plus tard en grandes couches cohérentes, tandis qu'elle manque entièrement au dedans de la cavité du tronc, au mésentère, à l'épiploon, aux reins et au cœur; ce qui semble être une nouvelle preuve que, chez les animaux supérieurs, la formation qui part de la peau et de l'eau amniotique, comme embryotrophe secondaire, a la prépondérance. Valentin (1) a remarqué les premières traces de graisse, chez l'embryon humain, pendant le quatrième mois, à la plante des pieds et à la paume des mains, sous la forme de vésicules isolées, ayant 0,008 à 0,010 ligne de diamètre, qui grossissaient peu à peu, et formaient sous la peau une couche d'un quart de ligne d'épaisseur.

III. L'excrétion est moins active chez l'embryon que chez l'adulte, attendu qu'il consomme davantage de substance pour sa formation. Aussi certaines larves d'Insectes ont-elles, malgré l'abondance de leur nutrition, l'intestin clos à son extrémité, et incapable par conséquent de fournir aucune déjection. Le méconium, l'urine et le liquide allantoïdien donnent l'exemple d'une excrétion relative : nous devons admettre, dans ces substances, qui sont déposées dans l'intestin, la vessie et l'allantoïde, une circulation de matière telle qu'une portion de ce qui a été éliminé rentre de nouveau dans le torrent. Cette sécrétion tient donc le milieu entre celle de la graisse qui reste à l'intérieur, et celle des substances qui sont portées en entier au dehors.

IV. Le foie

1° Se forme comme organe intermédiaire entre la veine cave inférieure et le cœur; il attire le sang qui arrive dans la cavité abdominale, savoir d'abord celui de la veine omphalo-mésentérique, et plus tard une partie de celui de la veine ombilicale. Le sang de nouvelle formation, ou le sang métamorphosé, se trouve donc en grande partie détourné dans sa progression vers le cœur, et attiré par le foie, d'où les veines

(1) *Entwichelungsgeschichte des Menschen*, p. 271.

hépatiques le ramènent dans sa première voie. D'après cela, le foie est un organe intermédiaire entre le cœur et les membranes de l'œuf qui forment le sang, et nous devons présumer qu'il contribue à l'élaboration de ce dernier. D'après Prevost et Dumas, les globules de sang elliptiques, qui sont particuliers à l'Oiseau, apparaissent au sixième jour de l'incubation, et leur manifestation paraît tenir à ce que le foie est assez développé au cinquième jour pour qu'il commence à se former de la bile.

2° Plusieurs phénomènes semblent annoncer que le foie a une fonction analogue à celle des branchies abdominales. Dans l'embryon des Oiseaux et des Reptiles supérieurs, la respiration par l'allantoïde est plus parfaite que chez les Mammifères, à cause du conflit existant avec l'atmosphère; mais, en même temps, le foie est proportionnellement plus petit, et la veine ombilicale, chez les Ophidiens, aboutit, suivant Dutrochet (1), non dans la veine porte, mais immédiatement dans la veine cave. Chez l'embryon humain, la formation de la bile se fait apercevoir au cinquième mois, lorsque le placenta embryonnaire se développe, et, à mesure que la respiration devient plus active dans ce dernier organe, le foie perd une partie du volume proportionnel qu'il avait auparavant. Osiander a remarqué aussi qu'il est plus gros dans les cas de maladie du cordon ombilical.

3° Si la respiration qui a lieu dans le placenta embryonnaire devient alors plus parfaite, elle ne le peut que parce que la proportion du carbone diminue dans le sang, et cette diminution du carbone peut tenir tant à la formation de la bile, puisque la bile est un liquide très-carboné, qu'à la formation et à la nutrition du foie, puisque celui-ci a une composition chimique analogue. Mais ce qui prouve que la formation du sang rouge se rattache à la séparation d'une substance chargée de carbone, et qu'elle tient aussi, dans les enveloppes fœtales, à la formation d'un liquide analogue à la bile, c'est la couleur verdâtre que le jaune fixé au feuillet muqueux acquiert dans l'œuf de Poule, lorsqu'il se forme du sang; c'est aussi la

(1) Mémoires pour servir à l'histoire des végétaux et des animaux, t. II, p. 229.

substance verte qui, chez les Mammifères, se dépose sur les vaisseaux de l'exochorion et du placenta embryonaire, et qui disparaît quand la sécrétion du foie commence (1). Au reste, la bile de l'embryon n'est point encore amère; suivant Lassaigne (2) celle du Veau contient du mucus, une substance jaune, une autre verte, de l'hydrochlorate et du carbonate de soude, du phosphate calcaire, et point de picromel.

V. Le canal digestif n'est qu'humide pendant les premiers temps, mais peu à peu il se remplit de liquide.

1° D'après Prevost et Le Royer (3), l'estomac de l'embryon de Poulet contient, au neuvième jour, un liquide transparent, un peu visqueux, albumineux, légèrement alcalin, qui, au treizième jour, rougit le tournesol et commence à se coaguler sur la membrane muqueuse; au dix-septième jour il est entièrement coagulé et acide, et peu de temps avant l'éclosion, il contient de l'acide hydrochlorique libre. Les mêmes observateurs (4) ont trouvé, dans l'estomac de l'embryon de Veau, un liquide jaune pâle, visqueux et neutre, avec beaucoup de mucus et peu d'albumine; vers la fin de la vie embryonnaire, ce liquide était un peu épais, gluant et neutre; il contenait beaucoup de mucus, une matière animale soluble dans l'alcool, de la soude et des sels calcaires, mais point d'albumine ni d'acide hydrochlorique; celui-ci ne s'y développe qu'après la respiration. L'estomac de l'embryon humain renferme, à dater du troisième mois, une grande quantité de liquide mucilagineux.

2° Au dire de Prevost et de Le Royer, il y a, au dix-septième jour, dans l'intestin de l'embryon du Poulet, des caillots d'albumine, qui sont un peu ramollis et verts à la surface, et des masses arrondies d'une substance d'un gris jaunâtre, composée de mucus et d'albumine; au vingt-unième jour, la portion supérieure de l'intestin contient un méconium liquide, d'un brun canelle, et le rectum une matière fécale solide, d'un brun verdâtre foncé, de laquelle l'alcool extrait une

(1) Prevost et Dumas, dans Annales des sc. nat., t. III, p. 105.
(2) Heusinger, *Zeitschrift fuer die organische Physik*, t. I, p. 439.
(3) Bulletin des sc. méd., t. VII, p. 25.
(4) *Ibid.*, p. 27.j

matière colorante jaune verdâtre, que l'air et les acides rendent d'un vert d'émeraude foncé, tandis que le résidu consiste en mucus et en albumine. Ces deux observateurs ont trouvé, dans l'embryon de Veau, à la partie supérieure de l'intestin grêle, une substance épaisse, globuleuse, d'un jaune clair, qui contenait peu de mucus, avec beaucoup d'albumine et de matière colorante; à la partie inférieure, il y avait une substance solide, verte et visqueuse, avec beaucoup de mucus et peu d'albumine, et point de matière colorante, mais, vers la fin de la vie embryonnaire, des excrémens solides et d'un brun verdâtre, avec beaucoup de poils, qui étaient moins abondans dans l'estomac. Chez les embryons à terme de Brebis et de Souris, les excrémens sont déjà solides et globuleux dans le rectum. Chez l'embryon humain, une sécrétion plus abondante commence, vers la fin du troisième mois, à s'opérer dans le canal intestinal : Suivant Lee (1), à cette époque, l'estomac contient un liquide clair et acide, sans albumine, tandis qu'on trouve, dans la partie supérieure de l'intestin grêle, une bouillie semblable à du chyme, qui consiste en albumine pure, et dans le conduit biliaire un liquide albumineux analogue. Le méconium, d'un brun verdâtre, n'existe que dans l'intestin grêle jusqu'au cinquième mois; mais, après ce terme, il pénètre dans le gros intestin, qui jusqu'alors était étroit et ne contenait que du mucus, il devient de plus en plus foncé, et enfin il s'accumule dans le rectum.

6° C'est évidemment là un produit commun de la sécrétion du foie et de celle du canal intestinal. Chez les monstres qui manquent de foie, et dont la partie inférieure de l'intestin est close du côté du duodénum, on ne trouve dans cette partie du tube (2) qu'un liquide visqueux, blanc, albumineux et mucilagineux, en petite quantité, attendu que l'intestin n'a point été sollicité par la présence de la bile à fournir une sécrétion plus abondante. Le méconium ressemble beaucoup à la bile cystique, quant à la couleur et à la saveur; il brûle avec une flamme vive (3). Bayen en a extrait de la matière

(1) Archives générales de médecine, t. XVI, p. 121.
(2) Meckel, *Deutsches Archiv*, t. I, p. 155.
(3) Muller, *De respiratione fœtus*, p. 205.

biliaire, par le moyen de l'alcool (1). Il est moins abondant, proportion gardée, chez l'embryon d'Oiseau, dont le foie a également moins de volume. Cependant l'intestin paraît pouvoir métamorphoser de la même manière, sans le concours de la bile, le liquide sécrété par ses parois : du moins Brugmans (2) a-t-il trouvé du méconium brun dans un intestin qui se terminait en cul-de-sac par le haut, et qui n'avait de connexions ni avec l'estomac ni avec le foie.

VI. Harvey (3), Oken (4), Albert Meckel (5) et Dutrochet (6), entre autres, ont admis que le liquide allantoïdien est une substance plastique. Les circonstances suivantes autorisent à le regarder comme étant de nature excrémentitielle.

La vésicule ombilicale enveloppe l'embryotrophe, dont elle accomplit l'assimilation et l'introduction. L'allantoïde ne peut point être identique avec elle, mais il y a antagonisme entre ces deux productions ; l'une est ronde et l'autre allongée; la première est située vers l'extrémité céphalique, et la seconde vers l'extrémité caudale ; l'une naît hors de l'embryon et s'introduit dans son corps, l'autre se développe sur lui et pousse au-delà de lui ; la première entre en entier dans le bas-ventre chez beaucoup d'animaux, la seconde est toujours extérieure au corps, et l'embryon s'en débarrasse au moment de l'éclosion. Toutes ces circonstances annoncent plus ou moins clairement que la vésicule ombilicale sert à l'ingestion, et l'allantoïde à l'éjection.

2° Le caractère des enveloppes embryonnaires doit correspondre d'une manière générale à celui des organes d'où elles se développent et dans lesquels elles se transforment. Il n'y a qu'une grande affinité qui puisse fonder cette intime connexion organique. L'enveloppe fœtale doit accomplir à l'extérieur, et temporairement, quelque chose de semblable à ce que l'organe

(1) John, *Chemische Tabellen des Thierreichs*, p. 21.
(2) Reil, *Archiv.*, t. III, p. 483.
(3) *Loc. cit.*, p. 354.
(4) *Beitræge zur vergleichenden Zootomie*, t. I.
(5) Meckel, *Beitraege*, t. II, cah. II, p. 17.
(6) Mém. pour servir à l'histoire des végétaux et des animaux, Paris, 1837, t. II, p. 247, 286.

qui fait corps avec elle opère en dedans et d'une manière permanente. Or l'étroit intestin avec lequel se continue la vésicule ombilicale est le siége principal d'une ingestion, ayant pour résultat d'absorber la substance plastique à la surface de la membrane muqueuse. Le cloaque, au contraire, et la vessie urinaire sont des organes spéciaux d'éjection, qui ne reçoivent aucune substance plastique du monde extérieur. Il y aurait donc contradiction des plus manifestes entre la vie embryonnaire et les phénomènes ultérieurs de la vie, si, comme le croit Albert Meckel, l'allantoïde, qui pousse du cloaque, et dont la racine se métamorphose en vessie urinaire, fournissait une substance plastique que les organes génitaux absorberaient pour la faire servir à la nutrition de l'embryon.

3° Les deux feuillets de l'allantoïde doivent accomplir une même fonction sous des formes différentes. Or le feuillet vasculaire sert à la respiration ; mais la respiration est un échange de substances atténuées, dans lequel il y a bien aussi ingestion, mais où cependant l'éjection prédomine. Le feuillet muqueux, l'allantoïde, doit effectuer un échange analogue par rapport à un liquide. Les branchies cervicales des Batraciens remplacent le sac urinaire, et, en conséquence non pas seulement l'endochorion, mais encore l'allantoïde ; elles peuvent bien déposer un liquide au dehors, indépendamment du gaz acide carbonique, mais il ne leur est pas donné d'absorber de la substance alibile. La même chose semble avoir lieu chez les Mammifères ; en effet, plus le placenta embryonnaire s'est développé complétement comme organe respiratoire, plus aussi l'allantoïde joue un rôle restreint et plus elle est transitoire ; voilà pourquoi elle disparaît plus tôt chez l'homme que chez aucun animal quelconque.

4° Emmert (1) a trouvé, dans les Sauriens, le liquide allantoïdien presque insipide, assez transparent, quoique grisâtre, visqueux, gluant, insoluble dans l'eau, coagulable par la chaleur et l'alcool ; chez les Ophidiens (2), il était amer et âpre. Dans les Oiseaux, il est visqueux, mucilagineux, et finit

(1) Reil, *Archiv*, t. X, p. 86.
(2) *Ibid.*, p. 112.

par produire des concrétions blanches, qui, d'après Jacobson (1), consistent en une combinaison d'acide urique et d'albumine. Suivant Prevost et Le Royer (2), il semblait ne contenir aucune trace d'albumine, précipitait, au treizième et au quatorzième jour de l'incubation, une substance cristalline, consistant en acide urique, et contenait de l'urée au dix-septième jour. Dans les Mammifères, il est d'abord limpide, inodore, douceâtre et fade; plus tard, il devient jaunâtre et d'une odeur répugnante, puis d'un jaune rougeâtre, enfin d'un rouge brun et d'une odeur dégoûtante, comme l'urine des animaux nouveau-nés : sur les derniers temps, on y trouve des grumeaux plus ou moins volumineux, blancs, mous, visqueux, membraneux ou mucilagineux, inodores et douceâtres, qui ont reçu le nom d'hippomanes (3). On rencontre dans les diverticules, d'abord un liquide mucilagineux et d'un blanc jaunâtre, avec un peu de liquide aqueux; plus tard un liquide épais et coloré en jaune verdâtre; enfin une substance d'un jaune vert sale, qui adhère aux parois (4). Lassaigne (5) l'a trouvé, dans les Vaches, jaunâtre, un peu amer, salé, rougissant le tournesol, et donnant par l'évaporation un précipité insoluble dans l'eau et l'alcool, mais soluble dans les alcalis, qui brûlait en répandant une odeur de corne et laissant une cendre composée de phosphates calcaire et magnésien. Les principes constituans sont de l'albumine, de l'osmazome, une substance mucilagineuse azotée, un acide particulier ( allantoïque ), de l'acide lactique, du lactate, de l'hydrochlorate, du sulfate et du phosphate de soude, de l'hydrochlorate d'ammoniaque, et des phosphates de chaux et de magnésie. L'acide allantoïque cristallise en prismes à quatre pans : il n'a point de saveur, se dissout dans l'eau chaude, et se précipite, par le refroidissement, en aiguilles prismatiques. Il est un peu plus soluble dans l'alcool.

(1) *Deutsches Archiv*, t. VIII, p. 332.
(2) Bulletin des sc. médic., t. VII, p. 25.
(3) Dzondi, *Supplementa ad anatomiam*, p. 39.
(4) *Ibid.*, p. 53.
(5) *Deutsches Archiv*, t. VII, p. 23.

A la chaleur, il donne du carbonate d'ammoniaque, de l'huile, et un charbon léger, qui brûle sans laisser de résidu. Il est composé de 32,11 d'oxigène, 28,15 de carbone, 25,24 d'azote, et 14,50 d'hydrogène. Dulong et Labillardière ont trouvé dans la liqueur allantoïdiennne des Vaches, vers les derniers temps de la gestation, de l'urée, une huile colorante, du benzoate, de l'hydrochlorate et du sulfate de soude, des carbonates terreux et alcalins, par conséquent les principes constituans de l'urine de Vache, avec seulement une beaucoup plus grande quantité d'eau que celle-ci n'en contient. Le mucus azoté que Lassaigne a rencontré et l'acide allantoïque paraissent être analogues à l'urée et à l'acide urique, et en précéder l'apparition; mais leur présence démontre aussi la nature excrémentitielle du liquide allantoïdien.

5° Sa quantité va continuellement en augmentant, mais diminue néanmoins en proportion de l'embryon. Chez les Ruminans et les Cochons, elle dépasse celle du liquide amniotique, excepté vers le milieu de la vie embryonnaire. S'il semble improbable qu'un liquide excrémentitiel soit plus abondant, en proportion de l'embryon, pendant les premiers temps que durant ceux qui viennent après, nous devons réfléchir que toutes les autres excrétions par la peau, les poumons et le canal intestinal, manquent d'abord, quoique, partout où il y a assimilation de la substance plastique, il doive aussi s'opérer un départ de ce qui ne peut servir à la nutrition (1).

6° D'après Dzondi (2), la pesanteur spécifique du liquide allantoïdien est d'abord de 1,007, et plus tard de 1,029. Cette différence tient peut-être à ce que les parties séreuses de ce liquide sont résorbées, comme il arrive ensuite à celles de l'urine dans la vessie, car presque partout où il y a éjection prédominante, nous rencontrons aussi une ingestion relative. D'après cela, nous pouvons présumer que les veines ombilicales reprennent, dans les diverticules, l'ouraque et la vessie urinaire, des substances propres à la nutrition: Tiedemann (3) a déjà émis une opinion qui se rapproche de celle-là.

(1) Dzondi, *loc. cit.*, p. 82. — Meckel, Man. d'anat., t. III.
(2) *Loc. cit.,* p. 77.
(3) *Zoologie*, t. III, p. 257.

7° Mais c'est une hypothèse absolument insoutentable que celle qui représente l'allantoïde comme un sac sans vie, comme un simple récipient de l'urine. En effet, outre qu'elle se développe avant les reins, elle disparaît même avant leur formation, chez l'homme. D'ailleurs, le liquide allantoïdien contient d'autres principes constituans que l'urine, et le liquide renfermé dans les diverticules ne peut évidemment point y être venu de la vessie urinaire. Nous penchons à admettre ce qui suit. Les artères omphalo-iliaques sont destinées à conduire au dehors les liquides rebelles à l'assimilation et impropres à la nutrition; mais, du conflit avec le milieu ambiant, résulte un départ : la substance à proprement parler excrémentitielle, se volatilise en partie, et en partie aussi se précipite, tandis que le liquide plastique, débarrassé d'elle, est repris par la veine ombilicale. Tant que cette opération n'est point exécutée par le placenta, elle s'effectue sur les points où les vaisseaux ombilicaux sont en rapport avec l'allantoïde, par conséquent dans la vessie urinaire, l'ouraque et les diverticules : une portion du liquide s'évapore là, une autre se précipite, une troisième enfin est absorbée et reportée dans la circulation. De l'urine peut bien, chez les Mammifères, passer de la vessie dans l'allantoïde; mais il est plus probable que ce sont les artères omphalo-iliaques elles-mêmes qui excrètent l'urée. Quant à l'homme, l'allantoïde disparaît chez lui de bonne heure, parce que le placenta se développe d'une manière plus complète.

VII. Chez l'embryon humain à terme, l'urine ne remplit jamais entièrement la vessie (1). Cependant elle ne peut point avoir été évacuée, car elle aurait dû couler alors dans l'eau de l'amnios. Or, celle-ci ne contient jamais d'urée; loin d'augmenter, elle diminue vers la fin de la vie embryonnaire, et Lamotte l'a trouvée fort abondante dans un cas où l'urètre était oblitéré. Comme, en général, les excrémens ne sortent point de l'intestin pendant la vie embryonnaire, de même il n'y a point non plus de force en action qui puisse vaincre la résistance des sphincters de la vessie. De plus, l'embryon a la

(1) Mende, *loc. cit.*, t. II, p. 294.

tête en bas, de sorte que l'urine est obligée de s'amasser dans le fond de la vessie ; les jambes sont fléchies sur le corps, et l'urètre, redressé chez les mâles, forme un angle aigu avec le col vésical ; enfin ce canal est rempli d'un liquide gélatineux dans les deux sexes (1). Meckel a bien trouvé (2), chez un embryon de sept mois, dont l'urètre était serré par le prépuce, la vessie fort grosse et le canal gorgé d'urine ; il a également rencontré, dans un autre cas d'occlusion de l'urètre, la vessie très-distendue et contenant une demi-livre d'urine ; mais il y avait, chez le premier de ces embryons, d'autres vices de conformation, et, chez le second, des hydatides dans les reins, de sorte que leur conformation s'écartait de la règle. Betschler ayant trouvé la vessie et les uretères extrêmement distendus chez un embryon dont l'ouraque était oblitéré, il présume que ce dernier canal a pour usage, pendant les premiers temps, d'évacuer l'urine dans l'espace compris entre le chorion et et l'amnios ; mais, d'après l'exposition que nous avons donnée plus haut (§.448, 6°, 7°), elle devrait alors parvenir, chez l'homme, entre l'endochorion et l'exochorion, où l'on n'en a jamais rencontré.

Il ne nous reste donc plus d'autre ressource que d'admettre qu'il se forme peu d'urine pendant la vie embryonnaire, attendu que, parmi les substances qui doivent être évacuées plus tard par cette voie, les unes servent alors au développement d'organes azotés, comme les muscles et les os, et les autres passent, par le placenta embryonnaire, dans le sang de la mère, attendu aussi que le courant principal du sang se dirige vers le placenta, et que les capsules surrénales, recevant une plus grande quantité de ce liquide qu'il ne leur en arrive chez l'adulte, le détournent des reins. Au reste, l'urine du fœtus à terme est sans couleur, sans odeur et sans acide phosphorique (3). Lassaigne a trouvé (4), dans celle des embryons de

(1) *Ibid.*, t. III, p. 23.
(2) *Deutsches Archiv*, t. VII, p. 12.
(3) Lucae, *loc. cit.*, p. 90.
(4) *Deutsches Archiv*, t. VII, p. 23, 30. — Heusinger, *loc. cit.*, t. I, p. 439.

Veau, du mucus, une substance incristallisable, de l'acide lactique, des lactate et hydrochlorate de soude, de l'hydrochlorate et du sulfate de potasse, sans urée ni carbonates. Il semble que la formation de l'urine et du liquide allantoïdien soit en raison directe du développement d'azote dans l'embryon; les Ruminans et les Solipèdes ont l'allantoïde la plus volumineuse, et les systèmes musculaire et osseux sont tellement développés chez eux, qu'ils peuvent changer de place aussitôt après la naissance. Les Rongeurs, au contraire, ont la plus petite allantoïde, parce que la sensibilité prédomine chez eux. La même cause fait qu'elle disparaît de très-bonne heure, et qu'il se forme peu d'urine chez le fœtus humain.

VIII. D'après tout ce qui précède, il est permis de croire, sans cependant qu'on puisse le démontrer, que le placenta fœtal sépare un liquide du sang des artères ombilicales, et le dépose dans les veines utérines. Peut-être même l'exochorion tout entier a-t-il la double fonction d'absorber et d'exhaler, surtout avant le développement du placenta : du moins, la possibilité d'une pénétration simultanée de la masse dans des directions inverses est-elle prouvée. Lorsqu'on soumet à l'action de la pile galvanique une dissolution saline contenue dans deux vases distincts et unis seulement par un fil humide, simultanément l'acide passe du vase positif dans le vase négatif, et la base, même quand elle est insoluble dans l'eau, par exemple un métal, se transporte du vase négatif dans le vase positif. Si, entre les deux vases, on en met un troisième contenant soit un alcali étendu d'eau, soit un acide affaibli, le passage de l'acide dans le premier cas, et de la base dans le second, ne se trouve point interrompu par là. Par conséquent, puisqu'un antagonisme électrique existe entre l'œuf et la matrice, ou entre les diverses formations vésiculeuses de l'œuf, chacun des deux organes attire, sans que rien le dérange, les substances qui ont de l'affinité avec lui. D'après les recherches de Prout, cette pénétration simultanée de la membrane vitelline en deux directions opposées est un fait avéré dans l'œuf de Poule, une partie du jaune étant absorbée par le blanc, et une partie du blanc par le jaune, pendant l'incubation (§ 465, 3°).

IX. Une sécrétion vaporeuse de la peau ne peut point s'accomplir dans l'entourage de la liqueur amniotique ; il paraît bien plutôt que l'absorption prédomine dans cet organe, et que la sécrétion s'y borne à la production du vernis caséeux. Ce dernier (§ 426, 2°) contient, d'après Frommherz et Gugert (1), une graisse particulière, analogue à la choléstérine, et de la ptyaline ; selon Berzelius (2), il renfermerait de l'albumine. Peschier y a trouvé (3) une graisse butyracée, avec du soufre et de la gélatine modifiée.

Enfin il faut encore placer ici le rejet de l'épiderme, que Baer (4) a observé chez des embryons de Mammifères, et que Valentin (5) a vu aussi chez des embryons humains. D'après ce dernier (6), le canal intestinal mue également ; le méconium ne serait même, suivant lui, qu'un mélange de bile avec l'épithelium détaché, en partie ramolli, et devenu mucilagineux (§ 438, 5°).

### DEUXIÈME SUBDIVISION.

#### DU DÉVELOPPEMENT DE LA VIE ANIMALE.

### CHAPITRE PREMIER.

#### Des mouvemens.

§ 470. Pour reconnaître que les *mouvemens* sont le reflet d'une vie intérieure, nous sommes obligés de les suivre à partir de leur plus bas degré, où ils ne se rapportent encore qu'à la formation.

I. Parmi ces *mouvemens de formation*, nous distinguons d'abord :

1° Ceux de la *masse*, qui sont déterminés par un état électrochimique, consistant en une attraction et une répulsion de substances, et déterminant un certain mode de formation. Dès le commencement de l'incubation ils se manifestent dans l'em-

(1) Schweigger, *Journal fuer chemie und Physik*, t. L, p. 196.
(2) Traité de chimie, t. VIII, p. 322.
(3) Journal de chimie médicale, t. IV, p. 557.
(4) Froriep, *Notizen*, t. XXXI, p. 115.
(5) *Entwickelungschichte des Menschen*, p. 274.
(6) *Ibid.*, p. 462.

bryotrophe par le sillonnement de l'œuf des Batraciens et par l'apparition des halos dans l'œuf d'Oiseau (§ 465, 2°). Quelques observateurs sont parvenus aussi à distinguer au microscope les mouvemens élémentaires dans la mass e organique primordiale. Ainsi Pfeifer (1) a vu l'embryon des Bivalves sous la forme d'une masse de globules transparens, qui alternativement se pressaient vers le centre et s'en écartaient. Des mouvemens analogues ont été entrevus par Jurine dans les Monocles (§ 387, 1°). Stiebel (2) assure que, dans l'embryon des Lymnées, on voit des granulations se dilater, devenir des vésicules transparentes, et se confondre ensuite en des vésicules plus volumineuses, qui se remplissent à leur tour de granulations, et ainsi de suite, jusqu'à ce que le tout soit devenu opaque. Bauer (3) dit aussi avoir observé l'accroissement du chevelu des racines de jeunes pieds de froment; il se déposait à la surface une petite masse gélatineuse, qui, peu d'instans après, recevait une bulle d'air de la racine, puis tout à coup s'allongeait et se solidifiait en un tube; au bout de quelque temps il s'amassait également, à l'extrémité de ce tube, de la masse gélatineuse, qui s'allongeait de même en un nouveau tube, et ainsi de suite. Les mouvemens de torsion qui accompagnent l'accroissement des oscillatoires se rangent également ici. Si, dans l'œuf animal, l'attraction et l'absorption de l'embryotrophe, la condensation ou la fluidification de la masse organique primordiale, l'expansion ou le plissement des parties membraneuses, s'effectuent peu à peu et échappent à nos regards, le courant du sang, mouvement de formation de la masse perceptible à nos yeux, se maintient bien certainement par attraction et répulsion.

2° Les mouvemens de formation des organes se manifestent plus tard. Une fois parvenu à représenter une partie quelconque, et à la faire en quelque manière sortir de la masse organique primordiale, le mouvement se trouve réduit à un minimum, qui n'a plus d'autre résultat que le renouvellement

(1) *Naturgeschichte deutscher Mollusken*, t. II, p. 12.
(2) *Deutsches Archiv*, t. II, p. 561.
(3) *Ibid.*, t. V, p. 373.

insensible des matériaux; c'est seulement après que la substance s'est développée intérieurement, pendant son inaction extérieure, qu'elle devient apte à des mouvemens ayant pour but la formation, mais ne faisant que la continuer, au lieu de la produire immédiatement, comme il arrive aux mouvemens plastiques de la masse.

3° Le *cœur* est sans mouvement après sa première apparition, ainsi que Harvey l'avait déjà observé (1) sur l'embryon du Poulet; mais il devient le premier point mobile (*punctum saliens*) à une époque où il n'existe pas encore d'autres muscles et où le galvanisme ne fait naître aucun mouvement chez l'embryon (2). Comme il est encore incolore et transparent, on voit le sang y pénétrer pendant la diastole, et disparaître pendant la systole, avec une rapidité que Harvey compare à celle de l'éclair qui sillonne la nue.

Lorsqu'on applique l'oreille ou le stéthoscope sur le bas-ventre d'une femme enceinte, le mouvement du cœur de l'embryon se fait entendre comme un composé de deux chocs, l'un plus fort (systole des ventricules), l'autre plus faible (systole des oreillettes), dans un espace qui occupe ordinairement douze pouces en carré, mais parfois aussi sur plusieurs points, à cause de la transmission du choc au liquide amniotique (3). [On parle même d'un cas dans lequel les battemens du cœur étaient si forts que la mère non seulement les sentait à travers les tégumens du bas-ventre, mais encore croyait les entendre lorsqu'elle gardait un silence profond (4). Ce qui prouve que cette pulsation a son siége dans le système vasculaire de l'embryon, c'est qu'elle change de place quand celui-ci se meut, et que sa fréquence s'accorde non point avec celle des battemens du cœur de la mère, mais avec celle des battemens du cœur de l'enfant nouveau-né; et ce qui atteste qu'elle n'est point due aux vaisseaux ombilicaux, c'est qu'on

(1) *Loc. cit.*, p. 67.

(2) Annales des sc. natur., t. III, p. 101.

(3) Kergaradec, Mémoire sur l'auscultation appliquée à l'étude de la grossesse, Paris, 1822.

(4) Haus, *Die Auscultation in Bezug auf Schwangerschaft*, p. 13.

ne l'entend plus lorsque le tronc de l'embryon a passé dans la cavité abdominale, quoique le cordon ombilical soit encore dans la matrice ; d'ailleurs ces vaisseaux n'ont qu'une pulsation simple, et n'en ont point une double (1). Outre le battement dicrote du cœur de l'embryon, qu'on entend ordinairement au côté gauche de la matrice, un peu en devant, on distingue les battemens simples du placenta utérin, qui sont isochrones au pouls de la femme enceinte. Ceux-ci sont bruyans, sur plusieurs tons, tantôt bourdonnans et tintans, tantôt sifflans et chantans, sur un ton tantôt élevé, tantôt bas, et laissent 'entendre, pendant les pauses, un bruissement plus faible. Au quatrième mois, il est perceptible sur une grande surface de la région hypogastrique ; mais, au cinquième, il se concentre sur un espace d'un pouce et demi à deux pouces carrés, ordinairement au côté droit de la région épigastrique, où se trouve le fond de la matrice (2). Quand l'embryon meurt, le ton change, selon Kennedy (3), mais le bruit ne cesse lui-même qu'après la parturition.

De même que, suivant Suckow (4), le vaisseau dorsal des Papillons ne bat que d'une manière irrégulière au moment de l'éclosion, de même aussi, comme Baer l'a reconnu dans l'embryon du Poulet, le premier mouvement du cœur ne consiste qu'en une simple oscillation. Les pulsations de cet organe n'ont lieu d'abord qu'à de longs intervalles, qui se raccourcissent peu à peu. Dans l'embryon du Poulet, elles ne s'exécutent encore que douze fois par minute pendant les premiers jours de la seconde semaine. Chez certains animaux, elles n'acquièrent jamais, pendant la vie embryonnaire, la fréquence qu'elles ont après : ainsi on en compte par minute soixante dans le Papillon, et trente seulement dans la Chenille (5). La même différence s'observe aussi, chez la Brême, avant et après la sortie de l'œuf (6). Chez d'autres animaux,

(1) Ibid., p. 46-49.
(2) Hohl, Die geburtshuelfliche Exploration, t. I, p. 76.
(3) Froriep, Notizen, t. XXIX, p. 105.
(4) Anatomisch-physiologische Untersuchung der Insecten, p. 37.
(5) Suckow, loc. cit., p. 37.
(6) Bloch, Naturgeschichte der Fische, t. I, p. 151.

ces battemens ont d'abord une fréquence qui va en diminuant peu à peu. Ainsi, d'après Stiebel (1) et Carus (2), le
cœur du Lymnée bat d'abord cinquante à soixante-dix fois
par minute, dans l'embryon, plus tard trente fois, et chez
l'animal adulte vingt fois seulement. Dans l'embryon humain,
ses battemens deviennent sensibles à l'oreille au cinquième
mois ; l'organe s'est alors tourné davantage vers le côté gauche, et l'agrandissement de ses ventricules leur permet de
frapper contre la paroi de la poitrine (3) : les battemens ne
deviennent que peu à peu plus réglés et plus lents (4); le cœur
exécute, terme moyen, par minute, cent quarante doubles
battemens, ou deux cent quatre-vingt simples ; lorsque l'embryon remue, le pouls acquiert plus de fréquence, ou même
aussi se fait apercevoir dans un autre endroit (5) : il reste le
même après des saignées et des hémorrhagies assez fortes de
la mère, comme aussi lorsque cette dernière a pris des boissons spiritueuses, et souvent même pendant ses maladies ;
cependant il devient plus faible quand elle éprouve de la gêne
dans la respiration, et plus fréquent lorsque sa température
s'élève (6). Kennedy (7), dans une grossesse double, a entendu, par minute, cent trente doubles pulsations du cœur
chez l'un des deux embryons, et cent quarante-cinq chez
l'autre, qui était placé du côté opposé.

La suspension des mouvemens durant l'état chrysalidaire
fait descendre les pulsations du vaisseau dorsal des Insectes
de trente à dix-huit par minute. La fréquence diminue au
froid et augmente à la chaleur. Harvey a reconnu (8) que le
cœur de l'embryon du Poulet, après avoir cessé de battre
depuis vingt secondes déjà, redevenait actif par l'attouche-
ment du doigt ou par l'immersion dans l'eau chaude. Wris-

(1) *Deutsches Archiv*, t. II, p. 565.
(2) *Von den aeussern Lebensbedingungen*, p. 67.
(3) Hohl, *loc. cit.*, t. I, p. 158.
(4) *Ibid.*, p. 104.
(5) *Ibid.*, p. 77.
(6) *Ibid.*, p. 85-10.
(7) Froriep, *Notizen*, t. XXXIX, p. 279.
(8) *Loc. cit.*, p. 70.

berg a remarqué (1), sur des embryons de sept à huit mois,
que les battemens du cœur étaient très-faibles et à peine sensibles avant la respiration, mais qu'après ils devenaient très-
prononcés à la poitrine, ainsi que les battemens des artères
au cou, au menton, aux cuisses, aux poignets, aux aisselles,
aux poignets et aux jarrets, et qu'ils s'élevaient alors de cent
dix à cent vingt par minute.

4° L'intestin est sans mouvement long-temps encore après
sa formation. Son mouvement péristaltique ne commence,
dans les larves d'Insectes, qu'après qu'elles ont commencé à
prendre de la nourriture : dans les Poissons, que pendant la
dernière moitié de la vie embryonnaire (2) ; chez l'embryon
du Poulet, qu'au quatorzième jour (3) ; chez l'embryon humain, qu'au cinquième mois, car jusqu'alors on ne trouve de
méconium coloré par la bile que dans la partie supérieure de
l'intestin grêle, et c'est à cette époque seulement qu'il commence à descendre dans le gros intestin.

II. Le *déplacement*, ou le changement libre du lieu qu'occupe le corps organisé,

A. Se rencontre, d'une manière inattendue, dans les spores, ayant le développement de l'embryon. Comme c'est ici
l'embryotrophe qui se meut, nous ne pouvons pas comparer
ce déplacement au mouvement de formation de la masse, et
nous sommes obligés de l'attribuer à une cause animale,
puisque nous n'apercevons ni détermination extérieure nécessaire, ni mouvement ascensionnel ou descensionnel conforme aux lois de la pesanteur, ni attraction simple par le fait
d'une affinité adhésive ou chimique, ni attraction et répulsion
sollicitées par l'établissement et la cessation d'une polarité
électrique.

1° Dans les premiers commencemens de la formation végétale, nous voyons une apparence de vie animale ; les spores
d'un grand nombre de végétaux inférieurs, tels que tremelles,
ulves, algues, etc., se meuvent déjà dans le corps maternel,
et montrent, à leur sortie de ce corps, un mouvement ani-

(1) *Comment.*, p. 27.
(2) Carus, *Zur Lehre von Schwangerschaft*, t. II, p. 133.
(3) Haller, *loc. cit.*, t. VIII, p. 366.

mal, qui cesse lorsqu'ils se développent (1). Certains germes
végétaux même, qui sont produits par génération primordiale
ou spontanée, se meuvent comme des animaux, avant le développement complet de la nature végétale, et l'on a agi avec
trop de précipitation en regardant comme une preuve de
transition du règne végétal au règne animal ce phénomène',
dont nous devons réserver l'examen approfondi pour le chapitre
où nous traiterons de la structure organique du monde vivant.

2° Les animaux qui, comme des plantes, demeurent en-
chaînés toute leur vie au sol, ou les Zoophytes, sont précisément ceux chez lesquels les spores encore informes manifestent la faculté de se déplacer librement. D'après les observations recueillies avec soin par Grant, elles le font, tantôt par
des alternatives de contraction et d'expansion de leur masse
entière, c'est-à-dire par des changemens de forme, comme
dans les *Gorgonia verrucosa*, *Caryophyllea calycularis* et
*Plumularia falcata* (2), tantôt par des oscillations de filamens
capillaires situés à leur surface, comme dans le *Campanularia
dichotoma* et les Éponges (3). Le mouvement n'est point uniforme, mais porte le caractère de la volonté : les spores
nagent çà et là, dirigeant presque toujours en avant le gros
bout, où les cils sont implantés : elles s'élèvent du fond de
l'eau, par une sorte de mouvement vermiforme ; lorsqu'elles
rencontrent un corps étranger, elles ralentissent les oscillations de leurs filamens, glissent autour de ce corps, et reprennent ensuite leur route, en accélérant leur mouvement
oscillatoire (4) ; elles demeurent pendant quelque temps fixées
à un corps solide, par le petit bout, celui à l'aide duquel
elles tenaient d'abord au corps maternel, et, en s'accroissant
alors, elles tiennent encore durant quelques heures leurs cils
dans un mouvement continuel, après quoi elles deviennent
immobiles et se développent (5). Ce ne sont point là des

(1) *Voyez* aussi F.-V. Raspail, Nouveau système de physiologie végétale et de botanique, Paris, 1837, t. I, p. 261, 598.
(2 Froriep, *Notizen*, t. XV, p, 324-326.
(3) *Ibid.*, t. XIII, p. 229.
(4) *Ibid.*, t. XVIII, p. 8.
(5) *Ibid.*, p. 19.

Infusoires devenus libres, qui formeraient un nouvel animal en se confondant ensemble (1) ; mais chaque individu est composé d'une masse grenue, comme le corps de sa mère, et se développpe à part. Nous pourrions plutôt voir en elles de petits animaux, nés en forme de bourgeons, et se trouvant encore à la première période de leur vie, ou des larves, qui deviennent chrysalides en croissant, mais demeurent toute leur vie dans l'état chrysalidaire, et ne peuvent sortir de cet état pour s'élever à un développement plus complet ; mais elles n'ont pas, comme les bourgeons ou les gemmes, une structure semblable, ou, comme les larves d'Insectes, une structure analogue à celle du corps maternel, et représentent des agglomérations d'une masse homogène, qui sont douées du mouvement animal, pour aller chercher, loin du corps de la mère, un lieu où elles puissent s'établir.

3° Ce qui confirme cette manière de voir, c'est que, chez plusieurs Gorgones, le sac renfermant plusieurs spores se meut librement dans son ensemble, ou comme individu, après avoir été expulsé du corps de la mère. La même chose arrive aux sporocystes de quelques Cercaires ( § 374, 4° ), et Baer a remarqué des traces de motilité animale dans l'amnios de l'embryon du Poulet.

B. Tous les embryons animaux sont d'abord, comme les plantes, dépourvus de mouvement ap préciable. Quelques jours seulement après que la larve d'Insecte est sortie de l'œuf, elle commence à se mouvoir, quand on l'excite. Les embryons de Grenouilles ou de Crapauds demeuraient immobiles lorsque Spallanzani (2) les irritait ou les exposait aux rayons du soleil. Herholdt (3) assure que le galvanisme affecte peu les embryons des Ophidiens, avant qu'ils aient respiré. Cet agent n'exerce non plus aucune action, suivant Erman, sur les jeunes embryons de Poulet. Bichat a reconnu que plus l'embryon d'un Mammifère est jeune, plus il est difficile de le solliciter à des mouvemens par le moyen des exci-

(1) Schweigger, *Handbuch*, p. 366.
(2) *Ibid,*, p. 15.
(3) *Commentation ueber das Leben*, p. 74.

tans, qu'à sa mort l'irritabilité des muscles s'éteint aussi sur-
le-champ, que cette faculté ne commence à se manifester
d'une manière plus vive et plus soutenue que peu de temps
avant la naissance, mais qu'alors elle est toujours moins prononcée qu'après la parturition.

1° Un *mouvement rotatoire* de l'embryon a été observé chez
plusieurs Mollusques (§ 377\*\*, 2°), savoir dans le *Cyclostoma
viviparum* par Swammerdam, le *Lymnæus stagnalis* par Stiebel et Carus, les *Paludina impura* et *Physa fontinalis* par
Pfeiffer, les *Buccinum undatum, Purpura lapillus, Doris,
Eolis* et plusieurs autres par Grant (1). Suivant Carus, il y a,
chez les Lymnées, une torsion rhythmique de l'embryon autour de son axe, résultat d'un mouvement de l'extrémité postérieure du corps vers la tête, auquel se joint un mouvement
progressif en ligne circulaire le long des parois de l'œuf, de
sorte que l'embryon tourne sur lui-même comme une planète,
ou, pour mieux dire, qu'il accomplit une double révolution,
l'une autour de son propre axe, l'autre autour d'un axe fictif, et cela seulement jusqu'à l'époque où il devient apte à
exécuter des mouvemens volontaires. Nous avons besoin de
recherches plus aprofondies pour savoir si la révolution autour de l'axe transversal a lieu chez les autres Mollusques, et
si, comme le prétend Grant, elle s'effectue, chez plusieurs,
au moyen de cils placés sur les côtés de la bouche, qui servent à nager après l'éclosion; mais il est d'autant moins probable qu'elle soit volontaire, qu'elle se manifeste, selon Grant,
dès avant la formation du cœur. Cavolini a observé une pareille révolution dans l'œuf, toutes les cinq à sept minutes,
chez des embryons de Poissons, notamment d'*Atherina hep-
setus.* Des mouvemens analogues ont été vus, dans l'embryon
des Grenouilles, par Swammerdam (2), Spallanzani (3), Peschier (4) et Steinheim (5), dans celui de Salamandre, par

---

(1) Froriep, *Notizen*, t. XVIII, p. 307.
(2) *Bibel der Natur*, p. 322.
(3) *Loc. cit.,* p. 25.
(4) *Deutsches Archiv*, t. IV, p. 363.
(5) *Die Entwickelung der Frœsche*, p. 12.

Spallanzani (1). L'inflexion ou l'espèce de culbute par laquelle l'embryon du Poulet parvient à se coucher sur le côté gauche, paraît être le commencement d'une torsion de gauche à droite autour de l'axe longitudinal. L'entortillement du cordon ombilical, chez l'embryon humain (§ 448, 3°), peut à peine, dans certaines circonstances, être expliqué autrement qu'à l'aide d'une torsion de ce genre, par exemple dans un cas dont Tiedemann a donné la relation, et où les cordons ombilicaux de deux jumeaux étaient tournés onze fois l'un autour de l'autre.

2° Les *mouvemens libres* de l'embryon pendant les derniers temps de sa vie dans l'œuf, se voient chez les animaux ovipares : d'abord faibles et lents, ils finissent par devenir plus forts et plus fréquens. D'après l'analogie, et aussi d'après cette loi que tout se développe peu à peu dans la nature, où rien ne se fait par sauts, nous devons admettre également ces mouvemens chez l'embryon humain, et en effet on les y a réellement vus. Wrisberg (2) parle d'un embryon de huit mois, contenu dans l'œuf intact, qui cherchait à allonger les jambes et qui étendait aussi les bras, comme un homme engourdi par le sommeil. Des embryons de cinq mois même, lorsqu'ils viennent au monde par le fait d'un avortement, exécutent des mouvemens faibles, mais bien distincts ; ils fléchissent et étendent lentement leurs membres (3). Une personne digne de foi m'a dit avoir été témoin de ce fait dans un cas où l'embryon vécut un quart d'heure encore après sa naissance. Des embryons de sept mois, que Wrisberg a observés (4), se tinrent d'abord tranquilles, mais commencèrent ensuite à remuer leurs membres. Il est incontestable que l'embryon se meut avec plus d'énergie quand il est dans la matrice, en connexion organique avec elle, et au milieu d'un fluide qui convient à sa nature, que dans de pareilles circonstances insolites, quoiqu'on ne puisse disconvenir, d'un autre côté, que la stimula-

(1) *Loc. cit.*, p. 66.
(2) *Commentat.*, p. 317.
(3) *Ibid.*, p. 23.
(4) *Ibid.*, p. 25.

tion est plus vive après la naissance. Comme la matrice est plus vivante et plus sensible pendant la grossesse , le mouvement de l'embryon doit aussi être senti par la mère. Toutes les fois qu'il se dirige vers la poche utérine , qui est molle et spongieuse , il doit faire sur elle l'effet d'un choc distensif , et ce choc doit se propager à travers la paroi abdominale , qui est tendue, mince et en contact immédiat avec la matrice. Or, à dater du cinquième mois, c'est-à-dire de l'époque où , d'après les faits cités plus haut , l'embryon possède la locomotilité dans ses membres , des mouvemens dans la matrice sont sentis tant par la mère que par quiconque lui applique la main sur le bas-ventre , surtout le matin et dans le lit. Ces mouvemens ne sont ni rhythmiques, ni soutenus , comme des contractions spasmodiques, mais ils ont lieu par saccades et à des intervalles indéterminés. Ils ne proviennent point de la matrice, puisqu'on les a observés également dans les grossesses abdominales. D'abord doux , ils augmentent de force peu à peu jusqu'au huitième ou au neuvième mois, époque à laquelle ils commencent ordinairement à ne plus s'accroître , parce que l'espace, qui va toujours en diminuant, doit nécessairement les borner. Mais quelquefois ils acquièrent , par anomalie , une intensité telle que , comme l'a vu Chaussier entre autres (1) , ils font tomber la mère en syncope , et qu'ensuite on a découvert des luxations ou des fractures sur l'embryon, quoique l'accouchement eût été facile. Eggert (2) a parfaitement raison lorsqu'il prétend que la vie de l'embryon peut subsister sans s'annoncer pendant quelque temps par des mouvemens de ce genre, et qu'il est possible aussi de confondre ceux-ci avec des mouvemens spasmodiques dans les organes abdominaux ; mais, quand il pense que les mouvemens qu'on a coutume de sentir ne proviennent point de l'embryon (3) , qu'ils ont leur siége dans la couche externe de la matrice, qu'enfin ils tiennent à ce qu'en se développant, l'organe entraîne des fibres de son col , et qu'ainsi il rencontre ,

(1) Adelon , Physiologie , t. III , p. 184.
(2) Rust, *Magazin* , t. XVII, p. 102.
(3) *Ibid.*, p. 62-72.

dans une partie de sa substance fibreuse, une résistance qu'il ne peut vaincre qu'en déployant une plus grande force(1), nous trouvons ses doutes sans fondement et sa théorie mal assise.

III. La troisième classe comprend les *mouvemens mixtes,* dans lesquels la vie animale et la vie plastique se rencontrent ensemble, et où la volonté se manifeste dans les organes plastiques. Ce sont les mouvemens d'ingestion et d'éjection. Ils paraissent les derniers de tous.

1° Les *mouvemens respiratoires* ont été positivement et fréquemment observés, chez des Oiseaux et des Mammifères, dans les derniers temps de la vie embryonnaire (2). Ainsi Winslow (3) a vu des Chiens et des Chats, contenus dans l'œuf, ouvrir et fermer alternativement les narines, avec un mouvement des côtes et des muscles abdominaux ; mais une pause succédait à trois ou quatre de ces mouvemens respiratoires. Béclard (4) a remarqué également que les embryons de ces animaux tantôt ouvraient la bouche, dilataient les narines, et soulevaient les parois de la cavité abdominale, tantôt exécutaient des mouvemens inverses ; que ces mouvemens avaient lieu à des intervalles plus longs qu'après la naissance, mais qu'ils devenaient plus fréquens et plus forts dès qu'une contraction de la matrice gênait la circulation dans le placenta. Ils ont lieu tandis que la tête est plongée dans le liquide amniotique, et toutes les circonstances extérieures demeurant d'ailleurs les mêmes, de sorte qu'ils ne peuvent être déterminés que par une cause interne et par des changemens survenus dans une circonstance intérieure. Mais cette cause interne ne peut résider que dans la portion de l'organe central de la sensibilité où les nerfs des muscles respiratoires ont leurs racines, et ce changement intérieur ne peut consister qu'en une alternative d'action entre le point central des nerfs inspirateurs et celui des nerfs expirateurs.

(1) *Ibid.*, p. 88-97.
(2) Haller, *loc. cit.*, t. VIII ; p. 201.
(3) Scheel, *loc. cit.*, p. 6.
(4) *Deutsches Archiv*, t. I, p. 154.

Quant au point initial, c'est l'inspiration qui doit commencer ; or elle se rattache surtout au diaphragme, et par lui à la région moyenne de la moelle épinière.

Dans l'embryon humain, ces mouvemens ne commencent peut-être qu'au dixième mois : du moins n'en apercevait-on aucune trace chez un embryon de neuf mois que Wrisberg a eu l'occasion d'observer dans l'œuf intact (1). Les embryons de cinq mois qui viennent au monde par avortement et rupture des membranes, ne respirent pas, même lorsqu'ils se meuvent (5). Mais, chez ceux de sept mois, l'irritation causée par l'air, après la cessation de la circulation placentaire, provoque le mouvement respiratoire, surtout lorsqu'on les stimule par des frictions et autres moyens analogues. Cependant ce mouvement est faible et intermittent, plus libre à l'air chaud, plus gêné à l'air frais (2), de sorte que, quand la température est peu élevée, l'embryon ne tarde pas à prendre une teinte bleue ; sa voix n'est qu'un simple gémissement, interrompu par quelques sons rauques (3). Au huitième mois, la respiration est accélérée, courte, accompagnée d'une légère stertoration, quelquefois intermittente, après quoi elle reprend par une profonde inspiration ; les cris sont faibles, rauques et rares (4). Au neuvième mois, les embryons peuvent tousser, mais ils n'ont point encore la faculté de bâiller, ni d'éternuer ; leurs cris sont encore rauques (5).

Comme il y a des cas rares où l'embryon humain peut respirer dans l'intérieur de l'œuf, vers les derniers temps de la gestation (§ 467, 19°), il y en a également où il peut crier. Hesse a réuni (7) les observations faites sur ce sujet, tant par lui-même que par Bohn, Siebold et autres, et réfuté l'opinion suivant laquelle les vagissemens utérins sont impossibles (8).

(1) *Comment.*, p. 317.
(2) *Ibid.*, p. 23.
(3) *Ibid.*, p. 25.
(4) Mende, *loc. cit.*, t. II, p. 272.
(5) *Ibid.*, p. 286.
(6) *Ibid.*, p. 294.
(7) *Ueber das Schreien der Kinder im Mutterleibe*, p. 57-72.
(8) *Ibid.*, p. 34-56.

Le plus fréquemment on les a entendus pendant la dernière semaine : cependant ils ont été remarqués aussi dès le septième mois. La plupart du temps, ils étaient accompagnés de mouvemens violens, exécutés par l'embryon. En général, ce phénomène tenait à un état morbide, et à un dégagement anormal de gaz, ou à un développement insolite des poumons, car presque tous les enfans qui l'ont présenté sont venus au monde malades, et plusieurs ont péri peu après leur naissance (1).

2° La *déglutition* commence avec les mouvemens respiratoires, et nous avons prouvé ( § 463, 5°) que l'embryon avale réellement l'eau de l'amnios. C'est en opérant sur ce liquide qu'il paraît apprendre à avaler, comme son estomac à digérer. Les embryons de Mammifères qui sont encore dans la matrice sucent vivement et avec force le doigt qu'on leur présente, de sorte qu'on ne peut guère douter qu'ils ne se soient exercés à ces mouvemens (2). Les embryons humains nés avant terme peuvent contracter de bonne heure l'habitude d'avaler. Un fœtus qu'on disait âgé de quatre mois, mais qui devait bien en avoir six, d'après son volume et son poids, n'avala, pendant la première semaine, presque rien de ce qu'on lui faisait couler dans la bouche, et n'apprit à le faire qu'au bout de huit jours (3). Les embryons de sept mois ne savent point encore téter, et lorsqu'on leur met un peu de lait dans la bouche, ils la ferment, y gardent quelque temps le liquide, et l'avalent avec difficulté, en exécutant de forts mouvemens des muscles abdominaux. Peu à peu, la déglutition devient plus aisée, et n'exige plus autant d'efforts de leur part (4). Ceux de huit mois cherchent à prendre le sein, mais le quittent bientôt ; ils avalent avec avidité les liquides qu'on leur verse dans la bouche (5). Ceux de neuf mois sucent le mamelon ; mais cet exercice ne tarde pas à les fatiguer.

(1) *Ibid.*, p. 73-88.
(2) Jœrg, *Ueber das Leben des Kindes*, p. 32.
(3) Rodman, dans *Deutsches Archiv*, t. VI, p. 374.
(4) Wrisberg, *Comment.*, p. 27.
(5) Mende, *loc. cit.*, t. II, p. 286.

3° Les *mouvemens de déjection* ne commencent, chez l'homme, qu'après la naissance et après l'établissement de la respiration. Avant cette époque, les embryons dont la mort a relâché les sphincters, sont les seuls qui laissent échapper l'urine et les matières fécales par la pression de la matrice, surtout pendant la parturition. Il n'y a que les animaux qui se développent assez, dans la matrice, pour pouvoir faire librement usage de leurs membres aussitôt après être venus au monde, notamment les Ruminans et les Cochons, qui se débarrassent de leurs excrémens dans ce viscère. On rencontre des matières fécales dans l'eau de l'amnios, et comme Buniva a trouvé dans ce liquide l'acide qui, suivant Lassaigne, est particulier au liquide allantoïdien, il est probable que l'embryon des Ruminans rend aussi son urine.

### CHAPITRE II.

#### Du sentiment.

§ 471. 1° Nous avons reconnu, dans les mouvemens plastiques de la masse (§ 471, 1°), une cause électro-chimique analogue à celle qui détermine l'attraction et la répulsion des masses inorganiques, par exemple des nuages. De même que les montagnes attirent les nues par une affinité adhésive, et que les sources sortent de l'intérieur de la terre par l'effet de la pression et de la pesanteur, de même aussi l'embryon attire l'embryotrophe dans sa sphère et repousse le liquide qui l'entoure. Les mouvemens plastiques des organes (§ 471, 2°-4°) reposent sur une alternative de prédominance des forces d'expansion et de contraction, analogue au changement rhythmique qui s'opère dans l'atmosphère, à la hausse et à la baisse journalières du baromètre, au flux et au reflux. Dans les mouvemens mixtes (§ 471, 10°), l'état intérieur présente, dans les divers points de l'organe central de la sensibilité, une différence comparable à l'inégalité de répartition de la lumière et de la chaleur sur les deux hémisphères de la terre. Enfin, dans la révolution de l'embryon sur lui-même (§ 471, 8°), nous voyons une alternative de suspension et d'activité de l'attraction et de la répulsion, un mouvement qui n'atteint jamais

son but, mais qui cependant ne s'arrête jamais, qui par conséquent revient toujours sur lui-même, comme celui des pla-
nètes. Nous reconnaissons que tous ces mouvemens ont des
causes matérielles, c'est-à-dire qu'ils dépendent de forces qui
appartiennent à la matière. Comme tels, ils sont uniformes,
et tiennent en partie à des circonstances extérieures, de sorte
qu'ils se manifestent de la même manière lorsque ces circonstances sont identiques, en partie à des circonstances intérieures qui ne varient jamais, de sorte qu'ils révèlent un
type déterminé, ou, en d'autres termes, qu'ils sont rhythmiques. Mais nous voyons aussi des mouvemens (§ 471, 9°) qui
ne sont point uniformes, et qui affectent des degrés différens,
des directions diverses, qui ne sont point rhythmiques et se
manifestent à des époques indéterminées, qui durent tantôt
plus et tantôt moins long-temps, qui diffèrent au milieu des
mêmes circonstances, et se ressemblent dans des circonstances
différentes, de sorte qu'on ne peut ni les calculer ni les prévoir.
Ces mouvemens-là ne se remarquent que chez l'homme et les
animaux, et nous leur donnons l'épithète d'animaux. Nous
leur reconnaissons pour cause une détermination animale
spontanée, ou un *penchant*, qui, dans sa modalité, se manifeste comme volonté, c'est-à-dire comme variant malgré
l'identité des circonstances, et n'étant point calculable.

2° Mais le penchant lui-même repose sur le *sentiment*,
c'est-à-dire sur un état intérieur, continuellement variable,
de la vue de soi-même. Maintenant l'embryon humain se meut
avec plus de force sous l'empire de certaines influences extérieures qui dérangent plus ou moins l'assiette de sa vie, par
exemple lorsqu'on pose brusquement la main froide sur le
ventre chaud de la mère, ou lorsqu'il survient chez celle-ci
des affections morales, des troubles de la circulation ou de la
digestion, des spasmes et autres états anormaux : il sent donc
l'état dans lequel il se trouve, et réagit par des mouvemens,
tels que l'individu animal les produit, afin de fuir des circonstances défavorables à son existence et de se placer dans d'autres qui lui sont favorables. Mais même sans action spéciale et
sans trouble du côté de la mère, il se meut volontairement,
et quelquefois alors plus vivement, quand il y a harmonie

entre sa vie et celle de sa mère, quand ces deux vies jouissent d'une grande énergie. La sollicitation à ces mouvemens ne peut être que dans le sentiment de vitalité de ses organes locomoteurs, dans le penchant à exercer les organes, à mettre en jeu la force acquise (1).

3° L'embryon a donc le sentiment de son état, par conséquent le sentiment de soi-même, et le penchant qui part uniquement de l'intérieur, par conséquent la détermination de soi-même. Mais comme le sentiment de soi-même et de la détermination de soi-même sont les caractères essentiels de l'*âme*, on ne peut méconnaître en lui l'existence d'une âme. Platner et Nasse ont prétendu que l'homme n'est animé qu'après sa naissance, quand il a respiré. C'est une opinion qui a contre elle l'observation et l'analogie, et qu'a suffisamment réfutée Ennemoser (2). Mais quand commence la vie morale de l'embryon? Nous ne reconnaissons la vie morale, dans un être différent de nous, que par les mouvemens; car c'est par les mouvemens seuls que se manifestent les pensées de l'homme même le plus sage. Or les mouvemens des membres commencent vers le milieu de la vie embryonnaire, tandis que l'organe immédiat de la vie morale, le cerveau et la moelle épinière, est la partie qui paraît la première, la base de l'organisme entier. Nous pouvons donc penser que l'organe de l'âme commence à entrer en fonction lorsqu'il a atteint un certain degré de maturité, de développement matériel, de consistance de ses fibres, et de diversité de sa structure. Cependant les mouvemens animaux dépendent aussi d'un certain développement des muscles et des nerfs; ils ne sont qu'un reflet du sentiment commun, qui suppose ce sentiment; ils ne sont que les réactions par lesquelles la vie morale se manifeste. Il nous paraît difficile de croire que l'organe de l'âme

(1) On consultera sur ce sujet intéressant un bon travail de M. P. Dubois ayant pour titre : Mémoire sur la cause des présentations de la tête pendant l'accouchement, et sur les déterminations instinctives ou volontaires du fœtus humain ( Mémoires de l'acad. royale de méd., Paris, 1833, t. II, p. 265 et suiv. ).

(2) *Historich-physiologische Untersuchungen ueber den Ursprung und das Wesen der menschlichen Seele*, Bonn, 1824, in-8.

se développe matériellement , et qu'ensuite ses fonctions commencent tout à coup à s'exercer. La formation elle-même est
une manifestation de la vie , et la fonction n'est point une
chose étrangère qui vienne se surajouter ; elle se développe
simultanément avec la formation , comme direction spéciale
de la vie. Les récits de ceux qui ont senti , entendu et pensé
dans l'asphyxie , sans pouvoir agir sur leurs muscles ni donner
signe de vie , prouvent la possibilité d'un état d'activité morale sans locomotilité. L'action doit précéder la réaction , et
le sentiment marcher avant le mouvement animal. Nulle part
nous n'apercevons de vide dans la vie , de saut dans la marche du développement , et nous sommes obligés d'admettre
que le sentiment de soi-même , ce point d'unité dynamique
de la vie, existe en germe dès l'instant de la fécondation, qu'il
débute par un minimum inappréciable , comme ovule de la
vie morale, dont nous ne pouvons voir l'origine qu'avec le té-
lescope de la raison , de même que nous ne pouvons contem-
pler les premiers linéamens du corps organique qu'avec le
secours du microscope de la physique ; qu'il est alors dans un
état de vie latente semblable à l'existence matérielle de l'œuf;
qui vit réellement quoiqu'il n'ait ni organes spéciaux ni fonctions appréciables ( § 330, 1° - 11° ); qu'il agit déjà dans la
membrane proligère , de même que l'amnios nous montre des
traces de sensibilité et de motilité sans nerfs ni fibres musculaires ; qu'il agit comme condition essentielle et noyau proprement dit de la vie , motif pour lequel le cerveau et la
moelle épinière sont les premiers de tous les organes et la
base de l'organisme entier ; qu'il se comporte , à l'égard de
l'homme arrivé à la conscience de soi-même , comme la membrane proligère par rapport au corps humain développé ; que
par conséquent il se développe graduellement , à partir d'un
point imperceptible , jusqu'à ce qu'il puisse agir au dehors
et entrer par ses reflets dans le cercle des phénomènes extérieurs. En effet , s'il est impossible de croire que la génération
donne un produit sans vie , auquel la vie vienne s'ajouter du
dehors , il ne l'est pas moins d'admettre que son produit se
développe sans âme et devienne animé au bout d'un certain
laps de temps. Cette animation tardive ne pourrait être que

la suite du développement des organes et de l'action des circonstances extérieures, ou l'effet d'une puissance supérieure;
dans le premier cas, l'âme serait le résultat de l'organisation
et des substances du dehors, par conséquent matérielle, eu
égard à son essence; quant à la seconde explication, c'est
une fiction hyperphysique, ou une excursion de la physique en
dehors des limites les plus reculées de son domaine. Mais nous
nous convaincrons, dans le cours de nos recherches physiologiques, que l'âme n'est point matérielle, et que nous n'avons
nul besoin d'hypothèses hyperphysiques; il suffit pour le présent de nous en rapporter au jugement impartial du sens commun.

Ainsi, d'après nos vues, la génération serait l'éveil d'une
individualité, qui agit en se formant, en se sentant soi-même,
et en se développant d'un point imperceptible : ce serait une
continuité de la vie, en âme comme en corps, dans l'être qui
procrée et dans l'être procréé. On expliquerait d'après ceci
comment il peut se faire que l'être procréé ressemble à l'être
procréateur, non seulement sous le point de vue de la configuration, mais encore sous celui des qualités de l'esprit et de
l'âme, en un mot dans tout ce qui a rapport à la direction et
au car actère de la vie ( § 303, 3°, 8°).

4° Si nous envisageons de plus près les différens états de
l'âme pendant la vie embryonnaire, le haut développement de
la vie animale chez les larves des Insectes et les têtards des
Batraciens est la première chose qui attire notre attention.
Tant qu'un animal n'a point encore la forme totale et la constitution qui appartiennent à son espèce, tant qu'il ne vit point
encore dans le même milieu et de la même manière que quand
il sera parvenu au point culminant de sa vie, nous lui donnons le nom d'embryon. D'après cette définition, les larves
des Insectes et les têtards des Batraciens sont de véritables
embryons, et leurs prétendues métamorphoses ne sont autre
chose que le développement d'un type permanent de la forme
et d'un caractère permanent de la vie, qui, chez les autres
animaux, a lieu dans l'intérieur de l'œuf. Les larves et les têtards sont donc, par rapport aux autres animaux, des embryons sortis de leurs enveloppes d'une manière prématurée

ou avant l'achèvement de la métamorphose, et toute la diffé-
rence repose sur l'époque à laquelle s'opère l'éclosion (§ 326,
4°). La cause de cette éclosion prématurée est évidemment le
défaut de nourriture ; car, chercher de la nourriture est la première occupation des larves qui viennent de quitter l'œuf.
L'embryotrophe de l'œuf est complétement épuisé, comme
chez la plupart des Insectes, ou bien il ne peut plus se répa-
rer par absorption du dehors et appropriation, comme chez
les Cynips, quand les galles se dessèchent, ou enfin il ne peut
point pénétrer dans le corps de l'embryon, comme chez les
Batraciens. Les larves trouvent moyen de satisfaire à leurs
besoins, tantôt dans la nourriture que la mère a déposée auprès de l'œuf (§ 335, 1°, 2°), ou au voisinage de laquelle elle a
pondu ce dernier (§ 335, 3°, 4°), ou qui s'est développée dans
ses alentours (§ 335, 5°-7°), tantôt dans la substance que le
corps maternel a fournie pour servir de *nidamentum* (§ 343,
8°), et le *nidamentum* diffère du blanc, ou de l'embryotrophe secondaire, précisément parce qu'il est consommé d'une
manière moins végétale, parce que l'animal s'en empare et
le digère à l'aide d'un mouvement animal, ou enfin parce
qu'il ne sert pas du tout d'aliment. Chez beaucoup de larves
d'Insectes, la quantité de cette provision alimentaire est en
harmonie parfaite avec la durée de la métamorphose entière ;
elle dure aussi long-temps qu'il le faut pour que la larve
prenne tout son accroissement ; celle-ci se change en chrysalide dans le nid où elle a subi l'incubation, et elle ne le quitte
qu'après être arrivée à l'état d'Insecte parfait. Les larves d'autres Insectes, au contraire, et les têtards des Batraciens, ne
trouvent dans le *nidamentum*, ou dans les substances placées
à portée de l'œuf, que la première nourriture, ou le lait maternel, qui leur sert à se fortifier, à contracter l'habitude de
digérer des choses étrangères et de chercher leurs alimens.
Mais ces larves ne sont point nourries à la manière des végétaux ; elles ont besoin de l'activité sensorielle et de la locomotilité pour trouver leur nourriture et s'en emparer, et ces
forces sont développées en elles dès avant que l'organisme ait
acquis sa forme permanente. Les larves sont donc des embryons chez lesquels la vie sensorielle s'éveille de bonne heure,

parce qu'elles en ont besoin pour se procurer la nourriture que l'œuf [ne peut point leur fournir. De la sorte, l'activité morale nous apparaît de nouveau comme un moyen de la vie, qui se déploie quand les autres manquent, et qui manque lorsque le maintien de la vie est assuré d'une autre manière.

5° De même que, chez l'embryon des Ruminans et des Solipèdes, les membres sont développés jusqu'au point de permettre qu'il se tienne debout, marche et coure, parce qu'après sa naissance la mère ne peut point lui procurer une garantie suffisante contre les animaux de proie, tandis que, chez les Carnassiers et l'homme, la formation de ses membres est plus incomplète, parce que la mère ou le couple des parens lui assure une protection efficace après sa venue au monde; de même aussi la vie morale est très-limitée chez les Mammifères, avant la parturition, parce que les substances de l'œuf suffisent aux besoins de l'embryon, et lui arrivent d'une manière purement végétative, sans concours de sa volonté libre et spontanée. Le peu d'activité du cerveau ressort de ce que, d'après l'observation de Jœrg (1), cet organe n'offre jamais de pulsations dans l'embryon humain, et de ce qu'on peut impunément le comprimer avec force pendant la parturition. Les activités sensorielles ne sont point encore en jeu, comme le témoigne déjà l'état des organes des sens; les doigts sont fléchis, les yeux fermés, les oreilles bouchées par une substance membraneuse, le nez plein de mucosités. Il n'y a non plus ni excitans qui agissent sur les sens, ni renouvellement d'objets nécessaire pour les stimuler; l'embryon est entouré de la même eau, qui ne lui donne l'idée d'aucune odeur, d'autant plus que la respiration est la condition de l'olfaction, ni celle d'aucune saveur, puisqu'elle ne change point : soustrait totalement à la lumière et en grande partie au son, il ne trouve d'impressions sur sa sensibilité générale que dans l'état de la matrice, c'est-à-dire dans les variations de vitalité, de température, de pléthore sanguine, de mouvement et de pression de cet organe. Aussi l'activité sensorielle manque-t-elle encore au moment de la naissance; les enfans qui viennent au monde

_____

(1) *Ueber das Leben des Kindes*, p. 40.

avant terme sont violemment ébranlés par les impressions que reçoivent leurs sens, mais incapables encore d'avoir des perceptions ; à sept mois, ils n'ouvrent point les yeux (1) ; à huit, ils les ouvrent quelquefois, après avoir commencé de respirer, mais rarement, et seulement lorsque la lumière est très-faible (2) ; à neuf, ils les ouvrent, mais sans regarder autour d'eux. Comme il n'y a que les sens qui nous informent de l'antagonisme du monde extérieur avec le moi, et que nous n'avons distinctement le sentiment de notre existence qu'à la condition d'apprécier cette différence, il résulte de l'inaction des organes sensoriels que la sensibilité est encore obtuse et le penchant sans conscience. Nous désignons un tel état sous le nom de *sommeil*, et d'après cela nous reconnaissons que la vie embryonnaire humaine est une vie de sommeil. Voilà pourquoi les enfans nés prématurément et même ceux qui viennent au monde à terme passent la plupart du temps à dormir. L'embryon a aussi l'attitude d'un être qui dort, et même, si l'on considère le volume du thymus, l'inaction des poumons, la couleur foncée du sang et le peu d'élévation de la température, il ressemble à un animal plongé dans l'engourdissement hibernal ; mais comme il se trouve dans la sphère de la vie maternelle, l'influence de celle-ci peut agir sur lui à la manière du magnétisme animal, et dans cette hypothèse nous sommes en droit de demander, avec Carus (3), si l'embryon ne participe pas aux pensées de la mère, comme le somnanbule à celles du magnétiseur, si ces pensées ne peuvent pas passer devant lui comme des songes et lui laisser une prédisposition à des pensées analogues, si enfin ce qu'on appelle l'influence de l'imagination de la mère n'est point explicable de cette manière ?

6° Dans tous les phénomènes, il y a une gradation qui établit un lien entre le début imperceptible et la culmination du développement, entre le point le plus bas et le plus élevé. Une distance infinie sépare l'homme de la spore d'une ulve, et ce-

(1) Mende, *loc. cit.*, t. II, p. 278.
(2) Wrisberg, *Comment.*, p. 25.
(3) *Lehrbuch der Gynaekologie*, t. II, p. 61.

pendant la vie, la vie animale même, est un caractère commun à tous deux. Le sentiment de soi-même est sensibilité générale à son plus bas degré, et cette sensibilité présente elle-même une série de gradations, en sorte que nous pouvons nous la figurer, dans la spore (§ 471, 5°, 6°), comme étant l'unité de la masse du corps s'apparaissant à elle-même sous l'aspect le plus obscur et le plus vague. De même que l'instinct, cette réaction sans conscience de la vie animale contre les stimulations de la sensibilité, est également susceptible de degrés divers, de même aussi il agit, dans la spore, comme tendance aveugle à se mouvoir et à se fixer, et devient de cette manière le moyen d'assurer la vie (§ 332), ainsi qu'il l'est pour la larve, chez laquelle la vie animale a déjà pris un plus grand développement. La sensibilité générale et l'instinct sont la base de toute la vie morale; ils contiennent les germes de toutes les facultés de l'âme, sans exclure même les plus élevées; tandis qu'ils disparaissent chez la plante, quand elle se développe de sa spore, ils persistent dans l'économie animale, et deviennent chez l'homme le germe des plus hautes facultés. La vésicule qui représente le germe du corps humain n'est pas plus complétement organisée qu'une spore; elle ressemble tellement à un Entozoaire cystique, qu'on pourrait la prendre pour un de ces animaux; aussi, quand les circonstances ne sont pas favorables, lui arrive-t-il de ne pas s'élever au-delà de ce dernier degré de formation, et de venir au monde sous l'aspect d'une masse monstrueuse, dans laquelle on aperçoit à peine des traces de vie animale. Mais, tandis que l'hydatide demeure enchaînée pendant toute sa vie à ce degré de l'échelle animale, la vésicule humaine, dont le type intérieur n'est contrarié par rien, s'élève à une organisation merveilleuse, qui ne diffère pas moins de sa forme primordiale que les facultés morales pleinement développées de la vie obscure à laquelle la sensibilité générale et l'instinct réduisent une spore.

## TROISIÈME DIVISION.

### RÉSUMÉ DES CONSIDÉRATIONS SUR LE DÉVELOPPEMENT DE L'ORGANISME.

§ 472. Après avoir recueilli tous les faits qui précèdent, après avoir déduit toutes les conclusions qui en découlent immédiatement, essayons de ramener toutes les spécialités à un point de vue général, et à nous procurer ainsi un aperçu de ce qui arrive pendant le travail du développement. Mais comme nous n'acquérons aucune connaissance qu'à la condition d'examiner en quoi les objets diffèrent et se ressemblent, nous aurons aussi à comparer ensemble les corps organisés et les corps inorganiques, sous le rapport de leur *origine*.

### CHAPITRE PREMIER.

#### *De l'origine des corps organisés.*

1° L'existence en général est illimitée et éternelle. En effet d'un côté nous ne pouvons nous faire l'idée d'un temps qui précède ou qui suive l'existence, ni concevoir le commencement et la fin de cette dernière, ni enfin nous figurer une époque où elle touche au néant ; d'un autre côté, nous arrivons de toutes parts à la conviction que rien ne vient de rien, qu'il ne se produit du néant aucune nouvelle matière, et que la matière actuellement subsistante ne saurait être anéantie ou perdre son existence. Il n'y a que le particulier qui puisse naître, et sa naissance n'est autre chose qu'une métamorphose de ce qui existait déjà, un *changement des formes* sous lesquelles l'existence générale nous apparaît comme chose spéciale et concrète. Ainsi la naissance d'un corps organisé suppose l'existence d'une matière, de laquelle ce corps se forme.

2° Un corps nouveau, c'est-à-dire différent, par ses propriétés physiques, des divers corps jusqu'à présent existans dans l'espace, peut naître de deux manières différentes : par *analyse*, c'est-à-dire par résolution d'un corps homogène en plusieurs corps hétérogènes, de telle manière que ce qui avait subsisté jusqu'alors dans un espace commun et sous une forme

commune, se désagrége pour devenir une pluralité de choses qui sont placées en dehors les unes des autres et qui diffèrent à l'égard de leurs propriétés ; par *synthèse*, lorsque des
substances placées hors les unes des autres viennent à occuper un espace commun, que ce qui était séparé s'unit, et que
le multiple s'associe en un tout unique. Mais rien n'est complétement séparé dans la nature : on y trouve partout des
substances hétérogènes unies les unes avec les autres. Donc
la naissance d'un nouveau corps s'opère à la fois des deux
manières ; il n'y a jamais qu'une différence relative, suivant
que l'une des deux directions se manifeste, ou la première,
ou d'une manière plus prononcée, dans le corps que nous
avons spécialement en vue. Ainsi toute mort est une nouvelle
création, et toute naissance une destruction de ce qui avait
existé jusqu'alors. Dans la génération hétérogène, le concours
du multiple prédomine, comme dans la génération homogène
la résolution de l'unique ; mais la direction inverse a lieu simultanément dans chacune de ces deux formes.

3° L'analyse et la synthèse sont des changemens de lieu,
par conséquent des *mouvemens*. La naissance d'un corps,
comme occupation permanente de l'espace, suppose donc un
mouvement ou un changement de lieu. La réalité de ce mouvement a été quelquefois constatée par l'observation directe
(§ 471, 1°). Nulle formation d'embryon ne peut être conçue
sans lui.

4° Le mouvement est une activité, et l'activité doit dépendre d'une cause intérieure, ou, en d'autres termes, être la
manifestation d'une *force*. Par conséquent, l'activité existe
avant le corps qui naît, et la cause intérieure de l'activité, ou
la force, est la cause de sa naissance. Dans les opérations chimiques, les attractions et les répulsions précèdent la formation, mais les mouvemens se rattachent à la nature intime des
substances, qui ne tombe pas immédiatement sous nos sens,
et que nous connaissons seulement par ses effets, c'est-à-dire
qu'ils dépendent de forces que nous désignons sous le nom
collectif d'affinité, pour embrasser d'un seul mot leurs différentes relations. Ainsi nous avons vu que la fécondation ne
produit d'abord aucun changement extérieur appréciable

dans l'embryotrophe d'où doit se développer un nouvel organisme (§ 298), qu'en conséquence elle se borne à provoquer, dans l'intérieur, c'est-à-dire dans la relation des forces,
un changement en vertu duquel se manifestent plus tard les
phénomènes de la vie proprement dite ; en d'autres termes,
qu'elle n'est autre chose que l'éveil, dans l'embryotrophe,
d'une tendance spontanée à la vie (§ 233). Par conséquent,
la formation de l'embryon est un développement de l'intérieur ; il apparaît au dehors, dans l'espace, ce qui auparavant subsistait comme état intérieur, comme relation de forces : il se manifeste dans la réalité matérielle ce qui existait
auparavant d'une manière idéale, ou en puissance.

5° Un corps solide se maintient tel, c'est-à-dire être à part
et distinct, en vertu de sa cohésion. Si certains acides et sels
qui affectent une forme solide contractent cependant des combinaisons chimiques, c'est uniquement parce qu'ils contiennent de l'eau. Les mouvemens plastiques ne peuvent s'exécuter
librement que dans un *fluide ;* mais, au terme extrême de la
fluidité, ou dans l'état gazeux, la cohésion est trop faible pour
qu'il puisse naître de là un corps solide. Le solide ne provient
guère que de la vapeur, mais surtout du liquide, comme état
d'indifférence de la cohésion. De même que le liquide est la
mère commune de toute forme solide, de même aussi tout être
organisé procède d'un liquide. Partout l'embryotrophe est
primordialement liquide, et il conserve même toujours cette
forme dans l'œuf des Mammifères, où continuellement il se
décompose et se reproduit ; dans les cas, au contraire, où il
se trouve formé tout à la fois, où sa masse entière est donnée
à l'œuf pour tout le temps du développement, et où la formation de l'œuf est séparée du développement de l'embryon
par une période de vie latente (§ 330), il acquiert plus de cohésion, parce qu'alors il est plus concentré, ce qui lui permet
de se conserver plus long-temps sans altération et de mieux
résister aux actions du dehors. Mais, de même que tout est
plus solidifié et enchaîné dans la plante, plus mobile, plus
libre et plus décomposable, au contraire, dans l'animal, de
même que la plante infusoire se produit sur un sol ferme,
tandis que l'animal infusoire ne peut naître que dans un élé-

ment plus mobile (§ 10, 6°), de même aussi l'embryotrophe est coagulé et solide dans l'œuf végétal, et seulement épais dans celui des animaux ovipares ; mais, dans l'un et dans l'autre, il se liquéfie lors du développement de l'embryon. La liquéfaction nous apparaît donc comme la forme de l'activité, comme la condition nécessaire de la formation en général et par conséquent aussi du développement des corps vivans. Mais la solidité est la forme de l'existence, comme condition de permanence ; elle est donc aussi ce qu'il y a de permanent dans la vie.

6° La cohésion est la tendance d'un corps à subsister comme tout, en retenant unies ensemble ses parties situées en dehors les unes des autres; et le degré que nous désignons sous le nom de *solidité*, est le seul qui permette de se maintenir par soi-même dans les mêmes conditions, eu égard à l'espace et à la forme. En effet, un corps qui est limité par lui-même a une forme propre ; car sa forme, ou le rapport des diverses dimensions de sa masse, ne dépend point des corps qui l'entourent. Le liquide, au contraire, dans lequel prédomine la forme d'expansion, est, sous le point de vue de ses parties, variable, mobile et déterminable par les objets du dehors, car sa délimitation extérieure tient à sa pesanteur, aux corps solides qui l'entourent, et aux mouvemens qui viennent l'agiter. En devenant solide, la matière acquiert de la persistance, des formes fixes, des relations entre ses parties, que la pesanteur ne peut détruire, une cohérence intime plus déterminée, et la faculté de se maintenir au milieu des corps qui l'environnent. Ce passage de la liquidité à la solidité, de limites vagues à des limites arrêtées, annonce l'éveil d'une spécialisation d'ordre supérieur, et une tendance vers l'indépendance : il est donc aussi la condition nécessaire d'un être organisé. Il faut que l'embryotrophe liquide se solidifie, pour que la vie acquière un *substratum* permanent, pour qu'il se produise un organisme apte à maintenir son indépendance dans l'espace.

7° La première forme de la solidification est la coagulation. Ici les mouvemens (3°) cessent aussitôt que l'attraction et la répulsion chimiques (2°) s'éteignent, ou que les substances se sont mises dans un certain équilibre, et la forme du corps est déterminée par les circonstances extérieures qui agissent au moment de la solidification. C'est à cette coagulation que doit son existence la membrane vitelline ou la membrane testacée ( § 341 ) à la surface de l'embryotrophe, membrane qui, n'étant susceptible d'aucun développement ultérieur, ne peut avoir que des usages purement mécaniques.

8° Dans d'autres mixtes, après l'abolition de la différence chimique, il subsiste encore un antagonisme actif des forces, de manière que la matière chimiquement produite peut encore acquérir d'autres formes par suite de mouvemens qui, se croisant en proportions déterminées, procèdent suivant les trois dimensions. Lorsque la masse, homogène quant à la substance, développe des antagonismes dans son étendue, coule et se fixe dans des directions déterminées, il résulte de là la *cristallisation*, ou l'acquisition d'une forme régulière, déterminée par la nature du mixte et accomplie par des mouvemens propres. Le cristal est donc l'expression permanente de forces motrices; le mouvement est devenu en lui repos et étendue permanente; l'activité est métamorphosée en une existence correspondante, elle est éteinte comme mouvement, et ne se manifeste plus que comme cohésion, de sorte que le cristal se laisse diviser plus aisément dans certains sens, plus difficilement dans d'autres, et que les directions des lames croisées sous différens angles indiquent les courans qui ont eu lieu pendant la cristallisation.

La chimie ne nous a point encore appris de quoi dépend la cristallisation ou la coagulation de la matière. Mais, comme les sels surtout sont aptes à cristalliser, il semble que les combinaisons les plus enclines à prendre une configuration déterminée sont celles qui renferment en elles l'antagonisme le plus prononcé des substances élémentaires et des forces fondamentales; c'est la tension de ces substances et de ces forces qui paraît produire ces mouvemens analogues à la vie, puisque les forces enchaînées chimiquement déploient encore, par antagonisme, de l'activité dans les directions de l'espace rempli. D'après cela, la faculté de cristalliser devrait ne point appartenir à ce qui est complétement homogène; car, bien que les métaux et les corps combustibles qu'on rencontre sous forme

cristalline, n'aient point encore pu être décomposés par les
chimistes, on ne saurait cependant les considérer comme
des substances simples.

9° La *conformation organique* de l'embryon porte le caractère général de la cristallisation, c'est-à-dire qu'elle est
régulière, qu'elle résulte de mouvemens propres, et qu'elle
est déterminée par la nature particulière du corps. La tendance intérieure à la configuration existe avant sa manifestation. Ainsi Cruikshank (1) n'aperçut point encore d'embryon
dans un œuf de Lapin âgé de huit jours, et cet embryon ne
devint visible qu'après qu'on eût fait tomber quelques gouttes
de vinaigre sur l'œuf.

Mais, dans le cristal, l'activité s'éteint au moment même
où il se produit; il ne conserve ensuite sa forme, comme le
caillot, que par sa seule cohésion, par l'enchaînement chimique de ses élémens, et il ne manifeste plus aucune activité,
tant que de nouvelles causes ne viennent point déranger l'é-
quilibre. Le corps organisé, au contraire, se maintient par
une production incessante, par la continuité des mouvemens
plastiques, par la permanence de l'antagonisme de forces qui
lui a donné naissance. La *pérennité* ou la persistance de l'activité nous apparaît donc comme caractère de la vie; car l'activité plastique, dans les corps organiques, est un éclair qui
n'illumine qu'un seul instant la vie de l'existence matérielle,
tandis que, dans les êtres organisés, c'est une flamme qui,
parce qu'elle continue de brûler tranquillement et qu'elle
brille sans interruption, semble être alimentée sans cesse par
les mêmes substances, tandis qu'en réalité elle ne dure qu'à la
condition d'être entretenue continuellement par des substances
nouvelles, en remplacement des anciennes qui s'échappent.
Plus la vie occupe un degré élevé, plus aussi cette pérennité
doit s'exprimer d'une manière déterminée; l'état latent de la
vie ( § 330 ) dans l'œuf des végétaux et des animaux ovipares
se rapproche de l'extinction de l'activité dans le cristal; chez
les Mammifères, au contraire, où la substance plastique
n'existe pas en provision, mais se forme et se consomme d'une

(1) *Philos. Trans.*, 1797, p. 201.

manière incessante, l'activité se manifeste sans interruption, et comme vitalité continue.

10° Il suit donc de là que la matière est bien le *substratum* permanent de la vie ( 5° ), mais qu'elle ne l'est que momentanément, qu'elle n'acquiert point à proprement parler une existence permanente, qu'enfin il n'y a que l'activité qui ait le caractère de permanence et qui soit impérissable. La masse en elle-même ne signifie rien ici, et varie sans cesse. Nous en avons eu la preuve et dans l'embryotrophe ( § 464, 8° ) et jusque dans l'embryon ( § 464, 5°-7° ). Mais ce qu'il y a d'essentiel dans un être, ce qui en fait le fond, porte le nom de substance, et ce qui est variable, ce qui n'apparaît en lui que comme attribut sujet à changer, reçoit celui d'accident : donc, dans les corps organisés, l'activité ou la vie est la *substance*, et la matière de l'organisation est l'*accident*.

## De la production des organismes par analyse.

§ 473. Si maintenant nous envisageons l'origine d'un organisme sous le point de vue de sa modalité, nous reconnaissons que là, comme dans toute origine ( § 473, 2° ), il y a analyse ( § 474 ) et synthèse ( § 475 ). De l'existence uniforme de l'œuf se développe peu à peu une diversité de substances, de formes et d'activités, tenant à ce qu'il est survenu une différence dans la force qui lui est inhérente, à ce que la vie s'est portée dans deux directions générales, ayant entre elles une opposition de polarité.

1° La masse organique primordiale, qui est homogène, se partage en *solide* et *liquide* ( § 469, 470 ). Ces deux formes sont ensemble dans le même rapport que l'intensité et l'*extension* de l'étendue ; la direction du dedans au dehors, la variabilité, l'activité, la quantité de l'étendue sont plus grandes dans le liquide, tandis que, dans le solide, prédomine l'énergie de cette même étendue, énergie en vertu de laquelle un corps subsiste en lui-même, se présente comme une chose particulière, et persiste sous ce caractère ( § 473, 5°, 6° ). Le liquide seul donne une chose sans bornes, sans permanence, sans individualité ; le solide seul en donne une sans activité, sans réaction. Or, comme la vie est une activité permanente (§ 473, 9°), elle se crée nécessairement aussi, pour *substratum*, un composé de solide et de liquide. Mais, de la masse indifférente, il se développe d'abord l'antagonisme du mou et du liquide épais ; les extrêmes, le solide et le vaporeux, ne paraissent que plus tard. Voilà pourquoi la consistance de la masse solide de l'embryon est moindre que celle du corps adulte. L'embryon, pris à la première période de son développement, se dessèche à l'air en une croûte mince ; de 10,000 parties du cerveau, l'évaporation en enlève 8096 chez l'adulte, 8694 chez l'embryon, même assez avancé : les glandes salivaires perdent, chez le premier, 7600, et chez le second 8469 ; le foie, 7600 chez l'un et 8064 chez l'autre (1).

2° Dans la formation d'un cristal il se manifeste une diversité de surfaces, de bords et d'angles, et l'on voit se déployer sous ce rapport un antagonisme de polarité, attendu que la formation correspondante ou la formation opposée se développe dans les points situés en face les uns des autres. Mais la pluralité s'épuise à la surface, et ne la dépasse pas, tandis que l'homogénéité domine dans l'intérieur. Dans l'embryon, au contraire, la permanence de l'antagonisme vivant ( § 473, 9° ) fait qu'à la pluralité extérieure se joint encore une *pluralité intérieure* dans la formation des divers organes et des différens tissus. La masse primordiale homogène se développe sous les formes les plus diversifiées : on voit d'abord paraître une différence de forme, c'est-à-dire des parties ayant des contours divers, quoique composées de la masse gélatino-granuleuse ; ce n'est que peu à peu qu'il se développe une différence de texture et de composition.

3° De ce que la vie est la substance de l'organisme, et la matière son accident (§ 473, 10°), il suit que les *organes* sont des produits de la vie. Déjà, dans les cristaux, la configuration est l'expression de l'activité intérieure et le résultat de mouvemens qui ont été provoqués par une certaine relation des

(1) Haller, *Elem. physiol.*, t. VIII, p. 266.

forces (§ 473, 8°). Dans l'œuf qui se développe, comme l'activité est permanente, les produits portent bien plus ouvertement encore le caractère d'effets de forces intérieures : la vie se manifeste d'abord dans ce qui est liquide et amorphe ; ce n'est point par un appareil organique particulier, mais seulement par les proportions de la masse, qu'ont lieu l'absorption de l'embryotrophe par la surface de l'œuf (§ 461, 10, 11), l'assimilation (§ 466) et la respiration (§ 467, II) dans la membrane proligère, et il ne se développe que peu à peu des organes spéciaux dans lesquels ces fonctions s'accomplissent.

4° La forme de cristallisation de l'inorganique est déterminée par le mode de la composition, et n'a pas d'autre relation avec son activité et sa permanence. Dans l'œuf, au contraire, la composition étant similaire, il se produit des formes tout-à-fait différentes. L'embryotrophe est apte par lui-même à prendre toutes les formes, et le blanc d'œuf qu'on a humé avec une pipette, pour le laisser ensuite tomber goutte à goutte dans de l'eau ou de la teinture de noix de galle étendue, forme d'après Purkinje (1), des fibres, des membranes, des cellules, des canaux, des petits sacs, indistinctement, tandis que, absorbé par l'embryon, il se prend ici sous telle forme, là sous telle autre, tout comme la même substance nerveuse, musculaire ou osseuse, revêt une forme spéciale dans chaque lieu. Mais, dans toutes ces formes, on voit percer un but, qui a déterminé la configuration ; il se produit un cœur, sous une forme spéciale, afin de pourvoir toutes les parties de sang ; il s'organise des branchies, pour donner au sang la composition nécessaire, et sans ces deux organes l'embryon ne peut point subsister. Ainsi, dans la formation de l'embryon, et dans ses rapports avec la mère (§ 365, 7°), nous voyons l'*idée* être le principe dominant et déterminant, la cause de la persistance de l'activité (§ 473, 9°) et la substance de l'organisme (§ 473, 10°). L'idée existe donc antérieurement à l'organe qui la réalise. Mais elle ne peut point être exprimée comme idée déterminée, attendu

(1) *Symbolæ ad ovi avium historiam*, p. 20.

que l'organisation est trop complète, sous le rapport de la multiplicité et de l'harmonie, pour qu'elle puisse jamais trouver une idée individuelle : il ne lui est possible que de guider la formation, à titre de simple type.

4° Si nous sommes déjà obligés d'admettre, dans la masse qui cristallise, un antagonisme des forces, comme condition de la diversité ou de la pluralité extérieure ( § 473, 8° ), nous sommes obligés de reconnaître dans l'œuf une scission analogue, mais plus étendue, des forces, comme source de la diversité intérieure et extérieure. Si la force proprement dite, qui forme l'embryon, consiste dans l'idée de la vie que nous développerons plus loin ( § 476 ), les forces diverses dont il vient d'être parlé doivent être contenues dans cette idée et se manifester comme autant de circonstances différentes, dont l'ensemble la réalise. En se développant ainsi, les différentes *directions de la vie* créent les formations qui leur correspondent, et se corporalisent en organes, dans lesquels elles se manifestent ensuite d'une manière permanente comme fonctions. D'après cela, les organes sont le *substratum* permanent des diverses directions de la vie ; ils sont réellement, ce que leur nom indique, des instrumens , des moyens, pour arriver à la manifestation et au maintien de la vie, mais sortis eux-mêmes de cette dernière, et supports de ses directions ou de ses fonctions. Ainsi, par exemple, ce qu'il y a d'essentiel et de primordial dans la vie animale est la centralisation animale, comprenant en elle le rapport de tout ce qui est extérieur à une unité intérieure et la réaction de cette unité sur l'extérieur ; cette force active est une circonstance de l'idée de la vie en général , et s'exprime dans la formation du cerveau et de la moelle épinière ; elle devient l'organe central de la sensibilité, le siége qui reçoit cette force primordiale ; la pensée de cette concentration est devenue fixe ou permanente dans cet organe, et, lorsque la formation est arrivée à son terme, elle se dégage de nouveau, déborde par delà son siége, et se manifeste comme fonction de la sensibilité ( § 472, 3° ). La vie s'élève du particulier au général ; elle prend ses racines dans la planète, pour s'élever dans l'univers, et les deux directions se corporalisent dans la scission

de la membrane proligère (§ 417, 8°; 456, 1°); la direction
planétaire de la vie s'exprime dans le feuillet muqueux, qui
se développe en système végétatif des membranes muqueuses; la direction cosmique se manifeste dans le conflit du centre animal avec le monde extérieur, et crée le feuillet séreux qui, en sa qualité de périphérie animale, devient ce qui
limite et individualise, l'organe du sentiment et du mouvement. Comme toutes les unités sont nées de l'idée de la vie,
leur vitalité à toutes doit également se confondre dans l'unité
de la vie totale ou d'ensemble, et c'est ainsi que se forment
les vaisseaux et les nerfs; les vaisseaux, comme moyen d'u-
nion entre le général et le particulier, ne doivent naissance
qu'à la relation vivante entre le centre et la périphérie, à la
tension intérieure des forces de l'un et l'autre côté, qui détachent des bandelettes de la masse organique primordiale dans
le sens de la direction correspondante à la leur, et leur impriment le caractère de la sensibilité, afin de se corporaliser
(§ 429, 1°, 2°); et avant que le système vasculaire existe,
on voit couler le sang, masse commune du corps vivant,
portion variable et mobile, qui, attirée par chaque partie du
tissu, se fraie elle-même sa carrière, de sorte que les vaisseaux deviennent seulement l'ornière dans laquelle, plus
tard, le mouvement devenu libre trouve ses limites (§ 440, 4°).

Si l'organe procédait instantanément de la direction de
l'activité vitale, les partisans du système de l'évolution devraient, pour être conséquens, nier l'existence de leurs sens.
L'erreur fondamentale de cette théorie consistait précisément
à croire que, parce que l'organisme développé qu'on avait
sous les yeux ne pouvait se passer d'organes, tous ces organes avaient dû exister dès l'origine. Ainsi, par exemple,
quand Haller (1) disait que l'embryon ne peut jamais avoir
subsisté sans cœur, parce que le cœur contient le principe de
toute vie et de tout mouvement, qu'il a dû y avoir aussi des
vaisseaux sanguins et des viscères, parce que le cœur en
suppose l'existence, et que, comme l'embryon se courbe, il
a dû avoir dès l'origine des muscles, par conséquent aussi

(1) *Loc. cit.*, t. VIII, p. 147.

un cerveau et des nerfs, il se faisait illusion à lui-même sur la portée de ses pénibles recherches touchant la formation de l'embryon.

6° Le but est la pensée de l'avenir, et comme tout, dans l'embryon, correspond à un but, tout aussi y est dirigé dans des vues d'avenir. L'instinct pousse la mère à des actions qui sont calculées dans l'intérêt futur de sa progéniture (§ 370, 1°), et, dans son corps, chez les Mammifères, un organe agit après l'autre, non comme l'exige le présent, mais comme le réclame l'avenir : l'oviducte sécrète en plus grande abondance et se meut plus vivement avant que l'œuf soit arrivé dans son intérieur : de même aussi, avant d'avoir éprouvé le contact maternel de son objet, la matrice se prépare à recevoir l'œuf, le vagin à la parturition, la glande mammaire à l'allaitement. De même aussi, dans l'embryon, la bourse péritonéale et le scrotum se développent pour recevoir le testicule, qui n'y descendra que plus tard; le poumon se forme à une époque où la respiration branchiale est seule possible et seule aussi s'accomplit réellement; les organes sensoriels apparaissent dans un temps où l'embryon n'a aucun besoin du secours de ses sens et serait inapte à les exercer; les organes génitaux, calculés pour un avenir bien plus éloigné encore, se préparent pour la conservation de l'espèce avant que l'individu soit complétement produit, lorsqu'il est encore sous l'entière dépendance de la vie maternelle. Ici sans doute l'organe est antérieur à la fonction; mais la pensée de la fonction, c'est-à-dire de la direction de la vie qui lui correspond, existe avant lui; le cerveau s'allonge et se déploie en rétine, parce que l'organe central de l'embryon veut percevoir les impressions de l'activité du monde extérieur; la membrane muqueuse du canal intestinal se développe en poumon, parce que le corps organique veut entrer en conflit avec les substances élémentaires de l'univers; les organes génitaux poussent du système vasculaire, parce que l'individu ne vit que dans l'espèce et que la vie qui a commencé en lui veut se multiplier. Les fonctions sont donc données idéalement par les différences qui s'établissent dans la force vitale propre au corps organisé, ou, en d'autres termes, le penchant à vivre se répand en diffé-

rentes directions, et se partage en penchans divers. En s'in-
corporant par la formation d'un organe, chacune de ces directions de la vie devient latente, c'est-à-dire qu'elle se réduit,
considérée comme phénomène, au minimum : l'œil ne voit
pas, le poumon ne respire point, le testicule n'engendre pas,
mais tous les organes n'agissent alors qu'en vertu de leur vitalité commune, comme anneaux de la chaîne organique ;
ils augmentent la tension vitale, maintiennent le rapport mécanique des autres parties entre lesquelles ils sont placés,
et contribuent à l'équilibre de la composition, attendu que
leur nutrition procure l'élimination de substances déterminées. Mais, au milieu de tout cela, ils n'en poursuivent pas
moins leur propre but, et, en se perfectionnant ou achevant
de prendre tout leur développement, ils se préparent à la
pleine et entière réalisation de la fonction ; la première apparition de l'ovaire est le commencement d'un travail continuel et non interrompu de génération ; car, ainsi que l'a démontré Rathke surtout, la formation des œufs dans cet organe
n'est autre chose qu'un degré déterminé de son développement incessant. De ce que l'idée précède l'existence des organes, il résulte aussi qu'à l'époque où la fonction doit se déployer, son côté idéal apparaît avant son côté matériel : le
poumon n'est point encore en relation avec l'air, que déjà l'instinct respiratoire se décèle par des mouvemens ayant pour
but la respiration (§ 471, 10°) ; les membres se meuvent avant
que les jambes puissent porter le corps, ni la main saisir les
objets (§ 471, 9°) ; avant que le testicule produise du sperme,
ou l'ovaire des œufs, une différence sexuelle pénétrante imprime son cachet dans toutes les parties de l'organisme (§ 451,
8°) ; l'embryon détache de plus en plus son activité vitale de
l'œuf (§ 446, 16°), sur lequel il a acquis la prédominance
(§ 351, 2°), il devient de plus en plus actif en lui-même,
il commence à exécuter les mouvemens de la respiration
(§ 471, 10°) et de la déglutition (§ 471, 11°), et il se prépare ainsi à naître, à jouir d'une vie indépendante. L'histoire de l'enfance nous démontrera mieux encore que
l'instinct précède partout la fonction, et que la force
idéale se manifeste avant sa réalisation matérielle, tout

comme, d'un autre côté, nous avons trouvé, dans la génération, une action calculée dans des vues d'avenir éloigné
( § 301 ).

*De la production des organismes par synthèse.*

§ 474. Il est certains organes, le cerveau par exemple
(§ 419, 10°), dans la formation desquels nous observons d'a-
bord une scission en parties multiples, puis une réunion, une
concentration. De même, c'est surtout après l'analyse que se
manifeste la *synthèse;* cependant il lui arrive aussi quelquefois de paraître en même temps qu'elle, parce qu'elle
procède également de l'unité primordiale.

1° Nous reconnaissons partout une tendance du multiple à
se réunir en un tout harmonique. Les figures dites de
Chladni prouvent que les mouvemens intestins qui donnent
un son pur se répandent dans la totalité du corps sonore en
suivant les directions les plus régulières et observant entre
eux les rapports de la plus parfaite harmonie. Les sons dont
les élémens (vibrations) sont en proportion harmonique eu
égard au temps, donnent l'unisson, et les deux sons semblent
n'en former qu'un seul lorsque le nombre des élémens de
l'un divisé par celui des élémens de l'autre ne laisse aucun
reste. De même, dans les opérations chimiques, deux élémens ne se combinent, comme les sons, qu'en proportions
déterminées. Lorsqu'un gaz léger se trouve sur un autre gaz
plus pesant, tous deux forment au bout de quelque temps un
mélange absolument homogène ; et quand on triture deux
poudres ensemble, elles se mêlent de manière que chaque
parcelle, quelque petite qu'elle soit, renferme la même proportion que le tout, ce qui ne peut dépendre d'une répartition
mécanique, puisque le broiement continué ne change rien à
cette proportion. Enfin, dans le cristal, il y a une harmonie
en vertu de laquelle chaque face est ce qu'elle est, par sa relation avec le tout, et non par elle-même. Mais si, dans tous
ces phénomènes, l'*harmonie* ne se manifeste que dans les
élémens, et affecte elle-même une forme élémentaire, chez

les corps organisés elle pénètre dans le composé comme dans le simple : ici elle est plus parfaite, à cause de la plus grande diversité ( § 474 , 2° ), de sorte que les diverses unités s'accordent ensemble , et que chacune d'elles ne trouve sa signification ou sa valeur que dans le tout. Chaque barbe d'une plume naît à part soi ( § 426 , b° ), et présente , dans son isolement , une disposition inégale , en apparence irrégulière, de coloration et de grandeur ; mais toutes les barbes se réunissent pour représenter l'étendard, c'est-à-dire un tout ayant une forme déterminée et une coloration régulière. C'est ainsi que nous avons reconnu un concours harmonique d'action entre le centre et la périphérie dans la formation ( § 457, 1°), et une harmonie dans les rapports mécaniques réciproques des parties ( 460 , 4° ), de même que dans les activités différentes des organes plastiques.

2° Le cristal se présente comme un tout clos, avec des limites déterminées. L'embryon se sépare de l'extérieur par une ligne de démarcation infiniment plus tranchée , l'étranglement survenu entre lui et l'œuf, et il annonce par là sa tendance à l'*individualité*. Plus le penchant primordial à la vie est élevé en lui , plus il se sépare de l'œuf par l'antagonisme de parties permanentes et transitoires ( § 417, 4°-6° ) , et plus il fait de progrès dans son développement , plus aussi il acquiert de prépondérance sur l'œuf ( § 351 , 2°). Dans le cristal , il n'y a unité que sous le point de vue de l'espace occupé , et cette unité se rattache à la cohésion et à la synthèse chimique des élémens; dans l'embryon, l'unité est le résultat d'une activité intérieure et du concours des différentes fonctions pour former un tout qui se manifeste comme individu. Existence et activité sont ici en connexion intime et en relation mutuelle. La vie intérieure donne la formation ; l'activité se trouve enchaînée , liée à la substance, et corporalisée , mais elle ne s'éteint pas dans le tissu, et ne fait que le rendre permanent, pour qu'il puisse lui servir de support.

La forme d'un cristal est déterminée par sa composition , mais modifiée par les choses extérieures, la température et ses vicissitudes, le repos ou l'ébranlement, la situation, etc. La formation de l'embryon, au contraire, peut être empêchée ou favorisée, retardée ou accélérée, par les circonstances extérieures ; mais celles-ci n'ont pas le pouvoir de la modifier dans son type : de la graine il naît une plante plus vigoureuse ou plus débile, mais toujours de même espèce, que cette graine ait germé d'ailleurs dans du terreau, de la silice, du charbon ou de la laine (§ 465, 5°), qu'elle ait été arrosée avec de l'eau pure ou avec une dissolution étendue de chlore (§ 467, 2°) : l'embryon se développe aussi en conformité de son type, alors même que l'œuf de l'Oiseau se trouve retenu dans l'oviducte, ou que celui des Mammifères reste hors de l'ovaire (§ 338, 6°). Il y a donc ici un type fixe de formation, que les influences extérieures ne peuvent pas métamorphoser entièrement. Suivant que le nid et la nourriture varient, un même œuf d'Abeille peut donner une reine ou une ouvrière, mais jamais un Bourbon, de même qu'il ne peut jamais sortir une Abeille femelle d'un œuf de Bourdon.

L'embryon a par lui-même la faculté de se déterminer et celle de se conserver ; il ne reçoit pas son sang, mais le produit lui-même (§ 464, 3°, 4°) ; l'embryotrophe lui arrive, non par transition immédiate du corps de la mère dans le sien (§ 461), mais par le concours de diverses activités (§ 462, 463) ; lui-même enfin n'est pas un embryotrophe coagulé, mais il puise dans l'embryotrophe, en se les appropriant, la base et les matériaux de son existence (§ 464, 4°, 465). L'assimilation et l'affinité chimique se ressemblent à leur moment initial ; mais elles diffèrent ensuite, en ce que la seconde mène à niveler les propriétés des deux corps, tandis que l'autre imprime un caractère propre à la substance étrangère. La partie vivante, en contact intime avec la substance plastique, convertit celle-ci en sa propre substance par élaboration, en modifiant la proportion des élémens ; de cette manière, le vivant se multiplie par propagation de la masse vivante dans le cercle d'une individualité. Et de même que l'embryon, comme individu, se maintient vis-à-vis de l'individualité maternelle (§ 353), de même aussi il lui arrive souvent d'enlever la nourriture et la vie à son frère jumeau (§ 461, 12°).

3° Des phénomènes moraux ont lieu dans la vie de l'em-

bryon (§ 472), et nous ne pouvons résoudre la question relative à l'origine de l'ame. Eu égard des opinions de ceux qui
soutiennent la création ou la préexistence de cette ame, son
infusion ou son union, etc., nous renvoyons à l'ouvrage qu'a
publié un anonyme (1), et nous nous bornons à envisager ici,
du point de vue de la physique, les faits recueillis jusqu'à
ce jour (4°-10°); mais, en suivant cette marche, nous acquérons la conviction qu'on ne peut considérer l'ame que comme
une plus haute puissance de la vie, attendu qu'elle en porte
le caractère, et qu'elle se manifeste pendant son cours.

4° La vie en général est absolument idéale dans son essence :
toute formation organique que nous voyons s'effectuer
dans l'embryon, est la réalisation d'une pensée, une action
qui tend à un but (§ 474, 4°). La force plastique vivante se
manifeste comme un être pensant qui produit une multiplicité
de choses dans des vues déterminées et conformément aux
circonstances, et qui établit entre elles une connexité harmonique ; aussi les anciens l'avaient-ils désignée, et non sans
raison, sous le nom d'ame végétative ( ψυχὴ θρεπτική, *anima
vegetativa*).

5° Toute vie est unité du multiple (1°), existence semblable
à elle-même, détermination par soi-même, et individualité (2°); mais l'unité la plus élevée, l'existence qui ressemble complétement à elle-même, ce qui possède véritablement
l'indivisibilité et la faculté de se déterminer soi-même, c'est
l'âme.

6° L'essence de la vie consiste en une activité permanente (§ 473, 9°), et tout ce qui occupe une position élevée
tend à une vie non interrompue (§ 364, 3°). Chez les organismes supérieurs, l'œuf est dans un état continuel de vitalité
et d'activité plastique (355, 2°); son développement ne peut
être interrompu (330, 11°), et l'espèce se conserve non à
l'état de vie latente (§ 333, 9°), mais à celui de vie pleine et
entière (§ 332, 9°). Cette tendance n'est complétement réalisée que dans l'ame ; car, tandis que la matière présente par-

_____

(1) *Dilucidationes ulteriores arduæ doctrinæ de origine animæ et malo
hæreditario*, Stockholm, 1738, in-8.

tout et limitation sous le rapport de l'espace, et restriction de l'activité par équilibration d'un antagonisme, la pensée est toujours active, elle ne se repose jamais, et l'idéal seul nous offre cette activité illimitée et sans fin dont nous ne trouvons qu'une faible image dans l'organisme matériel (§ 242).

7° Nous avons vu que toutes les fonctions qui ont été examinées jusqu'à présent, notamment la sémination (§ 331-333), l'incubation (§ 336-338) et la nutrition de l'embryon (§ 472, 4°, 5°), sont accomplies, dans telle espèce d'animal par un travail de plasticité et d'une manière végétale, dans tel autre par des actions volontaires; nous avons trouvé également que, comme en ce qui concerne la fécondation et l'incubation (§ 369, 5°), de même aussi pour ce qui regarde la nutrition de l'embryon (§ 472, 4°, 5°), c'est précisément chez les animaux inférieurs qu'on observe la forme libre et animale, tandis que, chez l'homme, au contraire, on rencontre la forme sans conscience, sans volonté et végétale. Si donc le moral, semblable en cela à toute autre fonction végétative, ne nous apparaît que comme moyen d'arriver à un but de la vie, nous ne pouvons imaginer autre chose sinon que l'un des moyens de parvenir au but ayant manqué à un être, un autre lui a été accordé par compensation, car rien ne nous autorise à admettre une pareille lacune dans les œuvres de la nature. Ce qu'il semble y avoir de plus simple, c'est de penser que la vie renferme en elle plusieurs buts, et que les fonctions à l'aide desquelles elle y parvient, sont les différentes directions, morales comme plastiques, d'une seule et même vie, qu'en conséquence il existe entre elles une relation telle que, quand l'une prédomine, les autres se réduisent nécessairement, tout comme nous avons déjà vu qu'il y avait aussi bien harmonie qu'antagonisme entre les activités animales et plastiques par rapport à la génération (§ 368, 5°).

8° Le moral n'est point isolé dans l'univers; il se rattache à des phénomènes affines qui ont lieu sans le concours de l'âme. Les mouvemens plastiques de la masse nous offrent déjà un avant-coureur de l'activité morale, en tant toutefois que nous devons appeler vivant l'être qui se détermine lui-même et

anime celui qui manifeste cette détermination par des mouvemens variés, rapides et n'ayant point de type fixe. Ainsi
nous trouvons une apparence de vitalité animée dans la cristallisation lorsqu'elle s'effectue avec rapidité, et, ce qui est
digne de remarque, sous la forme de végétation : la dissolution d'argent se comporte presque comme un animal, sous
nos yeux même, se portant tantôt sur un point, tantôt sur un
autre, restant en repos, puis s'étendant de nouveau, et produisant ainsi peu à peu ce qu'on appelle l'arbre de Diane; de
même, la vapeur aqueuse prend peu à peu, sur les vitres d'une
croisée, la forme d'une tige garnie de branches et de feuilles.
Au moment de sa première apparition, et sous ses formes les
plus inférieures, la vie se montre animée : les globules qui
doivent naissance à la génération primordiale et qui se développent en conferves, etc., de même que les spores des
plantes inférieures et des Zoophytes, qui sont le produit
d'une génération homogène, jouissent souvent de la faculté
d'exécuter des mouvemens libres et réellement animaux.

9° L'âme apparaît donc simultanément avec la vie, comme
étant sa véritable essence; mais elle disparaît lorsque les
germes dont nous venons de parler ( 8° ) se développent en
corps organisés, et, quand ceux-ci se propagent, elle reste
aussi dans les œufs sans déployer les manifestations qui lui
sont propres. Elle est donc enchaînée dans la formation organique, pour ne plus s'éveiller que dans les organismes supérieurs et pendant le développement de l'embryon dans l'œuf,
absolument de même que l'activité morale, qui se manifestait
chez la larve d'Insecte, devient latente pendant l'état chrysalidaire, lorsque la plasticité acquiert la prédominance ( § 380),
et reparaît ensuite dans tout son éclat chez l'Insecte parfait;
ou comme la prédominance du côté plastique de la génération
en restreint le côté moral chez certains Insectes, tandis que
le contraire a lieu chez d'autres ( § 333, 1° ); ou enfin comme
nous avons trouvé dans l'amour une origine idéale, une in-
corporation et un retour à l'idéal ( § 242 ). Chez les végétaux,
la vie ne sort pas de la plasticité, et la pensée est ensevelie
dans l'existence matérielle; l'embryon végétal se solidifie au
moment de sa formation et demeure inanimé.

10° Dans l'œuf des animaux et de l'homme, le germe de l'âme coexiste avec le premier germe de la vie ( § 472, 3° ); cette ame devient latente dans ses formations, mais elle existe pour ainsi dire en excès, et quand le premier temps orageux de la plasticité s'est écoulé, elle déploie ses premières manifestations, car la masse se solidifie seulement d'une manière partielle et dans une sphère subordonnée, demeurant en général molle, décomposable et mobile. Dans l'embryon humain, il s'établit, au cinquième mois, entre les divers organes, un équilibre qui ne pouvait point exister auparavant, tant que ces organes se formaient l'un après l'autre : à dater de ce moment, la formation n'a plus le caractère des révolutions d'une métamorphose, mais celui d'un développement uniforme et qui s'effectue avec calme. La pensée vivante, qui s'était auparavant incorporée dans la création de nouvelles parties et de nouvelles particularités de configuration et de vie, redevient libre; les organes entrés en équilibre réfléchissent les différentes manifestations de l'idéal sur un point central, où elles se trouvent ramenées à l'unité, et constituent ainsi le sentiment de l'existence, qui est le foyer de la vie ; dès lors la pensée cesse d'être générale et attachée seulement à l'organisme ( § 365, 8° ), elle devient réelle, particulière et pénètre dans l'organisme ( § 368, 5° ). Pour nous exprimer d'une manière plus nette, il existe une chaîne d'organes différens de qualités et de directions, qui sont dans un état de tension les uns à l'égard des autres, de manière que l'activité de l'un se transmet à l'autre, dans lequel elle fait naître la polarité inverse. Ce qui forme la chaîne, c'est la chose primordiale, celle qui a été le point de départ de toute formation, celle à laquelle tout maintenant se rapporte encore, c'est la vie, qui, après s'être déployée dans ces diverses directions, revient alors à sa source primitive. L'organe central de la sensibilité était la partie primordiale, il témoignait de bonne heure sa domination sur toutes les autres parties, périphériques à son égard, tant dans la direction en longueur ( § 438, 1° ) que dans celle en largeur ( § 459, 6° ), tant dans l'assimilation ( § 466, 1° ) que dans la métamorphose ( § 466, 2° ) de l'embryotrophe ; maintenant qu'il est plus développé, eu égard à la forme et à la texture, et que les divers points de la périphérie se sont réunis en un tout harmonique, les activités se reportent, comme autant de rayons, vers un centre commun. En arrivant à ce centre, elles se neutralisent réciproquement, et sont ramenées à l'unité; or cette expression de l'unité dynamique des différens organes, est la sensibilité générale, sorte de chaos encore plein de confusion. Mais du moment que cette sensibilité s'éveille, le plaisir et le déplaisir entrent dans l'âme. Les nerfs, comme représentans de la vie centrale et de l'activité intérieure, et les muscles, comme représentans de la vie extérieure, sont les antagonismes dans lesquels se déploie le plus rigoureusement la polarité : parties d'un même tout, et sous la dépendance les uns des autres, mais agissant d'une manière inverse, ils entrent dans l'état de tension lorsqu'une différence pleine et entière s'est établie entre eux. La sensibilité perçoit cette tension fatigante, comme un conflit, comme un défaut d'unité dans l'organisme : de là résulte la première étincelle de lumière pour l'ame; c'est la première sensation distincte, et l'impulsion qui tire la force de sa léthargie, qui la sollicite à mettre en jeu sa puissance d'action. Avec cette sensation commence la réalité de la vie morale, et le sentiment d'un défaut d'unité intérieure, d'une contradiction au dedans d'un être indivis, est l'origine de la *douleur*, qui, saisissant l'embryon dès son entrée même dans la vie terrestre, l'accompagne fidèlement jusqu'au tombeau. Il se développe dans le sentiment de la force une tendance à faire cesser cette contradiction, à ramener l'unité dans la vie, et cette tendance s'exprime comme penchant au mouvement. L'organe central réagissant comme dominateur, et sa réaction portant sur les muscles, au moyen des nerfs, la différence s'efface, la tension cesse, et le rétablissement de l'harmonie amène le *plaisir*. Le plaisir consiste à se retrouver soi-même dans le conflit des choses, à reconnaître l'unité permanente au milieu de la contradiction apparente des phénomènes. La liberté plus grande avec laquelle l'activité vitale peut s'exercer pendant le mouvement, amène le desir de se mouvoir, et l'embryon qui a ressenti le premier plaisir en déployant sa faculté d'agir, exerce avec joie ses forces nais-

santes ; les actions deviennent de plus en plus libres, et de la
vie végétative finit par en sortir une dont la volonté est l'ar-
bitre.

11° D'après cette manière de voir, l'âme, considérée dans
son essence, est l'ensemble de l'organisme ; mais, envisagée
dans sa manifestation, elle est fonction. Elle est donc à la fois
*tout* et *un*, et nous pouvons dire, par rapport au corps, que
l'âme est dans toutes les parties vivantes, que le corps entier
est en elle, car ses effets se manifestent partout où s'étend le
corps, et elle reçoit des impressions de tout ce qui possède
la vie. C'est même là ce qui la place au plus haut rang dans
la vie, car nous trouvons que, plus une fonction est inférieure,
plus aussi elle est isolée, moins elle agit puissamment sur le
tout, moins aussi elle est affectée vivement par lui. Mais la
loi qui veut que la partie soit dans le tout et le tout dans la
partie, se réalise aussi de différentes manières dans la vie
matérielle. D'abord le caractère du tout se répète dans les
parties ; la forme de chaque organe correspond à sa configuration générale, par exemple eu égard à la prédominance de
la longueur ou de la largeur ; suivant que la vie végétative
ou animale, sensitive ou irritable, prédomine dans un organisme, chaque partie acquiert une modalité correspondante,
et selon que l'estomac de l'embryon se développe pour vivre
à l'avenir d'alimens végétaux ou animaux, il se manifeste
aussi des différences dans l'intestin, dans les organes mandu-
cateurs, dans la forme des membres, dans la disposition des
organes sensoriels, des systèmes musculaire, nerveux et
osseux : de même, la sexualité pénètre l'organisme tout entier, et imprime son cachet à toutes les parties, à toutes les
régions, dans un temps où les organes génitaux ne font encore que commencer à acquérir des différences de conformation, et où la réalisation de leur fonction ne s'entrevoit que
dans un avenir éloigné ( § 451, 8° ) ; ce ne sont pas les organes
de la génération qui sont mâles ou femelles, car l'embryon tout
entier et chacune de ses parties sont pleins de l'âme de la
sexualité. Chaque organe se forme pour soi et pour l'organisme entier ( § 464, 6° ). Ainsi chaque partie réunit plus ou
moins complétement la totalité du système dans les principes

IV.                                                    10

constituans de son tissu ; des productions des trois feuillets de la membrane proligère sont mêlées ensemble dans la bouche, l'estomac, l'anus, les poumons, les voies urinaires, de manière que le tout se trouve contenu dans la partie. Comme le cristal se laisse diviser en cristaux plus petits ayant la même forme que la sienne, de même nous retrouvons dans la texture d'un organe la forme générale de cet organe, seulement avec une différence d'élémens, tandis que, dans le cristal, la structure intime et la forme extérieure se ressemblent toujours parfaitement ; les muscles sont des organes allongés, et leur tissu se compose de fibres ; les glandes salivaires représentent des masses arrondies, et elles sont produites par les granulations accumulées ; les reins ont pendant quelque temps la forme de grappe, qui se répète dans leurs vaisseaux capillaires, tandis que ces derniers forment des faisceaux allongés en manière de flammes dans le foie, qui est bombé, terminé en pointe et tranchant sur les bords. Le mode de formation de l'embryon entier se répète aussi dans certaines parties ; la vésicule dentaire fibreuse est une membrane vitelline, et renferme la vésicule vasculaire, analogue de la membrane proligère, qui se développe en amnios, tandis que le nerf représente l'organe central, l'artère et la veine le feuillet vasculaire, l'os la périphérie animale, et l'émail l'épiderme ( § 434, II ) ; la dent éclot quand elle perce, et naît quand elle tombe. On peut en dire autant de la plume ( § 426, 5° ). Enfin l'œuf se répète aussi dans certains organes permanens ; la rétine est l'organe central de la sensibilité de l'œil ; le corps vitré, avec le cristallin, l'embryotrophe primaire ; l'humeur aqueuse, l'embryotrophe secondaire ; la choroïde, son feuillet vasculaire ; la sclérotique, sa membrane testacée. Il en est de même dans le cerveau. Les membranes séreuses sont des répétitions de l'amnios, l'épiderme en est une de la membrane testacée, etc.

D'un autre côté, la partie est dans le tout, et non seulement subsiste par lui, mais encore provient de lui, et paraît par conséquent après lui. Les parties qui se développent peu à peu n'ont leur cause et leur signification que dans le tout seulement, et elles sont déterminées par le type antérieur, qui existe avant elles. Ainsi, empiriquement parlant, le canal digestif existe déjà lorsque le pharynx, l'œsophage, l'estomac et l'intestin ne sont point encore formés; le cœur existe avant l'oreillette et le ventricule, avant les moitiés droite et gauche ; les membres précèdent le bras et la main ; la main précède la paume et les doigts, etc.

## CHAPITRE II.

### De l'essence de la vie.

§ 476. Les considérations précédentes nous mènent à examiner l'origine et l'*essence* de la vie.

1° Comme la partie naît du tout chez les êtres vivans, et qu'elle en porte le caractère, mais que l'être organisé est une partie à l'égard de la nature en général, nous concluons de là que l'*univers* est l'organisme proprement dit, et que c'est en se répétant qu'il produit les êtres organisés. Il suffit du coup d'œil le plus superficiel jeté sur la nature pour y apercevoir diversité infinie et unité, activité non interrompue, liaison intérieure de l'existence extérieure, domination de la pensée sur la matière, circonstances qui toutes annoncent un but, et qui sont précisément les caractères par lesquels l'être organisé diffère des choses inorganiques (§ 473-475). Déjà nous étions arrivés à ce résultat par une autre série de raisonnemens (§ 228-232, § 319-322), et quoiqu'il doive ressortir plus clairement encore de la suite des recherches auxquelles nous nous livrerons, il y a jusqu'ici assez de faits déjà qui l'établissent. Ainsi nous avons trouvé que la génération (§ 226, 227), la fécondation (§ 236), la sémination et l'incubation (§ 364, II ; 367) sont accomplies tantôt par l'activité organique, tantôt par des corps inorganiques, la terre, l'eau, l'air, tantôt par des forces de l'univers, la pesanteur et la chaleur, que par conséquent l'univers aussi remplit les fonctions maternelles, eu égard aux êtres organisés. Celui qui nous opposerait que chaque chose a sa cause propre, et que le vent ne souffle pas pour diriger le pollen sur le stigmate ou pour disséminer les graines, aurait parfaitement raison (§ 370, 2°); mais nous ajoutons que les poumons ne s'inquiètent pas non plus du besoin que d'autres organes peuvent avoir d'un sang aéré, et qu'ils ne respirent que parce que cette fonction se lie nécessairement à leur essence ; nous ajoutons que l'intestin ne se forme pas par tendre prévoyance pour les autres organes, mais uniquement parce qu'il est dans la nature du feuillet muqueux de se métamorphoser en un tube. Mais si l'homme de bon sens ne dira jamais qu'il dépend d'un pur effet du hasard que la fonction des poumons ou de l'intestin ait des résultats avantageux pour les autres organes, nous ne pouvons non plus ni méconnaître l'ordre qui règne dans l'univers, ni considérer comme un conflit éventuel et désordonné l'engrénement harmonique des activités de la nature (§ 370, 3°). Dans l'embryon, c'est la pensée tendant à se réaliser qui détermine la formation des organes, entre lesquels elle établit une liaison harmonique d'existence et de vie ; de même, dans l'univers, tout doit être déterminé par une cause idéale commune.

Mais si l'univers est l'organisme absolu, chacune de ses parties doit aussi être un tout organique, et en effet nous apercevons de temps en temps cette relation suprême des phénomènes de l'univers, quoique la faiblesse de nos moyens ne nous permette pas d'en saisir toute la portée. Il y a plus encore : la force du tout doit être inhérente à chaque chose particulière (§ 475, 11°), et effectivement nous rencontrons des traces de vie dans toute existence quelconque ; les activités des corps inorganiques ressemblent, comme nous l'avons vu (§ 473), aux élémens de la vie. Mais, en vertu de la pluralité ou diversité qui domine dans un organisme (§ 474), la force de l'univers ne peut pas se représenter de la même manière dans toutes les parties, dont quelques unes doivent apparaître comme des rayons isolés, et d'autres comme un reflet complet de cette force ; les premières sont les corps inorganiques, dans lesquels prédomine le caractère de l'isolement, et les autres sont les êtres organisés, dont chacun, image de l'univers, représente une unité embrassant la pluralité, c'est-à-dire une individualité. Maintenant, l'univers doit être illimité et infini, parce qu'il y a impossibilité de concevoir que l'existence soit limitée par une non-existence : en conséquence, tandis que, dans les corps inorganiques, les activités générales de l'univers, ou demeurent des phénomènes transitoires, qui n'arrivent point à la pérennité de l'existence (§ 348, I ), ou entrent en repos par combinaison mutuelle et s'éteignent dans une existence matérielle déterminée (§ 348, II), chez l'embryon, au contraire, une tendance vers l'infini se manifeste par la prolongation continue des activités (§ 473, 9°), et la pérennité s'annonce comme caractère essentiel de sa vie par la production d'organes génitaux, qui n'ont d'autre but que d'assurer à l'espèce l'éternité d'existence dont l'individu est incapable (263, 1°).

Si nous faisons un pas de plus, nous reconnaissons que l'idée est l'infini, et la matière le fini. L'infini doit donc être idéal, quant à son essence, et comme rien n'existe hors de lui, il doit produire, en s'imposant des bornes à lui-même, le fini, la matière, dans laquelle il se révèle comme chose permanente. C'est de cette manière que la pensée de la vie agit comme type intérieur dans l'embryon, qu'elle se matérialise et se maintient comme substance (§ 474, 10°); la pérennité lui appartient, c'est-à-dire qu'elle ne cesse jamais d'agir. Mais pour arriver à la réalité, elle est obligée de se fixer dans quelque chose de permanent, c'est-à-dire qui ne subsiste que par simple existence, et elle imprime à cette chose, à la matière, le caractère de la pérennité, de sorte qu'alors la vie arrive à l'existence, et l'existence devient vivante (318, III). Mais, une fois que l'infini, l'idéal, est devenu fini, enchaîné, fixé dans la formation vivante, il agit avec trop de puissance pour que les bornes qui lui sont assignées puissent le retenir dans cet enchaînement ; si par conséquent l'individu représente une image plus complète de l'univers, cet infini reparaît dans sa liberté; les activités qui sont inhérentes à toutes les parties émanées de l'idée primordiale se réunissant en un foyer commun, et la vie revenant ainsi à son essence, l'âme se dégage des liens du corps, qu'elle avait formés elle-même pour acquérir un *substratum* permanent (§ 475, 3°-10°).

2° La vie est donc l'infini dans le fini, le tout dans la partie, l'unité dans la pluralité. Ne faire qu'un avec soi-même, cesser d'être un pour devenir un tout, et passer du limité à l'illimité, c'est l'amour dans l'acception la plus genérale du mot, et si nous sommes obligés de reconnaître que la vie est quelque chose d'idéal dans son origine, comme dans son plus haut développement, nous ne devons pas non plus être surpris de trouver que son essence consiste dans l'*amour*. Toute procréation est une continuation de la vie du procréateur, un développement de l'individualité, qui devient par là universalité de l'espèce : tous les momens de l'opération forment une série continue (§ 363, 364), et le développement de l'embryon n'est non plus que la continuation de la vie qui vient de s'éveiller. Mais l'harmonie est l'origine de toute vie (§ 364, 365, 6°); l'amour allume la nouvelle flamme vitale (§ 263) et l'alimente (§ 369); ce doit être lui aussi qui maintienne la vie dans son unité, et nous lui reconnaissons pour germe, pour précurseur végétatif, ayant un sens non moins profond que la membrane proligère de laquelle se développe un homme sentant et pensant, l'harmonie qui lie dès l'origine toutes les directions possibles de la vie (§ 475, 4°).

3° Puisque l'univers se reflète dans un être organique, ou, en d'autres termes, qu'il crée un être portant son propre caractère dans les limites de l'isolation et du fini, les *forces de l'univers* doivent agir, dans la formation de l'embryon, non pas isolément, mais réunies toutes en un ensemble harmonique, non comme cause, mais comme moyen, non comme dominantes, mais comme au service de l'idée qui veut se réaliser. Nous reconnaissons donc ici les mêmes forces que dans les corps inorganiques, mais modifiées d'une manière spéciale, et nous donnons le nom de *force vitale* à cette modification. Si nous voulons que ce ne soit pas là un mot vide de sens, auquel ne se rattache aucune idée précise, si nous ne voulons pas regarder la force vitale comme un être étranger à la nature, inconnu dans son origine, son essence et son but, il ne nous reste d'autre ressource que de voir en elle le reflet de la divinité créatrice. L'insensé, tout vain de son savoir fragmentaire, pourra seul nous blâmer d'oser ainsi nommer la source primordiale de la vie dans l'instant où nous nous livrons à la recherche du commencement de cette vie.

L'observation, la perception acquise par les sens, étant la

base de notre savoir, nous avons cherché à donner un exposé complet des phénomènes connus jusqu'à présent par rapport à la formation de l'embryon. Notre but étant de ramener ces phénomènes particuliers aux phénomènes généraux de l'univers, et d'essayer ainsi de les expliquer, nous avons cherché ce qui se passait de chimique dans la formation de l'embryon ; or, en trouvant, par exemple, que l'eau de l'amnios est alcaline dans le Poulet et neutre dans le Veau (§ 464, 2°), que le suc gastrique du premier est d'abord alcalin, puis devient acide, mais que celui du Veau demeure neutre jusqu'à la naissance (§ 470, 4°), nous admettons que le suc gastrique se forme, médiatement ou immédiatement, du liquide amniotique, et qu'il demeure semblable à ce liquide, jusqu'à ce que de l'acide hydrochlorique libre s'y développe à la suite de l'admission de l'oxygène atmosphérique dans la masse des humeurs, introduction qui a lieu chez le Poulet par l'allantoïde, et chez le Veau par les poumons, mais après la naissance seulement. Nous avons reconnu de la même manière les effets de la pesanteur et de la pression (§ 460), de la cohésion et de l'adhésion (§ 469), de la perméabilité et de la force attractive (§ 461, 4°-11°; 470, VII), et là, comme à l'égard de la fécondation (§ 325), nous avons rapporté certains phénomènes à la loi du magnétisme et de l'électricité, non que notre pensée soit de chercher à expliquer la génération par la boussole ou les machines électriques, mais parce que nous pensons que ces deux agens sont l'expression de forces générales dont l'influence se manifeste également ici. Mais nous avons trouvé que ces forces sont tout simplement des moyens d'arriver au but, comme le mécanisme (§ 460) et les opérations chimiques (§ 464). L'activité s'arrêtant, dans les corps inorganiques, toutes les fois qu'il cesse d'y avoir antagonisme, il ne peut non plus que se réunir deux substances ; le composé qui résulte de là peut se combiner à son tour avec un autre composé contenant également deux substances, et ainsi de suite, de manière que, quelque complexe que puisse être le corps inorganique, il ne résulte cependant jamais que de combinaisons binaires. Dans les corps organisés, au contraire, l'activité dure encore après la cessation d'un antago=

nisme ; elle n'arrive point à un équilibre, à un repos parfait, et la matière animale se distingue spécialement parce qu'elle résulte de combinaisons ternaires ou quaternaires, dans lesquelles persiste une certaine tension électrique, qui lui donne une tendance continuelle à se décomposer. Quelque chose d'analogue a lieu sous le rapport de la configuration : on rencontre dans le règne organique des formes sphéroïdales, ellipsoïdes, coniques, cubiques, prismatiques et cylindriques, mais aucune d'elles n'est pure, et les formes élémentaires, engrenées pour ainsi dire les unes dans les autres, sont fondues en un seul tout. Aussi la forme organique ne peut-elle plus être déterminée géométriquement dès qu'elle a fait quelques pas au-delà de ses premiers commencemens. La limite de chaque existence est la quantité ; l'expression de la quantité, ou le nombre, indique le caractère du fini dans les choses, de sorte que les mathématiques sont la philosophie du fini. Cette science reconnaît la loi d'après laquelle les forces de l'univers agissent comme choses isolées, et détermine les proportions des substances dans un mixte, des vibrations dans un accord, des surfaces dans un cristal. Elle prête aussi son secours à la physiologie, en tant que la vie se manifeste dans un être fini ; elle y a pour but de ramener la modalité des phénomènes particuliers à la loi de la quantité, et l'on peut, si l'on veut, se figurer une proportion entre l'idée de la loi morale et la force digestive de l'estomac. Mais elle ne peut s'ériger ici en dominatrice, sans tuer la vie ; car, dès sa première apparition, celle-ci résiste aux déterminations mathématiques, parce que l'infini agit en elle, parce que son essence consiste dans l'idéal, qu'on ne saurait réduire en formule algébrique, et parce que ce n'est pas tel ou tel élément isolé, mais la totalité des élémens, qui se représente en elle.

Ce qui, d'un côté, produit les rapports mécaniques, et de l'autre les subordonne à un but spécial, de manière que l'organisation se montre comme un mécanisme et en même temps comme un être vivant, ce qui détermine ou enchaîne des composés déterminés, de manière que le corps organisé apparaît tant comme un extrait chimique de la planète (§ 465, 5°), que comme une matière particulière (§ 465, 4°), doit être une modification spéciale des forces de l'univers, et nous lui donnons le nom de force vitale. Cependant cette force vitale elle-même ne peut point être étrangère aux forces de l'univers ; elle doit avoir la même origine qu'elles, et être comme elles une révélation de l'esprit infini du monde. Dès qu'il s'agit de porter nos regards sur l'origine de la vie, nous ne pouvons en ignorer la cause suprême et première, comme on l'a ignoré dans un passé auquel semblent appartenir encore quelques retardataires de notre époque.

### CHAPITRE III.

#### *Du développement organique.*

§ 477. 1° Dans le règne inorganique, le cristal est achevé au moment même de sa formation, puisque celle-ci est une action qui atteint sur-le-champ à son terme (§ 473, 8°). Il devient subitement tout ce qu'il peut être, parce que, sa production étant instantanée, l'activité cesse et la diversité est épuisée, dès qu'elle a eu lieu. Dans le règne organique, au contraire, l'activité ne cesse point (§ 473, 9°), parce qu'un infini se révèle en lui (§ 476, 1°) : ici se produire est un acte continu, la formation est un *développement*, un perfectionnement graduel et progressif, tenant à l'acquisition d'une diversité plus grande (§ 474) et d'une individualité plus élevée (§ 475), parce que l'être organique n'est qu'un reflet de l'organisme absolu, et qu'il ne lui est possible que peu à peu de s'en rapprocher, de cesser d'être une chose isolée : c'est un changement continuel de formes, qui tend à amener une forme durable, parce que l'illimité s'y manifeste emprisonné dans des bornes déterminées, et que la forme durable exprime précisément les bornes prescrites à toute chose isolée. Les êtres organisés du rang le plus inférieur, les Infusoires, sont les seuls qui paraissent se produire sans métamorphose, ni accroissement, et avoir dès l'origine leur forme permanente. Plus un être organisé est élevé, plus on remarque de degrés intermédiaires dans sa propagation. Tandis que, dans la génération par scission, le nouvel individu sort immédiatement de l'organisme maternel (§ 22), à un degré plus élevé, il se produit seulement un germe, portant en lui la possibilité du développement d'un nouvel individu ; si les germes homogènes produites par accroissement (§ 27) ou par dépôt (§ 36), se métamorphosent immédiatement en un nouvel individu, il ne paraît d'abord dans les germes qu'une seule partie servant de base à ce nouvel individu, et tandis que, chez les organismes inférieurs, ces germes poussent immédiatement de l'organisme souche à des degrés plus élevés, l'organisme femelle produit l'ovaire, celui-ci l'œuf, ce dernier l'embryon, et de même qu'eu égard à la vie maternelle, l'acte de la génération est plus compliqué, comprend un certain nombre d'anneaux intermédiaires, de même aussi il le devient de plus en plus par rapport aux changemens que subit l'embryon lui-même.

2° Un organe se développe après l'autre, de sorte que le nombre des organes diffère en des temps divers ; nul n'est dès le principe ce qu'il sera plus tard ; tous changent sous le rapport du volume et de la consistance, de la forme et de la texture, de la situation et du mode d'action, et tandis qu'un organe se développe, un autre disparaît. Le développement est donc une véritable *métamorphose :* ce n'est pas seulement la matière (§ 473, 10°), mais c'est aussi la forme qui présente ici le caractère de chose transitoire, ou d'accident, et il n'y a que la force vitale qui ait la pérennité, qui soit la substance. La vie en général est effectivement une conservation de soi-même par le fait d'une activité, un maintien à l'état de similitude avec soi-même par des changemens continuels ; or, comme l'embryon change de formes et d'organes, ces formes et ces organes ne peuvent constituer son essence, qui doit consister en quelque chose de plus relevé et de permanent. L'organisme est différent, et cependant le même, à des époques diverses : une seule et même direction de la vie agit depuis le commencement, mais elle fait varier et les formes et les organes. Ainsi l'admission de l'embryotrophe, son assimilation et sa transformation en la substance de l'embryon ont lieu d'abord d'une manière immédiate, attendu que la membrane proligère forme la base animale à sa face externe et aux dépens de l'embryotrophe secondaire ; ensuite l'embryotrophe pénètre à travers cette membrane, et se dépose dans la cavité future du corps, où il se convertit en masse organique primordiale, qui prend la forme d'organes ; puis le sang se forme à la vésicule ombilicale, et il y est pris par les veines omphalomésentériques ; plus tard, la formation du sang a lieu au dedans de l'embryon même, les flocons du chorion absorbant de la matrice du sérum qui pénètre dans l'amnios, et dont la peau s'empare, et les veines ombilicales, qui ne servent ensuite qu'à la seule respiration, pompant aussi d'abord dans le placenta de la sérosité qui se transmet à la gélatine du cordon ombilical ; mais l'eau de l'amnios, qui est continuellement absorbée par la peau, pénètre enfin dans le canal intestinal, pour y être digérée. De même, la respiration se fait d'abord en vertu de la seule affinité existante entre la masse et le monde élémentaire, puis par la vésicule ombilicale et peut-être aussi par les branchies cervicales, plus tard par les branchies abdominales, enfin par les poumons (§467); de même, la sécrétion s'opère de différentes manières en des temps différens (§ 470, I), etc. Un même organe agit diversement selon l'époque, mais ne passe jamais à des fonctions hétérogènes (§ 470, VI); dès le principe, il poursuit le même but, mais des moyens divers, parce qu'il est l'expression d'une direction déterminée de la vie (§ 474, 5°), qui se maintient toujours, et ne fait que changer de formes. Ainsi le feuillet muqueux est, dès l'origine, l'organe chargé de produire la substance, comme l'est plus tard le système des membranes muqueuses ; ainsi il assimile et respire avant d'avoir pris la forme de vésicule ombilicale ; tourné vers le monde planétaire, il se partage, dans le cours de son développement, en intestin et en poumon ; mais, tant que la fonction tellurique du premier et la fonction atmosphérique du second ne sont point en exercice, la vésicule ombilicale préside aux deux fonctions, jusqu'à ce qu'elle s'éteigne entièrement, ou qu'elle ne fasse plus que recevoir l'embryotrophe liquide assimilé. Le feuillet muqueux se développe dans sa partie qui sert à l'éjection à l'extrémité du tronc, où il donne naissance à l'allantoïde, et comme le feuillet vasculaire, dont la production résulte de là, agit principalement par excrétion, comme les voies urinaires auxquel-

les il donne naissance, la formation de l'urine et la respiration sont pour toujours en connexion intime l'une avec l'autre. Les différentes fonctions du feuillet muqueux reposent
constamment sur la même idée, qui seulement affecte des directions différentes pendant le cours du développement ; les
vaisseaux efférens de l'intestin sont, dès le commencement,
la porte par laquelle le système vasculaire attire les substances du monde planétaire ; d'abord ils les prennent dans leurs
deux directions ; mais, plus tard, lorsqu'il s'est développé des
organes particuliers pour les élémens atmosphériques, ils se
bornent aux élémens telluriques ; ce ne sont d'abord que des
veines, mais, à une époque plus éloignée, il s'y joint des vaisseaux lymphatiques, qui s'emparent des substances étrangères à leur premier degré de métamorphose, et qui ne les mènent dans le sang qu'après un détour pendant lequel elles
continuent d'être assimilées.

Tandis que le feuillet muqueux est une partie commune
ou collective, qui ne se développe en parties spéciales, de formes diverses, que par plissement, par renversement du dedans en dehors, ou hernie, et par pullulation, le feuillet séreux conserve à tout jamais un caractère individualisant, et
produit des organes particuliers, la substance nerveuse et
musculaire, le tissu tendineux, cartilagineux et osseux ; car
si, chez les Cyclopides, les membres servant à la locomotion se métamorphosent plus tard en organes sensoriels,
organes de manducation, et pattes remplissant l'office de
crochets (§ 388), ils conservent toujours le caractère fondamental de la périphérie animale.

Le feuillet vasculaire ne subit non plus qu'une faible métamorphose, comparativement au feuillet séreux ; constamment il demeure un système homogène de canaux chariant
des liquides, quelque changement qu'il puisse éprouver dans
ses directions et dans sa ramescence.

Des organes transitoires ou embryonnaires existent déjà
aux degrés inférieurs de la vie ; la génération spontanée nous
les offre dans le protothalle des Lichens ; la propagation par
spores, dans la base membraneuse des Mousses et des Fougères ; celle par œufs, dans les cotylédons et les feuilles pri-

mordiales des végétaux, dans les radicules des monocotylédones, dans les vaisseaux (§ 380, 3°) et le corps adipeux (§ 380, 9°) des Insectes, dans les branches céphaliques (§ 393, 2°) et la queue (§ 396, 1°) des Anoures, etc. Mais, dans les organismes inférieurs, on voit aussi périr des organes plus essentiels et plus intimement liés à la vie générale ; la plante vivace se dépouille chaque année de ses organes respiratoires et génitaux ; et, comme les têtards des Anoures ont un organe transitoire de locomotion, on trouve, chez les Crustacés (§ 388**) et en partie aussi chez les Insectes (§ 380, 6°, 7°), des organes sensoriels et locomoteurs transitoires. Chez les animaux supérieurs, les parties essentielles, qui persistent, se séparent des parties non essentielles, qui n'ont qu'une existence passagère ; ainsi la partie périphérique de la membrane proligère périt chez eux, tandis qu'elle est absolument transitoire chez les animaux inférieurs (§ 417, 3°-6°). Mais, plus l'organisme est placé haut, plus aussi, généralement parlant, il se débarrasse promptement des organes transitoires, et, sous ce rapport, l'homme occupe le premier rang ; chez lui, disparaissent pendant la vie embryonnaire, et plus tard que chez aucun Mammifère, les corps de Wolff (§ 450), l'allantoïde (§ 447, 6°), les branchies cervicales (§ 445, 2°), la vésicule ombilicale (§ 437, 4°, 5°), la membrane pupillaire (§ 433, 5°), les poils lanugineux (§ 426, 4°). En venant au monde, il se débarrasse de l'amnios et du chorion avec le placenta ; après la naissance, le cordon ombilical périt, avec ses vaisseaux, le canal artériel et le canal veineux s'effacent ; plus tard, les dents de lait tombent, et le thymus disparaît. Mais nous ne devons regarder comme organes embryonnaires que ceux dont la durée est réellement bornée à celle de la vie de l'embryon ; ranger parmi eux des organes persistans, tels que les capsules surrénales et la glande pinéale, uniquement parce qu'on ne sait quelle fonction leur assigner pendant le reste de la vie, c'est plonger dans les ténèbres un sujet obscur sur lequel on se propose de répandre quelque lumière.

Le développement graduel est un *perfectionnement* progressif ; la vie ne peut point apparaître tout à coup dans sa plénitude entière ; elle n'y arrive que peu à peu, puisqu'elle se manifeste dans le domaine du fini. Les différences que l'embryon présente sous le rapport de la vie et de la formation, sont donc des degrés par lesquels il s'élève peu à peu au type dont l'image est placée devant lui, des points de transition de son existence, dont chacun le prépare à monter au suivant; mais elles ne peuvent consister que dans le développement du caractère de la vie en général, c'est-à-dire tant dans les progrès du simple au composé et de l'homogène au multiple (§474), que dans l'accroissement de la domination de l'unité sur la pluralité, et dans l'acquisition d'une individualité de plus en plus complète (§ 475). D'un autre côté, nous ne pouvons pas dire que chaque état antérieur soit un état d'imperfection absolue; loin de là, à chaque époque, l'existence a son caractère propre et par conséquent aussi ses avantages particuliers. La spore qui obéit librement à son penchant pour le mouvement, est enchaînée au sol lorsqu'elle se développe en Zoophyte; la chenille, qui va à la recherche de sa nourriture, passe à l'état d'une chrysalide immobile; les puissans organes de digestion sont atrophiés chez le Papillon, dont ils ne peuvent prolonger l'existence que pendant un laps de temps fort court; la circulation a disparu, et il n'en reste plus pour tout débris qu'une oscillation du vaisseau dorsal. L'embryon humain se trouve bien dans l'œuf, qui lui offre tout ce qui lui est nécessaire, et rien ne trouble son rêve de vie, car les fonctions nutritives s'exercent chez lui d'une manière purement végétale; il n'acquiert de besoins qu'à la naissance, lorsque la puissance du monde extérieur l'atteint, et que le concours de l'âme devient nécessaire pour la nutrition et la respiration. D'un autre côté, ce n'est pas l'annonce d'un progrès vers une perfection absolue, lorsque divers Cestoïdes et Trématodes, d'après les observations de Siebold, ainsi que plusieurs Isopodes (§ 385), Lernéides (§ 385*) et Cirrhipèdes (§ 388**), perdent dans un âge avancé, et sans en souffrir le moins du monde, les organes sensoriels dont ils jouissent pendant le jeune âge, et qui sont alors nécessaires à leur conservation.

4° Nous avons vu que les différens règnes et les diverses espèces d'êtres organisés se servent mutuellement de soutien et d'appui dans leur propagation, de manière que l'un accomplit à l'égard de l'autre la fonction de la fécondation ( § 261, 2°, 263, 1° ) ou de l'incubation ( § 364, 5°, 366), qu'il le complète, ou qu'il lui sert d'organe, et nous avons reconnu en cela une trace de l'unité de toute vie sur la terre. Mais l'être organisé, en général, n'étant qu'un organisme relatif par rapport aux choses inorganiques isolées, qu'un reflet de l'organisme absolu ( § 476, 1° ), il doit y avoir aussi, entre les membres du règne organique, comme entre ceux d'un être organisé ( § 475, 11° ), une différence en vertu de laquelle la signification du tout se révèle plus ou moins en eux; l'infini peut apparaître d'une manière ou plus claire ou plus obscure dans le fini; l'univers peut se répéter d'une manière ou complète ou incomplète dans un être pris à part, et par conséquent il y a possibilité d'une différence de la vie, sous le rapport de la quantité, dans le règne organique. Or, comme nous avons déjà reconnu dans la nature une diversité qui épuise tout ce qu'il y a de possible ( § 222 ), nous devons admettre aussi que tous les degrés imaginables de perfection sont exprimés, ou, en d'autres termes, que les êtres organisés forment, eu égard à la quantité de leur organisme et de leur vitalité, une série non interrompue, absolument de même que, sous le point de vue des formes de la génération, nous avons déjà constaté l'existence, dans le règne organique, d'une progression continuelle eu égard à la particularisation et l'acquisition de qualités spéciales ( § 223 ). En effet, nous avons vu que les êtres organisés les plus inférieurs confinent au corps inorganique et à son activité qui s'éteint dans l'acte même de la formation, et qu'ils naissent sans métamorphose appréciable ( 1° ); nous avons vu que, comme la pensée s'éteint dans la formation organique ( § 475, 9° ), et le mouvement libre dans le Zoophyte ( § 472, 6° ), de même aussi la formation des organismes les plus inférieurs s'épuise dans l'individu, qu'elle ne se rapporte point à l'espèce dans la propagation ( § 223, 3° ), qu'ici par conséquent la vie n'arrive point encore à une pleine et entière pérennité, et qu'elle se rapproche beaucoup de la vie momentanée du cristal ( § 473, 8° ).

Mais puisque l'embryon des êtres organisés supérieurs

commence par un minimum de vie et de formation, qui s'accroît peu à peu, nous pouvons aussi comparer la différence de son développement dans le temps aux différences du règne organique dans l'espace, c'est-à-dire dans les espèces. Certaines bornes sont assignées au développement de chaque être organisé, c'est-à-dire que son germe ne peut se développer que jusqu'à un certain point, constituant le caractère de son espèce. Or comme, chez l'homme, l'organisation et la vie ont atteint leur point culminant, sa métamorphose doit correspondre à l'*échelle* du règne organique; il doit passer par tous les degrés inférieurs d'organisation, et la vie embryonnaire doit présenter passagèrement les types de la série entière des êtres organisés. Cette vue extrêmement féconde, que Harvey, Kielmeyer, Autenrieth et Meckel (1) surtout ont développée, nous servira plus tard pour reconnaître l'essence et la gradation de la création organique, lorsque nous comparerons les degrés de la série animale avec ceux qui leur correspondent dans la vie embryonnaire. Nous n'avons fait aucun usage de cette idée dans nos considérations sur l'embryon, afin de ne pas distraire l'attention par un parallèle entre le simple et le compliqué, et nous nous sommes contentés de mettre quelquefois à profit l'analogie de l'état permanent des animaux inférieurs, pour remplir les vides que l'observation laisse encore en ce qui concerne les premiers états de la formation de l'embryon.

Mais, quelque fondée que cette idée soit en principe, ce serait une grande erreur, cependant, que de la croire réalisée à la lettre et dans toutes ses particularités. La vie présente des différences, non pas seulement de quantité, mais encore de qualité. Nous avons déjà vu, sous le rapport des formes de la génération, que les êtres organisés ne constituent point une série parfaitement régulière ( § 224 ); or il n'est pas moins évident que le type de l'espèce agit primordialement dans l'embryon, et que, quand celui-ci se trouve à quelqu'un de ses premiers degrés de formation, il y a analogie seulement, et non ressemblance absolue, entre lui et l'animal in-

(1) *Beiträge*, t. II, cah. I, p. 1-60.

férieur, que cette analogie n'est relative qu'à certains traits, et que l'embryon humain ne possède jamais l'organisation entière d'un Ver, ou d'un Mollusque, ou d'un Poisson. Sous quelques rapports même, la formation va plus loin chez plusieurs animaux inférieurs que chez ceux qui sont placés au dessus d'eux ; l'organe central de la sensibilité est d'abord creux chez tous les animaux vertébrés, et la moelle épinière conserve une cavité dans tous les Mammifères, tandis qu'elle se remplit entièrement chez l'embryon humain ; mais, chez les Poissons, les vésicules cérébrales se remplissent également d'une manière complète, au lieu que, dans l'homme, la masse qui s'y dépose ne fait qu'en diminuer la capacité ( § 424, 5°, 6° ) ; l'estomac, d'abord semblable à un intestin, se détache peu à peu par des étranglemens, mais cette différence va bien plus loin chez les Ruminans que chez l'homme ( § 438, 9° ) ; les cartilages de la trachée-artère croissent d'avant en arrière ; mais, tandis qu'ils n'arrivent, chez l'homme, qu'à rapprocher l'une de l'autre leurs extrémités postérieures, ils se ferment en anneaux complets chez les Sauriens et les Oiseaux ( § 448, 6° ).

5° De même que les circonstances de l'incubation ont de l'analogie entre elles chez tous les êtres organisés (§ 362), de même aussi, suivant la remarque déjà faite, par Harvey (1), leur vie est d'abord, sinon parfaitement semblable, du moins fort analogue, et elle ne commence à devenir différente que quand elle prend telle ou telle direction, parce que ses progrès s'arrêtent tantôt plus tôt et tantôt plus tard. Ainsi la membrane proligère ne révèle point encore l'organisation future ; lorsque l'organe central de la sensibilité s'est formé, avec ses enveloppes, et que le canal intestinal commence seulement à se développer, on aurait de la peine à dire si l'animal en train de se produire sera un Oiseau (2) ou un Mammifère (3) ; plus tard même, l'embryon humain ressemble

(1) *Loc. cit.*, p. 81.
(2) Pander, *Beitræge zur Entwickelungsgeschichte des Huehnchens im Eie*, pl. I-V.
(3) Baer, *De ovi mammalium epistola*, fig. VI-VII.

IV, 11

beaucoup aux Mammifères pendant quelque temps, et n'acquiert que peu à peu la forme qui lui est particulière (1). Chez
les animaux sans vertèbres, la marche du développement,
comme en général l'organisation et la proportion de la vie,
présente des traces moins prononcées d'harmonie (§ 388***, 8°).

6° Ce qui est destiné à prendre un grand développement
parcourt les degrés inférieurs avec plus de rapidité, et arrive
plus tôt à une forme supérieure. Cette remarque de Harvey
et d'Autenrieth (2) a été confirmée par Meckel (3) et par
Rathke (4). La vie embryonnaire dure trois semaines chez le
Poulet, et quarante chez l'homme; le troisième jour du premier correspondrait donc à la sixième semaine du second ;
mais l'embryon humain a déjà fait de bien plus grands pas
dans son développement pendant ces six premières semaines. C'est à cela qu'il tient que les organes transitoires disparaissent chez lui bien plus tôt qu'ils ne le font chez les
Mammifères (2°). Mais c'est aussi cette circonstance qui, rendant les premières périodes du développement des Mammifères obscures et difficiles à étudier, nous oblige d'appeler à
notre secours l'analogie de l'œuf des Oiseaux.

7° Nous arrivons à la question de savoir s'il y a des formations qui n'aient point de rapport immédiat à l'embryon, qui
ne soient pas non plus les bases ou les conditions nécessaires
d'autres formations, mais qui ne soient relatives qu'à la totalité de la série animale, ou qui indiquent le passage de l'a-
nimal supérieur par tous les degrés inférieurs, en un mot des
formes qui dépendent, non de l'idée d'harmonie, mais de l'idée
d'unité de toute vie. Envisagé en lui-même, le fait n'est point
vraisemblable. Si l'animal parcourt les degrés inférieurs de
l'animalité, ce passage se rapporte non pas seulement à la
forme, mais encore à la vie; l'œuf des Mammifères ressemble à une Hydatide, dans ses conditions de vie, tout

(1) F.-V. Raspail, Nouveau système de chimie organique, 2ᵉ édition,
Paris, 1838, t. II, p. 567 et suiv.
(2) Supplementa ad historiam embryonis, p. 30.
(3) Beitræge, t. II, cah. I, p. 3. — Anatomie comparée, t. I, p. 293.
(4) Beitræge zur Geschichte der Thierwelt, t. I, p. 13.

comme dans sa configuration, et l'embryon humain ressemble à un Cétacé, non pas seulement parce que ce dernier occupe un rang moins élevé dans l'échelle, mais encore parce qu'il vit dans un milieu analogue. Les organes transitoires, qui se rangeraient plus particulièrement ici, ont pour la plupart des fonctions évidentes ; la queue du têtard de Grenouille ne se borne pas à faire qu'il ressemble à un Poisson, mais lui sert aussi pour se mouvoir et enfin pour se nourrir. Il n'est guère permis de douter que la vésicule ombilicale ne soit par-tout le premier organe chargé d'accomplir la nutrition et la respiration. Les branchies cervicales et l'allantoïde disparaissent bien au moment presque de leur formation ; mais ne peuvent-elles pas remplir l'office d'organes préparatoires d'un autre acte de plasticité, de telle sorte que les premières artères se rendraient aux branchies cervicales, pour se répartir plus tard dans d'autres proportions, que les artères ombilicales trouveraient dans l'allantoïde une transition pour atteindre à l'exochorion et se développer en placenta embryonnaire? Ne peut-on pas aussi concevoir un minimum de respiration dans les branchies cervicales et d'excrétion dans l'allantoïde? Du moins n'est-il pas possible de démontrer rigoureusement l'existence d'organes qui seraient inutiles pour l'individu, comme pour l'espèce.

8° Les *monstruosités* tiennent pour la plupart à ce qu'un des états primitifs de conformation est, devenu permanent. L'activité plastique a été arrêtée dans sa marche, et un état de choses, en lui-même parfaitement normal, a pris le cachet de l'anomalie parce qu'il a acquis une existence permanente, parce qu'il est devenu le but, tandis qu'il ne devait être que transitoire ; l'homme, en venant au monde, porte alors, dans ce qui le constitue monstre, le caractère d'une période déterminée de la vie embryonnaire et par conséquent aussi d'un degré déterminé de la série animale. Cette idée a été également exprimée par Autenrieth, et développée de la manière la plus complète par Meckel. Voilà pourquoi, lorsque nous avons étudié les organes en particulier, nous avons profité des monstruosités pour jeter du jour sur la marche du travail normal de la plasticité, toutes les fois que l'observation directe ne fournissait pas de lumières suffisantes à cet égard (1). Mais, quelque féconde que soit aussi cette idée, il ne faut pas non plus l'appliquer sans restrictions : on rencontre souvent des difformités qui ne sont normales à aucune époque ; car le développement consiste non pas uniquement dans un progrès sous le point de vue de la quantité, mais encore dans l'établissement de directions différentes, et dans la fixation d'une proportion déterminée du multiple.

§ 478. Parmi les *circonstances du développement*, on distingue :

1° Un progrès continuel dans la manifestation de *différences*. Il se forme de nouveaux antagonismes, et les qualités se muliplient, jusqu'à épuisement du possible, jusqu'à ce que le type soit réalisé dans toute son étendue. Mais, en même temps que la diversité s'accroît, il s'établit aussi une tension supérieure, une activité vitale plus énergique et plus diversifiée. Les organes nouvellement formés sont mous, translucides, blanchâtres, grenus ; peu à peu, chacun d'eux acquiert la consistance, la couleur et la texture qui lui sont propres. Les membres supérieurs et inférieurs, les organes génitaux mâles et femelles, se ressemblent d'abord, et n'acquièrent que peu à peu leur différence de forme. Beaucoup d'organes commencent par être homogènes, après quoi ils se segmentent, renfermant dès lors en eux des antagonismes divers, suivant des dimensions différentes. Dans la dimension en largeur, les muscles, les nerfs, les tendons se divisent en fibres parallèles les unes aux autres et toujours de plus en plus grêles. Dans celle en profondeur, il se produit plusieurs couches superposées ; la membrane proligère se sépare en ses feuillets, le feuillet muqueux en membrane muqueuse et tunique musculeuse, la périphérie animale en peau, muscles et os, le centre animal en masse sensible et enveloppes. Dans celle en longueur, il s'opère tantôt une limitation par plissement et renversement sur soi-même, comme la séparation du cœur en ventricule artériel et sac veineux, de la cavité faciale en

(1) *Voyez* Is. Geoffroy Saint-Hilaire, Histoire des anomalies de l'organisation chez l'homme et les animaux, Paris, 1832-1836, 3 vol. in-8.

cavités orale et nasale, du canal digestif en estomac, intestin grêle et gros intestin ; tantôt une véritable scission ou séparation, comme celle de la corde vertébrale en corps de vertèbres, ou d'autres rudimens gélatineux en cartilages distincts les uns des autres. On doit également ranger ici la déhiscence qui, d'après la remarque de Carus (1), se retrouve dans tous les systèmes, et qui se rapporte à un conflit vivant avec le monde extérieur. Enfin une fonction indifférente se partage en deux fonctions différentes ; la vésicule ombilicale accomplissait d'abord la nutrition et la respiration, tandis que plus tard la nutrition est exercée par la peau, et la respiration par le placenta fœtal.

2° Mais le progrès n'est pas moins manifeste dans le développement de la *synthèse*, dans la réunion du multiple et l'enchaînement des parties divisées. Le cerveau, par un rapprochement plus intime de ses parties, auquel la moelle épinière participe en se raccourcissant, se développe en un tout unique. Le cœur est divisé en trois segmens par le canal auriculaire et le détroit ; lorsqu'il acquiert un développement plus avancé, ces trois parties n'en forment plus qu'une. Les reins ont pendant quelque temps la forme d'une grappe, et les glandes salivaires se composent d'abord de vésicules distinctes, qu'un dépôt de masse organique primordiale réunit ensuite ensemble. De même que les arcs vertébraux et les cartilages laryngiens, la paroi spinale et la paroi viscérale naissent par deux moitiés latérales, qui se soudent sur la ligne médiane. Les organes urinaires partent du cloaque, et se mettent en connexion avec les reins. Le canal déférent et l'oviducte prennent leur point de départ aux voies urinaires, et se mettent en rapport avec les organes génitaux internes. La plupart des os se forment par la fusion de plusieurs noyaux.

3° A mesure que l'unité ou la synthèse fait des progrès, l'*individualité*, circonstance essentielle et générale, se développe aussi davantage. L'embryon, qui fait d'abord partie de l'œuf, s'en sépare peu à peu par un étranglement, se le soumet de plus en plus, en fait son organe, et finit par s'en

(1) Muller, *Archiv fuer Anatomie*, 1835, p. 325.— Carus, Traité d'Anatomie comparée, Paris, 1835, 3 vol. in-8 et atlas in-4.

débarrasser, pour devenir lui-même indépendant. Marcher de la dépendance et de la subordination à l'acquisition de limites et de déterminations ayant leur source dans l'être lui-même, d'une existence générale et commune à une existence particulière, de l'absence de la forme à la configuration, de l'état transitoire à l'état permanent, tel est le caractère de la vie embryonnaire.

Mais on aperçoit déjà dans l'embryon des traces d'individualité personnelle, qui d'un côté rendent très-difficile de bien saisir l'histoire du développement et réduisent à des estimations approximatives tout ce que nous savons à l'égard du temps, du volume et du poids, d'un autre côté démontrent, dès le principe même de la vie, l'inutilité de tous les efforts tendant à réduire l'activité vitale en formules mathématiques. On remarque que les embryons individuels d'une espèce diffèrent les uns des autres, non pas seulement quant aux périodes de leur développement, mais même quant à la succession de leurs divers organes, que tel organe précède les autres chez l'un d'eux, tandis qu'il reste en arrière chez un autre, et qu'il y a ainsi, dans chaque individu, une proportion spéciale des organes, qui annonce à son tour une proportion primordiale des différentes directions de la vie (§ 474, 5°). Les sensations de la femme diffèrent dans presque toutes les grossesses qui se succèdent chez elle, et de même que chaque accouchement diffère des autres par quelques circonstances particulières, de même aussi l'enfant se montre revêtu d'une individualité déterminée. Mais ce défaut d'uniformité dans le développement des organes n'a pas lieu seulement chez les Mammifères, d'après la remarque de Meckel (1), Wolff, Pfeil (2), et tous les autres observateurs l'ont constatée aussi dans les œufs pondus par une même Poule, introduits à la même époque dans la couveuse, et soumis au même degré de chaleur incubatrice. S'il se peut, comme nous l'apprend l'exemple des Abeilles, que la nature de l'embryotrophe et du lieu dans lequel s'effectue l'incubation influe puissamment sur l'indivi-

(1) *Beitræge*, etc., t. I, cah. I, p. 62.
(2) *Diss. de evolutione pulli*, p. 6.

dualité physique et morale de l'embryon, il n'en résulte pas
moins des faits précédens que celle-ci est donnée primordialement, et qu'elle ne dépend pas des circonstances extérieures seules. Mais cette diversité des individus ne porte
aucune atteinte à la domination de la loi générale du développement; le développement a dû marcher avec plus de rapidité chez certains Poulets, et avec plus de lenteur chez
d'autres; sa durée finit cependant par être la même au total,
et c'est presque sans exception au vingt-unième jour que le
jeune animal sort de sa coquille. Gaspard (1) a remarqué que
parmi les œufs soumis à l'incubation, les uns perdaient un
quart et les autres un huitième par l'évaporation, mais que
cette différence n'empêchait pas les Poulets d'être également
développés. Camus dit (2) que sur 1541 enfans nouveau-nés,
3 pesaient plus de deux livres, 31 plus de trois, 97 plus de
quatre, 308 plus de cinq, 666 six à sept, 383 sept à huit, 100
huit livres et 16 neuf livres, ce qui fait en tout 9648 livres,
ou environ six livres et un quart par individu. Le terme moyen
de toutes les individualités donne donc la règle de l'espèce, et
de cette manière nous devons présumer qu'elles ont toutes
leur origine dans l'espèce, qui se développe en différens sens,
ou qui distribue les caractères contenus dans son idée en des
proportions différentes et inégales aux divers individus, dont
l'ensemble représente cependant ces caractères dans leur proportion normale, absolument comme nous avons trouvé, eu
égard à la génération, que la proportion était égale entre les
individus mâles et les individus femelles (§ 307, 10°).

4° Il n'y a de lois plastiques générales que celles qui découlent de l'idée de la vie; telle est celle, par exemple, que
la première différence s'établit dans la dimension en épaisseur,
puisque la membrane proligère se partage en deux feuillets,
l'un animal ou cosmique, l'autre végétal ou planétaire; telles
sont encore celle que ce qui paraît d'abord des véritables organes est le centre animal, avec le commencement de sa périphérie, d'après la loi du magnétisme, offrant une extrémité

(1) Journal de Magendie, t. V, p. 329.
(2) Dict. des sc. médic., t. LII., p. 414. — Comparez A. Quételet, Sur
l'homme et le développement de ses facultés, Paris, 1835, t. II, p. 34.

globuleuse, plus rapprochée du centre, et une autre pointue, plus voisine de la périphérie ; celle que la fonction planétaire de l'autre feuillet se divise en fonction tellurique et fonction atmosphérique, etc. Quant à toutes les *formes* auxquelles une signification déterminée n'est point inhérente, nous devons les considérer comme non essentielles et variables, ainsi que nous l'avons déjà fait ( § 225 ) eu égard.à la génération. La pensée est ce qui domine, et son but se réalise par des formes diverses. Nous ne pouvons donc point regarder comme un loi organique que la formation procède du dehors au dedans, ou du dedans au dehors; car nous trouvons les deux directions réunies ; la formation commence ici à la surface, et là dans l'intérieur ( § 457, 1° ) : ici la nutrition a lieu au moyen d'une substance plastique extérieure ( § 464, 1°-4° ), et là par celui d'une substance plastique intérieure ( § 464, 5°-7° ) : sur tel point la métamorphose de la substance plastique et la formation du sang sont accomplies par un renouvellement extérieur de substance ( § 467, 470), tandis qu'ailleurs ce renouvellement est interne ( § 468, 470, IV, V ); ici l'impair se divise en parties paires, et là les parties paires se réunissent en une impaire ( § 459, 5° ), etc.

5° Le *rapport des organes*, sous le point de vue de leur origine, est fort différent aussi. Nous pourrions présumer qu'une circonstance chimique détermine leur succession; la formation d'un organe étant accompagnée d'une séparation de substance, l'embryotrophe prend une autre qualité, et à cela tient la formation d'un autre organe dans lequel prédomine une autre substance. Cependant nous sommes hors d'état de démontrer cette proposition, et les différences qui règnent dans la manière dont les organes se succèdent chez les divers individus parlent contre elle. Plusieurs organes se produisent sur des points déterminés. Que les côtes naissent aux vertèbres dorsales, les os du bassin au sacrum, les dents aux mâchoires, il n'y a évidemment là qu'un rapport purement mécanique, et ce qui prouve que ce rapport n'est point une condition indispensable, c'est qu'on trouve aussi des os du bassin sans sacrum chez certains monstres, ou des dents sans mâchoires dans les organisations anormales de l'ovaire : et si les organes génitaux apparaissent aux corps de Wolff chez les animaux supérieurs, ils se développent sur les bases les plus diversifiées chez les animaux inférieurs ( § 451, 1°). Le nouvel organe paraît donc trouver dans l'organe antérieur sur lequel il se développe, non la cause de son existence particulière, mais seulement un point d'appui général, de même qu'une cristallisation est favorisée par le contact d'un corps solide quelconque. Il n'y a qu'un petit nombre de points où nous voyions réellement une formation procéder d'une autre antérieure. Cette disposition est dominante dans le règne végétal; la plante entière se développe d'une manière successive, et les nœuds dans lesquels l'activité et la masse se trouvent concentrées, sont les bornes de l'accroissement qui a eu lieu jusqu'à présent, et le prélude de l'accroissement futur. Dans l'embryon animal, il ne se forme par allongement, en manière de rejetons des parties qui existaient déjà, que des organes de la vie végétative. Les glandes salivaires, les poumons, le foie et le pancréas se produisent ainsi du feuillet muqueux; les glandes vasculaires du feuillet vasculaire. Dans le règne animal, la formation simultanée du multiple, ou le développement de ce multiple sous le caractère de l'antagonisme de polarité, prédomine; ainsi l'organe central et la souche vertébrale, le cerveau et la moelle épinière, le cartilage et le périchondre, etc., paraissent simultanément. Cependant un développement analogue a lieu aussi dans le règne végétal; l'embryon végétal croît en deux directions à la fois, la tige et la racine, à partir d'un point d'indifférence (1). Tréviranus fait remarquer qu'aussi long-temps que l'ail n'a qu'une seule feuille, il n'existe non plus qu'une racine, qu'à chaque formation de feuilles paraissent de nouvelles radicules latérales (2). Mais ce développement polarique ne suffit pas non plus pour expliquer l'acte de la formation. Vastel (3) a vu se développer des plantes auxquelles il avait enlevé tantôt la radicule, tantôt la plumule. Dans les monstruosités animales,

(1) Tiettmann, *Ueber den Embryo des Samenkornes*, p. 95. — F. Raspail, Nouveau système de physiologie végétale, Paris, 1837, t. I, p. 380.
(2) *Vermischte Schriften*, t. IV, p. 183.
(3) Bulletin de la société philom., t. III, p. 138.

on rencontre quelquefois des vertèbres sans moelle épinière, des crânes sans cerveau, des paupières sans yeux, une sclérotique sans rétine, et chez les monstres acéphales on trouve les membres inférieurs sans les supérieurs, les viscères abdominaux sans les organes pectoraux. On voit notamment chez eux les organes urinaires et génitaux développés, quoique, dans l'état normal, ils n'apparaissent qu'après les organes de la région supérieure. Ainsi chaque organe se forme à sa place, dans une certaine indépendance des autres ; et nous sommes toujours forcés d'en revenir à ce que le type intérieur est dominant ( § 474, 3° ), à ce qu'il provoque l'apparition des divers organes en agissant dans les directions déterminées ( § 474, 5° ).

6° À l'égard de la *succession* des organes, tout ce que nous reconnaissons, en général, c'est que les parties essentielles se forment les premières. Les principales directions générales de la vie se manifestent dans la scission de la membrane proligère. On voit d'abord paraître l'organe central de l'animalité, qui est le foyer de la vie, et la souche vertébrale, qui est le support matériel de toute la structure organique ; ensuite se forme le canal digestif, ensemble des membranes muqueuses qui mettent l'animal en contact avec les substances de la planète, et qui assimilent ces substances ; puis se montre le système vasculaire, intermédiaire entre la vie intérieure et la vie extérieure, qui amène à l'animal la substance tirée du sol et assimilée, dont il a besoin pour sa conservation. De très-bonne heure se forment les organes sensoriels, excitateurs de la vie animale, et plus tard, les membres, qui sont le reflet de cette vie. Dans les derniers temps seulement se forment les parties subordonnées, l'épiderme et les poils, les fibro-cartilages et les os.

7° Certains organes n'acquièrent point, pendant la vie embryonnaire, le volume qu'ils ont, proportionnellement au reste du corps, chez l'adulte : tels sont, par exemple, le nez, la rate et les membres. D'autres sont bien plus gros que chez l'adulte, comme la moelle épinière (§ 420, 3°) et le cerveau (§ 421, 4°), les yeux (§ 433, I) et les oreilles (§ 433, II), le cul-de-sac de l'estomac (§ 438, 9°) et l'appendice cœcal

(§ 438, 11°), le foie (§ 439, 8°) et le cœur (§ 441, 6°), les reins (§ 450, 2°) et les capsules surrénales (§ 449, 1°), le thymus (§ 449, 3°) et la glande thyroïde (§ 449, 4°). Quelques organes, dont le volume proportionnel est moindre à la fin de la vie embryonnaire que chez l'adulte, sont beaucoup plus gros à l'instant de leur origine que chez ce dernier, et ne se rapetissent que peu à peu : l'intestin (§ 438, 3°), la langue (§ 439***, I), le testicule et l'ovaire (§ 452), la verge et le clitoris (§ 455, 3°) sont pendant quelque temps plus volumineux que dans l'âge adulte. Nous pouvons même dire que tous les organes ont d'abord de la tendance à dépasser leurs limites, et que peu de temps après leur apparition, ils acquièrent des dimensions énormes ; quand l'époque est arrivée où l'œil doit être couvert, les paupières s'allongent au point de contracter adhérence ensemble (§ 433, 5°), et quand la paroi de la cavité orale s'ouvre, elle produit une fente qui comprend toute la largeur de la face (§ 439***, II). Le développement d'une différence est un progrès vers la perfection, mais cette différence commence par être bien plus tranchée que chez l'adulte. La première séparation qui se produit dans le cœur va si loin, que le sac veineux et le sac artériel ne sont plus unis l'un à l'autre que par un canal intermédiaire (§ 441, 3°), et les deux ventricules se séparent d'abord, même à l'extérieur, c'est-à-dire qu'une profonde échancrure s'établit entre eux (§ 441, 4°) ; les fibres du cerveau se développent davantage que chez l'adulte (§ 419, 3°), les villosités de l'intestin deviennent plus longues (§ 438, 5°), et quand la masse de la trachée-artère se divise en membrane muqueuse et squelette cartilagineux, on observe d'abord une séparation presque complète entre ces deux formations (§ 439**, 6°). Nous sommes en droit d'attribuer à l'homme une prééminence essentielle sur tous les animaux, parce que son cerveau l'emporte sur la moelle épinière, les hémisphères cérébraux sur la moelle allongée, et le cervelet sur les tubercules quadrijumeaux (1) ; mais l'embryon dépasse l'adulte à tous ces

(1) *Voyez* F. Leuret, Anatomie comparée du système nerveux, considérée dans ses rapport avec l'intelligence, Paris, 1839, 2 vol. in-8, atlas.

égards (§ 419, 5° ; 424, 9° ), et va bien au-delà de la perfection humaine, précisément parce qu'il est encore un homme
incomplet, de même que la monstruosité consiste, non pas
seulement dans le défaut de proportion, mais dans l'exagé-
ration des proportions, car l'harmonie est l'essence de la vie
(§ 476, 2° ) : la vie n'arrive à la perfection qu'en s'imposant
des limites à elle-même, ce qui a lieu quand chaque partie se
subordonne au tout, et que chacune a sa proportion et son
but ; or, le but du développement parfait est l'*équilibre*.

# LIVRE SECOND.

## *Du passage de la vie embryonnaire à la vie indépendante.*

§ 479. L'indépendance de la vie résulte de la double faculté dont, en vertu de forces qui lui sont inhérentes, l'individu organique jouit de se procurer à lui-même des limites déterminées, et de se maintenir en conflit immédiat avec le monde extérieur. L'organisme procréé, ou son germe, arrive au premier de ces buts par le part et au second par l'éclosion. Ces deux actes sont essentiellement différens l'un de l'autre ; mais, chez les Mammifères, ils se confondent ensemble, à tel point même que l'éclosion (§ 497) paraît n'être qu'un effet du part.

## Section première.

### DE LA SÉPARATION DU CORPS MATERNEL ET DE L'OEUF.

#### CHAPITRE PREMIER.

##### *Du part.*

Le *part* (*partus*), envisagé dans le sens le plus général qu'on puisse attacher au mot, est l'acte qui sépare le corps procréé du corps maternel, par conséquent une *chute*, quand le premier était uni extérieurement au second, ou une *expulsion*, lorsqu'il se trouvait contenu dans son intérieur. C'est donc, considéré d'une manière générale, la scission en deux, quant à l'espace, de l'être procréateur et de l'être procréé, scission en vertu de laquelle celui-ci arrive à une existence indépendante dans l'espace. Or, la génération, en général, étant une multiplication de l'existence, l'élévation d'une partie au rang ou à la dignité de tout distinct, le part est la réalisation, quant à l'espace, de ce à quoi tend la génération. Comme séparation du produit et du producteur, il est analogue à l'émission de la substance fécondante mâle, de même que la dispersion des spores, chez les végétaux inférieurs qui se propagent par monogynie, a tant d'analogie avec celle du pollen, qu'on peut la confondre avec elle (§ 90, 2°). Mais il y a cette différence que la substance fécondante mâle ne se détache de l'organisme qui l'a formée que comme moyen de pro-création, c'est-à-dire pour éveiller une vie propre dans un autre organisme, tandis que, dans le part, le produit, apte par lui-même à jouir de la vie en propre, se sépare du corps qui l'a créé à proprement parler, du corps maternel.

C'est de cette idée d'une séparation ou scission en deux que découlent les divers rapports du part avec les autres périodes de la génération.

1° Chez quelques Entozoaires et Mollusques, chez la plupart des Poissons, et chez les Anoures, parmi les Batraciens, le part est l'introduction ou la première période de la génération. Le germe infécondé naît pour être fécondé hors du corps maternel.

2° Chez la plupart des autres animaux ovipares, le part n'a trait qu'à la seconde période de la génération, et coïncide avec la sémination. L'œuf fécondé, mais non encore développé, est pondu, et par conséquent déposé dans l'endroit où il doit subir l'incubation et où l'embryon se développe.

3° Chez les végétaux qui portent des graines, le part est la troisième période, c'est-à-dire qu'il n'a lieu qu'après la fécondation et quand le développement a déjà commencé; lorsque le tronc maternel a développé l'œuf jusqu'à un certain point, il le rejette, afin qu'il achève son incubation dans le sol.

4° Chez les Mammifères, le part est la quatrième période; en d'autres termes, il a lieu après la fécondation, la sémination et l'incubation, et il se lie à l'éclosion, de telle sorte qu'ici il désigne seulement l'époque à laquelle le nouvel organisme cesse d'être embryon, parce qu'en même temps qu'il se sépare du corps maternel il acquiert sa forme totale permanente.

5° Le part est à proprement parler le dernier acte de la génération chez les animaux ovo-vivipares, puisque là le jeune animal reste encore dans le corps maternel quelque temps après avoir quitté ses enveloppes et être sorti de l'état embryonnaire.

6° Dans la génération par scission et dans celle par gemmes, tubercules et bulbes, le nouvel organisme ne se sépare du corps maternel qu'après être devenu semblable à ce dernier, sous le rapport de ses conditions vitales et en partie aussi sous celui de son volume.

7° Enfin les corps végétaux qui proviennent de bourgeons(1), les plantes parasites nées par génération spontanée et plusieurs Polypes engendrés par gemmation, tels que les Sertulaires, acquièrent si peu d'indépendance, qu'ils n'arrivent même pas jusqu'à naître, c'est-à-dire qu'ils restent unis au corps maternel, dont ils deviennent en quelque sorte des membres, à moins que le hasard ne les en sépare.

ARTICLE I.

*Des causes du part.*

§ 480. Si l'essence du part ou de la naissance consiste en une scission en deux, la *cause* doit résider tant dans le corps procréateur que dans le corps procréé. Ce n'est point une répulsion qui ne procède que d'un seul côté, c'est une séparation réciproque, qui tient à ce que l'un veut conserver son indépendance, et l'autre conquérir la sienne. Lorsqu'elle accouche, la femme revient d'un état affecté par une vie étrangère à sa vie individuelle, et guérit de l'enfant qu'elle portait dans son sein : lorsqu'il naît, l'être procréé fait un pas de plus vers la vie indépendante. L'indépendance est le but commun de tous deux, et tous deux arrivent à ce but par la direction de la vie du dedans au dehors.

L'antagonisme se résout en accord tant que les antagonistes se comportent l'un à l'égard de l'autre comme des membres qui se complètent mutuellement; mais, dès que ces antagonistes, arrivés à une existence propre, trouvent le calme et le repos en eux-mêmes, il y a nécessité pour eux de se séparer. Chez l'homme et la plupart des Mammifères, la scission s'opère précisément à la fin de la vie embryonnaire, et nous la dé-

---

(1) *Voyez* F. V. Raspail, Nouveau système de physiologie végétale et de botanique, Paris, 1837, t. I, p. 480 et suiv.

signons sous le nom de *part à terme* (*partus maturus*),
forme que nous reconnaissons être la plus parfaite et celle
qui tient le milieu entre les autres ( § 480, 1°- 3° , 5°-7° ).
Ici la vie maternelle est assez puissante pour conserver et
protéger son fruit en elle-même aussi long-temps qu'il porte
encore le caractère de produit, et ce fruit, s'élevant par
degrés à un état plus élevé de développement ou de maturité,
demeure dans le corps maternel jusqu'à ce qu'il ait la faculté
d'entrer en conflit vivant avec le monde extérieur. Lorsque
les organes de l'existence indépendante se sont développés
complétement dans l'embryon, les organes embryonnaires,
qui l'unisaient au corps maternel commencent à se flétrir,
et lui-même tend à s'en débarrasser ; mais le corps maternel
tend aussi à rentrer dans son état antérieur, et à se délivrer
d'un fardeau, qui, s'il en demeurait chargé plus long-temps,
porterait le trouble et le désordre dans sa vie. La maturité
de l'embryon et celle de la matrice ont lieu simultanément,
en vertu de l'harmonie qui règne entre l'un et l'autre (§ 365,
4° ), et telle est la cause du part à terme.

1° Comme la vie, en général, consiste dans le changement, la vitalité s'accroît et diminue dans chaque organe, suivant un rhythme qui dépend de la structure spéciale de celui-ci
( § 592 ). La *matrice* de la femme n'est pas moins que tout
autre organe soumise à cette loi, mais elle se distingue par
la lenteur du cours de sa vie ; en effet, de même qu'elle
emploie le cinquième de la durée totale de la vie environ pour
se préparer à sa fonction, de même aussi elle se dispose, pendant toute la grossesse, à se distendre, à se ramollir, à recevoir un plus grande quantité de sang, à acquérir une vitalité plus active. Lorsque sa vitalité est parvenue au point culminant, elle revient à sa vie tranquille et calme, en se contractant, en se condensant, cessant d'admettre autant de
sang et déposant sa sensibilité. En cela, elle suit son type de
quatre semaines. La menstruation est le prototype de la fécondation et de la grossesse, puisqu'elle débute par l'afflux du
sang vers la matrice, le ramollissement de cet organe et son
abaissement ; elle est celui de la parturition, puisqu'elle se
contracte et qu'elle verse du sang. Pendant la grossesse, un

changement a lieu chaque mois dans l'activité vitale de la matrice; car, non seulement la menstruation persiste, chez certaines femmes, pendant toute la durée de la gestation, mais
encore d'autres éprouvent quelquefois des tiraillemens dans le
bas-ventre à l'époque où elles devraient avoir leurs règles, et les
fausses couches, lorsqu'elles ne sont pas provoquées par des
violences extérieures, ont lieu la plupart du temps à cette époque (1), comme l'avait déjà observé Klein. Ainsi l'exaltation de
la vitalité de la matrice atteint son point culminant à la dixième
période menstruelle, et ne peut plus aller au-delà. Déjà Stark (2)
avait remarqué que l'accouchement arrive presque toujours à
l'époque où les règles devraient paraître; suivant Carus (3), il
a lieu fréquemment deux cent quatre-vingts jours, non point
après la conception, mais après la dernière menstruation;
Mende (4) cite son expérience à l'appui de cette observation;
enfin, selon Merriman (5), elle est vraie quant à la plupart
des cas; sur cent quatorze, il y en eut trente-trois où l'accouchement eut lieu dans la quarantième semaine, savoir
neuf au deux cent quatre-vingtième jour, tandis qu'aux
autres jours de cette même semaine ne s'opérèrent que deux
ou tout au plus huit accouchemens; on n'en constata qu'un à
quatre pour chaque jour de la trente-neuvième semaine, un
à six pour ceux de la quarante-unième, un à quatre pour ceux
des semaines antérieures et postérieures aux deux termes
extrêmes. Kluge (6) a donné les moyens de calculer la durée
de la grossesse d'après ces principes; et il fait remarquer que
la parturition s'accomplit tantôt plus et tantôt moins de deux
cent quatre-vingts jours après l'imprégnation, suivant que
celle-ci a eu lieu soit au moment même où les règles allaient
se déclarer soit aussitôt après leur cessation; aussi, ajoute-
t-il, les Hébreux admettaient-ils que l'accouchement s'opère

(1) Mende, *Handbuch der gerichtlichen Medicin*, t. II, p. 304.
(2) *Archiv fuer die Geburtshuelfe*, t. II, cah. 3, p. 15.
(3) *Zur Lehre von Schwangerschaft*, t. II, p. 13.
(4) *Loc. cit.*, t. II, p. 303.
(5) Bulletin des sc. médicales, t XVI, p. 26.
(6) *Medicinische Zeitung von dém Vereine fuer Heilkunde in Preusse*, 1839, p. 203.

deux cent soixante-dix jours après la conception, parce que chez eux l'usage ne permettait pas aux sexes de se rapprocher avant le dixième jour depuis la cessation des règles, non plus qu'à une époque trop rapprochée du terme de leur apparition.

La cause proprement dite de la parturition n'est donc pas l'irritation que la matrice éprouve quand l'embryon a acquis un certain degré de volume et de développement; elle ne se rattache pas non plus au degré de vitalité de l'embryon, puisqu'il arrive que celui-ci périt dès les premiers mois, quoiqu'il ne soit amené au dehors qu'à la fin du dixième, comme Henry Mayer l'a appris d'une femme, chez laquelle cet événement avait eu lieu dans plusieurs grossesses à la suite l'une de l'autre. Le type périodique fait que, quand une fausse couche arrive par suite d'une cause extérieure, la matrice conserve, dans les grossesses subséquentes, une disposition à expulser le fœtus dès qu'il arrive au degré de développement qu'avait le premier quand une circonstance accidentelle est venue enrayer sa marche progressive. Les naissances tardives ont lieu pour la plupart d'après le type de quatre semaines ( § 482, I ). Lors même que l'embryon se trouve hors de la matrice, et qu'il ne peut par conséquent point naître, on voit survenir, à l'époque légitime, des douleurs et un écoulement dans la matrice développée par sympathie, ainsi que Orth (1), Fournier (2) et Schmitt (3) nous l'apprennent, indépendamment des écrivains qui ont déjà été cités ailleurs ( § 365, 4° ). Au milieu de ces douleurs sans but, la matrice se contracte; son orifice, qui avait pris la même forme que dans une grossesse normale, reprend celle qu'elle avait auparavant, et la menstruation, jusqu'alors interrompue, se rétablit (4). L'activité anormale de la matrice semble même pouvoir prendre le type de la grossesse, sans qu'il y ait eu fécondation, si toutefois on

(1) *Diss. de fœtu 46 annorum*, p. 7.
(2) Dict. des sc. médic., t. IV, p. 178.
(3) *Beobachtungen der Akademie zu Wien*, t. I, 3e obs.
(4) Wagner, *Comment de fœminarum in graviditate mutationibus*, p. 137.

peut admettre le fait, rapporté par Russel (1), d'une femme qui, pendant vingt années, n'eut ses règles que tous les neuf mois solaires, et qui, dans les intervalles, éprouva des accidens semblables à ceux d'une grossesse.

La vie propre de cet organe se manifeste d'ailleurs aussi en ce qu'il continue de se mouvoir, après la naissance du fruit, jusqu'à ce qu'il soit presque revenu à son volume primitif : et le type de quatre semaines se révèle également en partie dans la délivrance, puisque Stein a observé des femmes chez lesquelles le placenta n'était expulsé que quatre semaines après l'avortement. Ce type est donc fixe quant à l'espèce humaine, et si l'on n'a rien observé de semblable chez les animaux, il faut en chercher la cause dans ce que le rut ne peut point être mis en parallèle avec la menstruation, quant à l'essence (§ 174), et dans ce que la matrice des animaux obéit à un autre type moins prononcé.

2° L'embryon, de son côté, est mûr pour une vie indépendante, et il se trouve déplacé dans la sphère du sein maternel. Son mouvement et son accroissement exigent plus d'espace que la matrice ne lui en offre. L'eau de l'amnios ne suffit plus pour la nutrition, ni la peau pour absorber ce liquide, tandis que les organes digestifs veulent diriger sur des substances du monde extérieur la force qu'ils n'ont exercée jusqu'à présent que sur des sucs tirés de leur propre fond ; le placenta est flétri, friable, mou, et quelques-uns de ses vaisseaux sont déjà oblitérés ; le sang passe en moins grande quantité par le trou ovale et le canal artériel ; il afflue plus abondamment vers les poumons, qui sont déjà très-développés ; l'embryon a besoin de venir au monde et de humer lui-même l'air atmosphérique.

Déjà Harvey avait reconnu que l'harmonie entre la mère et le fruit est la cause essentielle du part à terme (2); mais Kleefeld fut le premier (3) qui constata la coïncidence du développement complet de l'embryon avec l'époque de la dixième

(1) Froriep, *Notizen*, t. II, p. 30.
(2) *Exercitat. de generat.*, p. 365.
(3) *Journal der Erfindungen*, t. XVI, p. 39-47.

menstruation. Tandis que, pendant la grossesse, la matrice
et le fruit, s'accommodant l'un à l'autre, vivaient ensemble
en bonne intelligence, l'une nourrissant et abritant, l'autre
absorbant et consommant, ils commencent, dès qu'ils ont atteint tous deux leur point culminant, à tomber en désaccord,
et ils entrent dans un état de tension l'un à l'égard de l'autre,
cherchant à vivre désormais chacun de sa vie indépendante.
Si nous voulions nous placer sous le point de vue d'un cas
individuel, pour porter un jugement sur cette question, nous
pourrions dire que la matrice se contracte quand le moment
en est venu, qu'elle le fait en vue d'elle-même seulement,
et que c'est par pur effet d'une circonstance accidentelle qu'il
se trouve là précisément un embryon, dont cette contraction
peut amener la naissance. Mais tel est le caractère de la vie,
qu'elle comprend en elle des forces distinctes, qui ne trouvent leur véritable fondement que dans leur relation mutuelle
et dans un but commun à toutes.

### I. Part prématuré.

§ 481. Le *part prématuré* sépare l'œuf du corps maternel
avant qu'il soit ou fécondé ou complétement couvé ( § 479,
1°-3°). Il a lieu quand l'unité de la vie maternelle n'est point
encore assez puissante pour retenir ses produits, pour mettre
la vie de l'embryon en harmonie avec elle-même, quand le
nombre des œufs qui mûrissent en même temps est tellement
considérable que l'organisme maternel doit avoir hâte de s'en
débarrasser; quand l'œuf, ne pouvant point être fécondé dans
le lieu de sa formation, et obligé d'aller chercher sa fécondation au dehors, est rejeté comme substance excrémentitielle, à cause de son développement peu avancé; lorsqu'enfin, une enveloppe solide l'isolant et le rendant incapable
d'entrer en conflit intime avec l'oviducte maternel, il jouit
par cela même d'une certaine indépendance, qui détermine
sa séparation.

Chez les Mammifères,

1° Le part prématuré a lieu lorsque l'accouchement s'effectue avant l'époque ordinaire, mais à la maturité parfaite de

l'embryon , que par conséquent il s'écarte du type de l'espèce
par rapport au temps , mais demeure fidèle à celui du développement individuel , et repose même sur une rapidité de ce
développement qui a sa source dans l'individualité. Suivant
Merriman (1), de 63 naissances , 33 eurent lieu dans la quarantième semaine après la dernière menstruation , 14 dans
la trente-neuvième , 13 dans la trente-huitième , et 3 seulement dans la trente-septième. D'après Tessier (2), sur 575 vaches , 544 mirent bas du deux cent soixante-dixième au deux
cent quatre-vingt-dix-neuvième jour , par conséquent quinze
jours , terme moyen , avant et après le deux cent quatre-
vingt-quatrième jour ; mais 21 vêlèrent, quinze à quarante-
cinq jours avant cette période , ou entre les deux cent quarantième et deux cent soixante-quatorzième jours ; sur 277
cavales , 227 poulinèrent entre les trois cent trentième et trois
cent cinquante-neuvième jours , et 22 entre les trois cent
vingt-deuxième et trois cent trentième , par conséquent de
quatorze à vingt-deux jours avant le terme moyen , ou le
trois cent quarante-quatrième jour ; enfin , de 912 brebis , 676
mirent bas entre les cent cinquantième et cent cinquante-
quatrième jours , 140 entre les cent quarante-sixième et cent
cinquantième , par conséquent deux à sept jours avant le
terme moyen , ou le cent cinquante-deuxième jour. Ainsi ,
d'après ces observations , il y a des cas où les brebis peuvent venir au monde 1/21 , les chevaux 1/15 et les bêtes
à cornes 1/6 de la durée ordinaire de la vie fœtale plus tôt
que de coutume , et Teissier n'a pu découvrir la cause de
cette différence ni dans l'âge , la race ou la constitution de la
mère , ni dans la grosseur des petits , ni dans l'époque de
l'année , la constitution atmosphérique ou autres influences.
Nous sommes donc obligés de nous en tenir aux faits : la maturité de la matrice et de l'embryon a lieu d'une manière plus
précoce chez certains individus que chez d'autres de la même
espèce , sans qu'on remarque la même accélération dans les
autres phénomènes de la vie , sans qu'on en trouve la cause

(1) Loc. cit., t. XVI , p. 26.
(2) Dict. des sc. méd., t. XXXV , p. 154.

dans les circonstances extérieures. Il doit d'autant moins nous répugner d'avouer notre ignorance à cet égard, que nous avons déjà remarqué des différences individuelles tout aussi inexplicables dans le développement de l'embryon (§ 478, 3°). Foderé(1) a observé une femme qui accouchait toujours au septième mois d'un enfant à terme, et Lamotte (2) cite même un cas dans lequel cette anomalie avait passé par hérédité de la mère à la fille.

2° Le *part prématuré* est anormal lorsque l'embryon qui vient au monde n'acquiert et ne conserve une vie indépendante qu'au milieu de circonstances favorables, et l'*avortement* (*abortus*) a lieu quand l'embryon est tout-à-fait incapable de vivre d'une vie indépendante. On admet qu'en général toute naissance qui arrive avant la trentième semaine de la vie embryonnaire est un avortement, tandis qu'on ne regarde que comme prématurée celle qui a lieu pendant la seconde moitié du huitième mois lunaire et le cours du neuvième. Suivant Lobstein, de 714 naissances, 630 étaient des parts à terme, 67 des parts prématurés, et 16 des avortemens. Les trois premiers mois qui précèdent le développement complet du placenta embryonnaire sont ceux durant lesquels l'avortement est le plus commun (3).

Cette précipitation anormale doit être considérée comme un retour de la nature humaine vers un degré de vie inférieur (§ 479, 1°-3°), surtout si nous rangeons ici le rejet de l'œuf non encore développé et celui de la membrane nidulante formée sans fécondation (§ 45, 4°). La cause de cette anomalie réside tantôt dans la mère, et tantôt dans le fruit. La matrice acquiert de trop bonne heure, et en désharmonie avec l'embryon, le terme de son développement, lorsque la puissance de la vie maternelle est trop peu considérable pour conserver à la fois et sa propre individualité et celle du fruit, par con-

(1) Dict. des sc. méd., t. XVIII, p. 326.
(2) *Ibid.*, t. XXXV, p. 159.
(3) Comparez Pratique des accouchemens, par Mad. Lachapelle, Paris, 1825, t. II. —Traité complet de l'art des accouchemens, par A.-A. Velpeau, Paris, 1835, t. I, p. 387.

séquent dans tous les cas de défaut d'énergie vitale occasioné par une nutrition incomplète, des émissions sanguines, des excrétions abondantes et prolongées, des veilles continues, des chagrins et des maladies chroniques, absolument de même que l'arbre malade laisse tomber ses fruits encore verts, attendu que sa vitalité ne suffit pas pour les amener à maturité. Ce cas a lieu encore lorsque l'activité plastique se déploie uniquement dans l'intérêt de l'individu, et non au service de l'espèce, par conséquent lorsqu'un régime trop succulent amène une nutrition trop abondante, ce qu'on voit entre autres, parmi nos animaux domestiques, chez les Truies en particulier, qui, d'après Thaer, avortent fréquemment quand on leur donne trop à manger. Le même phénomène s'observe également toutes les fois que la vie maternelle n'a point encore acquis sa pleine et entière vigueur par rapport à la génération, et qu'il n'y a point encore équilibre entre l'irritabilité de la matrice et son pouvoir d'agir, comme chez les jeunes primipares. On le rencontre enfin quand l'unité de la vie vient à être dérangée, d'une manière notable, par de vives affections morales, un exercice ou des mouvemens désordonnés, et des irritations vives de toutes espèces, poisons, convulsions ou maladies aiguës. En certains temps, l'avortement est si commun chez les femmes, et même aussi, selon Thaer, chez les Vaches, qu'on pourrait le dire épidémique, sans qu'on puisse l'attribuer ni aux alimens, ni à la saison, ou à aucune influence déterminée, de sorte qu'on est obligé d'en aller chercher la cause dans une constitution atmosphérique inconnue. D'un autre côté, l'accélération anormale de la parturition peut dépendre de ce que l'embryon n'a plus le pouvoir de se développer davantage, de ce qu'il n'est plus en conflit vivant avec la matrice, par conséquent de ce qu'il est ou trop faible de vie, ou mort, ou isolé, par décollement du placenta.

## II. Part tardif.

§ 482. La forme opposée est le part qui a lieu tardivement, et seulement d'une manière accidentelle.

I. Le *part tardif* est normal chez les animaux ovo-vivipares

(§ 479, 5°), où l'embryon, sans connexion organique intime avec le corps maternel (§ 352, 1°), ne trouve en lui qu'un espace protecteur et rempli de nourriture, de sorte que les deux individualités, n'étant point en conflit vivant l'une avec l'autre, ne peuvent réciproquement se porter aucun préjudice. Il l'est encore chez les animaux les plus inférieurs (§ 479, 6°), où en général l'organisme ne s'élève qu'à une bien faible individualité.

Sur 114 naissances humaines que Merriman a observées (1), 22 eurent lieu dans la quarante-unième semaine après la première menstruation, 15 dans la quarante-deuxième, 10 dans la quarante-troisième, et 4 dans la quarante-quatrième. Lobstein n'indique qu'une seule naissance tardive sur 714, mais il n'en détermine pas l'époque précise. Tessier (2) dit que, sur 575 Vaches, 10 vêlèrent entre les deux cent quatre-dix-neuvième et trois cent vingt-unième jours, par conséquent quinze à trente-sept jours plus tard que dans la majorité des cas; que, sur 277 jumens, 28 poulinèrent entre les trois cent seizième et quatre cent dix-neuvième jours, c'est-à-dire dix-sept à soixante-quinze jours au-delà du terme ordinaire; que, sur 912 brebis, 96 mirent bas entre les cent cinquante-quatrième et cent soixante-unième jour, par conséquent deux à dix-neuf jours après l'époque fixé apar le terme moyen. Et, dans tous ces cas, il ne lui a pas plus été possible que dans ceux de part précoce, de découvrir aucune cause précise. Le part tardif, dans l'espèce humaine, dépend quelquefois d'une lenteur individuelle du développement en général. Foderé (3) a vu trois enfans venus au monde après terme, qui étaient à maturité, mais moins gros, moins forts, moins vifs, que d'autres enfans nés à l'époque ordinaire, et qui de plus avaient l'apparence de la vieillesse. Dans d'autres cas, la cause se rapporte à une paresse de la matrice; souvent il survient des douleurs à l'époque légitime, mais elles ne se développent pas; la plupart du temps, l'accouchement lui-

(1) *Loc. cit.*, t. XVI, p. 26.
(2) Dict. des sc. méd., t. XXXV, p. 154.
(3) *Ibid.*, t. XXXV, p. 167.

même a lieu d'une manière lente et avec difficulté ; fréquemment aussi les enfans portent les caractères d'un excès de maturité, ils sont plus gros et plus pesans qu'à l'ordinaire, leurs fontanelles sont plus petites, les bords des os de leur crâne sont plus tranchans, leurs cheveux plus épais et plus foncés en couleur, leurs muscles plus consistans, ils ont une voix plus forte, ils éprouvent un besoin plus vif de nourriture, le cordon ombilical et le placenta sont très-flétris (1). Suivant Stark (2), le part tardif aurait lieu la plupart du temps à l'époque où la onzième menstruation devrait s'effectuer. Velpeau (3) rapporte le cas d'une femme chez laquelle les douleurs survinrent à la fin du neuvième mois solaire, mais cessèrent, puis reparurent au bout de trente jours, de sorte que l'accouchement eut lieu au trois cent dixième jour. Mende (4) admet aussi que le part tardif peut s'effectuer environ trois cent huit jours après la première menstruation ; d'après son calcul, l'embryon ne pourrait plus naître six semaines après l'époque ordinaire, parce qu'un fœtus né à terme a déjà trop crû, au bout de six semaines, pour qu'il lui soit possible de franchir les voies génitales (5). Cependant l'embryon qui dépasse le terme légitime de son séjour dans la matrice ne doit pas y croître aussi rapidement que l'enfant qui respire et qui tette sa mère ; d'un autre côté, Riecke (6) cite un cas dans lequel un enfant fut amené au monde par le forceps, deux mois après le terme ordinaire, ayant vingt-cinq pouces de long, sur un poids de douze livres, et les sutures ossifiées.

II. Si le part n'a point lieu, ou du moins n'est qu'accidentel, chez les êtres organisés doués d'une individualité trop faible, la même chose arrive, chez les êtres organisés supérieurs, quand les circonstances sont défavorables, et d'une manière anormale. Ainsi certains Poissons, lorsque le temps se met au

(1) Mende, *loc. cit.*, t. II, p. 348.
(2) *Archiv fuer die Geburtshuelfe*, t. II, cah. II, p. 16.
(3) Traité complet de l'art des accouchemens, Paris, 1835, t. II, p. 5.
(4) *Loc. cit.*, t. II, p. 304.
(5) *Ibid.*, p. 215.
(6) *Beitraege zur geburtshuelflichen Topographie*, p. 78.

froid et à l'orage pendant le frai, ne peuvent point pondre, enflent et périssent (1). Dans l'espèce humaine, l'accouchement n'a pas lieu lorsque l'individualité de la vie maternelle est trop impuissante et la matrice trop inerte, ou quand il existe un obstacle mécanique, qui consiste, soit dans la situation de l'embryon, soit dans l'étroitesse absolue ou relative des voies génitales; tel est principalement le cas où l'embryon se trouve hors de la matrice, soit qu'il ait pénétré dans la cavité abdominale par une déchirure des parois de cet organe, pendant l'accouchement, soit qu'il ait pris son développement dans l'ovaire, dans l'oviducte, ou dans le sac du péritoine.

Quant à ce qui concerne la vie de l'embryon, en pareilles circonstances,

1° Cet embryon parvient rarement à se développer d'une manière complète dans l'ovaire ou l'oviducte; la plupart du temps il y périt de bonne heure, ou bien, lorsque son accroissement a fait trop de progrès, il déchire l'organe qui le contenait, et tombe dans le sac péritonéal, où il meurt instantanément. C'est ce qui arrive, dans les grossesses tubaires, presque toujours au troisième mois, et dans les grossesses ovariennes ordinairement un peu plus tard.

2° Dans d'autres cas, notamment ceux de grossesse abdominale primordiale, l'embryon vit quelquefois jusqu'au terme légitime de la gestation, et meurt peu après que cette époque s'est écoulée, comme par exemple dans le cas, rapporté par Fournier (2), d'une opération césarienne faite quinze jours après l'apparition des douleurs.

3° Le troisième cas est celui dans lequel l'embryon survit à cette période, mais seulement avec un minimum de vie, et à un état imparfait de développement. On remarque alors en lui des adhérences anormales aux os, par exemple, la soudure des côtes avec les vertèbres et de la mâchoire inférieure avec l'os temporal (3), ou un développement de dents ou de cheveux, tandis que le reste du corps ne s'est point développé,

---

(1) Bloch, *Naturgeschichte der Fische*, t. I, p. 99.
(2) Dict. des sc. méd., t. IV, p. 178.
(3) Middleton, dans *Philos. Trans.*, n° 475, p. 336.

ou a été détruit en partie. Ainsi Bayle (1) a trouvé, après une grossesse abdominale de vingt-six années, l'embryon pesant huit livres et long de onze pouces, mais ayant, au dedans de la mâchoire, des dents aussi grosses que celles d'un adulte. Morand (2) parle d'un autre cas de grossesse abdominale où, après trente-un ans, on trouva l'embryon intact, avec les dents incisives au moment de percer. Dumas n'a rencontré de l'embryon, après vingt années de grossesse tubaire, qu'une masse irrégulière, mais garnie de cheveux d'une longueur extraordinaire, et dans la mâchoire inférieure quelques dents aussi volumineuses que celles d'un adulte, dont une même était cariée (3). Après une grossesse semblable, qui datait de onze ans, Sonsi (4) n'a trouvé, outre le crâne couvert de longs et abondans cheveux, deux dents canines et le cordon ombilical, qu'une masse absolument informe.

4° Mais la vie peut aussi se conserver dans toute sa plénitude pendant une longue période de temps après l'expiration de la durée légitime de la grossesse. Patuna (5) parle d'une grossesse abdominale dans laquelle il trouva l'embryon ayant la taille d'un enfant de deux mois. Quoique ce soit un conte inventé à plaisir que celui de Volsung, qui, d'après la tradition, vécut six années dans le corps maternel, et qui, en ayant été tiré par l'opération césarienne, embrassa sa mère mourante, la possibilité de la vie complète de l'embryon deux années après l'époque légitime de l'accouchement est démontrée d'une manière directe par une observation de Schmitt (6); une femme atteinte de grossesse abdominale éprouva de vaines douleurs en temps légitime; lorsqu'elle mourut, deux ans après, on pratiqua l'opération césarienne, pour retirer l'enfant; celui-ci vécut et respira, mais il mourut au bout de deux heures.

(1) *Philos. Trans.*, t. XII, p. 979.
(2) Hist. de l'ac. des sciences, 1748, p. 110.
(3) Voigtel, *Handbuch des pathologischen Anatomie*, t. III, p. 531.
(4) *Ibid.*, p. 532.
(5) Meckel, *Handbuch der pathologischen Anatomie*, t. II, p. 169.
(6) *Beobachtungen der Akademie zu Wien*, p. 84.

Examinons maintenant les circonstances relatives à la mère qui ne peut accoucher :

5° Elle meurt souvent par suite de ses inutiles efforts, d'un état inflammatoire et gangréneux de la matrice, d'une hémorrhagie interne, causée par la déchirure de l'ovaire ou de a trompe qui contenait l'embryon, ou enfin d'épuisement et de marasme ; de temps en temps aussi elle éprouve des douleurs, quelquefois avec un écoulement de sang par la vulve.

Mais la vie maternelle peut aussi se maintenir, et par différens moyens.

6° Lorsque les parties génitales sont trop étroites, en elles-mêmes ou proportionnellement, et que cependant la vie jouit d'une grande énergie, la matrice tue l'embryon par la force et la durée de ses contractions, afin de pouvoir ensuite s'en débarrasser, car l'expulsion a lieu plus facilement après sa mort (1), et les os du crâne glissant alors plus aisément les uns sur les autres (2). La matrice peut aussi écraser le crâne en le pressant contre les os du bassin, et même en faire sortir le cerveau, ainsi que Primus (3) l'a observé.

7° L'organisme maternel, quand il n'a pas le pouvoir de se débarrasser du fœtus, peut, après la mort de ce dernier, l'absorber et s'en nourrir. Le fait a lieu d'abord en ce qui concerne les membranes de l'œuf. Nægèle (4) a rapporté des cas dans lesquels le placenta était resté après la naissance de la vie, et les lochies avaient été faibles, sans que la santé reçût aucune atteinte, de sorte qu'il avait évidemment dû y avoir résorption. La même chose a lieu lorsque, dans les grossesses extra-utérines, on trouve l'embryon à nu, sans aucune trace d'enveloppes fœtales et de placenta, comme dans plusieurs observations, rapportées entre autres par Walter (5), et que Meckel a réunies (6). Il n'est pas rare que l'embryon qui ne

---

(1) Stein, *Lehrbuch der Geburtshuelfe*, t. I, p. 165.
(2) *Ibid.*, p. 315.
(3) *Gemeinsame deutsche Zeitschrift fuer Geburtskunde*, t. II, p. 120.
(4) *Denkschriften der Akademie zu Muenchen*, t. XXII, p. 71-75.
(5) *Geschichte einer Frau*, etc., p. 13.
(6) *Handbuch der pathologischen Anatomie*, t. II, p. 168.

peut être mis au monde, soit consommé, dans l'intérieur de la matrice, jusqu'au point que les os seuls en restent. Huzard (1) et Carus (2) ont rencontré eux-mêmes ou cité des cas de ce genre. On observe fréquemment le même phénomène dans les grossesses extra-utérines : Forestier (3), par exemple, n'a trouvé d'un embryon, dans l'ovaire, que les os, les membranes fibreuses et les ongles ; Gmelin (4) parle d'un embryon qui était tombé dans la cavité abdominale, après avoir déchiré l'ovaire, et dont il ne restait que des os et quelques parties membraneuses.

8° L'organisme maternel cherche à se débarrasser des restes de l'embryon ou de ses annexes. Quand le placenta est demeuré dans la matrice, à la suite d'un accouchement régulier, douze heures souvent ne s'écoulent point avant qu'il acquière une odeur putride, et bientôt il se détache, puis sort avec les lochies. Ce n'est qu'après un avortement qu'il peut rester des semaines et des mois entiers dans la matrice, sans y subir de changemens (5). Ducasse l'a vu sortir parfaitement frais quatre semaines après une fausse couche, tandis que, cinq jours après un accouchement à terme, il le trouva putréfié à un haut degré.

On a remarqué, en outre, que les os de l'embryon qui n'avait pu être mis au monde, sortaient de la matrice, soit avec le sang menstruel (6), soit pendant une grossesse (7) et une parturition subséquentes. Dans les grossesses extra-utérines, les os qui restent après la résorption des parties molles, excitent une inflammation, suivie de suppuration, dans les tissus voisins, et se fraient ainsi une route pour arriver au dehors. Le plus ordinairement, ils pénètrent dans le canal intestinal et sortent par l'anus. Voigtel (8) rapporte trente-six cas de ce genre,

(1) Mém. de l'institut, t. II, p. 295-306.
(2) *Zur Lehre von Schwangerschaft*, t. II, p. 18.
(3) Voigtel, *Handbuch der pathologischen Anatomie*, t. III, p. 350.
(4) *Ibid.*, t. III, p. 347.
(5) Stein, *Lehre der Geburtshuelfe*, t. I, p. 396.
(6) Voigtel, *loc. cit.*, t. III, p. 519.
(7) Harvey, *loc. cit.*, p. 359.
(8) *Loc. cit.*, t. II, p. 355.

et il y a peu d'accoucheurs répandus qui n'en ait observé, de manière que nous pouvons considérer l'intestin comme la voie normale par laquelle se terminent les grossesses extra-utéri-nes. Cependant les os s'en fraient souvent aussi une à travers les parois abdominales, spécialement dans le voisinage de l'ombilic, là par conséquent où ces parois se sont formées en dernier lieu et où la cavité ventrale s'est close ; Voigtel (1) en cite dix-neuf cas. Il est rare que l'embryon sorte entier ; Ma-clarty (2) rapporte cependant l'histoire d'une femme chez la-quelle, quatre mois après l'époque régulière de la parturi-tion, les pieds sortirent par la région ombilicale, puis les bras par la région épigastrique, après quoi on incisa les parois ab-dominales pour extraire le corps. L'embryon que Jæneke (3) retira des parois suppurantes de l'abdomen, deux ans après l'époque du part légitime, était moins complet; car ses muscles étaient en partie desséchés, en partie disparus, et quelques os avaient été dissous. Il est encore plus rare que les os se fraient une route dans le vagin, et sortent par la vulve, ce dont Voigtel (4) cite cinq cas. Enfin la voie la plus rare est celle de la vessie urinaire, que Morlanni (5), Josephi (6) et Wittmann (7) ont observée dans des circonstances où l'on fut obligé de recourir à la cystotomie.

9° Dans beaucoup de cas, la mère conserve l'embryon en elle-même, ce qui ne l'empêche pas d'atteindre à un âge avancé. On a vu des embryons rester quarante ans dans la matrice (8) (et plus de cinquante années hors de ce viscère (9), sans compromettre l'existence de la mère. Celle-ci peut même alors être fécondée de nouveau, et avoir une seconde grossesse

(1) *Loc. cit.*, p. 354.
(2) Voigtel, *loc. cit.*, p. 352.
(3) *Ibid.*, p. 352.
(4) *Ibid.*, p. 356.
(5) Meckel, *Handbuch der patholog. Anat.*, t. II, p. 474.
(6) *Ueber die Schwangerschaft ausserhalb der Gebaermutter*, p. 182.
(7) *Medicinische Iahrbüecher des œsterreichischen Staates*, t. IV, cah. I, p. 55.
(8) Voigtel, *loc. cit.*, t. III, p. 518
(9) Meckel, *loc. cit.*, t. II, p. 171.

extra-utérine (1), ou accoucher de plusieurs enfans par la voie naturelle, comme l'ont observé, entre autres, Middleton (2) et Osiander. Parmi ces embryons qui sont restés une longue suite d'années dans le corps de la mère, il s'en trouve qui sont exempts de toute putréfaction, et Meckel (3) leur attribue une vie latente. Mais il serait difficile qu'une vie latente durât aussi long-temps, et pût se maintenir en de telles circonstances. En effet, l'embryon est exsangue, desséché, souvent raide et immobile, et il n'y a que le cerveau qui soit encore onctueux ou semblable à de l'onguent. Nous ne pouvons pas douter qu'en pareil cas la vie n'ait été pendant quelque temps réduite au minimum, ou latente, qu'elle se soit éteinte ensuite peu à peu ; puis, que l'action continuelle de la vie maternelle ait opéré l'absorption et la métamorphose des substances décomposables et liquides, état de choses durant lequel il n'a pas plus été possible à la putréfaction de s'établir dans ces dernières, qu'elle ne peut s'emparer des alimens tant qu'ils sont soumis à l'influence vivante des organes digestifs ; enfin, que le cadavre, ainsi épuisé de sucs et débarrassé de tout ce qui aurait eu de la tendance à se décomposer, n'ait été préservé pour toujours de la putréfaction.

10° Souvent aussi l'organisme maternel se garantit de l'impression nuisible que l'embryon pourrait exercer sur lui, en le recouvrant d'une enveloppe isolante, après avoir absorbé tous les liquides qu'il contenait. Buchner a trouvé une enveloppe coriace autour de l'embryon desséché, après une grossesse abdominale de huit années (4), et Petit (5) en a remarqué une jaunâtre dans l'ovaire, après une grossesse ovarienne qui datait de trois ans. Avec le temps, cette enveloppe devient cartilagineuse, osseuse et comme pierreuse, ce qui établit une analogie avec la formation de la coquille calcaire chez les animaux ovipares. Orth (6) a trouvé une semblable capsule

(1) *Ibid.*, p. 175.
(2) *Philos. Trans.*, n° 484, p. 617.
(3) Meckel, *loc. cit.*, t. II, p. 171.
(4) Meckel, *loc. cit.*, t. III, p. 531.
(5) *Ibid.*, p. 549.
(6) *Diss. de fœtu* 46 *annorum*, p. 8.

osseuse dans une grossesse tubaire de quarante-six ans; le corps de l'embryon était à l'état normal, seulement très-sec et solide. Dans un cas analogue, Housset (1) rencontra l'embryon lui-même dur comme de la pierre. Ces sortes de kystes se voient plus fréquemment dans les grossesses abdominales ; chez une femme, ainsi grosse depuis vingt-sept ans, Bayle (2) ne trouva que la tête de l'embryon couverte d'une couche cartilagineuse, de l'épaisseur du doigt. Des capsules osseuses ou pierreuses ont été observées, entre autres, par Walter (3) après vingt-deux ans, par Morand (4) après trente-une années, par Heiskell (5) après quarante ans, et par Browne Cheston après cinquante-deux années de grossesse. Enfin, dans un cas où celle-ci avait duré quatorze ans, Muhlbeck trouva la matrice en partie ossifiée, l'œuf adhérent avec elle, et l'embryon lui-même partiellement converti en os (6).

ARTICLE II.

*Des forces qui accomplissent le part.*

§ 483. Les *forces* agissantes par lesquelles le part s'accomplit, dépendent de la conformation organique, chez les végétaux, tandis que, chez les animaux, elles tiennent en partie à cette cause, et en partie aussi à des mouvemens animaux. Pour nous en former une idée générale, jetons d'abord un coup d'œil sur la manière dont le part a lieu chez les êtres organisés inférieurs.

I. Lorsque le part consiste en une séparation extérieure qui s'effectue entre le corps procréé et le corps procréateur, il peut avoir lieu de plusieurs manières diverses.

(1) Voigtel, *loc. cit.,* t. III, p. 532.
(2) Walter, *loc. cit.,* p. 7.
(3) *Loc. cit.,* p. 13.
(4) Hist. de l'Ac. des sciences, 1748, p. 110.
(5) Gerson, *Magazin*, t. XVI, p. 494.
(6) Cruveilhier a décrit et figuré plusieurs cas de fœtus trouvés à l'ouverture du corps de femmes âgées, soit à l'état de kystes pileux, soit à celui de kystes encroûtés de phosphate calcaire ; *voyez Anatomie pathol. du corps hum.*, XVIII⁰ liv, et pl. 3, 4, 1, 6, XXIV et XXV⁰ livraisons in-fol., col.

1° Il s'effectue d'une manière purement végétale. Quand le fruit, la bulbe ou le rejeton, est parvenu à un certain degré d'indépendance, et qu'il est pourvu d'une quantité de substance alimentaire suffisante pour son développement ultérieur, ou qu'il est en état de se procurer sa nourriture en la puisant dans le monde extérieur, les sucs lui arrivent moins abondamment du tronc maternel, ou plutôt ces sucs se retirent d'un côté et de l'autre à partir du point limitrophe entre les deux organismes, de sorte qu'il s'opère là une dessiccation, une flétrissure, une diminution de cohésion, et enfin une véritable séparation, à laquelle contribue encore presque toujours la pesanteur du fruit lui-même ou l'agitation de l'air.

2° Chez les animaux, la séparation est l'effet tant de circonstances analogues à celles qu'on observe chez les végétaux, que de mouvemens volontaires.

Lorsqu'il s'est produit du mucus primordial dans un lieu où sont réunies les conditions nécessaires à la formation d'Infusoires, ce mucus se partage en masse nutritive et en animaux : la vie de ceux-ci ne se manifeste d'abord que par limitation et acquisition de la forme ; mais, au bout de quelque temps, elle revêt le caractère de l'activité animale ; cette activité ne consiste, dans les premiers momens, qu'en de légers frémissemens, mais peu à peu elle arrive à être un mouvement plus fort et plus rapide ; ensuite le jeune animal se détache de la masse qui lui servait de mère, et pour cela il fait quelquefois un effort tel, qu'il l'entraîne avec lui jusqu'à une certaine distance ; la séparation opérée, il jouit de l'indépendance (1).

La génération par scission est également précédée par le travail de plasticité ; une languette du corps organique s'atrophie, et les parties situées à droite et à gauche commencent à se séparer l'une de l'autre par une ligne de démarcation bien marquée (§ 270, 1° 2°). Mais quand cette délimitation est arrivée jusqu'à un certain point, la force animale a acquis,

(1) Wrisberg, *Obs. de animalculis infusoriis*, p. 3. — Treviranus, *Biologie*, t. II, p. 321. — Gruithuisen, *Beitræge zur Physiognosie*, p. 299.

de son côté , assez d'énergie pour pouvoir effectuer la séparation complète. Les Bacillaires s'agitent ainsi , d'après
Nitzsch (1) , jusqu'à ce qu'elles se détachent les unes des
autres. Les Trichodes , au dire de Kœhler (2) , se meuvent ,
se fléchissent et se tordent quand elles ne tiennent plus que
par des filamens , et dès qu'il ne reste plus qu'un seul de ces
derniers , elles finissent par opérer complétement la séparation , à l'aide d'un mouvement plus vif. Trembley rapporte
que , dans les Polypes à entonnoir, la portion céphalique se
meut la première , et qu'enfin le jeune animal se détache par
ses mouvemens. Lorsque la tête d'une jeune Naïde s'est développée , avec ses organes sensoriaux , et que l'intestin s'est
déchiré , avec ses vaisseaux parallèles , la séparation a lieu ,
suivant Rœsel (3) et Otton-Frédéric Muller (4), par des mouvemens tant de la mère que du petit ; l'un et l'autre se fléchissent et s'étendent alternativement ; le jeune animal vide
ensuite ses intestins du résidu des alimens qui lui ont été
fournis par la mère , avale de l'eau pour la première fois , et
nage ensuite en liberté.

Dans la génération par gemmes, des phénomènes analogues
ont lieu. Trembley rapporte que , chez les Hydres , la cavité
intérieure du rejeton se rétrécit peu à peu , au point de
jonction avec le corps de la mère ; le passage des alimens de
l'une dans l'autre devient de plus en plus limité , et cesse tout-
à-fait, parce que les cavités se ferment l'une à l'égard de l'autre, en sorte que les parois finissent par ne plus tenir ensemble
qu'à l'aide d'un filament grêle. Lorsque deux individus sont
ainsi séparés sous le point de vue de l'activité vitale, et ne
tiennent plus ensemble qu'à l'extérieur, le penchant à l'indépendance les sollicite à se séparer ; au froid, ils se séparent
plus tard , parce que le sentiment de la vie, le penchant à se
mouvoir et à se nourrir par eux-mêmes , est moins vif ; mais
c'est principalement le besoin de nourriture qui éveille le

(1) *Beitrage zur Infusorienkunde* , p. 76.
(2) *Der Naturforscher* , t. XVI, p. 71.
(3) *Insektenbelustigungen* , t. III , p. 576.
(4) *Naturgeschichte einiger Wurmarten* , p. 37.

penchant à l'individualité ; car lorsque les alimens abondent peu, la séparation a lieu plus tôt que quand ils sont abondans. Mais elle-même dépend de ce que la mère ou le petit, ou tous deux ensemble, se fixent au sol par les bords de l'ouverture alimentaire, et se donnent ensuite une secousse, ou s'étendent avec force.

II. Lorsque le fruit s'est formé dans l'intérieur du corps maternel, mais qu'il n'existe pas de voies par lesquelles il puisse naître,

3° Il se fraie une issue en opérant une déchirure. Les spores des Conferves sortent ainsi du corps maternel, par les extrémités ou sur les côtés dans les Ectospermes et les Synemmes, par les articulations ou entre elles dans les Polyspermes. Dans les Gastromycètes, le péridion se déchire, et s'il en existe encore un intérieur, ce dernier est rejeté au dehors avec les spores. La sporocyste des Hépatiques éclate, dans toute sa longueur, à la maturité des spores, et se divise en plusieurs valves. Dans la plupart des Mousses, elle a la forme d'une boîte, dont le couvercle ou l'opercule s'ouvre par l'élasticité de son anneau. Les Fougères ont aussi une capsule entourée d'un anneau articulé, qui devient libre par le détachement de l'épiderme, et qui, se desséchant ensuite, éclate par l'effet du ressort de l'anneau, en sorte que les spores se trouvent lancées au dehors. On peut considérer comme ayant de l'analogie avec cette disposition les cas dans lesquels, la matrice humaine et la paroi abdominale venant à se déchirer, l'accouchement a lieu par l'ouverture anormale et la mère guérit (1).

4° Dans d'autres cas, le part a lieu par la mortification d'organes maternels. Dans les champignons, à l'époque de la maturité, l'hymenium se résout en un liquide mucilagineux, qui coule goutte à goutte, ou il se convertit en une poussière que l'air entraîne. Chez les Vers cestoïdes, l'anneau du corps qui contient l'ovaire à maturité se déchire ordinairement, et se détache ensuite du corps maternel (2). Il y a quelque analogie

(1) Stein, *Lehre der Geburtshuelfe*, t. I, p. 232.
(2) Rudolphi, *Entozoorum historia*, t. I, p. 317.)

entre ce cas et celui où, chez la femme, la membrane interne du vagin se détache pendant l'accouchement, cède à la pression qu'exerce sur elle la tête de l'embryon, fait saillie au dehors, se déchire, et laisse échapper le sang amassé au dessous d'elle (1).

5° La mort de la mère est, chez quelques animaux inférieurs, la suite nécessaire du part. Dans le *Volvox globator*, la déchirure à travers laquelle le petit sort, se referme bien, mais la mère périt peu de temps après (2). L'*Amphistoma cornutum* meurt également après que son ovaire s'est échappé du corps et déchiré, pour laisser sortir les œufs (3). Il y a, en outre, certains cas où la mort de la mère est le moyen même par lequel s'opère le part; plusieurs Conferves, qui représentent des sacs articulés, ne laissent échapper les spores qu'elles renferment que quand elles-mêmes se dissolvent. Spallanzani assure que la même chose a lieu dans les Furculaires.

III. Un analogue de voies servant au part se trouve peut-être dans les Fucus, où les sporocystes semblent sortir, en même temps que le liquide muqueux qui remplit avec elles la cavité, par les ouvertures de saillies imitant des espèces de verrues. Chez les animaux ovipares, le part a lieu sous la forme de l'excrétion, puisque celle-ci, envisagée d'une manière générale, est l'expulsion au dehors de ce qui ne peut plus rester dans la sphère de l'individualité. En effet, il est préparé par une activité plastique purement végétale, mis en en train par une force motrice, à laquelle l'âme ne participe point, et accompli par des mouvemens volontaires.

6° D'abord les œufs deviennent étrangers à l'organisme maternel, par des changemens qui s'opèrent dans leur formation, et qui consistent soit en un tel accroissement de leur part que l'organisme ne peut plus continuer de les loger, soit dans la sécrétion, par l'oviducte ou les organes accessoires, d'un liquide qui les rend glissans et favorise la séparation,

_____

(1) Osiander, *Handbuch der Entbindungskunst*, t. II, p. 363.
(2) Rœsel, *loc. cit.*, t. III, p. 619.
(3) Rudolphi, *loc. cit.*, t. I, p. 314.

soit enfin en une isolation au moyen d'une coquille dense.

7° Ensuite l'œuf est forcé de cheminer dans l'oviducte, qui, en sa qualité d'organe tubuliforme, possède, comme d'autres canaux servant au passage de substances diverses, une faculté locomotrice, indépendante de la volonté et mise en jeu uniquement par des influences matérielles. Ce mouvement est manifeste aussi chez les animaux inférieurs, et proportionnellement très-considérable, car les oviductes des Ascarides, par exemple, exécutent des ondulations qui consistent en une flexion et une extension alternatives (1).

8° Les animaux peuvent accélérer ou retarder jusqu'à un certain point la ponte, suivant que les circonstances extérieures l'exigent, selon que le hasard leur permet de trouver ou de préparer plus ou moins vite un lieu favorable à l'incubation; la Mouche à viande attend qu'elle rencontre une charogne, et le Coucou guette l'instant où un Oiseau quitte les œufs qu'il couve, pour glisser furtivement le sien dans le nid.

Quelques unes des fibres musculaires soumises à l'empire de la volonté dont l'issue de l'oviducte est garnie, forment des muscles annulaires qui retiennent l'œuf et retardent le part. Pour vaincre l'action de ces sphincters il faut un effort des muscles formant les parois du corps, secondé par les fibres longitudinales, également soumises à la volonté, de l'oviducte; mais, une fois le part commencé, l'action des muscles qui closent l'ouverture contribue à l'accomplir. Ces efforts violens du corps ont lieu même chez les animaux inférieurs, dont la substance est homogène, et chez lesquels on ne distingue aucun muscle : ainsi Wagler a vu un Polype à bras se tordre et s'étendre alternativement, pour expulser son sac de spores, et se serrer contre la paroi du vase dans lequel il était contenu. Les Trématodes pondent leurs œufs par saccades, au milieu de mouvemens violens et presque convulsifs (2). La Sangsue se fixe au moyen de sa queue, quand il est question pour elle d'expulser son sac à œufs (3). Les Monocles à double

(1) Cloquet, Anat. des vers intestinaux, p. 51.
(2) Rudolphi, *loc. cit.*, t. I, p. 314.
(3) *Philosoph. Trans.*, 1817, p. 16.

test s'accrochent aux plantes pour pondre (1), et le Chirocéphale darde ses œufs hors de lui, en faisant décrire des flexuosités à son corps (2). La plupart des Poissons facilitent la sortie de leurs œufs en se frottant le ventre contre des pierres ou des plantes aquatiques. Le Bars cherche un corps pointu, contre lequel il se frotte, pour comprimer ses ovaires, et dès que son frai s'y est collé, il serpente à droite et à gauche jusqu'à ce qu'il soit parvenu à s'en débarrasser complétement (3). Le Crapaud terrestre pousse ses œufs à l'aide de violens mouvemens ondulatoires des muscles abdominaux (4).

Malgré ces efforts, le part exige un certain laps de temps, une demi-heure par exemple dans les Sangsues, suivant Johnson, douze heures chez quelques Monocles, d'après Jurine, neuf à trente heures chez le Crapaud terrestre, selon Spallanzani.

Chez les Céphalopodes, où l'oviducte ne conduit l'œuf que dans l'entonnoir, il est chassé de ce dernier lieu, avec l'eau, par les mouvemens respiratoires.

C'est surtout quand il n'y a point d'oviductes (§ 60), et que leur force motrice est remplacée jusqu'à un certain point par la disposition de la cavité abdominale (§ 328, 1°) et par les mouvemens des intestins, que les muscles soumis à l'empire de la volonté ont besoin de déployer leur énergie, et il est digne de remarque qu'en pareil cas, les œufs sont tous expulsés, quels que puissent être leur exiguité et leur petit nombre, par exemple chez les Murènes; ce qui semble surtout tenir à ce que ces Poissons se placent perpendiculairement pour pondre, de sorte que les œufs glissent en partie déjà par le seul fait de leur propre pesanteur (5).

9° Chez quelques Batraciens, le mâle vient au secours de la femelle, son instinct génital le poussant à chercher les œufs, pour les féconder. Dans la Grenouille verte, il ne fait

(1) Jurine, Hist. des Monocles, p. 166.
(2) *Ibid.*, p. 212.
(3) *Naturgeschichte der Fische*, t. II, p. 89.
(4) Spallanzani, Exp. sur la générat., p. 32.
(5) Rathke, *Beitræge zur Geschichte der Thierwelt*, t. II, p. 195.

que favoriser le commencement de l'acte, ou la sortie des œufs hors de l'ovaire et leur cheminement le long de l'oviducte, par la forte pression qu'il exerce, avec ses pattes de devant, sur la partie antérieure du corps de la femelle; sans cet embrassement, aucun œuf n'est pondu ; mais quand il a duré assez pour que tous les œufs soient arrivés jusque dans les vésicules qui se trouvent à l'extrémité de l'oviducte, la femelle les dépose ensuite, même sans le secours du mâle (1). Dans l'espèce du Crapaud accoucheur, au contraire, c'est le mâle qui accomplit le part; dès que les premiers œufs sont sortis du corps de la femelle, il se sert de ses pattes de derrière pour tirer les autres, que leur enduit gélatineux tient disposés en manière de chapelet, et cette occupation l'absorbe à tel point, qu'il se laisse alors prendre aisément (2).

10° La sortie des Insectes hors du corps d'un autre animal, dans l'intérieur duquel ils ont subi l'incubation, doit être considérée jusqu'à un certain point comme un second part. L'animal qui leur a servi de lieu d'incubation, qui les a protégés et nourris, se comporte envers eux comme une mère qui accouche, et la séparation a effectivement lieu sous les formes précédemment décrites, tantôt par rupture, comme chez les OEstres, auxquels la suppuration de la peau sous laquelle ils se sont développés fraie une issue ; tantôt par mort, comme chez certains Ichneumons qui se sont développés dans le corps d'un autre Insecte ; quelquefois par mouvement volontaire, comme chez les OEstres qui ont pris leur développement dans les organes respiratoires de Mammifères, et qui sont rejetés au milieu d'accès de toux ou d'éternuement.

11° Chez les animaux à part tardif, le mouvement volontaire de la mère et celui des petits agissent de concert, comme dans la séparation purement extérieure, et tantôt la première, tantôt les autres y contribuent davantage. Le jeune Ver de terre sort probablement par une ouverture située sur la ligne médiane, entre deux anneaux, du compartiment de la cavité du corps de la mère où il a subi

(1) Spallanzani, *loc. cit.*, p. 8.
(2) *Ibid.*, p. 88.

l'incubation (1). Dans les Bivalves, les jeunes sortent des loges branchiales par deux tubes, qui s'ouvrent dans le tube anal (2). Chez le Cloporte ordinaire, les lames ventrales s'ouvrent au milieu, pour laisser sortir les petits (3). Dans les Daphnies, la mère meut la queue d'arrière en avant, et chasse ses petits à l'aide de cette incurvation. Chez les espèces ovo-vivipares de Syngnathe, de Typhle et de Silure, les mouvemens et les contorsions de la mère produisent ou dilatent une ouverture au ventre, qui laisse échapper les petits, et se referme ensuite (4).

§ 484. Chez l'homme et les Mammifères,

I. La préparation au part, déterminée par le travail plastique lui-même, consiste en une diminution de conflit et un commencement de séparation entre la matrice et le placenta. Tout décollement de ce dernier pendant la grossesse a pour suite l'avortement.

II. Ensuite agit la force motrice non soumise à l'empire de la volonté.

1° Toute membrane muqueuse est en rapport, par son côté extérieur, avec la vie de mouvement, que ce soit parce qu'elle s'accolle à un squelette cartilagineux ou osseux, ou parce qu'elle est revêtue d'autres couches membraneuses qui sont aptes à se mouvoir par elles-mêmes, que d'ailleurs on y puisse ou non découvrir des fibres musculaires. La matrice doit par conséquent jouir aussi de la faculté motrice; car, bien qu'en vertu de sa nature particulière, notamment de la force extraordinaire de son parenchyme, dans l'espèce humaine, sa membrane muqueuse soit singulièrement réduite et semble présenter une modification toute spéciale de texture, cependant il y a impossibilité absolue d'en nier l'existence quand on envisage la chose de haut et sans préventions. La matrice nous apparaît effectivement comme un réservoir dont la base est donnée par une membrane muqueuse, et qui

(1) Schweigger, *Handbuch*, p. 587.
(2) Pfeiffer, *Naturgeschichte deutscher Mollusken*, t. II, p. 23.
(3) Treviranus, *Vermischte Schriften*, t. I, p. 60.
(4) Bloch, *loc. cit.*, t. I, p. 349.

a la puissance d'expulser, en vertu d'une force musculaire, le produit qu'elle a reçu d'autres organes et qui s'est développé dans son intérieur. A un degré moins élevé de formation, les organes génitaux femelles portent moins le cachet de l'individualité, et présentent davantage le caractère général de canaux et de réservoirs consistant en une membrane muqueuse. Ainsi, chez la plupart des Mammifères, la matrice ressemble encore à un intestin, elle est pourvue de fibres musculaires bien distinctes, et elle exécute fréquemment un mouvement péristaltique, qui ne s'interrompt que dans les derniers temps de la gestation, pour reparaître avec d'autant plus de force à l'époque du part. Chez la femme, cette irritabilité n'est point permanente. C'est la même vie que celle qui s'annonce tantôt comme plasticité, tantôt comme sensibilité et irritabilité; aussi ces diverses formes se succèdent-elles ici à des époques déterminées. De même que toute vie commence d'une manière végétale, pour devenir animale lorsqu'elle se développe davantage, de même qu'on voit paraître successivement, d'abord formation par soi-même, puis séparation, d'abord sentiment de soi-même, puis mouvement libre, de même aussi ces différentes périodes se succèdent avec précision dans la matrice humaine, en sorte qu'à chacune d'elles les caractères qui lui appartiennent en propre se développent de plus en plus librement. Dans l'état de vacuité, la matrice est à son plus bas degré de vie, celui où il ne s'agit pour elle que de songer à sa propre conservation, et pour qu'elle n'y demeure pas entièrement plongée, il se déploie en elle, d'une manière périodique, une tendance à un développement plus élevé, tendance qu'exprime la menstruation. Après la fécondation, ce développement sur une plus grande échelle a lieu réellement, et l'activité de la matrice ne se borne plus à la nutrition, elle s'étend au dehors de l'organe, produit la membrane nidulante, et se dirige vers un objet extérieur, l'embryon et immédiatement l'œuf. A mesure que sa vie croît, elle devient sensible, c'est-à-dire qu'elle entre en connexion plus intime avec la vie animale, acquiert la sensibilité générale, et peut devenir le siége de douleurs; les émotions morales agissent avec force et rapidité sur son activité vitale, de même que son état anormal détermine des spasmes, dérange l'esprit, et porte le trouble dans la conscience. A la fin de la grossesse, sa vitalité est parvenue au point culminant; elle doit dès-lors baisser, mais uniquement en prenant une autre direction et se manifestant comme force motrice; celle-ci est la dernière expression de la plénitude de vie qui lui est inhérente. A la plus haute expansion doit succéder la contraction, en vertu des oscillations régulières de la vie, et la force motrice, jusqu'alors enchaînée par l'activité plastique prédominante, doit se manifester maintenant dans son plein et libre développement. Si, au début de la grossesse, l'irritabilité s'était manifestée, de concert avec la sécrétion, dans les oviductes ou les trompes, sur la fin elle déploie toute sa puissance dans la matrice. (Celle-ci s'est développée peu à peu pendant la gestation, le sang qui afflue en plus grande abondance vers elle ayant élevé ses fibres à un plus haut degré de dignité. On commence à en apercevoir les premières manifestations durant les derniers mois de la grossesse. Ce phénomène, que Hohl a fréquemment observé, mais qu'il n'a jamais vu que peu de temps avant l'époque de la parturition, est constant, et se manifeste déjà un mois avant le terme régulier de la grossesse. Les contractions qui s'exécutent alors ne sont point encore en état de rapetisser la cavité de la matrice, puisqu'elles n'expulsent rien du contenu de ce viscère; mais elles amènent la condensation de son tissu, et par-là préparent les contractions plus énergiques qui ont lieu au moment de l'accouchement. Alors même que la femme enceinte ne sent point ces contractions, on peut cependant reconnaître leur existence à l'effet qu'elles produisent; car le fond de la matrice est bien plus ferme pendant le dernier mois de la grossesse qu'il ne l'était auparavant, circonstance qui compte parmi les signes auxquels on distingue le dixième mois du huitième. Mais il arrive très-fréquemment aussi que les contractions provoquent de légères douleurs, surtout chez les femmes qui ont eu déjà plusieurs enfans. Ces douleurs se font sentir d'abord, et avec plus de force qu'en tout autre temps, quatre semaines avant le terme régulier de la gestation, par conséquent à l'é-

poque où les règles manquent pour la neuvième fois, de sorte
qu'elles sont elles-mêmes un phénomène par lequel se manifeste le type quadriseptennal que la matrice conserve même
pendant la grossesse. Certaines femmes, qui ont déjà été mères
plusieurs fois, et qui ont contracté l'habitude de s'observer,
n'hésitent point à dire, quand ces douleurs se font sentir, que
leur délivrance s'accomplira au bout d'un mois) (1). Mais
comme l'action du dedans au dehors, la force motrice, et la
direction scissionnaire de la vie désignent la masculinité lorsqu'elles prédominent ( § 207 ), la vie féminine prend en quelque sorte un caractère masculin au moment du part ( § 479 );
la matrice et le vagin deviennent alors ce que la verge était
pendant la fécondation; le tissu celluleux, vasculeux, turges-
cible ( § 346, 1° ), est porté à la dignité d'un organe irritable,
qui peut agir de dedans en dehors, et déposer hors de l'organisme le produit qu'il avait reçu. Les animaux inférieurs,
dans la simplicité desquels l'essence de la vie se révèle
souvent à nu, nous fournissent aussi la preuve de cette harmonie; lorsque l'œuf est destiné à être enfoui profondément,
l'organe qui l'amène au dehors s'allonge sous la forme d'une
verge ( § 334, 6° ), et les Trématodes hermaphrodites accouchent par le même organe génital que celui qui leur sert à
féconder d'autres individus (2).

La force musculaire de la matrice humaine se manifeste
clairement. On sent du dehors cet organe se contracter pendant les douleurs, et finir par devenir aussi dur qu'une pierre.
La main portée dans sa cavité éprouve une constriction douloureuse et qui va jusqu'à l'engourdissement. Dans l'opération
césarienne, la matrice pousse l'embryon vers la plaie par des
contractions visibles, et les bords de l'incision ne tardent
point à se rapprocher.

2° C'est dans la matrice que réside la force essentielle
chargée d'opérer le part. Celui-ci a lieu, chez les animaux,
alors même qu'on leur ouvre le ventre, et qu'on met ainsi

(1) Addition de Hayn.
(2) Rudolphi, *loc. cit.*, t. I, p. 344.

les muscles abdominaux hors d'état d'agir (1) ; on dit même l'avoir observé dans des cas où la matrice avait été arrachée du ventre, avec les autres viscères (2). Il s'effectue aussi chez les femmes atteintes d'une procidence de la matrice. Wimmer (3) a vu l'accouchement se faire d'une manière régulière dans un cas où la matrice formait entre les cuisses une tumeur longue de dix pouces et demi et large de six et demi, dont l'ouverture était dirigée en bas. Les femmes peuvent accoucher sans en avoir la conscience, dans l'état de syncope et d'asphyxie, ce dont Haller (4) et Henke (5) ont recueilli des exemples. Ulric a délivré une primipare épileptique, qui ne revint à elle qu'au bout de deux jours (6). Enfin la vie de la matrice en train d'effectuer la parturition se maintient même quelque temps après la mort de la mère ; Leroux (7) a senti cet organe se contracter vivement un quart d'heure après la mort survenue pendant l'accouchement. D'Outrepont a fait la même observation (8). Osiander, ayant pratiqué l'opération césarienne sur un cadavre, trouva le lendemain la matrice aussi contractée que chez une nouvelle accouchée (9). Lorsque la femme succombe tout à coup, par l'effet de spasmes ou d'une cause mécanique, sans qu'auparavant ses forces aient été épuisées, l'enfant peut naître, même vivant, et cela d'autant mieux que les parties extérieures relâchées opposent moins de résistance ; Nieth (10) a rassemblé une série de cas de ce genre. Cependant D'Outrepont assure qu'alors l'enfant meurt toujours peu de temps après sa naissance. Maizier est certainement allé trop loin, en affirmant qu'il n'y a qu'une femme en état

(1) Haller, *Elem. physiol.*, t. VII, pl. II, p. 61.
(2) Froriep, *Notizen*, t. XXXVII, p. 314.
(3) *Medicinisch Iahrbuecher*, t. VI, cah. 3, p. 47.
(4) *Loc. cit.*, t. VIII, p. 420.
(5) Nasse, *Zeitschrift fuer psychische Aerzte*, 1819, p. 228.
(6) Rust, *Magazin fuer die gesammte Heilkunde*, t. XIV, p. 379.
(7) Dict. des sc. méd., t. XIX, p. 388.
(8) *Gemeinsame Zeitschrift fuer Geburtskunde*, t. III, cah. 3.
(9) *Handbuch der Entbindungskunst*, t. II, p. 16.
(10) *Diss. de partu post mortem*, Berlin, 1827, in-8.

de mort apparente qui puisse mettre au monde un enfant vivant, et que la chose est impossible après la mort réelle de la mère. Car on conçoit très-bien que la vie de l'embryon persiste encore pendant quelques heures, avant que le cadavre de la mère soit refroidi et que le sang de la matrice ait subi des changemens qui ne permettent plus au placenta d'entretenir ses rapports avec lui. La faculté motrice de l'utérus n'est point tellement dépendante du système nerveux qu'après la mort de celui-ci elle doive s'éteindre sur-le-champ, et quand la mort a eu lieu en raison d'obstacles mécaniques à la parturition, il ne s'ensuit pas de là que la vie doive commencer par s'éteindre précisément dans la matrice elle-même. Il est évident que la partie inférieure de la moelle épinière a de l'influence sur le mouvement de l'utérus par ceux de ses nerfs qui se mêlent au plexus pelvien, tout comme il l'est qu'en vertu de ceux de ses nerfs qui se distribuent aux muscles de la paroi abdominale, on doit lui rapporter la part que la volonté prend à l'accouchement : au reste, les expériences de Brachet ont mis cette vérité hors de doute.

3° Quant à la modalité de la contraction, de même que tout autre mouvement volontaire, elle affecte un type périodique, en sorte qu'elle n'atteint point tout d'un coup à son but, mais débute faiblement, s'accroît peu à peu, s'arrête et recommence de nouveau. Ces contractions périodiques, par lesquelles la matrice revient de l'état de grossesse à celui de non-grossesse, portent par excellence le nom de *douleurs*, à cause des sensations pénibles qui les accompagnent.

4° La périodicité est évidente. A chaque douleur, on sent, à travers les parois du ventre, que la matrice est tendue et dure, et comme ses parois ont augmenté de densité et d'épaisseur, on ne peut plus alors sentir l'embryon. Vient ensuite une pause : la matrice se ramollit et se détend, de manière qu'on peut de nouveau sentir l'embryon à travers ses parois. Elle se repose donc, afin d'acquérir de nouvelles forces pour la contraction suivante. Cependant ce repos n'est point un relâchement complet, ce n'est qu'un moindre degré d'activité ; car l'organe ne se distend pas autant qu'il l'était avant la douleur, la contraction qu'il a subie ayant exprimé une plus ou moins grande quantité de sang des vaisseaux de sa substance. ( L'accoucheur peut quelquefois se convaincre, par ses propres sensations de cette permanence de la matrice à un degré moindre de contraction dans l'intervalle des douleurs. En effet, lorsqu'il est obligé de pratiquer la version quelque temps après l'écoulement des eaux, mais avant que la matrice se soit fortement appliquée sur le fœtus, et que sa main placée dans l'organe en touche accidentellement une paroi, il ne trouve pas celle-ci relâchée et flasque, mais ferme et redressée; s'il quitte la paroi utérine, et porte sa main sur le fœtus, cette paroi ne le suit point, mais conserve la même situation, à moins toutefois qu'une douleur ne survienne) (1). Par conséquent, dans ces alternatives de mouvement et de repos, l'embryon est tantôt rapproché, tantôt éloigné de l'issue; mais, à chaque fois, il avance plus qu'il ne recule, sorte de progression ondulatoire que l'on peut observer d'une manière directe dans le cas surtout d'enclavement de la tête.

La même périodicité qui signale chaque douleur se manifeste pendant le cours entier du part; des douleurs plus vives et moins fortes alternent ordinairement ensemble, et quand la matrice, épuisée par les efforts qu'elle dirige contre une résistance insolite, a cessé de se contracter, elle renouvelle au bout de quelque temps ses contractions, jusqu'à ce qu'enfin, si l'obstacle est invincible, elle renonce entièrement à les exécuter.

Au reste, ce qui prouve que la vitalité de la matrice est accrue pendant les douleurs, c'est qu'au rapport de Wigand (2), les lésions de l'organe excitent une inflammation moins dangereuse quand elles surviennent au plus fort des douleurs que quand elles ont lieu au début et vers la fin de l'accouchement.

5° Le mouvement de la matrice s'accroît peu à peu. A chaque douleur, la contraction commence d'une manière faible, et

(1) Addition de Hayn.
(1) *Die Geburt des Menschen*, t. I, p. 41.

sur un seul point, puis elle croît par degrés et se propage jusqu'à ce que la totalité des fibres y prenne part : cette progression d'intensité caractérise le cours entier de la parturition.

La matrice s'exerce peu à peu; on commence à s'en apercevoir dès les dernières semaines (§ 484, 1°). Quelques jours avant l'accouchement, on remarque en elle un tressaillement ou un léger tremblement, de manière qu'on la sent, à travers la paroi abdominale, durcir et mollir alternativement, et que, chez les femmes non primipares, dont l'orifice s'est ouvert de meilleure heure, on distingue aussi des alternatives de tension et de relâchement dans les membranes de l'œuf (1).Ensuite, il survient de véritables douleurs ; celles-ci sout d'abord faibles, de courte durée, et séparées par de longs intervalles ; peu à peu elles deviennent plus fortes, se soutiennent plus long-temps, et se succèdent avec plus de rapidité : plus la contraction a duré long-temps, plus la densité qu'elle fait acquérir à la matrice est considérable, plus aussi les fibres irritables ont acquis de points d'appui, et plus il leur est facile de se mouvoir avec force et d'une manière continue (2) : voilà pourquoi les douleurs deviennent plus intenses après la sortie des eaux, dont la trop grande abondance les affaiblit (3).

6° Vers la fin de l'accouchement, le vagin aussi y prend une part active, suivant Wigand (4). La faculté motrice de ce canal se manifeste également hors de l'état de grossesse (§ 282, 8°), et quelquefois on y remarque une contraction vivante lorsqu'on introduit un pessaire ; il expulse aussi avec force les caillots de sang qui s'y sont formés dans une fausse-couche, l'arrière-faix, ou les tampons qu'on y a introduits. Pendant le part, on y sent parfois un tremblement particulier, et dès qu'il peut agir en toute liberté sur la tête de l'embryon, celui-ci sort avec plus de rapidité ; il y a même des femmes chez lesquelles la volonté a de l'empire sur les mouvemens

(1) Siebold, *Handbuch der Frauenkrankheiten*, t. I, p. 618.
(2) Wigand, *loc. cit.*, t. II, p. 226. — Stein, *Lehre der Geburtshuelfe*, t. I, p. 167.
(3) Stein, *loc. cit.*, t. I, p. 271.
(4) *Loc. cit.*, t. II, p. 458-469.

du vagin. Au reste, les contractions sont involontaires et périodiques; elles se propagent de la matrice au vagin.

III. La volonté vient en aide au mouvement involontaire, et favorise la parturition.

7° Une pression exercée de toutes parts sur la surface extérieure de la matrice peut favoriser la contraction de cet organe. En effet, non seulement l'action spasmodique du diaphragme et des muscles abdominaux, pendant le vomissement, est susceptible de provoquer une fausse-couche, mais encore de nombreuses observations attestent que l'accouchement s'est opéré long-temps après la mort et lorsqu'il y avait déjà un commencement de putréfaction. On ne saurait admettre, en pareil cas, que la matrice ait conservé un reste de vitalité, et l'on ne parvient à expliquer le phénomène qu'en supposant qu'elle a été comprimée par les gaz auxquels la putréfaction avait donné naissance dans la cavité abdominale, et qu'ainsi elle s'est débarrassée de son contenu (1), dont l'expulsion a dû être favorisée par le ramollissement de sa propre substance, ainsi que par le relâchement des sphincters et de toutes les parties molles. Aussi a-t-on souvent remarqué, en pareil cas, que le part était accompagné d'un bruit assez fort. Il s'en est même présenté un où, douze heures après la mort qui avait succédé à la parturition (2), on trouva le ventre plus distendu que pendant la grossesse, l'eau qui s'écoulait excessivement fétide, mais la matrice elle-même flasque (3), ou procidente et renversée (4), état dans lequel elle n'avait pu être mise que par la pression, et non par sa propre activité musculaire. Maizier a rassemblé vingt-cinq cas, dans lesquels des enfans morts ont été expulsés par des gaz auxquels la putréfaction du cadavre maternel avait donné naissance : dans dix-huit de ces cas, la mère était morte à la fin de la grossesse ; elle avait succombé plus tôt dans les autres, et même dès le quatrième mois dans l'un de ces derniers.

(1) Haller, *loc. cit.*, t. VIII, p. 421.
(2) Nieth, *Diss. de partu post mortem*, p. 6.
(3) Osiander, *loc. cit.*, t. II, p. 14.
(4) Rust, *Magazin*, t. XXIII, p. 333.

8° Béclard a remarqué que, dans l'espèce humaine, particulièrement chez les femmes, il se forme, pendant la jeunesse, dans la crête de l'os pubis, un noyau osseux, qui conserve parfois de la mobilité (1). Chez les Marsupiaux, l'Ornithorhynque et l'Echidné, ces noyaux se développent en deux os allongés et un peu aplatis, dont les extrémités les plus larges s'articulent avec le bord antérieur des pubis, sur les deux côtés de la symphyse pubienne, et s'étendent d'arrière en avant et de dedans en dehors, dans la paroi abdominale, en s'appliquant à la surface périphérique des muscles droits et transverses du bas-ventre; à leur bord externe s'insère le muscle oblique interne, qui les écarte l'un de l'autre; mais, de leur bord interne part un fort muscle pyramidal, dirigé en dedans et en avant, où il se réunit, dans la ligne blanche, avec celui du côté opposé et avec le muscle droit, de manière que les deux os peuvent se mouvoir de dehors en dedans, se rapprocher ainsi l'un de l'autre, et rétrécir par-là la cavité abdominale. Blainville a prouvé que cet appareil de mouvement n'a aucun rapport avec la poche mammaire, et Ritgen (2) a fait voir qu'en rétrécissant la cavité abdominale, il augmente la pression exercée sur la matrice, au peu d'énergie musculaire de laquelle il supplée en conséquence pendant l'accouchement.

9° Chez les autres Mammifères et dans l'espèce humaine, les mouvemens volontaires des muscles abdominaux et du diaphragme viennent au secours de la matrice, en rétrécissant la cavité abdominale; non seulement ils lui fournissent des points d'appui plus solides, pour ses contractions, mais encore ils la compriment elle-même, et par-là favorisent la parturition, tout comme ils le font à l'égard de l'excrétion des urines et des excrémens. Comme la matrice pèse sur la vessie et le rectum, surtout quand la tête de l'embryon a pénétré dans le vagin, la femme qui accouche éprouve une sensation analogue à celle que déterminent la réplétion de ces deux organes et le besoin de les vider. Aussi, après avoir fait une inspiration

(1) *Deutsches Archiv*, t. VI, p. 437.
(2) Heusinger, *Zeitschrift*, t. II, p. 375.

profonde, celle-ci exécute-t-elle, avec son diaphragme et ses muscles abdominaux, des efforts dont le résultat est quelquefois d'amener au dehors le contenu du rectum. Pour pouvoir agir avec plus de force, elle se cramponne avec les membres pectoraux, penche le haut du corps en avant, et fléchit les genoux ; si les douleurs de l'enfantement la surprennent d'une manière inopinée, elle s'arc-boute contre le sol avec ses pieds, et saisit un point d'appui fixe avec ses mains ; dans un cas, observé par Jœrg, et où les deux cuisses avaient été amputées, la fixation du bassin sur le lit suffit. Les Mammifères accouchent pour la plupart debout, s'arc-boutent avec leurs pattes, et voûtent le dos, en faisant ainsi des efforts d'expulsion.

10° Ici donc encore la volonté joue un rôle dans la production du phénomène. L'accouchement peut être retardé par son influence : il n'est point rare, dans les grandes villes, que des femmes non mariées ou veuves, qui ont caché leur grossesse, résistent au besoin d'accoucher, supportent les souffrances qu'il leur cause, n'aident point aux douleurs, et ne se rendent qu'au dernier moment chez une sage-femme, où presque toujours alors elles accouchent avec une promptitude surprenante, parce qu'elles ont ménagé leurs forces, et qu'elles ne contribuent de leur volonté qu'au moment décisif. D'autres, au contraire, par défaut de courage, ou par impatience d'être débarrassées de leur fardeau, cherchent à accélérer l'accouchement ; elles accroissent les premières douleurs par leurs efforts volontaires, de sorte que la matrice a déjà épuisé ses forces avant que la délivrance puisse avoir lieu, et que celle-ci ne s'effectue plus ensuite qu'avec lenteur. Aussi l'état du moral exerce-t-il de l'influence sur le part ; Wigand (1) a remarqué qu'il s'accomplit plus rapidement et avec plus de facilité chez les femmes d'un caractère décidé et résolu.

11° L'influence de l'état du moral ne se borne pas à la détermination des mouvemens volontaires ; elle porte aussi sur le mode d'activité vitale de la matrice. Les douleurs sont réprimées par un chagrin concentré, par la frayeur, par une at-

(1) *Loc. cit.*, t. II, p. 239.

tente pleine d'anxiété, par la perte de l'espérance (1); elles se développent d'autant plus régulièrement que la femme a moins d'inquiétudes sur son état, qu'elle est plus calme, plus sérieuse, plus maîtresse d'elle-même. Baudelocque et Velpeau (2) ont vu le travail déjà commencé s'arrêter, dans les établissemens publics, lorsqu'on appelait les élèves pour y assister, et reprendre aussitôt qu'on faisait éloigner ces nombreux témoins. La volonté avait probablement moins de part que l'imagination et la pudeur à ces alternatives de ralentissement et d'accélération, tout comme d'autres évacuations peuvent quelquefois être suspendues, même contre la volonté, par la présence de témoins. (D'autres exemples d'influence de l'imagination et des émotions morales sont rapportés par Betschler, qui cite un cas dans lequel un violent orage suspendit tout à coup les douleurs, en sorte que la matrice, largement ouverte déjà, se referma, et que l'accouchement ne se remit en activité qu'au bout de dix-neuf jours. Niemeyer parle aussi d'une circonstance où le hasard ayant fait coïncider ensemble plusieurs accouchemens, dans une maison publique, les femmes qui en furent témoins se trouvèrent prises, avant le terme régulier de la grossesse, de douleurs qui ne cessèrent qu'au bout de quelques jours) (3).

§ 485. Les forces qui accomplissent le part sont mises en jeu par des causes déterminantes, ou par une *irritation;* car cet acte, comme toute autre excrétion, suppose non seulement la force expulsive d'un réservoir irritable, mais encore une action irritante exercée par le contenu du réservoir.

I. Dans l'état normal, nous reconnaissons une harmonie préétablie entre la matrice et l'embryon; mais, tandis que l'un et l'autre arrivent simultanément à maturité, la première acquiert la faculté d'opérer le part, et le second celle de le déterminer, ou d'en être la cause excitante.

1° Dans les grossesses doubles, il y a fréquemment deux actes successifs d'accouchement, de manière que, des deux

(1) *Ibid.,* t. I, p. 186.
(2) Traité des accouchemens, Paris, 1835, t. I, p. 410.
(3) Addition de Hayn.

embryons, l'un vient au monde par avortement, et l'autre, soit
en temps légitime, soit d'une manière tardive, ou que l'un
naît après l'écoulement du temps légitime et l'autre quelques
jours plus tard (1). Reicke (2) rapporte un cas dans lequel,
cinq jours après la naissance d'un premier enfant, un second
vint au monde vivant et sans le secours de l'art. Sunderland
en a observé un, dans lequel, onze jours seulement après la
naissance d'un premier enfant, se déclarèrent de nouvelles
douleurs, qui amenèrent celle d'un second enfant. Dans un
cas observé par Schutz (3), une femme eut une fausse
couche qui amena un embryon long de deux pouces et âgé
d'environ dix semaines; trente jours après, elle en expulsa un
second, qui avait trois pouces et demi de long, et qui, par
conséquent, avait crû d'un pouce et demi pendant ce laps de
temps. Heune a rapporté l'histoire d'une femme qui mit au
monde un fœtus âgé d'un peu plus de trois mois, avec le placenta appartenant à ce petit être, tandis qu'un jumeau, qui
resta dans sa matrice, n'en sortit qu'au commencement de la
trente-neuvième semaine de la grossesse. La cause de ce
double acte de parturition ne saurait être dans la matrice;
elle doit tenir uniquement au double fruit. Par conséquent
l'influence du fruit sur la parturition en général est une chose
démontrée.

2° L'embryon était auparavant en rapport avec l'organisme
maternel : comme produit de cet organisme, il était déterminé
par lui; son activité vitale était dirigée principalement en dedans, et tendait surtout à sa propre formation. De même qu'un
tissu accidentel, aussi long-temps qu'il se développe, est en
harmonie avec les parties environnantes, et ne porte le trouble
en elles que quand il a pris le caractère de produit bien déterminé, de même aussi l'embryon, une fois qu'il est parvenu
à maturité, se trouve en antagonisme avec la matrice, et se
comporte à son égard comme pourrait le faire un corps étranger. Cette relation n'est nulle part plus prononcée qu'à l'égard

(1) Mende, *loc. cit.*, t. III, p. 192.
(2) *Beitraege zur geburtshuelflichen Topographie*, p. 24.
(3) Siebold, *Journal fuer Geburtshuelfe*, t. I, p. 252.

du placenta ; tant qu'il a des connexions organiques avec la matrice, il entretient une communauté de vie entre la mère et l'embryon ; mais dès que, par une circonstance quelconque, il vient à se décoller, en sorte que cette connexion et cette communauté cessent d'exister, la parturition a lieu d'une manière irrémissible et violente. Maintenant comme, dans l'état normal, le placenta ne se détache pas d'une manière mécanique avant le part, mais qu'il se sépare et s'isole peu à peu, sous le point de vue de son mode et de ses rapports d'action, il doit aussi prendre peu à peu le caractère d'un corps étranger, et amener par-là d'une manière graduelle la parturition normale et calme, qui seule garantit les jours de la mère et du fruit.

3° L'embryon, qui tend à se séparer, a une vie propre, et comme d'autres faits nous apprennent que tout être vivant exalte la vie d'un autre être avec lequel il entre en rapport, nous devons aussi admettre, entre l'embryon et la matrice, une tension vitale, qui sollicite cette dernière à déployer une activité plus énergique. Et ce qui vient à l'appui de cette manière de voir, c'est que, dans un accouchement qui amène au monde un embryon mort déjà depuis quelque temps, les douleurs sont moins vives, la matrice moins chaude qu'à l'ordinaire, et cet organe si peu tendu qu'il est facile, en portant le doigt dans son intérieur, de soulever le cadavre, qui retombe ensuite par le seul fait de sa pesanteur (1). Riecke (2) a remarqué aussi que les embryons morts affaiblissent la force motrice de la matrice, et qu'ils exigent bien plus fréquemment l'application des moyens de l'art, que ceux qui jouissent de la vie : parmi les enfans amenés morts par le forceps, près de moitié avaient déjà succombé avant qu'on recourût aux ferremens. Parmi les jumeaux, c'est tantôt le plus robuste et tantôt le plus débile qui naît le premier (3); mais si l'un d'eux est acéphale, presque toujours le monstre vient au monde avant

(1) Wigand, *loc. cit.*, t. II, p. 169.
(2) *Loc. cit.*, p. 30.
(3) Mende, *loc. cit.*, t. III, p. 195. — F.-V. Raspail, Nouveau système de chimie organique, 2ᵉ édition, Paris, 1838, t. II, p. 561.

l'enfant bien conformé, et souvent il le précède d'un jour entier (1).

4° On prétend avoir remarqué que la parturition est plus facile, mais plus lente, lorsqu'il s'agit d'une fille, que quand il est question d'un garçon. Il est plus positif qu'en général les filles naissent plus tôt que les garçons. Nous ne pouvons faire dépendre ce phénomène de ce qu'elles arrivent à terme plus tôt que ces derniers, car ce n'est pas seulement le part précoce à maturité, mais encore l'avortement, qui s'applique beaucoup plus aux embryons du sexe féminin qu'à ceux du sexe masculin (2). Un excès de faiblesse et de mortalité du côté des embryons femelles ne saurait non plus être invoqué comme la cause de cette inégalité ; car il meurt plus d'individus mâles pendant et après l'accouchement, et l'on ne voit pas pourquoi un rapport inverse aurait lieu avant le part. Ne serait-ce pas parce que la vie maternelle aurait une connexité plus intime avec l'embryon mâle, dans lequel elle trouve un antagonisme plus prononcé, de sorte qu'elle serait plus étroitement liée avec lui jusqu'à l'époque normale de la séparation ? Le fait bien connu que les qualités de la mère se transmettent plus aux garçons qu'aux filles est une circonstance qui parle en faveur de cette connexion plus intime. Celle-ci supposée, nous expliquons par elle pourquoi les vices de conformation sont moins communs chez les individus masculins que chez ceux de l'autre sexe (§ 215), sur lesquels la vitalité de la matrice maternelle agit avec une énergie proportionnellement moindre. Mais, dans tous les cas, il résulte de ce rapport entre les deux sexes, que la vitalité spéciale de l'embryon agit aussi d'une manière déterminante sur la parturition.

5° Mais l'embryon doit solliciter aussi d'une manière mécanique la contractilité de la matrice; car, comme tout réservoir doué de la force musculaire est très-accessible aux stimula-

(1) Meckel, *Handbuch der pathologischen Anatomie*, t. I, p. 194. — Tiedemann, *Anatomie der kopflosen Missgeburten*, p. 48. — Geoffroy Saint-Hilaire, Histoire des anomalies.

(2) Sœmmerring, *Icones embryonum*, p. 2. — Autenrieth, *Supplementa ad historiam embryonis*, p. 50.

tions mécaniques, de même nous voyons l'introduction de la main dans la matrice provoquer les douleurs. Or comment l'embryon ne produirait-il pas le même effet? Quant à ce qui regarde d'abord son volume, il a augmenté jusqu'à la fin de la grossesse, époque à laquelle il doit déterminer une irrita-tion mécanique, comme le fait tout contenu qui s'est accru dans un réservoir quelconque. (Mais c'est d'une tout autre cause qu'il dépend que les jumeaux naissent en général quel-ques jours, les trijumeaux et les quadrijumeaux quelques semaines avant le temps ordinaire. Ce phénomène ne saurait tenir à la distension plus considérable de la matrice; car alors il faudrait que, même dans la grossesse simple, l'accouche-ment eût lieu avant le terme régulier de la grossesse, toutes les fois qu'il existe une quantité extraordinaire d'eau amnio-tique. De même que l'énergie insolite de la fonction procréa-trice s'annonce par une conception multiple, de même aussi elle se dénote, pendant la durée d'une grossesse multiple, par la manifestation des signes de cette grossesse, qui a lieu de meilleure heure et d'une manière plus prononcée que dans le cas de production d'un seul fruit. En effet, cette proposition est vraie non pas seulement des phénomènes qui se ratta-chent à la distension de la matrice, mais encore des accidens que font naître les changemens dynamiques provoqués par la grossesse dans tout l'ensemble de l'organisme, notamment de ceux qui dépendent de l'augmentation de l'hématose et de l'accroissement de la turgescence du système veineux, comme les varices, l'œdème aigu des extrémités infé-rieures, les maux de dents, les douleurs de tête et les verti-ges, déterminés par la congestion. C'est donc l'accélération bien démontrée des changemens que l'état de grossesse pro-voque dans l'organisme de la femme, qui détermine aussi la précocité plus grande de la parturition dans le cas de gros-sesse multiple) (1).

6° Le contact immédiat exerce également de l'influence. Plus l'embryon approche du terme de la maturité, moins il est isolé, plus son contact avec l'amnios devient immédiat,

(1) Addition de Hayn.

tant par son propre accroissement que par la diminution du liquide amniotique, plus aussi la pression qu'il exerce sur la matrice, à travers les membranes de l'œuf, est considérable. Après l'écoulement des eaux, les douleurs cessent pour l'instant, attendu que la diminution du volume de l'œuf fait qu'il irrite moins la matrice; mais bientôt elles reparaissent, et beaucoup plus fortes qu'auparavant, parce que la matrice se trouve alors irritée, non plus dans toute son étendue, par la surface lisse et tendue de l'œuf, mais sur quelques points seulement, par les parties saillantes et anguleuses de l'embryon.

7° Enfin le mouvement de l'embryon, qui devient plus énergique à l'époque de la maturité, doit être pris en considération. Si l'embryon est tellement serré, au fort d'une douleur, qu'il ne puisse se remuer, il doit, pendant la pause qui succède, se remettre peu à peu de cette étreinte, et chercher à se mouvoir, à s'étendre; quelquefois même il le fait avec tant de force, que la tête frappe contre l'orifice, et les pieds contre le fond de la matrice (1).

II. Mais si ces circonstances ont lieu dans l'état normal, elles manquent dans beaucoup de cas anormaux, où cependant les contractions de la matrice s'effectuent, et nous pourrions être conduits par-là à les considérer comme non essentielles, à exclure toute irritation du nombre des causes qui déterminent le part. C'est pourquoi il importe de bien s'entendre sur la valeur du mot irritation, afin d'écarter ce doute.

Nulle chose finie n'a en elle-même la pleine et entière raison de son activité; chacune a besoin aussi d'une autre chose extérieure. Tout phénomène vital dépend en partie d'une force intérieure qui veut se manifester, en partie d'une circonstance extérieure qui éveille cette tendance et la détermine à se réaliser. Si nous appelons stimulus ce qui sollicite la force à se mettre en évidence, il ne faut point entendre par-là un corps pointu, ou une substance âcre, ou en général une matière étrangère, mais seulement toute circonstance qui joue le rôle de chose

(1) Wigand, *loc. cit.*, t. II, p. 408.

extérieure par rapport à la force et qui la sollicite à entrer
en jeu. Or les stimulans n'étant que la simple condition extérieure de l'activité vitale, ils ne peuvent pas déterminer
cette dernière d'une manière absolue, et leurs effets sont
proportionnés au mode de relation qui existe entre eux et la
force intérieure, c'est-à-dire tels que le comporte l'irritabilité. D'après cela, si les choses extérieures, envisagées d'une
manière générale, sont la condition nécessaire de la manifestation de la vie, elles ne sont plus, considérées en particulier, que non essentielles et accidentelles. Les stimulations
normales provenant du monde extérieur peuvent manquer,
et être remplacées par des stimulations relativement extérieures, qui résident dans l'organisme lui-même, quand la
tendance de la force intérieure à se manifester est bien
prononcée; les mêmes stimulations peuvent produire des effets inverses, et des circonstances opposées amener le même
résultat, suivant le mode de relation existant entre l'organisme et le stimulus.

8° La mort de l'embryon peut, comme sa vie, déterminer
la parturition, attendu que la matrice peut entrer en antagonisme non seulement avec l'organisme vivant, mais encore
avec le corps mort, et chercher à se débarrasser de ce dernier,
comme d'une substance étrangère. L'irritation qu'elle éprouve,
de la part de la masse morte étrangère, diffère de l'impression vivante, quant à sa modalité, mais elle lui ressemble eu
égard à ses résultats, de sorte que l'embryon devient souvent, immédiatement après sa mort, la cause déterminante
d'une fausse couche. En pareil cas, l'expansion vivante de la
matrice ne fait plus de progrès, et son état stationnaire est
déjà le commencement de la contraction.

Un fruit dont la formation ne correspond pas au type de
l'espèce, ne saurait être en aussi parfaite harmonie avec la
vie maternelle qu'un fruit conformé d'une manière normale;
aussi lui arrive-t-il fréquemment d'être expulsé comme corps
étranger. La plupart des monstres naissent avant terme (1).

(1) Autenrieth, *loc. cit.*, p. 38.

Sur 29 fausses couches, Sœmmerring (1) a compté sept enfans mal conformés, et sur 47 acéphales, dont Tiedemann a recueilli les histoires (2), 14 étaient venus à terme, et 33 avaient donné lieu à des fausses couches.

9° La matrice se dilate par sa force propre, pendant la grossesse, parce que sa vie plastique a été accrue sous l'influence de la fécondation ; mais sa distension est en harmonie avec l'accroissement de l'œuf et de son contenu, dont l'augmentation de volume contribue à la développer. Si ce point d'appui mécanique vient à lui être soustrait d'une manière subite, non seulement son expansion spontanée, qui résultait de la plasticité, se trouve affaiblie, mais encore sa force motrice, qui avait été enchaînée jusqu'alors par la distension vitale et par la distension mécanique, rentre en liberté, et de cette manière la diminution du volume peut, tout aussi bien que son augmentation, devenir une cause déterminante de la parturition. Ainsi l'écoulement accidentel ou provoqué des eaux de l'amnios peut amener un accouchement précoce, la sortie normale de ce liquide provoquer des douleurs plus fortes, et la mort de l'embryon déterminer une fausse couche, parce que, dans ce dernier cas, l'œuf ne croissant plus, la matrice cesse aussi de se distendre.

10° Il se développe, dans la vie de la matrice, un antagonisme de force plastique et de force motrice. La première va toujours en croissant pendant le cours de la grossesse ; la seconde, au contraire, demeure latente, retenue qu'elle est par la prépondérance de la plasticité, et gênée dans ses manifestations par l'expansion vitale et mécanique. Mais elle n'en croît pas moins, et, dans l'état normal, elle arrive au degré nécessaire pour triompher de cette expansion à l'époque précisément où la faculté stimulante de l'embryon est parvenue au maximum, et où la force plastique de la matrice, loin de pouvoir augmenter davantage, commence au contraire à diminuer. Dans l'état anormal, cette simultanéité peut ne point avoir lieu. Il est possible que la matrice parcoure ses degrés

(1) *Loc. cit.*, p. 2.
(2) *Loc. cit.*, p. 48.

de développement indépendamment de l'embryon, et qu'enfin elle se contracte lorsque la force motrice s'est accrue en proportion telle, eu égard à sa force plastique d'expansion, que celle-ci peut, en agissant sur elle comme antagonisme, la stimuler et la provoquer à se manifester. Quand l'état de l'irritabilité de la matrice le comporte, cet organe peut, en demeurant fidèle à son type, porter en soi et rejeter en temps ordinaire l'embryon plus ou moins vivant, conformé d'une manière normale ou anormale, mort à une époque plus ou moins reculée, et simple ou multiple. Il peut, même lorsque l'embryon est situé hors de la cavité, trouver en soi-même le stimulus nécessaire pour essayer une tentative de parturition.

11° Lorsque l'irritabilité de la matrice est portée au-delà du degré convenable, il suffit, pour solliciter cet organe à la parturition, d'un stimulus médiocre et d'une expansion peu considérable de sa part, comme d'un développement peu avancé du côté de l'embryon. Voilà pourquoi la plupart des primipares accouchent quelque temps avant l'expiration du dixième mois lunaire, et sont aussi plus sujettes aux fausses couches que les autres femmes; la matrice jouit alors d'une plus grande irritabilité, parce que c'est la première fois qu'elle accomplit sa fonction, et qu'elle n'a point encore exercé ses forces; sa situation, sous ce rapport, est la même au début de chaque grossesse, ce qui fait aussi que les fausses couches sont beaucoup plus communes pendant les deux premiers mois qu'aux époques subséquentes. Lorsqu'au contraire la vie a pris plus de stabilité, et que les choses du dehors la font moins varier, la parturition s'effectue plus tard, à quelque stimulation que la matrice se trouve exposée.

12° A l'exaltation de la vitalité de la matrice se joint aussi un afflux plus considérable du sang, qui devient non seulement la cause essentielle de son expansion, mais encore celle du développement de sa force musculaire, et par conséquent de la parturition, car l'activité musculaire dépend partout d'une certaine abondance de sang. Nous trouvons un accord entre la quantité du sang et la faculté parturiante de la matrice. L'accouchement a lieu plus tôt et avec plus d'énergie quand le sang abonde que dans le cas contraire : la pléthore, l'é-

chauffement général par des passions excitantes et des stimulans matériels, les congestions de sang dans la matrice, déterminées par l'acte vénérien, par les bains de pieds et
autres impressions locales de la chaleur, par des substances
qui exaltent la vie du sang, soit en général ( fer, acide carbonique, etc.), soit dans la matrice ( safran, sabine, etc. ),
ou dans le canal intestinal ( aloës, jalap, etc.), provoquent
l'accouchement avant terme. Mais une perte considérable de
sang affaiblit les douleurs, et la frayeur peut les supprimer
tout-à-fait, en débilitant la vie du sang.

Il peut aussi y avoir un rapport inverse entre le sang et la
force motrice. Si ce liquide a trop de puissance, il étouffe cette
dernière : ainsi la pléthore générale et surtout celle de la matrice retardent souvent la parturition, et en pareil cas une sai-
gnée ne tarde pas à rendre les douleurs à la fois plus fréquentes
et plus fortes, de manière qu'elles amènent promptement
l'embryon au monde. Dans l'état normal, pendant la grossesse, la vie du sang dans la matrice l'emporte sur la force
motrice de l'organe, et celle-ci peut se manifester tout à coup
lorsque l'autre vient à être affaiblie par des influences qui lui
sont contraires : c'est de cette manière qu'un avortement
peut être déterminé par des hémorrhagies et des saignées,
des passions déprimantes, des veilles prolongées, le défaut de
nourriture et l'emploi de substances qui diminuent la vie du
sang ( acides, plomb, etc. )

### ARTICLE III.

## De la manière dont s'effectue le part.

§ 486. Si maintenant nous examinons la *manière dont a lieu*
le part, nous trouvons qu'elle fournit un assez grand nombre
de considérations.

### I. Mécanisme du part.

Le mécanisme du part consiste à renverser les circonstances
qui jusqu'alors avaient assuré le séjour de l'embryon dans le
corps maternel. L'orifice de la matrice, qui avait retenu l'œuf

jusque-là, est obligé de se dilater assez pour lui livrer passage, et un changement analogue doit s'opérer dans le vagin pour qu'il laisse passer l'embryon ; mais il faut que ce dernier parcoure, en suivant une ligne courbe, et en se tordant sur lui-même, le bassin, qui jusqu'alors n'avait servi que de point d'appui à la matrice et à son contenu. La matrice, par la force motrice de laquelle ces difficultés doivent être vaincues, tend à se débarrasser de l'embryon, et quoiqu'elle aide ainsi à procurer une existence indépendante à ce dernier, elle commence cependant par cesser de jouer à son égard le rôle d'un organe de protection et de nutrition, et par entrer en antagonisme avec lui, le traiter en ennemi, de sorte que, quand elle ne peut pas s'en délivrer, elle le détruit, ou cherche de toute autre manière à empêcher qu'il ne lui porte préjudice à elle-même ( § 482, 6°—10° ), en un mot elle ne s'occupe alors que de sa propre conservation. Mais, dans cette grave lutte entre la mère et l'enfant, qui compromet l'existence de tous deux, il y a une harmonie telle entre les forces motrices et la plasticité, entre la configuration des voies génitales et celle de l'embryon, qu'en général l'issue est heureuse. Des milliers de femmes non mariées accouchent clandestinement, sans nul secours étranger, et parmi les nombreux cas de ce genre qui sont soumis à une enquête juridique, à peine s'en présente-t-il un dans lequel les forces de la mère n'aient point suffi. Partout l'accouchement se termine bien chez les femmes placées dans des circonstances telles que le veut la nature, celles par conséquent chez lesquelles le physique et le moral sont convenablement développés, eu égard à la génération, tant sous le rapport d'elles-mêmes que sous celui de l'homme qui les a rendues mères (1). Il arrive souvent que la version spontanée change une position défavorable de l'embryon en une autre avantageuse, la partie saillante rentrant à la faveur de douleurs énergiques, et une autre s'offrant à sa place au bout de quelque temps : cependant le contraire n'est point rare non plus.

(1) Wigand, *loc. cit.,* t. II, p. 474.

**A.** *Particularités, relatives à l'embryon, qui favorisent la parturition.*

En recherchant quelles sont les circonstances mécaniques qui, chez l'embryon, favorisent l'accouchement, nous trouvons,

I. Qu'il faut placer au premier rang sa *situation* naturelle. Dans l'état normal, sa position est telle, au milieu de la matrice, qu'il n'y en a pas de plus propice à la parturition. La fréquence proportionnelle des diverses présentations de l'embryon est indiquée différemment par les auteurs (1), attendu la variété des lieux dans lesquels les observations ont été faites, le nombre plus ou moins considérable de ces observations, la diversité de l'état de la santé aux époques où elles ont été recueillies, et celle du temps où chaque accoucheur les a instituées. En nous attachant aux 20,517 accouchemens effectués à l'hospice de la Maternité, tels que les indique Désormeaux (2), nous trouvons à peu près le résultat suivant, pour mille cas, eu égard à la fréquence de présentations déterminées de l'embryon, au début de l'accouchement :

*Situation. Partie saillante.    Position par rapport au bassin.*

| | | | | | |
|---|---|---|---|---|---|
| | | | oblique 957 | en avant 947 | à gauche 768 |
| | | | | | à droite 179 |
| | | occiput 962 | | en arrière 10 | à droite 6 |
| | tête 967 | | | | à gauche 4 |
| | | | transvers. 4 | | |
| | | | droite 1 | | |
| Droite 996 | | face 5 | | | |
| | tronc 29 | derrière 17 | | | |
| | | pieds 12 | | | |
| Transvers. 4 | | | | | |

(1) Meckel, *Handbuch der patholog. Anat.*, t. II, p. 181. — Adelon, *Physiologie*, t. IV, p. 160. — Heusinger, *Zeitschrift*, t. II, p. 1. — *Gemeinsame Zeitschrift fuer Geburtskunde*, t. III, p. 145.

(2) Dict. de médecine, t. I, p. 187.

1° Pour qu'il puisse naître, l'embryon doit avoir une situation verticale, c'est-à-dire telle que son axe longitudinal
corresponde à celui de la matrice. Mais cette position est nécessairement la sienne, puisqu'avant l'accouchement l'œuf a
dix ou onze pouces de long, sur sept de large (§ 415, 1°), et la
matrice douze de long, sur huit dé large ( § 346, 2° ), en sorte
que les diamètres homonymes de l'un et de l'autre coïncident
ensemble. Une position ne peut donc jamais être complétement
transversale; elle n'est jamais qu'oblique, et telle que l'axe
longitudinal de l'embryon fasse un angle aigu avec celui de
la matrice, cas dans lequel il présente l'une des faces de son
corps, ordinairement la latérale, parce qu'elle est la plus
étroite. La fréquence de cette position par rapport à la situation verticale est de 1 : 249 d'après le tableau précédent, de
1 : 287 suivant Meckel (1), de 1 : 300 selon Osiander (2).

2° La tête est la partie qui sort avec le plus de difficulté,
et quand elle paraît la première, le reste du corps sort aisément; mais elle est globuleuse et aplatie en ellipsoïde,
forme qui lui permet de dilater graduellement les parties
étroites qu'elle doit traverser et de cheminer peu à peu entre
elles. C'est une nécessité aussi pour l'enfant que sa tête naisse
la première, afin que la respiration supplée plus tôt à la compression qu'éprouvent le placenta et le cordon ombilical. Mais,
dès le second mois, la tête est placée en bas, c'est-à-dire le
plus près possible de l'orifice de la matrice. Or cette position
ne tient point uniquement à sa pesanteur; elle dépend encore d'un rapport plus général entre l'embryon et le corps
de la mère ( § 456, 4° ). On peut citer en preuve les cas observés par Fried, Herhold et Klein (3), dans lesquels, chez des
embryons dont l'extrémité inférieure du tronc n'était point
complétement développée, cette partie précisément se présenta,
quoique la tête et la poitrine l'emportassent bien plus encore,
sous le rapport de la masse, que dans les cas ordinaires. On
peut aussi alléguer les cas assez fréquens de grossesse abdo-

(1) *Handbuch der patholog. Anat.*, t. II, 181.
(2) Heusinger, *Zeitschrift*, t. II, p. 1.
(3) *Deutsches Archiv*, t. IV, p. 391.

minale, où, comme dans ceux dont parle Walter (1), Huzard (2)
et Rizzo(3), la tête de l'embryon était tournée en bas, c'est-à-dire
vers le bassin de la mère. ( Ce qui prouve aussi que le point
d'adhésion du placenta ne détermine point la situation du fœtus, comme le dit Carus, c'est, d'un coté, qu'il y a des cas
dans lesquels la tête repose immédiatement sur le placenta
appliqué à l'orifice même de la matrice, circonstance déjà
observée par Hunter, et dont les modernes ont constaté la
grande fréquence; d'un autre côté, qu'il s'en rencontre où le
placenta tient à l'endroit normal, bien que le fœtus se présente par les fesses, ou dans toute autre position insolite;
enfin que, chez les animaux qui, au lieu de placenta, ont
une multitude de cotylédons, tels que les Ruminans, ou
un développement vasculaire uniforme au pourtour de l'œuf
entier, comme les Solipèdes, la situation du fœtus est la
même que dans l'espèce humaine ) (4). La présentation de l'extrémité inférieure du tronc est donc anormale, et sa fréquence
est à celle de la présentation de la tête : : 1 : 33 d'après Osiander,
: : 1 : 34 selon Carus (5), : : 1 : 35 suivant Meckel, : : 1 : 32
d'après Désormeaux et Adelon (6). Même dans les positions
dites transversales, l'extrémité céphalique est plus basse que
l'autre, de sorte que, comme c'est la face latérale qui se présente, l'épaule est la partie la plus voisine de l'orifice utérin et
le cou fléchi sur le côté. Dans le cas de jumeaux, il arrive souvent que l'un présente la tête et l'autre l'extrémité du tronc.
Lorsque l'extrémité du tronc est placée en bas, le croupion
est la partie qui se présente le plus fréquemment; le pied est
plus rare, et le genou l'est encore davantage, attendu que,
dans la situation normale, la cuisse est fléchie sur le ventre. La
fréquence de la présentation des pieds est à celle du croupion
: : 1 : 1,41 d'après le tableau précédent, : : 1 : 1,59 selon

---

(1) *Geschichte einer Frau*, etc., p. 13.
(2) Carus, *Zur Lehre von Schwangerschaft*, t. I, p. 7-17.
(3) Gerson, *Magazin*, t. I, p. 104.
(4) Addition de Hayn.
(5) *Gemeinsame Zeitschrift*, t. III, p. 145.
(6) Physiologie, t. IV, p. 160.

Désormeaux, et : : 1 : 2 suivant Carus : celle de la présentation des genoux est à celle des pieds : : 1 : 10 d'après Carus.

3° L'accouchement doit offrir plus de facilité quand
c'est la voûte du crâne qui se présente, que quand c'est la
face ; car, dans ce dernier cas, l'occiput étant renversé sur
la nuque, le col pénètre dans le bassin en même temps que
le diamètre perpendiculaire de la tête. La torsion de la tête
dans le bassin doit être plus difficile aussi quand c'est la face
qui se présente, parce que les surfaces mises alors en contact
avec la paroi oblique du bassin ne décrivent pas une courbe
aussi régulière que celles du crâne. Mais, dans la situation
normale ( § 459, 2° ), le col est fléchi et le menton rapproché de la poitrine, de sorte que la grande et la petite fontanelles se présentent en avant. On peut tout aussi bien donner
à cette situation normale l'épithète de pariétale que celle d'occipitale. La première dénomination indique non la région pariétale, mais l'os pariétal, et l'autre non l'os occipital, mais
la région occipitale. La présentation de la face dépend d'une
extension anormale du cou, qui fait que la tête est renversée
en arrière et que l'occiput appuie sur la nuque. Sa fréquence,
par rapport à celle de la présentation de l'occiput, est de
1 : 192 d'après le tableau, et de 1 : 92 selon Carus.

4° Quant à ce qui regarde la position de la tête eu égard
au bassin, le diamètre transversal de celui-ci est le plus
grand de tous. Pour que la tête y pénétrât par son diamètre
longitudinal, il faudrait que le diamètre transversal du tronc
correspondît au diamètre antéro-postérieur de la matrice ;
mais ce cas a lieu rarement. Il est plus naturel que le diamètre transversal de l'embryon coïncide avec le diamètre tran-
versal du corps maternel, de sorte que le diamètre longitudinal de la tête soit situé sur le diamètre antéro-postérieur du
bassin. Mais comme il est trop grand pour pouvoir entrer dans
ce dernier, il est obligé, en descendant, de se tourner vers le
diamètre transversal du bassin ; en se plaçant, par cette torsion, dans le sens du diamètre oblique, il trouve assez d'espace pour descendre, et la situation du tronc l'empêche de
se mettre dans le diamètre transversal. D'après le tableau,
la fréquence de la situation de la tête dans le diamètre antéro-

postérieur et transverse du bassin est à celle dans les diamètres obliques : : 1 : 191; d'après les observations recueillies de 1797 à 1811 dans l'hospice de la Maternité (1), elle est de 1 : 1957; suivant Désormeaux, de 1 : 2000.

5° L'occiput est approprié à se fixer à l'arcade pubienne pendant la descente à travers le bassin, tandis que la face, préservée ainsi d'une pression qui pourrait lui nuire, glisse le long de l'excavation du sacrum. L'occiput et le dos de l'embryon doivent donc, pour l'accouchement, être tournés vers la paroi abdominale de la mère. Mais cette situation était déjà normale auparavant, et elle se rattache à la disposition physique des parties ( § 156, 2° ), quand bien même on refuserait de la faire dépendre d'une cause plus générale ( § 156, 4° ). Elle a été rencontrée assez souvent même dans la grossesse abdominale, par exemple dans les cas cités précédemment (2°). La fréquence de la situation de l'occiput en avant est à celle en arrière : : 1 : 94 d'après le tableau, : : 1 : 96 d'après les observations faites à Paris de 1797 à 1811, : : 1 : 83 suivant celles que Maygrier a recueillies de 1803 à 1820. Du reste, dans cette position, la face antérieure du corps, par conséquent aussi l'ombilic, est tournée vers le placenta, généralement placé en haut, en arrière et à droite, de manière que la circulation s'accomplit librement dans le cordon ombilical; on entend les battemens du cœur dans le côté gauche de la mère.

6° Enfin, dans l'acouchement normal, l'occiput est tourné vers le trou ovale ou la cavité cotyloïde du côté gauche, et la face vers la symphyse sacro-iliaque droite. Cette situation paraît dépendre principalement de ce que le fond de la matrice

(1) Madame Boivin, Mémorial de l'art des accouchemens, 4ᵉ édition; Paris, 1836, in-8, fig. — Madame Lachapelle, Pratique des accouchemens, Paris, 1825, 3 volumes in-8. — Pendant les années 1829 à 1833, 10,742 enfans sont nés à l'Hospice de la Maternité, sur ce nombre M. P. Dubois a constaté que 10,262 ont présenté le sommet de la tête, 391 l'extrémité pelvienne, 59 une région du tronc, 30 ont présenté la face, *voyez* son Mémoire sur cette question : *Convient-il dans les présentations vicieuses du fœtus de revenir à la version sur la tête?* ( Mémoires de l'Académie royale de médecine, Paris, 1833, 1835, t. III, p. 430, t. IV, p. 475.)

regarde à droite et son orifice à gauche ( § 356, 3° ), en sorte
que l'occiput, qui se rapproche davantage de ce dernier,
doit être également tourné à gauche. Suivant Schweighæuser (1), le diamètre oblique, de la cavité cotytoïde gauche à la symphyse sacro-iliaque droite, serait ordinairement un peu plus long que celui du côté opposé, parce que
le plus grand usage qu'on fait de la jambe droite repousse-
rait la cavité cotyloïde plus en dedans. La fréquence de la
position de l'occiput vers la cavité cotyloïde droite est à elle
vers l'autre cavité : : 1 : 4 d'après le tableau, : : 1 : 3
selon Maygrier.

7° L'expérience journalière nous apprend que, dans l'accouchement normal, la tête sort parallèle au diamètre antéro-
postérieur du bassin, ayant l'occiput tourné vers l'arcade
pubienne, tandis qu'auparavant elle suivait le diamètre oblique, l'occiput dirigé vers la cavité cotyloïde gauche. Nous
avons dit que cette dernière position était la situation primordiale, parce que la majorité des accoucheurs la reconnaissent
pour telle, et parce qu'elle semble être déterminée par la
forme et la situation de la matrice. Cependant on a prétendu,
dans ces derniers temps, qu'elle n'a lieu que pendant le
cours de l'accouchement, et qu'une autre la précède. (Comme
autrefois Ould et Smellie avaient soutenu que la tête occupe
le diamètre transverse, avec l'occiput tourné vers le milieu
de l'os iliaque gauche, de même aussi, plus tard, Schmitt et
Mampe (2) assurèrent qu'ils avaient presque toujours, au début de la parturition, observé la tête tout-à-fait en travers
ou ayant l'occiput un peu tourné vers la moitié postérieure
du bassin. Suivant Nægele (3), elle est, au commencement de
l'accouchement, oblique dans le bassin, et le plus fréquemment de telle sorte que l'occiput est tourné obliquement à
gauche et à droite, disposition après laquelle la plus commune à rencontrer est celle de l'occiput regardant à droite et
en arrière. Il est bien plus rare, d'après ce même écrivain,
que le diamètre droit de la tête prenne la direction du se

(1) *Das Gebæhren nach der Natur* , p. 51.
(2) *Deutsches Archiv* , t. V, p 532.
(3) *Ibid.*, p. 489.

cond diamètre oblique du bassin, avec l'occiput tourné obliquement à droite et en avant. Le cas le moins commun est celui de l'occiput tourné obliquement à gauche et en arrière )(1). Enfin Ritgen (2) prétend que la tête se trouve d'abord dans le diamètre antéro-postérieur, avec l'occiput tourné vers le sacrum, et qu'ensuite, décrivant un demi-cercle sur elle-même, elle parcourt successivement les diamètres qui ont été indiqués plus haut. Il accorde que, vers la fin de la grossesse, l'occiput est souvent placé derrière la cavité cotyloïde gauche; mais il dit avoir observé qu'au début de l'accouchement les premières douleurs le soulèvent et le placenta vis-à-vis du sacrum. On ne conçoit pas pourquoi la nature ferait ce détour. Sans doute, le raisonnement ne peut rien en pareille matière, et à l'expérience seule il appartient de décider la question. Cependant la connaissance des divers diamètres de la tête, par les explorations faites à travers l'orifice utérin, qui en ce moment ne fait que de s'ouvrir, présente des difficultés extrêmes, qui rendent une erreur très-aisée à commettre. D'ailleurs, la plupart des accoucheurs consommés, Mende par exemple (3), soutiennent encore qu'au début de la parturition, la position de l'occiput en arrière est toujours anormale, et que, sur 400 accouchemens par la région occipitale, il ne s'en est offert qu'un seul dans lequel l'occiput eût été dirigé primitivement vers la symphyse sacro-iliaque gauche. Ainsi, jusqu'à plus ample informé, il paraît prudent d'admettre, comme normale, une marche qui est à la fois et plus simple et plus en harmonie avec la disposition des parties. Dans les cas de jumeaux, le second enfant suit quelquefois le premier à quelques minutes de distance, et l'on ne peut pas concevoir que tous ces mouvemens aient pu s'exécuter avec tant de rapidité.

II. Une autre circonstance qui contribue à favoriser l'accouchement est la flexibilité du produit de la conception. Comme l'œuf représente une vésicule pleine d'eau, dès qu'il vient à être chassé par le fond de la matrice, il pénètre dans

(1) Addition de Hayn.
(2) *Gemeinsame Zeitschrift*, t. I, p. 13.
(3) *Loc. cit.*, t. I, p. 75.

l'orifice utérin, même avant que celui-ci soit dilaté, et fait ainsi l'office d'un coin, qui contribue à l'agrandir, de même que plus tard la voûte crânienne, allongée également en forme de coin, écarte au devant d'elle les voies qu'elle va traverser. Car, les os du crâne n'étant point encore soudés ensemble, et leurs bords pouvant glisser les uns sur les autres, il résulte de là que la tête est susceptible d'acquérir, par le fait de la compression, la forme qui convient le mieux pour qu'elle traverse sans obstacle les voies qu'il lui faut parcourir.

### B. *Particularités, relatives à la mère, qui favorisent la parturition.*

§ 487. Du côté de la mère, nous reconnaissons

I. Que les organes génitaux subissent un changement qui les prépare à l'accouchement.

1° Un *ramollissement*, un accroissement de laxité des tissus, par augmentation de la quantité des liquides, a lieu dans le corps de la matrice pendant le cours de la grosesse elle-même, et se propage peu à peu du bas fond de l'organe vers son col. La portion inférieure ou vaginale est celle qui conserve le plus long-temps sa densité et sa solidité, de sorte qu'elle sert comme de point d'appui, et qu'au début encore de la parturition, elle oppose de la résistance aux contractions du fond. Son ramollissement a lieu souvent d'une manière subite, et les véritables douleurs ne surviennent qu'après qu'il s'est opéré. Quelquefois le col reprend ensuite de la densité, et alors l'accouchement se trouve retardé. Il se ramollit également dans le cas de fausse couche.

Le vagin, les parties génitales externes et le périnée acquièrent de même une plus grande extensibilité; les grandes lèvres deviennent turgescentes, et l'anus se renfle en un bourrelet saillant (1).

2° Un effet de la turgescence et du ramollissement est l'augmentation de la *sécrétion* muqueuse, qui lubréfie les voies, en sorte que l'embryon peut glisser dessus avec plus de facilité. Parfois, il s'écoule, quelques jours même avant l'accouchement, un mucus albumineux, qui est produit dans le col uté-

(1) Wigand, *loc. cit.*, t. II, p. 507.

rin ( § 346, 8° ), et dont l'abondance est telle, dans certains
cas, qu'on pourrait le prendre pour du liquide amniotique,
quoiqu'il ait davantage de consistance. Plus tard, une abondante sécrétion muqueuse dans le vagin prépare l'accouchement,

3° L'orifice de la matrice, le vagin et la vulve doivent se
*dilater* pour livrer passage à l'embryon. Cette dilatation résulte en partie du raccourcissement de la matrice et de la prédominance d'énergie de ses fibres longitudinales, en partie de
la pénétration en forme de coin du corps que l'organe pousse
de haut en bas. Mais elle n'est nullement passive ; l'activité
spontanée du viscère la prépare et la commence, attendu
que la turgescence des voies génitales se dirige plus vers
le dehors que vers le dedans, et qu'ainsi elle écarte davantage les parois l'une de l'autre. Pendant la grossesse, le
corps de la matrice s'est dilaté par sa propre spontanéité,
indépendamment de la masse de l'œuf contenu en lui (§ 346, 2°),
et cette dilatation continue, en s'étendant peu à peu depuis
lui jusqu'à l'extérieur. Le corps de l'organe prête, non pour
procurer de l'espace à l'embryon, mais pour lui frayer passage. Quant à la dilatation du col, elle est accomplie par les
causes mécaniques que nous avons indiquées plus haut, mais
elle ne dépend pas d'elles d'une manière absolue, car elle
précède les douleurs (1) ; on l'observe parfois déjà huit jours
et plus avant l'accouchement (2), et elle est accélérée par
des irritations du dehors (3). Dans un cas de matrice double,
l'orifice de celle qui ne contenait rien se dilata en même
temps que celui de la matrice qui renfermait l'embryon, et
la femme étant devenue enceinte une autre fois, ce même
orifice se comporta, pendant le second accouchement,
comme aurait pu le faire celui d'une matrice qui se serait
déjà débarrassée du produit d'une gestation (4). Ce n'est pas
tant non plus au volume de l'embryon qu'au défaut de vitalité et de dilatation de l'orifice qu'on doit attribuer le retard

(1) Stein, *Lehre der Geburtshuelfe*, t. I, p. 156.
(2) *Ibid.*, p. 146.
(3) *Ibid.*, p. 159.
(4) Froriep, *Notizen*, t. VI, p. 229.

de la parturition; en effet, il arrive souvent à celle-ci de
présenter des difficultés considérables et de causer des douleurs très-vives dans le cas d'avortement.

Le vagin participe à la dilatation avant l'invasion des douleurs; il lui arrive même quelquefois de s'y préparer long-
temps avant l'accouchement. On a observé des cas dans lesquels il était assez étroit pour permettre à peine l'introduction
d'un tuyau de plume; mais, au cinquième mois, il commençait à se dilater, et peu à peu il acquérait une ampleur telle,
que la parturition pouvait s'effectuer sans difficultés. Dans une
circonstance de ce genre, la dilatation n'eut lieu que pendant
les douleurs (1).

On voit enfin les grandes lèvres s'écarter largement l'une
de l'autre, avant même que la tête soit parvenue entre elles (2).

Reil (3) attribuait l'accouchement à ce que la polarité de
la matrice se renverse, à ce que l'expansion passe du fond
au col, et la contraction du col au fond. Cependant la densité
du col avant la parturition ne peut point être comparée avec
l'activité musculaire, et en même temps que cette partie de la
matrice se dilate, elle prélude aussi aux contractions vivantes
qu'elle doit exécuter.

II. La force parturiante de la mère

4° A une *intensité* considérable. On a vu des cas dans lesquels l'orifice de la matrice bouché par une fausse membrane (4), où le vagin oblitéré par des adhérences (5), s'ou-
vrait pendant l'accouchement, et Harvey (6), qui a observé
des faits de ce genre, rapporte qu'une jument poulina malgré l'infibulation, attendu qu'il se produisit chez elle, à côté
de la vulve, une ouverture par laquelle sortit l'embryon. (Dans
l'espèce humaine aussi, il a été souvent reconnu que quand la
parturition s'accomplissait au milieu d'une situation défavorable de la mère, le fœtus, au lieu de sortir par la vulve, dé-

(1) Histoire de l'Acad. des sciences, 1748, p. 58. — Meckel, *loc. cit.*,
t. I, p. 667.
(2) Wigand, *loc. cit.*, t. II, p. 507.
(3) *Archiv fuer die Physiologie*, t. VII, p. 416.
(4) Haller, *loc. cit.*, t. VIII, p. 430.
(5) *Ibid.*, p. 432.
(6) *Loc. cit.*, p. 368.

chirait le périnée dans la partie la plus épaisse, le frein des lèvres demeurant intact ) (1).

5° Mais la force motrice doit prendre une *direction* déterminée, dans la matrice, pour accomplir l'accouchement. Il faut que le point dilaté qu'occupe l'embryon, se contracte, et que la portion rétrécie, par laquelle il doit passer, se dilate : il faut, comme dans toute excrétion, que le fond triomphe de la résistance qu'oppose l'orifice. Ainsi, selon toutes les apparences, la contraction doit partir du fond. En effet, Wimmer (2) a vu de ses propres yeux, sur une matrice procidente, ce mouvement aller en rayonnant du fond vers le col. De même aussi les douleurs partent de la région lombaire et aboutissent aux parties génitales externes. Mais, pour pouvoir agir avec efficacité, il faut que la matrice ait un point d'appui, et elle le trouve dans ses fibres longitudinales, qui s'étendent du fond vers l'orifice ( § 346, 6°) ; elle est obligée de se fixer à ces fibres, et d'en déterminer la contraction. C'est pourquoi, suivant la remarque de Wigand (3), on sent, au début d'une douleur, que l'orifice commence par trembler, qu'il se meut en tous sens, qu'il devient plus étroit, plus frangé et plus raide, qu'en même temps la tête de l'enfant rentre un peu, qu'il est difficile de retirer la main portée dans la matrice, et que, quand on tire une partie de l'embryon déjà sortie de l'organe, l'orifice lui-même obéit à la traction (4). Quelques secondes après, le fond se contracte d'une manière énergique, et le mouvement se propage jusqu'à l'orifice, qui finit par participer également à la contraction. Mais celle-ci cesse quelques secondes après dans le col, tandis qu'elle continue dans le fond, et alors seulement la tête franchit l'orifice dilaté, qui dès-lors se comporte d'une manière purement passive. Voilà ce qui arrive au début de l'accouchement ( ou pendant la seconde période ) ; vers la fin ( ou durant la quatrième période ), l'orifice ne peut plus se contracter avec sa pleine et entière énergie, et la matrice

(1) Addition de Hayn.
(2) *Medicinische Iahrbuecher*, t. VI, cah. 3, p. 54.
(3) *Loc. cit.*, t. I, p. 197-226.
(4) Schweighæuser, *loc. cit.*, p. 75.

trouve alors dans le vagin le point d'appui dont elle a besoin pour ses mouvemens. C'est de ce canal, suivant Ritgen (1), que partent désormais les douleurs ; à leur début, la tête rentre ; vers leur milieu, elle reprend la place qu'elle occupait ; vers la fin, elle se porte plus en avant. De cette manière, l'embryon monte et descend par un mouvement ondulatoire ou péristaltique, mais tout en continuant cependant de marcher vers le bas, et comme, dans tout le cours de l'accouchement, il avance pendant la douleur et recule pendant la pause ( § 484, 4°), de même, durant chaque douleur, il est porté d'abord en arrière et finalement en avant.

§ 488. L'embryon devant sortir à travers l'orifice utérin et le vagin, il importe de considérer aussi la disposition des parois qui enveloppent ces organes, savoir le bassin et les muscles qui en font partie.

Le bassin est le squelette de la paroi de la partie inférieure de la cavité du tronc. Comme paroi du tronc, il a une forme annulaire ; mais, comme support du tronc entier et point d'appui des membres inférieurs, il est osseux. La cavité abdominale doit y être plus étroite que partout ailleurs, afin de maintenir dans leur situation les viscères placés au dessus de lui, et surtout pour prévenir la chute de la matrice remplie du produit de la conception. Cette étroitesse rend le part difficile ; mais nous retrouvons également ici des dispositions qui diminuent la difficulté autant que possible.

1° Le bassin, comme base du tronc et comme voûte qui est soutenue par les membres inférieurs afin de porter elle-même le corps entier, doit avoir une masse osseuse considérable ; mais cette masse n'est accumulée qu'en arrière, où s'appuie la colonne vertébrale, et sur les deux points latéraux, où les membres inférieurs trouvent à se fixer ; partout ailleurs le bassin n'est qu'une ceinture osseuse plus étroite, laissant des vides remplis par des parties molles et flexibles, savoir en arrière et de côté les deux échancrures sciatiques, en devant et latéralement les deux trous ovales, et dans le milieu l'arcade pubienne. Chez la femme, ces vides sont plus grands (§ 162,

(1) *Gemeinsame Zeitschrift*, t. I, p. 54.

3°, 4°), les os sont plus minces et la cavité pelvienne est plus spacieuse que ( § 159 ) chez l'homme.

2° Les os pelviens doivent être très-solidement unis ensemble pour pouvoir servir de point d'appui dans les grands mouvemens du corps. Mais, pendant la grossesse, et surtout durant les derniers mois de la gestation, le ramollissement des cartilages et des ligamens (§ 336, 12°) leur procure un peu de mobilité, tant à la symphyse pubienne qu'à la symphyse sacro-iliaque. Chez certains Mammifères, dont le bassin est absolument trop étroit pour livrer passage à l'embryon, la symphyse pubienne va même jusqu'à s'ouvrir; ainsi, d'après Legallois (1), dans le Cochon d'Inde, elle devient plus épaisse et plus mobile pendant la gestation, s'ouvre quelques jours avant la parturition, présente, durant cette dernière, un écartement de la largeur du doigt, et se referme ensuite dans l'espace de vingt-quatre heures. Chez la Chauve-Souris, elle est immobile, au dire d'Emmert (2); mais, pendant la gestation, on parvient à écarter les deux os pubis l'un de l'autre de deux lignes. Breton (3) assure qu'elle s'ouvre de deux à trois lignes, chez la Taupe, au moment de la parturition. La même chose a lieu aussi, dit-on, dans le Hérisson, l'Ours, etc. Chez la femme, où le poids entier du corps porte sur le bassin, il ne s'opère point d'écartement semblable dans l'état normal; loin de là même, l'union des pubis est tellement solide que, dans le cas d'étroitesse du bassin, la force parturiante de la matrice briserait plutôt l'un de ces os, qu'elle ne parviendrait à les séparer, et Muller conserve, à Wittemberg, un bassin sur lequel il a rencontré cette particularité. Mais les observations de Thouret et Pineau, de Chaussier et Béclard, ont démontré que, même chez les femmes bien constituées et à bassin large, la tuméfaction des ligamens et des cartilages, avant l'accouchement, rend les symphyses pelviennes plus molles et plus disposées à céder. On trouve aussi le bassin un peu plus large chez les femmes qui ont eu des enfans que chez les vierges, et Ulsamer a fréquemment observé en ouvrant

(1) Nouv. Bulletin de la soc. philom. 36e cah., p. 114.
(2) Reil, *Archiv*, t. IV, p. 1.
(3) Nouv. Bullet. de la soc. philom., 1815, p. 97.

des corps de femmes mortes en couches, que les os du
bassin étaient un peu mobiles dans l'une des symphyses,
ou dans toutes les trois. ( Il n'y a que certains cas, semblables
à ceux dont Haller (1), Tenon (2) Murat (3) et Ulsamer ont
réuni des exemples, dans lesquels les os pelviens s'écartent
à la symphyse pubienne ou aux symphyses sacro-iliaques. Ce
phénomène n'a pas toujours lieu dans les accouchemens la-
borieux, et il se voit aussi dans ceux qui s'accomplissent avec
facilité. S'il s'ensuit déjà qu'en pareil cas les symphyses
éprouvent un ramollissement qui dépasse les bornes normales,
cette dernière circonstance devient bien plus sensible encore
dans les cas semblables à ceux qu'ont observés Meissner et
Siebold, où un état morbide des symphyses s'était déja fait
remarquer pendant la durée de la grossesse elle-même. Il
résulte des recherches d'Ulsamer, que non seulement l'état
des symphyses, mais encore la forme du bassin exerce de
l'influence sur la manifestation du phénomène en question,
attendu que les cas dans lesquels on rencontre le plus fréquemment ce dernier, sont ceux où le bassin présente un
rétrécissement uniforme, ou du moins prononcé principalement dans la direction latérale, tandis qu'il ne se voit peut-
être jamais dans celui de déformation rachitique de l'appareil
pelvien. La manière dont s'effectue la déchirure, quoique
celle-ci entraîne presque toujours la mort, ne peut être reconnue dans la majorité des cas, attendu qu'à l'ouverture des
corps on trouve souvent la substance cartilagineuse et membraneuse logée entre les os, détruite en entier par la suppuration. Cependant une observation récente de Ritgen a confirmée l'assertion émise par Baudelocque et par Schlemm, que
le cartilage intermédiaire ne se déchire point, et qu'il ne
fait que se détacher de l'une ou de l'autre des deux os ) (4).

Les vertèbres caudales semblent se préparer aussi à l'accouchement : du moins Autenrieth assure-t-il (5) que, vers

(1) *Loc. cit.*, t. VIII, p. 435.
(2) Mém. de l'Institut, t. VI, p. 147-200.
(3) Dict. des sc. méd., t. LIV, p. 19-29.
(4) Addition de Hayn.
(5) Fischer, *Observatione de pelvi mammalium*, p. 19.

cette époque, celles de la base de la queue deviennent plus mobiles et s'élèvent, de sorte qu'il y a des ménagères attentives qui reconnaissent à ce seul signe l'approche de la mise-bas.

3• Le bassin n'est point un simple anneau. On peut plutôt le comparer à un canal courbe, puisque la face postérieure de sa paroi antérieure (pubis) est convexe, et la face antérieure de sa paroi postérieure (sacrum) concave. Cette courbure est plus prononcée chez la femme que chez l'homme (§ 162, 3°). Il en résulte que l'axe est courbe, et que la rencontre de la matrice et du vagin forme un angle saillant en arrière, le fond de la première et l'orifice du second étant situés plus en devant. Une telle disposition empêche les viscères d'être refoulés vers le bas par une pression verticale, mais oblige l'embryon à suivre une ligne courbe pour venir au monde.

4° On peut aussi comparer le bassin à un anneau placé obliquement, dont la partie postérieure (du côté de la colonne vertébrale) serait plus haute que l'antérieure (§ 162, 1°), ou s'écarterait de la direction de la cavité du tronc. Le plan fictif de l'entrée du bassin forme avec le plan horizontal un angle de 55 à 60 degrés, puisque le bord supérieur du sacrum dépasse de trois pouces à trois pouces onze lignes celui de la symphyse pubienne; et un plan qu'on supposerait passer par le détroit antéro-postérieur de l'issue du bassin formerait avec l'horizon un angle de 10 à 11 degrés, attendu que le bout du coccyx est plus haut de sept à huit lignes que le bord inférieur de la symphyse des pubis. Cette inclinaison fait que la matrice, pleine du produit de la conception, trouve plus de points d'appui dans la paroi abdominale (§ 346, 3°), et elle facilite l'accouchement, en ce sens que des parties molles étant situées vis-à-vis des parties osseuses du bassin, l'embryon peut échapper à la pression de ces dernières en se rejetant vers l'autre côté. Mais il est conduit obliquement de haut en bas et d'avant en arrière dans l'entrée du bassin, tant par la situation oblique de la matrice, qui agit de son fond vers son orifice (§ 487, 5°), que par l'action combinée du diaphragme agissant perpendiculairement de haut en bas, et des muscles abdominaux pressant horizontalement d'avant en arrière.

5° La tête de l'embryon a un diamètre longitudinal (de la

fontanelle postérieure à la racine du nez) de quatre pouces et
trois à six lignes; mais, pendant l'accouchement, elle est
courbée en avant, tant parce qu'elle a déjà cette position dans
la situation naturelle de l'embryon, que parce qu'elle lui est
donnée aussi par la pression que le fond de la matrice exerce,
au moyen de la colonne vertébrale, sur les condyles de l'occipital, attendu que la résistance des voies génitales, dont
l'action porte sur le vertex, meut alors plus facilement la
partie antérieure de la tête, qui est plus longue; or, dans
cette situation, son diamètre longitudinal (de la tubérosité occipitale à la suture frontale) est moindre de quelques lignes.
Son diamètre transversal (d'une bosse pariétale à l'autre) s'é-
lève à trois pouces et six lignes; mais, pendant la parturition, le glissement des os pariétaux l'un sur l'autre, le long
de la suture sagittale, le diminue de quelques lignes. C'est
avec ces diamètres que la tête de l'embryon traverse la cavité
pelvienne; mais comme le diamètre de celle-ci varie à des
hauteurs différentes, la tête doit changer de situation pendant
son trajet, et elle ne peut avancer que par un mouvement de
vis. Or le bassin est conformé de manière qu'il se tord aisément dans la situation droite. Outre les voies génitales, qui
sont molles et lubrifiées (§ 487, 1°, 2°), il y a, d'un côté, des
surfaces osseuses obliques de haut en bas (au sacrum, au pubis et à l'ischion) qui dirigent la tête, de même qu'en d'autres temps elles répartissent sur une plus grande surface la
pression des viscères pesant de haut en bas, d'un autre côté,
des parties molles (rectum, vessie, muscles obturateurs internes et muscles pyriformes) qui, semblables à des coussins
élastiques, la laissent glisser plus aisément.

### II. Marche de la parturition.

§ 489. La *durée* ordinaire de l'accouchement, chez la
femme, est de quatre à six heures; quelquefois elle ne dépasse point une heure; rarement elle en exige plus de douze.
D'après madame Lachapelle (1), sur 2335 accouchemens, 1476
eurent lieu en une à six heures, 719 en 7 à 12, 124 en 13 à
24, 15 en 25 à 36, 4 en 48, et un en 60. Trois opérations

(1) Pratique des accouchemens, Paris, 1825, 3 vol. in-8.

essentiellement différentes l'une de l'autre ont lieu pendant
ce laps de temps; car d'abord la sortie du fœtus se trouve
préparée par la dilatation de l'orifice de la matrice et la déchirure des membranes de l'œuf ; puis l'enfant est chassé du
corps, et en dernier lieu vient l'expulsion de l'œuf. Mais pour
mettre plus d'ordre et de précision dans l'exposé des phénomènes que l'accouchement présente pendant son cours, nous
distinguerons cinq périodes, attendu qu'indépendamment des
trois principales, le commencement ( § 490 ), le milieu ( § 491 )
et la fin ( § 492 ), on en reconnaît encore une de préparation
( § 489 ) et une de conclusion, comprenant les suites de l'accouchement ( § 493 ).

### A. *Première période.*

La première période débute quelques heures, parfois un
jour entier, ou même trente-six heures avant l'accouchement.
Elle est préparatoire, car le pressentiment du travail qui va
s'accomplir détermine la femme à s'y disposer; la matrice
commence à se contracter, les voies génitales se ramollissent,
se dilatent et s'humectent, la tête de l'œuf pénètre dans le
col utérin.

1° La matrice devient d'abord plus rénitente, parce qu'elle
se contracte d'une manière douce, mais continue et uniforme.
Elle change ainsi de forme ; sa mollesse et sa flexibilité
avaient permis jusqu'alors à l'œuf de la distendre en boule ;
maintenant elle s'allonge un peu et devient ovoïde ; on la sent,
sous cette forme, à travers la paroi du bas-ventre, et elle
procure à la main la sensation d'un corps dur et tendu. Sa
face antérieure s'applique alors à la paroi abdominale, au
dessous de la région ombilicale ; son segment inférieur repose sur les os iliaques, et son orifice, qui jusqu'alors avait
été tourné en arrière, se reporte peu à peu vers l'axe de
l'entrée du bassin. D'après Ritgen (1) son segment inférieur
remonte et se place plus haut qu'auparavant, de sorte que la
tête se trouve soulevée hors de l'entrée du bassin.

2° Le col utérin cesse d'être une partie séparée : la limite

(1) *Gemeinsame Zeitschrift*, t. I, p. 39.

qui le séparait du corps s'efface; il forme le petit bout de l'ovale, représentant seulement encore une petite bourse à sa région la plus inférieure.

3° L'orifice s'ouvre peu à peu, et acquiert un diamètre qui va jusqu'à six lignes environ. Ses lèvres, et d'abord la postérieure, puis l'antérieure, deviennent plus molles, et plus minces; elles ne sont plus séparées et pendantes, mais représentent un bord mince, dont l'épaisseur ne dépasse pas celle de deux à trois cartes à jouer, chez les primipares, où il est chaud et turgescent, et ne circonscrit pas une ouverture plus grande que celle qu'exige le passage du bout d'un doigt, tandis que, chez les femmes qui ont déjà été mères, il est plus épais, renflé, plissé, et tellement peu résistant, qu'il permet l'introduction du bout de deux doigts et davantage (1).

4° Les contractions périodiques de la matrice commencent, constituant ce qu'on appelle les *mouches*, c'est-à-dire une sorte de convulsion rapide, sans douleur proprement dite, qui reparaît à des intervalles d'une demi-heure ou d'un quart d'heure.

5° Le vertex ou l'occiput de l'embryon est logé dans la portion dilatée du col, sans s'y trouver serré.

6° Le vagin, avec tous les alentours, est chaud, turgescent, mou, dilaté, humide et glissant; ses plis s'effacent; il s'en écoule un mucus épais, limpide ou blanchâtre.

7° La femme a le pressentiment de la lutte qu'elle va être obligée de soutenir, et sa vitalité se concentre dans la matrice. Elle perd l'appétit, elle éprouve une agitation intérieure, son sommeil est agité et troublé par des rêves, elle a les traits altérés, sa figure est moins rouge et change souvent de couleur, les mouvemens de l'embryon lui deviennent plus pénibles, et la pression qu'il exerce sur la vessie détermine de fréquentes envies d'uriner. Ces phénomènes sont plus marqués chez les primipares, et dans le cas d'une fausse couche imminente, ils arrivent à un degré qui annonce un état de choses anormal; pâleur de la face, perte de l'éclat

(1) Wigand, *loc. cit.*, t. II, p. 292.

des yeux, œdématie des paupières, lassitude, mal de tête, froid et chaleur, sueurs froides, froid aux pieds, nausées et défaillances.

### B. *Seconde période.*

§ 490. La seconde période, ou le véritable début de l'accouchement, dure en général deux à quatre heures ; la tête est chassée dans la partie inférieure de la matrice et dans la moitié supérieure de la cavité pelvienne; une portion de l'œuf fait saillie hors de l'orifice utérin, et finit par se déchirer.

1° A cette époque, les douleurs, qu'on appelle *préparatoires*, deviennent plus fortes, plus vives et plus fréquentes; elles durent depuis une demi-minute jusqu'à une minute entière, et reviennent toutes les cinq à dix minutes. La matrice se contracte dans son étendue entière, et les douleurs s'étendent depuis la région sacrée jusqu'aux genoux, de sorte que, pendant qu'elle les éprouve, la femme, ne pouvant plus marcher, est obligée de s'arrêter, de ployer les genoux, de se tenir à quelque objet, ou de s'appuyer sur ses mains.

2° Le fond de la matrice devient prédominant; son segment inférieur se dilate en forme de sac et descend dans le bassin. L'orifice, qui est situé au centre de la cavité pelvienne, s'agrandit davantage.

3° La tête entre dans la cavité pelvienne, tant parce que les contractions de la matrice l'y poussent, que parce que le segment inférieur de cet organe, dans lequel elle se trouve alors située, l'y entraîne avec elle. Mais le détroit supérieur ( l'entrée ) du bassin a dans la nature une tout autre forme que sur le squelette, d'après lequel il ne faut par conséquent pas chercher à s'en faire une idée. Les muscles psoas le rétrécissent tellement que son diamètre transversal, au devant du promontoire, ne s'élève qu'à deux pouces et neuf lignes, et que c'est seulement à deux pouces huit lignes au devant de cette saillie, à un pouce et quatre lignes derrière la symphyse pubienne, ou au bord externe de la branche horizontale du pubis, et sur la même ligne que l'épine antérieure inférieure de l'os des îles, qu'il présente sa plus grande étendue, de quatre pouces et sept lignes. Il forme donc une ouverture large en devant, qui va toujours en se rétrécissant par derrière, ayant un bord antérieur échancré ( les pubis ), deux bords latéraux qui convergent l'un vers l'autre en arrière ( psoas ), et un bord postérieur saillant et convexe ( promontoire ). Comme, à chaque douleur, le bas-ventre s'incline vers les cuisses, ou les cuisses se fléchissent sur le corps, les psoas se raccourcissent; ils sont par conséquent tendus et gonflés, de sorte qu'ils ne peuvent point être repoussés de côté et permettre l'ampliation de l'entrée du bassin. Maintenant la forme de cette entrée correspond exactement à celle de la tête, quand celle-ci se trouve dans le diamètre antéro-postérieur, avec l'occiput tourné en avant, et ce qu'il y aurait de plus naturel fût qu'elle entrât dans le bassin en suivant cette direction, si le diamètre antéro-postérieur n'était pas trop court. La tête doit donc s'y engager par le diamètre oblique, qui comporte quatre pouces et six lignes. Suivant Ritgen (1), elle pénètre dans la cavité pelvienne avec l'occiput tourné en arrière, et à l'époque dont nous parlons, elle reporte l'occiput vers la symphyse sacro-iliaque, puis enfin vers la ligne innominée de l'os des îles, par conséquent dans le sens du diamètre transversal. Au reste, comme la matrice est oblique, avec le fond en haut, en avant et à droite, et l'orifice en bas, en arrière et à gauche, l'embryon doit naturellement avoir la même situation, de sorte que le pariétal droit, notamment la portion comprise entre sa bosse et la suture sagittale, soit la partie à proprement parler saillante.

4° La portion proéminente de l'œuf est poussée hors de l'orifice utérin, et se présente sous la forme d'une poche pleine d'eau, qui, à chaque douleur, devient plus volumineuse et plus tendue.

5° La tête reste derrière l'orifice, dans le segment inférieur de la matrice, qui l'embrasse étroitement; elle est à trois pouces derrière le sommet de la poche saillante. Du reste, elle occupe maintenant la partie supérieure de la cavité

(1) *Loc. cit.*, t. I, p. 43.

IV. 16

pelvienne et son diamètre oblique, lequel, dans sa plus grande
longueur, c'est-à-dire de la partie antérieure (ou interne) du
trou ovale à la partie postérieure (ou interne) de l'échancrure sciatique, a cinq pouces, tandis que les diamètres antéro-postérieur et transverse ont quelques lignes de moins.
La suture sagittale se trouve obliquement au dessus de l'orifice, et le partage en deux moitiés, l'une plus considérable,
en devant et à droite, l'autre plus petite, en arrière et à
gauche.

6° Le mucus qui coule devient rouge, en raison du sang
qui s'y mêle; ce sang est du au déchirement des vaisseaux
de la membrane nidulante, qui se détache de l'exochorion; il
provient aussi en partie des vaisseaux utérins déchirés par
un commencement de séparation entre le pourtour du placenta et la matrice.

7° Enfin les eaux s'échappent pendant une forte douleur.
La portion saillante de la poche, dont les progrès de la tête
vers le bas augmentent à chaque instant la tension, se crève,
et la portion de liquide contenue entre son sommet et la tête,
fortement serrée par la matrice, s'écoule.

### C. *Troisième période.*

§ 491. La troisième période, qui dure ordinairement une
heure, est le point culminant de la parturition; le plus grand
obstacle est surmonté par le franchissement de l'ouverture
utérine, et la tête passe de la matrice dans le vagin.

1° Après l'écoulement des eaux, les douleurs cessent pendant
quelque temps (environ un quart d'heure ou une demi-heure),
puis elles reviennent plus fortes qu'auparavant, et elles ont
alors le caractère des véritables douleurs de la parturition, de
celles qu'on nomme conquassantes : elles sont violentes, continues et fréquentes, ne s'interrompent que pendant quelques
minutes, et sont accompagnées d'une sensation douloureuse
qui s'étend jusque dans les plantes des pieds; la femme ne
peut plus rester debout tant qu'elles durent; ses genoux
ployent sous elle; elle a besoin de s'arc-bouter des mains et
des pieds, d'appuyer ou de soulever la région sacrée, et

d'appeler à son aide les efforts du diaphragme et des muscles abdominaux, de sorte qu'à cette époque la volonté con-
court à accélérer le travail. En même temps la chaleur devient
considérable, le pouls plein, la respiration accélérée, le visage rouge, et la peau couverte de sueur, à l'exception des
membres inférieurs, vers lesquels le sang ne peut affluer
qu'en moindre quantité.

2° La matrice s'est déjà notablement rapetissée et un peu
vidée par la rupture de la poche : elle s'étend donc en ligne
droite, son fond étant reporté plus en arrière, dans le milieu
de la cavité abdominale, et son segment inférieur descendant
plus bas dans le bassin.

3° Le segment inférieur de la matrice comprime violemment la tête dans la moitié inférieure de la cavité pelvienne ;
les os de la voûte crânienne glissent les uns sur les autres,
et l'occiput devient à la fois plus étroit et plus long. De cette
manière, la tête pénètre dans l'orifice, qui acquiert par là
un diamètre de quatre pouces. Là, au couronnement, elle
occupe le diamètre oblique, et elle est oblique dans la direction longitudinale, c'est-à-dire que la partie supérieure de la
portion squameuse de l'occiput, celle des pariétaux et celle
des frontaux, se trouvent à nu ; mais elle est en même temps
oblique dans le sens de sa largeur, c'est-à-dire que la plus
grande partie du pariétal droit, y compris sa bosse, et la portion seulement du pariétal gauche située au dessus de sa bosse,
sont à découvert.

4° Sous cette forme, et dans cette situation, la tête sort,
pendant une forte douleur, de l'orifice utérin, qui acquiert
alors la même largeur que le vagin, et dont le bord se renverse sur la tête.

5° Celle-ci parvient dans le vagin, qui est considérablement raccourci et dilaté. Là l'occiput se place derrière les pubis, la petite fontanelle au dessous de l'arcade pubienne, et
la face dans l'excavation du bassin. Cependant la suture sagittale n'est point encore complétement dans le diamètre antéro-postérieur du détroit inférieur du bassin ; elle a encore
une direction un peu oblique, qu'elle conserve jusqu'à la sortie totale de la tête. Cette torsion de la tête autour d'un huitième

de cercle, pendant laquelle le tronc demeure dans le diamètre oblique du bassin, paraît être déterminée par deux circonstances. D'abord l'épine sciatique gauche forme une surface oblique, le long de laquelle l'os pariétal gauche doit glisser de haut en bas et d'arrière en avant; en second lieu, deux muscles soumis à la volonté agissent ici. En effet, il ne peut être sans importance que le diamètre oblique du bassin offre, dans les os, deux vides (l'échancrure sciatique et le trou ovale), situés vis-à-vis l'un de l'autre, et dont les parois musculeuses peuvent ou céder, en se relâchant, ou accroître la pression du dehors en dedans, en se contractant. Les muscles qui remplissent la plus grande partie de ces vides (pyriforme et obturateur interne) se dirigent horizontalement en dehors, s'attachent au grand trochanter, tournent la cuisse en dehors, et l'écartent de celle du côté opposé. Pendant les douleurs de l'accouchement, la femme fixe ses membres inférieurs, en s'arc-boutant avec les pieds; lorsque ensuite la sensation de plénitude qu'elle éprouve dans la cavité pelvienne la détermine à tourner ses cuisses en dehors, à les écarter l'une de l'autre, et à les porter un peu en arrière, ces muscles des vides du bassin agissent dans une direction de dehors en dedans, c'est-à-dire du grand trochanter au sacrum et au pubis; mais comme la tête se trouve alors située dans le diamètre oblique, l'os pariétal gauche est poussé par l'obturateur interne gauche en dedans, et par conséquent aussi plus en avant, dans le même temps que l'os frontal droit est poussé par le pyramidal du côté droit en dedans, et par conséquent aussi plus en arrière, de sorte que la tête arrive à occuper le diamètre antéropostérieur, celui de tous qui là lui offre le plus d'espace, à cause de l'excavation du sacrum.

6° La tête appuie maintenant sur le fond du bassin, qui paraît bombé, ramolli, chaud et couvert de sueur à la surface, tandis que les grandes lèvres sont béantes, et que l'anus forme un bourrelet saillant.

### D. *Quatrième période.*

§ 492. La *quatrième période* amène le part, et ne dure

guère qu'un quart d'heure, parce que la concentration de toutes les forces lui imprime une marche plus rapide.

1° Après que la tête a pénétré dans le vagin, les douleurs cessent un peu ; mais elle ne tardent pas à reparaître avec un redoublement d'intensité, et se succèdent rapidement ; la femme arc-boute ses membres tremblans, elle penche sa tête sur sa poitrine, elle éprouve l'anxiété la plus vive, et elle fait les plus grands efforts, jusqu'à ce qu'enfin, au milieu d'un cri que la violence des douleurs lui arrache, la tête de l'enfant franchit la vulve. Le vagin prend une part active à ces contractions ; Ritgen (1) prétend que, pour se fixer, il commence les siennes au vestibule, et de là les continue jusqu'à l'orifice de la matrice.

2° L'arcade pubienne qui est plus grande chez la femme que chez l'homme ( § 162, 4° ), à cause de l'écartement plus considérable des articulations coxo-fémorales, représente la sortie du bassin pour l'occiput dirigé en avant, attendu que ce point de la paroi pelvienne est celui où elle a le moins de hauteur. Lorsque l'occiput, poussé de haut en bas par le tronc, et glissant sur la surface bombée des os du pubis, arrive sous l'arcade pubienne, la nuque s'applique à la symphyse, et le menton, la plus élevée de toutes les parties de la tête, se trouve à l'entrée du bassin.

3° L'occiput a maintenant terminé sa tâche de marcher en avant : il ne peut plus aller plus loin, attendu qu'il est retenu par les branches de l'arcade pubienne, et que l'excavation de la nuque est remplie par la symphyse ; il sert alors de point d'appui pour une extension et pour une torsion de la tête autour de son axe transversal en arrière.

4° En effet, la face, encore couverte des membranes de l'œuf, glisse rapidement le long du rectum et du sacrum, tandis que l'occiput, qui est à nu, avance lentement sous l'arcade pubienne.

5° Parvenue à l'extrémité du sacrum, elle ouvre le détroit inférieur du bassin, en repoussant le coccyx et ses muscles, de sorte que le diamètre antéro-postérieur de ce détroit acquiert

(1) *Loc. cit.*, t. I, p. 53.

jusqu'à quatre pouces et neuf lignes, l'anus se trouvant refoulé en arrière et aplati.

6° Pendant cette torsion, c'est d'abord le vertex, puis la
face, qui vient s'appuyer contre le périnée. Cette portion de
peau, que doublent les muscles du fond du bassin, et au dessus de laquelle se trouve un vide rempli de tissu cellulaire et
de graisse ; entre le vagin qui monte d'arrière en avant, et le
rectum qui se porte d'avant en arrière, éprouve un refoulement de dedans en dehors et une distension telle que sa
longueur, ordinairement d'un pouce et trois lignes, parvient
jusqu'à trois pouces et au-delà ; effet auquel contribue l'é-
paisseur, plus considérable chez la femme que chez l'homme,
de la peau qui couvre cette partie du corps. Les muscles
comparables au diaphragme, qui forment le fond du bassin,
savoir les releveurs de l'anus renfermés entre des membranes
tendineuses et les muscles du périnée, doivent subir une distension ; mais, par leur réaction, ils compriment la paroi inférieure et postérieure du vagin, et contribuent à l'expulsion
de la tête.

7° Le sphincter du vagin est obligé de céder, et les grandes
lèvres, repli cutané plein d'un tissu cellulaire dense et de
graisse, s'écartent l'une de l'autre. ( On admet généralement
que les nymphes, dont le tissu est plus délicat et plus dense
que celui des grandes lèvres, se déploient pour contribuer à
l'agrandissement du vestibule ; mais c'est une supposition gratuite. En observant les choses avec attention, on peut se convaincre, dans tout accouchement, que les nymphes ne changent
pas le moins du monde de forme ni de volume pendant la
sortie de la tête ) (1).

8° La tête s'engage ensuite dans la vulve dilatée ; elle apparaît sous la forme d'une surface bombée, rendue lisse par
le liquide amniotique et le mucus qui y adhèrent ; la suture sagittale et la suture frontale correspondent à la longueur de la
vulve, la grande fontanelle au clitoris et le front au périnée.

9° Enfin la tête franchit la vulve en continuant à exécuter
la torsion dont nous venons de parler, jusqu'à ce qu'elle ait

(1) Addition de Hayn.

décrit près d'un demi-cercle ; le visage est tourné à peu près vers les pieds de la mère, et le périnée passe successivement sur le front, le nez, la bouche, et le menton.

10° Après la sortie de la tête, il y a une courte pause. Le diamètre des épaules passe du diamètre oblique du bassin dans son diamètre antéro-postérieur. En suivant ce mouvement, la tête décrit de nouveau un quart de cercle autour de son axe verical, ordinairement de telle sorte que l'occiput soit dirigé vers la cuisse gauche de la mère, et la face vers la cuisse droite, d'où il suit que la tête reprend, par rapport au corps maternel, une situation presque semblable à celle qu'elle avait avant l'accouchement. Mais quelquefois l'occiput se tourne du côté opposé à celui vers lequel il était au commencement du travail.

11° A cette époque, l'épaule gauche ordinairement, la droite quelquefois, sort au dessous de l'arcade pubienne ; bientôt après, l'épaule opposée se développe au dessus du périnée. Alors le tronc se dégage tout d'un coup, suivi par les eaux qui l'entouraient. En effet, comme la plus grande largeur des épaules est de quatre pouces six lignes, et que celle des hanches ne dépasse pas trois pouces et demi, le tronc ne trouve plus d'obstacle après la sortie des épaules. L'enfant tombe entre les cuisses de la mère, qui était couchée ; placé d'abord sur le côté gauche, il se retourne aussitôt, pour se mettre sur le dos, qui présente une surface plus large.

### E. *Cinquième période.*

§ 493. L'enfant étant venu au monde, il ne reste plus, pour terminer le part, que l'expulsion de l'arrière-faix, ou de l'œuf vide, ce qui constitue la *cinquième période*.

1° La surface de la matrice sur laquelle repose le placenta devient plus petite que ce dernier, par l'effet des contractions qui déterminent l'accouchement. Le placenta doit donc, par cela seul, se détacher, et d'autant mieux que sa vitalité est considérablement diminuée. Sa séparation, qui avait déjà commencé dans la seconde période, va toujours en faisant des progrès, jusqu'à ce que, après la sortie de l'enfant, elle soit complétée par de nouvelles contractions de la matrice.

2° Après un repos d'un quart d'heure ou d'une demi-heure, qui succède à la parturition, il survient de nouvelles contractions, que la plupart des primipares ne sentent point, et dont les femmes qui on déjà été mèresne ressentent non plus que peu de douleur. Ces contractions chassent le placenta et les membranes de l'œuf dans le vagin dilaté, où presque toujours ils demeurent, si l'on n'en pratique l'extraction, jusqu'à ce que la femme se redresse; dans d'autres cas cependant ils sont complètement expulsés des parties génitales par les contractions du vagin.

3° En traversant les voies génitales, l'œuf se renverse, de manière que la face interne du placenta se présente la première, entraînant après elle les membranes retournées.

4° Peu après sa délivrance, la femme éprouve un sentiment de froid, presque semblable à celui qu'elle avait ressenti au commencement de la grossesse, après la fécondation ( § 297, 1° ).

(Ce froid tient au changement que la circulation subit après l'accouchement. A cette époque, en effet, le sang se porte en plus grande abondance vers la périphérie, et comme il en reflue une quantité assez considérable de la matrice dans la masse générale des humeurs, l'afflux vers les vaisseaux périphériques devient tel que l'excitation violente à laquelle ceux-ci sont en proie provoque en eux une activité spasmodique. Quoique les frissons ne se remarquent pas chez toutes les accouchées, on les observe néanmoins dans la majorité des cas, et l'assertion de Jœrg, qui prétendait qu'ils n'ont lieu que chez les femmes qui ont éprouvé un refroidissement pendant le travail, a contre elle l'expérience d'une multitude de praticiens, non moins bons observateurs, dont l'usage constant est de prodiguer les plus grands soins aux femmes en travail, et par conséquent de les mettre à l'abri du froid. Quant à l'absence de ces frissons chez les animaux, après la mise-bas, particularité à laquelle Jœrg attache beaucoup d'importance, elle dépend manifestement de ce qu'ici la matrice a moins d'épaisseur proportionnelle, de sorte qu'elle fait refluer proportionnellement moins de sang dans la masse des humeurs ) (1).

### III. Circonstances de [la parturition.

§ 494. Les *circonstances* du part méritent d'être examinées.

I. Nous avons d'abord à nous occuper des *difficultés* de cette opération. Elle tiennent à ce que les organes dont la conformation est calculée pour diriger la fécondation et retenir l'embryon dans le corps maternel jusqu'à l'époque de sa maturité, doivent devenir les voies de la parturition, et à ce que l'individu procréé doit s'accommoder, pour arriver au monde, de circonstances d'organisation qui sont en rapport avec une individualité différente de la sienne. Nous avons vu ( § 486-488 ) qu'il y a, entre la mère et le fruit, entre la rétention et l'expulsion de celui-ci, entre la conservation de l'individualité maternelle et l'assurance de celle du fruit, une harmonie en vertu de laquelle tous les obstacles sont surmontés et le problème de la séparation des deux individus résolu de la manière la plus heureuse. Mais nous trouvons une nouvelle harmonie en ce que ces difficultés, outre qu'elles sont rendues inévitables par toutes les particularités réunies de l'organisation, sont même nécessaires pour l'issue de la parturiton, et que la lenteur qu'elles impriment au travail a pour but de ménager la vie tant de la mère que de l'enfant ( § 496). Un certain laps de temps, une lutte pénible et de puissans efforts sont, comme le fait remarquer entre autres Nægele (2), une condition essentielle du part normal.

1° La matrice doit revenir, par la parturition, d'un état de turgescence et de vitalité exaltée à une vie plus calme; mais ce retour n'est possible qu'autant qu'elle épuise son excédant de force, qu'elle vide ses vaisseaux par des contractions fortes, fréquentes et soutenues, qu'elle ramène son tissu à un état de densité et de sécheresse plus grandes. Si ces effets n'ont pas lieu, si le part s'opère d'une manière prématurée,

(1) Addition de Hayn.
(2) *Deutsches Archiv*, t. V, p. 516.

à la suite de manœuvres intempestives ou d'autres circonstances quelconques, la matrice conserve trop de sang et d'activité après la parturition, et cesse par là d'être en harmonie
avec le reste de l'économie, ce qui entraîne ordinairement
des suites de couches longues et pénibles, souvent une inflammation de la matrice ou des parties environnantes, et
une fièvre puerpérale dangereuse, fréquemment même mortelle. Il se peut donc que l'opération césarienne n'ait souvent entraîné la mort que parce qu'on l'avait pratiquée
trop tôt. Le caractère de la vie est l'activité spontanée; il y a
danger pour elle toutes les fois que des forces étrangères la
mettent passivement dans un état auquel elle doit arriver
d'elle-même.

2° La progression lente de l'embryon permet aux voies
génitales de se dilater peu à peu. Car trop de promptitude
dans cette progression les met en danger de se déchirer. Les
obstacles qui sont à vaincre lors de l'expulsion du fruit permettent aux contractions de la matrice, qui deviennent peu
à peu plus intenses (§ 484, 5°), d'arriver au degré nécessaire
d'énergie. Si la matrice ne trouve point assez de résistance
elle ne se contracte pas puissamment, après l'expulsion
prompte du fruit. Il suit souvent de là une hémorrhagie, ou
bien le fond et le corps de l'organe tombent, à travers son
orifice, dans le vagin, soit quand le fœtus, venu au monde
avec trop de facilité, entraîne après lui le placenta non encore
détaché, soit quand la subitanéité de la délivrance a troublé
la santé générale et déterminé dans les intestins un état de
spasme dont la production de vents a été la conséquence) (1).

3° Toutes les fois que le corps vient à être débarrassé sou-
dainement d'une masse considérable quelconque, la santé
s'en ressent, parce que l'accumulation était passée en habitude et devenue presque une condition normale de la vie.

II. Les difficultés de la parturition sont plus ou moins grandes suivant la nature des circonstances.

1° Les assertions des auteurs relativement à la fréquence
plus ou moins grande des cas dans lesquels il y a nécessité

(1) Addition de Hayn.

d'invoquer l'art pour venir au secours de la parturition, ne peuvent conduire qu'à des données approximatives, attendu qu'elles doivent varier suivant les principes adoptés par les accoucheurs, la destination spéciale des établissemens auxquels elles se rapportent, et l'idée plus ou moins large qu'on se fait des secours de l'art. Les cas dans lesquels on a employé ces secours ont été à ceux dans lesquels les forces de la nature ont suffi pour accomplir la parturition, : : 1 : 132 dans la maison d'accouchemens de Vienne, : : 1 : 62, dans celle de Paris, : : 1 : 43 dans celle de Londres (1), : : 1 : 26, dans le royaume de Wurtemberg (2), : : 1 : 9, dans la maison de Dresde (3).

5° La mortalité chez les femmes en couches a été de 1 : 87, dans la maison de Dublin, pendant une période de vingt-huit années (4), de 1 : 384 à Vienne (5), de 1 : 365 à Breslau (6).

6° La procréation d'un seul enfant est normale, et le part de cet enfant unique a lieu plus facilement. A Dublin, suivant Clarke, la proportion de la mortalité parmi les femmes en couches a été de 1 : 90 dans les accouchemens simples, et de 1 : 44 dans les accouchemens multiples. ( La cause de cette mortalité plus grande à la suite des accouchemens multiples tient en partie à ce qu'alors la matrice se vide presque toujours d'une manière rapide, aussitôt que son orifice s'est ouvert et que la rupture de la poche a eu lieu; en partie aussi à ce qu'il lui arrive souvent de se resserrer avec trop peu d'énergie après le part, précisément parce que sa libération s'est accomplie avec promptitude, qu'elle a exigé un déploiement peu considérable de forces, et qu'elle avait été précédée d'une très-grande expansion; en partie enfin à ce qu'une grossesse multiple accroît déjà par elle-même les chances

(1) Comparez Velpeau, Traité des accouchemens, t. I, p. 454. — Pratique des accouchemens, par madame Lachapelle, Paris, 1825, 3 vol. in-8. — Mémorial de l'art des accouchemens par madame Boivin, Paris, 1836, in-8, fig.
(2) Riecke, loc. cit., p. 25.
(3) Gemeinsame Zeitschrift, t. III, p. 145.
(4) Philos. Trans., 1786, p. 356.
(5) Sussmilch, Gœttliche ordnung, Otc., t. I, p. 191.
(6) Correspondenz der schlesischen Gesellschaft, p. 61.

de danger, attendu qu'en pareille occurrence les changemens provoqués par la gestation, dans l'organisme entier de la femme, sont portés à un très-haut degré ( § 485, 5° ), assez souvent jusqu'à l'état morbide. En effet, l'éclampsie déterminée par des congestions veineuses au cerveau est, proportion gardée, beaucoup plus commune après la grossesse multiple qu'à la suite de la grossesse simple ) (1).

7° Dans cette même ville, la mortalité a été de 1 : 124 pour les femmes accouchées d'enfans vivans, et de 1 : 14 pour celles qui ont mis au monde des enfans morts. Quoiqu'il pût s'en trouver beaucoup, parmi ces derniers, dont la mort n'eût été causée que par des obstacles à la parturition, dont la mère elle-même était victime, il n'en est pas moins avéré que le part d'un enfant vivant a lieu avec plus de facilité ( § 485, 3° ) que celui d'un enfant mort.

8° En général, les filles viennent plus facilement au monde que les garçons ( § 496, 16° ). Suivant Clarke, la mortalité, chez les femmes accouchées de filles, était de 1 : 103, tandis que, chez celles qui avaient mis au monde des garçons, elle était de 1 : 81. Cependant les filles mortes et les garçons vivans ont paru naître avec plus de facilité que les garçons morts et les filles vivantes. La mortalité a été de 1 : 23 après la mise au monde de filles mortes, 1 : 120 après celle de filles vivantes, 1 : 12 après celle de garçons morts, et 1 : 127 après celle de garçons vivans. Dans les accouchemens doubles à la suite desquels les femmes ont succombé, la proportion des filles aux garçons a été de 1 : 1,50.

9° Enfin l'éducation exerce une grande influence. Les accouchemens faciles sont plus communs, dans nos climats, chez les femmes du peuple que parmi celles des rangs élevés de la société (2). Il est généralement reconnu que la parturition s'opère partout avec plus de facilité chez les peuples barbares que chez les nations civilisées (3). De même que les femmes des Ostiaques, celles des Lapons accouchent aisé-

---

(1) Addition de Hayn.
(2) Osiander, *Handbuch der Entbindungskunst*, t. II, p. 20.
(3) Haller, *loc. cit.*, t. VIII, p. 433.

ment et promptement, suivant le rapport de Schubert, de sorte que, quand elles viennent à être prises des douleurs de l'enfantement au milieu d'une excursion, elles peuvent continuer leur route quelques heures après s'être délivrées. Au dire de Perrin du Lac, les femmes des Indiens du midi de l'Amérique accouchent, sans secours étrangers, dans une hutte spécialement destinée à cet usage ; viennent-elles à être surprises en voyage par les douleurs du travail, elles se rendent, selon James, dans un buisson écarté de la troupe, et, après avoir mis au monde leur enfant, après s'être lavées avec de l'eau ou de la neige fondue, elles reprennent le fardeau, pesant quelquefois soixante à quatre-vingt livres, qu'elles avaient porté jusques-là, établissent dessus leur enfant, enveloppé d'une peau, et s'empressent de rejoindre leurs compagnons. Martius nous apprend que les Indiennes du Brésil se rendent au milieu des forêts pour y accoucher dans une solitude complète. Les négresses et les Hottentotes accomplissent non moins facilement cet actes bien qu'on fût tenté de croire que les fatigues et les travaux qui pèsent sur elles ne devraient pas leur en laisser la force. Bourne et Ellis assurent qu'il en est de même chez les insulaires de la mer du Sud, dont les femmes se plongent dans l'eau, avec leur enfant, aussitôt après l'accouchement. Du reste, on conçoit qu'il doit aussi se présenter de temps en temps des parturitions laborieuses chez ces peuples, comme nous l'apprend Roberton.

Mais si l'accouchement s'accomplit en général avec facilité chez les peuples peu avancés en civilisation, ce phénomène tient à plusieurs circonstances diverses.

On voit déjà, par l'exemple de nos animaux domestiques, que l'exercice physique exerce de l'influence à cet égard. Les vaches qui ne sortent point de l'étable, périssent fréquemment en vêlant, et c'est parce qu'ils sont bien instruits de cette particularité que les éleveurs des grandes villes ont coutume de vendre leurs vaches tous les étés, pour les remplacer par d'autres qui viennent du pâturage et soient sur le point de mettre bas.

Les circonstances varient beaucoup sous ce rapport.

Chez les femmes qui observent un genre de vie simple et

conforme à la nature, et qui en même temps donnent un exercice convenable à leurs forces musculaires, rien ne contrarie la nature dans le développement de leur organisme; le corps se développe en juste proportion et en temps opportun; l'instinct génital ne s'éveille point avant terme, et une fois éveillé il ne reste pas long-temps sans être satisfait; la grossesse marche sans que rien la dérange, et prépare par degrés l'accouchement; celui-ci ne réclame aucun secours étranger, parce que l'instinct, moins refoulé par la réflexion, est un guide très-sûr, et que l'habitude d'une vie pénible apprend à supporter courageusement de nouvelles douleurs.

Il est plus difficile d'apprécier les causes de certaines circonstances qui se rattachent à l'organisation. Une plus grande inclinaison du bassin, produite par des efforts corporels, peut contribuer un peu à faciliter l'accouchement, mais elle ne paraît point être générale. L'aplatissement de l'arcade pubienne, qui favorise beaucoup la parturition chez les peuples non civilisés, semble moins dépendre d'influences mécaniques, que tenir à un développement plus libre du système génital entier ( § 267, 3°, 8° ). On avait pensé que la tête de l'enfant était moins volumineuse chez les peuples sauvages ; mais le fait n'est point démontré, ou du moins il n'est pas général. Ce qui est plus certain, c'est que le développement de l'individualité restreint la vie automatique, qu'il rend par cela même le part d'un nouvel individu plus difficile, et qu'en conséquence les femmes qui ont goûté au fruit de l'arbre de la science accouchent avec moins de facilité que les autres (1).

III. Cette difficulté est même une chose qui appartient en propre à l'espèce humaine. L'embryon humain est conformé de manière à ne pouvoir naître qu'avec peine ( 10°—13° ), mais il a aussi plus de flexibilité que celui des Mammifères. L'organisation des voies génitales lui oppose de plus grands obstacles ( 14°-16° ), mais la force parturiante est plus considérable, attendu que la matrice est plus épaisse, plus

_____

(1) Virey, Histoire nat. du genre humain, t. I, p. 318.

dense, plus ferme, et que si elle ne manifeste pas de force
musculaire hors du temps de la parturition ( § 106, 3°, 346,
6° ), elle déploie alors une énergie d'autant plus considérable.

La parturition s'opère assez aisément chez les animaux
ovipares. Elle est plus facile encore chez les ovo-vivipares.
Chez les Mammifères, elle a lieu avec plus de difficulté, au
milieu de douleurs et d'efforts ; cependant elle y est encore
prompte et facile, comparativement à ce qui arrive dans l'espèce humaine; ainsi, par exemple, elle exige depuis une demi-
heure jusqu'à une heure chez la Jument, une à deux heures
chez la Vache; elle s'exécute d'une manière plus rapide encore chez les animaux qui vivent en liberté, et la femelle
du Phoque à trompe, entre autres, n'y emploie que cinq ou
six minutes.

10° La tête de l'embryon est proportionnellement plus
petite chez les Mammifères, de manière que ce n'est point
elle, comme chez la femme, mais le tronc, qui rencontre
le plus d'obstacles à traverser les voies génitales,

11° La tête des Mammifères n'est point sphéroïdale, comme
celle de l'homme; l'allongement de la face lui donne une
forme conique, de sorte que le museau dilate les voies génitales.

12° Enfin, elle s'articule à son extrémité postérieure.
( De là vient qu'elle ne peut traverser le bassin que dans une
seule direction, le museau en avant ; la tête humaine, au contraire, s'articule entre les extrémités de son diamètre longitudinal. En conséquence, même alors qu'elle s'écarte de la
position ordinaire, elle ne présente point au bassin un diamètre tellement défavorable, que son passage soit rendu par
là totalement impossible. Mais on est allé beaucoup trop loin
en disant (1) que cette circonstance ne saurait apporter d'obstacles à la parturition. L'expérience apprend que la position
anormale de la tête, gênant l'entrée de celle-ci dans le bassin,
entraîne une situation anormale du fœtus) (2).

(1) Addition de Hayn.
(2) Stein, *Der Unterschied zwischen Mensch und Thier im Gebæren,*
p. 27.

13° Chez les animaux, le placenta tient moins à la matrice, et par conséquent aussi se détache avec plus de facilité. Presque toujours aussi il sort en même temps que l'embryon, et quand il existe plusieurs embryons, chacun d'eux amène son arrière-faix à sa suite.

14° La matrice est plus cylindrique, ce qui fait qu'elle amène plus directement l'embryon dans le sens du diamètre longitudinal, et qu'elle permet moins les écarts de la situation normale.

15° Elle se continue en ligne droite avec le vagin, car le bassin lui-même a une direction droite, c'est-à-dire que sa sortie est placée en face de son entrée, et le sacrum est tout-à-fait droit. Il y a donc ici moins de force motrice perdue que chez la femme, qui avait besoin d'un bassin courbé pour offrir plus de soutien aux viscères abdominaux pendant la station droite. Il est vrai que, chez les animaux, le fond de la matrice est situé à une plus grande profondeur que son orifice ; mais nul obstacle ne saurait naître de là, et le seul but de cette disposition est d'empêcher que la pesanteur ne joue un rôle dans la parturition.

16° Enfin l'inclinaison est plus grande, les parois inférieure et supérieure du bassin sont encore moins en face l'une de l'autre que l'antérieure et la postérieure chez la femme ; la symphyse pubienne fait saillie bien en arrière du sacrum, et forme un demi-canal qui n'est couvert que par les étroites et mobiles vertèbres de la queue : le sacrum est plus court et le pubis plus long que chez la femme ; le promontoire, qui, chez celle-ci, rétrécit le détroit supérieur du bassin, n'existe point.

### A. *Influence de la parturition sur la mère.*

§ 495. La parturition produit plusieurs effets divers sur la mère.

1° Elle affecte violemment tout l'ensemble de l'économie, et met toutes ses forces en jeu ; aussi d'ordinaire ne survient-elle qu'après l'accomplissement de la digestion, et fait-elle disparaître l'appétit. Les incommodités de la grossesse ont en quelque sorte pour but de préparer la femme à supporter

les douleurs de l'accouchement. En effet, d'après la remarque de Wigand (1), les femmes qui ont eu à souffrir pendant
la gestation, accouchent généralement avec plus de facilité
que celles qui n'ont éprouvé aucune incommodité. Du reste,
comme les douleurs ont un type intermittent, la femme en
couches peut se remettre jusqu'à un certain point pendant les
pauses, et rassembler de nouvelles forces.

2° L'influence sur la vie morale est très-considérable.
L'approche de l'accouchement est indiquée à la femme par
un pressentiment, que les femelles des animaux éprouvent
aussi, et qui s'annonce chez elles par l'inquiétude, l'agitation,
des alternatives de station et de décubitus, des regards jetés
vers la partie postérieure du corps, le lèchement des mamelles, etc. Pendant la première période, les femmes sont plus
sensibles aux impressions du dehors. Cette impressionabilité
diminue à mesure que le pressentiment de la parturition
s'accroît, et, pendant la quatrième période, elle fait place
à une complète indifférence pour toutes les choses extérieures, jusqu'à ce que, le calme s'étant rétabli durant la cinquième période, l'amour pour le nouveau-né vient ranimer
les facultés morales. Pendant les douleurs, la femme éprouve
la plus vive anxiété; son humeur est portée à la violence, et
ses mouvemens sont brusques. Durant les pauses, elle est
plus douce, plus patiente, et ne sent que le besoin du repos
et d'une situation commode. Lorsque la force parturiante se
déploie librement, la femme témoigne aussi du courage;
dans le cas contraire, elle est abattue et découragée (2). La
tension augmente toutes les fois qu'il se présente une anomalie quelconque; si un obstacle mécanique rend les douleurs vaines, l'agitation et l'anxiété sont portées au comble.
Wigand a remarqué qu'un accouchement trop rapide, surtout pendant la quatrième période, bouleversait l'âme, au
point quelquefois de rendre odieuse la présence de l'homme
le plus cher (3); on dirait même parfois, suivant Nægele,

(1) *Loc. cit.*, t. II, p. 10.
(2) Stein, *Lehre der Geburtshuelfe*, t. I, p. 170.
(3) *Loc. cit.*, t. I, p. 81.

IV. 17

que la femme tombe dans un accès de démence; elle a les yeux hagards, les traits renversés, et les idées décousues, ce qui, d'après Wigand, s'observe surtout dans l'état qu'on pourrait appeler tétanos de la matrice. Montgomery a observé des femmes qui, pendant qnelques minutes, déliraient complétement à l'instant où la tête franchissait l'ouverture de la matrice (1). D'un autre côté, Rost rapporte (2) qu'une femme qui était folle depuis plusieurs années, revint à elle quand les douleurs se déclarèrent, qu'elle se comporta alors d'une manière très-sensée, mais qu'après l'accouchement elle retomba instantanément dans l'aliénation mentale, dont rien ne put plus la faire sortir jusqu'à sa mort.

3° Les douleurs qui ont lieu pendant l'accouchement proviennent de ce que l'embryon, à mesure qu'il avance, tend et dilate les voies génitales, en même temps qu'il comprime les parties environnantes, notamment la vessie urinaire, le rectum et les nerfs sciatiques. Mais elles ont en outre leur siége dans la substance même de la matrice, aux contractions de laquelle elles se rattachent, car elles les accompagnent aussi dans les grossesses abdominales. Elles paraissent dépendre surtout d'une affection de l'orifice utérin et de la résistance qu'il oppose, car elles coïncident avec le moment où le col et l'orifice sont dans la plus grande tension l'un vers l'autre (3). Cependant elles durent encore après l'ouverture du museau de tanche, et se manifestent également lorsque l'embryon, affectant une situation transversale, ne comprime point l'orifice.

4° Il faut que la matrice se débarrasse de son excès de sang; elle y parvient, tant par ses propres contractions, qui expriment les veines et resserrent les artères, que par l'hémorrhagie due au décollement du placenta. Dans le cas d'avortement, où le placenta jouit encore d'une grande activité et tient à la matrice par d'intimes connexions, l'hémorrhagie est presque toujours plus abondante que dans celui

(1) Froriep, *Notizen*, t. XL, p. 455.
(2) *Ibid.*, t. XXXV, p. 272.
(3) Wigand, *loc. cit.*, t. II, p. 247.

d'accouchement à terme, où le placenta avait déjà commencé depuis quelque temps à s'isoler. L'hémorrhagie est salutaire, parce que la formation du sang a été portée, pendant la grossesse, à un degré incompatible avec les conditions ordinaires de la vie dans l'état de non gestation. L'oblitération des vaisseaux qui résulte de la complète rétraction de la matrice la fait cesser ; c'est pourquoi elle devient immodérée et dangereuse toutes les fois que la rétention du placenta empêche l'organe de revenir sur lui-même.

5° A mesure que la parturition avance, l'excitation de la circulation, la calorification et l'exhalation cutanée, prise en général, augmentent. Pendant les douleurs, l'état se rapproche de celui qui caractérise l'inflammation ou la fièvre ; le pouls est lent et dur, la peau sèche, la face vultueuse, brûlante, rouge et même violacée ; le pouls devient plus dur, plus plein et plus fréquent ; sa fréquence augmente jusqu'au point culminant des douleurs, et va ensuite en diminuant peu à peu. Cependant la régularité dans l'accroissement de sa fréquence, que Hohl a rencontrée dans les cas de douleurs régulières, ne peut point être toujours aperçue, même dans cette dernière circonstance. Il arrive même parfois, mais rarement, que la fréquence du pouls diminue pendant les douleurs.

6° La vie du sang doit, pendant l'accouchement, se tourner davantage vers l'extérieur, abandonner le placenta, et se porter à la périphérie de l'organisme, pour y déterminer une sécrétion plus active, en remplacement de celle qui s'éteint dans la matrice. Ainsi la parturition doit exalter l'action de la peau. De là vient qu'en favorisant cette dernière, on rend celle de la matrice plus facile. Wigand fait remarquer (1) qu'un accouchement lent et difficile devient plus rapide ou plus aisé lorsqu'il se déclare des sueurs, tandis que la suppression de ces dernières rend les douleurs et plus rares et plus faibles. Pendant le cours d'une sueur abondante, la femme se sent mieux ; l'hémorrhagie est moindre, la délivrance a lieu plus aisément, les douleurs qui l'accompagnent sont moins considérables, et les couches entraînent des suites moins graves. On ne peut prouver que la sueur soit critique,

(1) *Loc. cit.*, t. II, p. 160.

et due à l'expulsion de substances accumulées ; mais il est
bien évident qu'un rapport d'antagonisme a lieu entre l'activité qui règne à l'extérieur et celle qui se déploie à l'intérieur.

B. *Influence de la parturition sur le fruit.*

§ 496. Pendant l'accouchement, l'*embryon* est violemment
comprimé de tous côtés, et non pas poussé en ligne droite
vers le point par lequel il doit sortir, mais alternativement
soulevé et abaissé par les mouvemens péristaltiques de la
matrice et du vagin, et en quelque sorte pilé d'une part,
pétri de l'autre par la pression que tous les points de son
corps subissent. Mais il trouve, dans sa propre organisation
et dans celle de sa mère, des dispositions qui lui permettent
de venir au monde, sinon sans beaucoup de gêne, du moins
sans atteinte dangereuse.

1° Comme les douleurs partent du fond de la matrice, leur
choc rencontre la partie inférieure du tronc, qui est tournée
vers le haut, c'est-à-dire les fesses, et se propage jusqu'à la
tête, par le moyen surtout de la colonne vertébrale, de
sorte qu'il se divise et s'éparpille en quelque sorte pour pousser le corps en avant.

2° L'embryon glisse sur la surface interne de son œuf, qui
est lisse et humide, tandis que l'œuf lui-même se trouve appliqué contre les parties molles qui circonscrivent le trajet.
La portion saillante de l'œuf précède l'embryon dans le vagin, afin de lui fournir également une enveloppe protectrice
et glissante dans ce canal.

3° Tout le corps de l'embryon est mou, ses os même sont
flexibles, et il cède d'autant plus facilement que les mouvemens sollicités par sa propre spontanéité sont totalement en-
rayés. La face est garantie par la flexion de la tête sur la
poitrine, et la surface antérieure du tronc par les membres
qui s'appliquent sur elle. D'abord le segment inférieur de la
matrice enferme étroitement le fœtus, encore entouré, il est
vrai, de liquide amniotique. Lorsqu'après la rupture de la
poche, la tête se trouve dans l'orifice, celle-ci enserre violemment la peau, et y détermine l'apparition d'une tumeur

occupant presque toujours le pariétal droit, qui se trouve derrière le pubis; mais le visage est épargné. Pour traverser le vestibule, il n'a d'autre résistance à vaincre que celle de parties molles et flexibles ; le rectum, qui s'écarte du vagin, lui procure de l'espace, et le périnée glisse aisément sur la convexité du front, les paupières closes et le nez oblique.

4° Sa tête est beaucoup plus grosse que chez les animaux, mais rendue plus flexible aussi par la grandeur des fontanelles et la faculté dont jouissent les os pariétaux de glisser l'un sur l'autre. De là résulte qu'elle est comprimée, et qu'elle s'allonge en un cône ayant la face pour base et l'occiput pour sommet; les os pariétaux se croisent de quelques lignes, et presque toujours c'est le gauche qu'on trouve au dessus de celui du côté droit (1).

5° D'ordinaire, au début d'une douleur, l'embryon, réagissant contre la pression extérieure qu'il éprouve, se meut avec plus de violence (2); mais, plus tard, il est tellement serré, qu'il ne peut remuer.

6° En se contractant, la matrice rend la circulation du sang plus difficile, non seulement dans sa propre substance, mais encore dans le placenta, et interrompt ainsi son conflit avec ce dernier, par conséquent aussi avec l'embryon. Ce phénomène devient de plus en plus prononcé à mesure que les douleurs augmentent, et il ne l'est jamais plus qu'après la rupture de la poche des eaux. Le bruit produit par la circulation du sang dans le placenta, qu'on perçoit à l'aide du stéthoscope, devient bien, d'après les observations de Hohl, plus fréquent et plus fort pendant l'accouchement ; mais il est plus facile et plus sourd durant la douleur elle-même. Après les accouchemens difficiles et qui durent long-temps, on trouve le cordon ombilical, les membranes de l'œuf et le placenta bleus et verdâtres; la matrice les a tués par contusion (3). Ainsi l'acte même de la parturition favorise la maturation et l'indépendance de l'embryon, en le forçant déjà par avance à se concentrer davantage en lui-même.

(1) Wigand, *loc. cit.*, t. II, p. 549.
(2) *Ibid.*, p. 177, 256.
(3) Jœrg, *Ueber das Leben des Kindes*, p. 60.

7° La circulation devient moins énergique dans l'embryon. (L'observation faite par D'Outrepont, que le battement du cœur ne s'entend point pendant les douleurs, tenait sans doute à une illusion, due elle-même à ce que, comme on l'a reconnu depuis, le battement du cœur se soustrait à l'oreille de l'observateur, en raison du mouvement qu'éprouve le fœtus à chaque douleur ; mais on parvient à le retrouver en le suivant avec le cylindre. Le même accoucheur rapporte que, dans un cas de présentation du bras, le pouls ne se faisait plus sentir au poignet pendant les douleurs, et redevenait sensible après leur cessation, phénomène qui dépend de ce que les parties en question étaient plus fortement comprimées, pendant les douleurs, par les portions du fœtus contennes dans le bassin, de sorte que le sang ne parvenait plus dans leurs vaisseaux. Mais ce qui prouve bien que la circulation est réellement moins énergique dans le fœtus durant les douleurs, c'est que le battement du cœur, qu'à l'ordinaire on discerne d'autant mieux, avec le stéthoscope, que la matrice a davantage de densité et de fermeté, devient plus faible et plus lent, ou petit, fréquent et intermittent, dans les accouchemens qui durent long-temps ) (1).

8° Si maintenant nous considérons que l'embryon est comprimé sans pouvoir exercer aucune réaction (5°), que son cerveau même subit une compression (4°), que sa respiration par le placenta est supprimée (6°), que sa circulation est affaiblie (7°), nous avons une image parfaite de l'asphyxie, ainsi que l'ont reconnu Jœrg (2) et D'Outrepont. Cet état analogue à l'asphyxie permet à l'embryon de supporter, soit de la part de la matrice, soit de celle des gens de l'art, des violences qui causeraient infailliblement la mort d'un enfant venu au monde (3).

9° Mais ce qui lui permet de supporter cet état, c'est que sa vie est encore inférieure, et jusqu'à un certain point rapprochée de la vie latente de l'œuf ( § 330, 4°-11° ).

(1) Addition de Hayn.
(2) *Ueber das Leben des Kindes*, p. 68.
(3) *Ibid.*, p. 66.

10° La compression de la tête ne détermine qu'une légère stupeur, qui diffère peu du sommeil embryonnaire, et qui se dissipe promptement après la naissance. En effet, la pression ne porte que sur les parties supérieures du cerveau, celles, encore inactives à cette époque, auxquelles se rallie la force intérieure de l'âme ; la base du crâne est plus étroite, ce qui fait que la tige cérébrale, qui correspond à cette base, et qui met l'âme en rapport avec la vie corporelle, se trouve à l'abri de toute compression. Mais, en général, le degré peu élevé auquel se trouve réduite la vie animale fait qu'à cette époque le cerveau supporte les lésions beaucoup mieux qu'il ne le fait plus tard, comme le prouvent les observations recueillies sur les animaux nouvellement venus au monde ( § 524, 6° ).

11° Ce qui rend encore cette souffrance plus supportable, c'est qu'en général comme en particulier, les douleurs augmentent peu à peu d'intensité ; l'état de compression n'arrive que par degrés, et l'embryon passe insensiblement du plus bas degré au plus élevé.

12° Enfin, le caractère périodique des douleurs vient en aide à l'embryon, et lui procure des pauses pendant lesquelles il peut se refaire. Dans les accouchemens précipités, où les douleurs se succèdent coup sur coup, et où les pauses durent à peine quelques minutes, dans les cas de contraction spasmodique continuelle de la matrice, dans ceux enfin d'accouchement trop lent, où l'état de compression de l'embryon et du placenta dure trop long-temps et revient trop souvent, l'asphyxie arrive au point de persister encore après la naissance, ou de faire place à la mort réelle avant la venue au monde.

13° Nous trouvons donc partout des dispositions qui mettent la vie de l'embryon à l'abri de tout danger ( 1°-4°, 9°-12° ), en vertu desquelles le malaise qu'il éprouve lui fournit les moyens de le supporter ( 1°, 4°, 8° ), et contribue même à le porter au dernier terme de la maturité ( 6° ). Nous avons vu ( §460, 3° ) que les dispositions mécaniques ne sont pas sans influence sur la formation et la vie de l'embryon, de même que, suivant l'observation de Meinecke, la pression d'un anneau élastique

de la chrysalide, au moment de l'éclosion d'un Insecte, détermine la développement plein et entier de son état d'animal
parfait; nous devons donc présumer que l'étreinte à laquelle
l'homme se trouve soumis au moment de sa naissance, n'est
point sans influence sur le reste de sa vie. Quand on exécute
l'opération césarienne, l'embryon est tiré de son nid sans la
moindre difficulté, et il passe immédiatement de la vie embryonnaire à celle d'enfant; mais, au dire d'Autenrieth, la
mortalité des enfans ainsi amenés au monde paraît être bien
plus considérable que celle des enfans qui arrivent plus
péniblement par la voie ordinaire. Cette remarque se confirme de tous côtés; les journaux sont pleins d'observations
qui attestent le succès de l'opération, mais si l'on s'informe,
au bout de quelque temps, des êtres qu'elle a mis au jour,
on ne les trouve plus pour la plupart. Autenrieth présume
que la compression de la tête pendant l'accouchement est
surtout avantageuse en ce qu'elle diminue l'afflux du sang
vers cette partie du corps. Jœrg a remarqué (1) que les enfans qui viennent très-facilement au monde, ne respirent que
superficiellement, et meurent quelquefois pendant les huit
premiers jours, auquel cas il a trouvé les poumons distendus
d'une manière incomplète, et le cœur rempli, comme l'aorte,
de concrétions polypeuses. Ainsi il faut que l'accouchement
s'effectue d'une manière pénible et lente pour que le trouble
qui résulte de là dans la respiration branchiale ( au moyen
du placenta ) rende plus vif le besoin d'une respiration pulmonaire, pour que l'air entre pleinement et librement dans
les poumons; il doit l'être pour que cette cause, jointe aux
étreintes qu'éprouve la surface entière du corps, stimule
la circulation du sang et mette en jeu la vie animale, pour
que la plus grande métamorphose à laquelle soit assujétie la
vie humaine s'opère, non par un saut brusque, mais d'une
manière lente et graduelle.

14° Cependant lorsque la difficulté et la lenteur de la parturition dépassent certaines limites, l'embryon s'en ressent
ou périt. La pression contre les os du bassin lui occasione

(1) *Loc. cit.*, p. 411.

quelquefois des enfoncemens, des fissures et des fractures
aux os du crâne. Plus souvent encore il succombe, surtout
lorsque sa force vitale est peu active. Les registres mortuaires
ne fournissent pas de renseignemens certains, d'un côté,
parce qu'on y compte au nombre des mort-nés, non seulement les embryons qui périssent pendant l'accouchement,
mais encore ceux qui étaient déjà morts avant cette époque,
et même en partie ceux qui viennent au monde dans un état
d'asphyxie, ou qui meurent peu après la parturition ; d'un
autre côté, parce qu'on n'y fait pas figurer dans la même ca-
tégorie tous les embryons morts pendant la vie intra-utérine,
et que la plupart du temps on en exclut les produits des fausses
couches. Ils ne peuvent donc servir que pour une estimation
approximative. Suivant Julius (1), le nombre des enfans morts
avant terme s'est trouvé, à Hambourg, comparativement avec
celui des mort-nés en général, : : 1 : 2,54—2,96. Le rapport des mort-nés aux naissances en général a été de 1 : 19,
dans les états prussiens, depuis 1820 jusqu'en 1827 ; 1 : 24
à Berlin, depuis 1752 jusqu'à 1755 (2) ; 1 : 23 de 1758 à
1763 ; 1 : 20 de 1764 à 1769 ; 1 : 17 de 1770 à 1774 ; 1 : 27
de 1785 à 1794 (3), et 1 : 19 dans l'espace de trente-quatre
amnnés (4) ; 1 : 19 à Kœnigsberg dans les dernières cinq années ; 1 : 23 à Breslau, de 1775 à 1805 (5), et 1 : 19 de 1813
à 1822 ; 1 : 16, à Halle, de 1720 à 1800 (6) ; 1 : 20, dans le
royaume de Wurtemberg (7) ; 1 : 27 à Vienne (8), 1 : 17 à
Dresde (9), 1 : 12—16 à Léipzick (10), 1 : 33 à Bronswick (11),
1 : 16 à Hambourg (12) ; 1 : 19 à Paris, dans l'espace de cinq

(1) Gerson, *Magazin*, t. XVII, p. 328.

(2) Sussmilch, *Gœttliche Ordnung*, etc., t. II, tabl. XIII.

(3) Formey, *Topographie von Berlin*, p. 123.

(4) Casper, *Beitrœge zur medicinischen Statistik*, p. 152.

(5) *Correspondenz der Schlesischen Gesellschaft*, t. I, p. 56.

(6) Guete, *Angabe und Berechnung der Geborenen, Verstorbenen, etc.,
zu Halle, von 1704 bis 1800*, p. 19.

(7) Riecke, *Topographie von Wurtemberg*, p. 5.

(8) Wertheim, *Topographie von Wien*, p. 77.

(9) Casper, *Beitrœge zur medicinischen Statistik*, p. 149.

(10) Frank, *System der medicinischen Polizei*, t. II, p. 168.

(11) Casper, *loc. cit.*, p. 149.

(12) Gerson, *Magazin*, t. VII, p. 341.

ans (1), et 1 : 18 dans celui de sept années (2).; 1 : 11 à Strasbourg (3); 1 : 30 à Londres; 1 : 19 dans l'hospice de la Maternité, à Dublin (4); 1 : 36 à Stockholm (5); 1 : 17 à Philadelphie, pendant vingt ans, à New-York et à Baltimore (6).

15° La mortalité est plus considérable dans les naissances multiples. Tandis qu'elle était de 1 : 20 à Dublin, pour les naissances simples, elle s'élevait à 1 : 13 pour celles de jumeaux.

16° La mortalité est plus grande du côté du sexe masculin, dont la prédominance numérique (§ 307, 10°) se trouve diminuée par là dès avant et pendant l'accouchement. Le rapport des naissances de filles à celles de garçons, à Berlin, depuis 1752 jusqu'en 1755, a été de 1 : 1,14, et celui des filles mort-nées aux garçons mort-nés 1 : 1,42 (7). A Halle, dans l'espace de quatre-vingts ans, le rapport du sexe féminin au sexe masculin a été, pour les naissances en général de 1 : 1,08, pour les mort-nés de 1 : 1,40 (8). Ce même rapport a été, dans la ville de Breslau, depuis 1782 jusqu'en 1800, pour les naissances en général de 1 : 1,03, pour les mort-nés de 1 : 1,34 (9), depuis 1813 jusqu'en 1822, pour les naissances en général de 1 : 1,05, pour les mort-nés de 1 : 1,17; dans le royaume de Wurtemberg, en quatre années, pour les naissances de 1 : 1,05, et pour les mort-nés de 1 : 1,27 (10); à Paris, en sept années, pour les naissances, de 1 : 1,05, pour les mort-nés de 1 : 1,29 (11); en cinq autres années, pour les naissances, de 1 : 1,03, pour les mort-nés, de 1 : 1,31 (12); en 1827, pour les naissances, de 1 : 1,01, pour les mort-nés, de 1 : 1,24. Cette mortalité plus

(1) Archiv. générales, t. III, p. 468.
(2) Gerson, *Magazin*, t. XIV, p. 419.
(3) Casper, *loc. cit.*, p. 149.
(4) *Philos. Trans.*, 1786, p. 352.
(5) Casper, *loc. cit.*, p. 149.
(6) Gerson, *Magazin*, t. XVII, p. 71 et 90.
(7) Sussmilch, *loc. cit.*, t. II, tab. XIII.
(8) Guete, *loc. cit.*, p. 19.
(9) *Correspondenz der schlesischen Gesellschaft*, t. I, p. 59.
(10) Riecke, *loc. cit.*, p. 5.
(11) Gerson, *Magazin*, t. XIV, p. 419.
(12) Archives générales, t. III, p. 468.

considérable des embryons mâles est si générale qu'il paraît
ne point y avoir d'exception à son égard, et elle repose en
partie sur ce que le volume des embryons mâles surpasse celui des embryons femelles ; car (d'après les observations de
Clarke (1), ils pèsent en général neuf onces de plus ; le pourtour de leur tête est d'un demi-pouce plus grand, et le poids
de leur placenta plus considérable d'une demi-once. En
effet, il résulte de ces observations que le poids total de
soixante garçons nouveau-nés était de 441 livres, et celui du
même nombre de filles de 404 livres et demie ; la circonférence horizontale de la tête s'élevait chez les premiers à 839
pouces, et chez les autres à 817 ; l'étendue du vertex d'une oreille
à l'autre était pour les premiers de 445 pouces 9 lignes, et
pour les autres de 433 pouces 3 lignes. Les obstacles mécaniques à l'accouchement doivent donc nécessairement être
plus considérables chez les garçons, et amener fréquemment
la mort, ce qui explique aussi pourquoi la mortalité est proportionnellement moins élevées dans les accouchemens doubles de garçons, où les deux jumeaux ont coutume d'être
plus petits. Clarke croit que l'excès de mortalité tient surtout
à ce que l'embryon masculin a besoin d'une nourriture plus
abondante, et à ce que, quand il ne l'obtient pas, il devient
languissant. S'il meurt moins de filles pendant l'accouchement, on doit probablement l'attribuer à ce que les individus
du sexe féminin ont moins besoin de respiration ( § 178 ), de
sorte qu'ils peuvent supporter plus long-temps l'interruption
de la respiration placentaire avant l'établissement de la respiration pulmonaire, comme aussi à ce qu'ils ont en général
une force plus passive ( § 210), en vertu de laquelle ils maintiennent plus aisément leur vitalité au milieu de circonstances
défavorables données. Peut-être aussi l'embryon mâle se
place-t-il plus souvent, par des mouvemens irréguliers, dans
une situation qui rend la parturition difficile. Suivant Riecke (2),
la proportion des filles aux garçons était de 1 : 1,40, eu égard
à la fréquence des positions anormales, qui rendaient néces-

(1) *Philos. Trans.*, 1786, p. 352.
(2) *Loc. cit.*, p. 31.

cessaire l'application des secours de l'art : telle femme a besoin de ces secours pour accoucher d'un garçon, qui peut s'en passer pour mettre au monde une fille, ou accouche de garçons morts et de filles vivantes.

17° Sans compter qu'il y a beaucoup de femmes infanticides qui réussissent à faire passer leurs enfans pour mort-nés, il paraît être certain qu'il meurt, proportion gardée, plus d'enfans naturels que d'enfans légitimes avant et pendant l'accouchement, ce qu'on doit attribuer au soin qu'ont en général les femmes qui cèlent leur grossesse de se serrer le ventre, au peu de précautions qu'elles prennent, au chagrin qui les mine, à la crainte qui les ronge, au défaut de conduite et de continence de celles qui conçoivent hors des liens du mariage. La proportion des mort-nés aux naissances en général, a été, à Berlin, pour les enfans légitimes de 1 : 25, pour les enfans naturels de 1 : 13 (1) ; dans le Wurtemberg, d'après Schuller, de 1 : 26 pour les premiers et de 1 : 22 pour les seconds ; à Hambourg, de 1 : 16 pour les premiers et de 1 : 10 pour les autres (2).

18° Enfin, dans le Wurtemberg, le rapport des morts-nés aux naissances en général a été de 1 : 31 pour les accouchemens naturels, et de 1 : 2 pour les accouchemens forcés (3).

## CHAPITRE II.

### De l'éclosion.

§ 497. L'*éclosion*, ou la sortie de l'embryon hors de l'œuf et du *nidamentum*, est l'acte par lequel tombe la barrière qui sépare cet embryon des choses extérieures, par lequel lui-même vient au monde, entre en conflit immédiat avec les objets du dehors, et commence à jouir de la vie sensorielle, s'il y est apte. Eu égard à l'époque où ce phénomène arrive, nous remarquons les particularités suivantes :

1° L'éclosion, dans les végétaux et chez les animaux ovipares,

(1) Casper, *loc. cit.*, p. 155.
(2) Gerson, *Magazin*, t. XVII, p. 341.
(3) Riecke, *loc. cit.*, p. 25 et 28.

a lieu après la naissance, mais d'ailleurs au milieu de circonstances différentes. Chez les Vipères, les Orvets et les Salamandres, elle s'effectue très-peu de temps après la naissance ; ces animaux naissent contenus encore dans l'œuf (§ 338, 5°) ; après qu'ils ont acquis un certain développement et consommé l'embryotrophe, la membrane molle et sèche qui entoure l'œuf ne les enveloppe plus qu'à l'instar d'un manteau plissé, dont ils ne tardent point à se débarrasser (1). Chez les autres animaux où l'œuf est couvé hors du corps de la mère, l'éclosion est séparée de la naissance par un plus long intervalle ; mais elle a lieu dans des proportions différentes eu égard au degré de développement de l'embryon. Chez la plupart des animaux, elle est le dernier acte de la vie embryonnaire, et la transition de cette vie à une forme permanente ; mais, dans les plantes, elle a lieu avant le développement complet : il en est de même pour les Batraciens et pour les Insectes à métamorphose dite complète (§ 378, 6°), en un mot pour tous les animaux qui arrivent comme embryons à la vie animale, ou qui vivent pendant quelque temps à l'état de larve (§ 326, 4°). Mais la larve d'Insecte revient à la vie latente de l'embryon quand elle passe à l'état de chrysalide ; sa peau tient la place de l'œuf, et, en se fendant, elle livre passage à l'Insecte parfait, de sorte que la seconde vie embryonnaire se termine également par une seconde éclosion. Chez les Batraciens, la chute de l'épiderme, qui a lieu vers la fin de l'état de têtard, remplace cette seconde éclosion (§ 396, 2°).

Il est rare que l'homme naisse entouré des enveloppes intactes de l'œuf. Wrisberg n'a observé ce cas que trois fois, sur 2000 naissances (2). Tout dépend ici du rapport de dimension entre l'œuf et l'orifice de la matrice ; si l'œuf est petit, il peut être expulsé entier, comme on le voit presque toujours dans les fausses-couches qui ont lieu pendant les premiers mois de la grossesse, et comme on l'observe aussi dans les accouchemens tardifs, où presque jamais l'embryon n'est arrivé à maturité parfaite dans les membranes de l'œuf (3).

(1) Blumenbach, *Kleine Schriften*, p. 134.
(2) Wrisberg, *Commentationes*, p. 312.
(3) Mende, *Handbuch der gerichtlichen Medicin*, t. III, p. 111.

De même, si l'orifice de la matrice a un diamètre considérable, il peut laisser passer intact l'œuf complétement développé. Ainsi, selon Riecke (1), on a observé plusieurs cas d'accouchemens doubles, dans lesquels le second embryon, plus parfait et plus volumineux que le premier, venait au monde enveloppé dans les membranes de l'œuf.

2° L'éclosion a lieu avant la naissance chez les animaux ovo-vivipares (§ 338, II), par exemple les Bivalves (§ 377, 2°) et la Blennie (§ 389). Les Nématoïdes naissent en partie nus, et en partie renfermés dans l'œuf, qui alors se déchire peu de temps après la naissance (2).

Il y a jusqu'à un certain point naissance précédant l'éclosion, chez l'homme, lorsque les eaux de l'amnios s'écoulent quelque temps avant la naissance, en supposant toutefois qu'on ne commette pas d'erreur à cet égard, et que l'œuf se déchire réellement.

3° C'est exclusivement chez les Mammifères que l'éclosion a lieu pendant le part.

§ 498. Les forces qui accomplissent l'éclosion sont différentes.

1° Elle a lieu, chez les végétaux, par l'effet de l'accroissement et du travail de la plasticité. Lorsque l'embryon est enveloppé dans le périsperme, il le fait fendre en s'accroissant, par la diduction qu'il exerce de tous côtés sur lui. Le développement que continue de prendre l'embryon et le volume qu'acquiert l'embryotrophe au moyen de l'eau qui l'imbibe, ramollissent tellement la membrane de la graine, qu'elle se déchire, n'ayant plus la force de résister à la distension ; ce dernier phénomène tient surtout à l'accroissement de la radicule ; car c'est d'ordinaire à son extrémité que la déchirure s'opère. Le péricarpe mou et imprégné de sucs commence à pourrir et se détache ; celui qui est coriace se ramollit, par l'eau qu'il absorbe, et cède à la pression de l'embryotrophe, qui se gonfle, et de l'embryon, qui s'accroît ; celui qui est pierreux éclate par l'influence des mêmes circonstances, ou se divise à la faveur de sutures qui s'écartent, phénomène

(1) *Loc. cit.*, p. 16.
(2) Rudolphi, *Entozoorum hist. nat.*, t. I, p. 308.

auquel la vitalité de l'embryon prend la plus grande part, puisque la rupture n'a point lieu quand le germe est mort ; la radicule est également ici le principal moteur, car le péricarpe ne s'ouvre souvent qu'à l'endroit où elle correspond, et la laisse sortir, continuant encore d'envelopper le reste de la plantule.

L'éclosion des Entophytes a lieu autrement ; en s'accroissant, ces végétaux font éclater l'épiderme du corps végétal qui leur avait servi d'abri jusqu'alors.

2° Chez quelques animaux des dernières classes (§ 343, 4° ; 374, 6°), la mort de la mère accomplit l'éclosion de son fruit.

3° Chez les animaux ovipares, c'est la volonté de l'embryon qui effectue l'éclosion. Le monde dans lequel il a vécu jusqu'alors étant devenu trop étroit pour lui, il brise les parois de l'œuf, déchire ses enveloppes, et arrive de son propre mouvement à la lumière. C'est là sensibilité générale qui le détermine ; des Lézards qui étaient déjà sortis à moitié de l'œuf sous l'influence de la chaleur solaire, y rentrèrent lorsqu'on les plaça dans un endroit frais, et furent de nouveau attirés au dehors par les rayons du soleil (1). Mais constamment l'éclosion est préparée et rendue possible par le travail plastique, puisque l'accroissement de l'embryon amincit ses enveloppes, les rend plus fragiles, et les fait crever. Les œufs de plusieurs Distomes ont, comme des capsules de mousses, un petit opercule que l'embryon peut soulever, pour s'échapper au dehors. Dans l'espèce du Limaçon des vignes, la membrane de l'œuf finit par devenir crétacée et cassante, et au bout de quelques jours l'embryon se fraie une issue au dehors. Pour l'éclosion des petits, il se détache, dans les Buccins, une partie de l'enduit corné, et dans les *Purpura* un bouchon gélatineux constitué par le *nidamentum* ; ces points sont probablement rendus plus mobiles et plus souples par les mouvemens de l'embryon (2). Chez les Sangsues, le *nidamentum* intérieur se fane et se ride pendant le développement de l'embryon ; la pointe située à son extrémité la plus étroite disparaît, et fait place à un trou par lequel le jeune animal sort, pour se glisser ensuite à travers les

(1) Reil , *Archiv*, t. IX, p. 85.
(2) Grant, dans Froriep, *Notizen*, t. XVIII, p. 308.

mailles du *nidamentum* réticulé extérieur (1). Dans les Ento-
mostracés, le sac à œufs se fend sur plusieurs points, par lesquels sortent les petits (2). Dans les Hydrophiles, le volume
de la larve fait éclater l'œuf à l'endroit où se trouve la tête (3).
D'autres Insectes se fraient une issue avec leurs mandibules
et leurs mâchoires : ils percent un trou de forme ronde dans
l'œuf, ou ils en repoussent une portion au dehors, ou enfin ils
le fendent en deux moitiés égales. Quelques larves sont encore
obligées de perforer un *nidamentum* solide, par exemple la
substance ligneuse des galles ou le péricarde pierreux des
noix. L'œuf des Araignées se fend le long du bouclier thoracique de l'embryon, par l'effet de l'extension que prend ce
dernier, et le jeune animal fait sortir d'abord sa tête, puis son
thorax, après quoi il dégage ses pattes par des extensions et
des flexions alternatives (4). L'embryon des Poissons donne de
fréquens coups de queue, jusqu'à ce que l'œuf se déchire (5).
L'embryon de Lézard ouvre son œuf au voisinage du gros
bout, et en sort la tête la première (6). Celui des Ophidiens
ronge la membrane coriace de l'œuf, et demeure pendant
plusieurs heures la tête au dehors, avant de sortir : le jeune
serpent rampe alors, traînant après lui les membranes de l'œuf,
qui ne tombent qu'au bout de quelques heures (7). L'embryon
des Oiseaux porte au bout du bec un petit tubercule dur, dont
la pointe est toujours, suivant Bechstein et Yarrel (8), appliquée
au gros bout de l'œuf; l'animal tourne un peu autour de son axe
longitudinal, trace ainsi une ligne circulaire avec son tuber-

(1) Comparez Rayer, dans Annales des sc. nat., t. IV, p. 184. — J.-L.
Derheims, hist. naturelle et médicale des Sangsues, Paris, 1825, in-8°.
— A. Moquin-Tandon, Monographie de la famille des Hirudinées, Montpellier, 1827, in-4°, fig. — A. Charpentier, Monographie des Sangsues
médicales et officinales, Paris, 1838, in-8°.
(2) Jurine, Histoire des Monocles, p. 12.
(3) Miger, Annales du Muséum, t. XIV, p. 441.
(4) Herold, *Untersuchungen ueber die Bildungsgeschichte der wirbel-
losen Thiere im Eie*, p. 38.
(5) Bloch, *Naturgeschichte der Fische*, t. I, p. 150.
(6) Reil, *Archiv*, t. IX, p. 105.
(7) Froriep, *Notizen*, t. XXX, p. 180.
(8) Froriep, *Notizen*, t. XV, p. 33.

cule, et détruit la coquille dans tout le pourtour de ce cercle, sans intéresser la membrane testacée ; ensuite il s'arc-boute de la tête et des pattes, en sorte que la membrane crève, et que la portion circulaire de la coquille se détache comme une sorte de couvercle ; dès que son bec est parvenu au dehors, il reste tranquille, quelquefois pendant plusieurs heures, avant de briser entièrement la coquille et de chercher à sortir (1).

D'après les observations de Baer, la tête est ordinairement placée sous l'aile droite; la pointe du bec correspond directement à la chambre aérienne, de sorte qu'au moindre mouvement de la tête, cette pointe perce le sac urinaire (§ 446, 3°), et pénètre dans la chambre, en sorte que la respiration commence déjà dans l'œuf; un mouvement plus fort de la tête perfore ensuite, ou en même temps, la coquille, et quand l'ouverture est agrandie, l'embryon allonge la tête au dehors; après avoir ainsi respiré l'air extérieur pendant un certain laps de temps, durant lequel le sac urinaire meurt, il sort en entier de l'œuf. D'après cela, il paraît qu'une respiration plus complète fait naître la puissance et le désir de se débarrasser de l'œuf.

4° Chez certains Insectes, la mère dispose le *nidamentum* de manière que la larve puisse sortir quand le moment en est arrivé. L'*Apis violacea* perce un canal dans le bois, et de la première cellule qu'elle établit mène au côté opposé un conduit particulier, par lequel la larve qui se développe la première s'échappe, après quoi les autres suivent le même chemin, suivant l'ordre de leur développement, qui est aussi celui dans lequel les œufs ont été pondus. La même chose a lieu dans la *Ceratina albilabris*; la larve a sa tête dirigée vers le canal qui doit lui servir d'issue, et elle se convertit ainsi en chrysalide après avoir consommé son embryotrophe ou sa pâtée mielleuse; pour sortir, l'Insecte détruit, avec ses mandibules, la cloison qui le retient prisonnier, et enfile le canal; mais quand le hasard fait qu'un des œufs pondus en dernier lieu se développe plus tôt qu'il ne devrait, parce qu'il a reçu trop de pâtée, l'Insecte traverse les cellules encore closes dans les

(1) Faber, *Ueber das Leben der Voegel*, p. 199.

IV.    18

quelles se trouvent les chrysalides provenant des œufs précédens, et les détruit pour gagner le canal de sortie (1).

5°. Dans certains cas, la mère ouvre elle-même une issue à ses
petits. Une espèce d'Araignée pratique au sac à œufs, quand les
petits sont éclos, une ouverture qui leur permet de sortir. Les
Abeilles ouvrières ferment avec de la cire les cellules des larves qui se changent en chrysalides, et enlèvent ce couvercle
dès que les chrysalides sont parvenues à maturité. Les Fourmis ouvrières connaissent aussi ce moment, par des moyens dont
nous ne pouvons nous faire aucune idée ; elles ouvrent alors,
avec leurs mâchoires, le point de la chrysalide qui correspond
à la tête du jeune animal, tirent celui-ci dehors, déchirent la
membrane qui l'enveloppe encore, dégagent chaque membre,
et étendent les ailes des individus qui en sont pourvus. On assure que les Oiseaux becquètent aussi quelquefois les œufs à
terme, pour faciliter la sortie des petits, tandis qu'ordinairement ils se contentent d'enlever du nid les coquilles vides (2).
Mais ce qu'il y de plus surprenant, c'est que l'instinct rappelle auprès de leurs œufs, quand ils sont à point, des animaux qui ne les couvent pas eux-mêmes : lorsque la chaleur
extérieure à faire éclore leurs œufs, les Crocodiles reviennent
aider les petits à en sortir (3).

§ 499. Chez les Mammifères, l'éclosion est un acte plus
complexe. Elle comprend trois temps, la rupture des membranes de l'œuf et la sortie de l'embryon hors de ces membranes, la séparation d'avec le placenta, et la chute du cordon ombilical. Nous allons réunir ces trois temps, quoique
le second précède le commencement de la respiration
aërienne (§ 808, 2°), et que le troisième n'arrive qu'au
bout de quelques jours. L'embryon lui-même n'y prend aucune part par sa volonté.

I. La *rupture de l'œuf* tient uniquement au mécanisme de
la parturition. Une partie de cet œuf, cédant à la pression
qu'exerce le fond de la matrice, s'engage dans l'orifice du

(1) Spinola, dans les Annales du Muséum, t. X, p, 236.
(2) Faber, *loc. cit.*, p. 198.
(3) Humboldt, *Reise in die Aequinoctialgegenden*, t. III, p. 427.

viscère, seule issue qu'il trouve, et y produit une poche pleine de liquide : la tête de l'embryon, qui se rapproche de plus en plus de l'orifice utérin, en même temps qu'elle s'applique d'une manière exacte aux parois de l'organe, ne permettant pas à l'eau de refluer dans la portion de l'œuf située au delà, ce liquide trouve de moins en moins d'espace dans la poche isolée qui le renferme, il la distend de plus en plus, et finit par la faire éclater. En général, chez la femme, la poche des eaux crève immédiatement derrière le pubis, de sorte que, même après la rupture, la face, qui regarde le sacrum, trouve encore en elle une enveloppe lisse et glissante (1). L'embryon n'est donc à nu que vers la partie inférieure du vagin et à la fin du part. Le liquide contenu dans la poche, et qui coule alors, s'élève à environ deux onces; le reste des eaux de l'amnios s'échappe à la sortie du tronc. L'œuf déchiré reste dans la matrice, avec le placenta, et n'en sort que pendant la cinquième période de la parturition (§ 493), constituant alors une partie de ce qu'on appelle arrière-faix ou délivre.

II. La *séparation du placenta* et du nouveau-né, qui appartient essentiellement à l'éclosion, arrive quand la respiration pulmonaire a commencé, et elle peut être le résultat ou d'un travail organique, ou d'un acte de la volonté.

1° Chez les Mammifères qui font leurs petits debout, le cordon ombilical se déchire par le poids du jeune animal qui sort de la matrice, soit parce qu'il est trop court pour atteindre jusqu'à terre (§ 417, 7°), soit parce qu'il tient peu au placenta (§ 352, 2°). Dans l'espèce humaine, ce phénomène n'a lieu que d'une manière exceptionnelle, quand la femme accouche debout, et que le cordon ombilical a une brièveté insolite, ou quand, soit la mère, soit la sage-femme, tire l'enfant sans précaution, et que le cordon est sec et flétri. Au reste, chez la femme comme chez les femelles des animaux, le cordon se rompt presque toujours dans le voisinage du placenta, parce que c'est là qu'il commence à périr et qu'en conséquence il est le plus cassant.

(1) Wigand, *loc. cit.*, t. II, p. 328.

2° Les animaux qui font leurs petits étant couchés, déchirent le cordon avec leurs dents. Chez les peuples civilisés, pour séparer le nouveau-né de l'œuf, on coupe le cordon à quelques pouces de distance du corps de l'enfant.

3° L'enveloppe embryonnaire rejetée par la matrice est morte et tombe en pourriture, de même que la membrane de la graine et le péricarpe des plantes, la membrane et la coquille de l'œuf des animaux ovipares, se détruisent avec plus ou moins de promptitude. Quelques animaux mangent le placenta de leurs petits, comme pour se remettre des fatigues du part et compenser les pertes que leur nutrition a éprouvées auparavant.

III. Pour terminer l'éclosion, il faut que le reste des parties qui établissaient la liaison entre l'œuf et le corps maternel soit expulsé par un acte organique. La mort et la chute de la portion du *cordon ombilical* qui tient encore à l'enfant sont la continuation et le complément de l'éclosion qui s'est opérée au terme de la maturité; ce qui le prouve, c'est que, dans les fausses couches, où le placenta est plus pesant, en proportion de l'enfant, plus imprégné de sang et plus vivant, le cordon ombilical, qui a plus d'épaisseur et contient davantage de sucs, tombe deux à cinq jours plus tard que chez les enfans venus à terme. Ce phénomène lui-même dépend de ce qu'une fois la connexion détruite entre lui et le placenta, le cordon ombilical a perdu toute importance; il périt donc à partir de son extrémité placentaire; mais l'organisme, qui veut maintenir sa vitalité, brise les liens qui l'unissent à cette partie frappée de mort, et la fait tomber. Nous distinguons ici trois périodes.

4° Après que la portion du cordon ombilical qui tient au corps de l'enfant est devenue molle, très-flexible et un peu bleuâtre, ce qui a lieu douze heures après la naissance, cette portion commence à se *dessécher*, ordinairement au second jour, ou plus tard, si elle contient encore beaucoup de gélatine. Elle se flétrit à partir du point coupé, en allant vers l'ombilic, devient sèche, brunâtre et translucide; ses vaisseaux prennent l'aspect de filamens grêles et brunâtres; la ligature se relâche. Au troisième jour, la dessiccation est communément complète. C'est

un acte de vie , car elle n'a lieu que dans la portion du cordon
qui tient à l'enfant vivant, et le reste tombe en putréfaction ;
on observe , d'ailleurs , chez les enfans morts pendant ou aussitôt après l'accouchement, que le lambeau du cordon ombilical ne se dessèche point , ou ne le fait qu'au cinquième ou
sixième jour ; il demeure rond et mou. Cependant , ses vaisseaux , qui, chez l'enfant vivant, s'oblitèrent dès le premier
jour, ou au plus tard le troisième , restent perméables à l'in-
jection (1) , et quand la putréfaction s'empare du cadavre ,
lui-même y participe , tandis que le cordon qui se sépare d'un
enfant vivant est tellement desséché qu'on peut le conserver
trente ans et plus sans préparation aucune. Cette dessiccation
ne peut tenir qu'à l'absorption des sucs contenus dans la
partie, et que l'organisme vivant s'approprie, comme étant
aptes à lui fournir des principes nutritifs. Billard , qui en a
fait une étude spéciale , l'attribue à l'évaporation des parties
aqueuses de la gélatine par la chaleur vitale de l'enfant (2) ,
et à la constriction que le dessèchement de la gélatine fait
éprouver aux vaisseaux (3) ; ces deux causes ne jouent très-
probablement qu'un rôle fort secondaire.

5° Le second acte est la *séparation* du cordon mort, qui
s'opère sur la ligne de démarcation entre l'amnios et la peau
de l'enfant , la plupart du temps quatre ou cinq jours après
la naissance. De même que la chute des parties gangrénées ,
cette séparation a lieu par liquéfaction et absorption. Suivant
Sœmmerring, le cordon desséché excite une légère inflammation à la peau environnante, et la suppuration déterminée
par cette phlegmasie détruit complétement la connexion.
Cependant cet effet n'a guères lieu que quand le cordon
contient beaucoup de gélatine, qu'il est large à la base, qu'a-
près s'être desséché, il frotte contre le bourrelet cutané très-
saillant de l'ombilic , et qu'il tombe lentement (4). Souvent on
n'aperçoit aucune trace ni d'inflammation ni de suppuration :
l'amnios desséché éclate sur la limite de la peau de l'ombilic,

(1) Archives générales , t. XII , p. 375.
(2) *Ibid.*, p. 376.
(3) *Ibid.*, p. 373.
(4) *Ibid.*, p. 371, 382, 386.

et la portion encore humide des vaisseaux ombilicaux qui est
contenue dans la cavité abdominale n'étant plus étendue et
allongé par l'onde sanguine, éprouve une rétraction qui l'é-
loigne de la portion sèche située hors de l'abdomen, et qui
va jusqu'à faire qu'elle se déchire. Parmi 86 enfans que De-
nis a observés sous ce rapport, il ne s'en est trouvé que 25
qui ont offert une inflammation autour de la base du cordon
ombilical avant sa chute, et 8 seulement qui ont présenté une
sécrétion séro-purulente en cet endroit. Suivant Hohl, une
rougeur inflammatoire survient à l'anneau cutané, douze ou
quatorze heures après la naissance, puis disparaît, et se re-
renouvelle au bout de seize à trente-six heures.

La séparation complète ne peut être effectuée que par l'é-
tablissement d'une fluidification et d'une absorption insensibles du point marquant la limite entre le mort et le vif.

6° Le dernier acte est l'*occlusion de l'ouverture ombilicale*,
qui, d'après Devergie, a lieu, chez les enfans maigres, avant
le dixième jour et sans sécrétion appréciable, tandis que, chez
les enfans gras, elle ne s'accomplit jamais avant le douzième
jour, et souvent même s'opère plus tard encore. Dès le dernier mois de la vie embryonnaire, la peau avait formé, autour du cordon ombilical, un bourrelet analogue à ceux dont
elle entoure toutes les ouvertures du corps ( § 457, 4°). La
chute du cordon produit un vide au centre de l'anneau, et
alors seulement la peau du corps se ferme complétement sur
ce point. L'ouverture de la ligne blanche à travers laquelle
passaient les vaisseaux ombilicaux s'oblitère par la constriction des fibres tendineuses demi-circulaires qui l'entourent,
sans qu'il paraisse se produire là aucune formation nouvelle (1),
comme il s'en opère une pour combler le vide des tégumens.
En effet, le point arrondi où s'implantaient les vaisseaux ombilicaux paraît comme excorié, et se couvre d'un liquide
exhalatoire, dont la surface se dessèche en une croûte, au
dessous de laquelle il se forme une nouvelle peau. Cette portion de peau produite après la naissance, est plus incomplète
et plus mince que celle qui a été formée pendant la vie em-

(1) Isenflamm, *Anatomische Untersuchungen*, p. 61.

bryonnaire, et ressemble davantage à une cicatrice; elle adhère intimement à la ligne blanche, et il ne s'amasse point de graisse au dessous d'elle, ce qui fait qu'elle n'arrive pas au même niveau que les tégumens communs, mais représente le fond d'une cavité ou d'une poche. Peut-être, comme le présume Sœmmerring, les tractions exercées par les artères ombilicales, qui se raccourcissent dans l'intérieur de la cavité abdominale, contribuent-elles aussi un peu à accroître la profondeur de l'ombilic. Billard (1) pense même qu'elles déterminent la forme de ce dernier; suivant lui, la fosse, au lieu d'être circulaire d'abord, a son diamètre transversal plus long que l'autre, et se porte légèrement vers le bas, sur les côtés, de manière qu'elle est réniforme, avec un bord supérieur concave et un bord inférieur convexe, attendu que les deux artères ombilicales, qui correspondent aux parties latérales du bord inférieur, exercent une traction plus considérable que la veine ombilicale correspondante au milieu du bord supérieur. Plus tard, l'ombilic devient circulaire; le renflement annulaire s'abaisse au niveau de la peau environnante, et la fosse ombilicale devient à la fois plus étroite et plus profonde.

Chez les animaux ovipares, dont la vésicule ombilicale n'entre que tard dans la cavité abdominale, cette cavité se ferme aussitôt après qu'elle y a pénétré; dans les jeunes Chéloniens, l'ouverture ombilicale ne s'aperçoit plus qu'au plastron, et elle se remplit peu à peu.

## Section deuxième.

### DES CONSÉQUENCES DE LA SÉPARATION DU CORPS MATERNEL ET DE L'OEUF.

#### CHAPITRE PREMIER.

*Conséquences de la parturition à l'égard de la mère.*

§ 500. L'accouchement entraîne plusieurs conséquences, qui dépendent aussi en partie de ce que la grossesse est arrivée à son terme.

(1) *Loc. cit.*, p. 390.

1° La première consiste en de la lassitude. L'accouchée éprouve le besoin de repos et de sommeil. La station et le mouvement augmentent souvent l'écoulement de sang outre mesure, et la plupart de nos femmes ne les supportent qu'au bout de quatre à huit jours.

2° La vie se trouve dans un état général d'excitation, et l'irritabilité est exaltée. L'accouchement met toutes les forces en émoi; l'orage ne s'apaise que peu à peu, et il reste toujours une prédisposition à son renouvellement. La moindre cause suffit pour troubler l'organisme entier, mais surtout la matrice, dont la vitalité a été, pendant l'accouchement, le point central du déploiement des forces. La propension au repos, produite par le sentiment de lassitude, agit.donc ici d'une manière salutaire. Mais plus la matrice elle-même a été épuisée par ses violens efforts, moins aussi elle a de tendance à une nouvelle exaltation de son activité ( § 494, 1° ) Les organes des sens surtout ont acquis un surcroît d'impressionnabilité, ce qui tient en partie à ce que l'activité vitale prédomine à cette époque dans les organes de la périphérie; l'œil et l'oreille sont sensibles à un très-haut degré.

3° La pléthore qui s'était produite pendant la grossesse (§ 347, 2°), et qu'a encore augmentée le reflux, dans la masse générale des humeurs, d'une portion du sang contenu dans la matrice, ne peut être détruite que par hémorrhagie et sécrétion ( § 502 ), puisque l'organisme maternel ne fournit plus de matériaux à la nutrition du fœtus.

4° La vitalité ayant été dirigée tout entière vers l'accouchement, les organes digestifs demeurent dans l'inaction pendant un certain laps de temps après le part. L'appétit est faible; des alimens légers et peu nourrissans suffisent pour le satisfaire. En général, il n'y a point d'évacuations alvines pendant les trois ou quatre premiers jours, et les écarts de régime ou les troubles de la digestion antérieurs à la parturition provoquent fréquemment des accidens dangereux.

Il en est autrement chez les Mammifères, qui mettent bas avec plus de facilité; les Chiennes, par exemple, qui mangent peu pendant les derniers temps de la gestation, témoignent un grand appétit immédiatement après le part, et dé-

vorent tout avec avidité. Si donc les animaux herbivores eux-
mêmes, comme les Vaches et les Brebis, avalent souvent le
placenta dont ils viennent de se délivrer, on doit l'attribuer
en partie au besoin de confortation et de nourriture qu'ils
éprouvent, en partie aussi au changement que la révolution
causée par le part a produit dans leur caractère habituel.

5° Les causes qui viennent d'être énumérées rendent les
accouchées très-sujettes aux maladies dangereuses, et il
meurt deux fois plus de femmes après que pendant la parturition. A Breslau, par exemple, la proportion entre le nombre des morts après l'accouchement et celui des cas eux-
mêmes d'accouchement, a été de 1 : 130 (1). Le nombre des
femmes mortes pendant et après la parturition, comparé à
celui des cas de parturition, a été, dans ces derniers temps,
de 1 : 152, à Berlin, 1 : 168 à Kœnigsberg, et 1 : 175 dans
le Wurtemberg (2). Or, comme la proportion est maintenant
bien plus favorable qu'elle ne l'était au dix-huitième siècle,
nous devons conclure que les modernes en sont revenus à
un mode de traitement plus conforme aux lois de la nature (3).

§ 501. Pendant les *couches* ( *puerperium* ), c'est-à-dire durant la période qui suit l'accouchement, la vie tend, d'un
côté, à rentrer dans son ancienne direction, d'un autre côté,
à en prendre une nouvelle ( § 502 ). Ces deux tendances ont
commencé pendant la parturition, dont elles forment a proprement parler le caractère ( § 479 ), et elles se développent
pendant les couches.

#### I. Retour aux conditions antérieures.

Le retour aux conditions antérieures de l'existence se prononce,

1° Dans l'ensemble de l'organisme. La respiration et le
mouvement volontaire redeviennent plus libres, la circulation et la nutrition reprennent le type qui convient à leur

(1) *Correspondenz der schlesischen Gesellschaft*, p. 61.
(2) Riecke, *loc. cit.*, p. 3.
(3) Casper, *loc. cit.*, p. 480.

propre maintien, et l'état général en revient à peu près au
point où il était auparavant. C'est ce qu'on remarque surtout à l'égard des états morbides : l'épilepsie qui s'était manifestée avant la grossesse, et que celle-ci avait écartée,
s'annonce de nouveau, pendant la première période de la
parturition, par ses symptômes précurseurs (*aura epileptica*),
et reparaît ensuite (1). D'autres maladies, la manie et la
mélancolie par exemple, que la grossesse avait excitées, s'effacent après le part, et la phthisie, qui s'était arrêtée pendant
toute cette période, redouble ses progrès après l'accouchement, lorsque la respiration a repris plus d'activité (2).

2° De tous les organes, celui qu'intéresse plus spécialement
la grossesse, pendant le cours de laquelle il avait acquis une
prépondérance si décidée, est celui surtout qui revient au
calme de sa vie antérieure, et il rentre d'autant plus parfaitement en équilibre, que son activité a été plus régulière, que
des efforts couronnés de succès ont plus diminué le superflu
de ses forces. Les organes qui servent à la parturition se rapetissent par une énergie plus vive de l'activité musculaire,
par la tonicité ou l'élasticité vivante, et par la diminution des
sucs infiltrés dans leurs tissus, dernier phénomène qui résulte
et des contractions elles-mêmes auxquelles ils se sont livrés, et
de la nouvelle direction que prennent la vitalité et la circulation.

Il y a impossibilité de revenir entièrement à l'état antérieur,
car, malgré tous les efforts pour y rentrer, la vie a une marche progressive qui ne s'interrompt jamais. Le retour sur soi-
même n'est donc jamais parfait dans les organes qui ont servi
à la parturition, et il l'est d'autant moins, c'est-à-dire laisse
des traces permanentes d'autant plus sensibles de l'accouchement, que celui-ci s'est répété plus souvent, et que la
complexion est plus molle, plus relâchée.

3° Il s'établit dans la matrice une contraction rhythmique, c'est-à-dire des alternatives d'expansion et de resserre-
ment, jusqu'à ce que ce dernier soit parvenu au point où il
doit s'arrêter. Après la naissance de l'enfant, si l'on palpe les

(1) Stein, *Lehre der Geburtshuelfe*, t. I, p. 150.
(2) Carus, *Lehrbuch der Gynœkologie*, t. II, p. 189.

parois relâchées de l'abdomen, on sent la matrice formant, au dessus des pubis, une boule d'environ dix pouces de long, sur sept de large : au bout de quelques jours, on lui trouve une longueur d'à peu près six pouces. (Tandis que, chez les femmes maigres, celles surtout qui ont été déjà mères plusieurs fois, la matrice présente encore, au bout de quinze jours, deux doigts de largeur au dessus du pubis, son fond, chez les primipares, notamment celles qui ont un peu d'embonpoint, ne peut plus être senti d'une manière distincte après le huitième jour) (1). Au bout de six semaines elle est presque dans le même état qu'avant la grossesse, à cela près d'un peu plus de volume et de laxité (2).

Dès le premier jour, son corps acquiert de la fermeté, et sa cavité se rétrécit, s'aplatit ; il revient promptement à l'état qui précédait la gestation, ce qui a lieu plus tard pour le col. Au second jour, l'ouverture est encore flasque, et facile à dilater ; la portion saillante dans le vagin ne s'aperçoit point encore : pendant la seconde semaine seulement cette portion acquiert une longueur de trois lignes, et alors on voit se fermer d'abord l'orifice interne, puis l'orifice extérieur (3) ; au bout de six semaines, elle a six à neuf lignes de long. Les contractions de la matrice ont pour résultat, dans l'opération césarienne, de faire que les bords de la plaie restent en contact l'un avec l'autre, que celle-ci guérit sans suture, et qu'elle se cicatrise d'une manière tellement solide, qu'on a vu des femmes redevenir enceintes et accoucher heureusement après la guérison d'une rupture de matrice survenue dans le cours d'un accouchement antérieur (4).

Ces contractions sont douloureuses surtout chez les femmes qui ont déjà eu des accouchemens nombreux, et dont la matrice fort relâchée ne peut revenir aussi aisément à son volume primitif. Elles le sont également toutes les fois que la parturition a eu lieu d'une manière rapide, et n'a point épuisé

(1) Addition de Hayn.
(2) Carus, loc. cit., t. II, p. 129.
(3) Stein, loc. cit., t. I, p. 174.
(4) Carus, Zur Lehre von Schwangerschaft, t. II, p. 135.

les forces de l'organe, comme aussi lorsque la femme jouit d'une sensibilité très-développée.

4° Le vagin se rétrécit un peu, et redevient plissé ; mais il demeure flasque, flétri et peu chaud ; il ne revient davantage sur lui-même qu'au bout de trois semaines ou d'un mois.

Les grandes lèvres reprennent leur forme primitive immédiatement après la parturition.

5° Les muscles abdominaux et les tégumens du ventre se resserrent, mais d'une manière incomplète chez les femmes d'une complexion molle ou qui ont eu beaucoup d'enfans.

### II. Direction de l'activité vitale vers la périphérie.

§ 502. Pendant l'accouchement, l'exaltation de l'activité vitale passe des organes internes à la *périphérie*. La vie maternelle suit en quelque sorte celle de l'enfant, et l'accompagne en prenant cette direction du dedans en dehors qui caractérise l'état puerpéral. Ici se rangent ;

I. La sécrétion et l'excrétion de liquides par les voies génitales, comme moyen à l'aide duquel ces organes reviennent à leur état antérieur. Les *lochies* consistent effectivement en un écoulement de sang exhalé et de liquide excrété, ayant pour but de rétablir la matrice, et d'abord de diminuer l'abondance des sucs qui en pénètrent le tissu.

1° Pendant la première période il coule du sang rouge. Lorsque le placenta se détache, il y a des vaisseaux de la matrice qui se trouvent déchirés, et l'on en voit les orifices béans dans les endroits qu'occupait le placenta, sous la forme d'une multitude de points noirs et d'inégalités un peu dures (1). En se contractant ensuite, la matrice exprime, par ces ouvertures, le sang contenu dans sa substance. Immédiatement après la délivrance, le sang qui s'échappe est pur et vermeil ; au bout de deux ou trois heures, il est caillé et noirâtre.

Ce qui prouve que l'hémorrhagie provient du placenta, c'est qu'elle ne survient jamais qu'après son décollement, au moins partiel, qu'elle appartient en propre à l'espèce humaine, où cet organe tient aussi à la matrice par des liens plus intimes,

(1) Stein, *loc. cit.*, t. I, p. 175.

qu'elle est d'autant moins considérable, toutes choses égales d'ailleurs, que l'accouchement a lieu plus tôt et que l'œuf est moins avancé dans son développement, enfin qu'elle est d'autant plus abondante que le placenta lui-même a plus de volume et contient davantage de sang. Du reste, elle diminue à chaque douleur consécutive. Pendant cette période, les parties génitales externes sont encore tuméfiées, en raison de la contusion qu'elles ont éprouvée; le vagin est couvert de mucosités, la paroi du ventre est très-flasque, l'ombilic fort distendu, le bas-ventre très-sensible à la pression; les seins sont flasques, et quand on les presse, il en découle un lait ténu, presque aussi clair que de l'eau.

2° A mesure que la matrice se resserre, il sort moins de sang, et au bout de trois à cinq jours, ce liquide est plus pâle et moins épais.

3° A partir du huitième ou dixième jour, il s'écoule un liquide albumineux, blanc, un peu épais, qui répand une odeur particulière, ressemble à du pus, et laisse sur le linge des taches semblables à celles qu'y produirait du lait. Au quatrième et au cinquième jour surtout, ce liquide est plus abondant et exhale une odeur désagréable; après quoi il devient peu à peu de plus en plus rare et mucilagineux. L'écoulement cesse tout-à-fait au bout d'un mois environ chez les femmes qui allaitent, et de six semaines chez les autres.

4° Les lochies diminuent la vitalité, et font cesser la congestion, tant parce qu'elles dépouillent l'économie d'une certaine quantité de substance, et notamment de sang, dont le poids s'élève en général à près d'une livre, que parce qu'elles sont le résultat d'un libre déploiement de l'activité plastique, et la source d'un liquide riche en albumine, qui s'épanche au dehors. Voilà pourquoi elles durent d'autant plus long-temps que l'accouchement a été plus prompt et plus facile; pourquoi elles sont surtout abondantes chez les femmes pléthoriques et en même temps d'une complexion molle, qui mangent beaucoup et mènent une vie oisive; plus rares, au contraire, lorsqu'il y a eu hémorrhagie pendant la grossesse; pourquoi elles diminuent quand d'autres sécrétions coulent abondamment; pourquoi enfin leur suppression donne lieu à la fièvre puerpérale, qui dépend d'un état inflammatoire, des organes pelviens surtout.

5° Les lochies sont, en particulier, le résultat du travail par lequel la matrice se guérit des lésions qu'elle a éprouvées. Les débris de la membrane nidulante et du placenta s'échappent avec le sang, sous la forme de filamens, ou se liquéfient et s'écoulent ensuite avec le liquide puriforme, qui ressemble à celui que sécrètent les membranes muqueuses atteintes d'inflammation.

6° Les lochies ont quelque analogie avec les menstrues, quant à leur cause, de même que quant à leurs phénomènes. Elles sont abondantes ou non suivant que les règles ont coutume aussi d'être l'un ou l'autre, et on ne les observe pas plus que la véritable menstruation dans les animaux. Chez une femme dont le ventre était devenu dur et tendu après la suppression des lochies, il s'établit, au bout de huit jours, un flux muqueux ayant l'odeur spéciale de ces dernières, qui dura quelques jours, et qui revint ensuite toutes les quatre semaines, jusqu'à la disparition du gonflement et au rétablissement de la menstruation normale (1). Lavagna (2) a reconnu que le sang qui coule de la matrice devient plus chargé de fibrine et plus enclin à la putréfaction dans l'état d'inflammation ou d'exaltation de la vitalité, et que par conséquent il acquiert des qualités différentes de celles du sang menstruel ( § 168 ); la même chose a lieu aussi pour les lochies.

II. D'autres sécrétions encore viennent en aide aux lochies, sans compter celle du lait, dont nous traiterons plus loin ( § 519 ) d'une manière spéciale.

7° La peau, dont l'activité avait diminué pendant la grossesse, reprend une vitalité plus énergique. Elle est molle, humide et toujours couverte d'un peu de sueur pendant les premiers huit jours. C'est ce qui explique pourquoi les refroidissemens déterminent si facilement la fièvre puerpérale, pourquoi, dans cette affection, l'accroissement de la transpiration est salutaire et la miliaire parfois critique, comme

(1) Schutz, dans Siebold, *Journal fuer Geburtshuelfe*, t. I, p. 254.
(2) Reil, *Archiv*, t. IV, p. 451.

en général les maladies de la matrice se jugent volontiers par des sueurs (1); pourquoi enfin les évacuations alvines trop abondantes, qui suppriment la transpiration cutanée, sont si souvent funestes chez les femmes en couches.

8° La surabondance de la force plastique et les résultats salutaires de la perte de substance qu'entraînent les lochies, la sécrétion du lait, la transpiration cutanée, même l'exhalation pulmonaire, se manifestent encore sous plusieurs autres rapports. La diminution de ces excrétions entraîne fort souvent le développement d'un état inflammatoire de la matrice ou du péritoine; il n'est pas rare non plus qu'un liquide blanc, analogue au lait, et très-chargé d'albumine, se développe alors à la surface des organes enflammés, dans les intestins, ou dans les vésicules de l'éruption miliaire. L'excès de sensibilité que les femmes conservent pendant leurs couches ( § 500, 2°.) les rend plus sensibles aux commotions de l'âme, et plus sujettes à l'aliénation mentale, qui fréquemment aussi est la suite du désordre de ces sécrétions. Suivant Esquirol (2), la proportion des folles par suite de couches aux folles en général, a été de 1 : 12 à la Salpétrière, pendant l'espace de quatre années; environ deux cinquièmes étaient tombées malades durant les premiers quinze jours, un cinquième au bout de quinze jours et pendant le second mois, un cinquième après le troisième mois et pendant l'allaitement, un cinquième enfin immédiatement après le sevrage; sur 92, huit étaient atteintes de démence, 35 de lypémanie et de mélancolie, et 49 de manie. La maladie avait presque toujours été déterminée par des commotions morales, et elle se termina par la sécrétion du lait, des déjections alvines muqueuses, les lochies, la menstruation, la blennorrhée.

(1) Wigand, *loc. cit.*, t. I, p. 37.
(2) Comparez Esquirol, Des maladies mentales, t. I, p. 74 et 230.

## CHAPITRE II.

### *Conséquences du part par rapport à l'enfant.*

#### ARTICLE I.

### *De la première respiration.*

§ 503. Si la mère revient, par la parturition et ses suites, à un état antérieur, où la vie n'était occupée que de sa propre conservation, l'être qu'elle a procréé passe, par l'acte de la respiration, de la vie embryonnaire à la vie indépendante; il cesse d'être embryon, et devient enfant. Tandis que la vie se tourne en dehors chez la femme qui accouche, elle se tourne en dedans chez l'être qu'elle a mis au monde. D'indirecte, végétale et extérieure qu'elle avait été jusqu'alors, la respiration devient immédiate, animale et intérieure. En effet, la fonction du placenta qui, attaché à la surface de l'œuf, agit comme branchie ventrale, se trouve transportée au poumon et transplantée dans la cavité pectorale. Ce n'est plus le sang maternel, mais l'air atmosphérique, qui agit immédiatement sur le sang de l'enfant. Celui-ci n'est plus réduit à participer aux effets de la respiration maternelle par un simple travail plastique, et il puise lui-même la vivification de son sang dans l'atmosphère générale. Ainsi cette métamorphose de la vie le fait passer, par un acte de spontanéité, dans la sphère de la conservation immédiate de soi-même; son premier rapport avec le monde extérieur est la rencontre d'une création en harmonie avec son organisation, correspondante à ses besoins, et la prise spontanée de possession accomplie par lui à l'égard de cette création est le premier usage qu'il fait des forces animales développées en lui pour un but déterminé, la conservation de soi-même.

#### I. Causes de la première respiration.

§ 504. L'air, avec lequel l'embryon a été mis en contact par l'éclosion, est la condition extérieure du commencement de la respiration. Mais la *cause* intérieure dépend du degré de développement auquel l'organisme est arrivé : d'un côté, le

placenta est devenu inapte à remplir ses fonctions, et la circulation s'est affaiblie en lui, ainsi que l'échange des substances ; d'un autre côté, les organes aériens se sont développés
au point d'être habiles à jouer le rôle qui leur est propre. Plus
l'époque de la naissance précède celle de la maturité, plus
aussi la respiration est incomplète (§ 471, 10°), et la mort
inévitable des embryons fort éloignés de ce terme tient précisément à l'impuissance où ils sont de respirer d'une manière
énergique et soutenue. La maturité consiste donc en ce que
le placenta se détache de la sphère des organes vivans, tandis
que les poumons, élevés à un plus haut degré d'activité, entrent dans un cercle plus important de relations avec l'ensemble de l'organisme.

Cette translation de fonction d'un organe à un autre nous
apparaît comme un rapport d'antagonisme (§ 467, 9°), et elle
a lieu par spontanéité, par un acte d'aspiration de l'air. Car, bien
que l'essence de la respiration consiste en ce que l'air et le
sang se cherchent mutuellement, cependant lorsqu'elle revêt
une forme supérieure, et surtout quand elle s'exécute à l'aide
de poumons, la vie animale y prend part, et sert d'intermédiaire, en vertu d'une harmonie toute spéciale. La première
respiration, comme l'a surtout démontré Wrisberg (1), n'est
donc pas constituée de telle sorte que l'air pénètre d'abord
par l'effet de dispositions mécaniques et d'une affinité chimique, et qu'ensuite seulement l'organisme commence à exécuter des mouvemens spontanés pour l'expulser ; c'est au
contraire une inspiration spontanée qui en marque le début,
ou, en d'autres termes, l'air ne s'introduit dans les poumons
que par suite de l'ampliation de la cage thoracique. En effet,
l'air ne pénètre point dans ces organes chez un enfant qui
vient au monde plongé dans la stupeur et animé d'une vie
faible ; mais cet enfant est excité à respirer par les frictions à
la plante des pieds, les aspersions d'eau ou de vin, les titil-
lations du nez ou de l'épiglotte, la succion exercée aux mamelons, etc., c'est-à-dire par des moyens qui éveillent en lui la vie
animale ; et ce qui prouve que la poitrine se dilate non parce

(1) *De respiratione prima*, Gœttingue, 1763, in-4.

IV 19

que l'air vient à remplir les poumons, mais parce que l'enfant exécute un mouvement vivant qui la dilate et rend les poumons aptes à recevoir l'air, c'est qu'on ne parvient point, chez un embryon mort, à dilater la poitrine en soufflant de l'air dans les poumons. Les acéphales et les hémicéphales meurent parce que l'absence de la vie animale les met hors d'état de respirer.

L'embryon est donc sollicité par un besoin de respirer, c'est-à-dire par la nécessité, devenue appréciable pour lui, d'admettre l'air dans ses poumons, et cet instinct n'est pas moins clair que celui qui pousse l'enfant nouveau-né à chercher la nourriture et à téter. Indépendamment du besoin d'air, on remarque, chez l'embryon, un mouvement rhythmique d'ouverture et d'occlusion de la bouche, avec simultanéité d'abaissement et d'élévation du diaphragme (§ 471, 10°), qu'Osiander (1) a vu chez des embryons venus au monde dans l'œuf intact, et qu'il a senti aussi en opérant la version. Mais ce rhythme, qui tient à une alternative correspondante d'activité dans la moelle allongée et la portion cervicale de la moelle épinière, est en harmonie avec la partie purement végétale de la respiration, c'est-à-dire qu'il est tel que, quand il y a de l'air, celui-ci se trouve attiré, pour entrer en conflit avec le sang et être expulsé après avoir exercé sa réaction. Ce sont des mouvemens qui ont un but déterminé, que détermine le centre de la vie animale (le cerveau et la moelle épinière), et qu'accomplissent des muscles soumis à la volonté, quand la vie animale s'est développée. Mais, quoique ces mouvemens puissent être provoqués par la volonté, ils ne partent cependant point de l'idée claire et nette d'un but à atteindre, et dépendent uniquement de l'activité organique de l'organe de l'âme, laquelle activité est telle néanmoins qu'elle sollicite à des mouvemens dont l'effet conduit à un but déterminé.

Si, comme Muller le croit vraisemblable (2), c'était le sang artériel formé au moment de la première pénétration dans les organes de la respiration, et qui gagne la moelle allongée en

(1) *Handbuch der Entbindungskunst*, t. I, p. 657.
(2) *Handbuch der Physiologie*, t. I, p. 337; t. II, p. 76.

moins d'une minute, dont la stimulation détermine la décharge du principe nerveux dans les nerfs respiratoires, c'est-à-dire l'éveil des organes destinés à l'accomplissement de la respiration, il suivrait de là que la cause de la première respiration aurait lieu seulement après qu'il se serait déjà opéré une inspiration et une expiration, puisque, sans cette condition, il ne pourrait point être conduit de sang artériel au cerveau.

§ 505. Voilà ce qu'il y a d'essentiel dans la respiration, et ce qui suffit aussi chez les animaux ovipares. L'embryon d'Oiseau, par exemple, respire tandis qu'il est encore dans l'œuf, et qu'aucun changement n'a encore eu lieu dans ses relations extérieures, aussitôt que son exochorion se flétrit et que son poumon se développe. Chez les Mammifères, il se joint à cela d'autres *circonstances*, qui *favorisent* l'établissement de la première respiration.

1°. Le placenta éprouve, de la part de la matrice, pendant les douleurs, une compression qui contribue déjà à le troubler dans ses fonctions (§ 496, 6°). Jœrg (3) fait remarquer que ce phénomène est intermittent, à raison du type des douleurs, de sorte que l'action du placenta devient en quelque sorte rhythmique, comme la respiration pulmonaire; en effet, le besoin d'air est moins grand et la respiration plus faible chez les enfans qui sont venus au monde d'une manière rapide. Le placenta commence aussi à se détacher, et quand le cordon ombilical vient à être comprimé par le segment inférieur de la matrice, après la sortie de la tête, la circulation doit nécessairement éprouver une suspension : car, le besoin de respirer se trouvant accru d'un côté, il faut, d'un autre côté, puisque la quantité de sang qui coule de l'aorte dans les artères ombilicales est diminuée, que le courant sanguin du ventricule droit se détourne déjà davantage du canal artériel, et prenne sa direction vers les poumons.

Mais quand la respiration placentaire a été suspendue trop long-temps, comme il arrive, par exemple, lorsque le cordon ombilical, faisant saillie au dehors, subit une compression, la vie tombe par-là dans un état d'asphyxie, pendant lequel aucune respiration n'a lieu.

2°. Comme l'embryon passe de la vaste matrice dans des voies où il est fortement serré, et d'un milieu chaud et liquide dans une atmosphère sèche et froide, ce contact douloureux détermine des mouvemens violens, qui doivent surtout se manifester à la tête devenue libre. Il est possible aussi que l'air extérieur provoque une contraction spasmodique du diaphragme, et donne lieu ainsi à une inspiration profonde.

### II. Manière dont s'accomplit la première respiration.

§ 506. La respiration

1° Commence ordinairement lorsque la tête est sortie, et que la poitrine se trouve encore dans le vagin. Suivant Ritgen (1), son début a lieu quand le périnée a passé sur la face, de manière à ouvrir la bouche, en retenant le menton; elle s'accomplit, lorsque, après une pause d'une ou deux minutes, une nouvelle douleur survient, avec contraction du vagin : alors la poitrine se soulève fortement, à ce qu'il semble, pour réagir contre la pression que le vagin exerce sur elle, les mâchoires s'ouvrent, et quelquefois on entend le bruit causé par l'air qui se précipite pour la première fois dans les poumons; l'expiration a lieu quand la douleur est arrivée à son plus haut période. Si la poitrine reste encore dans le vagin, la douleur est suivie d'une nouvelle inspiration, qui s'exécute visiblement avec effort. Enfin si la parturition continue encore de subir une pause, presque toujours l'expiration se fait entendre aussi, et même l'enfant crie. Lorsqu'après la sortie de la poitrine, il ne reste plus que l'abdomen dans le vagin, l'inspiration s'opère avec plus de facilité qu'auparavant.

2° L'enfant vient-il au monde d'une manière rapide, il ne respire qu'après la complète parturition, et la première inspiration est immédiatement suivie d'expiration et de cris.

3° Il est plus rare que la respiration commence déjà dans la matrice après l'écoulement des eaux. Les vagissemens utérins de l'enfant ont surtout été observés, dans les temps

(1) *Beitraege zur geburtshuelflichen Topographie*, t. I, p. 542.

modernes, par Osiander (1), Ficker, Thilenius, Schmitt et autres. S'il arrive ordinairement que la poitrine se dilate assez pour permettre l'inspiration dans le vagin, où elle éprouve une si forte compression de tous les côtés, ce phénomène doit être bien plus possible encore dans la matrice, qui présente plus de capacité, d'autant mieux que, dans l'état normal, cet organe ne comprime point la bouche, non plus que la région antérieure du cou et la plus grande partie de la poitrine; or les voies génitales doivent nécessairement, même sans se dilater beaucoup, admettre de l'air, en remplacement de l'eau qui s'est écoulée. En pareil cas la respiration aura lieu surtout lorsque l'embryon occupera sa position normale et dirigera sa tête vers l'orifice de la matrice. Osiander prétend avoir entendu l'enfant crier, après la sortie des pieds et de la partie inférieure du tronc, tandis que la tête se trouvait encore tout entière dans les voies génitales ; le fait nous paraît peu vraisemblable, sans cependant que nous puissions le déclarer absolument impossible. Il n'y a impossibilité complète de respirer que quand l'orifice de la matrice comprime la tête, et détermine ainsi une légère stupeur.

4° De même que l'époque à laquelle les circonstances extérieures permettent à la respiration de commencer, varie beaucoup, de même aussi l'embryon possède la faculté d'attendre jusqu'à un certain point cette époque, c'est-à-dire qu'il peut se passer de respirer pendant quelque temps. On a vu des embryons humains, venus au monde dans l'œuf intact, demeurer pendant des quarts d'heure entiers dans cet état, sans en éprouver aucun préjudice. Les enfans nés de la manière ordinaire peuvent rester quelque temps sans respirer, lorsqu'ils en sont empêchés par des mucosités amassées dans les voies aériennes, par un état de stupeur dans lequel les a plongés l'accouchement, ou par un trouble de la respiration (2). Haller a vu (3) de jeunes chiens, qu'il avait tirés de la matrice par une incision, ramper souvent pendant plusieurs

(1) *Handbuch der Entbindungskunst*, t. I, p. 660—667.
(2) Bernt, *Handbuch der gerichtlichen Arzneikunde*, p. 236.
(3) *Elem. physiolog.*, t. III, p. 225.

heures sans respirer ; il en tint un plongé pendant une demi-
heure sous l'eau, et cependant cet animal survécut. J. Muller (1) a fait des observations analogues. Il se peut même
qu'après avoir commencé, la respiration subisse pendant
quelque temps une interruption, sans que l'existence soit
compromise. Buffon (2) ayant tenu des chiens nouveau-nés
pendant une demi-heure dans du lait tiède, les laissa respirer
ensuite une demi-heure, et répéta cette expérience jusqu'à
trois fois de suite, sans qu'aucun d'eux pérît. Sur quatre chats
nouveau-nés que Roose (3) tint plongés dans l'eau pendant
quelques heures, il y en eut deux qui survécurent.

ARTICLE II.

*Des conséquences de la première respiration.*

I. Effets sur les organes respiratoires.

§ 507. Si nous examinons quels sont les phénomènes de la
première respiration et les effets immédiats qu'elle exerce
sur les *organes respiratoires*, nous remarquons

I. Qu'elle a lieu par la *bouche*, et au moyen du mouvement
des mâchoires et des lèvres ; l'air et la nourriture pénètrent,
par la même ouverture, dans une cavité commune. D'après
les observations de Friedheim (4), il s'opère d'abord dans les
coins de la bouche, quelquefois dans toute l'étendue de la
lèvre supérieure et dans les ailes du nez, des mouvemens
convulsifs, qui deviennent peu à peu plus forts et plus rapides, jusqu'à ce que la bouche s'ouvre, par l'abaissement de
la mâchoire inférieure. L'auteur a surtout remarqué d'une manière bien distincte ces symptômes précurseurs de la respiration au moment du réveil d'enfans venus au monde asphyxiés.
C'est donc le nerf facial, c'est-à-dire celui d'où dépend toujours l'inspiration, qui ouvre la scène des manifestations de

(1) *De respiratione fœtus*, p. 22.
(2) Histoire naturelle, t. II, p. 447.
(3) *Physiologische Untersuchungen*, p. 66.
(4) *Diss. de prima respiratione*, p. 9.

la vie animale relatives à un but déterminé, et l'âme de l'homme qui vient au monde se revèle d'abord dans les lèvres, ces messagers du sentiment et de la pensée.

II. Ce phénomène est passager de sa nature, et destiné à se renouveler sans cesse par un jeu alternatif ; mais la première respiration produit des effets plus durables sur les parois périphériques des organes respiratoires, car les muscles qui ont une fois agi avec énergie, demeurent ensuite dans un état habituel de turgescence.

1° La *cage pectorale* est dilatée d'une manière permanente, et les côtes cessent d'être aussi rapprochées les unes des autres, parce que leurs muscles releveurs, qui auparavant étaient flasques, se maintiennent à un certain degré de contraction et de tension dès qu'une fois ils ont mis en jeu leur activité. Suivant Bernt (1), le diamètre transversal de la poitrine est de deux pouces et demi à trois pouces avant la respiration, et de trois pouces à quatre pouces et demi après ; le diamètre antéro-postérieur est de deux pouces à deux pouces et demi dans le premier cas, et de trois pouces à trois pouces et demi dans le second. L'insufflation de l'air après la mort ne produit pas d'ampliation durable de la cavité thoracique.

2° Les mêmes réflexions s'appliquent au *diaphragme*, qui, après s'être abaissé pour produire une inspiration énergique et profonde, ne revient plus au niveau qu'il occupait auparavant, mais demeure, même pendant son repos, dans un état de tension, ayant pour résultat de raccourcir à toujours la cavité abdominale, dont l'étendue l'avait emporté jusqu'alors sur celle de la cavité pectorale. Selon Bernt, sa convexité monte jusqu'à la cinquième côte avant le commencement de la respiration, et ne dépasse plus ensuite la sixième. Du reste, ses mouvemens contribuent infiniment plus que ceux de la cage thoracique à la respiration.

III. Les voies aériennes subissent aussi des changemens permanens, qui ne sont autre chose que des traces ineffaçables de la première inspiration, ou des états inspiratoires que nulle expiration ne peut plus ensuite faire cesser.

1) *Loc. cit.*, p. 248.

3° L'*épiglotte* qui , chez l'embryon, reposait immédiatement sur la glotte, dans toute sa largeur, s'en éloigne par l'effet de l'abaissement que l'inspiration imprime au larynx ; elle s'arque davantage, et se redresse de manière à former un angle aigu avec l'ouverture qu'elle protège. Mais la *glotte* elle-même, qui, avant la première inspiration, était fermée presque entièrement à sa partie antérieure , et en totalité à sa partie postérieure, demeure ensuite un peu béante en devant et plus ouverte en arrière (1).

4° La *trachée-artère* s'élargit, les rides de sa paroi postérieure s'effacent , et les muscles transversaux , jusqu'alors plissés , qui unissent les deux extrémités de ses cartilages , entrent dans un état permanent de tension. Suivant Petit , la largeur de la trachée-artère, avant et après la première inspiration , offre une proportion de 1 : 2 dans le diamètre antéro-postérieur, et de 1 : 1, 50 dans le diamètre transversal.

5° La bronche gauche , dont la position est déterminée par la crosse de l'aorte située au dessus d'elle, était plus verticale et plus postérieure avant la respiration. Après la première inspiration, elle devient plus oblique, et se porte en avant presque autant que la droite; il résulte de là que le pli formé, à son origine, par la membrane muqueuse, ne fait plus autant de saillie (2).

6° La quantité du liquide a déjà beaucoup diminué dans les bronches et dans la trachée-artère vers la fin de la vie embryonnaire (3). Ce qui en reste encore peut s'écouler pendant les mouvemens des mâchoires lorsque l'accouchement suit la marche normale. Ritgen a remarqué (4) qu'après la sortie de la tête, lorsque le corps de l'enfant remontait un peu au début d'une douleur, et que son col se trouvait par-là comprimé, une certaine quantité de mucus et d'eau s'écoulait par la bouche. Cependant ce phénomène n'est point de nécessité absolue, car certains embryons qu'on retire de la matrice dans une situation horizontale, notamment par l'opération césarienne, respirent sur-le-champ sans qu'on observe en

(1) Mende, *loc. cit.*, t. III , p. 19.
(2) Portal , Anat. médicale , t. V, p. 37.
(3) Mende, *loc. cit.*, t. III , p. 20.
(4) *Loc. cit.*, t. I , p. 56.

eux la moindre trace d'une pareille évacuation. Le liquide semble plutôt se répandre sur la surface agrandie des voies aériennes, pour diminuer l'irritation causée par le premier contact de l'air, après quoi il se dissipe, en partie par absorption et en partie par évaporation. <

IV. Les *poumons* sont l'organe qui change le plus. Ils acquièrent pour tout le reste de la vie un caractère correspondant à l'inspiration, et qui consiste en ce que le sang et l'air affluent dans leur intérieur, pour entrer en conflit ensemble.

7° L'ampliation qu'acquièrent la cage pectorale, les voies aériennes et les poumons, fait naître un vide intérieur, dans lequel il doit se précipiter de l'air, qui ne peut plus être entièrement expulsé par les expirations subséquentes. La distension que cet air produit dans les poumons persiste désormais, même après la mort; elle diminue la pesanteur spécifique de l'organe, lui permet de surnager l'eau, le rend crépitant sous le doigt, et fait que des bulles d'air s'en dégagent quand on le comprime sous l'eau, après l'avoir dépécé en morceaux. Lorsqu'après la mort on distend les poumons, en y soufflant de l'air, de manière à les rendre susceptibles de surnager, on peut, d'après Jennings (1), les débarrasser à tel point de cet air, par la compression, qu'ils se précipitent alors au fond de l'eau, ce à quoi on ne saurait parvenir quand c'est par la respiration que l'air y a pénétré.

8° Le *sang* afflue en plus grande quantité dans les artères pulmonaires, parce que la dilatation de la cage thoracique a fait acquérir un calibre plus considérable à ces vaisseaux, qu'il ne peut plus passer autant de sang dans l'aorte descendante, par le canal artériel (§ 506, 1°), et qu'enfin le sang noir du ventricule droit est attiré par l'oxygène atmosphérique. Il résulte de là que les vaisseaux pulmonaires acquièrent plus d'ampleur, qu'en même temps ils s'allongent, et qu'ils sont obligés de décrire des flexuosités.

Parmi les effets de cette introduction de l'air et de cet accroissement de la quantité du sang, on distingue au premier rang l'augmentation de volume (9°) et de poids (10°).

9° Les poumons deviennent plus gros. Avant la respiration,

(1) Froriep, *Notizen*, t. XLI, p. 303.

leurs bords antérieurs ne s'étendent que jusqu'au cœur, qu'ils ne recouvrent pas, non plus que la partie antérieure du diaphragme. Après l'établissement de cette fonction, ils sont plus distendus en devant, et remplissent davantage les sacs des plèvres, attendu que la sérosité qui s'était amassée autrefois dans ces cavités a disparu sur les derniers temps de la vie embryonnaire ; leurs bords antérieurs couvrent donc alors les faces latérales du cœur, et leur face inférieure le diaphragme entier ; en même temps leurs bords s'émoussent, et les scissures qui séparent leurs lobes deviennent moins profondes. D'après Gunz (1), leur hauteur est portée de deux pouces dix lignes à trois pouces trois lignes, et la largeur de chacun de deux pouces à trente-neuf lignes. Bernt (2) assure que leur volume s'accroît d'environ un pouce et demi cube ; ce qu'il conclut de ce que les poumons d'un embryon à terme, de moyenne taille, déplaçaient 17/10 pouce cube d'eau, tandis que ceux d'un enfant nouveau-né de même taille en déplaçaient 3 3/10 pouces.

10° Ces organes augmentent également de poids, de sorte qu'après la respiration ils pèsent près du double de ce qu'ils pesaient auparavant. Leur poids monte, par la respiration, d'une once et demie à trois onces selon Ploucquet, et de onze gros trois quarts à vingt-un gros et demi suivant Osiander (3). Bernt (4) assure que ce poids est porté, chez les filles de médiocre grosseur, de huit gros et demi à quatorze et demi, et chez les garçons de neuf gros à seize. Leur pesanteur augmente communément de six gros chez les filles et de sept chez les garçons. Mais il résulte aussi de là un changement dans leur poids relatif ; selon Ploucquet, le rapport de leur poids à celui du corps entier est de 1 : 70 avant la respiration et de 1 : 35 après. Cependant, d'un côté, la différence est évaluée trop haut ici, et d'une autre côté, il n'a point été fait assez d'attention aux circonstances individuelles. Schmitt éta-

(1) *Der Leichnam des Menschen in seinen physischen Verwandlungen* p. 80.
(2) *Handbuch der gerichtlichen Arzneikunde*, p. 266.
(3) Osiander, *loc. cit.*, t. I, p. 656.
(4) *Loc. cit.*, p. 256.

blit la proportion de 1 : 52 avant et de 1 : 42 après la respiration ; Chaussier celle de 1 : 49 avant et de 1 : 39 après. Mais comme Chaussier a déduit ce résultat d'une série d'observations faites sur des embryons et des enfans de différens âges, parmi lesquels il s'en trouvait même de malades, A. Devergie a cru devoir le rectifier en ne faisant usage que d'observations recueillies sur des fœtus à terme et bien portans. D'après lui, les termes extrêmes sont 1 : 24 et 1 : 94 avant la respiration, 1 : 30 jusqu'à 1 : 32 après ; mais le terme moyen, qu'on peut, par conséquent, regarder comme l'état normal, est de 1 : 60 avant la respiration, puis, quand elle a commencé, de 1 : 45 le premier jour, 1 : 51 le second, 1 : 37 le troisième, 1 : 38 le quatrième. Quant aux enfans venus avant terme, la proportion a été, terme moyen, chez ceux de huit mois, 1 : 63 avant la respiration et 1 : 37 après ; chez ceux de sept mois, 1 : 41 avant et 1 : 39 après ; chez ceux de six mois, 1 : 40 avant, 1 : 39 après (1).

11° Il est clair que la distension des poumons est opérée surtout par l'air qui s'y introduit, et l'augmentation de leur poids par la plus grande quantité de sang qu'y fait affluer la respiration, c'est-à-dire que l'air diminue leur pesanteur spécifique, et que le sang accroît leur pesanteur absolue. Si l'on insuffle de l'air dans les poumons d'un embryon à terme, ils deviennent spécifiquement plus légers et susceptibles de nager sur l'eau, mais sans augmenter notablement de pesanteur absolue. Cependant l'air doit aussi contribuer à accroître le poids des poumons, et le sang à augmenter leur expansion. Si nous admettons, avec Bernt, qui a examiné cette question avec un soin tout particulier, qu'avant la respiration les poumons pèsent quinze gros et occupent un espace de deux pouces cubes d'eau, mais qu'après l'établissement de cette fonction, ils pèsent vingt gros et déplacent trois pouces et

(1) Comparez Letieux, Médecine légale, Considérations sur l'infanticide, etc., Paris, 1819, in-8. — A. Devergie, de l'État normal des poumons chez les enfans nouveau-nés qui n'ont pas respiré, et des changemens que la respiration apporte dans les qualités physiques de ces organes (Annales d'hygiène publique et de médecine légale, Paris, 1831, t. V, pag. 406 et suiv.)

demi cubes d'eau, que par conséquent leur poids a augmenté
de sept gros, et leur volume d'un pouce et demi cube ; si
ensuite nous calculons ces données d'après la pesanteur spécifique du sang et de l'air, nous trouvons que le sang contri-
buerait pour 419, 88 grains et l'air pour 0, 11 grains à
l'augmentation de poids déterminée par la première respiration, comme aussi le premier participerait pour 1, 24 pouce
cube, et l'air pour 0, 25 de pouce cube, à l'accroissement de
volume produit par la même cause.

12° Le sang et l'air ont encore pour effet commun de changer le tissu et la couleur. La substance des poumons, qui
jusqu'alors était dense, devient plus spongieuse ; on aperçoit,
à la surface de cet organe, les extrémités des bronches, représentant autant de vésicules pleines d'air. La couleur, qui
était auparavant d'un rouge foncé, devient plus vermeille,
avec des points et des stries dont la teinte rappelle celle du
cinabre. Si l'on insuffle de l'air dans les poumons d'un embryon mort, la couleur ne devient que d'un rouge grisâtre.
Devergie fait remarquer qu'avant la respiration, les poumons
ont la couleur du foie d'un adulte, avec une consistance
charnue, et que leur surface présente quelques centaines de
petits lobules, pour la plupart quadrilatères, qui sont séparés les uns des autres par de minces couches celluleuses.
Lorsqu'on les a incisés, on trouve leur tissu dense, et peu
de sang dans leurs vaisseaux. Après la respiration, chaque
lobule se présente sous l'aspect de quatre lobules encore plus
petits, et comme directement appliqués l'un sur l'autre, dont
chacun se compose de vésicules pulmonaires très-blanches,
rapprochées les unes des autres en carré ; sur les parois de
ces vésicules, on distingue des vaisseaux capillaires pleins de
sang, de sorte qu'alors la couleur ne ressemble plus à celle
du foie, mais qu'on aperçoit des marbrures roses sur un fond
blanc, tandis que la consistance des poumons est devenue en
même temps plus spongieuse. Enfin, quand on souffle de l'air
dans les poumons d'un embryon mort, les vésicules pulmonaires se distendent bien aussi, mais elles paraissent blanches,
sans marbrures rouges, et l'on a de la peine à discerner les
quatre petits lobes dont chaque grand lobule est formé, at-

tendu qu'ils ne deviennent manifestement visibles que par la réplétion de leurs vaisseaux capillaires, qui elle-même est l'effet de la respiration.

Tous ces changemens n'arrivent que peu à peu, et varient, quant au degré, en raison des individualités. La médecine légale, qui commence à mieux apprécier l'influence de l'individualité et à reconnaître que le développement de la vie se joue de toutes nos évaluations rigoureuses en poids et en mesure, n'a point négligé, en abordant la question de savoir si un enfant est venu au monde mort ou vivant, de signaler les exceptions aux règles établies, et elle a révoqué en doute l'infaillibilité de ces règles. Cependant elle ne peut réellement devenir utile, sous ce point de vue, qu'autant qu'elle insistera davantage sur les rapports existans entre la normalité et l'individualité.

13° Nous remarquons d'abord que la respiration ne s'effectue pas d'une manière simultanée et uniforme dans toutes les parties des poumons, et qu'en conséquence on trouve quelquefois, après qu'elle a eu lieu, des portions de ces organes qui ne surnagent point l'eau, comme l'a observé, entre autres, Meckel (1), sur un enfant de quatre semaines. Portal a prouvé aussi (2) que le poumon droit respire le premier, parce que la bronche droite est plus ample, plus courte et plus libre que la gauche, qui se trouve placée au dessous de la crosse de l'aorte. Enfin nous savons que la partie supérieure des poumons respire plutôt que l'inférieure, parce qu'elle est plus rapprochée de la trachée-artère.

14° Lorsque l'enfant, soit parce qu'il n'était point à terme, soit parce qu'une autre cause quelconque rendait la vie débile en lui, a péri après avoir faiblement respiré pendant fort peu de temps et poussé de faibles cris, on trouve les poumons imprégnés de sang, mais contenant si peu d'air, qu'ils se précipitent au fond de l'eau (3). Déjà Torres (4) a rapporté des cas dans lesquels des poumons d'enfans qui

(1) Manuel d'anatomie, t. III.
(2) Histoire de l'Acad. des sciences, 1769, p. 549.
(3) Archives générales, t. VI, p. 527.
(4) Mémoires des savans étrangers, t. I, p. 147-158.

avaient vécu douze jours, gagnaient le fond de l'eau, parce que la masse non encore remplie d'air l'emportait sur celle dans laquelle ce fluide s'était introduit. Mende (1) assure aussi que les poumons qui ne sont pas complètement développés, admettent moins d'air, que peut-être même ils l'expulsent en entier, et s'affaissent ensuite sur eux-mêmes, parce que les cartilages des ramifications bronchiales n'ont point encore assez de consistance pour pouvoir demeurer dans l'état de distension.

5° Billard a fait voir (2) que le passage de l'air à travers le larynx peut produire une espèce de cri, sans que la respiration devienne complète et que l'air pénètre dans les poumons.

## II. Effets sur le système sanguin.

§ 508. Dès que la respiration s'établit, la *circulation du sang* prend une autre direction, d'un côté parce que ce liquide afflue en plus grande quantité vers les poumons, de l'autre parce que le placenta ne l'attire plus.

1° Nous avons vu (§ 442, 2°) que l'aorte inférieure ou descendante naît du ventricule droit, et qu'elle fournit les artères pulmonaires à son origine, les artères ombilicales à sa terminaison. Lorsque la respiration qui s'établit dilate les poumons et les remplit d'air, le sang du ventricule droit arrive à ces organes et ne passe plus dans l'aorte descendante, qui n'en reçoit désormais que de l'aorte ascendante, et dont la partie inférieure ne fournit plus de branches qu'au bassin et aux membres inférieurs.

2° Le second point essentiel de ce changement consiste dans l'abolition de la connexion vivante avec le placenta. En effet, le sang n'est attiré que par ce qui jouit de la vie; si les organes auxquels se rendent les vaisseaux sont morts, ou si leurs connexions avec le reste de l'organisme sont détruites, le sang n'afflue plus vers eux. Or, comme la première respiration détourne le sang du placenta frappé de mort par

(1) *Loc. cit.*, t. III, p. 377.
(2) Traité des enfans nouveau-nés et à la mamelle, 3ᵉ édition, augmentée par Ollivier (d'Angers), Paris, 1837, in-8, pag. 514. — Voyez aussi F.-L.-J. Valleix, Clinique des maladies des enfans nouveau-nés, Paris, 1838, in-8, pag. 11 et suiv.

l'accouchement (§ 496, 6°), et le dirige vers les poumons (§ 467, 9°), de même aussi, quand la respiration est complétement établie, il ne se rend plus de sang aux artères ombilicales. Aussi voyons-nous que, chez les animaux, dont le placenta est plus flétri et plus près du terme de son existence au moment de la parturition (§ 499, 1°), le cordon ombilical déchiré ne fournit presque point de sang, tandis qu'il en donne ordinairement depuis une demi-once jusqu'à une once chez l'homme, dont le placenta jouit d'une organisation plus parfaite (§ 447, III), tient à l'embryon par des liens plus intimes (§ 352, 3°), et contient davantage de sang à l'époque de la maturité. Chez les enfans venus au monde après une parfaite maturation, les artères du cordon ombilicale ne battent que pendant trois à cinq minutes, tandis que, chez ceux qui sont nés prématurément, les pulsations de ces vaisseaux continuent pendant un quart d'heure et plus. Hohl indique une plus longue durée, savoir : celle de dix à quatre-vingts minutes, suivant que la respiration est complète ou non. Mende a vu (1) le bout coupé et lié du cordon ombilical, auquel on avait laissé deux pouces et demi de long, battre durant trois quarts d'heure, laps de temps pendant lequel la respiration demeura incomplète aussi. La cessation de ces pulsations annonce donc quand la respiration est complète et quand il convient de lier et couper le cordon : une ligature apposée trop tôt, avant que les poumons soient entrés en pleine activité, détermine l'asphyxie, et en coupant le cordon de trop bonne heure, sans le lier, on donne lieu à une hémorrhagie mortelle. Nous pouvons dire que les artères ombilicales ne ramènent plus de sang du corps attendu qu'il n'y a plus rien qui les y détermine, le placenta ne pouvant plus rien recevoir d'elles, soit parce que sa vitalité s'est éteinte, soit parce qu'il a été mécaniquement séparé de l'enfant par ligature ou par section. On peut juger du rôle que joue ici la vitalité par les cas dans lesquels l'emploi de fomentations chaudes ou l'action de stimulans mécaniques a déterminé encore une hémorrhagie par les artères ombilicales,

(1) *Loc. cit.*, t. III, p. 88.

plusieurs jours même après la naissance (1). Le cordon ombilical cesse donc de saigner, tant parce que les poumons sont
entrés en pleine activité, que parce que le placenta n'est plus
en conflit vivant avec le nouveau-né. La cause réside donc
dans les fonctions que remplissent les deux organes et dans
le passage d'une respiration extérieure ou végétale à une
respiration intérieure ou animale.

3° Mais il ne faut pas perdre de vue les circonstances mécaniques qui concourent à arrêter l'hémorrhagie. Les artères
ombilicales coupées se raccourcissent en vertu de leur contractilité, et s'éloignent de la plaie, en sorte que leurs orifices
sont jusqu'à un certain point bouchés par la gélatine environnante. Ce phénomène devient d'autant plus prononcé que la
solution de continuité a été produite non par un instrument
tranchant, mais par lacération ou par l'action des dents, de
manière que les vaisseaux soient déchirés inégalement et
contus. De même, l'effort mécanique qui tend à pousser le
sang dans les artères iliaques peut triompher des causes vitales qui y mettent obstacle, et provoquer une hémorrhagie
dangereuse, même mortelle, d'un côté lorsque, l'enfant
n'étant point encore à maturité parfaite, le sang se porte
avec trop de vivacité au placenta, d'un autre côté lorsque la
quantité totale du sang et celle de ce liquide qui traverse
l'aorte descendante sont trop considérables, ou enfin quand le
cordon ombilical a été coupé trop près du nombril. En effet,
après la section du cordon, les artères ombilicales continuent
encore pendant quelque temps d'amener du sang jusqu'à
l'ombilic, et leurs pulsations se propagent même un peu au-
delà des limites de cette ouverture; or si la coupe est trop
rapprochée du nombril, il peut se faire très-aisément que du
sang s'épanche au dehors. On n'observe pas d'hémorrhagie
dangereuse chez les animaux, parce que leur cordon ombilical se déchire au voisinage du placenta (§ 499, 1°). Fantoni (2)
fut le premier qui présenta comme une opinion probable celle
que la ligature du cordon ombilical est inutile chez l'homme,

(1) Haller, loc. cit., t. VIII, p. 413.
(2) Ibid., p. 441.

et cette idée a été plus amplement développée depuis par Schulze (1); tous deux avaient raison, en tant qu'ils supposaient un état de choses parfaitement conforme à la nature; mais ils avaient tort en ce que la prudence prescrit de ne pas négliger un moyen innocent, propre à prévenir les fâcheux résultats d'une disposition anormale qu'on aurait pu ne point apercevoir. Mais s'il est bien vrai que l'enfant a assez de sang pour pouvoir supporter une légère hémorrhagie causée par la section du cordon ombilical, on a été beaucoup trop loin en établissant qu'il y a nécessité, pour le maintien de la santé en général, non seulement que cette hémorrhagie spontanée ait lieu, mais encore qu'on l'accroisse en pressant le cordon; un tel procédé n'est utile que, comme moyen curatif, dans le cas d'une pléthore anormale ayant déterminé l'asphyxie et l'apoplexie; il ne saurait agir comme préservatif dans l'état normal; des hypothèses denuées de fondement ont pu seul faire admettre qu'il est propre à préserver de la jaunisse et d'autres maladies de l'enfance, ou à diminuer les chances de l'infection variolique.

§ 509. La respiration et le changement qu'elle amène dans la direction de la circulation, produisent immédiatement des effets mécaniques dans le *système vasculaire*, et y provoquent des actes de plasticité qui amènent eux-mêmes de nouvelles dispositions mécaniques.

1° Le *cœur*, qui, chez l'embryon, se rapprochait davantage de la ligne médiane et de la partie supérieure de la poitrine, éprouve, par l'effet de la respiration, un refoulement à gauche, qui tient à ce que le poumon droit se distend davantage et avec plus de force que celui du côté gauche, et un autre refoulement de haut en bas, qui dépend de l'abaissement du diaphragme. Il résulte de là que la veine-cave supérieure acquiert plus de longueur; mais, lorsque la bronche gauche située sous la crosse de l'aorte s'emplit d'air pendant l'inspiration, cette crosse se trouve entraînée avec elle en avant et en haut (2); or, comme alors la courbure devient plus con-

(1) Haller, *Disp. anat. select.*, t. V, p. 585.
(2) Portal, dans l'Histoire de l'Acad. des sciences, 1769, p. 549.

sidérable, ou, en d'autres termes, que sa convexité s'affaisse, l'origine de l'artère sous-clavière gauche se trouve placée plus haut qu'elle ne l'était auparavant, car, à une époque antérieure, elle était logée au dessous de celle de l'artère carotide gauche, et plus bas encore que celle du tronc innominé (1).

2° La quantité de sang qui traverse le *trou ovale* diminue peu à peu, et cette ouverture finit par n'en plus admettre du tout. En effet, d'abord, l'effort du sang amené par la veine cave inférieure diminue, parce que ce vaisseau ne reçoit plus rien de la veine ombilicale ; ensuite, comme la veine cave inférieure descend avec le diaphragme, la valvule d'Eustache se trouve tirée de haut en bas, de manière qu'elle ne dirige plus le sang vers le trou ovale (2), aussi ne tarde-t-elle pas à devenir moins prononcée, ou même à disparaître entièrement; les veines hépatiques qui, avant la respiration, s'abouchaient plus près du trou ovale, et versaient presque horizontalement leur sang dans ce trou, s'en éloignent alors davantage, d'après Sabatier, et s'ouvrent plus obliquement dans la veine cave ; en troisième lieu, comme la valvule du trou ovale est plus grande que l'ouverture, et située dans l'oreillette pulmonaire, le sang qui, après que la respiration a commencé, afflue en bien plus grande abondance dans cette dernière, la refoule contre le bord du trou ovale, et ferme celui-ci. Ces effets ont lieu peu à peu ; dans les commencemens, comme tout le sang du ventricule pulmonaire ne passe point dans les poumons, et qu'il coule encore en partie dans l'aorte descendante, la masse du sang de l'oreillette droite conserve encore une certaine prépondérance, de manière qu'il en passe un peu dans l'oreillette gauche ; mais, à mesure que le courant qui va aux poumons augmente, l'équilibre s'établit entre les masses de sang affluant aux deux oreillettes, et la valvule est maintenue en place ; dès-lors elle contracte peu à peu avec le bord du trou ovale, contre lequel elle s'applique, des adhérences qui sont ménagées par une exsudation de

(1) Sabatier, dans les Mémoires de l'Institut, t. III, p. 342.
(2) *Ibid.*, p. 343.

lymphe coagulable, en même temps qu'elle devient plus épaisse et un peu plus musculeuse (1). L'époque de cette adhérence varie beaucoup, et paraît coïncider la plupart du temps avec la fin de la première année. Cependant Trew (2) a trouvé le trou ovale en grande partie fermé déjà chez un enfant de quelques jours. Billard a observé l'occlusion complète une fois chez dix-huit enfans d'un jour, deux fois chez vingt-deux enfans de deux jours, trois chez vingt-deux de trois jours, et deux fois chez vingt-sept de quatre jours. En général, le trou est oblitéré vers la fin de la première année; cependant il reste quelquefois ouvert pendant toute la durée de la vie. Vicq-d'Azyr assure (3) que, dans le Poulet, il commence au dix-neuvième jour à s'oblitérer.

Comme il est de règle qu'après l'établissement de la respiration, le sang des veines caves passe en moins grande quantité et bientôt ne passe plus du tout par le trou ovale, et parvienne uniquement dans le ventricule pulmonaire, celui-ci se développe davantage, de telle sorte que son ampleur surpasse celle du ventricule aortique, tandis qu'auparavant il était plus petit, comme le démontrent les observations de Portal, Legallois et Meckel (4). Suivant ce dernier, le calibre du ventricule gauche est à celui du ventricule droit :: 1 : 0,75 avant la respiration, :: 1 : 0,93 après le première respiration, :: 1 : 1,66 au bout de sept mois. Au reste, à mesure que le ventricule droit se dilate ainsi, ses parois deviennent de plus en plus minces.

3° Le *canal artériel* s'oblitère complétement avant le trou ovale, et il s'efface d'autant plus promptement que l'enfant respire et crie avec plus de force (5). Il n'admet plus de sang, parce que ce liquide est détourné vers les poumons, et que le courant qui va du ventricule gauche à l'aorte descendante est plus fort qu'auparavant. De plus, quand la respi-

(1) Haller, *loc. cit.*, t. VIII, pl. II, p. 8.
(2) *Diss. de differentiis inter hominem natum et nascendum*, p. 97.
(3) Bulletin de la Soc. philom., t. I, p. 50.
(4) Mende, *loc. cit.*, t. III, p. 47.
(5) Haller, *loc. cit.*, t. VIII, pl. II, p. 9.

ration a commencé, ce canal ne se porte plus horizontalement vers l'aorte, et décrit un angle avec elle (1), parce
que le cœur s'est abaissé et que la crosse aortique s'est élevée. Ce changement de situation du cœur et de la crosse aortique contribue également à allonger le canal artériel, qui,
en outre, se trouve, pendant l'inspiration, comprimé par la
bronche gauche située au dessous de lui. Son oblitération marche par degrés de l'aorte vers l'artère pulmonaire. Dès le second jour il est sensiblement plus étroit ; au troisième, il
renferme ordinairement un caillot de sang qui l'obstrue, et
au bout de deux mois il est converti en un cordon fibreux.
Suivant Bernt (2), il éprouve, dès la première inspiration,
un rétrécissement de son orifice aortique, qui lui fait prendre
la forme d'un cône. Selon Jennings, il est, avant la respiration,
presque aussi volumineux que l'artère pulmonaire, et beaucoup plus gros qu'une des branches de ce vaisseau ; mais,
après la première respiration, il est conique, beaucoup plus
petit que l'artère pulmonaire, et à peine plus gros qu'une des
branches de celle-ci (3). Dans le Poulet, selon Vicq-d'Azyr, le
canal artériel droit s'oblitère au quatrième jour après l'éclosion, et le gauche au sixième jour.

4° Le sang pénètre de moins en moins loin dans les *artères
ombilicales ;* celles-ci se resserrent sur elles-mêmes quelques
jours déjà après la naissance, et se convertissent, de l'ombilic
vers la vessie, en cordons fibreux, dont la formation n'exige
qu'environ trois semaines ; la seule partie de ces artères qui
reste encore perméable est leur origine au dessous de la
vessie. Devergie assure qu'elles sont déjà moins volumineuses
dans le voisinage de l'anneau ombilical au bout de vingt-
quatre heures, et qu'au bout de quatre jours elles sont obli-
térées. Cette conversion en ligamens tient à ce qu'après la
cessation du conflit entre l'organisme et le placenta, elles
cessent d'avoir aucune fonction à remplir, et à ce que ce qui ne
sert à rien ne peut subsister dans la sphère de la vie. Ce-

(1) Sabatier, *loc. cit.*, p. 345.
(2) *Loc. cit.*, p. 272.
(3) Froriep, *Notizen*, t. XLI, p. 303.

pendant elle se rattache aussi à ce que la respiration fait remonter l'ombilic et refoule la vessie dans le bassin, de manière que les artères ombilicales, fixées entre ces deux points, éprouvent une tension qui rapproche leurs parois et les met en contact l'une avec l'autre.

5° L'*aorte descendante* ne reçoit plus de sang du ventricule pulmonaire, par le conduit artériel, de sorte que son diamètre cesse d'être supérieur, au dessous de l'orifice de ce canal, à celui qu'elle présente au dessus. Mais, en revanche, il lui arrive une plus grande quantité de sang du ventricule aortique, à cause de l'activité plus développée de la circulation dans les poumons ; elle cesse aussi de fournir aux artères ombilicales, vers lesquelles se dirigeait jadis son courant le plus fort, et elle ne distribue plus son contenu qu'aux organes et aux membres pelviens. Les artères de ces dernières parties deviennent plus volumineuses, et comme elles reçoivent un sang d'une autre qualité, c'est-à-dire non plus un sang veineux revenant de la veine cave, mais un sang artériel provenant des organes respiratoires, la moitié inférieure du corps s'égalise bientôt à la supérieure, qui seule jusqu'alors avait reçu du sang artériel, c'est-à-dire qu'elle devient apte à prendre un développement plus rapide.

6°. La *veine ombilicale* est vide et affaissée sur elle-même dès le second ou troisième jour. A peu près vers le second mois, elle se convertit en un cordon fibreux. S'il est possible que cet effet ait lieu quelquefois dès la première semaine, cependant il ne s'opère jamais que postérieurement à l'occlusion des artères. Le canal veineux s'oblitère, suivant Bernt (1), à partir de la veine cave, et cet écrivain assure que six jours suffisent pour l'obstruer entièrement, ce qui, d'après d'autres observations, n'a lieu que dans le cours du troisième mois. Mais l'extinction de la vitalité dans la veine ombilicale diminue le calibre de la veine cave supérieure, tandis que les veines pulmonaires deviennent plus grosses.

_____

(1) *Loc. cit.*, p. 274.

### III. Effets sur l'ensemble de la vie.

§ 510. Quant à ce qui concerne le reste de l'organisme :

1° Il est plus animé, tant parce que la respiration détermine une réplétion plus complète et une déplétion plus énergique du cœur, notamment du ventricule aortique, procure ainsi plus d'énergie à la circulation, et met en jeu les mouvemens du cerveau, dont on n'avait observé aucune trace jusqu'alors, que parce que l'action de l'air atmosphérique procure immédiatement un sang vermeil et plus actif, qui stimule tous les organes, le cerveau en particulier.

2° La première inspiration abaisse le foie, par le moyen du diaphragme, au dessous du point qu'il avait occupé jusqu'alors, et où jamais plus ensuite il ne remonte (§ 508, 2°). En même temps, cet organe ne reçoit plus de sang par la veine ombilicale, de sorte qu'il contient moins de liquide et qu'il a une couleur moins foncée que dans l'embryon.

3° Suivant Mende (1), un peu d'air parvient aussi dans l'estomac pendant l'inspiration, de sorte que ce viscère quitte sa situation verticale, dirige sa grande courbure plus en avant, et décrit un angle plus aigu ou moins obtus avec l'œsophage, plus obtus ou moins aigu avec le duodénum. On assure aussi que l'air distend la partie supérieure de ce dernier intestin.

(1) *Loc. cit.*, t. III, p. 27, 386.

# LIVRE TROISIÈME.

## *De la vie indépendante.*

§ 511. La *vie indépendante*, préparée par la vie embryonnaire, commence à la naissance. Elle consiste en une suite
non interrompue de mutations et de variations. Mais cette
instabilité, outre une direction générale qui mène au but à
travers des métamorphoses diverses, implique aussi une alternative cadencée ou rhythmique de progression et de rétro-
gradation. La vie a donc un *cours* et une *révolution*. La révolution n'est indiquée que par de faibles traces pendant la vie
embryonnaire; ce n'est que dans la vie indépendante qu'elle
se développe réellement, et qu'on peut la soumettre à l'observation; mais elle y devient tellement essentielle que, sans
elle, nous ne saurions nous faire une idée complète des mutations qui sont à proprement parler l'objet de l'histoire de
la vie. Nous aurons donc à l'étudier ici (§ 592), après avoir
passé en revue d'une manière générale les divers degrés de
développement du cours de la vie (§ 542-591).

### PREMIÈRE DIVISION.

#### DU COURS DE LA VIE.

§ 512. Nous essaierons plus tard de ramener les degrés,
ou, comme on les appelle, les *âges de la vie*, à un principe
scientifique, et d'en déterminer la durée. Ici il nous suffit de
reconnaître les deux grandes divisions de la vie, qui représentent un antagonisme, la période de non maturité et celle
de maturité.

La *vie non à maturité* embrasse l'enfance et la jeunesse.
Elle a pour caractères généraux la dépendance, la prédominance des relations avec l'extérieur, une réceptivité plus
grande pour les impressions, mais dans un cercle plus étroit,
enfin la prépondérance de l'assimilation. L'individu nous ap-

paraît comme un produit de l'espèce, qui est nourri, protégé et dirigé par les individus plus mûrs. Mais il se prépare à devenir membre actif de l'espèce, car il fait des progrès continuels vers l'indépendance et l'individualité, il rend de plus en plus complète sa séparation d'avec ses parens, qui avait commencé dès les premiers momens de la vie embryonnaire, pour s'exprimer matériellement à l'époque de la naissance (§ 480), et il agrandit sans relâche le cercle de ses moyens de formation. Devenir et progresser sont donc ce qu'il y a surtout de caractéristique ici; la prépondérance de la possibilité et de l'avenir, une succession plus rapide et une diversité plus grande des métamorphoses, avec un type organique plus déterminé, marquent cette période.

## Section première.

### DE L'ENFANCE.

La première des deux époques que comprend la vie non à maturité, porte le nom d'*enfance*. Elle embrasse les sept premières années de la vie, et s'annonce par le moins haut degré possible de pérennité et d'individualité : l'enfant ne présente le caractère de l'espèce que dans ses traits les plus généraux ; il n'acquiert ostensiblement que fort peu de chose qu'il conserve pendant le reste de sa vie, mais il mûrit le germe de sa future individualité dans un bourgeon qui n'est point encore développé. Sa physionomie, sa mémoire, etc., prennent moins des traits arrêtés qu'une direction générale calculée en vue des âges subséquens. Nous trouvons l'expression symbolique de ce rapport dans l'apparition des dents de lait, qui sont des organes transitoires propres exclusivement à l'enfance, et pendant la durée desquelles se développent, dans les profondeurs de l'économie, celles qui doivent les remplacer pour le reste de la vie.

L'enfance se partage en deux portions distinctes, la première et la seconde enfance.

## CHAPITRE PREMIER.

*De la première enfance.*

§ 513. La *première enfance* comprend les neuf premiers mois de la vie.

1° Au moment de la naissance et de l'éclosion, l'organisme commence à jouir de l'existence manifeste et indépendante ; c'est seulement alors qu'il y a réellement vie. Aussi ne datons-nous notre vie que du moment de notre naissance, et nous donnons-nous pour plus jeunes que nous ne le sommes réellement, en laissant hors de compte notre vie embryonnaire, qui n'était qu'une vie occulte et une simple préparation à la vie réelle. Lorsque le nouvel être se sépare de sa mère et secoue ses enveloppes, la vie plastique prend une nouvelle direction, et se tourne en dedans ; la respiration, qui avait eu lieu jusqu'alors à la périphérie de l'œuf, se retire dans les poumons, et l'absorption des substances nutritives passe de la peau au canal intestinal (§ 463). En même temps la vie animale se développe ; les organes sensoriels s'ouvrent au monde, absorbent ce qui doit servir d'aliment à la sensation, et commencent leurs fonctions propres, tandis qu'ils n'avaient fait jusqu'alors que vivre d'une vie purement végétative, dont l'unique résultat était de les produire et de les nourrir ; mais les mouvemens volontaires, qui n'avaient guères été encore qu'une simple convulsion indiquant seulement une force éloignée, comme une faible lueur qui pointe à l'horizon annonce l'approche de la clarté du jour, sont déterminés maintenant par la prévision d'un but, et soumettent les directions principales de la vie plastique à leur puissance, de sorte que la respiration et l'ingestion des alimens cessent de s'exécuter d'une manière purement végétative (par le placenta et la peau), et sont désormais déterminées par la sensibilité et la volonté. Le caractère général de la métamorphose que la vie subit au moment de la naissance, consiste en ce que l'intérieur devient dominant, et en ce que cette prédominance de l'intérieur mène à l'acquisition de la spontanéité.

2° Jusqu'à la mort il ne s'opère point de métamorphose qui soit aussi soudaine et qui entraîne d'aussi graves conséquences que celle dont la naissance et l'éclosion sont accompagnées. Pour employer les expressions de Dœllinger (1), des fonctions tout-à-fait nouvelles s'établissent d'une manière subite dans les trois sphères du corps, la tête, la poitrine et l'abdomen, et peu d'heures suffisent pour que la vie prenne de nouvelles directions, acquierre de nouveaux rapports; il se fait là un saut, tandis qu'avant et après, la vie coule tranquillement et passe d'un degré à l'autre par d'insensibles transitions. Mais ces deux circonstances ne sont, chez aucun animal, aussi intimement unies ensemble (§ 479, 4°; 497, 3°), ni par conséquent entourées de tant d'orages, que chez les Mammifères : c'est donc là précisément où la vie animale doit arriver à son plus haut degré, que le passage de la vie végétative à la vie animale s'opère avec le plus de précipitation.

3° Cependant il n'y a là de saut qu'en apparence, car ce que la naissance et l'éclosion accomplissent, le travail du développement l'avait préparé. L'embryon était déjà indépendant, puisqu'il formait ses matériaux et ses organes par une force qui lui appartenait en propre; il avait en lui une vie morale, mais latente et ne se manifestant que peu à peu; l'activité du placenta et de la peau diminuait vers la fin de la vie embryonnaire, tandis que les poumons et le canal intestinal se développaient et devenaient aptes à remplir leurs fonctions; la sensibilité générale, ce tronc commun de toute activité sensorielle, agissait, quoique tous les sens spéciaux sommeillassent encore; les membres, les organes de la respiration et ceux de la nutrition exécutaient déjà des mouvemens involontaires, à la vérité sans but immédiat, mais qui les préparaient à déployer un jour une activité tendant à des buts déterminés. La naissance et l'éclosion n'ont donc rien infusé d'étranger dans la vie; il n'y a eu que progression dans une route déjà suivie précédemment, manifestation de ce qui jusqu'alors s'était opéré dans l'ombre, réalisation d'une tendance qui existait depuis l'origine.

4° La première enfance n'est également qu'une préparation, un prélude, une transition insensible aux périodes suivantes

(1) *Naturlehre des menschlichen Organismus*, p. 324.

de la vie. Les changemens que la première respiration détermine ( § 508 ), ne s'effectuent pas d'une manière subite et dans toute leur étendue à la fois; leur extension, leur intensité, leur pérennité croissent par degrés; c'est peu à peu seulement que les sens entrent en action, que la volonté étend sa domination, que la digestion se fortifie, que la respiration s'assujétit à un rhythme plus fixe, et que l'enfant marche à l'indépendance.

ARTICLE I.

## De la dépendance de l'enfant.

§ 514. Ce qui caractérise la première enfance, c'est que, le nouvel être ayant besoin de secours, il se trouve par cela même sous la *dépendance* de sa mère. Si, pour approfondir cette circonstance, nous portons nos regards sur l'ensemble du règne animal, nous trouvons

1° Que le degré de développement auquel le nouvel être se trouve après sa naissance ou son éclosion, varie beaucoup, suivant que l'œil est ouvert ou fermé (§ 516, I), la peau nue ou couverte de son enveloppe normale (§ 519, I), la locomotivité (§ 516, II) et la faculté digestive (§ 518) plus ou moins imparfaites. Ce qui est une naissance à terme pour tel animal, serait un avortement pour tel autre. Il n'y a point toujours harmonie entre ces diverses circonstances; ainsi, par exemple, la Souris et le Hamster viennent au monde nuds, mais armés de dents, au lieu que les Carnassiers naissent aveugles et sans dents, mais couverts de poils. Le volume du corps ne signifie rien ici : les petits de l'Uria et du Pingouin sont déjà gros au sortir de l'œuf, en proportion du développement qu'ils doivent acquérir plus tard; mais il leur est impossible de se mouvoir et de chercher leur nourriture, tandis que ceux des Plongeons et des Poules d'eau, proportionnellement plus petits, sont déjà en mesure de se mouvoir et de chercher leur nourriture (1). Le nouveau-né, dans l'espèce humaine, est à maturité sous le vue de l'organisation matérielle, mais il est encore fort peu avancé eu égard à la force vivante : l'œil est ou-

(1) Faber, *Ueber dans Leben der Vœgel*, p. 174.

vert et la peau développée, mais la faculté de voir sommeille encore, celle de produire de la chaleur est insuffisante, et celle de se déplacer n'existe point.

2° En général, nous pouvons dire qu'au moment de la naissance et de l'éclosion, l'embryon a fait d'autant plus de progrès dans son développement, que la constitution de son œuf ou de la matrice maternelle a rendu possible pour lui une incubation plus prolongée ou plus parfaite. Ainsi, l'incubation dure plus long-temps chez la plupart des Oiseaux dont les petits sont déjà très-développés au moment de l'éclosion, que chez ceux dont les petits sortent de l'œuf aveugles et nuds. De même le défaut de maturité des jeunes Marsupiaux se rattache à l'imperfection de la matrice maternelle. Cependant il y a des exceptions à cette règle. On prétend avoir observé que comme la chambre à air est plus grande chez les Oiseaux qui sont très-avancés en quittant l'œuf, de même le placenta est plus développé chez les Ruminans, dont les petits sont également très-forts en venant au monde ; mais le placenta est moins développé chez les Cochons et les Solipèdes que chez les Carnassiers, quoique leurs petits aient plus de vigueur ; et tandis que les autres Rongeurs viennent au monde dans un faible état de développement, les petits des Lièvres et des Cochons d'Inde sont couverts de poils, voient clair et peuvent se mouvoir en toute liberté, quoique leur œuf et la durée de leur vie embryonnaire n'offrent rien de particulier qui puisse expliquer cette différence. L'homme fait un plus long séjour dans la matrice, proportionnellement à sa taille, qu'aucun autre animal, et, à raison de son développement plus élevé, il y subit une incubation plus parfaite ; cependant, envisagé sous le rapport de la maturité, et notamment de la vie animale, il est, au moment de sa naissance, fort au dessous de la plupart des animaux. Nous voyons donc qu'il ne s'agit pas seulement de la durée et de la perfection de l'incubation, mais que chaque espèce suit, dans son développement, un type particulier, dont on ne saurait trouver la cause dans l'organisation, et dont le sens ne s'éclaircit un peu que sous le point de vue téléologique. Il ne peut point encore être question ici de la circonstance qui fait que les Marsupiaux habitent principalement l'Australie, et que la plupart des animaux indigènes de la Nouvelle-Hollande viennent au monde avant d'avoir acquis le terme de leur maturité.

**I. Dépendance de l'enfant sous le rapport de la protection dont il a besoin.**

§ 515. Pour continuer après la naissance et l'éclosion, la vie animale a besoin d'air, de nourriture, de chaleur et d'abritement, choses qui toutes étaient nécessaires aussi à la vie embryonnaire (§ 362, 2°). Maintenant, comme par le passé (§ 367), le monde du dehors fournit les conditions extérieures de la vie ; mais l'air est la seule chose que tous les animaux sans exception puissent s'approprier d'eux-mêmes après la naissance et l'éclosion ; l'aptitude à se procurer les autres conditions varie autant qu'il y a de degrés de développement à cette époque (§ 514). Mais, entre l'organisme maternel et son produit règne une harmonie en vertu de laquelle ce dernier obtient, maintenant encore, comme jadis (§ 365), tout ce que ses besoins exigent. Cette acquisition dépend de plusieurs causes.

I. Elle tient aux conditions organiques de l'activité plastique.

1° L'époque du rut (§ 244, 7°), et la durée de la gestation ou de l'incubation (§ 367, 2°) sont telles que le jeune animal, quand il est en état de chercher lui-même les objets de ses besoins, que ce soit immédiatement après la naissance et l'éclosion, ou seulement après avoir goûté les soins maternels, les trouve autour de lui.

D'après des données approximatives, mais qui pourtant demanderaient à être rectifiées sous certains rapports, le Blaireau, le Cochon et le Phoque mettent bas en février ; le Loup, la Marte, le Castor, le Lièvre, le Lapin sauvage, l'Écureuil, le Souslic, la Vache, la Brebis, la Chèvre, le Bouquetin et la Baleine, en mars ; le Chat, le Chien, la Belette, le Putois, l'Ours noir, le Rat, le Chamois, le Cheval, l'Ane, le Sanglier, en avril ; le Renard, le Lynx, la Loutre, la Taupe, le Glouton, la Musaraigne, le Lapin domestique, le Cerf, le Lièvre, le Chevreuil, l'Élan, le Cochon, la Chauve-Souris, en mai ; le Loir, le Muscardin, la Marmote, le Hamster, le Daim, le Dauphin, en juin ; la Musaraigne, le Lièvre et le Lapin, en juillet ; le Hérisson, le Chat, le Muscardin, le Cochon, en août ; la Souris et le Lièvre, en septembre ; le Rat d'eau , en octobre ; la Souris, dans les habitations chaudes , et l'Ours brun , dans sa retraite d'hiver, en novembre, décembre et janvier.

2° Chez beaucoup d'animaux, les petits trouvent leur nourriture dans le milieu où leurs œufs ont été déposés , particulièrement dans l'eau ou dans le *nidamentum*.

3° Chez d'autres , le corps maternel est conformé de manière à procurer abri (§ 516) et nourriture (§ 519) aux petits.

II. L'amour de la mère ne manque que quand les petits n'ont pas besoin d'assistance. Tel est le cas de la plupart des Ovipares parmi les animaux sans vertèbres, des Poissons et des Reptiles : beaucoup d'Insectes ne voient pas éclore leurs petits, aux besoins desquels ils ont pourvu en déposant leurs œufs ; les Céphalopodes, qui surveillent leurs œufs avec soin, abandonnent les petits, dès qu'ils sont éclos, et recommencent aussitôt à s'accoupler et pondre : les Ophidiens et les Sauriens se développent assez dans l'œuf pour pouvoir s'entretenir eux-mêmes en le quittant ; les Batraciens et les Poissons trouvent dans l'eau et le *nidamentum* de quoi satisfaire à tous leurs besoins. L'amour de la progéniture qui, chez ces animaux , s'éteint à la fécondation et à la sémination, s'étend déjà jusqu'aux petits chez quelques uns de ceux qui appartiennent aux mêmes classes ; c'est ce qu'on voit chez plusieurs Insectes , surtout parmi les espèces sociales ; de même les Crocodiles reviennent auprès de leurs œufs , quand ils sont éclos , appellent les petits , qui leur répondent, et les mènent à l'eau (1). Chez tous les animaux à sang chaud, sans exception, la vie des petits dépend tellement de l'amour de la mère , que sans lui il lui serait absolument impossible de se maintenir. Dans les Mammifères, l'incubation a lieu sans conscience, sans concours de la volonté, en un mot d'une manière purement végétale, et les soins inspirés par l'instinct et la volonté ont été réservés pour l'époque qui suit la naissance, temps où le jeune animal peut sentir les bienfaits de l'amour qu'on lui porte. L'amour maternel est donc la manifestation d'une vitalité plus active et de rang supérieur, qui manque

(1) Humboldt, *Reise in die Aequinoctialgegenden*, t. III , p. 427.

aux animaux des dernières classes, à ceux dont la sensibilité est plus émoussée. Mais il est aussi la condition d'un développement plus avancé de la vie ; pour arriver à une existence plus parfaite, il faut avoir éprouvé l'influence bienfaisante de l'amour, et c'est là en partie ce qui explique l'impossibilité dans laquelle sont de se suffire à eux-mêmes, au moment où ils abordent la vie réelle, les êtres destinés à jouir de cette existence (§ 514). A la naissance, qui est une scission matérielle, l'amour fait succéder encore une unité dynamique chez les êtres placés au sommet de l'échelle, et c'est dans cette séparation seulement que se révèle la toute-puissance de l'unité. Quoique celle-ci ne puisse se manifester complétement qu'au point culminant de la vie, nous en retrouvons cependant une image simple, mais frappante, aux degrés inférieurs de la série animale : lorsque Nitzsch (1) avait fendu transversalement un Kolpode (§ 479, 6°), les deux nouveaux animaux produits par cette opération restaient pendant quelque temps l'un auprès de l'autre, et en contact intime, s'éloignaient ensuite un peu, mais se rapprochaient bientôt, jusqu'à ce qu'enfin, l'individualité mûrie ayant triomphé de leur propension mutuelle, chacun d'eux fît route à part. Mais, comme l'amour repose sur un sentiment obscur et se dirige vers un avenir inconnu (§ 369, 1°), l'animal veille d'avance aux besoins de ses petits ; la femelle qui met bas pour la première fois, leur prépare une couche, avant d'avoir aucune notion ni d'eux, ni de la parturition, par conséquent, pour se satisfaire elle-même, pour obéir à un instinct qui la pousse, mais qui est en harmonie avec la vie des petits. Voilà pourquoi cet instinct se manifeste alors même qu'il n'a pas d'objet sur lequel il puisse s'exercer ; des Lapines qui se sont accouplées, mais qui n'ont pas été fécondées, se creusent un terrier vers l'époque où elles devraient mettre bas, comme si elles étaient pleines, et les Poules gloussent, quand le temps est venu, quoiqu'elles n'aient point couvé (2). Ici donc, comme en ce qui concerne l'incubation (§ 354, 3°) et l'éclo-

(1) *Beitrage zur Infusorienkunde*, p. 76.
(2) Harvey, *loc. cit.*, p. 405.

sion (§ 498, 3°), la puissance de l'instinct donne une aptitude particulière à connaître le besoin sans le secours d'aucun sens extérieur ; d'après Bonnet, Solander et Duhamel, plusieurs espèces de Guêpes ouvrent les cellules closes de leurs larves, dès que celles-ci ont consommé leur nourriture, déposent dedans de nouvelle pâtée et les referment ensuite ; c'est toujours à l'époque précise où cette précaution devient nécessaire, qu'elles la prennent, et elles savent retrouver de fort loin l'ouverture qu'elles ont bouchée. Maintenant, comme les soins maternels procurent aux petits la même chose que ce qui avait été fourni auparavant à l'embryon par l'incubation (§ 515), il y a donc identité entre les deux actes. Considéré même dans sa manifestation, par exemple dans la construction des nids (§ 516, 2°; 517, 7°), le soin de la progéniture a le caractère d'une seconde incubation. Si donc il n'est qu'une continuation de l'incubation, laquelle en est une elle-même de la procréation (§ 363, 364), il suit de là que le désir de procréer et l'amour maternel sont des manifestations d'un seul et même instinct, comme nous en trouvons d'ailleurs quelques preuves physiques, par exemple dans cette circonstance que la femelle du Renard et celles de quelques autres Mammifères emploient, pour appeler leurs petits, la même modification de voix que celle qui leur sert à attirer le mâle pendant le temps du rut.

Les formes de cette relation sont fort différentes, mais elles correspondent toujours aux besoins des petits. Tandis que, d'après l'observation citée plus haut, les Kolpodes se fortifient par leur contact mutuel, les Trichodes se séparent entièrement l'un de l'autre, après la solution de continuité, et chacun d'eux va chercher sa nourriture.

4° Le soin de la progéniture appartient d'une manière spéciale à la mère. Tantôt elle y est primordialement rendue apte par son courage et sa force physique ; tel est le cas de la plupart des Oiseaux de proie, chez lesquels la femelle est plus grosse, plus hardie et plus robuste que le mâle, qui ne s'occupe en général que de sa propre subsistance. Tantôt elle acquiert cette aptitude par une exaltation particulière que sa vie éprouve à cette époque (§ 254 1°, 285 2°); la femelle timide devient hardie et courageuse; celle qui est d'un ca-

ractère tranquille, en acquiert un farouche et hargneux ;
celle qui est paresseuse se montre vive et alerte. La Lionne,
dès qu'elle a des petits, surpasse le roi des forêts en courage
et en intrépidité.

5° Le mâle ne prend presque jamais part aux soins qu'exigent les petits, surtout dans les cas de polygynie, où le caractère de la masculinité devient plus prononcé. Cette règle
s'applique surtout aux herbivores, et notamment aux Ruminans, tant parce que les petits ont déjà moins besoin d'assistance en venant au monde, que parce que la mère n'en
faisant qu'un seul, ou tout au plus deux, elle peut plus
aisément les soigner, ou parce que la nourriture est plus
abondante et plus facile à trouver. Chez beaucoup d'Oiseaux,
par exemple les Outardes et plusieurs espèces de Canards et de Plongeons, le mâle quitte sa femelle après la
fécondation ou après l'incubation, et ne revient auprès d'elle
qu'en automne. Il y a aussi quelques Oiseaux monogames,
les Cailles, par exemple, dont les mâles ne s'inquiètent point
des petits.

6° La participation du mâle a lieu surtout chez les animaux
monogames, où il se rapproche davantage de la femelle, et
chez les carnassiers, dont les petits venant au monde fort
débiles, ont plus de peine à se procurer des alimens.
Il y a certains animaux chez lesquels le voisinage du mâle
semble inspirer plus de sécurité à la femelle et la déterminer
à soigner ses petits : ainsi, par exemple, on ne peut pas
élever de Furets, quand on ne laisse point les parens ensemble. Quelquefois le mâle, au besoin, se charge à lui seul de
toute la tâche. On a vu des Pies, des Hibous, etc. nourrir
et élever leurs petits, quand la femelle avait été prise ou était
morte (1). Le degré de part qu'il prend aux différens actes
dont se compose la génération varie ; chez certains Oiseaux,
par exemple, les Plongeons, les Manchots et les Poules
d'eau, il aide à l'incubation, mais ne prend aucun souci des
petits ; au contraire, chez les Linots et les Hérons, il ne
couve pas, mais nourrit les petits ; chez certaines Fauvettes,

(1) Kuhn, dans Froriep, *Notizen*, t. XVII, p. 224.

il prend la défense des petits, mais n'a aucun égard aux dangers qui peuvent menacer les œufs.

7° Protéger les petits est la manifestation la plus générale de sa participation, qu'on observe chez les Mammifères sociaux et chez les Oiseaux, non seulement monogames, comme le Cygne, mais même polygynes, comme l'Oie, le Canard, la Perdrix.

8° C'est un plus grand témoignage de participation lorsqu'il contribue aussi à l'alimentation des petits. Tel est le cas de la plupart des espèces monogames, parmi les Rapaces, les Passereaux et les Echassiers, comme aussi chez quelques Palmipèdes, où le mâle aide en outre la femelle à construire le nid et à couver (1). La sécrétion qui s'opère dans le jabot des Pigeons dure même plus long-temps chez le mâle, de sorte qu'il finit par être seul à nourrir les petits. On connaît aussi plusieurs Passereaux chez lesquels il prend plus de part que la femelle à cet acte (2). Dans les Mammifères, il y participe plus rarement; quand sa femelle a mis bas, le Castor lui abandonne la construction qu'ils ont faite et les provisions qu'ils ont amassées, et va chercher ailleurs sa nourriture; mais il revient souvent auprès d'elle pendant qu'elle allaite. Le Renard apporte des alimens à sa femelle et à ses petits.

9° Chez plusieurs animaux, tant que les petits n'ont point encore de poils et ne peuvent courir, le mâle ne les reconnaît pas pour sa progéniture, et les dévore; il ne commence à les protéger que quand ils ont pris du développement par les soins de la mère. Ce cas a lieu non pas seulement chez des carnassiers, tels que l'Ours, le Loup et le Furet, mais même chez des herbivores qui unissent la voracité à une grande fécondité, comme le Cochon d'Inde et le Lapin. Déjà les Punaises des arbres sont obligées de défendre leurs petits contre l'appétit des mâles.

10° La voracité de la femelle ne s'exerce sur ses propres petits que par exception, dans des circonstances particulières, et toujours dans les cas de fécondité excessive, qui se trouve

(1) Faber, loc. cit., p. 74.
(2) Ibid., p. 245.

par-là limitée. C'est par pur accident qu'il arrive aux Entomo-stracés d'avaler leurs petits tombés dans le tourbillon qui porte les alimens à leur bouche (1), ou que le grossier Pois-son, en poursuivant les petits d'autres espèces, ne peut point distinguer les siens propres. Van Dinter (2) dit aussi avoir observé que la Panthère et les autres espèces du genre Chat, en léchant leurs petits, les avalent quelquefois involontaire-ment, parce que les épines dont leur langue est garnie ont la pointe recourbée en arrière, et que les petits nouvellement nés n'ont point assez de force pour opposer la moindre ré-sistance. Si, comme le dit Barton, l'Opossum, même ayant de la nourriture en superflu, mange quelquefois ses petits, pour lesquels il témoigne d'ailleurs un grand amour, on ignore à quoi peut tenir cette exception. Mais on peut lui assigner une cause chez d'autres animaux.

a. Il arrive parfois aux Fourmis et à d'autres Insectes de dé-vorer leurs larves par nécessité, quand toute autre nourriture leur manque. Si la Truie a faim au moment où elle met bas, et qu'elle vienne à avaler le délivre, sa gourmandise aiguillon-née lui fait souvent dévorer aussi ses petits. La même chose arrive aux Furets, surtout quand ils mettent bas pour la pre-mière fois, et ils redeviennent alors aptes à être fécondés.

b. Les Chiennes et les Chattes sont quelquefois prises, pendant la parturition, d'une fureur durant laquelle elles se jettent sur leurs petits et les mordent au point de les tuer.

c. Les animaux sauvages tuent souvent leurs petits dans l'état de captivité. C'est ce qui arrive, par exemple, au Hé-risson, suivant Buffon, même quand il regorge de nourriture.

d. Une trop grande fécondité, jointe au défaut de nourriture suffisante pour tous les petits, détermine souvent la femelle à les tuer. Quand les Guêpes et les Frélons ont encore des petits à l'état de larves en octobre, ils cessent de leur porter de la nourriture, les jettent hors du nid, et les tuent, parce que le manque de provisions d'hiver les ferait mourir de faim. Lorsque le Lièvre a cinq petits, il en laisse périr deux, et n'en

(1) Jurine, Histoire des Monocles, p. 33.
(2) Froriep, *Notizen*, t. XLI, p. 72.

élève que trois. Si la Truie met bas plus de petits qu'elle n'a
de mamelles, et si la faim arrache des cris à ceux qui trouvent toutes les tétines occupées, elle les dévore, ce qui la conduit fréquemment à manger aussi les autres. Certains Oiseaux
jettent hors du nid les œufs qu'ils ont pondus de trop. On dit
que quand la Cigogne a trop de petits pour les pouvoir nourrir tous, elle en jette un hors du nid : le fait a été observé
par Kant, qui s'écria : « A cette vue l'entendement de-
» meure confondu : il ne reste plus qu'à se prosterner et
» adorer. »

*e*. Les animaux tuent leurs petits quand ceux-ci ne leur ressemblent pas, ou sont monstrueux. Lorsque les larves d'Abeilles
ont perdu la situation nécessaire pour qu'elles se développ-
pent, les ouvrières les portent hors de la ruche, et les tuent.
Les Chats et autres animaux sont dans l'usage de dévorer leurs
petits monstrueux. La bâtardise détruit aussi l'amour de la
progéniture. Un Cygne qui avait produit des métis avec une
Oie, ne témoigna ni à celle-ci, pendant qu'elle couvait, ni
aux jeunes, les attentions que cet animal a d'ordinaire pour
sa femelle et ses petits (1). Un Zèbre femelle, qui avait été
couvert par un Ane, ne voulut pas se laisser approcher par
le petit qu'il mit au monde; il le repoussait à coups de
pieds, et lorsqu'on fut parvenu par des flatteries à obtenir
qu'il le laissât téter, il le flaira long-temps avec une sorte
d'horreur; cependant il finit par le reconnaître, le lécha,
et lui prodigua dès-lors tous les soins accoutumés (2).

11° Beaucoup de femelles chassent ou mettent à mort les
petits étrangers qu'on glisse parmi les leurs. Tel est, par
exemple, le cas des Poules. Si l'on veut donner un petit étranger à une Truie, il faut le faire avant qu'elle relève de sa
mise-bas et qu'elle ait appris à connaître ses propres petits.
Les Lapines dévorent quelquefois les petits des autres femelles de leur espèce.

*a*. L'habitude parvient quelquefois à éteindre ces sortes d'i-
nimitiés. Quand on a fait couver à une Poule des œufs de Dinde

(1) F. Cuvier, Annales du Muséum, t. XII, p. 119.
(2) *Ibid.*, t. XI, p. 237.

ou de Canne, elle vit pendant quelques mois avec les petits qui en éclosent, comme avec les siens propres. Une Berge-ronette, qui avait couvé un Coucou dans le creux d'un chêne, par l'étroite ouverture duquel cet animal ne pouvait sortir, n'émigra point ; elle le nourrissait encore pendant l'hiver (1). Dans les grands nids communs qu'on rencontre vers le nord, les Oiseaux paraissent donner la nourriture à tous les petits sans distinction (2). Un Agneau dont la mère succombe cher-che avec circonspection à téter d'autres Brebis, jusqu'à ce qu'il s'en trouve une qui l'adopte. La Chèvre contracte aisé-ment l'habitude de se laisser téter par un enfant.

*b.* La vue de petits privés de secours et le défaut de progé-niture à soi, déterminent, quand le besoin de soigner des petits se fait sentir, à en adopter d'étrangers. Tel est le cas des ou-vrières, parmi les Insectes sociaux ; celles seules des Bour-dons cherchent à enlever les œufs de la femelle qui pond, pour les dévorer; aussi cette dernière les veille-t-elle pendant six ou huit heures, laps de temps au bout duquel les ouvrières ne man-gent plus d'œufs, même quand on leur en présente qui ont été ti-rés d'un nid étranger. Le jeune Coucou est très-vorace, et les Oiseaux qui le soignent ont beaucoup de peine à le satisfaire; mais ils paraissent s'acquitter avec persévérance de cette pé-nible tâche, précisément parce qu'elle leur a fait perdre leurs propres petits dans les commencemens (3). Les Rouge-Gorges, les Fauvettes et autres Passereaux, qu'on tient en captivité, donnent à manger aux jeunes d'une autre espèce que la leur, quand ils les entendent crier de faim. Un Corbeau nourrit de jeunes Freux avec lesquels on l'avait renfermé (4). Lors-qu'une Lapine n'a point été fécondée, et qu'elle trouve les petits d'une autre, elle les soigne comme s'ils lui apparte-naient (5). Quand la femelle du Chamois vient à être tuée, une autre adopte son petit. On a vu des Chiennes allaiter de jeunes

(1) Naumann, *Naturgeschichte der Vœgel*, t. II, p. 821.
(2) Faber, *loc. cit.*, p. 248.
(3) Naumann, *loc. cit.*, t. V, p. 231.
(4) *Ibid.*, t. II, p. 47.
(5) Harvey, *loc. cit.*, p. 405.

Renards (1), et naguères il y en avait une à Kœnigsberg qui nourrissait de petits Chats.

12° Le degré d'amour pour les petits est en raison inverse de la fécondité, et en raison directe tant du développement de la vie animale chez la mère, que du défaut de maturité et du besoin d'assistance chez le petit. L'amour maternel n'est jamais porté assez loin, chez les animaux voraces, tels que les Truies et les Cannes, pour qu'ils ne songent à manger qu'après avoir rassasié leurs petits, comme le font les Poules, les Pélicans et plusieurs autres Oiseaux. La Truie est indifférente pour ses petits, et il n'y a que l'habitude qui la porte à y faire attention. Le Hamster abandonne les siens dans le danger. La Brebis ne permet pas à son agneau de téter lorsqu'elle même n'a pas beaucoup de nourriture, et ne témoigne aucune tristesse quand on le lui enlève. Parmi les bêtes à cornes, il se trouve des individus chez lesquels l'amour maternel a plus d'énergie que chez d'autres; certaines Vaches mugissent, pendant la nuit surtout, lorsqu'on a enlevé leur Veau, et en perdent l'appétit : un de ces animaux, à qui l'on avait enlevé son Veau, parvint à se mettre en liberté, et le lendemain on le retrouva auprès de ce dernier : il avait été obligé de faire six lieues pour s'en rapprocher (2). On trouve une tendresse portée à un plus haut degré chez les Singes, les Ours, les Phoques, les Baleines et les Loutres de mer. Au rapport de Steller, la perte de leurs petits afflige tellement ces dernières, qu'en peu de semaines elles deviennent malades, faibles, maigres, et ne quittent plus la terre. On ne tue un Baleineau que pour attirer la mère, qui accourt à lui, et l'abandonne rarement, tant qu'il conserve un souffle de vie, quoique percée de plusieurs harpons (3).

La tendresse d'une mère pour ses petits peut aller jusqu'à lui faire oublier ses propres souffrances. On a vu couper une Fourmi en deux, et la moitié antérieure n'en continue pas moins de traîner les chrysalides dans un lieu sûr (4). Une

(1) *Neujahrsgeschenk fuer Jagdliebhaber*, 1818, p. 128.
(2) Froriep, *Notizen*, t. XL, p. 183.
(3) Scoresby, *Tagebuch einer Reise an den Walfischfang*, p. 196.
(4) Smellie, *Philosophie der Naturgeschichte*, t. II, p. 188.

Chienne, dont on avait ouvert le ventre pour en tirer les petits, se traîna mourante vers eux, les lécha, les accabla de caresses, et ne se mit à pousser des gémissemens violens que quand on les lui enleva (1).

Enfin, l'amour maternel conduit aussi à faire le sacrifice de sa propre vie. L'Alouette cherche à détourner le Chien de son nid en s'exposant elle-même. Les Biches et les femelles de Chevreuil se font chasser pour que leurs petits n'aient point d'attaque à redouter. Les Hirondelles se précipitent dans un édifice enflammé pour sauver leurs petits ou périr avec eux (2).

13° Le petit s'attache à la mère dès le premier moment. Elle est le premier objet qu'il aperçoive, et avant d'être devenu timide, il a déjà mis toute sa confiance en elle. Les jeunes Oiseaux qu'on veut élever sans mère meurent presque tous; ils se plaignent toujours, même quand ils ne manquent ni de nourriture ni de chaleur; mais si on leur donne un Oiseau mort de leur espèce, ils se placent sous ses ailes et restent tranquilles (3). Plusieurs semaines sont nécessaires pour faire oublier à l'agneau la mère dont il a été séparé. Les petits de certains animaux, par exemple du Chamois et du Morse, restent pendant long-temps auprès de leur mère morte, et s'y laissent prendre. Quand on tue d'un coup de fusil un Ouistiti grimpé sur un arbre, le petit qu'il portait ne le quitte pas dans sa chute, et reste attaché à ses épaules ou à son cou (4).

14° La durée de l'amour maternel varie, comme sa force, chez les divers animaux.

*a.* La mère et le petit se séparent quand celui-ci peut se procurer sa nourriture, par conséquent chez les Oiseaux lorsqu'il a des plumes, et chez les Mammifères quand il ne tette plus. Tel est le cas, entre autres, des Hérons parmi les premiers, des Lièvres et des Hamsters parmi les seconds.

(1) *Ibid.*, p. 8.
(2) *Ibid.*, p. 229.
(3) Faber, *loc. cit.*, p. 227.
(4) Humboldt, *Reise in die Aequinoctialgegenden*, t. III, p. 456.

*b.* Chez d'autres animaux, l'union entre la mère et le petit se prolonge au delà de ce terme. La plupart des Oiseaux restent auprès de leurs petits long-temps encore après que ceux-ci ont commencé à voler hors du nid ; tels sont plusieurs Passereaux, entre autres les Linots, qui reviennent au nid une quinzaine de jours encore après cette époque. Chez certains Oiseaux, les Cormorans, par exemple, les petits restent auprès de leur mère pendant la migration d'automne, et les mâles adultes partent seuls. Le jeune Écureuil quitte la sienne un mois après avoir cessé de téter, et les jeunes Blaireaux et Renards s'en séparent en automne, cinq à sept semaines après la naissance, pour se creuser un terrier à part.

*c.* Chez les Cerfs, les Élans, les Chevreuils, les Chamois et les Sangliers, les petits restent auprès de la mère pendant trois années, jusqu'à l'époque de la puberté.

Parmi les causes déterminantes de ces diversités, on doit ranger :

*d.* Le degré de sensibilité de l'espèce animale. Les Passereaux soignent encore leurs petits que ceux-ci n'ont déjà plus besoin d'eux, tandis que les Macareux et les Urias les abandonnent dès qu'ils ont des ailes. Les Loris portent et allaitent encore les petits, quoique ceux-ci aient déjà une taille presque égale à la leur, tandis que l'insociable Hamster chasse les siens de sa retraite trois semaines après leur naissance.

*e.* Une autre cause se rattache au mode d'alimentation. La société entre la mère et les petits dure plus long-temps chez les animaux qui vivent de végétaux, d'insectes et de vers, qui par conséquent trouvent une nourriture abondante, que chez les carnassiers. Les gros Oiseaux de proie chassent leurs petits de très-bonne heure, pour aller à la recherche de leur propre pitance. C'est chez les Ruminans, qui n'ont pas de peine à trouver des alimens, que cette espèce de société dure le plus long-temps. Dans la plupart des espèces d'Oiseaux et de Mammifères carnivores, elle cesse vers l'automne ou l'hiver, époque à laquelle la nourriture devient plus rare.

Quand le jeune Singe a cessé de téter, la mère continue

bien de le soigner, d'après les observations de Frédéric Cuvier ; mais, quoiqu'elle n'ait plus de lait pour lui, elle ne lui donne cependant rien à manger ; loin de là, elle garde avidement pour elle la nourriture qu'on lui présente, ou même l'arrache au jeune animal, qui ne parvient à se rendre maître que de ce qu'elle a de trop, et ne peut manger tranquillement qu'en lui tournant le dos.

*f.* La fréquence des retours du rut et par conséquent la fécondité raccourcissent le temps de séjour des petits auprès de la mère. Les Oiseaux qui se propagent deux fois dans le cours d'un été, ne restent pas aussi long-temps auprès de leurs petits que ceux qui ne font qu'une seule couvée par an. La Perdrix ne quitte les siens qu'à la couvée suivante, dans l'année qui vient après. La Lapine les abandonne quatre semaines après leur naissance, pour s'accoupler de nouveau. L'Ourse les chasse quand elle entre en chaleur, mais si elle ne conçoit pas, elle les garde deux ou trois ans auprès d'elle. Enfin, lorsque les petits restent près de leur mère jusqu'à la puberté, celle-ci s'éloigne d'eux à l'époque du rut et de la parturition, mais ne manque jamais de les rejoindre après avoir été fécondée, ou après avoir mis bas.

15° A la fin de cette espèce de société, la mère et le petit sont complétement étrangers l'un à l'autre. Berkemeyer a vu une Sangsue conserver pendant deux mois ses petits sous son corps ; mais une fois qu'ils l'avaient quittée, elle les poursuivait et cherchait à les tuer (1). Le Zèbre dont nous avons parlé plus haut, revit son métis au bout d'un an ; il voulut le battre et le mordre, mais cependant s'accoutuma de nouveau à lui au bout de quelques jours. D'après Corse (2), la femelle de l'Eléphant ne reconnaît plus son petit, même à la mamelle, quand elle en a été séparée pendant deux jours seulement, et ne fait plus la moindre attention à ses cris.

§ 516. Le jeune animal a besoin de la protection de sa mère, surtout à cause de l'état de ses organes sensoriels et de ses facultés locomotrices.

(1) Kuntzmann, *Ueber den Blutigeln*, p. 67.
(2) *Philosoph. Trans.*, 1799, p. 42.

I. Plusieurs Oiseaux de proie, beaucoup de Passereaux, les Corbeaux, les Corneilles, le Coucou, parmi les Grimpeurs le Pic et le Martin-Pêcheur, parmi les Gallinacés, les Pigeons, sortent de l'œuf avec les paupières collées ensemble, et par conséquent *aveugles;* leurs yeux s'ouvrent au bout d'environ huit jours. Tous les Oiseaux palmipèdes et échassiers ont les yeux ouverts dès le moment de l'éclosion ; mais ils ne peuvent, pendant les premiers jours, supporter la lumière, qui les oblige à fermer leur paupières (1). Parmi les Mammifères, tous les Carnivores, tous les Marsupiaux et la plupart des Rongeurs naissent aveugles. L'Ours l'est pendant huit jours ; le Chat, le Lynx, la Loutre, la Belette, neuf ; le Chien, le Loup, le Renard, dix à douze ; la Marte, quatorze ; le Furet ; près de trois semaines ; le Castor, le Hamster, le Lapin, l'Écureuil, huit jours ; le Rat, dix ; la Souris, quinze ; l'Opossum, cinquante, d'après Barton. Ainsi, au total, les petits animaux sont plus long-temps aveugles que les gros.

La brièveté de la vie embryonnaire paraît exercer moins d'influence à cet égard (2) : le Cochon d'Inde naît trois semaines après sa conception, et vient au monde les yeux ouverts, tandis que l'Écureuil, dont la naissance a lieu quatre semaines après l'époque à laquelle il a été conçu, reste huit jours sans pouvoir ouvrir les paupières, et que le Furet, dont la vie embryonnaire dure six semaines, a une cécité de trois semaines.

On reconnaît plutôt une certaine connexité entre cette disposition et le but de la conservation. Les animaux qui ont assez de force musculaire pour défendre leurs petits d'une manière efficace, ou dont les petits sont moins exposés aux atteintes de ceux qui pourraient leur nuire, soit à cause de leur taille exigue, soit parce qu'ils se tiennent cachés dans des retraites spéciales, des creux, des cavernes, ou la poche mammaire de leur mère, viennent au monde aveugles. Les petits des Ruminans sont gros ; ils naissent sur une couche simple, et leur mère n'a pas les muscles assez vigoureux pour les dé-

_____

(1) Faber, *loc. cit.*, p. 197.
(2) Autenrieth, *Supplementa ad hist. embryonis*, p. 49.

fendre contre les animaux de proie : aussi naissent-ils clairvoyans. Si le Lièvre vient au monde les yeux ouverts, quoiqu'il appartienne à l'ordre des Rongeurs, nous en trouvons
l'explication dans la nécessité où il est de fuir en diligence
son gîte ouvert de tous côtés ; mais nous apercevons aussi la
cause prochaine de cette précoce faculté de voir dans le développement imparfait de ses paupières.

II. Partout la *locomotilité* est incomplète immédiatement
après l'éclosion ou la naissance ; mais elle arrive avec plus ou
moins de promptitude au degré d'énergie nécessaire. L'animal qui provient de scission longitudinale demeure pendant
quelque temps comme engourdi et privé du pouvoir de se
remuer librement. De même les Insectes et les animaux qui
se rapprochent d'eux sont incapables de se mouvoir à leur
sortie de la chrysalide ; après être restés un certain laps de
temps plongés en quelque sorte dans la stupeur, ils font l'essai de leurs forces naissantes, et leurs mouvemens deviennent
de plus en plus vigoureux, en même temps que la charpente
extérieure de leurs corps acquiert de la solidité, par la dessiccation qu'elle éprouve de la part de l'air, et que leurs membres se détachent du tronc. La même chose a lieu au moment
où l'Insecte quitte la chrysalide. Le Papillon ne fait d'abord
que des essais fort incomplets de locomotion, il rampe péniblement à terre, et ses ailes ne se déploient qu'après qu'il les
a étendues, que l'air a pénétré dans leurs trachées, et que
l'atmosphère en a pompé l'humidité ; alors il les secoue et
prend son vol. Le jeune Cousin reste quelque temps à la surface de l'eau, jusqu'à ce que ses ailes aient acquis de la consistance. La Libellule qui vient de subir sa dernière métamorphose, fait plusieurs pas en rampant, puis se tient quelque
temps immobile, étend alors son corps, déploie ses ailes, et
s'élève dans l'air lorsqu'elles sont sèches. Le Monoclé se tient
d'abord immobile : puis ses antennes et ses pattes se détachent
brusquement du corps, contre lequel elles étaient jusque-là
serrées d'une manière étroite, et alors seulement l'animal
commence à se mouvoir. L'Araignée ne fait qu'éprouver de
légères secousses après sa sortie de l'œuf ; elle a ses mandibules et ses pattes étendues, et semble comme pétrifiée dans

le nid ; si on la retire , elle fait quelques pas en rampant , et reprend sa première immobilité ; mais quand elle a, quelques jours après, quitté la peau qui emprisonnait ses filières, ses mandibules et ses mâchoires, et qui la rendait incapable d'exécuter aucun mouvement , il ne lui faut plus qu'un petit nombre d'heures de repos pour pouvoir courir et filer.

Les Passereaux et les Oiseaux de proie passent près de deux à trois semaines dans le nid , avant d'acquérir la faculté locomotrice ou d'être couverts de plumes. Si le nid est par terre, comme celui des Alouettes, ils courent pendant quelque temps avant de pouvoir voler; si ce nid est dans des herbages, comme celui des Ortolans de roseaux, ou sur des arbres, comme celui des Linots, ils se tiennent pendant quelque temps sur les plantes aquatiques ou sur les branches, avant de s'essayer à voler. Tous les Gallinacés, de même que la plupart des Echassiers et des Palmipèdes, courent aussitôt qu'ils sont secs, mais ils n'apprennent à voler qu'au bout de deux à trois mois. Les Bécasses, les Oies sauvages jouissent pleinement de cette faculté au bout de huit semaines ; les Perdrix et les Birkans ne l'ont qu'au bout de trois mois. La natation a lieu plus tôt que le vol : l'Oie domestique nage quinze jours après l'éclosion ; certains Pluviers, Plongeons, Manchots et Poules d'eau vont à l'eau douce aussitôt qu'ils ont quitté l'œuf, et nagent sur-le-champ ; ils n'entrent dans la mer que plus tard , l'Uria, par exemple, au bout de trois semaines seulement, et ils ne possèdent pas de suite la faculté de plonger.

Les Mammifères qui naissent aveugles rampent péniblement, les pattes étendues, de manière que les digitigrades sont d'abord plantigrades, et que le ventre traîne presque à terre. Au contraire, le Cochon d'Inde court déjà très-vite douze heures après sa naissance, et la Chauve-Souris se suspend avec ses crochets aussitôt qu'elle est sortie du sein de sa mère. Les Ruminans et les Solipèdes restent couchés un quart d'heure ou une demi-heure environ après leur venue au monde ; dès que leur mère les a léchés, ils essaient de se lever, ou se redressent avec agilité : à peine sont-ils restés quelque temps debout, qu'ils essaient de marcher, et ils sont en état de suivre leur mère au bout de quelques jours, deux pour les

Chevreuils et les Daims, trois pour l'Elan, quatre pour le Cerf, huit pour le Sanglier. Sparman a vu au Cap, un petit Buffle, dont la mère avait été tuée pendant la mise bas, qui se défendait vigoureusement, quoique tenant encore au cordon ombilical.

III. On compte déjà parmi les animaux sans vertèbres quelques espèces dans lesquelles la mère protège ses petits pendant un certain laps de temps encore après l'éclosion. Ainsi, chez les Sangsues, les petits qui ont quitté l'œuf restent suspendus quelques semaines à la surface ventrale de leur mère (1) ; ils la quittent quand on les effraie, mais reviennent bientôt s'y attacher, et la mère les couvre de son corps, comme d'un bouclier, pendant la nuit, ou lorqu'un têtard de Grenouille s'approche d'eux (2). De même le Perce-Oreille se tient sous le ventre de sa mère, après avoir quitté son œuf. Les jeunes Ecrevisses demeurent pendant quelques jours sous la queue de leur mère ; quand celle-ci se tient tranquille, elles sortent de leur retraite et rampent autour d'elle ; mais s'aperçoivent-elles du moindre mouvement extraordinaire dans l'eau, elles regagnent à la hâte leur toit protecteur, et s'y pelotonnent les unes sur les autres. Les petits de l'*Aranea saccata*, après être sortis de l'œuf, restent encore pendant quelque temps attachés au corps de leur mère, qui les porte partout avec elle.

F. Cuvier a reconnu que le petit du *Simia Rhesus* s'attache à sa mère immédiatement après être venu au monde : il embrasse les mamelles, et conserve cette position pendant une quinzaine de jours, en dormant comme en veillant, ne quittant une tétine que pour en saisir une autre.

Les Oiseaux et les Mammifères procurent aussi à leurs petits, par des actions volontaires, l'assistance que l'imperfection des sens et de la faculté locomotrice rend si nécessaire pour eux.

1° Il faut d'abord remarquer la circonspection avec laquelle la mère se place sur ses petits, et qui est telle que jamais

(1) Jouhson dans *Philos. Trans*, 1817, p. 339.
(2) Dumeril, dans Nouv. Bullet. de la Soc. philom., fol. 10, p. 168.

elle ne leur fait de mal. Une Jument vive et robuste, renfermée dans un lieu étroit, y tourne souvent sur elle-même avec tant de rapidité qu'on a de la peine à concevoir comment elle peut éviter de fouler le poulain couché à ses pieds.

2° Les Passereaux nus et en partie aveugles sont mis à l'abri de leurs ennemis par l'élévation et l'occultation du nid qui les renferme. L'Oiseau de proie, qui n'a pas plus de défense qu'eux, n'est point garanti par la position de son nid, mais une mère robuste veille sur lui. Les Gallinacés, les Échassiers, les Palmipèdes n'ont pour eux ni la situation de leur nid, ni la vigueur de leur mère, mais ils peuvent de suite courir, quelquefois même nager, et ils échappent ainsi au danger.

Les femelles des Mammifères se cachent avec soin, avant de mettre bas, afin d'être seules quand elles font leurs petits, et de ne courir alors aucun danger. La Baleine femelle paraît ne se séparer du mâle qu'avant la parturition ; elle se retire alors dans les rades (1). Ce goût pour la solitude est surtout prononcé chez les animaux sociaux, dont les femelles vivent en communauté soit avec leurs petits d'une à deux années, soit avec le mâle, comme le Cerf, l'Élan, le Chevreuil et le Sanglier ; ces femelles s'esquivent avant de mettre bas, et ne viennent retrouver leurs anciens compagnons que quand les petits qu'elles ont mis au monde ont acquis une certaine force. On a observé que la femelle du Chevreuil s'éloignait du mâle quatre ou cinq jours avant la parturition, qu'elle n'en restait séparée que pendant quelques heures le premier jour, mais qu'ensuite son absence durait de plus en plus long-temps, jusqu'à ce qu'enfin elle ne revînt plus du tout ; huit jours après avoir mis bas, elle retourne auprès du mâle, et lui amène son petit. Nos animaux domestiques se cachent peu ou point pour mettre bas, tant parce que la domesticité a émoussé l'instinct en eux, que parce qu'ils se sentent plus en sûreté ; les Chiennes auxquelles on a une fois enlevé leurs petits, se cachent quand elles en font d'autres (2).

(1) Scoresby, *loc. cit.*, p. 299.
(2) *Noujahrsgeschenk*, 1813, p. 31.

*a.* Les Mammifères qui ont des retraites particulières, les fréquentent surtout à l'époque de la parturition, comme les Renards.

*b.* D'autres se retirent dans des cavernes ; le Bouquetin se cache dans des creux de rochers, le Chamois sous des roches proéminentes, la Loutre dans des fentes de pierre ou sous des racines d'arbres, la Belette dans un creux d'arbre ou une taupinière abandonnée, le Loir dans un trou creusé en terre, le Lérot dans le nid d'un Écureuil ou d'un Oiseau, qu'il trouve abandonné, ou dont il a chassé le propriétaire.

*c.* D'autres femelles cherchent des lieux où elles courent peu de risque d'être dérangées ; la Lionne se retire dans des solitudes impénétrables, la Biche dans les endroits les plus sombres des forêts, la femelle de l'Élan dans des lieux sauvages et marécageux, celle du Chevreuil dans d'épais halliers ou dans de hautes herbes, celle du Glouton, la Truie, la Renarde dans des fourrés impénétrables, l'Anesse dans un endroit obscur et caché, la femelle du Lièvre dans un terrein plat protégé par du feuillage ou par de hautes herbes, la Chauve-Souris dans des fentes de murailles, la Souris dans un recoin quelconque, le Putois dans un tas de bois, etc.

*d.* D'autres se creusent des terriers pour mettre bas ; la Taupe soulève plusieurs buttes de terre, et place sous la plus grosse son nid, entouré de conduits qui s'enfoncent perpendiculairement dans le sol, et qui lui servent d'entrée et de sortie lorsqu'elle va chercher sa nourriture. La Renarde dépose ses petits dans une chambre souterraine, qu'elle reconstruit presque à chaque portée. Les Chiennes sauvages du Paraguay se pratiquent à cet effet une cavité particulière, avec une entrée étroite et des détours sinueux (1).

*e.* Le Muscardin et l'Écureuil construisent des nids sur les arbres ; l'un prend pour cela des branches, autour desquelles il tisse du chaume, et ne laisse qu'une étroite ouverture ; l'autre entrelace des broutilles, des feuilles et des mousses, et construit, au dessus de l'étroit orifice, un toit conique qui l'abrite contre la pluie.

(1) Zimmermann, *Taschenbuch der Reisen*, t. VI, p. 251.

3° Chez divers animaux, la femelle s'attache surtout à garantir ses petits de la dent du mâle. Avant de mettre bas, l'Élan femelle se bat avec le mâle, et cherche à le chasser; l'Ourse et la Renarde fortifient leur retraite contre l'approche du mâle; la Lapine se creuse un nouveau terrier, et la femelle du Furet chasse le mâle du sien pendant les premiers jours qui suivent la parturition. Celle du Jaguar ne laisse non plus approcher le mâle que quand les petits peuvent courir; ce dernier, erre dans les alentours, à une certaine distance, il apporte une partie de sa chasse, mais de cruelles morsures l'accueillent dès qu'il essaie de trop s'approcher.

4° On remarque parfois des précautions spéciales pour tenir le nid caché. Les mâles de plusieurs Passereaux chantent pendant l'incubation, mais deviennent muets dès que les petits sont éclos, et aident les femelles à leur fournir la nourriture. Le Rossignol ne vole jamais en ligne droite vers son nid; il se jette d'abord dans des herbes ou dans des bosquets, d'où il gagne ses petits sans pouvoir être remarqué, et il emploie également cette ruse quand il quitte le nid. La Farlouse use de la même précaution, et parcourt un certain espace, blotie dans les blés, avant de se montrer à découvert. Tant que la Marte et la Renarde ont des petits, elles ne chassent pas dans le voisinage. Le Putois ne fiente qu'à une certaine distance de sa demeure, et porte aussi au loin les excrémens de ses petits. La Lionne rend la trace de son repaire méconnaissable par de nombreux détours, ou l'efface avec sa queue.

5° Beaucoup d'Oiseaux abandonnent leur nid dès qu'ils s'aperçoivent qu'il a été découvert. Si l'on enlève un des petits du nid d'une Chouette, elle emporte les autres la nuit suivante. Les Lionnes, les Louves, les Renardes, les Martes, etc., changent aussi leurs petits de lieu dès qu'elles voient que la retraite a été éventée par l'homme, et quand elles sont trop pressées pour trouver de suite un lieu propice, elles les cachent préalablement dans un hallier.

6° Les animaux ont fréquemment aussi recours à la ruse pour détourner leurs ennemis de l'endroit où elles ont placé leurs petits. Quand un chien ou un homme s'approche d'un nid de Perdrix, le mâle s'enfuit en poussant un cri d'alarme, mais ne tarde point à s'abattre, et se met à courir çà et là, comme s'il ne pouvait point voler ; tandis qu'il détourne ainsi l'ennemi de son nid par l'espérance d'une proie facile, la femelle profite du répit pour s'envoler avec les petits, et alors le mâle la suit à tire d'ailes. La Fauvette quitte également son nid avec précipitation lorsqu'on s'en approche ; mais, au lieu de s'enfuir ou de se cacher, elle voltige en plein air, de manière à ce qu'on puisse l'apercevoir. L'Outarde détourne aussi le chasseur de son nid en feignant d'être si familière qu'on se croit certain de la prendre sans peine. Si l'on rencontre un Daim tandis qu'il va trouver ses petits, il rebrousse chemin, pour dévoyer l'homme.

7° La mère reste auprès de ses petits, et veille sur eux. Les Mammifères peuvent être déterminés, par la fatigue de la parturition, à rester sur leur couche, et l'habitude qu'ils ont de dévorer le placenta peut contribuer à empêcher que la faim ne les mette dans la nécessité de quitter leur petits (1); mais ce ne sont point là des motifs essentiels, et la tendresse pour les petits est assez puissante en elle-même pour amener un tel résultat. Il y a même, parmi les animaux dont la chaleur extérieure seule fait éclore les œufs, des êtres qui, comme les Crocodiles, veillent assidûment leurs petits. Le Coucou se tient souvent au voisinage des siens, quoiqu'il abandonne à d'autres Oiseaux la peine de les soigner. Le mâle des espèces monogames prend part aussi aux soins que réclame la progéniture : les deux Cigognes ne quittent jamais le nid à la fois, et l'une d'elles reste auprès des petits, tandis que l'autre va en quête de la nourriture.

8° On rencontre aussi, parmi les animaux sans vertèbres, des mères qui accompagnent leurs petits. Une Punaise des arbres, qui a couvé ses œufs sous son ventre, conduit encore pendant plusieurs semaines trente à quarante petits, comme pourrait le faire une Poule, et ne s'éloigne pas d'eux durant toute cette période. De même, les jeunes Fourmis sont longtemps surveillées et accompagnées par les ouvrières. Quand

(1) Schweighæuser, *Das Gebœhren*, p. 166.

IV. 22

les jeunes Passereaux commencent à devenir forts et n'ont plus besoin de la chaleur maternelle, les parens se tiennent plutôt aux alentours que dans le nid même, et cependant lorsqu'ils voient les petits prendre leur volée, ils les accompagnent, comme le fait entre autres la Bergeronnette jaune, qui ne quitte même pas ses petits après qu'ils ont pris leur entier développement.

9° Les parens font preuve d'une circonspection toute spéciale dans cet accompagnement. Le mâle de la Perdrix vole en éclaireur par devant, tandis que la femelle suit avec ses petits. Chez les Oies sauvages, au contraire, c'est la femelle qui nage en avant, et le mâle qui forme l'arrière-garde. La Biche marche d'abord en avant de son Faon, et lui sert de guide; mais, quand il a pris une certaine force, elle le laisse courir devant elle, afin de ne le jamais perdre de vue. Dans l'espèce de l'Éléphant, ce sont les plus âgés qui marchent en tête et en queue du troupeau, dont les jeunes occupent le centre. La Brebis d'Islande se retire, pendant la nuit, dans les cavernes, dont les agneaux occupent les parties les plus profondes, les plus chaudes et les plus sûres, tandis que les adultes s'établissent à l'entrée.

10° Fréquémment la mère porte partout ses petits avec elle. L'*Aranea saccata* nous en fournit déjà un exemple parmi les animaux sans vertèbres. Ce phénomène s'observe surtout en cas de danger, lorsqu'il ne reste pas d'autre moyen de salut. Les Plongeons laissent toujours leurs petits plonger dans l'eau avant de s'y enfoncer eux-mêmes. Pressé par le danger, le *Colymbus cristatus* prend les siens sur son dos. Le Manchot, surpris par l'orage, mène ses petits en lieu de sûreté, et toutes les fois qu'ils se sentent fatigués de nager, il les reçoit sur son dos. L'espèce d'Oie qui fournit l'édredon transporte les siens du nid à l'eau sur son dos; le Cormoran et le grand Canard sauvage les prennent pour cela dans leur bec, le Pélican les porte quelquefois dans sa vaste poche, et la Bécasse les emporte, en cas de danger, sous sa gorge. Les Mammifères portent, la plupart du temps, leurs petits à la gueule. C'est ainsi que la Chienne transporte souvent tous les siens, l'un après l'autre, à de grandes distances, et même à travers des cours d'eau. Lorsqu'un danger menace, la Loutre de mer réveille ses petits, et les précipite dans l'eau, s'ils refusent de marcher ; pendant son sommeil, ou tandis qu'elle dort, elle les tient entre ses pattes de devant. Les Phoques chassent leurs petits devant eux, ‹et les prennent dans leur gueule, quand ils sont fort jeunes. Les Baleines forcent les leurs à nager, les prennent aussi sous leurs nageoires, ou plongent avec eux, mais ne restent pas long-temps sous l'eau, attendu que les Baleineaux ne pourraient supporter une longue privation d'air. Le Chamois chasse ses petits devant lui dans les fourrés, le Lemming les porte dans sa gueule, le Phatagin sur sa queue, le Cayopollin sur son dos, la queue enroulée autour de la sienne, l'Eléphant avec sa trompe ; le Singe entoure de ses bras les siens qui, de plus, s'attachent à lui, et demeurent pendant les premières semaines fixés à ses mamelles ; la Chauve-Souris s'envole avec ses petits suspendus à ses mamelles, quand elle éprouve quelque crainte, et la même chose arrive aussi aux petits Rongeurs. L'Opossum renferme les siens dans sa bourse mammaire ; mais quand ils n'y trouvent plus de place, ils s'accrochent sur le dos de la mère, avec leur gueule et leurs pattes, roulant en outre leurs queues autour de la sienne.

· 11° Enfin la femelle, et quelquefois aussi le mâle, surtout dans les espèces monogames, défendent les petits, et ne craignent pas, en présence du danger, de s'engager dans les luttes les plus inégales. Les Abeilles et les Frélons tombent en masse sur l'ennemi qui touche à leur progéniture, et le poursuivent même assez loin. L'Outarde mord et donne des coups d'aile quand on met la main sur ses petits. Le Gros-Bec se défend à coups de bec contre l'homme. Le mâle du Colibri veille le nid, se jette avec colère sur les petits Oiseaux de proie qui s'en approchent, les poursuit et leur fait de profondes blessures sous les ailes avec son bec subulé. Le Chevreuil court souvent après le ravisseur de son petit, le poursuit pendant des heures entières, se bat contre les Chiens, et ne les laisse en repos que quand ils ont abandonné leur proie (1). C'est ainsi que l'attachement pour les petits

(1) Froriep, *Notizen*, t. XL, p. 183.

donne de la force à l'animal faible et du courage au timide. Il n'y a qu'un petit nombre d'animaux, surtout parmi les espèces insociables, comme le Hamster, chez lesquels la mère ne se batte point pour ses petits.

**II. Dépendance de l'enfant sous le rapport des soins qu'exige sa peau.**

§ 547. L'état des tégumens et de la calorification après l'éclosion ou la naissance, fait que le jeune animal éprouve pour second besoin d'avoir la *peau plus ou moins soignée*.

A. A l'égard de la *peau*,

1° Elle est, sans exception, *humide* à cette époque, et imbibée soit du liquide amniotique seul, soit en même temps du vernis embryonnaire et du mucus des voies génitales.

2° Les Passereaux sortent *nus* de l'œuf; les uns dans un état de nudité complète, comme les Moineaux, les Ortolans, les Hirondelles et les Martin-Pêcheurs; les autres presque nus, comme les Linots et les Pies.

Quelques Mammifères, surtout parmi ceux de petite taille, comme le Hamster, le Souslic, le Lapin, le Furet, n'acquièrent des poils que quelques jours après leur naissance.

3° Les Gallinacés, les Echâssiers et les Palmipèdes sortent de l'œuf couverts d'un *duvet*, qui ne paraît quelquefois que plusieurs jours après l'éclosion. Ce duvet consiste en filamens mous et transitoires, implantés à l'extrémité des plumes proprement dites. Il est le précurseur de ces dernières, dont l'apparition met fin à son existence et détermine sa chute. Les Passereaux sont de tous les Oiseaux ceux chez lesquels le duvet est le plus imparfait et dure le moins long-temps; il ne se développe que quelques jours après l'éclosion, ne se compose que de filamens grêles et épars, et fait promptement place aux plumes, de sorte que la faculté de voler se trouve développée au bout de huit à quinze jours après la sortie de l'œuf. Les Oiseaux de proie acquièrent de très-bonne heure leur duvet, le conservent plus long-temps, et ne deviennent que plus tard capables de voler. Chez des Gallinacés et des Echâssiers, en général, le duvet est également serré et dure quelques semaines ; cependant les Pigeons n'en ont qu'un rare et jaunâtre, qui tombe la plupart du temps au bout de quinze jours ; chez les autres Gallinacés, il est plus serré, presque toujours varié de jaune, de brun et !de noir, et il dure quatre à cinq semaines. Le duvet des Palmipèdes est serré et généralement jaune ou verdâtre ; il dure quatre à six semaines chez ceux qui peuvent chercher leur nourriture immédiatement après la sortie de l'œuf, par exemple, un mois dans l'Oie domestique et six semaines dans l'Oie sauvage ; mais sa durée s'étend jusqu'à deux mois dans les espèces qui ont besoin d'être nourries d'abord par leurs parens ; il se reproduit aussi au ventre, où il persiste entre les plumes, et disparaît seulement pendant l'incubation (§ 346, IV). Du reste, plusieurs de ces Oiseaux, les Procellaires, par exemple, sont protégés contre le froid, à leur sortie de l'œuf, non seulement par un duvet serré, mais encore par une couche épaisse de graisse. Les premières plumes paraissent aux ailes ; viennent ensuite celles du dos et de la queue, puis celles du ventre, enfin celles de la tête et du cou : ainsi le Paon acquiert les premières plumes de ses ailes dès le troisième jour, et l'aigrette qu'il porte sur la tête ne paraît qu'au bout d'un mois ; vers cette époque se développent, chez les Poules, en même temps que les plumes de la tête, la crête et les lobes sous-maxillaires ; mais, dans le Dindon, les tubercules charnus de la tête et du cou ne paraissent qu'au bout de six semaines, et le duvet de ces parties ne tombe que pendant le troisième mois.

Les premières plumes durent en général fort peu, et font place à d'autres aussitôt que l'oiseau devient adulte ; mais certains Oiseaux, par exemple les Bécasses et les Dindons, les conservent plus long-temps, et ne muent que dans l'année qui suit celle de leur éclosion (1).

Chez les Mammifères aussi le premier pelage est imparfait, et généralement transitoire. Ainsi le Hérisson ne présente, au moment de sa naissance, que des rudimens de piquans, qui

_____

(1) Faber, *Ueber das Leben der Vœgel*, p. 204-207. — Naumann, *Naturgeschichte des Vœgel*, t. I, p. 104-111.

sont mous et ressemblent à des poils simples. Le Phoque a un premier poil long, doux et d'un gris jaunâtre : il ne va à l'eau qu'après s'en être débarrassé.

II. Nous devons à Edwards des notions plus exactes sur l'état de la calorification. Suivant les recherches de cet observateur, la production de chaleur est toujours moins parfaite immédiatement après la naissance ou l'éclosion que plus tard.

4°. Les Oiseaux qui sortent nus de l'œuf, et les Mammifères qui naissent aveugles, ont peu de chaleur propre ; et sont réchauffés par la mère (1). Placés sous cette dernière, ils ont à peu près la même température qu'elle. De jeunes Moineaux séparés de leur mère se sont réduits, dans l'espace d'une heure, de trente-six degrés à dix-neuf, l'air étant à dix-sept degrés, et à vingt-trois, l'atmosphère étant à vingt-deux (2). Si on éloigne des Chiens ou des Chats nouveau-nés de leur mère, leur température baisse, et, dans l'espace de trois ou quatre heures, elle descend jusqu'à un petit nombre de degrés au dessus de la température extérieure, celle-ci étant de dix à vingt degrés, même après qu'ils ont pris une nourriture suffisante. Les jeunes Lapins se refroidissent plus vite encore, à cause de leur peau presque nue (3). Mais la différence de l'enveloppe n'est pas la cause principale du refroidissement ; car on a beau compenser, au moyen d'une enveloppe artificielle, les avantages que les jeunes animaux retireraient d'une fourrure plus épaisse, ils ne s'en refroidissent pas moins au même terme (4) ; et des Moineaux adultes, auxquels on avait coupé les plumes, conservèrent la température qu'ils avaient avant l'expérience, tandis que de jeunes Moineaux, en partie garantis par des plumes, se refroidirent (5). Le volume du corps est sans influence aussi ; car les jeunes Éperviers ne perdent pas moins leur température que les jeunes Moineaux et Hirondelles.

(1) Edwards, Influence des agens physiques, p. 238.
(2) *Ibid.*, p. 138.
(3) *Ibid.*, p. 133.
(4) *Ibid.*, p. 135.
(5) *Ibid.*, p. 140.

Si ces animaux se refroidissent facilement, ils ont aussi la faculté de résister long-temps au froid, parce que leur vie est plus disposée à se maintenir dans un état latent, semblable à celui où elle se trouvait dans la matrice, de manière que s'ils s'engourdissent quand la mère les quitte pendant quelque temps pour aller en quête dés alimens, ils se raniment promptement à son retour. Un petit Chat, qu'on avait laissé pendant deux heures à une température de dix degrés, sortit de son engourdissement et revint à la vie lorsqu'on l'exposa, neuf heures seulement après, à la chaleur.

A mesure que les animaux avancent en âge, la faculté de développer de la chaleur s'accroît en eux, et avec elle celle de résister au froid; mais l'aptitude à se ranimer après l'engourdissement diminue dans la même proportion (1).

Enfin les Oiseaux qui sortent nus de l'œuf, et les Mammifères qui naissent aveugles, acquièrent leur température permanente, les premiers au bout de trois semaines ou d'un mois, et les autres au bout de quinze jours (2).

5°. Si ces animaux n'entrent que peu à peu dans la série des animaux à sang chaud, les Oiseaux qui éclosent avec des plumes, et les Mammifères qui naissent clairvoyans, s'y placent dès leur entrée dans le monde : cependant la faculté de produire de la chaleur est alors plus faible chez eux que quand ils ont atteint l'âge adulte. Le duvet n'est point aussi chaud que les plumes proprement dites; car, à une température extérieure de quatre degrés, la chaleur du corps baissa en vingt minutes de quatorze degrés chez de jeunes Oiseaux, de trois seulement environ chez les adultes. Les Cochons d'Inde qui viennent de naître ont la même température que leur mère, et ne se refroidissent pas quand on les isole ; mais ils ne peuvent point résister aussi long-temps qu'elle au froid (3). Cependant ils ont cela de commun avec tous les animaux qui naissent clairvoyans, que leur venue au monde tombe dans la saison chaude de l'année, au printemps ou en

(1) *Ibid.*, p. 238-242.
(2) *Ibid.*, p. 136-143.
(3) *Ibid.*, p. 145.

été (1). La production de chaleur étant également faible chez les enfans nouveau-nés, ils succombent aussi avec une grande facilité à l'influence du froid, comme le démontrent les tables de mortalité.

III. Le desséchement de la peau n'est dû qu'à l'action de l'air, chez les Insectes (§ 516, II). Chez les animaux à sang chaud cette vaporisation nuirait en diminuant la chaleur vitale : aussi est-ce la mère qui sèche la peau. La chaleur maternelle est la seule chose dont le jeune Oiseau éprouve le besoin pendant la première journée, puisque la vésicule ombilicale lui fournit encore de la nourriture (§ 408, 1°). En sortant de son œuf il tombe sur le ventre ; ce n'est qu'après s'être réchauffé sous le corps et les ailes de sa mère, qui le couvrent tout entier, qu'il acquiert la faculté de se mouvoir librement et de faire usage de ses membres ; là aussi son duvet se sèche et son bec s'endurcit. La mère du Mammifère ne peut ni le couvrir ni l'échauffer aussi complétement ; mais elle le lèche jusqu'à ce qu'il soit sec, et alors seulement il devient capable de se mouvoir : elle emploie plus tard le même procédé pour guérir les plaies dont il peut venir à être atteint.

Les Fourmis ouvrières nettoient continuellement les larves, et leur passent sur le corps la langue et les mâchoires. Plusieurs animaux à sang chaud entretiennent également la propreté de la peau de leurs petits ; les Chiennes et les Chattes leur lèchent souvent le dos, l'anus et les parties génitales, et avalent aussi les excrémens qu'ils laissent échapper ; la Linotte enlève les matières fécales du nid, après avoir donné à manger à son petit, les emporte dans son bec, et les rejette ensuite ; l'Hirondelle agit de même tant que ses petits n'ont point appris à tendre la partie postérieure du corps hors du nid pour fienter.

D'un autre côté, le Lérot parmi les Mammifères, la Huppe et le Torcol parmi les Oiseaux, laissent dans l'ordure leurs petits, qui en conservent une odeur infecte pendant plusieurs semaines, d'autant plus que ces Oiseaux ont déjà sali le nid pendant l'incubation.

(1) *Ibid.*, p. 242.

IV. La chaleur dont les petits ont besoin leur est communi-quée par le corps de la mère, ce qui constitue en quelque sorte pour eux une continuation de l'incubation ou une incubation secondaire.

6° Chez les Passereaux, qui sortent de l'œuf nus, et souvent aussi privés de la faculté de voir, le nid est plus profond et plus chaud : la femelle se tient toujours dessus, et le mâle, quand il contribue à l'incubation, l'aide aussi à réchauffer les petits. Les jeunes Gallinacés, Échassiers et Palmipèdes, qui sont emplumés, et qui ont une température propre, occupent un nid plus plat et moins chaud ; la mère prend aussi moins de soin de les échauffer ; elle se tient continuellement sur eux pendant les quatre à huit premiers jours, c'est-à-dire tant qu'ils sont nus, après quoi elle les quitte quelquefois, mais revient les couvrir pendant la nuit, ou quand le temps est froid, pluvieux ou orageux, occupation que le mâle partage avec elle, chez les Perdrix : enfin les petits rentrent seuls dans le nid, et les parens se tiennent aux alentours. On assure que certains Oiseaux agrandissent le nid quand les petits deviennent plus gros.

7° Les Mammifères se préparent, avant de mettre bas, une couche qui a plus ou moins d'analogie avec un nid d'Oiseau (§ 546, 2°), et ils y consacrent d'autant plus d'attention que leurs petits sont moins avancés (aveugles et nuds) en venant au monde.

Leur premier soin est d'éviter l'humidité : l'Écureuil place au dessus de l'entrée de son nid une espèce de store pour recevoir la pluie ; la Taupe foule les parois de sa chambre et en pétrit la terre avec des racines et des graminées, de manière que l'eau ne peut y pénétrer, et qu'elle est obligée de s'écouler par les conduits verticaux. La petite Loutre cherche un endroit sec, et les Phoques viennent à terre pour y mettre bas.

L'animal s'occupe ensuite de garnir la couche, afin de la rendre molle et chaude. Les animaux libres prennent pour cela de la mousse, des feuilles et du chaume. Quelque uns, par exemple, le Lièvre, le Lapin, le Renard, la Marte, s'arrachent parfois les poils pour en garnir leurs nids. Ceux qui vivent au voisinage de l'homme, comme la Marte, le Putois, la Belette, la Souris, emploient aussi de la paille, du foin, des plumes, du coton, du papier. On assure que la Louve qui veut établir sa couche dans un hallier, commence par écarter les épines et rendre la place unie. Daniel a vu une Chauve-Souris qui, pour mettre bas, s'était suspendue par les pattes de devant, et avait étalé la membrane étendue entre ses pattes de derrière, afin d'y recevoir le petit, qu'elle prit ensuite sous son aile (1).

8° Le nid des Oiseaux peut être comparé à la matrice contenant l'œuf et fournissant les conditions de son développement; après l'éclosion, il continue l'incubation à l'égard des petits. Quant au jeune Mammifère, il passe de la matrice dans un nid, où, lorsqu'il est venu au monde aveugle et nu, il arrive au même degré de développement que celui qu'atteignent d'autres Mammifères dans l'intérieur même de la matrice. Cette harmonie s'observe d'une manière bien plus prononcée encore chez les Marsupiaux, tels que le Wombat, le Koala, le Kanguroo parmi les herbivores, le Dasyure et le Péramèle parmi les carnivores, les Sarigues parmi les omnivores. Comme ces animaux ont une matrice fort imparfaite, et qui ressemble davantage à un oviducte qu'à un utérus, leurs petits viennent au monde bien plus éloignés du terme de la maturité que ceux d'aucun autre Mammifère; mais la mère est pourvue d'une poche mammaire, espèce de matrice secondaire, externe ou supplémentaire, dans laquelle ils se développent d'une manière complète. Un prolongement replié de la peau du ventre constitue cette bourse, qui contient les mamelles et reçoit les nouveau-nés; un muscle, appelé iléo-marsupial, qui naît de l'épine iliaque antérieure et supérieure, passe sous les arcades crurales, et va gagner obliquement les parois latérales de la poche (2); analogue du ligament rond de la matrice, il sert par conséquent aussi de cremaster (3), de sorte qu'on peut regarder la bourse

(1) Froriep, *Notizen*, XLV, p. 70.
(2) Duvernoy, dans Bulletin de la soc. philom., n° 84, p. 160.
(3) Blainville, *ibid.*, 1818, p. 25.

comme une ampliation des grandes lèvres et un analogue du scrotum; le muscle sert à l'ouvrir, et il la rapproche de la vulve pendant la parturition, afin que les petits soient reçus immédiatement dans la cavité (1). Un développement du muscle peaucier entoure l'orifice de la bourse et sert à la clore. Suivant d'Aboville, les bords de cette dernière se gonflent dix jours après la fécondation, dans l'Opossum, la poche elle-même s'agrandit, et son ouverture se ferme au bout de quelques jours ; après un laps de temps de quinze jours, la matrice se débarrasse des petits, qui ne sont pas plus gros que des pois. Selon Barton, le petit des Didelphes entre dans la bourse trois ou quatre semaines après la fécondation, et il ne pèse pas alors beaucoup plus d'un grain. Geoffroy Saint-Hilaire en a trouvé qui n'avaient que cinq lignes de long. D'après Rengger (2), leur longueur va tout au plus à un demi-pouce, et ils ne se remuent point quand on les excite, d'où l'on peut conclure que c'est la mère qui les place elle-même à la tétine, à laquelle ils demeurent suspendus, pendant environ sept semaines, comme à un cordon ombilical : ce terme écoulé, ils quittent de temps en temps, d'abord la tétine, puis la bourse, jusqu'à ce qu'enfin la mère ferme cette dernière, et les prend sur son dos, où ils s'attachent aux poils. Au dire d'Owen (3), le petit du Kanguroo n'a pas beaucoup plus d'un pouce de long quand il entre dans la bourse : il est incolore et demi-transparent, comme un Ver de terre : si on le détache de la tétine au bout de quatre jours, il ne peut plus la reprendre, quoiqu'il se meuve librement, et la mère cherche en vain à l'y rattacher en plongeant sa tête dans le sac, qu'elle tient ouvert avec ses pattes de devant.

**III. Dépendance de l'enfant eu égard à la nourriture.**

### A. *En général.*

§ 518. Après que l'animal est tombé, par la naissance et l'éclosion, sous la dépendance immédiate du monde extérieur,

1) Cuvier, Anatomie comparée, t. IV.
(2) Froriep, *Notizen*, t. XXVII, p. 49.
(3) *Ibid.*, t. XLI, p. 164.

après qu'en respirant il a spontanément satisfait à son premier besoin et s'est mis en rapport direct avec l'univers en général, enfin après qu'il a acquis sa chaleur vitale par une activité propre, mais cependant végétale, et avec le concours de sa mère ou des choses du dehors, un autre besoin s'éveille en lui, celui de la *nourriture*, celui d'introduire au dedans de lui-même certains produits de la nature. Pour satisfaire à ce besoin, il est d'abord aidé par sa mère, qui, bien que devenue déjà pour lui un objet extérieur, n'en est pas moins encore le chaînon intermédiaire qui l'unit au monde du dehors. Mais la coopération de la mère varie beaucoup chez les animaux. Elle est en raison directe du rang que l'espèce occupe dans l'échelle animale et inverse du degré de développement que le petit a acquis au moment de sa naissance.

1° Le concours de la mère se réduit presque à rien lorsque la vie animale est peu développée et la sensibilité obtuse, quand les désirs sont simples, et que l'individu est réduit à s'occuper de lui-même; d'un autre côté, une fécondité excessive s'opposerait la plupart du temps à ce que les soins maternels pussent suffire. Ainsi la plupart des animaux sans vertèbres et des Poissons se contentent de déposer leurs œufs dans un milieu où les petits qui en éclosent puissent trouver la nourriture qui leur convient.

2° Immédiatement au dessus de ce degré, chez plusieurs Mollusques, notamment Gastéropodes, chez divers Insectes et chez les Batraciens, la mère produit, en même temps que l'œuf, un nidamentum qui sert de nourriture première après l'éclosion. En quittant l'œuf, dit Gaspard, le Limaçon dévore d'abord la coque, qui lui fournit du carbonate calcaire pour la production de sa propre coquille. Certains Insectes se nourrissent même de la peau qu'ils ont rejetée; tel est le cas du *Stratiomys Chamœleon*, d'après Schrank (1). Le jaune qu'entourent les parois abdominales, ou qui est rentré dans la cavité ventrale, est un auxiliaire de cette nature, qui fait que certains animaux, par exemple, les Araignées (§ 381) ou

(1) *Der Naturforscher*, t. XXVII, p. 7.

les Couleuvres (§ 397), sont quelque temps sans avoir besoin d'autre nourriture, après avoir quitté l'œuf.

3° La participation est plus considérable lorsqu'après l'éclosion la mère mène ses petits dans l'endroit où ils doivent trouver la nourriture qui leur convient, comme font tous les Gallinacés et quelques Palmipèdes. Ici la mère prend bien un soin continuel des petits qu'elle a couvés, elle les échauffe, les guide et les protége, mais elle ne leur donne point immédiatement la nourriture; il y aurait pour elle impossibilité de le faire, les petits étant presque toujours trop nombreux et les mères polygynes ne prenant aucune part à l'acquisition des alimens; d'ailleurs les petits ont acquis déjà une force locomotrice suffisante pour aller, dès la sortie de l'œuf, à la recherche des alimens, que le défaut d'exercice des organes sensoriels ne leur permet pas encore de trouver seuls; enfin la terre ou l'eau leur fournit des substances alimentaires en abondance.

4° Lorsqu'il y a développement plus prononcé de la vie animale du côté de l'espèce, et besoin plus impérieux de secours du côté des petits qui viennent au monde, les rapports deviennent plus intimes encore, et la mère elle-même donne la nourriture. Tel est le cas des Insectes sociaux, de tous les Oiseaux rapaces, Passereaux et Échassiers, de quelques Palmipèdes et des Mammifères. La plupart des Oiseaux nourrissent leurs petits jusqu'à ce qu'ils aient des plumes; ceux qui ne plongent qu'en se précipitant des airs dans l'eau, les alimentent jusqu'à ce qu'ils puissent voler, mais ceux qui peuvent chercher leur proie en nageant, n'attendent pas jusque-là.

On observe encore une gradation par rapport à la qualité des alimens.

5° La nourriture crue, que la plupart des Oiseaux apportent à leurs petits, est exclusivement animale, de sorte que ceux-ci la digèrent et l'assimilent sans peine, outre que la mère peut aisément s'en procurer assez pour rassasier une progéniture en général peu nombreuse. Les Macareux, les Pétrels, etc., qui se nichent sur des rochers élevés, trouvent dans la mer une source inépuisable de nourriture; aussi reviennent-ils toujours à leurs nids chargés d'un riche butin de poisson ; mais, indifférens par rapport à leurs propres besoin, ils retournent aussitôt à la pêche, de sorte qu'ils deviennent maigres et étiques, tandis que leurs petits se chargent de graisse. Les Passereaux nourrissent leur progéniture d'Insectes et de Vers, qu'ils trouvent partout en abondance, et qui sont faciles à prendre. Mais la femelle des Rapaces, qui doit triompher d'animaux plus gros, se fait remarquer par sa force et son courage, outre que, la plupart du temps, elle ne produit pas au-delà de deux petits. Les Chouettes portent encore pendant long-temps de la nourriture à leurs petits, quand on les leur a enlevés.

Les Passereaux et les Corvidés apportent la nourriture dans leur bec, et la distribuent à chaque petit, dans le bec du duquel ils la dégorgent. Les Rapaces saisissent la proie avec leurs serres, la posent devant leurs petits et la dépècent. Le Héron et le Pélican apportent les poissons dans leur pharynx dilaté en une vaste poche au dessous du bec, et le Pélican, appliquant sa mâchoire inférieure contre sa poitrine, laisse ses petits manger dans la poche comme dans un plat. Chez les Vautours et les Percnoptères, le jabot paraît servir de réservoir pour la nourriture.

6° A un plus haut degré de participation, la femelle ne donne la nourriture à ses petits qu'après avoir commencé à la digérer et à l'assimiler. Les Abeilles avalent du pollen, et le dégorgent ensuite, mêlé avec du miel. Les Guêpes et les Bourdons paraissent aussi nourrir leurs larves de cette manière. Chez les Pigeons, la plupart des Echâssiers, quelques Palmipèdes et plusieurs Passereaux, la membrane muqueuse de l'œsophage dilaté en jabot est, suivant Hunter (1), plus rouge, garnie de vaisseaux, plus épaisse et inégale. Les graines, qui sont difficiles à digérer, se ramollissent sous l'influence du liquide analogue au suc gastrique dont la sécrétion a lieu dans le jabot, y subissent une demi-digestion, et s'y convertissent en une sorte de bouillie, que l'oiseau dégorge ensuite dans le bec de ses petits. Comme cette opération sup-

(1) *Observations on certain parts of the animal œconomy*, p. 191.

pose plus de force et de temps, le mâle y prend part presque toujours, et les petits qui ont besoin d'être nourris ainsi sont en général peu nombreux dans les espèces où ils se développent avec lenteur et réclament pendant long-temps les soins assidus de leurs parens.

7° Enfin la mère produit par une sécrétion de son propre corps un liquide, qui ne s'ajoute pas à d'autres alimens, mais constitue à lui seul la nourriture de ses petits. Le résultat de cette sécrétion est le *lait*, liquide que sa composition fait ressembler à du jaune d'œuf étendu, et en partie aussi à un *nidamentum* alimentaire. Sous ces divers rapports, il y a, chez les animaux à sang chaud, antagonisme de polarité entre les deux côtés du système cutané, comme le fait remarquer Barkow; si l'organe d'incubation se trouve à la peau extérieure chez les Oiseaux, et à la membrane muqueuse chez les Mammifères, l'organe nourrisseur des petits éclos occupe la membrane muqueuse chez les Oiseaux et la peau extérieure chez les Mammifères.

### B. *Lactation.*

#### 1. GLANDES MAMMAIRES.

§ 519. Nous avons d'abord à considérer les *glandes mammaires.*

1° Ces organes appartiennent à la classe des glandes conglomérées, ou proprement dites, c'est-à-dire qu'ils consistent en canaux de membranes muqueuses, qui, d'un côté, se ramifient et se terminent par des vésicules, dans lesquelles commence la formation d'un liquide particulier, de l'autre se réunissent en troncs, qui eux-mêmes s'abouchent à la surface cutanée, et y versent le liquide qu'ils contiennent. Ils se rangent donc parmi les glandes, qu'on doit considérer comme des prolongemens intérieurs vasculiformes et ramifiés de la peau.

Chez la femme, la glande mammaire se compose d'une quinzaine environ de ramifications dendritiques, non anasto-

mosées les unes avec les autres (1). Les origines des racines
sont des vésicules oblongues, qui, parsemées de vaisseaux
sanguins et lymphatiques, ressemblent à des granulations d'un
blanc rougeâtre; les ramifications et les branches se réunissent en un tronc commun; et une quinzaine de ces
troncs convergent vers l'auréole, où ils se dilatent en autant
de sinus, puis traversent le mamelon, en se rétrécissant de
plus en plus, et s'ouvrent à son extrémité, par un nombre
égal d'orifices.

2° Plusieurs prolongemens analogues (par exemple le foie
et le pancréas) sont contenus dans la cavité viscérale. D'autres (glandes salivaires et lacrymales) occupent l'intérieur
des parois viscérales ou la périphérie animale, entre la peau,
les muscles et les os, sont pourvus de nerfs cérébraux, et subissent par conséquent l'influence immédiate de la vie morale;
mais, comme les précédens, ils ont leurs orifices ouverts à
une surface interne ou dans une cavité fermée par une membrane muqueuse, dans laquelle le liquide versé par eux sert
encore à des fonctions spéciales. Les glandes mammaires
seules aboutissent à la surface extérieure; elles sont les seuls
organes que produise le retournement de la peau elle-même, à
la surface de laquelle elles s'ouvrent d'une manière immédiate
et versent un liquide qui n'a plus aucun rôle à remplir par
rapport au corps d'où il émane. Elles sont donc l'expression
de la vie plastique tournée en entier vers l'extérieur, agissant
immédiatement dans l'intérêt d'une existence étrangère, mais
soumise à l'influence de l'activité morale.

3° Il résulte de là que ces glandes appartiennent à la sphère
des organes génitaux, mais qu'elles en représentent le côté
extérieur, celui qui regarde le produit, devenu lui-même extérieur par la parturition. Elles ont donc de l'analogie avec les
membres qui, en leur qualité d'organes les plus libres de la
volonté, manifestent ou révèlent la vie intérieure et réagissent
sur le monde extérieur. C'est pourquoi elles ne reçoivent pas
seulement leurs nerfs de la moelle épinière, comme les membres, mais encore leur sang des artères mêmes qui se ren-

(1) Kœlpin, *De Structura mammarum*, p. 26.

dent à ces derniers. Elles occupent la surface viscérale du tronc, celle sur laquelle se répandent les branches longitudinales des troncs artériels transversaux destinés aux membres, c'est-à-dire les artères mammaires internes et épigastriques, qui forment une grande arcade en s'anastomosant ensemble par leurs extrémités. Les vaisseaux sanguins de ces glandes peuvent donc être considérés comme un développement de l'anastomose entre ceux des membres pectoraux et des membres abdominaux. De même que ces vaisseaux, les glandes mammaires sont paires et placées des deux côtés de la ligne médiane, sur laquelle elles ne se réunissent que chez quelques Ruminans, qui présentent effectivement une masse mammaire impaire, avec des mamelons en nombre tantôt pair, comme dans les bêtes à cornes, tantôt impair, comme dans le Chameau,

4° Chez la plupart des animaux, les mamelles sont situées à l'abdomen, dans le voisinage des organes génitaux, des organes excrétoires et des membres postérieurs, dont la masse l'emporte sur celle des membres de devant. D'après ce qui précède, nous pouvons dire que c'est là leur situation primordiale. Les branches terminales de l'aorte se partagent en artère hypogastrique, qui donne des ramifications à la matrice, et en artère crurale, qui envoie l'artère épigastrique aux mamelles. Celles-ci font donc antagonisme à la matrice; il y a entre elles et cet organe le même rapport qu'entre l'extérieur et l'intérieur, les membres et les viscères, la vie végétale et la vie animale. Nous en trouvons la preuve la plus convaincante chez les Marsupiaux, dont les artères épigastriques sont tellement développées, qu'elles semblent être la continuation de l'aorte ventrale; on peut s'en convaincre aussi chez les Cétacés, les Phoques, les Solipèdes, les Ruminans, la plupart des Pachydermes et plusieurs Carnassiers et Rongeurs. Chez quelques animaux des derniers ordres, qui sont plus féconds, et qui ont plus de quatre mamelles, celles-ci s'étendent depuis l'hypogastre jusqu'à la partie antérieure du corps, et reçoivent le sang tant des artères épigastriques que des mammaires internes.

5° Il n'y a de mamelles qu'à la poitrine, quand les membres pectoraux sont plus forts, proportion gardée, ou lors d'un mouvement plus libre et plus spécialement consa-cré à des actions volontaires. Le nombre des petits est la plupart du temps alors réduit à un ou deux. C'est ce qu'on voit dans le Manati, dont les pattes de derrière et la queue sont confondues et une seule nageoire, de manière qu'il n'y a que les membres de devant qui conservent leur liberté; dans les Paresseux, dont les pattes de devant sont beaucoup plus développées que les postérieures et propres à grimper sur les arbres; dans les Chéiroptères, où ces mêmes mem-bres ont pris la forme d'ailes; dans les Singes, où il sont tan-tôt plus longs, tantôt plus libres; dans le Castor, qui s'en sert pour saisir les objets, et dans l'Armadille, qui les emploie pour creuser la terre. La position des glandes mammaires chez l'Eléphant dépend peut-être du grand développement des facultés intellectuelles de cet animal.

Dans l'espèce humaine, où la station droite laisse aux membres pectoraux l'entière liberté de leurs mouvemens, et où ces membres permettent à la volonté d'exercer pleinement son influence sur le monde extérieur, ils sont encore destinés à porter l'enfant et à le rapprocher pour ainsi dire de l'âme de la mère. La faiblesse de l'enfant met sa mère dans la né-cessité de le tenir afin qu'il tête, et elle ne pouvait avoir ses mamelles mieux disposées pour cela.

La largeur de la poitrine humaine a permis aux mamelles de prendre bien plus de développement que n'en ont celles des femelles d'animaux. Elles s'étendent, en forme de demi-sphè-res, depuis le bord inférieur de la seconde côte jusqu'à la cin-quième environ, et depuis le bord latéral du sternum jusqu'au creux de l'aisselle à peu près. En dedans et en bas, du côté du sternum, elles s'élèvent plus perpendiculairement au dessus de la surface cutanée qu'en dehors et en haut, où elles font moins de saillie; elles se prolongent un peu en pointe par devant. Leur face plane, un peu concave, repose sur le muscle grand pectoral; leur face convexe présente, entre la peau et la glande, une couche de graisse, qui remplit les vi-des entre les lobules de cette dernière. Leurs artères viennent des branches descendantes de la sous-clavière, c'est-à-dire de celles des branches externes de l'artère mammaire interne qui sortent au dessous de la seconde côte, jusqu'à la cinquième, et des artères thoraciques externes, surtout de la seconde, qui est la plus grosse. Leurs nerfs sont fournis par les paires cervicales inférieures et dorsales supérieures. Leurs lymphatiques se rendent les uns dans le lacis glandulaire situé à la face postérieure du sternum, les autres dans le creux de l'aisselle.

6° Les glandes mammaires modifient la peau qui les couvre, de manière que celle-ci est dénuée de poils chez les Mammifères. Au sommet de la convexité du sein de la femme se trouve une place colorée, l'auréole, qui entoure en manière d'anneau les racines du mamelon. Là, en effet, les troncs des canaux lactifères sont situés immédiatement sous la peau, avant de pénétrer dans le mamelon; la peau elle-même est délicate, vasculeuse, rougeâtre, sans graisse, et parsemée d'une multitude de follicules sébacés, qui la rendent comme tuberculeuse, et sécrètent parfois un liquide analogue à du lait (1). L'auréole, dont la teinte est rosée chez les jeunes filles, brunit avec l'âge; les femmes blondes l'ont plus rose, et les brunes d'un rouge tirant davantage sur le jaunâtre.

7° Le mamelon est un appendice cylindrique ou conique, qui, semblable au clitoris et au pénis, présente, sous une peau délicate, un tissu cellulaire susceptible d'entrer en turgescence, qui contient les troncs lactifères. Partout il établit la communication entre la mère et son nourrisson, et même il sert quelquefois d'attache à ce dernier, par exemple chez les Chéiroptères, pendant qu'ils volent, et chez divers petits Rongeurs, tandis qu'ils courent. Dans les animaux, chaque mamelon est creux, et ne présente que deux ouvertures, qui sont les orifices de deux gros réservoirs celluleux. Chez la femme, chaque mamelon est ferme, d'un rouge brunâtre, couvert d'une peau fort délicate et très-sensible : il n'occupe pas précisément le centre de la mamelle, car il se rapproche un peu plus de la partie supérieure, et il se dirige un peu en dehors.

(1) Meckel, Manuel d'anatomie, t. IV.

## 2. LAIT.

§ 520. I. Le *Lait*, considéré d'une manière générale, est
un liquide blanc qui, au moment où il sort de la glande mammaire, a une température d'environ trente degrés du thermomètre de Réaumur. Il a une odeur douceâtre, une saveur
douce, agréable, un certain degré de consistance, et une
pesanteur spécifique supérieure à celle de l'eau. Le microscope y fait découvrir des globules. Il se réduit immédiatement en beurre, en fromage, en extractif, en sucre de lait, en
sels et en eau. Ses qualités physiques et la proportion de ses
principes constituans varient non seulement suivant les espèces,
mais encore selon les individus d'une même espèce. Il est
même si peu stable que les diverses circonstances de la vie, tant
extérieure qu'intérieure, influent sur ses propriétés chez un
seul individu. Parmentier et Deyeux (1) se sont convaincus que
le lait de femmes du même âge, ayant accouché en même
temps, et soumises aux mêmes influences, était toujours
différent, que le lait obtenu d'un animal en différentes
fois ne se ressemblait jamais, enfin que les portions qu
coulent les premières sont plus aqueuses, ont moins de
goût, laissent moins de résidu à l'évaporation, se coagulent
plus tard, et contiennent moins de beurre et de fromage que
celles qui viennent ensuite. Les indications des chimistes
ne peuvent donc conduire qu'à des données approximatives
sur la composition du lait. Voici les résultats, réduits à mille
parties, des analyses publiées par Brisson, Boyssou (2),
Stipriaan Luiscius et Bondt (3), Schubler (4) et John.

(1) Précis d'expériences et observations sur les différentes espèces de
lait, Paris, an VII, in-8.
(2) Hist. de l'Ac. des sciences, 1788, p. 645.
(3) Crell, *Chemische Annalen*, 1794, t. II, p. 138, 252, 347.
(4) Meckel, *Deutsches Archiv*, t. IV, p. 557.

| | | Pesanteur spécifique. | Beurre. | Fromage. | Sucre de lait. | Eau. | Extrait. |
|---|---|---|---|---|---|---|---|
| Lait de Brebis. | Brisson | 10409 | | | | | |
| | Boyssou | | 38,24 | 51,26 | 20,73 | 886,19 | 3,45 |
| | Luiscius | 10350 | 58,12 | 153,75 | 41,87 | 746,25 | |
| | John | | 54,68 | 31,25 | 39,06 | 875,00 | |
| Lait de Vache. | Brisson | 10324 | | | | | |
| | Boyssou | | 24,88 | 39,40 | 34,33 | 900,92 | 3,45 |
| | Luiscius | 10280 | 26,87 | 89,37 | 30,62 | 853,12 | |
| | Schubler | | 24,00 | 50,47 | 77,00 | 848,53 | |
| | John | | 23,43 | 93,75 | 39,06 | 843,75 | |
| Lait de Chèvre. | Brisson | 10341 | | | | | |
| | Boyssou | | 29,55 | 52,99 | 20,73 | 892,85 | 3,45 |
| | Luiscius | 10360 | 45,62 | 91,25 | 43,75 | 849,37 | |
| | John | | 11,71 | 105,45 | 23,43 | 849,39 | |
| Lait de Jument. | Brisson | 10364 | | | | | |
| | Boyssou | | 0,57 | 18,43 | 32,25 | 938,36 | 10,36 |
| | Luiscius | 10450 | 0,00 | 16,25 | 87,50 | 896,25 | |
| | John | | 0,00 | 64,84 | 35,15 | 900,00 | |
| Lait d'Anesse. | Brisson | 10355 | | | | | |
| | Boyssou | | 0,92 | 19,58 | 39,97 | 932,60 | 6,91 |
| | Luiscius | 10230 | 0,00 | 32,12 | 45,00 | 921,87 | |
| | John | | 0,00 | 11,71 | 46,87 | 941,40 | |
| Lait de femme. | Brisson | 10203 | | | | | |
| | Boyssou | | 32,25 | 11,52 | 46,08 | 903,92 | 6,91 |
| | Luiscius | 10250 | 30,00 | 26,87 | 73,12 | 870,00 | |
| | John | | 23,43 | 15,62 | 39,06 | 921,87 | |

Le lait de femme est à peu près le moins pesant de tous ceux dont ce tableau fait mention. Il ne fournit en général que 0,011 à 0,012 de matière solide. On donne comme signe

annonçant qu'il a la consistance requise qu'une goutte déposée sur l'ongle ne s'en écoule point quand on tient le doigt
horizontalement, et n'y demeure pas non plus adhérente lorsqu'on incline ce dernier. Il contient moins de beurre et de
fromage, et plus de sucre de lait, que celui des Ruminans ;
il ressemble beaucoup à celui des Solipèdes, et il aurait peut-
être plus d'analogie encore avec celui des Carnassiers.

II. A l'égard des changemens qu'il éprouve, le lait est
décomposable à un haut degré, et sous ce rapport on peut
le comparer en quelque sorte au sang.

1° Quand on le laisse refroidir à l'air, il paraît perdre d'a-
bord des parties volatiles, dont la présence s'annonce, dans
le lait encore imprégné de la chaleur vitale, par une odeur
et une saveur particulières, mais très-fugaces.

2° Ensuite la partie grasse se sépare, gagne la surface, en
vertu de sa légèreté, et y forme une *crème* épaisse, tandis
que les portions sous-jacentes deviennent plus liquides. Le
lait qu'on fait tomber goutte à goutte dans de l'eau pure et
froide, ne se mêle point d'une manière uniforme avec elle,
mais laisse des parties grasses à la surface.

3° Le lait est très-enclin à fermenter, le beurre à rancir, le
petit-lait à s'alcooliser et s'aigrir, le fromage à se putréfier.
Lorsqu'on ajoute du ferment au lait des Solipèdes, et qu'on remue
souvent le mélange, il passe à la fermentation spiritueuse, et
l'on peut alors en extraire de l'alcool par la distillation. Autrement le lait s'aigrit, en absorbant l'oxygène de l'air, et dégageant du gaz acide carbonique : une partie du beurre se décompose alors, de sorte que le lait qu'on a gardé trop long-temps
donne près de moitié moins de beurre qu'à l'ordinaire : il se
produit aussi de l'acide acétique, qui fait coaguler le caséum,
et le reste de la liqueur devient clair comme de l'eau. En
temps d'orage le lait s'aigrit promptement ; après avoir été
bouilli, il subit moins vite la fermentation acide, mais passe
avec plus de promptitude à la putréfaction.

4° La coagulation du lait tient à ce que le fromage et du phosphate calcaire se séparent sous forme solide. Elle est déterminée
par l'action de la chaleur, et en outre par celle de substances tellement différentes, qu'elle ne saurait dépendre dans tous les cas

de la même opération chimique. Lorsque les acides, des sels
neutres très-solubles et l'alcool la provoquent, ce phénomène
tient peut-être à ce qu'ils s'emparent de l'eau, dont ils détruisent la combinaison avec le fromage : du moins ne les
retrouve-t-on point dans le caillot lavé, et ils restent entièrement dans le petit-lait. Au contraire, les sels métalliques,
tels que ceux d'argent, de mercure, de cuivre, de fer,
d'étain, de plomb, paraissent séparer le fromage en exerçant
une action chimique sur lui ; car lorsqu'on se sert du bichlo-
rure de mercure, on obtient un précipité de protochlorure
de mercure. Quant aux sels alcalins, ils empêchent la coagulation, parce qu'ils maintiennent le fromage à l'état liquide,
et comme ils attirent cette substance, ils épaississent un peu
le lait en commençant à agir sur lui. Le suc gastrique et la
membrane muqueuse de l'estomac de tous les animaux qui
vivent de matières végétales ou de matières animales, déterminent la coagulation du lait, en vertu de l'acide qu'ils contiennent. Le même effet est produit par l'oseille, l'alléluia, la
noix de galle. Mais il s'observe aussi sous l'influence de
substances qui ne contiennent point d'acide, comme la membrane muqueuse de l'estomac ramollie dans une dissolution
alcaline, la gélatine, le jaune d'œuf, la gomme arabique,
l'amidon, le caille-lait, les fleurs de chardon, la garance et
beaucoup d'autres plantes, ce qui tient probablement à ce
qu'un acide se développe au moment où elles agissent sur le
lait. Suivant Jacquin, les plantes qui viennent d'être indiquées
ne déterminent la coagulation que quand on mêle leur décoction froide ou leur propre substance avec du lait froid, et
elles ne la produisent pas lorsqu'on les fait bouillir avec ce
dernier ou qu'on y verse leur décoction bouillante.

5° Quand on chauffe le lait, il entre en ébullition plus tôt
que l'eau. La partie caséeuse se coagule à la surface, entraînant le beurre avec elle, et produit ainsi une pellicule (*),
donc l'épaisseur augmente peu à peu. Cette pellicule représente une membrane demi-translucide, analogue à la membrane testacée de l'œuf des Oiseaux. Elle se renouvelle autant

(*) Les phénomènes qui signalent la formation de cette pellicule ont
été parfaitement décrits par Ph. Lorot (De la vie, Paris, 1818, in-8).

de fois qu'on l'enlève, jusqu'à un certain moment néanmoins, où le lait qui reste, devenu plus limpide et plus
transparent, ayant aussi complètement perdu sa coagulabi-
lité, ne consiste plus qu'en un petit-lait tenant quelque peu
de matière caséeuse et butyreuse en suspension, et qui, si
l'on continue l'évaporation, donne du sucre de lait, mêlé avec
ces particules et avec divers sels. Quand on fait sécher la
pellicule du lait, elle devient jaunâtre et cassante ; elle brûle
en répandant une odeur de corne, donnant de l'eau, de
l'huile, de l'ammoniaque, et laissant un charbon pesant, qui
se réduit difficilement en cendres. Mise dans l'eau, elle se
ramollit, entre en putréfaction dans l'espace de six jours, et
ne laisse plus, au bout de douze jours, qu'une petite quantité de matière inodore et insipide, qui est insoluble dans
l'eau et les acides.

6° A une douce distillation, le lait donne une eau faiblement sapide et odorante, qui contient un acide particulier
(butyrique), et qui, au bout de quelques jours, se trouble,
puis laisse déposer des flocons : le beurre, le fromage et les
sels restent sous la forme d'un extrait. A une chaleur plus
forte, la décomposition s'étend plus loin ; il se dégage une
huile empyreumatique, du carbonate d'ammoniaque et un
gaz combustible ; le charbon qui reste est difficile à incinérer ;
mais la cendre verdit le sirop de violettes, à cause de la
soude qu'elle renferme, et l'acide sulfurique en dégage des
vapeurs d'acide hydrochlorique (1).

III. Si maintenant nous passons aux divers principes constituans du lait,

7° Nous trouvons d'abord la *crème* (*cremor lactis*), ou le
lait riche en beurre, c'est-à-dire du beurre mêlé avec un peu
de fromage et de petit-lait, que sa légèreté spécifique amène
à la surface. La crème monte en d'autant plus grande quantité que la surface est plus étendue ; mais son ascension a

_____

(1) Barruel, Considérations hygiéniques sur le lait vendu à Paris comme
substance alimentaire. — Braconnot, Procédé pour réduire le lait sous un
petit volume, afin de le conserver et de le rendre en même temps d'un goût
plus agréable. — Bouchardat, Expériences sur la décomposition du lait.
Ann. d'hyg. pub. et de méd. légale, t. I, p. 404 ; t. IV, p. 451 ; t. XI, p. 456.)

lieu aussi malgré l'absence du contact de l'air, et la température de huit à dix degrés du thermomètre de Réaumur
est celle qui la favorise le plus. Elle est d'un blanc mat ou
jaunâtre, grasse et d'une saveur qui rappelle celle de la noix
fraîche. A l'air, elle s'épaissit, devient acide et prend une
odeur désagréable au bout de huit jours, se couvre de moi-
sissures et acquiert de l'amertume au bout d'un mois, enfin
noircit et se putréfie. La crême de Vache avait,

| | Pesanteur spécifique. | Eau. | Beurre. | Sucre de lait. | Fromage. |
|---|---|---|---|---|---|
| D'après Berzelius | 10244 | 876 | 45 | 44 | 35 |
| — Schubler | 10419 | 661 | 240 | 60 | 39 |

Différence qui, sans doute, tient principalement à celle du cli-
mat dans la Suède et le pays de Wurtemberg.

8° Le *beurre* est une modification particulière de la graisse
animale. Demi-solide, liquide à la chaleur, et d'une teinte
blanche ou jaune, il a une odeur faible, une saveur douce et
agréable. Il se sépare par grumeaux de la crême, lorsqu'on agite
celle-ci pendant quelque temps avec force : la trop grande
chaleur et le froid rendent cette séparation plus difficile ; on
l'accélère en ajoutant, dans le premier cas, du jus de citron,
et dans le second de l'alcool ; elle a lieu difficilement aussi
dans le lait des Vaches qui sont sur le point de vêler, de même
que dans celui des Solipèdes et de la femme, d'où l'on ne parvient que quelquefois à extraire du beurre, celui-ci étant à
ce qu'il paraît combiné d'une manière trop intime avec la
matière caséuse. Du reste, le beurre du lait de femme est
plus mou et plus blanc que celui de Vache.

Un fait fort remarquable, c'est qu'on ne puisse se procurer
le beurre autrement que par l'agitation. Beaucoup d'obscurité règne encore sur la manière dont ce mouvement mécanique agit. D'abord il est clair, suivant la remarque de
Schubler (1), que les principes constituans du lait ne se disjoi-
gnent pas tant que ce liquide demeure contenu dans la glande,
car celui qui coule d'abord du pis de la Vache, qui par conséquent occupe la partie la plus inférieure, est moins riche en
beurre et en fromage, et par cela même plus léger, que celui

(1) *Loc. cit.*, t. IV, p. 563.

qui coule ensuite, et qui vient de la partie supérieure. Cependant on ne peut déterminer la séparation du beurre par aucun procédé chimique. Elle ne tient point à l'oxygénation ordinaire, puisque le beurre obtenu en battant le lait dans du gaz oxygène ou acide carbonique ne diffère pas de celui qu'on s'est procuré à la manière ordinaire ; elle n'exige pas non plus de fermentation, car si la crème fraîche demande à être barattée plus long-temps que la crème aigrie, elle donne en revanche infiniment plus de beurre. Du reste, la présence du beurre dans la crème se décèle déjà par la couleur et l'odeur de celle-ci, et tout porte à croire, en conséquence, qu'il y existe déjà, comme tel, mais seulement à l'état de combinaison. S'il en est ainsi, le barattage peut avoir pour effet de mettre les particules du beurre en contact les unes avec les autres et de les retenir unies par adhésion de la substance homogène ; quoi qu'il en soit, l'agitation d'un mélange donne partout ailleurs un résultat inverse, l'homogène (par exemple les parties caséeuses du lait) se divisant davantage et ses particules se séparant plus encore les unes des autres. Cette propriété de se réunir sous l'influence du mouvement, ne caractérise non plus ni la graisse, puisque l'huile se divise quand on la bat avec de l'eau, ni le beurre, car, si l'on met du lait sur le feu, quelques gouttes d'huile montent bien à sa surface, mais elles ne se réunissent pas de manière à former du beurre, et l'huile qu'on ajoute à la crème n'attire point non plus ce dernier. Enfin il y a impossibilité, quand une fois le beurre a été mis en évidence, de le remêler avec le lait.

D'après cela, il semble que l'action mécanique du barattage opère la séparation du beurre non pas d'une manière immédiate, mais en provoquant une opération chimique quelconque et modifiant l'affinité entre les parties constituantes du lait. Le beurre pourrait bien être enchaîné, dans ce dernier, par la matière caséeuse ou par les sels ; mais ni la séparation de l'un, ni celle des autres ne saurait être la cause de l'agglomération du beurre ; car on ne rend pas celui-ci libre en coagulant le fromage par les acides, et lorsqu'on filtre le lait, c'est de la crème, et non du beurre, qui reste sur le papier. Nous ignorons donc encore par quel changement le barattage

détruit l'union du beurre avec les autres matériaux constituans du lait. Ce qu'il y a de plus vraisemblable, c'est qu'il
se développe ici une sorte de fermentation. Du reste, la combinaison est tellement intime, qu'il reste toujours des particules de beurre dans le fromage, et le petit-lait.

9° Le beurre se dissout dans l'alcool et l'éther bouillans.
Les alcalis le saponifient. Exposé à l'air, il devient rance avec
le temps, ce qui tient à ce qu'il absorbe de l'oxygène : car
il rancit plus vite dans le gaz oxygène qu'à l'air libre, l'acide
nitrique le fait passer au rance sur-le-champ, et quand il est
dans cet état, il oxide les métaux, par exemple le cuivre.
Cependant il ne se forme point alors d'acide proprement dit,
car le beurre ranci ne coagule pas le lait, le vinaigre ne rend
point le beurre rance, et la crème aigrie donne encore du
beurre doux. Ce sont surtout les parcelles du lait qu'il retient
qui lui communiquent l'aptitude à rancir, car le beurre pur
en a moins. En effet, au sortir de la baratte, il conserve encore une quantité notable de sucre de lait et de matière caséuse. Cette dernière y abonde surtout quand on a employé
de la crème qui commençait à s'aigrir. On le débarrasse du
sucre de lait en le lavant, du fromage et le faisant fondre et
l'écumant. Le beurre de bonne qualité donne de cette manière 0,82 de beurre pur. Ce dernier est composé, suivant
Bérard, de carbone 66,34, d'hydrogène 19,64 et d'oxygène
14,02. Mais la chimie moderne, qui court risque de se perdre
elle-même, à force de diviser et subdiviser les substances, énu-
mère plusieurs parties constituantes dans le beurre. Chevreul
admet comme telles l'élaïne, espèce d'huile liquide, la stéa-
rine, corps gras plus consistant, la butyrine, huile de nature
particulière de laquelle se forment trois acides, le butyrique,
le caprique et le caproïque, enfin, une matière colorante.

10° Le *lait écrémé* est plus bleuâtre et moins agréable au
goût ; il dissout davantage de sucre et de sels. Il a

|  | Pesanteur spécifique. | Eau. | Fromage. | Sucre de lait. |
|---|---|---|---|---|
| d'après Berzelius | 1033 | 928,75 | 28,00 | 35,00 |
| — Schubler | 1036 | 869,34 | 51,72 | 78,94 |

Berzelius y admet, en outre, 6,00 d'acide lactique, avec de
l'acétate de potasse et un peu de lactate de fer, 1,70 de chlo-

rure de potassium, 0,30 de phosphates terreux, et 0,25 de phosphate de potasse.

11° Le *fromage* est la partie qui se coagule quand le lait devient aigre, ou quand on le met en contact avec les substances énumérées précédemment (4°). Il est blanc, mou et de saveur douce; les acides forts le dissolvent à une haute température; les alcalis le décomposent en ammoniaque et en une espèce d'huile, avec laquelle ils forment une combinaison savoneuse. S'il reste humide, il devient acide : ensuite il se putréfie, se ramollit, et enfin se convertit en un savon soluble dans l'eau, qui lui-même est composé de graisse et d'ammoniaque. Soumis à la dessiccation, il devient dur et cassant. Un feu doux le ramollit, lui donne de l'élasticité, et le rend susceptible de filer. A un feu plus fort, il entre en fusion, se boursouffle, et brûle, en dégageant de l'ammoniaque, du gaz hydrogène et du gaz hydrogène carboné; on obtient pour résidu un charbon, après l'incinération duquel il reste des phosphates. On y a trouvé 60,87 de carbone, 20,29 d'azote, 7,25 d'hydrogène et 11,59 d'oxygène. Mais, d'après Schubler, il contiendrait environ 84 parties de fromage proprement dit et 16 de serai (1).

Le *fromage proprement dit* se précipite du lait par l'influence d'une chaleur modérée et de toutes les substances énumérées plus haut (4°); c'est lui qui donne au lait sa couleur blanche; il est élastique, et se pelotonne en une masse cohérente; la dessiccation lui communique une consistance cornée, avec une teinte jaune et un éclat gras; on trouve dans sa cendre des phosphates de chaux, de magnésie et de fer.

Le *serai* ne se sépare que par l'effet d'une forte chaleur et non par l'influence des membranes de l'estomac. Le lait qu'on a dépouillé de la matière caséeuse, mais qui contient encore du serai, est un liquide limpide, transparent, verdâtre, que la chaleur de l'ébullition rend de nouveau blanc et opaque, et dont le vinaigre précipite le serai, sous la forme de flocons. Celui-ci a une pesanteur spécifique plus considérable que celle de la matière caséeuse; mais, tant qu'on ne l'a point fait sécher, il retient plus d'eau que cette dernière, et est alors proportionnellement plus léger; sa couleur est le

(1) *Loc. cit.*, p. 507.

blanc de neige ; il a une consistance gélatineuse ; desséché, il devient moins dur que le fromage proprement dit, et prend une texture plus cornée ; sa saveur, dans l'état frais, ressemble à celle de l'albumine ; mais, après la dessiccation, elle tient plus de celle du vieux oint que de celle du fromage ; sa cendre contient du chlorure de potassium et plus de phosphate de magnésie que celle du fromage.

Ces deux substances sont des modifications de l'albumine, dont le serai s'éloigne assez peu, tandis que le fromage proprement dit se rapproche en quelque sorte de la fibrine. Le lait de la femme et celui des Solipèdes paraissent ne point contenir de matière caséeuse, mais seulement du serai, qui ne s'en sépare la plupart du temps qu'en flocons déliés, et qui n'est susceptible ni d'être mis en évidence par les acides étendus, ni d'acquérir une certaine consistance.

11° Le *petit-lait* (*serum lactis*) est la partie aqueuse du lait, celle qui reste après qu'on a séparé la plus grande partie du fromage et du beurre, liquide d'un jaune verdâtre, et d'une saveur douce, qui forme environ les neuf dixièmes du lait. A l'air il devient aigre et dépose des flocons légers de matière caséeuse. A la distillation, il donne de l'eau, avec de l'air butyrique. Soumis à l'évaporation, il laisse des sels mêlés avec un peu de fromage.

12° Le *sucre de lait*, substance particulière au lait, a de l'analogie d'une part avec le sucre et de l'autre avec la gomme. Il est blanc, demi-transparent, et cristallise en prismes à quatre pans, terminés par des pyramides à quatre faces : il est assez dur ; sa pesanteur spécifique est de 1,543 ; il a une saveur faiblement douceâtre et terreuse ; soluble dans neuf parties d'eau froide et quatre d'eau bouillante, il est insoluble dans l'alcool ; à la chaleur ; il devient brun, se boursoufle, et brûle en donnant une huile empyreumatique dont l'odeur se rapproche de celle du benjoin, de l'acide carbonique, un gaz combustible, de l'acide acétique et de l'eau ; il laisse un charbon léger et poreux, dont la combustion procure une cendre de carbonate, de sulfate et de phosphate calcaires ; l'acide nitrique le décompose, et le convertit en acides oxalique et mucique ; il contracte des combinaisons avec les oxides métalliques et les terres alcalines. Dépouillé d'eau, il se compose, d'après Berzelius, de carbone 45,267, hydrogène 6,385 et oxygène 48,348.

13° L'*acide lactique* a beaucoup d'analogie avec l'acide acétique. On le trouve dans le petit-lait devenu aigre. Il paraît résulter d'une décomposition du sucre de lait provoquée par la fermentation acide.

14° Outre le sucre de lait, le lait contient encore différens sels. Schwarz (1) a trouvé dans 1,000 parties de lait de Vache 1,805 de phosphate calcaire, 0,225 de phosphate de soude, 0,170 de phosphate de magnésie, 0,032 de phosphate de fer, 1,350 de chlorure de potassium, et 0,115 de lactate de soude, en tout 3,697 de sels. Le phosphate de chaux est contenu principalement dans le fromage.

### 3. VIE DES GLANDES MAMMAIRES.

§ 521. La *vie des glandes mammaires*

I. N'a pas seulement une connexion générale avec celle de la matrice, comme avec celle de tout autre organe, ainsi qu'a essayé de le démontrer Joannides (2) ; elle en a de plus une toute particulière, car les deux organes font partie d'un même système, et le rapport qui existe entre eux ne diffère point de celui des côtés interne et externe d'une sphère spéciale ( § 519, 3° 4° ).

1° Nous reconnaissons d'abord une sympathie entre eux. Les Mammifères sont les seuls animaux qui possèdent une matrice ( § 338, III ) et des glandes mammaires ; car toutes les dilatations que les oviductes offrent chez d'autres animaux ne sont pas plus des matrices réelles ( § 105, 2° ), que les jabots des Oiseaux ( § 548, 6° ) ne sont de véritables glandes mammaires ; on ne peut voir là que des indices et des rudimens de ces organes. Les femmes qui ont habituellement des règles abondantes, sécrètent aussi beaucoup de lait, et les duretés dans les seins ne guérissent que quand l'activité de la matrice suit son cours normal.

(1) John, *Chemische Tabellen des Thierreichs*, p. 93.
(2) *Physiologiæ mammarum muliebrium specimen*, p. 29.

2° Cette sympathie se manifeste par le transport du mode de vitalité des glandes mammaires à la matrice. De même, les douleurs consécutives de la parturition sont accrues par la première succion de l'enfant, ou même rappelées par elle, si déjà elles avaient disparu. De même encore, l'application de l'enfant au sein, immédiatement après la naissance, est un moyen d'arrêter une hémorrhagie qui tient à ce que la matrice ne se contracte pas comme elle devait le faire.

3° Elle se manifeste aussi par transport de la matrice aux glandes mammaires, car les seins se gonflent pendant la menstruation ( § 164, 1° ) et après la fécondation ( § 346, 12° ); après la mort du fœtus, qui porte le trouble dans la vitalité de la matrice, ils deviennent mous, flasques et frais; enfin ils tombent malades dans la suppression des règles ou dans les autres affections de la matrice elle-même; à la suppression des lochies, ils ne donnent plus de lait; dans la leucorrhée, ils sécrètent parfois un liquide puriforme, etc.

4° Mais ce qui sympathise peut aussi entrer dans un rapport antagoniste de dérivation ( 5° 6° ) et de métastase ( 7° 8° ).

5° L'accroissement de l'activité de la matrice a pour résultat la diminution de celle des glandes mammaires. Lorsque les règles paraissent chez une femme qui allaite, son lait diminue et prend un caractère plus aqueux; si cette femme devient enceinte, son lait diminue ou change à tel point que l'enfant refuse le sein. Ce phénomène est bien plus prononcé encore aux approches de la parturition, car Vanswiéten a connu une femme dont l'enfant cessa de vouloir tetter dès que les premières douleurs de l'accouchement se firent sentir. Tant que l'activité plastique de la matrice est fort occupée, après la parturition, il ne se fait pas de sécrétion lactée abondante. Carus (1) a observé un cas dans lequel la matrice ne revint pas sur elle-même après l'accouchement, et n'expulsa point la membrane nidulante; il se produisit, avec suppuration, une espèce de môle, dont la sortie n'eut lieu qu'au bout de deux mois, et alors seulement commença la sécrétion du lait.

6° L'accroissement de l'activité des glandes mammaires a

(1) *Gemeinsame Zeitschrift fuer Geburtskunde*, t. I, p. 137.

également pour effet de diminuer celle de la matrice. En général, pendant qu'une femme allaite, ou du moins que son
enfant tette beaucoup, elle n'a point ses règles et ne conçoit
pas non plus; l'allaitement rend les pertes utérines moins fréquentes chez celles qui y sont sujettes par disposition mala-
dive; si la mère n'allaite point, on remarque fréquemment
en elle une pléthore morbide de la matrice; enfin l'application de ventouses sur les seins est un moyen efficace contre
la ménorrhagie.

7° Lorsque la vitalité de la matrice diminue, l'excitation
redouble dans les seins. Lorsqu'il y a suppression des règles, fréquemment les glandes mammaires se gonflent, et
quelquefois elles donnent du sang, au lieu de lait. Après
la suppression des lochies, les seins deviennent douloureux,
ou même s'enflamment. Ils se tuméfient aussi quand la matrice
renferme des môles et des polypes.

8° Enfin, quand l'activité des seins baisse, celle de la matrice croît. Si la sécrétion du lait est peu considérable, ou si
l'accouchée ne nourrit point, les lochies sont plus abondantes.
Si le lait se supprime, la même chose arrive, ou bien il survient un état d'inflammation, soit de la matrice, soit de ses
alentours, pour la guérison duquel le rétablissement de la
sécrétion lactée est une condition indispensable. Chez les
femmes qui n'allaitent point leurs enfans, les règles reparaissent un mois ou six semaines environ après la parturition, et
quand l'allaitement est interrompu par la mort de l'enfant,
ou par toute autre cause, la menstruation se rétablit de même
qu'à la suite d'un sevrage normal.

Au reste, il est clair de soi-même que ce rapport de con-
sensus et d'antagonisme tient à la destination des organes eux-
mêmes, et non à la disposition physique de leurs nerfs, et ce
qui le confirme entre autres, c'est que la femme dont il sera
question plus loin (522, 2°) éprouvait, à l'approche de ses
règles, les mêmes sensations dans la glande crurale que
dans les seins, et que quand la matrice entrait chez elle en
orgasme, le mamelon crural s'érigeait également.

II. Il est en parfaite harmonie avec ces faits que la vitalité
des glandes mammaires, qui, après la fécondation, s'était

exaltée, par sympathie avec celle de la matrice, s'exalte par antagonisme, et arrive à son point culminant lorsque celle-ci a évacué son contenu, et qu'elle est redescendue à un degré de vie inférieur. Mais il résulte de là que les seins, qui s'étaient déjà préparés, pendant la grossesse, à remplir cette fonction, nourrissent l'enfant après la naissance, comme la matrice nourrissait l'embryon avant la parturition, et que par conséquent ces organes ont de l'analogie entre eux. Cette analogie n'est nulle part plus sensible que chez les Marsupiaux. Ici l'entourage des mamelons est converti en une poche ( § 547, 8° ), car la matrice de ces animaux joue moins le rôle de réservoir que celui de canal conducteur. De même que la matrice parfaite se ferme après la fécondation et s'ouvre avant la parturition, de même la poche des Marsupiaux est fermée pendant la non-maturité des petits, et s'ouvre à leur maturité, pour les laisser sortir : après une courte vie dans la matrice, le jeune Didelphe passe fort imparfait dans la poche, pour y faire un long séjour et s'y développer ; il y pend par la bouche à un mamelon, comme à un cordon ombilical, et l'union a même lieu d'une manière purement végétale, puisque, au dire d'Aboville et d'Owen, lorsqu'on détache un embryon de Didelphe du mamelon, il ne le ressaisit plus, ce qui fait qu'on a de la peine à concevoir comment il parvient d'abord à le trouver. Le peu de séjour que cet embryon fait dans la matrice et son état de développement imparfait ne permettent pas non plus que le placenta et le cordon ombilical se développent d'une manière complète ; on pourrait même admettre que ces organes manquent entièrement, que la glande mammaire remplit l'office de placenta, et que le cordon ombilical est remplacé par les lèvres de l'embryon et le mamelon de la mère, puisque Barton, Home (1) et Blainville (2) n'ont découvert aucune trace d'ombilic sur des fœtus non à maturité. Suspendu au mamelon, le jeune animal respire par ses larges narines, car, d'après Blainville (3), il a des poumons spon-

(1) *Lectures*, t. III, p. 350.
(2) Annales des sc. naturelles, t. I, p. 396.
(3) Bulletin de la soc. philom., 1818, p. 27.

gieux très-développés et il est dépouvu de thymus. Cependant il n'est pas croyable que la branchie abdominale n'existe jamais chez ces animaux ; on doit présumer, au contraire, qu'elle y dure peu, qu'elle se développe incomplètement, qu'elle disparaît de très-bonne heure, et que les débris en sont moins apparens que chez d'autres animaux ; en effet, on a réellement trouvé des traces d'ombilic chez les animaux à bourse (1).

Ces faits mettent hors de doute l'analogie générale du placenta avec la glande mammaire, sur laquelle Jœrg (2) et Carus (3) ont appelé l'attention des physiologistes. L'un et l'autre sont des espèces de disques, peu adhérens, dans lesquels des vaisseaux (lactifères et ombilicaux) convergent vers un centre commun, pour se réunir ensuite en un corps cylindrique (mamelon et cordon ombilical), qui s'élève au dessus de la surface. Dans la Jument, où le chorion tient la place du placenta, les glandes mammaires sont fort plates. Chez la Vache, où il se forme plusieurs cotylédons pour un seul embryon, il y a aussi plusieurs mamelons pour un seul Veau. Chez les animaux qui mettent au monde plusieurs petits, chacun d'eux trouve son mamelon, de même que chaque embryon avait son placenta propre.

III. Mais ce serait montrer des vues trop étroites que d'envisager uniquement les glandes mammaires dans leurs rapports avec la matrice.

9° Ces glandes, considérées d'une manière générale, sont des organes propres à compléter l'œuvre de la procréation. Elles font partie de l'appareil génital, dont elles présentent aussi le caractère, sous ce point de vue qu'elles ne sécrètent qu'à une certaine époque de la vie, et périodiquement, ne faisant, en d'autres temps, que végéter et se nourrir. Elles se développent à la puberté, simultanément avec les organes génitaux, et se flétrissent avec ces organes, quand s'éteignent les

(1) Annales des sc. naturelles, t. II, p. 124. — Froriep, *Notizen*, t. XXVII, p. 49 ; t. XLI, p. 164.
(2) *Zur Befœrderung der Kentniss des Weibes*, t. I, p. 235.
(3) *Lehrbuch der Gynaekologie*, t. I, p. 26.

facultés procréatrices. Les femmes stériles, celles dont les ovaires sont peu développés, celles qui éprouvent peu de penchant à la procréation, ont la gorge plate : les femmes fécondes et ardentes, celles qui aiment les enfans, l'ont en général plus rebondie et sécrètent un lait plus abondant, de meilleure qualité.

10° L'excitation des organes génitaux fait que les Vaches donnent plus de lait : aussi les Hottentots leur soufflent-ils de l'air dans le vagin, avant de les traire. On parle d'une femme dont le lait s'échappait sous la forme d'un jet pendant qu'elle recevait les embrassemens de son mari (1). Le libertinage et l'onanisme aplatissent et fanent presque toujours la gorge.

11° La succion de l'enfant cause à la nourrice une sensation voluptueuse, et la beauté du sein de la femme excite les désirs de l'homme, ce qui annonce que, dans l'espèce humaine, cet organe a une destination supérieure et liée de plus près aux fonctions morales, puisqu'il n'existe aucun animal chez lequel on observe le moindre rapport entre la glande mammaire de la femelle et l'appétit vénérien du mâle.

12° Les relations générales de cet organe avec la génération expliquent comment il existe dans l'Ornithorhynque sans véritable matrice, comment il peut être amené à sécréter du lait chez des femmes qui n'ont point accouché (§ 522, 10°), et même chez des hommes (§ 522, 11°) adonnés au soin des enfans, comment enfin il accomplit sa fonction dans le cas même de grossesse extra-utérine. Morand a observé (2) une femme qui porta pendant trente-et-un ans un embryon dans l'intérieur du péritoine, et qui, durant tout ce laps de temps, ne cessa d'avoir du lait dans les mamelles, de même qu'elle n'eut pas une seule fois ses règles. Dans un cas analogue, Spœring (3), ayant agrandi une ouverture fistuleuse située au dessous de l'ombilic, retira les os et ce qui restait encore d'un embryon ; quelques jours après l'opération, les seins se tuméfièrent et donnèrent du lait.

(1) Dict. des sc. méd., t. I, p. 394.
(2) Histoire de l'Acad. des sc., 1748, p. 409.
(3) *Abhand. der Akademie zu Stockholm*, t. VI, p. 91.

IV. Ces faits prouvent non seulement que la sécrétion du lait est destinée à la conservation de l'être procréé, mais encore que la fonction, comme la procréation, a son fondement dans l'organisme individuel, pour lequel même elle est un besoin. Après l'accouchement, surtout lorsqu'il a eu lieu avec facilité, qu'il n'a point été accompagné d'une perte considérable de sang, et que la nutrition est abondante, la femme devient pléthorique, parce que l'embryon, qui jusqu'alors avait tiré d'elle sa nourriture, ne se trouve plus là, et que la matrice, qui demeure en repos pendant quelque temps, n'entre point dans l'état de la turgescence sans lequel il n'y a pas de menstruation. La sécrétion du lait diminue cette pléthore, et ramène peu à peu à son rhythme habituel la force plastique que la fécondation avait tant exaltée. Voilà pourquoi les femmes qui n'allaitent pas leurs enfans, ou qui les sèvrent de trop bonne heure, éprouvent souvent des incommodités diverses, notamment des maux de tête, à la suite desquels leurs cheveux tombent prématurément (1); fréquemment aussi elles sont atteintes plus tard de nodosités dans les seins.

Mais la sécrétion du lait étant un besoin de la vie individuelle elle-même, on remarque aussi chez les animaux un type périodique dans cette fonction et dans l'instinct qui s'y rattache, celui de nourrir des petits, même sans objet auquel les soins maternels puissent s'adresser. Suivant Harvey (2), les Lapines qui n'ont point été fécondées, ont quelquefois du lait dans leurs mamelles, à l'époque où elles devraient mettre bas, et elles nourrissent alors des petits étrangers, quand le hasard leur en fait rencontrer. De même, selon Faber (3), le Dronte dégorge de la nourriture, quand ses œufs se sont pourris, tout aussi bien que s'il avait eu des petits. Mais, dans le cours naturel des choses, le type de la sécrétion du lait et de l'instinct qui porte à nourrir coïncide avec l'époque de la naissance et de l'éclosion; il y a harmonie entre le

(1) Wigand, *Die Geburt des Menschen*, t. I, p. 40.
(2) *Loc. cit.*, p. 405.
(3) *Loc. cit.*, p. 212.

besoin que la mère éprouve de nourrir et celui que le petit ressent d'être nourri.

Au reste, l'évacuation du lait peut, chez quelques animaux, être provoquée immédiatement par un mouvement volontaire. Suivant Morgan (1), le Kanguroo a quatre glandes mammaires, dont les deux inférieures ne possèdent de tétines que pendant la gestation, par le renversement de leurs conduits extérieurs, et les muscles qui enferment ces glandes ont l'aptitude de darder le lait dans la bouche du petit, qui, dans les commencemens, n'est point encore assez fort pour téter lui-même. Kuhn a également trouvé, dans le Marsouin, un muscle analogue pour l'expression du lait (2), et l'on prétend que le Phoque peut à volonté faire rentrer et allonger ses tétines.

#### 4. ALLAITEMENT.

§ 522. L'*allaitement* représente donc l'unité entre la mère et son enfant. Cette harmonie s'exprime :

I. Matériellement ;

1° Dans le développement simultané des glandes mammaires et du fruit.

Chez les Marsupiaux, les mamelons ne se développent que pendant la gestation, et ils doivent en partie naissance au renversement des conduits excréteurs des glandes mammaires : ils grossissent et s'allongent à mesure que le petit croît, de sorte que, suivant Home (3), ils finissent par s'enfoncer d'un demi pouce dans la bouche ; ils s'effacent aussi après que le jeune animal a quitté la bourse.

Chez les autres Mammifères, les glandes mammaires sont fort peu développées encore avant la première parturition (4). Il n'y a que la femme chez laquelle elles acquièrent, à la puberté, un état permanent de développement. Mais, après l'imprégnation, elles se préparent à l'exercice de leur

---

(1) Froriep, *Notizen*, t. XXV, p. 246 ; t. XXVII, p. 119.
(2) *Ibid.*, XXIX, p. 499.
(3) *Lectures*, t. III, p. 350.
(4) Cuvier, Anat. comp., t. IV, p. 549.

fonction, en devenant plus molles et recevant une plus grande quantité de sang, de même qu'elles s'affaissent lorsque l'embryon meurt et qu'une fausse couche est imminente.

2° Généralement parlant, le nombre des mamelons coïncide avec celui des petits. La Truie en a douze, et met bas dix à quinze Cochonnets : chacun de ceux-ci s'empare d'un mamelon, qu'il sait toujours retrouver, suivant Thaer, et en place duquel il lui arrive rarement d'en prendre un autre; les petits qui dépassent le nombre de douze périssent ; mais les mamelons antérieurs donnent plus de lait que les autres, aussi les Cochonnets qui s'en sont emparés grossissent-ils davantage. Les animaux qui ne font d'ordinaire qu'un seul petit, ont deux ou même quatre mamelles, à cause du nombre pair des artères. La femme présente quelquefois des variétés à cet égard. Lousier (1) cite des cas dans lesquels l'un des seins ou les deux mamelons manquaient. On a vu aussi des femmes qui avaient plusieurs mamelons sur une de leurs mamelles (2), une troisième mamelle au dessous des deux autres, dans le milieu ou sur le côté, enfin une seconde paire de mamelles, soit au dessous des glandes normales, soit en dehors, du côté de l'aisselle. Percy a observé une femme qui portait quatre mamelles disposées en deux séries ; au dessous des inférieures, et entre elles, s'en trouvait une cinquième, plus petite (3). Mais un cas unique est celui que Robert a décrit (4), d'une femme dont la mère, qui, indépendamment de la mamelle normale gauche, en avait deux sur le côté droit de la poitrine, ressentit, deux jours après l'accouchement, des démangeaisons dans une petite excroissance charnue située au côté externe de la cuisse gauche, à quatre pouces au dessous du grand trochanter, et vit s'écouler par là un liquide blanchâtre, qu'on reconnut bientôt être du lait; elle allaita son enfant à cette mamelle

---

(1) Diss. sur la sécrétion du lait, p. 9.
(2) Dict. des sc. médic., t. XXX, p. 527. — Tiedemann, *Zeitschrift*, t. V, p. 110. — Geoffroy Saint-Hilaire, Histoire des Anomalies, Paris, 1832, t. I, p. 710 et suiv.
(3) Dict. des sc. médic. t. IV, p. 152; t. XXXIV, p. 526.
(4) Journal de Magendie, t. VII, p. 176.

crurale pendant deux ans et demi, tandis que l'abondance
de son lait lui permit de nourrir successivement quatre autres
enfans à ses mamelles pectorales.

3° Les mamelles qui, pendant la gestation, contiennent déjà
une petite quantité de liquide analogue à du lait, commencent,
peu de temps après l'accouchement, à sécréter un lait plus abondant et plus parfait. Au bout de quarante-heures environ,
elles se tuméfient beaucoup, les veines cutanées sont plus
gorgées que pendant la grossesse, et on les aperçoit à travers la peau. Chez les femmes fort irritables, qui produisent
beaucoup de lait et qui ne donnent pas le sein assez tôt, ou
dont l'enfant ne tette point assez, le début de cette nouvelle
direction imprimée à la vie occasione quelquefois, au troisième ou au quatrième jour, des mouvemens fébriles, qui
durent environ vingt-quatre heures. Pendant cette fièvre de
lait, les mamelles sont gonflées, dures et douloureures, la
langue est blanchâtre, l'appétit manque, les lochies coulent
moins abondamment, il survient des frissons, puis de la chaleur, avec plénitude et force du pouls, rougeur de la face,
légère céphalalgie, gêne de la respiration, sécheresse de la
peau et soif : au bout de quelques heures le pouls mollit, il
se déclare une sueur copieuse, d'odeur aigre, et les mamelles
donnent alors beaucoup de lait. (Il paraît surprenant que la
sécrétion du lait, qui est normale, soit accompagnée d'une
excitation fébrile du système vasculaire, et en effet, non
seulement d'anciens écrivains, mais même parmi les modernes, Eisenmann, ont attribué ces mouvemens fébriles
aux violences que la matrice a éprouvées pendant la parturition. Mais un phénomène analogue a lieu toutes les
fois qu'un organe quelconque prend un développement très-
rapide. D'ailleurs, la fièvre de lait n'est point constante : chez
les femmes en couches peu irritables, elle ne survient que
quand on stimule trop la sécrétion laiteuse par des alimens
copieux ou des boissons échauffantes, ou quand, négligeant
de présenter à temps le sein à l'enfant, on laisse s'accumuler
une trop grande quantité de lait) (1).

(1) Addition de Hayn.

4° Si la sécrétion du lait présente à son début le caractère d'une évacuation critique salutaire (§ 502, I ; 521, IV), elle se maintient au profit du nourrisson, et la force plastique du corps maternel se dirige principalement vers elle. Ainsi on a remarqué, chez les femmes qui allaitent, que l'urine contient moins de phosphate calcaire, attendu que ce sel se porte principalement dans le lait. Il est d'observation à peu près constante que les femmes, même les plus chétives et les plus maigres, ne manquent pas de nourriture pour leur enfant. Non seulement la mère supporte très-bien cette consommation de force et de substance plastique, mais même elle peut profiter tout en la subissant, parce que la plasticité plus considérable de l'organisme féminin (§ 187) lui permet de n'en souffrir aucune atteinte, et que la perte de sang qu'entraînaient les menstrues n'a pas lieu pendant la lactation. Une sécrétion de lait assez abondante pour amener la consomption, suppose toujours un état anormal. Du reste, cette sécrétion est accrue par les substances très-nourrissantes, l'anis, le fenouil, etc., et diminuée par la sueur, la diarrhée, les hémorrhagies, les douleurs, les veilles, les affections morales, etc.

5° Ce que la mère mange profite au nourrisson ; il lui arrive parfois, immédiatement après avoir pris un aliment quelconque, par exemple, du café au lait, ou même pendant la durée d'un repas, d'éprouver une sensation comparable à celle que produirait un liquide remontant de la région hypogastrique vers les seins ; et ce qui prouve que la femme ne se fait point illusion à elle-même en disant qu'elle sent monter son lait, c'est qu'aussitôt après ce phénomène, les mamelles sont plus gonflées, ou même laissent échapper le liquide qui les remplit. Mauriceau, Roose (1) et autres, ont admis, d'après cela, que le lait n'est point formé par le sang, et qu'on doit le considérer comme un simple dépôt de chyle. White a même été jusqu'à prétendre que les mamelles des Ruminans ne sont qu'un simple réservoir du chyle, qu'un vaisseau particulier y amène du quatrième estomac. Mais ce sont

____

(1) *Physiologische Untersuchungen*, p. 92.

là des hypothèses insoutenables, comme l'a démontré Lousier (1); il n'y a point de conduits spéciaux qui puissent faire passer le lait d'un autre organe dans les glandes mammaires, et les vaisseaux lymphatiques de ces dernières, ayant leurs valvules disposées dans le même sens que les autres parties du système, ne sauraient jouer le rôle de vaisseaux afférens. La formation et l'absorption du chyle ne s'opèrent point d'une manière si rapide; d'ailleurs, le lait diffère totalement de ce liquide, et présente des modifications de la matière animale qu'on ne rencontre nulle part ailleurs; il doit donc, comme tous les autres liquides sécrétés, être produit par un appareil glanduleux spécial, tel que celui qu'on trouve dans les mamelles.

Les phénomènes dont il a été parlé plus haut témoignent donc seulement que la vie plastique de la femme qui allaite prend sa direction principale vers les glandes mammaires. Celles-ci commencent à sécréter abondamment peu de temps après la parturition, à une époque, par conséquent, où la femme a pris beaucoup moins de nourriture qu'elle n'est dans l'habitude de le faire. L'Ourse allaite encore ses petits dans sa retraite d'hiver, où elle ne prend plus d'alimens. La sécrétion du lait n'est donc point sous la dépendance immédiate de la digestion, comme le prétendait Roose. Mais quand l'estomac reçoit des substances élémentaires aux dépens desquelles peut se produire de nouveau sang, ce dernier, en vertu d'une loi que nous discuterons lorsqu'il sera question de la digestion, se porte en plus grande quantité vers les organes qui jouissent d'une plus grande vitalité, c'est-à-dire, dans le cas présent, vers les mamelles; et, de même que partout où un point quelconque du système vasculaire est devenu le foyer d'une vitalité exaltée, le sang ne suit pas seulement son cours ordinaire, mais passe encore dans les branches artérielles anastomotiques, de même aussi, dans la circonstance dont nous parlons, il se détourne des membres inférieurs, et reflue, par les artères épigastriques, vers les

(1) *Loc.cit*, p. 19-25.

mamelles, direction insolite dont un sentiment particulier avertit la femme, tandis que rien ne l'informe de celle qui est conforme au cours ordinaire des choses.

6° La succion de l'enfant augmente la sécrétion. Lorsqu'il commence à téter, la mère éprouve souvent une sensation agréable d'afflux vers les seins. S'il tette beaucoup, le lait se produit aussi en grande quantité, ce qui explique comment une mère ou une nourrice peut fournir une nourriture suffisante à deux jumeaux. L'enfant vient-il à périr, ou l'allaitement à cesser par une toute autre cause, il ne se forme plus de lait. Une Vache laitière donne, pendant presque toute l'année, du lait, dont on peut évaluer la quantité annuelle à trois ou quatre mille livres, c'est-à dire à un poids triple ou quadruple du sien propre; une seule traite en fournit quelquefois vingt livres et au-delà, plus par conséquent que la mamelle n'en peut contenir, de sorte qu'il faut que la sécrétion s'opère pendant le temps même qu'on trait l'animal (1). Mais une excitation uniforme de toutes les parties de l'organe lactifère paraît être nécessaire pour cela, car Thaer a remarqué qu'on obtient davantage de lait en pressant les quatre pis de la Vache à la fois, dût même l'un d'eux ne rien fournir.

Les glandes mammaires suivent donc la loi générale qui veut que la sécrétion corresponde au degré d'excitation de l'organe sécrétoire et à l'abondance du produit évacué. Cependant quelques circonstances indiquent que, dans l'espèce humaine au moins, la sécrétion du lait est entretenue non pas uniquement par ces deux causes, mais encore par l'action vitale spécifique du nourrisson. En effet, si, au moment où elle est obligée de renoncer à l'allaitement normal, un motif quelconque détermine la mère à se faire téter plusieurs fois chaque jour par une autre personne, la sécrétion du lait peut se prolonger encore au-delà de neuf jours, comme Emmert (2) l'a appris d'une femme qui se livrait depuis trente ans à ce genre d'industrie. Quand une mère sert de

(1) Schubler, dans Meckel, *Deutsches Archiv.*, t. IV, p. 566.
(2) Meckel, *Deutsches Archiv.*, t. IV, p. 539.

nourrice à un enfant étranger, son lait diminue d'abord, et ne redevient abondant que quand elle s'est habituée à son nouveau nourrisson : il lui arrive même quelquefois, suivant Carus (1), de perdre entièrement son lait lorsqu'elle prend un enfant étranger, ou qu'elle en substitue un autre à celui qu'elle avait soigné jusqu'alors. On dit avoir observé qu'une nourrice donnée à un enfant nouveau-né éprouve un gonflement des mamelles, avec une sorte de fièvre de lait (2). Il est donc permis au moins de demander si ce dernier phénomène tient à ce que le nouveau-né tette avec moins de force , et si ceux qui précèdent dépendent uniquement de l'influence morale, qui alors devrait être en contradiction avec la volonté.

II. En effet, si, comme nous en avons déjà fait la remarque précédemment (§ 519, 2°), les organes glanduleux situés à la surface du corps ont des rapports plus intimes avec la vie morale, les glandes mammaires sont plus qu'aucun autre dans ce cas. Le rouge de la pudeur s'étend jusque sur la gorge. Lorsque l'enfant ne tette point et que la sécrétion du lait est abondante , la femme éprouve au bout de quelque temps de l'agitation, même de la fièvre et du délire. La mélancolie ou la manie est fréquemment l'effet de la suppression de cette sécrétion.

7° Quand la mère a éprouvé de violentes commotions morales , l'enfant qu'elle nourrit est agité, mal à son aise, et il est quelquefois pris de convulsions. On prévient ces fâcheux résultats en laissant perdre le lait que les mamelles contenaient pendant l'affection morale, et ne permettant à l'enfant de tetter que quand le calme est parfaitement rétabli chez sa mère. Deyeux a vu une femme, sujette à des accidens nerveux, qui chaque fois rendaient son lait transparent et visqueux comme du blanc d'œuf; ce liquide ne reprenait son caractère normal qu'après l'accès.

8° Guersant dit que les Vaches donnent moins de lait quand elles sont traites par une main étrangère (3). Elles n'en four-

(1) *Lehrbuch der Gynœkologie* , t. II, p. 150.
(2) Dict. de médecine , t. II, p. 7.
(3) Dict. des sc. médic., t. XXVII , p. 142.

nissent point, d'après Schubler (1), lorsque la servante les a
maltraitées, or, suivant Bayen, quand elles sont entourées
d'un grand nombre de personnes étrangères. Comme il n'y a
point d'appareil musculaire, cet effet paraît être purement
involontaire, et dépendre de ce que, quand l'animal éprouve
quelque répugnance, le sang afflue en moindre quantité vers
les glandes mammaires, qui deviennent alors moins actives,
et dont les orifices des conduits excréteurs se ferment. L'é-
vacuation du lait paraît donc être soumise jusqu'à un certain
point à la volonté de la mère, de laquelle résulte la turgescence des glandes et de leurs canaux excréteurs.

9° Mais l'aspect du nourrisson exerce évidemment, sur la
formation du lait, une influence morale et tout-à-fait indépendante du concours de la volonté. Desormeaux dit que certaines mères sentent le lait monter quand elles revoient leur
enfant, ou qu'elles y pensent vivement : une femme vit tomber son enfant ; son lait s'arrêta sur-le-champ, et ne reparut
que quand l'enfant, étant revenu à lui-même, put reprendre
le sein. Dans le Languedoc, on fait prendre le pis des Vaches à
leurs Veaux, et quand le lait coule, on enlève le jeune animal, mais on l'attache à sa mère qui, en le voyant et le sentant, donne une plus grande quantité de lait ; les Cabardins
du Caucase agissent de même, les Vaches du pays ne donnant pas une goutte de lait, à ce qu'on assure, quand elles
ne voient point leurs Veaux. Ce phénomène a été également
observé sur une Anesse par Hunter. D'après Levaillant, au
cap de Bonne-Espérance, lorsqu'un Veau vient de mourir, on
entoure de sa peau un autre Veau, qu'on laisse auprès de la
mère pendant qu'on la trait. Hunter s'est convaincu par des
expériences directes que ce procédé est excellent pour prévenir la diminution du lait (2).

10° Ici donc l'imagination agit immédiatement sur la vie plastique. La nourriture du jeune animal et l'instinct de le nourrir se
développent en même temps ; mais cet instinct, qui prend la
source dans l'amour, favorise tant la formation que l'évacuation

(1) *Loc. cit.*, t. IV, p. 566.
(2) *Deutsches Archiv*, t. IV, p 129.

du lait. Lorsque le désir de donner de la nourriture à un enfant est fort vif, la succion que celui-ci exerce peut mettre en jeu la sécrétion lactée chez des femmes qui ne sont point devenues mères depuis long-temps, qui même ont dépassé le terme de l'aptitude à concevoir, ou ne sont point encore arrivées à la puberté. Faxe rapporte quelques cas de femmes âgées de quarante-huit à cinquante ans, qui n'avaient point eu d'enfans depuis dix années, mais qui, s'étant chargées d'un enfant devenu orphelin, ont eu du lait au bout de six à huit jours, et ont pu même terminer l'allaitement, pendant toute la durée duquel la menstruation s'est trouvée interrompue (1). Une femme qui présentait le sein à son petit fils, en l'absence de la mère, dans l'unique vue de le calmer, finit par avoir du lait et être en état d'allaiter l'enfant sans discontinuer (2). Dans un autre cas, observé par Montègre (3), une femme n'ayant point assez de lait pour suffire à des jumeaux qu'elle avait mis au monde, sa voisine, âgée de soixante-cinq ans, présenta le sein à l'un des enfans : elle ne donna d'abord qu'un liquide peu abondant et séreux, mais, au bout de quelques jours, la sécrétion du lait était en pleine activité, et l'enfant se trouva parfaitement nourri. Enfin Stock (4) a connu une femme de soixante-huit ans qui, en l'absence de sa fille, allaita pendant deux années ses deux petits enfans, qui prospérèrent entre ses mains. D'un autre côté, Baudelocque (5) parle d'une petite fille de huit ans qui appliquait souvent à son sein la bouche d'un enfant de quelques mois allaité par sa mère : il lui vint assez de lait pour le nourrir elle-même pendant un mois. Nous ne pouvons douter que l'instinct de l'allaitement ne contribue à la production du lait, que favorise l'excitation mécanique déterminée par la bouche de l'enfant.

11° Chez l'homme lui-même, des circonstances analogues peuvent élever au rang des organes sécrétoires celui qui, dans le sexe masculin, n'a d'autre but que d'exprimer l'har-

(1) *Abhandl. des Akademie zu Stockholm*, t. XXVI, p. 36.
(2) Froriep, *Notizen*, t. II, p. 246.
(3) Dict. des sc. méd., t. IV, p. 174.
(4) *Philos. Trans*, n° 453, p. 140.
(5) Dict. des sc. méd., t. XXX, p. 380.

monie avec l'espèce. Un homme dont la femme venait de mourir, essaya d'allaiter son enfant, et ses mamelons se développèrent bientôt comme ceux des femmes (1). Des cas analogues se sont présentés en Russie (2). Humboldt (3) a vu, en Amérique, un homme qui, sa femme étant tombée malade, allaita lui-même son enfant; pendant cinq mois, il lui donna deux ou trois fois par jour à téter, et l'enfant ne prit pas d'autre nourriture; le lait était épais et fortement sucré. On a quelquefois aussi trouvé du lait dans les mamelles d'animaux mâles par exemple, de Boucs (4). Si, chez les hermaphrodites masculins, le sein se rapproche davantage de la forme propre aux femmes, si le développement incomplet des organes génitaux rend les ouvrières, parmi les Insectes, aptes à élever les petits, si enfin le Chapon peut être parfois déterminé à couver des œufs, de même il y a des cas où la direction de la vie vers la procréation, ne pouvant se porter dans les testicules, aboutit aux glandes mammaires. Un Bœuf acquit, après la castration, une mamelle pourvue de deux mamelons, qui donnaient du lait et qu'on pouvait traire (5). Home cite des cas de Moutons allaitant des Agneaux, et de Taureaux à testicules avortés, qui avaient une sécrétion lactée complète (6).

III. A l'égard de l'action du lait sur le nourrisson, nous devons faire remarquer d'abord que, comparé à l'eau de l'amnios, ce liquide procure une nourriture plus abondante, dont l'organisme a besoin après la naissance, attendu que la consommation et l'éjection sont alors incomparablement plus considérables. Le lait, en outre, est très facile à assimiler, en raison de sa composition spéciale, de sa forme liquide et de sa chaleur. Enfin l'analogie de l'estomac du nouveau-né avec celui des Carnivores, eu égard à la forme, annonce qu'il est destiné à digérer une nourriture animale. Le lait a en même

(1) *Philos. Trans.*, n° 461, p. 813.
(2) *Comment. Academiæ Petropolitanæ*, t. III, p. 278.
(3) *Reise in die Aequinoctialgegenden*, t. II, p. 40.
(4) Bechstein, *Naturgeschichte Deutschlands*, t. I, p. 420. — Reil, *Archiv*, t. III, p. 439.
(5) Stark, *Archiv fuer die Geburtshuelfe*, t. IV, p. 755.
(6) Home, *loc. cit.*, t. III, p. 326.

temps cela de particulier, qu'il modifie l'activité plastique de la vie d'après l'état de la vie chez la mère. Les
médicamens qu'on fait prendre à celle-ci, réagissent, par l'intermédiaire de son lait, sur l'enfant qu'elle nourrit. Hacquet
rapporte que six enfans de parens blancs, qui avaient été allaités par une femme Czingare, présentaient un teint jaune
brunâtre. Il n'y a pas long-temps que j'ai vu un dérangement
habituel des fonctions digestives chez une nourrice se trans-
mettre à ses deux nourrissons. Le lait de certaines femmes ne
profite point aux enfans, sans qu'on puisse en assigner la cause,
car la différence de consistance ne se rattache qu'à une qualité
purement extérieure, et souvent même on n'en observe aucune
trace. (On remarque aussi quelquefois que le lait d'une nourrice
ne convient qu'à un enfant, quoiqu'un autre enfant, auquel
on le fait prendre immédiatement, profite aussi bien que le
faisait auparavant le propre enfant de cette femme) (1).

Les émotions de la mère agissent sur la vie animale du
nourrisson ; elles déterminent surtout fréquemment, chez
celui-ci, des convulsions ou des diarrhées bilieuses, lorsque la
mère lui donne à téter immédiatement après un accès de
colère (2). Levret rapporte qu'un jeune Chien par lequel une
femme se fit sucer le sein à la suite d'une colère violente,
fut atteint de mouvemens épileptiques. Dans un autre cas,
rapporté par Berlyn (3), un enfant de trois mois, à qui sa
mère avait donné à téter aussitôt après avoir essuyé une con-
trariété des plus vives, devint pâle comme la mort, ses traits
se décomposèrent, et au bout de quelques heures toute la
moitié gauche de son corps fut frappée de paralysie, tandis
que la droite tomba dans des mouvemens convulsifs. (Une
accouchée, qui donnait à téter à son enfant au moment où un
officier de police entra chez elle et lui communiqua une nouvelle fort effrayante, retira mort de son sein, en présence de
ce nouveau venu, l'enfant qui quelques minutes auparavant

(1) Addition de Hayn.
(2) Voy. dans Esquirol ( Des Maladies mentales, Paris, 1838, t. I,
p. 230), le chapitre De l'Aliénation mentale. — Des nouvelles accouchées et des nourrices.
(3) Harles, *Neue Jahrbuecher*, t. II, p. 66.

jouissait de la meilleure santé ; appelé en toute hâte, je n'a-
perçus plus aucun signe de vie, et tout ce que je pus tenter
demeura inutile) (1).

Mais l'organisme de l'enfant ne se comporte pas d'une manière passive à l'égard des impressions qui agissent sur lui; il se
développe dans le sens de sa direction primordiale, et ne suce
par conséquent point un caractère étranger avec le lait qui
lui sert de nourriture. La chose est évidente d'elle-même , et
bien démontrée d'ailleurs par les milliers d'enfans qu'on nourrit avec du lait de Vache ou de Chèvre. Si l'opinion populaire
fait croire à une assimilation morale, s'il est permis de dire
au figuré, d'un homme cruel, qu'il a été allaité par une Ti-
gresse, tout ce qu'il y a de vrai au fond , c'est que le mode
de la vie animale des êtres qui allaitent détermine la qualité
du lait, et que celle-ci influe à son tour sur le mode de la vie
animale du nourrisson.

## ARTICLE I.

### *Du développement de l'enfant.*

#### I. Force vitale du nouveau-né.

§ 523. Si maintenant nous portons nos regards sur les progrès du *développement* de l'enfant nouveau-né, nous sommes
frappés d'abord de la grande mortalité qui règne à cette
époque de la vie.

A part même tout ce qu'il a dû souffrir pendant le part ,
l'organisme s'est trouvé jeté subitement dans un monde nouveau pour lui , et l'établissement surtout de la respiration
pulmonaire lui a fait subir une métamorphose profonde. Les
nouvelles fonctions sont encore faibles, et elles ont besoin
d'être exercées; la vie ne peut s'accoutumer que peu à peu
à des conditions qui lui avaient été jusqu'alors étrangères.

1° Généralement parlant, il meurt un quart ou un cinquième
des enfans pendant la première année de la vie. La proportion
de la mortalité durant cette période, a été, dans la monarchie
prussienne , depuis 1820 jusqu'en 1827, : : 1 : 3,68, en

_____
(1) Addition de Hayn.

Suède : : 1 : 4,08 (1) , en France : : 1 : 4,30 , dans les Pays-
Bas : : 1 : 4,44 ; dans le Pays de Vaud : : 1 : 5,29. Elle a été,
en outre, à Vienne, de 1 : 2,70 (2) ; à Londres, d'après
Hudgson, de 1 : 3,44, et d'après Simpson et Price, de 1 : 3,12 ;
à Berlin, depuis 1752 jusqu'en 1755, de 1 : 3,77 (3), et en
1746, de 1 : 4,12 (4) ; à Montpellier, de 1 : 3,97 (5) ; à Breslau, depuis 1775 jusqu'en 1805, de 1 : 4,10 , et depuis 1813
jusqu'en 1822, de 1 : 3,38 ; à Philadelphie, de 1 : 4,67 (6), et
dans les quatre plus grandes villes du Nord de l'Amérique,
de 1 : 4,94 ; à Hambourg, de 1 : 5,47 (7). En prenant la mortalité dans la ville de Paris : : 1 : 4,63, : : 1 : 5,39 (8) depuis
1817 jusqu'en 1823, et : : 1 : 6,02 (9) pour 1827, on n'a point
égard à ce que plus de la moitié des enfans qui y naissent
sont envoyés à la campagne ; parmi ceux qui restent dans la
ville, la mortalité serait de 1 : 2,29 d'après Lachaise (10).

2° La mortalité est plus considérable chez les nouveau-nés
du sexe masculin que chez ceux de l'autre sexe. Elle s'est
élevée, pendant la première année de la vie, à Paris, d'après
Deparcieux, à 1 : 4,20 pour les garçons, 1 : 5,30 pour les
filles (11), et en 1827 à 1 : 5,64 pour les premiers, 1 : 6,44
pour les autres (12). A Broeck, elle a été de 1 : 2,40 chez les
garçons, et 1 : 2,99 chez les filles (13) ; à Berlin, 1 : 3,87 chez
les garçons et 1 : 4,43 chez les filles (14) ; à Breslau, 1 : 3,18

(1) *Abhandl. der Akademie zu Stockholm*, t. XVII, p. 87.
(2) Sussmilch, *Gœtliche Ordnung in den Veraenderungen des Menschlichen Geschlechts*, t. II, pl. XI.
(3) *Ibid.*, t. II, pl. XIII.
(4) *Ibid.*, p. 317.
(5) Mémoires des savans étrangers, t. I, p. 33.
(6) Gerson, *Magazin*, t. XVII, p. 90.
(7) *Ibid.*, p. 346.
(8) *Ibid.*, t. XIV, p. 420.
(9) Annuaire du bureau des longitudes pour 1829, p. 91.
(10) Topographie médicale de Paris, Paris, 1822, p. 217.
(11) Comparez A. Deparcieux, Essai sur les probabilités de la durée
de la vie humaine, Paris, 1746, in-4. — J. Bienaymé, De la durée de la
vie en France, depuis le commencement du XIXᵉ siècle ( Annales d'hygiène
publique et de médecine légale, Paris, 1837, t. XVIII, p. 177 et suiv.).
(12) Annuaire du bureau des longitudes pour 1829, p. 91.
(13) Sussmilch, *loc. cit.*, t. II, p. 348.
(14) *Ibid.*, p. 317.

pour les garçons, et 1 : 3,62 pour les filles. Suivant Clarke, dans la maison d'accouchemens de Dublin, la mortalité pendant les seize premiers jours a été de 1 : 5 pour les garçons et de 1 : 6 pour les filles (1).

3° La vie est souvent plus faible chez les jumeaux, par rapport auxquels Clarke fixe la mortalité, durant la même période, à 1 : 2,81, tandis que celle des cas de part simple n'était que de 1 : 6,37.

4° On conçoit que la diversité des soins exerce une très-grande influence. Suivant Chateauneuf, la mortalité durant la première année est de 1 : 5,55 pour les enfans que leur mère allaite, et de 1 : 3,44 pour ceux qui sont livrés à des nourrices (2). Partout la mortalité est plus considérable parmi les enfans naturels que parmi les enfans légitimes; la proportion, à Breslau, a été, pendant la première année de la vie, de 1 : 2,23 pour les premiers, et de 1 : 3,75 pour les autres.

5° La mortalité est beaucoup plus considérable pendant la première moitié de la vie que durant la seconde. Nous allons mettre en regard la proportion qu'elle a offerte pour chacune de ces deux époques, à Bruxelles, d'après Quetelet (3), à Broeck, selon Struyk (4), à Berlin, selon Sussmilch (5), à Hambourg, d'après Buek (6), et à Paris (7), avec le terme moyen, c'est-à-dire la proportion qui aurait lieu si la mortalité restait la même :

|  | Bruxelles. | Broeck. | Berlin. | Hambourg. | Paris. |
|---|---|---|---|---|---|
| Terme moyen | 1 : 8 | 1 : 5 | 1 : 8 | 1 : 10 | 1 : 12 |
| Premier semestre | 1 : 6 | 1 : 2 | 1 : 5 | 1 : 8 | 1 : 7 |
| Second semestre | 1 : 12 | 1 : 16 | 1 : 11 | 1 : 14 | 1 : 28 |

6° Les détails nous apprennent que la plus grande mortalité est celle du premier trimestre de la première année, qu'elle diminue beaucoup pendant le second, qu'elle subit une diminution moindre pendant le troisième, qu'enfin durant

(1) *Philos. Trans*, 1786, p. 356.
(2) Mém. de l'Acad. de Bruxelles, t. IV, 143.
(3) *Ibid.*, t. IV, p. 142.
(4) Sussmilch, *loc. cit.*, t. II, p. 318.
(5) *Ibid.*, p. 317.
(6) Gerson, *Magazin*, t. XVII, p. 346.
(7) Annuaire pour 1829, p. 191.

le quatrième elle baisse encore moins, ou même s'accroît un peu.

| | Bruxelles. | Broeck. | Berlin. | Hambourg. | Paris. |
|---|---|---|---|---|---|
| Terme moyen | 1 : 17 | 1 : 10 | 1 : 16 | 1 : 21 | 1 : 24 |
| 1er trimestre | 1 : 8 | 1 : 3 | 1 : 7 | 1 : 11 | 1 : 8 |
| Second | 1 : 23 | 1 : 13 | 1 : 19 | 1 : 27 | 1 : 51 |
| Troisième | 1 : 25,07 | 1 : 25 | 1 : 23 | 1 : 30 | |
| Quatrième | 1 : 25,12 | 1 : 41 | 1 : 21 | 1 : 26 | |

Nous avons lieu de croire que la forte proportion de la mortalité dans le bourg hollandais de Broeck, depuis 1654 jusqu'en 1741, période à laquelle se rapportent les nombres indiqués plus haut, provenait de la négligence ou de soins mal entendus, et que sa diminution progressive tenait à ce que, quand une fois la vie a résisté aux atteintes de circonstances défavorables, elle n'a désormais que plus d'aptitude à se maintenir.

7° Si les proportions fournies par le tableau précédent semblent annoncer que les trois premiers trimestres de la première année représentent une série continue, par conséquent une période spéciale de la vie, et que le quatrième marque le passage à un autre âge, durant lequel l'éruption des dents diminue les chances du maintien de l'existence, nous trouvons un nouvel argument à l'appui de cette conjecture dans la proportion de la mortalité pendant les divers mois de l'année, attendu qu'elle devient vacillante depuis le sixième jusqu'au dixième.

| | Bruxelles. | Broeck. | Berlin. |
|---|---|---|---|
| Terme moyen | 1 : 53 | 1 : 32 | 1 : 49 |
| 1er mois | 1 : 13 | 1 : 5 | 1 : 13 |
| 2e | 1 : 32 | 1 : 12 | 1 : 31 |
| 3e | 1 : 52 | 1 : 16 | 1 : 40 |
| 4e | 1 : 64 | 1 : 28 | |
| 5e | 1 : 74 | 1 : 56 | |
| 6e | 1 : 73 | 1 : 48 | |
| 7e | 1 : 70 | 1 : 88 | |
| 8e | 1 : 73 | 1 : 58 | |
| 9e | 1 : 79 | 1 : 92 | |
| 10e | 1 : 71 | 1 : 119 | |

11°                            1 : 75        1 : 107
12°                            1 : 75,97     1 : 146

D'après Quetelet, sur 100,000 enfans, il en meurt dans la Belgique, 9604 au premier mois, 2460 au second, 1761 au troisième, 1455 au quatrième, 1149 au cinquième, 1045 au sixième, et, terme moyen, 833 pendant les six mois suivans.

8° Enfin, si la mortalité pendant le premier mois était uniforme, elle s'éleverait à 1 : 52 pour chaque semaine, à Berlin; mais elle a été de 1 : 32 pour la première, de 1 : 35 pour la seconde, de 1 : 106 pour la troisième, et de 1 : 124 pour la quatrième. C'est donc pendant la première semaine que la vie court le plus de dangers; les chances lui sont déjà moins défavorables durant la seconde, et pendant la troisième elles se sont considérablement accrues en sa faveur, ce qu'elles continuent encore de faire par la suite (1).

## II. Vie animale du nouveau-né.

§ 524. La vie plastique conserve la prédominance chez l'enfant à la mamelle, mais elle est refoulée peu à peu par la vie animale qui se développe.

1° C'est moins le côté actif de la vie animale que son côté passif qui se développe, et moins la faculté de réagir sur les impressions que celle de les recevoir. Le système nerveux a bien acquis un degré considérable de développement pendant la vie embryonnaire; mais la simplicité et l'uniformité des impressions lui ont donné peu d'occasions de s'exercer : sa vitalité était presque exclusivement tournée vers la formation, et sa réceptivité pour les excitations peut être comparée, lors de la naissance, à un trésor encore intact. Mais, après la venue au monde, son activité est mise en jeu par les impressions du dehors, et de plus elle est exaltée par la respiration; pour la première fois alors un sang vermeil et animé par l'influence

(1) Comparez Villermé et Milne Edwards, De l'influence de la température sur la mortalité des enfans nouveau-nés. — H.-C. Lombard, De l'influence des saisons sur la mortalité à différens âges. — C.-T. Herrmann, De la mortalité des enfans en Russie et des causes qui la rendent très-différentes dans les diverses provinces de cet empire. (Annales d'hygiène, t. II, p. 291; t. IV, p. 317; et t. X, p. 93.)

PREMIÈRE ENFANCE.     339

immédiate de l'atmosphère, arrive aux organes de la sensibilité, dont il accroît la vitalité, par son antagonisme plus
vivant, comme nous voyons des animaux, entre autres les
Ophidiens, être fort peu affectés par le galvanisme avant la
première respiration, tandis que quand ils ont commencé à
respirer, cet agent exerce sur eux une action puissante (1).
Les effets mécaniques, ceux même de la respiration, ne sont
point sans influence : et tandis que, pendant la vie embryonnaire, les mouvemens peu énergiques du cœur n'envoyaient
qu'une espèce de flot tremblotant baigner le cerveau, ces
mêmes mouvemens, rendus plus vifs par la respiration,
lui font parvenir une onde qui le soulève et le laisse ensuite retomber ; l'excitation que produisent les cris arra-
chés à l'enfant par la douleur du part et l'impression du
nouveau milieu, paraît même destinée à tirer le cerveau de sa
léthargie, en lançant vers lui un jet de sang plus abondant,
tandis que le cœur gauche, auquel afflue un sang devenu
vermeil, se contracte avec plus d'énergie. Dès-lors, en effet,
l'encéphale exécute un mouvement dont le rhythme est régulier et coïncide avec celui du système vasculaire : il s'é-
lève pendant la diastole des artères, et s'abaisse pendant leur
systole, ce dont on peut aisément se convaincre en posant la
main sur la grande fontanelle. Mais ce mouvement a encore
un résultat mécanique ; car il rétablit la forme normale de la
tête, qui avait été violemment changée pendant la parturition.

2° Comme l'activité plastique se déploie surtout dans le
système de la sensibilité, pour lui faire acquérir les forces
nécessaires à l'accomplissement de ses fonctions spéciales, le
sang se porte avec force à la tête, afin de parachever le développement du cerveau, des organes sensoriels et des dents,
ce qui dégénère fréquemment en un état inflammatoire des
membranes cérébrales plastiques (hydropisie des ventricules), des paupières et du conduit auditif (otorrhée).

3° La sensibilité est aussi plus particulièrement tournée
vers la matière : les organes sensoriels ont d'abord peu
d'impressionabilité à l'égard de leurs stimulans dynamiques,
et cette faculté ne se développe en eux que peu à peu. Le

(1) Herholdt, *Commentation ueber das Leben*, p. 74.

nerf grand sympathique a encore la prépondérance ; il est proportionnellement plus ferme et plus dense que les autres nerfs (1), et il n'y a que les changemens de la vie végétale, en particulier les affections des organes digestifs, qui exercent une forte influence sur la sensibilité.

4° Il résulte de là que les organes centraux de la vie animale n'ont point encore acquis la domination à laquelle ils sont destinés, et vers la conquête de laquelle ils marchent seulement d'une manière graduelle. Le cerveau est encore très volumineux, de manière que la proportion de son poids, comparé à celui du corps entier, est de 1 : 8, tandis que, chez l'adulte, elle n'est que de 1 : 40 ou 50 ; car l'accroissement est une manifestation matérielle de la vie qui se retire sur l'arrière-plan lorsque la direction dynamique intérieure devient plus prononcée. Le tissu mou de cet organe acquiert peu à peu plus de consistance ; la différence entre les substances grise et blanche se marque davantage, et la substance jaunâtre qui les sépare l'une de l'autre s'efface de plus en plus. A l'époque de la naissance, le tronc cérébral est encore grisâtre ; bientôt les pyramides blanchissent, puis les olives, au bout de trois mois le pont, après le sixième mois les cuisses du cerveau et les éminences médullaires (2). La prépondérance du cerveau proprement dit sur le cervelet, qui distingue l'organisation humaine de celle des animaux, est encore plus grande à cette époque que chez l'adulte : en effet, le cervelet, qui s'est formé plus tard, n'a pas encore pris, à beaucoup près, tout son développement, et la proportion de son volume à celui du cerveau est de 1 : 14, tandis qu'elle n'est que de 1 : 10 chez l'adulte.

5° La domination des points centraux n'étant pas encore établie, et d'un autre côté la sensibilité étant fort en émoi dans ce qui concerne son rôle passif, il s'ensuit une prédisposition particulière aux affections dites nerveuses, spasmes, convulsions, coliques, trisme des mâchoires, distorsion des yeux, réveil en sursaut, etc.

6° Comme l'organe central de la sensibilité n'a point encore

(1) Mende, *Handbuch der gerichtlichen Medicin,* t. IV, p. 49.
(2) Meckel, Manuel d'anat., t. IV.

acquis toute son importance, ses lésions n'entraînent pas aussi promptement que chez l'adulte l'anéantissement de la vie. Déjà Lorry (1) et Morgagni (2) avaient fait cette remarque chez des animaux nouveau-nés. L'unité moins prononcée de la vie fait qu'en pareil cas les parties du corps, considérées isolément, demeurent plus long-temps vivantes que chez l'adulte. Ainsi, par exemple, après la décapitation, les muscles ne perdent point aussi vite la faculté d'entrer en mouvement lorsqu'on irrite leurs nerfs. Legallois a remarqué (3) que les Lapins nouveau-nés qu'il décapitait ou asphyxiait, conservaient le sentiment et le mouvement dans le tronc, pendant un quart d'heure, tandis que, chez les Lapins d'un mois, traités de la même manière, ces deux facultés étaient éteintes au bout de deux minutes déjà.

7° La vie morale de l'enfant à la mamelle se caractérise aussi par la prédominance de l'activité périphérique et de la réceptivité : les facultés sensorielles se développent peu à peu, et les impressions extérieures éveillent le sentiment de soi-même. Aussi l'individualité morale est-elle d'abord fort peu prononcée, et n'en voit-on paraître que par degrés des traces évidentes.

8° La vie morale ne peut point encore supporter long-temps le conflit avec les objets du dehors ; elle fait de fréquens rétours vers la vie d'isolement qui dominait pendant la vie embryonnaire. L'enfant se fatigue bientôt d'exercer ses sens, et tombe dans le sommeil. Pendant les premiers jours il ne reste éveillé qu'environ une heure par jour : durant les semaines qui suivent, des quarts d'heures de sommeil alternent avec des demi-heures ou des heures entières de veille ; vers le sixième mois, il reste éveillé huit heures par jour, et en consacre seize à dormir. Les alternatives de veille et de sommeil ne dépendent encore que de l'état individuel, et n'ont aucun rapport avec celui de la nature, ou avec la succession du jour et de la nuit. Du reste, l'enfant nouveau-né dort d'autant plus

(1) Mémoires des savans étrangers, t. III, p. 363.
(2) *De sed. et caus. morb.*, lib. LII, art. 26.
(3) Œuvres, t. I, p. 67.

long-temps, qu'il est venu au monde à une époque plus éloignée
du terme de sa maturité. (Beaucoup d'enfans venus avant
terme, ne dorment presque pas, et gémissent continuellement : mais cet effet tient uniquement à ce que, produisant
peu de chaleur, ils sont douloureusement affectés par le froid,
quand on ne les soigne pas autrement que des enfans venus à
terme ) (1).

§ 525. Les jurisconsultes romains ne considéraient pas l'embryon comme un être moral, possédant des droits, et envers
lequel on pût commettre des délits ; ils ne voyaient en lui
qu'une partie du corps maternel, et n'admettaient l'enfant à la
jouissance des droits de l'homme qu'après qu'il s'était séparé
de sa mère et que la respiration l'avait animé en le faisant participer à l'âme du monde. Ces déterminations peuvent être
bonnes en pratique, mais elles ne sont point fondées, scien-
tifiquement parlant. L'*âme* n'est point un étranger qui monte
sur un vaisseau équipé pour lui, quand ce navire sort du
port à pleines voiles. Elle existe primordialement, comme
point unitaire de la vie, et l'on ne peut pas plus la comprendre séparée du corps, qu'il n'est possible de concevoir un
centre sans périphérie, ou une périphérie sans centre. Mais,
au début, elle est enveloppée dans le corps matériel, et elle
ne devient un être particulier que par l'effet d'un développement qui se manifeste pendant la première enfance.

1° Nous avons vu ( § 475 ) que la vie est purement idéale
dans son origine et sa cause, mais que son idée ne se révèle
d'abord que dans la formation, ou comme être plastique, en
d'autres termes, qu'elle est confondue avec la matérialité, que
par conséquent la vie consiste, pendant sa première période,
en unité absolue, en indivision. Nous avons vu aussi que,
quand cette période de création matérielle est écoulée, quand
à cette émanation orageuse du chaos succède une progression
calme de la formation dans une carrière aplanie, l'idée sort
de la matière, et l'unité qui fait le fonds de toute vie se manifeste comme fonction spéciale, comme forme particulière
de la vie, comme âme. Enfin nous avons vu que l'âme n'est

(1) Addition de Hayn.

plus identique avec la vie matérielle pendant le sommeil embryonnaire`, mais qu'elle n'est cependant pas non plus en libre antagonisme avec elle, que si l'âme et le corps ne sont plus fondus ensemble, l'âme ne s'est cependant point encore éveillée, qu'elle est enchaînée au corps, qu'elle est isolée par rapport au monde extérieur, et qu'elle ne consiste qu'en un vague et obscur sentiment de l'existence. Pour qu'elle puisse se réaliser et se développer comme force spéciale, il faut qu'elle brise ses liens et qu'elle se dégage de la vie matérielle. Or elle n'a pas ce pouvoir par elle-même ; elle ne l'acquiert qu'avec le secours du monde extérieur exerçant une vive stimulation sur le sentiment de l'existence. Sa séparation s'opère donc pendant et après la naissance et l'éclosion. En effet, la vie tend à se maintenir d'une manière uniforme dans la route qu'elle parcourt, et à rester toujours semblable à elle-même dans sa progression graduelle ; mais la naissance de l'homme n'est point un développement calme, c'est au contraire une précipitation violente dans un monde nouveau, qui, au premier moment de son contact, agit comme une chose totalement étrangère, et porte le trouble dans la marche qu'avait suivie la vie jusqu'alors ; c'est une scission instantanée entre le monde et l'organisme, qui en entraîne une non moins instantanée entre l'âme et le corps. Car si l'âme n'avait été jusqu'alors qu'un sentiment obscur d'existence matérielle, ce sentiment, de même que toute vie quelconque, avait pour type primordial l'unité et l'harmonie du multiple : or quand, au moment de la naissance, le monde extérieur fait brusquement irruption, il donne lieu à un sentiment nouveau, celui de l'existence s'éloignant de son type ; le sentiment de la vie, comme côté idéal de cette même vie, se trouve en conflit avec la réalité, ou avec l'existence matérielle, et de là vient qu'il s'établit une scission dans la vie, la cause se sépare du phénomène, l'âme s'oppose au corps, et par conséquent cette âme sort de son sommeil léthargique. Mais le nouveau rapport dans lequel l'organisme se trouve placé à la naissance, n'est étranger que par sa nouveauté, et comparativement à l'état qui le précédait ; en lui-même il correspond parfaitement à la vie de cet organisme, et l'embryon y était tout préparé : la brusque métamorphose qui éveille l'âme ne produit donc qu'un trouble momentané dans la vie , et, en effet, quand le part dure trop long-temps , ce trouble devient mortel.

2° L'harmonie avec le monde extérieur ne tarde pas à se manifester. Dès que l'enfant a triomphé des étreintes du part et de l'orage qu'excite en lui la première impression du monde extérieur, dès que les soins de sa mère lui ont procuré une couche molle et chaude, il se calme et retombe dans l'état embryonnaire ; l'âme que le danger avait éveillée, mais que l'harmonie des nouveaux rapports extérieurs avec la vie satisfait, se replonge dans la vie matérielle, et laisse le soin du conflit avec le monde extérieur à la fonction toute végétale de la respiration. Le nouveau-né ne manifeste son bien-être que par le sommeil; toutes les fois qu'il s'éveille, c'est qu'il éprouve une sensation douloureuse, et il le témoigne par un cri plaintif, car il n'y a que le besoin de nourriture qui puisse le tirer de son assoupissement.

3° Ce sentiment douloureux de la faim , ou plutôt de la soif, est également nouveau ; car, en se séparant de sa mère et quittant l'œuf, l'enfant a cessé de jouir d'une nutrition végétale non interrompue , et son corps n'est plus continuellement mouillé par un liquide alibile ; il s'est fait une pause dans la nutrition , et l'air qui entre et sort pendant le sommeil occasione une sécheresse désagréable de la bouche ; de là naît donc , entre le sentiment et l'existence, un nouvel antagonisme, qui amène la cessation du sommeil, de ce retour à la vie embryonnaire.

4° Déjà, par avance, le sein maternel s'est rempli de lait pour apaiser cette douleur ; mais la manière dont le phénomène a lieu réunit toutes les conditions requises pour stimuler et exalter le sentiment de la vie. Ce n'est plus , comme après la naissance , l'éloignement d'impressions pénibles et désordonnées qui procure du calme ; c'est une action positive, une action bienfaisante. Le sein mou et chaud sur lequel repose maintenant la face du nouveau-né, fournit une liqueur chaude, douce, sucrée et nourrissante, qui humecte la bouche devenue sèche, et qui, parvenue dans l'estomac, produit le sentiment agréable de la satiété. C'est la première jouissance de la vie que procure le monde extérieur, et elle a pour condition une privation antérieure, qui ne s'était jamais fait sentir pendant la vie embryonnaire. Mais cette jouissance est en même temps active : ce n'est qu'en exerçant ses propres muscles que le nouveau-né se procure le liquide réparateur, et en l'attirant avidement à lui, il a, pour la première fois, le sentiment obscur d'un déploiement de force suivi d'un résultat. Ainsi, sur le sein de sa mère, il sent le monde comme une chose extérieure, qui vient avec bienveillance au devant de lui, et en même temps il se sent lui-même comme être agissant. Satisfait de la jouissance et fatigué de la succion, il retombe dans l'assoupissement, pour n'en plus sortir que quand le besoin de nourriture reparaîtra.

5° A force de répéter la jouissance et d'exercer sa force, il s'accoutume peu à peu au monde extérieur qui lui procure l'une et assure l'effet de l'autre ; le sommeil devient plus court, et les organes des sens, éveillés à leur tour, reçoivent alors des impressions. Ici le monde extérieur continue ce que la mère avait commencé dans la parturition et l'allaitement : il procure à l'enfant des impressions qui chatouillent agréablement en lui le sentiment de l'existence, en même temps qu'ils lui fournissent des moyens variés d'exercer ses forces. Tandis qu'il agit ainsi, l'âme se dégage de plus en plus de la vie matérielle, et devient assez libre pour pouvoir se développer désormais conformément à son essence.

6° Le caractère moral de la première enfance consiste donc en ce que la vie, d'une ou indifférente qu'elle était, le scinde ou se déploie en vie morale et vie matérielle, et en ce que l'âme s'éveille par l'effet de l'antagonisme qui s'établit entre elle et le corps. Au moyen de cet antagonisme, l'âme commence à prendre possession du corps, et à étendre sa domination sur lui. Ainsi les muscles, qui d'abord agissaient sans conscience, se soumettent peu à peu à la volonté ; les organes sensoriels, qui avaient été jusqu'alors inactifs, s'appliquent par degrés au rôle qu'ils doivent jouer ; les glandes lacrymales, qui sécrétaient dès l'origine, passent plus tard aux ordres du sentiment. De cette manière, la diminution du besoin matériel devient de plus en plus restreinte, à mesure que les relations de l'âme avec le monde extérieur, d'abord purement passives, mais bientôt actives aussi, deviennent elles-mêmes plus libres. L'âme commence à s'approprier le monde ; elle reste faible, à la vérité, et s'en tient uniquement à l'apparence extérieure de l'existence matérielle, au présent immédiat, en un mot à un horizon fort borné ; cependant on voit déjà percer, à travers ces formes grossières, une autre forme plus relevée, l'intelligence et le sentiment, de sorte que, malgré la ressemblance du nouveau-né avec l'animal, le caractère distinctif de l'humanité se révèle partout en lui.

7° Le développement moral marche avec une rapidité extrême pendant cette courte période, qui renferme en elle le fond de toute la vie subséquente. Il y a autant de distance, sous le point de vue moral, entre le nouveau-né et l'enfant de neuf mois, qu'on en trouve, sous le rapport du physique, entre l'embryon et l'enfant qui vient de naître. Nulle autre période de la vie n'amène de si grandes métamorphoses, et ne fait faire des progrès aussi marqués au développement des facultés qui se rattachent à l'âme.

Pour pouvoir assigner une règle générale à la série de ces développemens, il faudrait posséder un grand nombre d'observations semblables à celles qu'ont réunies Dietrich Tiedemann (1) et Schwarz (2), et dont les premières présentent d'autant plus d'intérêt qu'elles ont eu pour objet un homme auquel la physiologie doit beaucoup, Frédéric Tiedemann. Cependant nous croyons que les déterminations suivantes correspondent à peu près au type normal.

Pendant les quatre premières semaines règne la réceptivité d'un ordre subalterne savoir la sensibilité générale et le besoin matériel ; la succion est le seul mouvement libre, le seul qui tende à un but déterminé, et qui atteigne à ce but ; les autres mouvemens musculaires ne consistent qu'en des

---

(1) *Hessische Beitræge zur Gelehrsamkeit und Kunst*, t. II, p. 313-334, 486-502.

(2) *Erziehungslehre*, t. III, p. 343-341.

extensions, des flexions et autres ébats sans volonté, ou du moins sans but.

Au second mois lunaire, se déploie une réceptivité supérieure à la précédente ; les sens reçoivent des impressions plus déterminées, et l'âme crée les premières images du monde extérieur ; certains objets commencent à faire plaisir à l'enfant, qui par suite les désire, et le désir se reflète à son tour dans le mouvement ; tout s'éclaircit de cette manière, la sensation devient idée, le sentiment de la vie se transforme en plaisir procuré par un autre mode d'existence, et le mouvement acquiert de la signification.

Durant le troisième mois, les idées acquises par les sens se lient en une première expérience ; le plaisir et le déplaisir s'élèvent jusqu'au degré qui constitue les premières affections, le mouvement devient plus libre, et la volonté témoigne sa première prise de possession du monde par la faculté qu'a l'enfant de saisir les objets extérieurs. C'est le moment où il commence à empoigner, à comprendre, à sentir.

Au quatrième mois, l'horizon s'agrandit, et l'imagination s'éveille, tant sous le rapport du plaisir æsthétique, que sous celui du plaisir que l'enfant trouve à remuer les objets.

Au cinquième mois, les divers sens sont plus réunis ; le plaisir que l'imagination trouve à les exercer devient plus vif, l'enfant laisse échapper les premiers sons libres, qui sont l'expression du plaisir et de la force vitale.

Au sixième mois, il déploie déjà beaucoup d'activité, et il est vivement attiré par la nature et par l'homme.

Au septième mois, il commence à témoigner l'accroissement de sa force intérieure, en cherchant de lui-même à s'occuper : il essaie déjà de se tenir debout ; les sons qu'il fait entendre sont plus déterminés et expriment déjà l'état de son moral.

Au huitième mois, il commence à imiter les sons qu'il a entendus.

Au neuvième mois, il arrive à comprendre des mots liés les uns avec les autres, et à se faire une idée des rapports entre les hommes.

Au dixième enfin, il devient communicatif, exprimant ainsi

non seulement une plénitude de force qui ne peut plus demeurer cachée, mais encore un commencement de commerce
intelligent avec les hommes.

### A. Sens.

§ 226. Si maintenant nous passons en revue les diverses facultés morales les unes après les autres, nous remarquons d'a-
bord que le monde, en vertu de son harmonie avec la vie du
nouveau-né, lui offre non seulement les substances nécessaires
à la formation de son corps (lait et air), mais encore des phénomènes, reçus par ses *sens*, qui servent de stimulant et de matériaux pour son développement moral. Mais lui-même est préparé d'avance à cela, puisque, dès la vie embryonnaire, l'u-
nité qui lie tous les membres de l'organisme s'est manifestée
comme phénomène particulier de la vie, et que par conséquent le sentiment de l'unité de la vie dans tous les points de
l'organisme, ou la sensibilité générale (*cœnœsthesis*), s'est
éveillé.

1° Ce sentiment prédomine d'abord, et c'est par toute la
surface que les impressions du monde extérieur sont reçues.
Peu à peu les développemens supérieurs de la sensibilité
générale, ou les sens, entrent en action, non comme le disent
certains psychologistes, F.-A. Carus (1), par exemple, suivant
l'ordre du rang qu'ils occupent dans la vie, mais par une
succession d'antagonismes.

Il n'y a d'abord, et pendant quelque temps, que les deux
pôles extrême de la vie sensorielle, le sens de la vue et celui
du toucher, qui s'exercent; le premier, actif, tourné vers la
lumière et agissant à distance, embrasse les choses comme
un tout et mène à l'intuition du monde; le second, passif,
enchaîné aux objets voisins, et dirigé uniquement vers les spécialités, a pour objet l'impénétrabilité, c'est-à-dire l'expression la plus pure de la matérialité. Mais les sens de la
lumière et de l'impénétrabilité, réunis ensemble, donnent
l'intuition la plus immédiate de l'existence extérieure elle-

(1) *Psychologie*, t. II, p. 46.

même, tandis que les autres sens se rapportent davantage aux particularités de l'existence et aux qualités des choses.

Immédiatement après se développent les deux sens intermédiaires de la série, celui de l'ouïe et celui du goût, tous deux appartenant à la sphère du cervelet, tous deux aussi dirigés vers les qualités intérieures des choses et les proportions des activités.

Enfin les sens qui restent le plus long-temps sans se développer, sont ceux de l'odorat et du palper, qui sont également antagonistes, puisque le premier s'exerce sur des choses vaporeuses et donne des perceptions les plus indéterminées de toutes, tandis que le second a pour objet les corps solides et procure les plus nettes de toutes les perceptions. La cavité nasale demeure trop peu développée, chez l'enfant à la mamelle, pour qu'elle puisse donner des perceptions aussi nettes que celles des autres organes sensoriels : à peine d'ailleurs les perceptions fournies par l'odorat sont-elles un besoin pour l'enfant qui tette, d'un côté, parce qu'elles ne pourraient guères contribuer à étendre son savoir, d'un autre côté, parce qu'elles lui seraient inutiles, attendu qu'il n'est pas en son pouvoir de changer de lieu et d'exécuter les mouvemens auxquels ce sens le solliciterait. S'il est vrai que des enfans nés aveugles sentent la cuiller pleine d'un aliment préparé au lait (1), ce phénomène ne peut sans doute avoir lieu que dans les derniers mois de la première enfance, et il se rattache en partie à ce que l'absence d'un sens est compensée par le développement plus grand d'un autre, de même que l'état de cécité dans lequel naissent les animaux de proie paraît être la cause de l'éducation et de la perfection qu'acquiert chez eux le sens de l'odorat.

Mais le sens du palper (ou le côté actif du sens du toucher) ne se développe pas tant que l'enfant n'a point la faculté de multiplier, par des mouvemens libres, ses points de contact avec les corps extérieurs. Au commencement de la première enfance, les doigts sont encore inactifs, et la plupart du temps fermés ; mais les lèvres, qui entrent les premières en contact

(1) Osiander, *Handbuch der Entbindugnskunst*, t. I, p. 685.

avec d'autres corps par le fait de l'action musculaire, sont alors les seuls organes de palper : quand plus tard l'enfant à la mamelle saisit les corps, il ne fait que les prendre de sa main entière, et s'il les porte à ses lèvres, ce n'est guères que pour les examiner.

2° Les organes sensoriels sont même d'abord garantis des impressions par des dispositions matérielles, et ils ne s'ouvrent que peu à peu.

Celui de tous qui se trouve le moins dans ce cas est la peau; car, en sa qualité d'organe de toucher, elle est, par son essence même, exposée dès l'origine aux impressions du dehors, dont la violence peut à peine être modérée par le vernis caséeux qui l'enduit.

Parmi les autres organes sensoriels, c'est la bouche qui s'ouvre la première; elle le fait dès la vie embryonnaire, mais elle n'a d'abord d'autre usage que d'admettre l'air et la nourriture.

Le nez, fortement aplati, ne s'ouvre non plus que comme organe aérien, peu de temps après la naissance, époque à laquelle la respiration et l'éternuement expulsent les mucosités qui l'obstruent; mais sa partie mobile et cartilagineuse demeure petite, comparativement à sa base, pendant toute la durée de la vie embryonnaire.

Le nouveau-né ouvre les yeux dès qu'il a fait une inspiration profonde et commencé à crier. Suivant Ritgen (1), il les ouvre déjà pendant le part, lorsqu'il n'y a encore que la tête qui soit sortie des voies génitales; les enfans nés avant le terme ou débiles ouvrent les yeux plus tard. La pupille s'est ouverte à la lumière dès la vie embryonnaire; au bout de quelques jours, elle s'agrandit, surtout après que l'enfant a tetté : en général, elle a plus de largeur, proportion gardée, que chez l'adulte; car l'iris est si étroit encore que son cercle vasculaire interne, sur lequel se sont retirés les vaisseaux de la membrane pupillaire, occupe le bord interne de l'iris, tandis que, chez l'adulte, on le trouve sur sa face antérieure; peu à peu la pupille se rétrécit, surtout quand la vue acquiert

(1) *Gemeinsame Zeitschrift fuer Geburtskunde*, t. I, p. 543.

plus de portée. Pendant la première semaine, la cornée transparente, l'humeur aqueuse, le cristallin et le corps vitré deviennent plus limpides et plus accessibles à la lumière qu'ils ne l'étaient durant la vie embryonnaire ; la tache jaune se prononce à la rétine ; enfin, comme l'humeur aqueuse, dont la quantité augmente dans les deux chambres, rend la cornée plus convexe, et repousse le cristallin en arrière, l'œil devient plus apte à voir dans l'air, tandis que, pendant la vie embryonnaire, il se rapprochait davantage de la disposition qu'il affecte chez les animaux aquatiques. D'après les observations d'Ammon, la rétine devient peu à peu plus mince et plus lisse : son bord cesse peu à peu de se renverser en arrière, et se soude avec le bord antérieur de la capsule cristalline et de la couronne ciliaire ; des plis il ne reste presque plus que le grand pli transversal, dans lequel se trouve la plupart du temps le trou central, qui est probablement le débris d'une plus grande fente, oblitérée en partie dès la vie embryonnaire ; la tache jaune se produit au cinquième mois, par une sécrétion de vaisseaux particuliers allant de la choroïde à la rétine ; le pigment de la choroïde et la sclérotique sont encore minces et délicats.

Chez le nouveau-né, les oreilles sont appliquées immédiatement à la tête, dont elle ne commencent à se détacher que plus tard. La respiration et l'éternuement débarrassent peu à peu la caisse tympanique du mucus qu'elle contient, et qui s'échappe par la trompe d'Eustache ; plus tard seulement disparaît le bouchon gélatineux qui couvre la surface extérieure de la membrane du tympan. Au troisième mois, le cadre tympanal se soude complètement avec le rocher, et sa partie inférieure, qui s'élargit, forme la base du conduit auditif osseux, tandis que l'oreille externe marche avec lenteur dans son développement.

Les organes du palper sont ceux qui demeurent inertes le plus long-temps ( § 534, 6° ).

3° Les sens n'agissent d'abord que comme organes du sens fondamental, c'est-à-dire de la sensibilité générale ; les affections qu'ils éprouvent de la part des objets ne font naître qu'une modification dans le sentiment de l'existence, qu'une simple sensation subjective, qui ne se rapporte à rien. L'enfant à la mamelle se comporte d'abord d'une manière purement passive; dans l'état où l'a placé le monde extérieur, il ne sent que sa propre existence, sans pouvoir la distinguer de l'existence extérieure qui l'a mis dans cet état. C'est l'inverse du rêve; celui qui rêve prend le subjectif pour l'objectif, tandis que l'enfant nouveau-né n'aperçoit que le subjectif dans l'objectif.

4° En effet, pendant les premiers jours, il ne voit point encore; et ne fait que jouir de l'excitation bienfaisante de la lumière; aussi son œil ne reflète-t-il aucun rayon de vie morale; il manque de toute expression d'activité intellectuelle, paraît dépourvu d'intelligence, ne s'attache point aux objets extérieurs, et ne se détourne pas quand un corps prend sa direction vers lui en ligne droite. Il n'est animé que par le besoin de la lumière. Peu de temps après la naissance, comme aussi chaque fois qu'il s'éveille, le nouveau-né, s'il est tranquille, cherche la lumière, d'abord en tournant la tête, puis en dirigeant ses yeux vers elle. Cette particularité le distingue de tous les animaux nouvellement nés; il peut même regarder le soleil sans en être aveuglé, car l'aveuglement n'est qu'un trouble de la vue, et il ne saurait avoir lieu quand celle-ci n'existe point encore. D'un autre côté, la longueur du sommeil garantit l'œil du danger de la surexcitation. Par conséquent, si Osiander (1) a été trop loin en disant que toute clarté qu'un adulte peut supporter convient à un enfant nouveau-né, il n'est pas moins contraire à la nature d'enfermer celui-ci dans l'obscurité; car une lumière modérée et uniforme est un besoin pour lui, et ne peut exercer qu'une action salutaire sur son organisme, attendu que l'homme naît pour la lumière et non pour les ténèbres. Si d'ailleurs, comme Portal dir l'avoir souvent observé, les débris de la membrane pupillaire ne s'effacent complétement que six à huit jours après la naissance, ils ne troublent point la fonction de l'œil à cette époque, puisqu'ils n'affaiblissent pas l'impression de la lumiè-

(1) Mende, *loc. cit.*, t. IV, p. 26.

re ; le seul effet de leur présence serait de rendre la vue confuse , si elle avait déjà lieu.

5e Le sens du toucher est agréablement stimulé par les choses molles et souples. L'enfant nouveau-né se trouve bien dans un bain chaud, au sortir duquel on le place dans du linge sec. Bientôt aussi sa peau devient sensible à l'action des matières qu'il rejette de son corps, de manière qu'il se réveille chaque fois qu'il a sali ses langes.

6° D'abord il n'entend point, et les ondes sonores ne font que l'ébranler : aussi un fort bruit lui cause-t-il des tresaillemens, pendant le sommeil comme pendant la veille. La sensibilité générale est même assez obtuse sous ce rapport, car il faut un bruit considérable pour interrompre le sommeil de l'enfant pendant la première semaine et jusque dans le cours de la troisième. S'il cherche la lumière, qui le réjouit, le son vient à sa rencontre sans qu'il le désire, et n'agit sur son oreille qu'en y portant le trouble. Ce n'est qu'à la fin du premier mois, ou même vers le milieu du second, que les sons commencent à l'affecter d'une manière agréable; alors de douces paroles et le chant apaisent aisément ses pleurs et l'endorment. Mais, tandis que, vivant au sein de la lumière et attiré par les objets visibles, il arrive à des intuitions déterminées par le moyen de la vue, dans l'exercice de laquelle il se comporte d'une manière active, son ouïe demeure bornée, jusque vers le troisième mois, au sentiment général du son.

7° Pendant les premières semaines le sentiment général de l'organe du goût est encore fort obtus : le nouveau-né avale tous les liquides qu'on lui présente, l'infusion de camomille ou la teinture de rhubarbe, comme le lait; sa bouche n'est encore qu'un simple organe de succion, et il n'y a ni mouvement musculaire qui multiplie le contact de la nourriture avec la membrane muqueuse, ni salive qui se mêle à cette nourriture pour en commencer la digestion. Il n'y a point encore de choix, puisque la nutrition est confiée au sein maternel. A la fin du premier mois, l'enfant commence à témoigner de la répugnance pour les médicamens ; la sensibilité de sa langue est affectée désagréablement par les substances âpres, amères, salées et acides; cependant il prend encore indistinc-

tement tous les liquides doux et sucrés, comme l'eau 'de
gruau, l'eau panée, l'infusion de fenouil, etc.

8° C'est au second mois seulement que se manifeste la sensibilité générale de l'odorat. L'enfant commence alors à être
affecté d'une manière agréable par l'atmosphère de sa mère
ou de sa nourrice, dont il a contracté l'habitude, car la
femme qui le soigne parvient plus aisément que toute autre
personne à l'apaiser dans l'obscurité sans avoir besoin de lui
parler. Un enfant de cinq semaines ne prenait volontiers que
le sein de sa nourrice, dont la transpiration exhalait une
mauvaise odeur; il saisissait avec difficulté celui de toute autre femme, et se mettait à crier dès que la nourrice s'approchait de lui ou le prenait dans son lit.

### B. *Facultés intellectuelles.*

§ 527. La *connaissance* commence

1° Par la *perception*, c'est-à-dire par la faculté de distinguer sa propre existence de tout autre, et par la notion de
l'existence objective en général. Pendant quelque temps, le
sentiment de soi-même n'est qu'affecté par les impressions
sensorielles ; mais le moment arrive peu à peu où à l'affection
se joint aussi une réaction. Si les impressions sensorielles
n'avaient d'abord qu'à mettre en mouvement un milieu pé-
nétrable et sans résistance, qui se comportait à leur égard
d'une manière purement passive, il y a maintenant un fond
impénétrable qui brise l'affection sensorielle. Ce fond oppo-
sant de la résistance, l'impression reste davantage à la surface,
de sorte que l'enfant parvient à se distinguer, comme chose
une et permanente, des divers changemens que subit son état,
c'est-à-dire de ses sensations. Il s'aperçoit alors que ces sensations ne sont point sorties de lui, mais qu'elles ont pénétré
en lui, que par conséquent il y a une existence étrangère,
quelque chose d'objectif, qui a déterminé la sensation, en
élevant un obstacle au devant de sa vie. Cette perception le
rapproche de la vérité, mais faiblement encore, car elle se
borne à faire reconnaître l'existence d'un monde extérieur,
sans procurer aucune notion de ses particularités. Quand des

aveugles de naissance recouvrent la vue à l'âge de raison, ils ne voient que les couleurs, et croient d'abord avoir devant les yeux une surface bariolée. L'enfant nouveau-né doit apercevoir ainsi le monde : il doit voir les choses, sans en distinguer les parties.

2° Ce chaos s'éclaircit peu à peu lorsque l'enfant commence à *analyser* et à distinguer, et qu'il manifeste ce penchant à l'examen par la fixation de son activité sensorielle sur un objet déterminé, c'est-à-dire par l'attention. D'abord il s'occupe des choses visibles ; de la masse colorée qui rencontre son œil, se détachent les corps, comme autant d'objets distincts. Mais ces corps se détachent ainsi par le mouvement ; c'est parce qu'il y en a qui se meuvent dans l'espace et d'autres qui gardent le repos, que tous paraissent distincts les uns des autres. Aussi l'enfant ne remarque-t-il d'abord que les corps qui se meuvent ; tandis qu'ils parcourent l'espace, son œil s'attache à eux, ou se meut dans la même direction ; les muscles oculaires sont les organes de l'attention, et en faisant converger vers l'objet qui fixe la vue les axes des yeux, jusqu'alors situés parallèlement l'un à l'autre, ils établissent l'unité de ces organes par rapport aux connaissances qui peuvent être acquises avec leur secours. C'est ainsi qu'au commencement du second mois l'enfant commence à regarder, dirige spontanément son œil vers les objets, et apprend à connaître les formes.

L'attention ne se porte sur le son qu'au troisième ou au quatrième mois.

3° Dès que l'enfant a saisi des détails, l'*association des sens* lui fait connaître la substantialité des choses, c'est-à-dire lui apprend que ce qu'il voit est un corps, un objet remplissant un certain espace. Il s'aperçoit que des sensations différentes peuvent être produites, dans ses divers sens, par un seul et même objet. C'est sur le sein de sa mère qu'il acquiert cette première expérience : il sent la chaleur, la mollesse, la douce résistance de ce sein, sur lequel pose sa face ; il aperçoit le mamelon rougeâtre au milieu d'une surface blanche ; il le sent entre ses lèvres comme un corps qu'il peut embrasser ; le lait qui en découle excite agréablement ses organes dégustatifs. Comme ces sensations se rattachent les unes aux autres, l'enfant apprend que c'est le même sein qui agit à la fois sur son toucher, son odorat et son goût, qu'en consé-quence un même objet l'affecte simultanément de plusieurs cô-tés, et que, par suite, un seul sens est insuffisant pour bien sen-tir cet objet. Aussi cherche-t-il à le connaître en y appliquant plusieurs sens. Il veut toucher le corps qui a flatté son œil ; il saisit ce corps et le porte à ses lèvres, parce que c'est avec elles qu'il a senti pour la première fois, et parce qu'elles restent long-temps encore ses organes de palper propre-ment dit. Plus tard, à peu près au quatrième mois, il veut voir ce qu'il a entendu ; plus tard encore, il reconnaît les parties de son propre corps, et ramène ainsi, par l'intuition sensorielle, l'unité dans sa sensibilité générale. Au cinquième mois environ, lorqu'il est étendu sur son lit, on le voit con-templer souvent ses jambes avec beaucoup d'attention, tandis qu'il les remue ; il examine moins ses mains, parce qu'il les a toujours sous les yeux, et qu'habitué à les voir, il les considère comme des annexes qui se conçoivent d'eux-mêmes.

4° Les progrès et l'association de l'analyse et de la synthèse mènent à l'*idée*. L'analyse fait saisir les diffé-rens traits d'une chose reconnue, savoir d'abord, pour les objets visibles, l'illumination, la couleur, la forme et le volume, puis plus tard, pour le son, le timbre, l'intensité, le ton, la vitesse. La synthèse, au contraire, réunit les diverses activités sensorielles en une seule unité intérieure : si la concentration des sens sur une chose extérieure avait fait connaître d'abord l'unité de l'objet, celle des sensations dans l'intérieur produit l'unité du sujet. Le résultat commun de ces deux actes est de ramener les divers phénomènes extérieurs à l'existence inté-rieure et unique. L'idée qui découle delà est une image des objets affectant les sens, que l'activité spontanée du sujet crée dans son propre intérieur, et qui embrasse, comme unité, les divers caractères de ces objets. L'enfant à la mamelle en-tre dans ce domaine sans s'y avancer bien loin ; il connaît plutôt ce que les choses ont de commun entre elles et leurs contours ; ses idées n'acquièrent ni une entière précision, parce qu'elles n'embrassent point encore complétement tout l'ensemble des caractères, ni une parfaite clarté, parce que la sensation prédomine encore sur le moi.

5° L'enfant vivait d'abord tout entier dans le présent; sa sensation avait la même durée que l'affection des sens; il se réjouissait de l'existence d'un corps placé devant lui, et à l'instant même où ce corps cessait d'être sous ses yeux, il s'effaçait aussi de son âme. Mais, dès que l'aurore de la faculté qui procure les idées commence à poindre, l'impression devient plus durable, et l'âme porte aussi son regard sur le passé immédiat. L'enfant demande l'objet qui lui a été agréable quand cet objet est éloigné du cercle de sa vue, ou bien il reste dans l'état d'excitation qui lui a été procuré par lui. En effet, par l'idée, l'âme prend possession du vrai, puisqu'elle a poussé la perception jusqu'à l'extrémité; elle s'empare des choses, elle se les représente, elle s'en forme une image, en un mot elle en fait une propriété qui lui reste, après que ces choses ont cessé d'affecter les sens. C'est ainsi que se développe la *mémoire*. Quand l'enfant a connu une chose, il la reconnaît, c'est-à-dire que, dès qu'elle affecte de nouveau des sens, elle éveille l'idée de l'ensemble de ses qualités, dont elle n'informe cependant point encore les sens en ce moment, et l'enfant manifeste dès-lors les mêmes sensations que celles qu'avait précédemment produites en lui cette même chose. Il reconnaît d'abord le sein maternel, de manière qu'à son seul aspect il se réjouit de la nourriture qu'il va y puiser; au troisième mois, il apprend à reconnaître les personnes, les ustensiles et autres objets visibles; au cinquième, il reconnaît aussi les sons, particulièrement les voix. Mais comme ses idées manquent de netteté, il lui arrive souvent d'être induit en erreur par des analogies générales.

6° Les premiers débuts de l'*imagination* ont lieu pendant le sommeil. Dans l'état de veille, l'âme est entièrement occupée du présent et de la réalité; mais, dans celui de sommeil, où elle est isolée, par rapport au monde extérieur, elle ouvre le trésor du monde intérieur, et appelle les images du passé: les idées d'objets qui, autrefois, ont agi sur les sens et causé de vives impressions, apparaissent en songe sous la forme d'intuitions sensorielles. Mais l'imagination commence

à l'époque où se représente la première jouissance qu'a offerte
le monde extérieur ; dès le quatrième mois, l'enfant rêve quelquefois du sein maternel, en exécutant les mouvemens de la
succion avec l'expression du plaisir. Lorsque, pendant les
premiers mois, il contracte les traits de son visage et sourit en
dormant, c'est un jeu de muscles déterminé par l'influence de
l'action nerveuse, et dont la cause se rattache fréquemment à
une irritation morbide des nerfs grands sympathiques ; l'ange,
que les préjugés populaires disent alors avoir embrassé l'enfant, est donc souvent un ange de mort. Les brusques réveils
en sursaut ne dépendent non plus, à cet âge, que de circonstances purement organiques.

7° Lorsque l'enfant a reconnu les objets comme présens, il
en vient aussi à les embrasser sous le point de vue de leurs
rapports mutuels, et à lier ainsi des idées de manière à en former un *jugement*.

Il apprend à connaître les rapports d'étendue par sa propre
activité ; car, pour continuer de voir un corps qui se meut, il
est obligé de le suivre de la tête et des yeux, et d'ailleurs il
tend la main pour saisir les objets qu'il aperçoit. Mais sa connaissance des rapports d'étendue demeure long-temps trop
imparfaite pour qu'il soit en état d'estimer les distances d'a-
près le volume apparent et le degré d'illumination; il demande
les objets éloignés, comme ceux qui sont près de lui et à sa
portée. Il ne connaît pas mieux les rapports de grandeur,
et cherche à faire entrer dans sa bouche des corps qui n'en
sauraient franchir l'ouverture. L'animal a encore l'avantage sur l'homme à cet égard, et possède dès le principe ce
que celui-ci ne peut acquérir que par l'exercice de son intelligence. Ainsi, par exemple, Frédéric Cuvier a remarqué (1) que le Singe, quoique demeurant pendu aux mamelles
de sa mère pendant les premiers jours, considère attentive-
ment tous les objets sans y toucher, et qu'ensuite, dès ses
premiers mouvemens, il fait preuve d'un coup d'œil très juste,
toutes les fois qu'il s'agit pour lui de sauter ou de saisir quelque chose. Au quatrième mois, l'enfant reconnaît la direction

(1) Froriep, *Notizen*, t. XII, p. 53.

suivant laquelle les ondes sonores frappent son oreille, et porte ses regards du côté d'où vient le son.

L'enfant n'acquiert non plus que les premiers élémens des rapports de durée, car il ne saisit encore que les événemens simples, une succession immédiate de changemens. Nul homme ne conserve aucun souvenir de sa première enfance, quelque chose frappante qui se soit alors passée sous ses yeux. En effet, l'enfant à la mamelle vit uniquement dans la représentation des phénomènes sensibles, tels qu'ils se tiennent immédiatement les uns aux autres, sans en apercevoir ni les relations ni les conséquences ; mais le sensible, tout nud, sans connexion avec un monde idéal, est trop impuissant pour laisser une impression durable. L'âme forme l'arrière-plan de l'émotion des sens, mais ce n'est encore qu'une surface sur laquelle les objets se peignent, elle n'a point assez de profondeur pour les admettre en elle-même, ou, pour employer une autre image, la mollesse du cerveau ne lui permet pas de conserver les impressions, manière de parler à l'égard de laquelle il faut bien se garder de croire cependant qu'elle exprime la véritable cause de l'oubli, et que celui-ci tienne à une circonstance purement mécanique.

8° Peu de temps après que la mémoire est éveillée, on voit se développer aussi l'expérience ou la connaissance de la *causalité*. Lorsque l'enfant a entrevu deux phénomènes simultanément ou immédiatement l'un après l'autre, les idées de ces deux phénomènes s'associent de telle sorte, que l'impression sensorielle qui rappelle l'une d'elles, éveille en même temps l'autre, et il admet dès-lors que le retour du premier phénomène doit être suivi de celui du second. Cette expérience se borne d'abord à ses sensations, notamment à celles qui ont lieu pendant la nutrition ; l'enfant, à l'aspect du sein maternel ou du biberon, se réjouit de ce que sa faim va être apaisée ; dès qu'il a passé le second mois, il connaît les préparatifs de l'allaitement, et commence à se calmer quand la mère le prend sur elle ; au quatrième mois, il se tourne vers la mamelle, même avant qu'elle soit découverte ; au septième, quand il connaît déjà plusieurs personnes par lesquelles il se laisse volontiers porter, sa mère est la seule entre

les bras de laquelle il veuille rester dès qu'il éprouve le besoin de téter (1). Dès le troisième mois, il apprend ce qu'il
peut ou non obtenir par des cris ; s'il remarque qu'on soit
empressé de prevenir ses vœux et de chercher tout ce qui
est capable de le calmer, il crie avec intention et avec l'expression de la colère ; s'aperçoit-il, au contraire, qu'on ne
fait plus attention à ses cris après avoir satisfait ses besoins réels, il y renonce, comme à une chose qui ne peut lui
être utile.

9° L'*analogie* se rallie chez lui aux premières observations.
Quand il a reconnu plusieurs caractères dans une chose, et
qu'ensuite il en découvre quelques uns dans une seconde
chose, il suppose aussi l'existence des autres. C'est encore en
ce qui concerne la nutrition que cette faculté se déploie d'a-
bord. L'enfant s'est accoutumé à voir, puis à sentir, ensuite à
goûter le sein maternel ; aussi cherche-t-il à mettre dans sa
bouche tous les objets qui flattent sa vue, supposant qu'ils
seront également agréables à sentir et à goûter. Il a appris à
connaître la situation dans laquelle sa mère le met pour lui
donner à téter, et il cherche le sein alors même que c'est le
père qui le prend ainsi sur ses bras. Peu à peu seulement, à
mesure que les idées prennent plus de précision, et que les
particularités des choses sont mieux saisies, l'analogie devient plus restreinte et plus exacte.

10° Pendant qu'il aperçoit une connexion entre les phénomènes qui se succèdent dans le temps, il apprend à connaître,
par ses propres mouvemens, ce que c'est qu'agir ou produire
un phénomène. A la vérité, il a occasion de remarquer qu'il
agit avec sa volonté sur son propre corps, puisqu'il peut
crier, téter ou se remuer plus ou moins long-temps et avec
plus ou moins de force ; mais il est encore fort éloigné de
réfléchir sur lui-même : tourné seulement vers le monde extérieur, il n'acquiert la notion de ce que c'est qu'agir qu'à
l'aide des mouvemens qu'il détermine dans des corps étrangers.

11° Sa première *compréhension* est uniquement l'œuvre de

_____

(1) *Hessische Beiträge zur Gelehrsamkeit und Kunst*, t. II, p. 486.

la sympathie ; elle se rapporte à l'expression générale des affections humaines , à la mine , au ton de la voix, et mène à
l'imitation. En effet, les modifications de ce qui peut frapper
la vue et l'ouïe, chez l'homme, produisent sympathiquement,
dans l'âme de l'enfant, la disposition intérieure qui les a fait
naître. Plus tard, il peut associer deux idées produites par des
sensations simultanées, et il arrive à comprendre réellement ,
c'est-à-dire à reconnaître la signification des signes. Mais ce
résultat tient surtout à l'association des deux sens supérieurs ,
celui de la vue et de l'ouïe, parce qu'ils sont antagonistes l'un
à l'égard de l'autre, et forment ainsi un tout dans lequel le rôle
de signe appartient aux choses susceptibles d'agir sur l'oreille,
et celui de choses désignées à celles qui sont visibles. En
effet, la lumière apparaît à la surface, occupe l'esprit, et, en
séparant les choses , procure des intuitions déterminées de
l'existence ; le son, au contraire, vient de la profondeur, et
pénètre dans la profondeur , il désigne plus la qualité que les
choses elles-mêmes, plus l'activité que l'existence, et éveille
des sentimens plus obscurs. Aussi l'enfant apprend-il à embrasser les objets visibles dans son esprit, c'est-à-dire à les
connaître, tandis qu'à l'égard des sons , comme il les reçoit
dans le sentiment et non dans l'esprit, il apprend à les considérer , non comme des choses indépendantes , mais comme
des caractères indicateurs. A-t-il souvent entendu un certain
bruit à la vue d'un objet, à l'aperception d'une propriété ou
d'un événement, ce son , lorsqu'il se fait entendre de nouveau, rappelle l'idée qui jadis s'était formée simultanément
avec lui. Cette association d'une idée venant de la vue à une
perception acquise par l'oreille , lui apprend à comprendre
des mots, qui sont d'abord pour lui des signes d'objets visibles, des noms de choses et de personnes. Ce phénomène a
déjà lieu en partie au quatrième mois, car alors, quand on
nomme un objet à l'enfant, il tourne les yeux vers lui. Plus
tard il apprend à connaître la signification des verbes et des
adjectifs, mais d'abord sous le point de vue subjectif , ou en
tant que les événemens et les qualités affectent vivement sa
sensibilité. Le discours est inintelligible pour lui ; il ne comprend que le ton, ou l'expression générale, et quelques mots

isolés, lorsque l'interlocuteur appuie fortement dessus.

12° Du reste, le cercle de ces sensations, et par conséquent aussi de ses idées, est encore fort borné ; la convexité
considérable de la cornée et la forme ronde du cristallin le
rendent myope ; jusqu'au quatrième mois, il ne remarque
que ce qui l'entoure de très-près ; plus tard il aperçoit aussi
les objets un peu plus éloignés. La membrane du tympan est
d'abord presque au niveau de la peau, attendu qu'il n'y a
point encore de conduit auditif osseux, ce qui fait que son
oreille est particulièrement sensible aux oscillations de l'air,
et peu apte à percevoir le timbre des sons ; peu à peu seulement le développement du canal osseux, de l'apophyse
mastoïde et du diploé des os de la tête, augmente la force
du son, au moyen des vibrations qu'éprouvent les os de la
tête, en sorte que l'enfant parvient à entendre des sons plus
éloignés.

### C. *Facultés morales.*

§ 528. Les *sentimens* changent, pendant la première enfance, sous le rapport de leurs objets, qui, d'abord simples
et limités, deviennent peu à peu plus nombreux, plus diver-
sifiés et plus complexes.

I. L'enfant à la mamelle est d'abord un être obtus, que
rien ne réjouit ; il n'y a que des impressions désagréables qui
puissent l'éveiller. Pendant les premières semaines, il n'é-
prouve que des besoins *matériels;* la nourriture, la chaleur, une
couche molle et le repos lui sont nécessaires ; tout le reste
lui est indifférent, et même la satisfaction de ces besoins ne
produit pas tant en lui une excitation joyeuse qu'un calme
agréable, que ses traits expriment cependant d'une manière
plus prononcée peu avant la fin du premier mois.

II. Pendant la seconde période, son domaine s'étend ; il
devient *sensuel*, c'est-à-dire que ce qui stimule ses sens lui
fait plaisir, les impressions sur les organes sensoriels acquérant
pour lui une signification, qui ne se développe toutefois que
d'une manière progressive.

1° D'abord il n'est frappé que de ce qui est *agréable* pour
la sensibilité générale de ses organes sensoriels. Dès la fin du

premier mois, il devient attentif à des choses qui n'ont point trait au maintien de son existence matérielle, lorsqu'elles sont luisantes, brillantes, colorées, et surtout douées de couleurs claires, telles que le jaune ou le rouge; au second mois, son attention est plus marquée, et ses regards s'arrêtent déjà plus long-temps sur les objets qui possèdent ces qualités; mais les formes lui sont encore indifférentes. Pendant quelque temps, le son ne fait que le troubler et l'effrayer; ensuite il y trouve du plaisir, surtout quand les tons sont doux et appartiennent au mode mineur.

2° Plus tard, des mouvemens variés et vifs deviennent *intéressans* pour lui. Son regard s'arrête sur les objets qui se meuvent, et au second ou troisième mois, il sourit quand on sautille devant lui, qu'alternativement on se rapproche et s'éloigne de lui avec rapidité, qu'on change de mine à son égard, qu'on le fait sauter, etc. Il prend de l'intérêt à tout ce qui vit, au changement des impressions sensorielles, et quand cette faculté est plus développée, il témoigne par de petits cris l'allégresse qu'elle lui cause. Mais le premier jeu qui le réjouisse est celui qui consiste à se cacher et à se montrer ensuite tout d'un coup, à s'avancer vers lui d'un air menaçant et à le chatouiller d'une manière agréable, etc., en un mot, à mettre son âme dans un état de tension qui se résout par une harmonie, à lui montrer un sérieux apparent qui fait place au rire. C'est ainsi que la joie se glisse dans la vie, lorsque la sensibilité générale ne domine pas elle seule, et que l'activité sensorielle a fait naître un libre conflit entre l'intérieur et le monde extérieur; car la partie matérielle de l'organisme était trop pauvre pour pouvoir l'exciter. Mais, en même temps que les cris de joie, paraissent les pleurs, qui sont l'expression du chagrin et aussi de la colère. Peu à peu, surtout à partir du cinquième mois, occuper ses sens devient un besoin pour l'enfant; il se montre avide de sensations, il exige un aliment pour sa vie intérieure, qui, n'ayant encore rien qui la remplisse en elle-même, a besoin que le monde extérieur l'excite et lui fournisse des matériaux d'idées. C'est le premier germe du désir de savoir, la joie produite par la connaissance de ce qui n'a point de rapport immédiat avec lui et ne fait que mettre en jeu ses forces intérieures. Aussi éprouve-t-il de la satisfaction lorsqu'on le met à la fenêtre, quand on le porte dans la rue ou au grand air, et demande-t-il qu'on lui donne ce plaisir; en lui procurant cette distraction, on l'apaise, s'il criait, parce qu'une diversité d'objets agit alors sur ses sens. Si ses impressions sensorielles ne sont pas variées, il témoigne de l'ennui, par son agitation et ses cris; le moindre changement dans ce qui l'entoure suffit pour le ramener à la tranquillité.

3° Bientôt l'*habitude* exerce son empire sur lui, et c'est alors que commence l'éducation. La loi de l'habitude est la pérennité; elle fait donc contrepoids au besoin de s'occuper, et empêche les forces de se dissiper dans une variété continuelle. L'habitude est la mémoire du sentiment : l'enfant aime ce qu'il connaît déjà, il le revoit avec plaisir, il se sent à son aise quand on l'y ramène. Pour que la variété et la diversité des objets lui plaisent, il faut que l'habitude lui serve de point d'appui; ainsi, par exemple, il aime à se trouver dans une rue fréquentée, mais à la seule condition d'être sur les bras de sa nourrice; il se complaît à jouer avec les hommes, mais seulement avec ceux qu'il connaît déjà. Ce qui lui était pénible d'abord lui devient peu à peu supportable, et ce qui ne lui était qu'agréable en premier lieu, finit par devenir un besoin pour lui; ainsi il contracte l'habitude d'être nettoyé et habillé, et il veut que pour l'endormir on le berce ou on lui fasse entendre une chanson.

III. Enfin s'éveillent chez lui des sentimens *moraux* par rapport à d'autres hommes, et le fondement en est un sentiment qui l'attire primordialement vers son semblable.

4° Les premières semaines sont à peine écoulées, que déjà il manifeste ce sentiment. Lorsqu'il veille encore, après être rassasié, il se plaît à être auprès d'un être humain, jusqu'à ce que le sommeil s'empare de nouveau de lui; peu à peu il l'exige, et son agitation ne cesse que quand on le tient, qu'on le porte, ou même seulement qu'on s'asseoit sur son lit. Sans doute la chaleur humaine lui plaît, et ses sens sont agréablement stimulés quand on s'occupe de lui; mais la cause proprement dite est plus profonde, puisque, même dans un lit chaud, il souhaite le contact d'un être de son espèce, et devient tranquille aussitôt qu'une créature humaine le prend sur son sein. Cet instinct fait que l'activité de ses sens se déploie principalement sous le point de vue social; avant de faire attention à aucun autre objet, il remarque qu'on s'est éloigné de son lit, et ne reprend le calme que quand on se rapproche de lui. L'ouïe joue ici le premier rôle. La voix humaine devient de très-bonne heure agréable à l'enfant, et elle fixe son attention bien avant tout autre bruit : il apprend à saisir le sens général du discours avant d'en comprendre aucune partie, de sorte qu'un lien étroit l'attache bientôt à la société : suivant que la parole est faible ou forte, haute ou basse, rapide ou lente, douce ou rude, elle l'agite ou le calme, lui inspire de la crainte ou de la joie ; aussi parvient-on, dès le troisième mois, à l'apaiser par des paroles douces, et plus tard à le faire tenir en repos par des menaces. Il ne tarde pas non plus à témoigner que la forme humaine lui plaît, quand elle lui présente les dehors de l'amitié ; il aime à fixer ses yeux sur ceux des personnes qui l'entourent, une mine riante et des mouvemens badins l'attirent, surtout quand ils sont mariés avec la voix, et il apprend de bonne heure à comprendre les gestes bienveillans ou malveillans; sa sympathie primordiale, sans nul besoin de l'éducation, lui révèle le sens qu'il doit y attacher. C'est donc l'homme qui, le premier, lui ouvre le sanctuaire de la joie, comme celui de la jouissance physique.

5° Si l'enfant n'est d'abord attiré que par l'homme en général, c'est la *personnalité* qui l'attire au troisième mois. Il reconnaît les traits des personnes qui l'entourent et le soignent journellement, qui lui procurent de quoi satisfaire ses besoins matériels et exercer ses sens, qui, par leurs gestes et leur voix, excitent en lui des sensations agréables. Enchaîné à elles par les liens de l'habitude, et attendant de leur part de nouvelles jouissances, il aime sa nourrice, il a plus d'amour encore pour sa gouvernante, dont l'une lui fournit les moyens de subsistance, et dont l'autre stimule sa vie intérieure ; il consacre son amour tout entier à sa mère, quand, celle-ci, obéissant à la voix de la nature, ne se contente pas de l'allaiter, mais lui prodigue encore tous les soins qui lui sont nécessaires. De même que l'amour de sa mère lui a été donné par la nature, comme condition extérieure de son développement, et de même qu'à chaque disposition du monde extérieur correspond harmoniquement une force intérieure de sa vie, de même aussi son amour va au devant de celui de la mère, et ne prend pas sa source uniquement dans l'habitude ou le besoin matériel, car plus tard aussi il se manifeste avec un caractère distinct, qui annonce bien que la cause en doit être plus profonde. L'amour, ou la propension vers le genre humain dirigée vers des personnes déterminées, et par cela même exaltée à un plus haut degré, se porte même sur ceux qui ne contribuent en rien à la satisfaction des besoins matériels. L'enfant à la mamelle est surtout attiré par les enfans; il est plus rapproché d'eux, et reconnaît plus immédiatement en eux ses semblables; quoiqu'ils n'exécutent que des mouvemens simples devant lui, quoiqu'ils n'occupent pas ses sens d'une manière aussi variée, à beaucoup près, que les adultes, cependant leur aspect lui cause une joie bien plus vive, qui s'exhale en cris lorsqu'il parvient à jouer avec eux.

Après avoir appris à connaître les personnes qui l'entourent habituellement, il commence à craindre les personnes étrangères; il les regarde avec défiance, et ce n'est qu'après les avoir observées de loin pendant quelque temps qu'il leur permet de s'approcher peu à peu; plus elles arrivent auprès de lui d'une manière subite et inattendue, plus elles l'épouvantent, et il témoigne sa frayeur par des cris perçans. Mais en cela il y a déjà un choix reposant sur des sentimens vagues de sympathie et d'antipathie; la vue de certaines personnes agit agréablement sur l'enfant, qui s'avance vers elles avec confiance; d'autres, malgré leurs manières insinuantes, le repoussent et lui inspirent de l'aversion.

Quand le cercle de ses idées est un peu étendu, l'action se manifeste aussi en lui comme participation au sort d'autrui: si l'on feint de battre sa gouvernante, et qu'elle même fasse semblant de pleurer, il verse des larmes avec elle, et si elle pleure après avoir été battue pour lui, il cherche à l'apaiser par ses caresses.

6° Vers la fin de cette période se manifeste aussi un soupçon ou un vague pressentiment du *droit*. L'enfant s'agite quand sa mère donne le sein à un enfant étranger, et quelque exempt qu'il soit lui-même de besoin, il n'en cherche pas moins à écarter cet intrus, pour maintenir son droit (1). Il commence aussi à avoir le sentiment de la manière dont on le traite, phénomène par rapport auquel l'habitude joue d'ailleurs un grand rôle; s'il s'aperçoit qu'on lui cède toujours par faiblesse, il persiste dans ses exigeances jusqu'à ce qu'on lui ait donné satisfaction, et dès qu'alors on lui refuse quelque chose, il s'emporte comme si l'on commettait une injustice à son égard; en revanche, il sait reconnaître l'uniformité, la légitimité et la nécessité lorsqu'on le traite convenablement.

§ 529. Les *désirs* se rapportent d'abord à posséder, puis à agir, c'est-à-dire qu'ils ont pour direction, dans l'origine, la réceptivité, et plus tard la réaction.

1° Comme le nouveau-né ne demande au monde extérieur que des substances, qu'il introduit au dedans de son corps, pour en créer son sang, de même l'enfant à la mamelle désire, au bout de quelque temps, des impressions sensorielles, avec lesquelles il puisse se former des idées : il veut s'*assimiler* les choses par la sensation, et se les incorporer par la représentation. Cette tendance s'exprime de manière à frapper les sens. D'abord l'enfant est attiré par les objets agréables et repoussé par les objets désagréables; il voit une chose qui le flatte, et cherche à s'en rapprocher, à se réunir avec elle; il en aperçoit une qui lui répugne, et s'en détourne ou la fuit. C'est ainsi que la sympathie et l'antipathie se manifestent pour la première fois à la fin du second mois. Au quatrième mois, l'enfant, ayant appris à connaître la force de ses membres et à en faire usage, cherche à s'emparer des choses; il étend les bras vers elles, et témoigne ainsi son désir; il repousse ce qui lui est désagréable. Tout ce qui lui plaît, il

_____

(1) *Hessische Beiträge*, t. II, p. 486.

veut l'avoir, quoiqu'il ne sache qu'en faire; son unique but
est d'exercer ses sens. Aussi ne lui snffit-il pas de voir, (et
veut-il encore saisir, toucher, goûter; il veut prendre possession du monde, et il ferait volontiers descendre le soleil du
firmament.

2° Ensuite, il veut aussi *agir*. Les changemens susceptibles
de frapper la vue et l'ouie qu'il produit, reflètent sa vie intérieure, et cette image de sa force exalte en lui le sentiment
de la vie; son pouvoir lui apparaît sous une forme sensible,
et il se complaît dans l'intuition de l'image qui le reproduit.
C'est en cela que consistent ses jeux, dont l'unique but est
de faire qu'il se sente lui-même. A dater du quatrième mois,
il met les choses en mouvement, et il éprouve du plaisir
quand il peut renverser les jouets qu'on place devant lui, ou
tirer les cheveux de la personne qui l'approche. Il est bien
plus joyeux encore lorsque le mouvement qu'il imprime aux
choses produit du bruit, et son bonheur est de pouvoir
frapper sur la table de manière à la faire résonner. C'est ainsi
que, vers le septième mois, il apprend à s'amuser seul pendant quelque temps.

A-t-il appris qu'il agit sur les hommes comme cause déterminante, il les fait servir d'instrumens à ses caprices, et domine ceux qui l'entourent. Le premier sentiment de son influence sur un adulte faible est trop séduisant pour ne pas
s'emparer bientôt de toutes ses facultés, quoique l'empire
qu'il exerce ainsi lui procure bien moins de plaisir que la
libre disposition de corps inertes, sur lesquels son action se
manifeste par des résultats qui frappent plus immédiatement
ses sens.

En vertu de la sympathie avec le genre humain, l'instinct
d'agir prend aussi les formes de l'instinct d'imitation. Celui-ci
se manifeste d'abord involontairement dans les mouvemens
qui sont au pouvoir de l'enfant, qu'on voit, par exemple,
quand quelqu'un boit devant lui, exécuter des mouvemens
analogues avec sa bouche (1); plus tard, il imite volontairement les mouvemens des membres.

(1) *Ibid.*, t. II, p. 330.

§ 530. Si nous portons nos regards sur l'*état moral* en général, nous remarquons ce qui suit :

1° L'enfant à la mamelle ne désire d'abord rien autre chose que ce qui peut satisfaire ses besoins matériels. Quand il commence à trouver du plaisir aux impressions sensorielles, il n'accueille ces dernières qu'autant qu'elles se présentent d'elles-mêmes à lui. Ensuite il désire les choses qu'il aperçoit à distance. Plus tard seulement il arrive à sentir que des objets absens lui manquent, à les chercher et à les désirer. L'état dans lequel le met la satisfaction de ses désirs est d'abord du calme, puis du plaisir, enfin de la joie.

2° Il est d'abord dans l'impuissance absolue de rien faire pour l'accomplissement de ses désirs : ceux-ci doivent donc réagir sur son moral, et par conséquent devenir passifs, ou prendre la forme d'émotions. Quoiqu'il apprenne plus tard à s'emparer de certaines choses et à changer lui-même de place, sa sphère d'action est toujours si bornée, qu'il demeure dépendant d'autrui, de sorte que ses désirs conservent en général le caractère d'*affections*.

3° Les premières émotions qu'il éprouve sont *désagréables* et excitantes. Elles reposent sur l'absence d'une impression agréable et la présence d'une impression pénible, état auquel l'instinct de la vie cherche à se soustraire par la réaction, c'est-à-dire par la force motrice. Mais les mouvemens qu'il occasione n'ont point encore de but déterminé ; ils sont vagues et généraux, ils n'expriment que l'état de l'âme, et ils consistent principalement en cris, parce que la vie des organes pectoraux a des relations plus intimes que toute autre avec les sentimens et les désirs. Le nouveau-né doit donc crier lorsqu'il sent le besoin de nourriture, que quelque chose comprime ou salit sa peau, qu'on le dérange d'une situation calme et commode pour le nettoyer ou l'habiller, qu'on le touche de manière à l'affecter désagréablement, etc. Cette expression nécessaire et involontaire du malaise ou de la douleur est la seule réaction qu'il puisse exercer contre l'action hostile du monde extérieur, mais c'est en même temps un appel au secours. L'affection trouve ici son but, en ce sens qu'à l'être faible il a été donné une mère dont l'empressement à le secourir correspond à son besoin,

4° Un désir accompagné d'une émotion de l'âme se manifeste d'une manière violente ou *passionnée*. Aussi le nouveau-né témoigne-t-il une violence sans bornes dans tous ses désirs. Le premier retour de la soif, deux heures après avoir tété assez pour apaiser complétement son besoin, les attouchemens les plus ménagés tandis qu'on l'habille ou le nettoie, le mettent hors de lui, lui arrachent des cris aussi perçans que si sa vie était en danger, et font battre son cœur avec force. Mais sa constitution ne permet pas que cette violence soit de durée. La prédominance de la réceptivité sensible fait que tout produit une impression très-vive sur son corps; mais l'activité de son âme est encore dirigée toute entière et sans partage vers l'existence matérielle, et le sentiment vague, obscur, qui naît de cette dernière, est partout orageux, impérieux, tyrannique; le nouveau-né ignore ce qui lui manque, parce qu'il ne se distingue pas nettement du monde extérieur, ou n'aperçoit que ce qui lui est étranger, sans en avoir une idée claire; il est donc saisi d'un sentiment indéterminé de peine. Il connaît bien moins encore le but des opérations qu'on exécute sur lui, et loin de là même il ne voit en elles qu'une violence qu'on lui impose; il ne crie donc pas plus sous le couteau d'une meurtrière, que sous la main empressée d'une tendre mère. Nul animal, après sa naissance, n'est aussi impatient et ne désire avec tant de passion que l'homme; lui seul trouve les bornes de sa vie insupportables, parce qu'il est doué d'une force supérieure et appelé à jouir de la liberté.

5° Peu à peu la violence s'apaise; mais la modération vient par la connaissance des bornes nécessaires, qui est elle-même un fruit de l'expérience. L'enfant a éprouvé que, quand il crie pour avoir de la nourriture, sa mère le prend, le pose sur son sein, et lui offre le mamelon; comme on est toujours venu à son secours, mais seulement au bout d'un certain laps de temps, il compte désormais sur cette assistance. Ayant un pressentiment vague des *bornes du temps*, il commence à se

soumettre à cette loi, et n'exige plus qu'on satisfasse instantanément à ses besoins ; il se calme dès qu'il voit qu'on le tire
de son berceau, parce qu'il sait que c'est là le préliminaire du
secours qu'il réclame et qu'il va recevoir.

6° Si, plus tard, des idées déterminées soulèvent des désirs qui le sont aussi, il exige avec vivacité les choses qui lui
plaisent et qu'il aperçoit ; mais il ne demande pas avec autant de violence, d'un côté, parce que le besoin d'un objet
qui se rapporte aux sens n'est point si impérieux en soi qu'un
besoin relatif au corps, et d'un autre côté, parce que l'âme,
ayant acquis des idées plus nettes, a déjà pris aussi un peu
plus de calme. L'enfant ne tarde pas non plus à sentir les
*bornes de l'espace*, quand il ne peut point atteindre aux objets qui sont éloignés de lui.

7° Mais ici il s'aperçoit bientôt qu'attentif à prévenir ses
moindres désirs, on le porte où il veut être, on lui donne
ce qu'il cherche à avoir ; dès-lors il reconnaît l'empire de
sa volonté sur les bornes de l'espace, et il se procure par
ses cris ce que la brièveté de ses membres ne lui permet
pas d'atteindre. Cependant il arrive insensiblement à une
époque où il doit connaître des bornes supérieures à celles
du temps et de l'espace. Comme on lui procure sans précipitation tout ce qui peut lui être nécessaire, et qu'en agissant
ainsi on fortifie en lui le sentiment du bien qu'on lui veut et
de l'intérêt qu'on lui porte, mais qu'on ne rapproche pas de
lui ce qui ne saurait lui être utile, et qu'on ne fait point attention aux cris qu'il jette pour l'obtenir, l'impossibilité d'arriver à le posséder devient évidente pour lui, et alors il
soupçonne une *loi de la nécessité*, il apprend à se maîtriser
lui-même, il se soumet à l'ordre, et il fait un pas de plus
dans l'ordre moral, attendu que le germe de la liberté commence à se développer en lui. C'est en s'empressant trop de
satisfaire à tous ses caprices qu'on l'habitue à des désirs impérieux ; en lui refusant ce qu'on était dans l'usage de lui
accorder, ou lui retirant ce qu'on lui avait déjà donné, on lui
apprend à opposer à l'inconséquence une fougueuse opiniâtreté d'humeur ; en cherchant à triompher de lui d'une
autre manière, on le porte à l'entêtement ; mais on ne peut

mieux lui enseigner à vouloir tout emporter de vive force qu'en finissant par lui céder. Alors tout pouvoir de se restreindre lui-même lui devient étranger, il contracte l'habitude de ces désirs mous et sans force réactionnaire, qui étaient conformes à sa nature pendant la première période et eu égard à l'existence matérielle, mais qui ne sont plus ici qu'un arrêt de développement, et il demeure soumis à un goût désordonné pour une liberté de bas aloi, qui est elle-même l'esclave de la sensualité.

7° Comme aucun mouvement violent ne peut se calmer tout à coup, il faut aussi que l'orage des affections chez l'enfant à la mamelle s'apaise par degrés. Quelque chose l'a-t-il contrarié, ne fût-ce même que le soin qu'il a fallu prendre de lui nettoyer la figure, il témoigne encore pendant quelque temps sa mauvaise humeur par des cris et des mines : peu à peu il apprend à se tranquilliser plus vite, lorsqu'on l'abandonne à lui-même sans attacher d'importance à ce retentissement de ses sensations. Mais l'affection qui est née de ce qu'un désir n'a point été exaucé, ne trouve sa limite naturelle que dans la lassitude, et laisse, dans le souvenir de son insuccès, une salutaire expérience qui portera fruit un jour.

### D. *Mouvement.*

§ 531. Sous le rapport du mouvement,

I. L'homme est, après sa naissance, moins avantagé qu'aucun animal quelconque. Il est faible à cause du développement incomplet de ses organes locomoteurs ; car ses muscles sont encore pâles, minces et mous, ses tendons rougeâtres et ternes, ses os en grande partie cartilagineux. Mais ce qui contribue plus encore à le rendre faible, c'est le défaut de volonté. Les premiers mouvemens sont sans but, provoqués uniquement par l'état d'excitation du système nerveux et l'influence que ce système exerce sur les muscles, dont la haute irritabilité s'accompagne par conséquent aussi d'une prédisposition aux spasmes. Dans les premiers momens, le corps du nouveau-né est facile à mouvoir et sans soutien ; la force musculaire oppose rarement quelque résistance lorsqu'on ouvre les yeux ou la bouche, qu'on allonge les doigts, etc. Le système musculaire plastique développe plus tôt son activité, et s'accroît, proportion gardée, davantage ; les mouvemens des organes respiratoires, du rectum et de la vessie, sont les premiers qui s'exécutent en vue d'un but déterminé, et, de même que les battemens du cœur, ils ne tardent pas à se régulariser, à se renouveler moins fréquemment. Quant aux muscles soumis à la volonté, leurs premiers mouvemens n'ont aucun but, dans l'action de respirer, dans celle de crier et d'ouvrir les paupières. L'éveil de la force motrice libre, ou la prise de possession de l'âme, marche de haut en bas ; l'organe central, depuis la moelle allongée jusqu'au commencement de la portion thoracique de la moelle épinière, harmonise d'abord les mouvemens des paupières, des muscles, des mâchoires, de la langue, des lèvres, du diaphragme et des muscles costaux; bientôt, à cette action, s'associe celle du tronc cérébral sur les autres muscles de l'œil, pendant que les membres se meuvent sans but et d'une manière purement rhythmique. Plus tard, les membres supérieurs entrent au service de l'âme, et tandis qu'ils sont déjà fort avancés dans l'exercice de leurs fonctions, les membres pelviens se tiennent bien loin encore en arrière d'eux.

II. La *voix* paraît plus tôt chez l'homme que chez les animaux. Elle est d'abord beaucoup plus forte, proportion gardée, que chez ces derniers, tant pour stimuler l'amour maternel, que pour l'éveiller, s'il sommeillait encore ; car la voix est un appel au cœur maternel, qui agit bien plus puissamment que la vue.

1° Elle n'est d'abord qu'un simple *cri*, que la douleur du part et le premier contact du monde occasione chez le nouveauné, mais qui dilate les poumons, rend la respiration plus complète, et donne plus de portée aux effets de cette fonction. Ce cri reparaît ensuite à chaque peine ou déplaisir, par exemple, toutes les fois que le sommeil vient à être troublé. Ainsi a-t-on remarqué, dans les hospices d'enfans trouvés, que quand un nourrisson éveille les autres par ses cris, tous se mettent à crier à la fois (1), phénomène sur la production du-

(1) Béclard, dans *Archives générales*, t. XII, p. 489.

quel il serait possible aussi que la sympathie exerçât de l'influence. Enfin l'enfant apprend qu'on vient à son secours lorsqu'il jette des cris, et dès-lors il crie avec intention, d'abord comme s'il pouvait se soulager lui-même en agissant ainsi, et peu à peu dans la vue d'appeler l'intervention qu'il a appris à reconnaître. La force du premier cri indique le degré de maturité et de vitalité. Les enfans faibles et non à terme ne font entendre que des espèces de grognemens. La violence et la fréquence des cris annoncent en outre la disposition individuelle ; car Béclard assure que les enfans d'un tempérament vif crient à tue-tête dès leur naissance. La première fois que l'enfant crie, son visage devient rouge, le mouvement respiratoire s'accélère, la bouche s'ouvre, les yeux se ferment, les paupières se gonflent, il se forme trois ou quatre rides perpendiculaires à la racine du nez, d'autres se dessinent aussi au front, et le bout de la langue s'applique au palais ; quelquefois le cri n'éclate qu'à la suite de violens efforts respiratoires. Pendant les premiers jours, le passage de l'air à travers la glotte, dans les inspirations profondes, détermine un bruit que l'on peut considérer comme une sorte de hoquet. Ce bruit tient, suivant Jœrg (1), à ce que la glotte n'est point encore convenablement dilatée, peut-être aussi à ce que la sécrétion qui s'y opère n'est pas encore assez abondante ; mais il dépend surtout de ce que les muscles de la glotte n'ont pas encore acquis le plein et libre exercice de leur activité spontanée, de sorte qu'ils cèdent d'une manière pour ainsi dire passive à l'effort de l'air. Au reste, Billard (2) fait observer que ce bruit est moins soutenu et plus aigre que le cri proprement dit, qu'il ressemble tantôt à celui d'un soufflet, tantôt au cri d'un jeune coq, ou au son de la voix pendant le croup, qu'il semble être en raison inverse de la faculté de crier, qu'il se manifeste quand l'enfant est las de jeter des cris, et qu'il peut survenir aussi sans que l'air parvienne dans les poumons eux-mêmes, de sorte qu'un nou-

(1) *Ueber das Leben des Kindes*, p. 89.
(2) Traité des maladies des enfans nouveau-nés et à la mamelle, Paris, 1837, in-8, p. 49. — Voyez aussi F.-L.-I. Valleix, Clinique des maladies des enfans nouveau-nés, Paris, 1838, in-8, p. 11 et suiv.

veau-né peut mourir après avoir crié, et sans cependant avoir respiré.

2° Au troisième mois, l'enfant commence à *pleurer;* aux cris qu'il jette se joint un changement dans les traits de la face; les coins de la bouche sont tirés vers le bas, le front se plisse, les paupières clignotent, et les yeux versent des larmes. Ce phénomène tient à ce que l'âme est devenue susceptible d'affliction, qu'elle a acquis de l'influence sur les muscles de la face et sur la sécrétion des larmes, déjà fort abondante auparavant, de sorte que cette sécrétion a acquis comme le mouvement, une signification morale. L'enfant commence par prendre un air pleureur, puis il crie, et enfin il verse des larmes.

3° La mine toujours refrognée du nouveau-né s'éclaircit vers la fin du premier mois, et fait place à l'expression de la satisfaction lorsque l'enfant est rassasié et calme. Au second mois, celui-ci essaie de *rire*, non pas quand ses besoins matériels sont satisfaits, mais quand on le fait sautiller. Au troisième mois, il sourit, la bouche demi-ouverte. A quatre mois, il pousse des rires bruyans et des cris de joie.

4° Les sons sortent d'abord involontairement de sa poitrine, lorsqu'il éprouve une vive sensation qui le remue avec force au dedans. Bientôt sa volonté prend possession de la voix, et il commence à *balbutier* dès qu'il éprouve du plaisir à manifester sa force par des démonstrations qui puissent frapper son oreille. C'est de cette manière qu'au troisième mois, et plus encore au cinquième, il joue avec ses organes vocaux dans les momens de calme et de satisfaction, et fait entendre des sons confus, qui sont le prélude de la parole. Après cet exercice préliminaire, il émet, involontairement encore, des sons plus déterminés, des exclamations, lorsqu'il aperçoit quelque chose de nouveau et qui le flatte. Vers le huitième mois à peu près, l'instinct de l'imitation entre en jeu aussi sous ce rapport; l'enfant regarde avec attention les lèvres de sa mère, quand elle lui parle, et s'il entend un mot facile à prononcer, il remue les lèvres en essayant de le prononcer lui-même à voix basse (1). Enfin, sur la fin de cette période,

(1) *Hessische Beiträge*, t. II, p. 332.

le besoin de communiquer avec les autres s'éveille en lui; il balbutie et se crée une espèce de langage, à l'aide duquel il parvient à se faire comprendre.

5° Les premiers sons que l'enfant produit involontairement, et lorsqu'il crie, sont les voyelles aigues; *a*, en ouvrant également toutes les parties de l'organe vocal; puis *ai*, *e*, *i*, en rapprochant la langue du palais. Les voyelles graves, celles qui se forment avec les lèvres, *o, eu, ou, u*, lui demeurent étrangères. Les consonnes sont davantage le produit de la spontanéité. En criant, il ouvre la bouche, applique la langue à la partie postérieure du palais, et produit les sons *k* et *q;* puis les lèvres agissent, et forment, en se fermant, le *b*, le *p*, l'*m*, le *v :* la pointe de la langue produit aussi l'*l* et l'*n*, en s'appliquant au palais. Mais l'enfant ne sait point encore prononcer le *d* et le *t*, qui exigent que le nez se ferme, ni l'*r*, qui dépend des mouvemens du voile palatin, ni l'*f*, l'*s* et le *ch*, qui exigent la présence des dents.

III. Chez le nouveau-né, les *membres* se fléchissent aisément, et se meuvent d'une manière automatique, les pectoraux vers la face, les abdominaux vers le ventre, et en sens inverse. Dans ces divers mouvemens, les membres homonymes suivent ordinairement, mais non toujours, la même direction. Les bras se meuvent plus librement et plus vivement que les jambes. Les doigts alternativement s'écartent et se rapprochent, s'allongent et se ferment. Il n'est pas rare que les orteils exécutent le premier mouvement d'opposition ou de pince (1).

Pendant les premiers mois, ces mouvemens n'expriment que le bien-être; à dater du troisième mois, leur vivacité plus grande annonce celle des désirs et la joie que l'enfant commence à ressentir; à partir du troisième, comme l'activité musculaire en général a pris plus d'énergie, les membres sont continuellement en mouvement durant l'état de veille.

6° Les *mains* du nouveau-né reposent sur sa poitrine, souvent aussi sur ses yeux, surtout pendant le sommeil; elles sont la plupart du temps fermées; mais, peu à peu, elles s'ou-

(1) Guntz, *Der Leichnam des Menschen*, p. 59.

vrent, et restent de plus en plus long-temps ouvertes. Lorsqu'un corps étranger vient à s'y placer par hasard, elles se ferment et le saisissent involontairement, mais ne le retiennent pas long-temps. Elles ont une tendance particulière à se porter vers la face, et c'est dans cette direction qu'a lieu d'abord le mouvement volontaire. Certains enfans s'introduisent par hasard un doigt dans la bouche, et quand cet événement est arrivé une fois, ils tettent fréquemment le même doigt. Le nouveau-né se frotte aussi le nez ou toute autre région du visage, lorsqu'il y éprouve des démangeaisons, mais d'une manière maladroite et avec le poing fermé. Comme il n'est pas encore complètement maître de ses membres, et que le mouvement n'est pas encore, chez lui, en harmonie parfaite avec la sensibilité générale, il lui arrive quelquefois, pendant les trois premières semaines, de se frapper ou gratter avec assez de force pour se causer une douleur qui le fait crier.

7° Vers la fin du second mois, il étend les bras vers les choses qui lui plaisent ; mais, comme il ne peut rien saisir, ce n'est là qu'un symbole de désir. Au troisième mois encore il ne *saisit* que les objets rapprochés de lui ; mais ce mouvement est en partie automatique, car les doigts fléchis ne tardent pas à s'étendre et à laisser échapper ce qu'ils avaient empoigné. En reprenant de nouveau l'objet, il apprend peu à peu à le tenir plus solidement, et il acquiert ainsi, au quatrième mois, la faculté de saisir et de mouvoir les corps étrangers, qu'il porte surtout à sa bouche. Cependant ces mouvemens continuent pendant quelque temps d'être vagues et mal assurés. Même au cinquième mois, l'enfant a encore le coup-d'œil si peu juste, qu'il lui arrive quelquefois de ne rencontrer un objet qu'après beaucoup d'essais inutiles, et de tâtonner plus d'une fois avant de donner à ses doigts la situation nécessaire pour les saisir. Au sixième mois même, il lui arrive parfois, en voulant porter quelque chose à sa bouche, de ne pas pouvoir la rencontrer sur-le-champ.

8° Vers la fin de cette période les membres supérieurs lui servent aussi pour la gesticulation. Il *montre* les objets qui lui paraissent nouveaux et frappans, afin de diriger sur eux l'attention des autres, ou ceux dont on lui fait connaître les

noms, afin de prouver qu'il comprend, et il jette ses bras autour du cou de sa mère pour exprimer son amour et son attachement.

IV. Le nouveau-né ne peut se tenir *debout*. D'un côté, ses
muscles extenseurs sont moins développés et moins actifs que
les fléchisseurs, et les apophyses épineuses de la colonne vertébrale ne sont point encore développées. D'un autre côté, la
colonne vertébrale n'a point encore pris la double courbure
en S : elle est droite, et les corps des vertèbres lombaires
n'ont pas assez de force pour présenter une base solide de
sustentation.

9° Il ne se *couche* que sur le dos, qui présente la surface
la plus large, tandis que tous les animaux restent couchés sur
le ventre, ou, quand ils ont acquis plus de développement,
sur le côté. Le décubitus sur le dos est l'attitude de l'impuissance ; mais il permet à l'œil humain de se diriger vers le haut,
et le bras de la mère supplée à l'insuffisance des forces de
l'enfant. Celui-ci, pendant les premières semaines, demeure
couché, les cuisses et les jambes fléchies, les genoux ramenés
vers le ventre et placés en dehors, les pieds tournés en dedans et dirigés vers les parties génitales. De cette manière, il
peut allonger et fléchir ses membres, mais il lui est impossible de changer de position, ni de rester droit, quand on le
met sur ses pieds.

10° Peu à peu il s'étend. A la fin du premier mois, la tête
se redresse d'abord, attendu que le développement des muscles de la nuque précède celui des musles du dos, et que le
ligament cervical jouit déjà d'une assez grande solidité à cette
époque. Au second mois, l'enfant préfère une situation intermédiaire entre la position couchée et la position *assise*, parce
qu'il y trouve assez de points d'appui pour son dos, et qu'il
peut ainsi non seulement regarder en toute liberté autour de
lui, mais encore se ployer en avant vers les choses qui lui
plaisent. Ensuite les muscles du dos, qui d'abord étaient pâles, deviennent plus rouges, et enfin l'enfant apprend à se
tenir le tronc droit. A quatre mois, il peut rester sur une
chaise, quand on le soutient un peu ; à six mois, il est en
état de rester assis par terre sans soutien.

11° Les *membres inférieurs* ne peuvent servir à porter le corps ; car le bassin est étroit et fort oblique , le ventre fait saillie en avant , les cavités cotyloïdes sont cartilagineuses, le fémur est droit, son col est court et cartilagineux, la rotule n'a point pris tout son développement, et le pied est moins développé que la main, outre qu'en général les fléchisseurs l'emportent sur les extenseurs, de sorte qu'on ne peut étendre la jambe sans employer une certaine force. Aussi les membres pelviens n'exécutent-ils que des mouvemens automatiques pendant les premiers mois, et, par exemple, ils s'alongent lorsque l'enfant vide ses intestins. Ensuite il lui servent d'appui quand il se tient assis, mais plutôt par leur forme et leur masse que par leur activité musculaire. Enfin l'enfant en fait usage quand il commence à changer de place, mais ils ne les emploie encore que comme auxiliaires. En effet, après avoir appris à mouvoir son tronc dans des directions diverses, tandis qu'il est assis sans nul soutien, il commence à se traîner, c'est-à-dire qu'il apprend à se fléchir en avant, à étendre ses bras, et à s'en servir pour tirer à lui le bassin, à la suite duquel viennent les pieds et les jambes étendus sur le sol. C'est là le premier mode de locomotion de l'homme : ni à cette époque, ni à aucune autre , il n'est destiné à ramper, car il doit relever la tête : aussi l'enfant lui-même témoigne-t-il de la joie quand on le tient droit, de manière que ses pieds touchent au sol, quoiqu'il ne puisse pas encore prendre de lui-même ni conserver cette attitude.

## II. Vie végéto-animale.

### A. *Respiration.*

§ 532. Dans la sphère végéto-animale , où nous allons retrouver un plus grand nombre de points d'analogie avec les animaux, la *respiration* se développe jusqu'à un certain point pendant la première enfance.

1° L'irritation produite par l'air qui pénètre dans la cavité nasale, jointe peut-être aussi à celle que détermine la lumière, fait que, peu de temps après la naissance, souvent dès la première heure, et surtout dans le bain, il survient des éternuemens, qui débarrassent le nez des mucosités, et le rendent accessible à l'air. L'enfant apprend aussi, peu à peu, en tétant, à respirer par le nez. Quelques jours après la naissance, la voussure et la distension latérale de la poitrine deviennent plus sensibles qu'elles ne l'étaient immédiatement après la première respiration. Les poumons se développent davantage; il n'y a que la trachée-artère et le larynx qui fassent des progrès peu rapides : l'activité spontanée de ces organes est faible encore, et l'air occasione fréquemment, pendant la respiration, un petit bruit, qui ne se dissipe qu'au quatrième ou au cinquième mois (1). L'enfant ne tousse point non plus pendant les deux premiers mois, quoiqu'il puisse être atteint de rhume. La perspiration pulmonaire paraîtra également être faible.

2° La respiration est la plupart du temps assez fréquente. (Cependant cette fréquence est fort inconstante pendant les premiers mois, et varie sans cause extérieure, notamment durant le sommeil) (2). La rapidité de la circulation doit rendre la formation du sang artériel fort abondante. Cependant, non seulement l'impression que l'air produit au moment de la première respiration, doit être atténuée par le liquide amniotique qui se trouve dans les voies aériennes, mais encore un peu de sang veineux passe, pendant quelque temps, par le trou ovale, dans la partie gauche du cœur, où il se mêle avec le sang artériel venu des poumons. En général, l'enfant semble absorber moins d'oxygène durant les premiers temps, et il paraît qu'alors la vie peut subsister avec une moindre quantité de ce gaz. Edwards (3) a reconnu que de jeunes Moineaux ne mouraient qu'au bout de quatorze heures dans de l'air renfermé, tandis que des Moineaux déjà couverts de plumes y périssaient en deux heures et demie, et des adultes en une heure et demie : des Chiens nouveau-nés y vivaient cinq heures, et des Cochons d'Inde deux heures, tandis que la vie des adultes de ces deux espèces d'animaux ne s'y prolongeait

(1) Mende, *loc. cit.,* t. IV, p. 28.
(2) Addition de Hayn.
(3) De l'influence des agens physiques sur la vie, p. 190.

pas au delà d'une heure; d'où il suit que la respiration consomme moins d'oxygène quand le développement de la vie animale est peu avancé et la faculté de produire de la chaleur faible encore. Mais la consommation et le besoin de cet oxygène paraissent croître avec rapidité. Suivant Nasse (1), les enfans chez lesquels un vice de conformation du système vasculaire s'oppose à ce que la conversion du sang veineux en sang artériel soit complète, jouissent, pour la plupart, d'une santé parfaite au moment de leur naissance; mais plus tard se développe la cyanopathie, et lorsque cette affection survient pendant la première enfance, c'est surtout à la fin de la seconde semaine ou du second mois qu'elle paraît se développer (2).

## B. *Nutrition.*

§ 533. La *nutrition* éprouve des changemens considérables, non seulement par le fait de la naissance, mais encore pendant le cours de la première enfance.

1° La *modalité du besoin* est toute particulière pendant la première enfance. La faim et la soif ne sont point encore distinctes l'une de l'autre, de même que le lait contient, sous forme liquide, des parties solides qui se séparent aisément. Comme la bouche se dessèche promptement, parce que la sécrétion salivaire est peu abondante, et comme aussi l'enfant ne prend que de la nourriture liquide, le sentiment du besoin ressemble davantage à la soif. En effet, la voix de l'enfant qui n'a pas reçu le sein depuis long-temps, est rauque, et elle s'éclaircit promptement après qu'il a tetté (3).

2° L'*instinct* de la nutrition, pendant la première enfance, correspond à l'organisation maternelle. Respirer et crier, tel a été le premier acte d'animalité par lequel il s'est mis en rapport avec le monde : chercher la chaleur et la nourriture auprès de sa mère, est le second. D'abord il tette tout ce qu'on lui met dans la bouche, un doigt par exemple, et sur-

(1) Reil, *Archiv*, t. X, p. 218.
(2) *Deutsches Archiv*, t. I, p. 265. — I. Geoffroy St-Hilaire, Histoire des anomalies de l'organisation, Paris, 1832, t. I, p. 565.
(3) Jœrg, *Ueber das Leben des Kindes*, p. 98.

tout le pouce, sans rien chercher de déterminé ; quelquefois même il lui arrive de le faire lorsque sa tête et ses bras
seuls sont dégagés, le bas-ventre se trouvant encore dans les
voies génitales (1). (Plus d'une fois, en faisant la version, il
m'est arrivé, quand, par hasard, ma main passait sur le visage,
et qu'un de mes doigts entrait dans la bouche, que l'enfant
se mettait de suite à le sucer) (2). Ensuite il cherche, de la
tête et de la bouche, mais sans choix, et saisit de ses lèvres
tout ce qu'il rencontre. Le Poulain cherche et trouve, une
demi-heure après la parturition, le mamelon de sa mère, qui
cependant est petit et caché ; les animaux nés aveugles trouvent également la tétine de leur mère, qui leur en facilite la
recherche par l'attitude qu'elle prend ; mais celle-ci demeure
passive, quant à la succion. L'enfant qui vient de naître a
moins d'instinct, et l'amour maternel lui est plus nécessaire :
il faut que sa mère lui mette le mamelon dans la bouche.

3° L'*ingestion de la nourriture*, chez certains animaux
ovipares, s'opère encore d'une manière purement végétale
pendant les premiers temps qui suivent l'éclosion ; l'embryotrophe primaire, ou le jaune, tient lieu ici de lait, suivant la
remarque de Harvey (3) et de Leveillé (4); et l'animal ne
passe que peu à peu de l'état embryonnaire à la vie indépendante. Chez les Araignées, le jaune fournit tant de substance
nutritive, après l'éclosion, que l'Insecte peut vivre au delà de
deux mois sans autre nourriture, et quand celle-là est consommée, le corps adipeux se forme à sa place (5). L'Écrevisse
ne consomme qu'une portion du jaune dans l'œuf ; le reste
passe, après l'éclosion, en partie dans les voies d'absorption,
en partie dans l'intestin, et les débris de la vésicule ombilicale restent, sous la forme d'un court cœcum, immédiatement derrière le pylore, à la surface supérieure du canal intestinal.

(1) Osiander, *Handbuch der Entbindungskunst*, t. I, p. 679.
(2) Addition de Hayn.
(3) *Loc. cit.*, p. 219.
(4) Reil, *Archiv*, t. IV, p. 425.
(5) Herold, *Untersuchungen ueber die Bildungsgeschichte der wir-
bellosen Thiere im Eie*, p. 52.

La même chose arrive chez les Chéloniens et les Oiseaux. Le jaune du Poulet a diminué d'un cinquième vingt-quatre heures après l'éclosion ; au septième jour, il est déjà très-petit et retiré vers les reins, tandis que le conduit vitellin s'épaissit. Aussi certains Oiseaux peuvent-ils rester quatre à six jours sans nourriture (1), et la plupart n'en prennent aucune le premier jour. Cependant, ce phénomène n'a pas lieu chez tous les ovipares. Dans les Sauriens, la vésicule ombilicale n'est pas plus grosse qu'une tête d'épingle après l'éclosion, elle ne tient à l'intestin que par des vaisseaux (2), et, d'après Mangili, on peut l'enlever sans compromettre la vie, observation que Vicq-d'Azyr avait faite aussi sur le Poulet.

Il résulte de cette disposition que, pendant les premiers temps, la vie est mise à l'abri des privations fortuites. Chez les ovipares qui n'ont point de nourriture à attendre de leur mère, et pour lesquels cette nourriture ne se présente ni facilement, ni en assez grande abondance, le jaune fournit les matériaux nécessaires au développement jusqu'à ce que leur vie animale, leurs sens et leur faculté motrice aient fait assez de progrès pour qu'ils puissent se procurer eux-mêmes des alimens. Mais, chez les Oiseaux, les parens ne commencent à donner de la nourriture à leurs petits, ou à les mener dans les lieux propres à leur en fournir, que quand ceux-ci sont tous venus au monde, de sorte que les premiers éclos doivent passer quelque temps dans l'abstinence, puisque les œufs n'éclosent point à la même époque et ne sont pas tous couvés simultanément.

4° Chez les Mammifères, ce passage de l'état embryonnaire à la vie indépendante s'opère non pas peu à peu, mais d'une manière soudaine. Le contenu de la vésicule ombilicale est épuisé depuis long-temps à l'époque de la naissance, et la vésicule elle-même n'existe plus, de sorte qu'il y a nécessité, dès le principe, que l'activité animale puise à l'extérieur des matériaux pour la nutrition. Aussi l'enfant nouveau-né n'a

____

(1) Reil, *Archiv*, t. IV, p. 425.
(2) *Ibid.*, t. X, p. 106.

pas plutôt dormi environ six heures, pour se remettre des fatigues du part, que la soif le réveille, et la mère, de son côté, se trouve alors assez reposée pour pouvoir lui présenter le sein. Mais *l'allaitement* est la forme la moins élevée du mode animal de la nutrition; il se rapproche de l'absorption végétale, qui elle-même confine de près à l'hygroscopicité. Ce rapport s'observe surtout chez les têtards des Batraciens et les petits des Marsupiaux, dont la bouche n'est qu'une simple ventouse, constamment appliquée ici à la tétine, là au *nidamentum*. L'enfant qui vient de naître ne peut exécuter aucun mouvement de mastication, car l'articulation de sa mâchoire n'est pas disposée de manière à permettre d'énergiques mouvemens, ni le rebord alvéolaire susceptible de supporter un effort mécanique considérable; en outre, la salive manque pendant les deux premiers mois, et elle coule encore fort peu abondamment durant les mois qui suivent, les glandes salivaires étant grêles et peu développées. La nourriture ne peut donc point être préparée pour la digestion dans la cavité orale, elle ne peut que traverser cette cavité; et comme la mère produit d'avance un liquide nourricier, facile à assimiler, qui n'a pas besoin de préparation préliminaire, de même aussi la bouche du fœtus est conformée en organe de succion et de passage. En effet, elle est large, mais le peu de développement du palais osseux la rend courte, et l'absence des dents fait qu'elle a peu d'élévation; les lèvres sont donc proportionnellement plus longues qu'à une époque subséquente, ce qui les rend surtout propres à embrasser le mamelon; la langue, le voile du palais et la luette ont aussi des dimensions déjà considérables, et qui leur permettent de participer aux mouvemens de la succion. Pendant cette dernière, les lèvres s'appliquent à la base du mamelon, la langue prend la forme d'une gouttière, embrasse ce mamelon en dessous, et le presse en haut contre le palais; tout étant ainsi disposé, l'enfant attire le mamelon dans sa bouche, comme s'il voulait l'avaler (1), et il en exprime le lait, tant en faisant le vide au moyen de l'inspiration et par

(1) Harvey, *loc. cit.*, p. 269.

le même mécanisme que celui suivant lequel agit une pompe appliquée à la glande mammaire, qu'en imprimant à ses organes de succion un mouvement de dehors en dedans, qui chasse le lait de la base du mamelon vers le sommet, comme celui qu'on exécute avec la main lorsqu'il est question de traire une Vache. Les deux mouvemens, celui de succion et celui de pression, agissent de concert l'un avec l'autre; cependant l'aspiration peut être suppléée par le mouvement des organes de succion, comme l'a démontré Petit (1). Les lèvres se meuvent par ondulations, parcourent le mamelon de la base au sommet, puis remontent vers la base, tandis que les mâchoires fermées retiennent ce mamelon; la pointe de la langue se porte ensuite d'avant en arrière, et propage ainsi péristaltiquement la pression de la base, entourée par les lèvres, vers le sommet, tandis que sa propre base chasse le lait dans le pharynx. En cas de scission du palais, la succion est difficile, ou même totalement impossible, tant parce que le mamelon ne peut point être pressé contre la voûte palatine, que parce que l'air passe du nez dans la bouche, de sorte qu'il est impossible à l'enfant de faire le vide dans cette dernière pendant l'inspiration.

L'enfant apporte au monde la faculté de téter; mais il la perfectionne par l'exercice, de manière que peu à peu il tette d'une manière à la fois et plus forte et plus continue; si on lui donne à boire seulement pendant trop long-temps, il désapprend la succion, et s'y prend fort maladroitement pour l'accomplir lorsqu'ensuite on lui présente le sein. Ce n'est que quand la mamelle fournit une grande quantité de lait qu'il en laisse échapper de sa bouche; le liquide vient-il même trop abondamment, de manière à le mettre en danger de suffoquer, il quitte le mamelon. En effet, l'écoulement du lait ne dépend pas des seuls efforts de l'enfant; l'organisme maternel y contribue aussi par une activité vitale harmonique. Dès que l'enfant saisit le mamelon, la glande mammaire entre en turgescence, ses conduits lactifères se dilatent et s'ouvrent, et il s'établit une congestion qui augmente la sé-

(1) Hist. de l'Acad. des sc., 1735, p. 49.

crétion : aussi le lait s'échappe-t-il souvent sous la forme de jet, lorsque l'enfant quitte le sein, et parfois même avant qu'il commence à téter.

L'enfant ne peut atteindre au mamelon, si sa mère ne le tient point. Quelques animaux laissent leurs petits chercher la tétine, et ne font que prendre une attitude qui rende cette recherche plus facile. Ainsi la Baleine se met sur le côté, et le Phoque debout. D'autres, surtout parmi ceux qui viennent aveugles au monde, sont couchés sous le ventre de leur mère, où ils trouvent les mamelons. Ceux qui naissent plus développés, par exemple, les Ruminans, se suffisent à eux-mêmes pour cela, et la mère se contente de rester tranquille pendant qu'ils tettent. Suivant Corse, le jeune Éléphant frotte la mamelle en tétant, afin d'accroître l'afflux du lait, et les Ruminans qui tettent long-temps, comme les Elans, ploient les genoux de devant, quand ils sont devenus grands, pour pouvoir atteindre à la tétine; ils se couchent même sur le dos, lorsqu'il ont acquis une plus haute taille.

5° L'enfant tette d'abord très-fréquemment, mais peu à la fois, de sorte qu'au total il ne prend pas beaucoup de lait. Pendant les premières semaines, il demande le sein toutes les trois ou quatre heures, c'est-à-dire chaque fois qu'il se réveille, mais il ne tarde pas à être rassasié et à se fatiguer de la succion, qu'il interrompt même quelquefois, afin de se reposer. Vers la fin du second mois, il commence à téter plus rarement, toutes les six heures environ, mais avec plus de force et plus long-temps chaque fois, de manière qu'il prend davantage de lait. Enfin, vers la fin de cette période, il n'est plus aussi avide du sein, et accueille déjà volontiers une autre nourriture.

A ces vicissitudes en correspondent de semblables dans la *quantité* de la sécrétion du lait. Cette quantité croît jusqu'au sixième mois environ, et s'élève peu à peu à deux livres ou plus; mais elle diminue à partir du huitième mois. D'après Parmentier et Deyeux, une Vache donne, au moment du part, vingt-quatre livres de lait; pendant le premier mois, trente-deux; dans les deux mois suivans, trente et une; au quatrième, vingt-sept; au cinquième et au sixième, vingt-quatre.

Mais la *qualité* du lait change aussi pendant le cours de la période d'allaitement.

6° Le premier lait, appelé *colostrum*, ressemble, chez la femme, à de l'eau de savon peu chargée ; il s'y produit des flocons, qui gagnent la surface, et au dessous desquels on aperçoit un liquide limpide, semblable à du mucus. Le second jour, il devient plus blanc. Au troisième ou au quatrième jour, il acquiert ses qualités ordinaires (1).

Le premier lait des Vaches a été étudié avec soin par Parmentier et Deyeux, Stipriaan Luiscius et Bondt, et Schubler (2). La veille du part, il est demi-transparent, jaunâtre, visqueux, et d'une saveur fade ; il ne donne qu'un caillot muqueux avec la présure ; mais, suivant Luiscius, l'action de la chaleur ne tarde pas à y faire naître des flocons albumineux. Le jour du vélage, il est épais et mucilagineux, quelquefois mêlé de filets de sang. A cette époque, sa pesanteur spécifique est plus considérable (10720, d'après Luiscius ; 10455, selon Schubler), il contient davantage de crème ( sur 1000 parties, 116 d'après Luiscius, 750 suivant Schubler ), plus de beurre ( sur 1000 parties, 30 selon Luiscius, 93 d'après Parmentier ) et plus de fromage ( sur 1000 parties, 187 selon Luiscius, 111 d'après Schubler ) que le lait ordinaire, de sorte qu'il est très-riche en principes nutritifs ; mais ceux-ci y sont modifiés d'une manière particulière. Le beurre est d'un jaune foncé : il se rapproche, selon Schubler, du jaune d'œuf, auquel il ressemble pour la couleur et l'odeur, mais sa saveur est moins grasse, moins agréable, et, en quelque sorte, farineuse. Dans le fromage prédomine surtout le serai, dont la quantité est à celle de la matière caséeuse proprement dite :: 107 : 100, tandis que la proportion ordinaire est de 18 : 100. Schubler assure que le serai ressemble encore davantage que de coutume à l'albumine. Dès le second jour, la pesanteur spécifique du lait diminue, ainsi que la quantité de beurre et de fromage. Au bout de six jours le liquide a presque repris ses qualités ordinaires. La différence

(1) Joannides, *Physiologia mammarum muliebrium*, p. 38.
(2) *Deutsches Archiv*, t. IV, p. 577.

entre le colostrum et le lait est indiquée de la manière suivante par Schubler : les proportions ont trait à 1000 parties ;

|                    | Pesanteur spécifique. | Crême. | Caséum. | Serai. | Petit lait. |
|--------------------|------------------------|--------|---------|--------|-------------|
| Lait du 1er jour   | 10,455                 | 570    | 53      | 57     | 320         |
| Lait ordinaire     | 10,527                 | 130    | 43      | 7      | 820         |

Le premier lait paraît différer, chez tous les animaux, de
celui que les glandes mammaires sécrètent plus tard. Barton a trouvé, dans l'estomac des Marsupiaux, un liquide
incolore et transparent lorsqu'ils tettaient depuis peu, et une
liqueur laiteuse quand ils étaient demeurés plus long-temps
fixés à la mammelle. Or comme l'enfant nouveau-né se trouve
généralement mieux quand il fait usage de cette espèce particulière de lait, que lorsqu'on lui donne une nourrice accouchée depuis long-temps, nous devons présumer qu'un certain rapport existe entre eux. D'abord, le colostrum paraît
avoir plus d'analogie encore avec l'embryotrophe que le lait
qui se forme après ; peut-être même qu'en le comparant avec
l'eau de l'amnios, on trouverait des traits de ressemblance
entre son serai et l'albumine de cette dernière. En outre,
comme il est décomposable à un très-haut degré, que les
principes combustibles y abondent, et que, d'après Luiscius,
il n'est pas susceptible de subir la fermentation acide, mais
seulement de se putréfier, ces diverses circonstances font qu'à
une époque où la bile n'a point encore atteint toute son amertume, il peut être digéré facilement et sans exiger aucune
production d'acide. Enfin, comme il contient beaucoup de
substance grasse, peut-être contribue-t-il à calmer l'excitation causée par le part, sans compter que très-probablement il
facilite l'expulsion du premier excrément contenu des intestins;
car, d'après les recherches de Payen (1), la graisse a de l'affinité
avec le méconium, et le dissout ; on sait que l'enfant auquel
on donne une nourrice dont le lait est ancien, se débarrasse
plus tard qu'un autre du méconium, à moins qu'on ne lui fasse

(1) Billard. Traité des maladies des enfans nouveau-nés, Paris, 1837,
p. 395.

prendre un peu d'huile d'amandes douces ou de quelque autre substance analogue.

.7° Vers les derniers temps de l'allaitement, le lait change de qualité : le beurre devient plus parfait, et se sépare en plus grande abondance à l'état de pureté, ainsi que Boyssou et Parmentier l'on constaté chez les Vaches. Ce qui peut contribuer à amener ce résultat, c'est que peu à peu l'enfant tette de plus en plus rarement, car on sait que les Vaches qu'on trait souvent donnent à la vérité une plus grande quantité de lait, mais que la proportion du beurre qu'elles fournissent n'augmente point, et l'expérience a également appris que le lait devient aqueux et sans force chez les femmes qui donnent trop fréquemment le sein à leur enfant. D'après une analyse de Payen, le lait des femmes contient moins de beurre, de fromage et de sucre sept mois après la parturition qu'au bout de quatre mois (1).

Pendant que les animaux vivent de substances assimilées ou sécrétées par leurs mères, ils prennent, tantôt plus tôt et tantôt plus tard, d'autres alimens encore. Ainsi les Pigeons ne vivent que pendant trois jours des matériaux seuls que dégorgent les parens, après quoi ils prennent en même temps d'autres alimens, que seuls enfin ils finissent par recevoir. Le Cochon d'Inde broute l'herbe dès le lendemain de sa naissance, quoiqu'il tette pendant une quinzaine de jours. Le Renne commence, au bout de quelques jours, à manger de l'herbe et des lichens, et au bout de trois semaines le lait ne suffit plus à la nourriture du Veau. De même, l'enfant arrive peu à peu à désirer des alimens, surtout des substances molles, pultacées, farineuses, parce que son sens du goût, qui se développe davantage, exige une plus grande variété de choses, que ses forces digestives sont en état d'élaborer des substances plus hétérogènes et solides, et que le lait maternel ne lui fournit plus une nourriture suffisante.

8° Pendant l'allaitement, l'estomac se développe. Bernt nous apprend que la première respiration, en abaissant davantage le diaphragme, fait passer ce viscère d'une situation per-

(1) Billard, *loc. cit.,* p. 396.

pendiculaire à une autre plus horizontale (1). Suivant Gunz (2), l'estomac du nouveau-né éprouve un changement tel, après avoir admis des alimens, que sa plus grande largeur se trouve portée d'un pouce et demi à un pouce et dix lignes, sa hauteur d'une courbure à l'autre de six lignes à neuf, et son diamètre d'avant en arrière de trois lignes à neuf, tandis que la distance d'un orifice à l'autre, qui était d'abord de huit lignes, se réduit à six. Chez les Ruminans, il n'y a d'abord que la portion pylorique, ou le quatrième estomac (caillette), qui agisse, et elle est fort grande; mais peu à peu les trois autres estomacs, ou la portion cardiaque, se développent. L'intestin qui, pendant la vie embryonnaire, sécrétait ou excrétait plus qu'il ne recevait, devient surtout un organe d'ingestion pendant la première enfance; les vaisseaux lymphatiques et les glandes mésentériques grossissent. la différence entre le gros intestin et l'intestin grêle se prononce davantage. Le mouvement péristaltique, excité par l'affluence d'une quantité plus considérable de bile, devient plus vif; mais il n'est d'abord ni assez fort pour pouvoir élaborer des alimens solides, ni parfaitement régulier, de sorte que le lait reflue souvent de l'estomac, sans que l'enfant éprouve de nausées, puisqu'il recommence aussitôt à boire.

9° Le lait tourne à l'aigre par son mélange avec le suc gastrique, et celui que l'enfant vomit au bout d'une demi-heure ou d'une heure est en grande partie coagulé. Suivant Schubler (3), c'est principalement la matière caséeuse qui se caille, le serai étant moins coagulable. La bile qui se mêle au caillot le convertit en un chyle liquide, dont s'emparent les vaisseaux lymphatiques. Cependant la bile n'est point encore assez puissante pour maîtriser entièrement l'acidification opérée par le suc gastrique intestinal; les vents qui sortent par le bas ont une odeur, non point putride, mais de lait aigre; cette odeur est aussi celle des excrémens jaunâtres, surtout quand ils ont séjourné quelques heures dans les intestins, et ces matières

(1) *Systematisches Handbuch der gerichtlichen Arzneikunde*, p. 275.

(2) *Der Leichnam des Menschen*, p. 80.

(3) *Deutsches Archiv.*, t. IV, p. 570.

paraissent contenir de la matière caséeuse non encore décom-
posée ; car les Chiennes et les Chattes non seulement lèchent
leurs petits après chaque évacuation, mais encore mangent
très-volontiers les excrémens qu'ils rendent (1). L'enfant
prend donc, avec le lait, plus de substance alimentaire qu'il
n'en peut digérer. Il n'y a que le cas de maladie, lorsque la
bile se secrète en trop grande abondance, dans lequel ses
excrémens soient verts et exhalent une odeur putride ; mais
les troubles de la digestion sont fort communs à cette époque,
et ils occasionent tantôt des coliques, des vomissemens, la
diarrhée, tantôt des aphthes, des ulcérations à la peau et
d'autres affections sympathiques.

10° Bichat n'a pu parvenir à mettre en mouvement le rectum
des embryons, tandis que les muscles volontaires étaient déjà
pleinement accessibles aux stimulations qu'il faisait agir sur
eux. Aussi faut-il recourir à la pression, chez un enfant mort-né,
pour faire sortir les excrémens. L'exonération n'a lieu qu'a-
près la respiration ; elle s'opère plus tard chez les enfans non
à terme, qui respirent faiblement, que chez ceux à terme,
qui respirent avec énergie (2) : l'éveil de l'irritabilité du rectum
par le sang artériel semble avoir plus de part à ce phénomène que la pression exercée par le diaphragme, qui descend
plus bas. En effet, la respiration en est la condition, jusque
chez les animaux sans vertèbres ; le Limnée ne se débarrasse
de ses premiers excrémens qu'après avoir respiré quelque
temps (3). Lorsque le Papillon s'est dégagé de son enveloppe
chrysalidaire, il commence par introduire de l'air dans ses
trachées, il déploie ses ailes, puis, par un mouvement vermiforme de son abdomen, il vide son abdomen du résidu
des alimens pris par la larve, et alors seulement il s'envole.
Certains Insectes, ceux surtout qui passent de l'état de larve à
celui de chrysalide dans le nid où ils ont été couvés, n'ont probablement pas non plus d'évacuations alvines pendant ces
deux états, et leur premier soin, quand ils sont devenus In-

(1) Jœrg, *Ueber das Leben des Kindes*, p. 101.
(2) *Deutsches Archiv.*, t. IV, p. 548.
(3) Carus, *Von den aeussern Lebensbedingungen*, p. 69.

sectes parfaits, et qu'ils ont commencé à respirer, est de se vider le canal intestinal. Chez l'enfant, la première portion des excrémens, qui est noire, sort en général peu de temps après la naissance et le commencement de la respiration; ce qui reste ne s'échappe que vers la fin du second ou du troisième jour; c'est une matière d'un brun foncé et verdâtre, qui est mêlé avec du colostrum. Ensuite commence l'expulsion des résidus de la digestion du lait. Au reste, les évacuations alvines sont d'abord fréquentes chez l'enfant nouveau-né; elles ont lieu trois ou quatre fois toutes les vingt-quatre heures.

11° L'allaitement, chez les animaux, dure, d'un côté, jusqu'à ce que les petits puissent se procurer eux-mêmes leur nourriture, de l'autre, jusqu'à ce que la mère entre de nouveau en chaleur, ce qui amène la cessation de la sécrétion du lait. C'est par exception seulement qu'il arrive quelquefois que la mère, celle entr'autres de l'Élan, qui abandonne ses petits pendant l'époque du rut, et qui vient ensuite les retrouver, continue encore alors pendant quelque temps de les allaiter. Au total, la durée de la lactation est en raison directe de la taille les animaux, et inverse de leur fécondité. Non seulement les animaux qui naissent clairvoyans, comme le Cochon d'Inde, le Lièvre et la Souris, mais encore d'autres qui viennent au monde aveugles, comme le Hamster, le Lapin, l'Écureuil, le Mulot et le Rat d'eau, ne sont allaités que deux à quatre semaines; le Loup, le Renard, le Chat, le Chien, le Hérisson, le Castor, le sont quatre à six semaines; le Phoque et le Morse, deux mois; le Sanglier trois ou quatre mois; la Brebis quatre à cinq; l'Ane et le Daim cinq; le Cheval, la Vache, le Cerf, le Renne et l'Ours, six; la Baleine un an, à ce qu'on prétend. L'homme est de tous les êtres celui chez lequel l'allaitement se prolonge le plus, eu égard à sa taille; car il dure généralement neuf mois environ.

### IV. Vie végétative.

#### A. *Système sanguin et cutané.*

§ 534. Si nous considérons la *vie végétative*,

I. Nous trouvons que le système sanguin a une grande extension pendant la première enfance.

1° Le *cœur* du nouveau-né est très-gros; il pèse six à sept gros; son poids est à celui du corps entier : : 1 : 120 — 150, tandis que la proportion est de 1 : 200 chez l'adulte.

2° La *circulation* est très-rapide. On compte cent trente à cent quarante pulsations par minute pendant le premier mois, cent vingt à cent vingt-cinq au bout de trois mois, cent quinze au bout de neuf. Une telle activité de la vie du sang doit amener souvent des congestions, des fièvres et des inflammations, qui prennent une marche rapide, mais que le peu d'intensité des forces fait bientôt tomber dans un état d'épuisement.

3° Les *vaisseaux capillaires* sont infiniment nombreux, de sorte qu'il se répand dans les organes une multitude de courans, dont le nombre diminue pendant la jeunesse, et même déjà en partie pendant la première enfance, par exemple, dans la peau, les muscles, les membranes fibreuses et les os.

4° Le nouveau-né se crée sa propre *chaleur*, comme fait aussi le Mammifère qui vient au monde clairvoyant; mais, suivant J. Davy (1) et Edwards (2), cette chaleur n'est d'abord que de vingt-sept à vingt-huit degrés du thermomètre de Réaumur, et elle ne va même qu'à vingt-cinq ou vingt-six degrés chez les enfans débiles et non à terme. Aussi, d'après Villermé et Edwards (3), la mortalité est elle, jusqu'à la fin du troisième mois, beaucoup plus considérable en hiver qu'en été, tandis qu'à dater de la seconde année la proportion est inverse. Or, la principale cause de cette plus grande mortalité paraît tenir à l'habitude de porter les enfans à l'église pour les y faire baptiser.

II. La *peau* du nouveau-né

5° Est humide et glissante. Les Mammifères lèchent leurs petits, et la salive paraît être le liquide qui convient le mieux pour enlever le vernis adhérent à la peau, puisqu'un premier bain ne suffit pas pour en débarrasser complétement l'enfant.

(1) *Deutsches Archiv*, t. II, p. 346.
(2) De l'influence des agens physiques sur la vie, p. 235.
(3) De l'influence de la température sur la mortalité des enfans nouveau-nés (Annales d'hygiène et de médecine légale, t. II, p. 294.)

6° L'éclosion fait passer la peau du milieu aqueux, dans lequel elle se plongeait, au sein de l'air ; elle se trouve donc alors soumise pour la première fois à la pression de l'atmosphère. L'afflux du sang vers la peau, qui avait lieu pendant la vie embryonnaire, et que le part avait accru encore, diminue donc par l'effet de cette cause, et la rougeur disparaît en quelques jours, de même que la bouffissure de la face et l'enflure des tégumens de la tête, qui s'étaient manifestées pendant la parturition, commencent à s'effacer vingt-quatre heures déjà après la naissance. En second lieu, comme la peau se trouve maintenant dans un milieu sec, elle commence à exhaler, mais moins par sa propre activité que par un effet d'hygroscopicité, attendu que l'air attire les vapeurs aqueuses et dessèche les tégumens cutanés. Aussi n'aperçoit-on jamais de sueur pendant les premiers mois, et l'enfant peut rester long-temps nu sans se refroidir, tandis qu'on le lave et qu'on l'habille, parce que le peu d'abondance de la transpiration compense le peu d'activité de la calorification. En outre, cet organe conserve encore pendant quelque temps son ancienne habitude d'absorber et de sécréter un fluide lubréfiant. Cette dernière circonstance explique l'odeur particulière que répand l'enfant à la mamelle. La substance destinée à lubréfier la peau s'accumule avec une grande facilité, surtout dans les parties velues du corps, et y produit des croûtes en se desséchant. Il résulte de là, comme aussi, d'après Billard, du travail incessant de la mue, quand la formation du nouvel épiderme a lieu avec lenteur, que la peau s'excorie facilement dans les endroits où elle est plissée ; l'ophthalmie qu'on observe fréquemment pendant les deux premiers mois, a son siége dans les glandes sébacées des paupières, et elle s'accompagne de l'excrétion d'une épaisse chassie jaunâtre. C'est cette diathèse de la peau qui fait qu'on rencontre si souvent pendant les deux premiers mois la miliaire, l'érysipèle et le pemphigus, et pendant le second semestre de la vie, les croûtes de lait, quand la nutrition est trop abondante, ou l'induration du tissu cellulaire, lorsque les fonctions de la peau viennent à être supprimées.

7° L'*épiderme*, qui était accoutumé à un milieu liquide, se dessèche à l'air, et se détache par écailles, avec lesquelles tombe ce qui a pu rester encore de vernis caséeux adhérent à la peau. Ainsi Carus assigne l'intervalle du troisième au sixième jour (1) à la première mue, que Désormeaux (2) reconnaît également pour un phénomène normal. Suivant Billard, cette mue commence au bas-ventre, s'étend delà sur la poitrine, et gagne enfin les membres ; elle commence par des gerçures, forme ensuite des écailles, produit en dernier lieu une sorte de poussière, et dure pendant les premiers dix jours. Hohl assure qu'elle s'accomplit presque toujours du troisième au sixième jour, et qu'elle dure parfois un mois, ou même davantage. Baer a vu, chez un enfant né depuis quelques heures seulement, l'épiderme non seulement présenter des plis au visage, mais encore être totalement détaché sur la poitrine, et y former comme une espèce de chemise. C'est le même travail qui fait que l'enveloppe cornée du bec des jeunes Oiseaux ne tarde pas à se détacher, qu'elle tombe, par exemple, chez les petits poulets, quand ils commencent à becqueter le grain.

8° Chez plusieurs animaux, la peau n'acquiert qu'au bout d'un laps de temps plus ou moins long après l'éclosion, la *couleur* qu'elle doit conserver désormais. Les Coccinelles et les Hydrophiles ne prennent leur pleine et entière coloration que douze à vingt-quatre heures après leur sortie de la chrysalide. Les Araignées ne se colorent qu'au bout de quelques jours. Chez beaucoup d'Oiseaux, le bec et les pattes ne prennent qu'au bout de plusieurs mois les couleurs qu'ils sont destinés à offrir dans la suite. Tous les hommes naissent d'un rouge clair, et du troisième au huitième jour, ils acquièrent la teinte de leur race, le Caucasien devenant d'un blanc rougeâtre, l'Américain d'un brun rougeâtre, le Nègre noir, et le Malai d'un jaune grisâtre. Camper (3) et Cassan (4) assurent que, chez les nègres, il se forme, peu de temps après la nais-

(1) *Lehrbuch der Gynœkologie*, t. II, p. 146.
(2) Dictionnaire de médecine, t. XV, p. 145.
(3) *Kleine Schriften*, t. I, p. 44.
(4) Heusinger, *Zeitschrift fuer die organische Physik*, t. 1, p. 443.

sance, des demi-cercles cendrés à la racine des ongles, puis des anneaux bruns ou noirâtres autour des mamelons et de l'ombilic, avec une raie foncée sur la ligne médiane du ventre; ensuite, vers le second ou le troisième jour, le scrotum devient noir; des stries noirâtres descendent des ailes du nez aux coins de la bouche, d'autres pareilles se développent aux genoux, et la région frontale devient brunâtre; mais, au sixième ou huitième jour, la peau entière est noirâtre. La coloration a lieu de même lorsqu'on n'expose point l'enfant à l'air, et qu'on le tient emmailloté : elle paraît se manifester d'abord dans les régions où il y a le plus de glandes sébacées, dont le produit a de l'analogie avec le pigment carbonifère. Les changemens qui s'effectuent dans le foie (§ 535, 4°) semblent prendre part à cette coloration.

9° La couleur des *cheveux* et de l'*iris* est primordialement noire chez le nègre. Chez l'Européen, les cheveux commencent par être plus ou moins blonds, et l'iris d'un bleu foncé; leur couleur change peu pendant la première enfance. Chez les Oiseaux aussi, l'iris n'acquiert souvent qu'au bout de quelques années sa couleur permanente, et la teinte du plumage change avec l'âge dans les mâles, tandis que les femelles conservent celle qu'elles partageaient d'abord avec eux. Plusieurs Mammifères prennent, au bout de six mois ou d'un an, la couleur que leur pelage doit conserver. Chez certains Oiseaux et Mammifères, la teinte est d'abord plus foncée, et pâlit par l'effet de l'accroissement; ainsi le Cygne passe du gris au blanc, le Percnoptère du brun foncé au blanc, par le jaune sale, plusieurs espèces de Faucons du brun rougeâtre au gris cendré; le Renard et le Lérot changent le gris cendré foncé, qu'ils avaient apporté en naissant, contre le rouge brun : la Chauve-Souris, la Loutre et le Rat d'eau sont presque noirs en venant au monde, et deviennent peu à peu d'une teinte plus claire. Chez d'autres animaux, au contraire, la couleur primitive est claire, et se fonce peu à peu; plusieurs espèces d'Aigles sont d'abord d'un brun jaunâtre, et deviennent d'un brun foncé; la Taupe et la Musaraigne sont d'un gris très-clair pendant les premiers temps; le Cerf est d'un jaune blanchâtre et tacheté de brun jusqu'à trois mois;

les petits du Lion, du Couguar, du Sanglier ĕt du Tapir, ont également une livrée dont les couleurs sont très-vives. Du reste, suivant Geoffroy Saint Hilaire, les petits des deux sexes, dans l'espèce du Macaque, ressemblent au mâle adulte par leur couleur plus pâle, tandis que la femelle adulte tire davantage sur le noir.

### B. *Organes de la vie plastique.*

§ 535. Parmi les différens viscères de la vie plastique qui nous restent encore à examiner, le *foie* est celui qui subit les changemens les plus considérables à la suite de la parturition.

1° Il reçoit moins de sang, car l'oblitération de la veine ombilicale lui enlève environ les deux tiers de celui qui jusqu'alors y affluait. Aussi perd-il sa rougeur foncée, et prend-il une teinte plus claire. Peu à peu aussi on reconnaît les résultats de ce phénomène dans la diminution de son accroissement. Son poids présente des différences individuelles tellement considérables qu'il y a peu de fond à faire sur le terme moyen qu'on pourrait assigner. Cependant Schaeffer assure qu'en général il diminue quand la respiration commence à s'exercer : chez des enfans à terme venus morts au monde, il était de cinq onces, et sa proportion au poids du corps était de 1 : 22,06 ; chez des enfans morts pendant les dix premiers jours après sa naissance, il pesait sept gros de moins, et la proportion, eu égard au corps, était de 1 : 22,59. Cet organe croît avec lenteur, surtout comparativement aux poumons ; le rapport de ceux-ci au foie étant à peu près de 1 : 3 avant la respiration, il était de 1 : 1,86, après l'établissement de cette dernière fonction, par suite des changemens survenus dans la circulation, et plus tard de 1 : 1,50, à cause de la différence d'accroissement. Mais le foie diminue infiniment plus, par rapport aux poumons, chez les garçons que chez les filles. Comme la respiration le fait descendre davantage dans la cavité abdominale, et le soumet à une pression alternative de la part du diaphragme et des muscles abdominaux, cette particularité exerce peut-être de l'influence sur l'accroissement de la densité de son tissu.

2° Mais, dans les premiers temps, lorsque le foie n'a point encore diminué de volume, et que cependant il reçoit beaucoup moins de sang qu'auparavant, ce liquide, suivant la remarque d'Autenrieth (1), doit couler avec une grande lenteur dans son intérieur, parce qu'il y trouve plus d'espace; les ramifications de la veine porte sont très-lâches, quoiqu'unies solidement avec la substance du foie, de manière que, quand on les coupe en travers, même lorsqu'elles ne contiennent point de sang, elles présentent un diamètre considérable. Ajoutons encore que le sang ne peut plus passer, en vertu des lois de la pesanteur, des veines hépatiques dans la veine cave, comme il le faisait chez l'embryon, qui avait la tête en bas (2).

3° Après la respiration, le foie ne reçoit plus un sang qui ait été métamorphosé par la respiration branchiale dans le placenta; celui qui y arrive maintenant vient des organes digestifs entrés en fonction, et c'est un sang désoxigéné, carbonisé, rendu veineux au plus haut degré par la formation abondante du suc gastrique et intestinal.

4° La conséquence de cette qualité du sang et du ralentissement de son cours dans le foie, est la production d'une plus grande quantité de bile. Aussi la vésicule biliaire acquiert-elle, au bout de quelques jours, une ampleur plus grande et une forme de poire, tandis qu'auparavant elle était cylindrique (3). De même aussi elle change de situation avec la surface inférieure du foie, et de perpendiculaire qu'elle était, elle devient presque horisontale (4). Du second au quatrième jour après la naissance, se manifeste fréquemment la jaunisse, et la prédisposition à cette maladie ne se dissipe que dans le cours du second mois. La couleur verte des excrémens annonce que le foie produit alors de la bile en abondance, et que l'excrétion de ce liquide a lieu avec facilité. On ne peut

(1) *Sammlung auserlesener Abhandlungen*, t. XIX, p. 126.
(2) Mende, *Ausfuehrliches Handbuch der gerichtlichen Medicin*, t. IV, p. 60.
(3) Bernt, *Handbuch der gerichtlichen Arzneikunde*, p. 274.
(4) Mende, *loc. cit.*, t. IV, p. 61.

donc point admettre qu'ici la peau secrète une substance biliaire supplétive de celle que le foie trop paresseux ne fournit point, ni qu'un obstacle quelconque à l'éjection de la bile fasse qu'elle soit resorbée et passe dans le sang. Ce qui contribue encore à rendre improbable une telle absorption, qu'on ne pourrait expliquer que par une formation trop abondante de bile, c'est que l'urine ne subit aucun changement de couleur dans l'ictère des nouveau-nés. Nous devons donc présumer que, quand la respiration commence à s'établir, le sang acquiert une tendance à se débarrasser de son carbone par la peau, aussi bien que par le foie, et que c'est à cela qu'on doit attribuer tant la coloration normale des races humaines colorées (§ 534, 8°) que la jaunisse des nouveau-nés de la race blanche.

5° La *rate* s'accroît beaucoup. Chez le nouveau-né, elle pèse deux gros environ, de sorte que son poids est à celui du corps entier :: 1 : 400, tandis que la proportion est de 1 : 200 chez l'adulte. Au bout d'une année, elle pèse près du double (1). Avec un accroissement si rapide, elle doit contribuer à augmenter la sécrétion biliaire, d'autant plus que son tissu lâche semble disposer le sang à prendre le caractère veineux. Du reste, l'extension et le changement de situation de l'estomac la rendent plus verticale, et la rejettent davantage en arrière.

6° Les *reins* ont encore un volume proportionnel considérable. Ils pèsent ensemble au-delà d'une once, de sorte que leur poids est à celui du corps entier à peu près :: 1 : 120, proportion double de celle qu'on rencontre chez l'adulte (1 : 240); leurs inégalités disparaissent peu à peu, par la soudure des lobules, et le rein droit arrive par degrés à se placer un peu plus bas que le gauche. Ils ne sont encore entourés que d'une faible quantité de graisse.

La vessie s'enfonce davantage dans le bassin, de sorte que l'ouraque est plus tendu et s'oblitère. Elle acquiert en même temps une tunique péritonéale plus étendue, et se développe

(1) Mende, *loc. cit.*, t. IV, p. 62.

davantage à sa partie inférieure, de sorte qu'elle prend une forme plus arrondie.

La première émission d'urine a lieu ordinairement aussitôt après la respiration complète; quand cette dernière fonction est faible, elle ne s'opère qu'au bout de quelques heures, et semble plutôt dépendre de la pression exercée par le refoulement du diaphragme que de l'exaltation de l'irritabilité de la vessie par l'affluence du sang artériel. L'enfant à la mamelle rend peu d'urine à la fois, mais il pisse souvent, presque toujours huit à douze fois dans l'espace de vingt-quatre heures, et d'autant plus souvent qu'il tette plus fréquemment.

La première urine est presque aussi claire que de l'eau et inodore. A dater seulement du cinquième mois, elle devient jaunâtre, et acquiert l'odeur qui caractérise cette sécrétion. Elle paraît ne point contenir d'urée d'abord, elle en renferme ensuite un peu, sans phosphate calcaire; mais, en revanche, on y découvre de l'acide benzoïque (1). Ainsi la sécrétion de l'urine n'influe pas encore beaucoup sur la vie, et il est rare qu'on observe des crises par cette voie (2).

7° La *glande thyroïde* paraît recevoir moins de sang.

8° Le *thymus*, qui pèse environ deux gros, est refoulé par la crosse de l'aorte, que la respiration rejette plus en devant; il s'arrête un peu dans son accroissement, et perd par conséquent de son volume relatif.

9° Les *organes génitaux* se nourrissent et marchent avec lenteur dans leur développement. Les vésicules ovariennes sé forment au bout d'environ six mois, et paraissent proportionnellement très-volumineuses (3). Les extrémités libres des oviductes s'éloignent davantage des extrémités externes des ovaires, et l'on aperçoit encore, dans le repli intermédiaire du péritoine, l'ovaire accessoire, qui disparaît peu à peu (4). La matrice contient un mucus blanc; elle est encore fort allongée. Le vestibule se développe davantage; de la graisse

(1) John, *Chemische Tabellen der Thierreichs*, p. 15.
(2) Jœrg, *Ueber das Leben des Kindes*.
(3) Meckel, Manuel d'anatomie, t. III, p. 587.
(4) *Abhandlungen der Societæt zu Erlangen*, t. I, p. 49.

se développe aux alentours, surtout dans le mont de Vénus; le clitoris et l'hymen s'enfoncent davantage.

### C. *Ossification.*

§ 536. Pendant que les muscles deviennent peu à peu plus fermes, plus forts et plus rouges, l'*ossification* fait des progrès visibles. Le phosphate calcaire contenu dans le lait y est employé; aussi ne sort-il point par la voie de l'urine (§ 534, 6°).

1° Dans les corps des *vertèbres*, l'ossification s'est étendue en haut jusqu'à la première cervicale, en bas jusqu'à la première caudale, et si elle n'avait point encore paru à ces deux extrémités, elle s'y manifeste dans l'intervalle qui s'écoule jusqu'au cinquième ou sixième mois. Les arcs continuent de s'ossifier, et, pendant la première enfance, ils se soudent ensemble, dans toutes les vertèbres dorsales et les cinq cervicales inférieures, sur la ligne médiane, où se forment peu à peu les apophyses épineuses. La colonne vertébrale acquiert par-là plus de solidité, et s'étend davantage, sans cependant offrir encore la forme flexueuse qu'elle présente lorsqu'elle fait saillie d'arrière en avant au col et aux lombes, et d'avant en arrière au dos et au bassin. Les arcs de la première vertèbre cervicale demeurent cartilagineux; à la seconde vertèbre, un nouveau point d'ossification se développe entre eux et le corps; eux-mêmes ne font que se rapprocher l'un de l'autre, ce qui leur arrive également aux vertèbres lombaires et sacrées.

2° A la *tête*, le corps du sphénoïde se soude de très-bonne heure avec les grandes ailes; les sinus sphénoïdaux n'existent point encore. Pendant les derniers mois de la première enfance, s'ossifient la lame perpendiculaire de l'ethmoïde, avec l'apophyse *crista galli*, et la lame criblée, qui se soude avec les masses latérales. La portion squameuse du temporal se soude également, d'abord avec le cadre du tympan, puis avec la portion mastoïdienne, et enfin avec le rocher. Les portions articulaires de l'occipital commencent à se réunir avec la portion basilaire, puis avec la portion écailleuse. Les bords des os de la voûte du crâne se rapprochent les uns des autres, de sorte qu'ils cessent bientôt d'être mobiles, et que la grande fontanelle devient plus petite, sans s'oblitérer entièrement. Les fibres osseuses rayonnantes des pariétaux s'effacent peu à peu, et la substance osseuse qui se dépose entre elles rend la surface plus lisse : les sutures commencent aussi à se former sur le bord de ces os. Les deux moitiés latérales du frontal se réunissent peu à peu ensemble dans le milieu de leur hauteur; il n'y a point encore de sinus frontaux. L'antre d'Highmore demeure fort petit. Les deux moitiés de la mâchoire inférieure se soudent de bas en haut. On voit paraître un petit point d'ossification dans les cornes supérieures de l'hyoïde.

3° Le bord alvéolaire de chaque mâchoire est une gouttière ouverte, dont le fond contient les follicules dentaires, et dont l'orifice est clos par le cartilage gingival ou genc ive temporaire. En effet, la gencive permanente, qui est molle, rouge et riche en vaisseaux, et qui tapisse l'arc dentaire sur ses faces perpendiculaires, ne s'étend que jusqu'au bord de cette gouttière, qui est couverte par le cartilage gingival, languette dure, blanchâtre et un peu luisante. Le cartilage, qui est légèrement taillé en biseau de dehors en dedans, sert à retenir le mamelon, et Meckel le regarde comme l'analogue du bec corné des Oiseaux et des Reptiles.

Chez le nouveau-né, toutes les dents de lait et la troisième molaire permanente sont en train de s'ossifier; on rencontre, en outre, les follicules des incisives, des canines et des molaires permanentes, par conséquent en tout les rudimens des vingt dents de lait et de seize dents permanentes. Pendant la première enfance, les incisives de remplacement s'ossifient, et du huitième au dixième mois, il s'y ajoute les follicules de la première et de la seconde molaire, en sorte qu'à la fin de cette période, les mâchoires renferment quarante-quatre germes dentaires, qui les tuméfient considérablement. Au quatrième mois, on trouve le rudiment de la couronne des incisives internes de remplacement, sous la forme d'une bandelette peu épaisse, avec un bord aigu, onduleux, qui s'élève en trois pointes. Au sixième mois, l'incisive externe a la même forme, mais l'interne a acquis un peu plus de

hauteur. La troisième molaire, dont il n'y a, chez le nouveau-né, qu'une petite pyramide osseuse de formée, consiste, au quatrième mois, dans la mâchoire supérieure,
et trois tubercules encore éloignés les uns des autres, et
dans l'inférieure, en quatre ou cinq tubercules analogues,
qui sont disposés en cercle, et envoient de leurs bases d'é-
troites languettes qui les unissent ensemble : au troisième
mois, les tubercules forment une couronne, mais ne sont
point encore entièrement réunis. Les follicules des dents de
remplacement sont situés entre les dents de lait et la paroi
postérieure de l'alvéole, et reposent immédiatement sur cette
dernière; leur connexion se rétrécit peu à peu en un cordon,
et alors il se développe, à partir du fond de l'alvéole, entre
les dents de lait et celles de remplacement, une cloison osseuse, qui ne laisse qu'à sa partie supérieure une ouverture
pour le passage du cordon. Dans la mâchoire inférieure, les
dents de lait contiennent une branche particulière de l'artère
maxillaire, qui pénètre dans la mâchoire, au dessous de
l'artère dentaire permanente, par un trou spécial, traverse
l'os au dessous de cette dernière, en sort par un autre trou
particulier, et s'anastomose au dehors avec celle-ci (1).

4° Les points d'ossification du sternum se rapprochent davantage. L'omoplate en acquiert un pour l'apophyse coracoïde.
Il s'en forme également, à l'humérus, un pour la tête et un
autre pour la poulie. Au cubitus, on voit quelquefois déjà paraître un germe osseux pour la tubérosité. Des points d'ossifi-
cations se développent dans le grand os et l'os crochu du
carpe.

5° Le fémur commence à se courber, et un point d'ossification apparaît dans sa tête; le tibia en acquiert un à son extrémité inférieure; l'astragale et le calcanéum se développent
davantage, et il survient des points d'ossification dans le troisième os cunéiforme, puis dans le premier et le second.

Mende (2) a donné, sur l'ossification, de plus longs détails,
empruntés à Meckel et à Béclard.

(1) Serres, Essai sur les dents, p. 17, 96. — Ph. Blandin, Anatomie
du système dentaire, 1836, in-8, fig.
(2) Loc. cit., t. IV, p. 74-92.

## D. *Accroissement.*

§ 537. *L'accroissement* de l'enfant fournit matière à d'importantes considérations.

1° Jusqu'à la fin du neuvième mois, l'enfant croît de six à huit pouces, c'est-à-dire que, de dix-huit à vingt-pouces, sa longueur arrive à vingt-quatre ou vingt-six. Son poids augmente de dix à douze livres, c'est-à-dire que, de six ou sept, il s'élève à environ dix-huit. L'enfant augmente donc plus en masse qu'en étendue. D'après les calculs de Quetelet, terme moyen, la longueur arrive, pendant la première année de la vie, de vingt pouces à vingt-six et demi chez les garçons, et de dix-neuf à vingt-six et un tiers chez les filles, le poids s'élevant, chez les premiers, de six livres et treize onces à vingt livres sept onces et demie, chez les dernières, de six livres trois onces et demie à dix-huit livres et quatorze onces. Du reste, Quetelet fait remarquer que le poids diminue pendant les premiers jours qui suivent la naissance, et que l'accroissement ne commence qu'après l'écoulement de la première semaine. D'après des observations faites sur sept enfans, le nouveau-né perd quatre onces et demie de son poids durant les quatre premiers jours.

Mais l'accroissement est plus considérable pendant les premiers temps, et diminue ensuite, mais avec des oscillations. Un enfant à la mamelle, que Schwartz a observé (1), augmenta pendant le premier mois de vingt-sept lignes et de douze livres trois quarts ( dix-huit lignes et une livre et demie pendant la première semaine seulement), pendant le second, de treize lignes et de deux livres un quart, pendant le troisième, de sept lignes et de trois huitièmes de livre, pendant le quatrième, de onze lignes et d'une livre et demie, pendant le cinquième, de six lignes et de trois quarterons, pendant le sixième, de sept lignes et d'une demi-livre, pendant le septième, d'un pouce et de trois quarterons, pendant le huitième et le neuvième, de seize lignes et de cinq quarterons. Sa longueur avait donc augmenté de près d'un tiers en neuf mois, et son poids avait été

(1) *Erzichungslehre*, t. III, p. 314-327.

presque doublé. Peu de graisse se forme pendant les premiers mois; il s'en développe davantage dans ceux qui suivent.

2° Suivant Mende (1), la *tête* ne croît pas du tout pendant la première semaine, et durant la seconde son diamètre longitudinal n'acquiert qu'une ligne de plus. Pendant la troisième et la quatrième, ce même diamètre augmente de quatre à cinq lignes, le transversal de six, et l'oblique de trois à cinq environ. Pendant la cinquième et la sixième semaine, l'accroissement du diamètre longitudinal est de trois lignes, celui du transversal d'une à deux, et celui de l'oblique de trois à quatre. De la septième semaine à la douzième le diamètre longitudinal augmente de trois à cinq lignes, le transverse de deux à trois, et l'oblique de quatre lignes à peu près. Jœrg (2) dit que, pendant les neuf mois de la première enfance, le diamètre longitudinal de la tête s'étend de quatre pouces et demi à cinq et demi, le transversal de trois pouces et demi à cinq, et l'oblique de cinq pouces à six. La face, prise depuis le menton jusqu'à la racine des cheveux, s'allonge d'un pouce pendant ce même laps de temps, et de quatre pouces arrive à cinq. Les parties inférieure et moyenne de la face, depuis le menton jusqu'à la racine du nez, sont entre elles, suivant Mende (3), dans la proportion de 1 : 1,33 après la naissance, 1 : 1,42 à quatre mois, 1 : 1,61 aux cinquième et sixième mois, 1 : 1,39 au huitième; d'où il résulte que la partie antérieure du cerveau se développe davantage, jusqu'à ce que, vers l'époque de l'éruption des dents, le développement de la face devienne prédominant.

3° La longueur du *tronc*, mesurée sur le squelette, est à celle du corps entier, suivant Mende (4), :: 1 : 2,25 chez le nouveau-né, :: 1 : 2,37, à cinq mois, :: 1 : 2,44 à neuf mois. Jœrg évalue la longueur du tronc à huit ou neuf pouces chez le nouveau-né, et à douze ou treize vers la fin du neuvième mois.

(1) *Loc. cit.*, t. II, p. 314.
(2) *Loc. cit.*, p. 435.
(3) *Loc. cit.*, t. IV, p. 68.
(4) *Loc. cit.*, t. IV, p. 72.

4° La longueur de la *poitrine*, prise depuis le bord supérieure du sternum jusqu'au creux de l'estomac, est, selon Bird, de deux pouces et demi à la naissance, trois pouces au second mois, trois pouces trois quarts au cinquième, et quatre pouces au neuvième. La circonférence de la poitrine se trouve portée, dans cette période, de douze pouces à dix-sept, et la largeur des épaules de cinq pouces à sept.

5° L'abondance de la nourriture fait que la région supérieure de l'abdomen devient promptement plus considérable, de sorte qu'à la fin de cette période elle a huit pouces de large. La longueur du ventre, qui n'était que de cinq pouces et demi, se trouve portée à six et demi, et sa circonférence l'est de dix à seize pouces. La largeur des hanches, qui était de quatre pouces, arrive à six ou sept.

6° Les *membres* deviennent plus forts, en proportion du reste du corps, et les inférieurs plus que les supérieurs : la longueur des premiers est portée de huit pouces à onze, et celle des autres de huit pouces à onze et demi. Suivant Mende, le rapport de la longueur des clavicules à celle des bras est de 1 : 4,33 à la naissance, de 1 : 4,09 au cinquième mois, et 1 : 4,36 au huitième. Le bras est d'abord beaucoup plus court que l'avant-bras et la main pris ensemble, puisque la proportion, d'après Mende, est de 1 : 1,88 au moment de la naissance, 1 : 1,72 au cinquième mois, 1 : 1,62 au sixième, et 1 : 1,66 au huitième.

## CHAPITRE II.

### De la seconde enfance.

§ 538. La *seconde enfance*, ou l'enfance proprement dite, s'étend jusqu'à la huitième année. En cherchant à la désigner d'après un caractère unique, on peut dire qu'elle est l'âge de la vie pendant lequel subsistent les dents de lait. Il convient encore de la partager en trois périodes, l'une qui s'étend depuis le dernier quart de la première année jusqu'à la troisième, et durant le cours de laquelle se développent les qualités caractéristiques de cet âge, la seconde pendant laquelle ces qualités développées subsistent, enfin la troisième qui commence à l'âge de six ou sept ans, et fait le passage à l'âge suivant.

L'intensité de la vie, qui s'était développée pendant la première enfance, augmente alors, et ses progrès sont appuyés par le volume proportionnellement très-considérable du cœur et du cerveau. Mais, à la réceptivité, qui avait prédominé jusqu'alors, se joint une spontanéité qui s'éveille peu à peu, et tandis que l'âme commence ainsi à faire peu à peu des progrès vers une certaine indépendance, il se prononce à l'extérieur une liberté plus grande des mouvemens, qui caractérise cette période de la vie, la vie acquiert de plus en plus la faculté de se maintenir et de se conserver par elle-même. Le froid, l'abstinence des alimens et le repos sont supportés plus long-temps, et le chiffre de la mortalité diminue d'année en année, de manière que la proportion annuelle des morts aux vivans, qui était de 1 : 4 pendant la première année, devient d'à peu près 1 : 8 ou 9 la seconde, de 1 : 10 —16 la troisième, de 1 : 20 la quatrième, de 1 : 30—40 la cinquième, de 1 : 40—50 la sixième, de 1 : 60—70 la septième, et de 1 : 700—100 la huitième. Au total, les tables de mortalité prouvent que la différence entre les proportions de deux années qui se suivent va toujours en croissant, de manière que si elle était de 4 pendant la première et la seconde année, elle devient ensuite de 6, 9, 14, etc. C'est en général à sept ou huit ans qu'elle est la plus forte.

## ARTICLE I.

### De la vie végétale.

#### I. Plasticité.

§ 539. Si nous commençons par le côté extérieur de la vie, dans l'examen que nous avons à faire de ses différentes directions, nous trouvons d'abord que l'activité plastique est généralement très-considérable et fort énergique. La digestion, la respiration, la circulation et la consommation s'exécutent encore d'une manière rapide, mais acquièrent aussi plus de force, attendu que l'irritabilité se prononce davantage en elles.

1° La respiration diminue un peu de fréquence et augmente de profondeur ; l'enfant admet une plus grande quantité d'air dans ses poumons, et la paroi du bas-ventre se distend davantage pendant l'inspiration. De même aussi le besoin de respiration devient plus pressant, et il semble qu'un air pur et médiocrement sec soit plus important encore, pour le maintien de la vie, qu'à un âge subséquent, puisque, d'après les recherches de Villermé (1), la mortalité parmi les enfans au dessous de dix ans, dans les contrées marécageuses, n'est jamais plus considérable qu'en été, époque à laquelle les marais se dessèchent. Comme les organes respiratoires sont alors plus vivans, que les muscles du larynx et le diaphragme sont plus actifs, mais que ces organes jouissent encore d'une grande irritabilité, les pleurs, lorsqu'elles sont violentes, s'accompagnent de forts sanglots. La toux, qui était fort rare pendant la première année, devient fréquente, surtout, après les refroidissemens, et la coqueluche s'observe spécialement à cette époque de la vie.

Le *sang* artériel se développe davantage, et devient plus vermeil, en même temps que la proportion de la fibrine y augmente. La calorification fait également des progrès tels, que l'enfant supporte plus aisément le froid extérieur. La fréquence du pouls diminue, de sorte qu'on compte par minute environ 40 pulsations à deux ans, 100 à trois ans, et 86 à sept. Les maladies fébriles sont communes, et affectent violemment l'organisme entier ; il n'est pas moins fréquent de rencontrer des inflammations, surtout des congestions vers la tête, telles que les catarrhes, les ophthalmies et les phlegmasies de l'oreille interne, qui se propagent facilement au cerveau. Presque toutes les fois que les enfans viennent à être atteints de la fièvre, on remarque chez eux un état d'irritation de l'organe de l'âme, qui s'annonce par le parler à haute voix pendant le sommeil, la brusquerie dans toutes les manières, et souvent le délire. Les maladies inflammatoires de l'encéphale sont plus fréquentes, surtout à l'âge de trois ans, qu'avant cette époque et à celle de la juvénilité.

(1) Annales d'hygiène publique et de médecine légale, Paris, t. XII, p. 31.

3° Comme la plasticité est fort abondante et très-variée, elle prend souvent aussi une direction anormale. La grande quantité d'albumine qui existe dans toutes les sécrétions donne lieu à la production d'ascarides vermiculaires et lombricaux, de même qu'à celle de la vermine, et le développement de ces parasites est tellement normal alors, que leur absence annonce un état morbide. Les exanthèmes inflammatoires, tels que la scarlatine, la rougeole, la petite vérole, la varicelle, sont également au point culminant de leur règne, et il n'est pas rare non plus de rencontrer des éruptions cutanées chroniques, comme la teigne, les croûtes de lait, etc. Les inflammations se terminent facilement et promptement par des exsudations anormales; ainsi la fréquence des congestions cérébrales et l'étroitesse de la trachée-artère, jointe à la grande irritabilité de ce dernier organe, multiplient à cet âge de la vie l'hydropisie des ventricules du cerveau et le croup. Les scrofules et le rachitisme sont aussi des maladies propres à la seconde enfance, qui dépendent de ce qu'alors l'irritabilité ne fait pas des progrès en harmonie avec le type de l'âge, mais s'arrête au degré qui caractérise la première enfance, de manière que le défaut de ressort rend l'assimilation incomplète, empêche la fibrine de se développer d'une manière parfaite, met obstacle au développement du système musculaire, et laisse la prédominance du côté de l'abdomen et de la tête. Dans les scrofules, qui apparaissent surtout à l'époque de la dentition, l'irritabilité manque d'énergie; mais elle a beaucoup de vivacité dans ses manifestations, et la sensibilité prédomine d'une manière relative; l'albumine l'emporte sur les autres matériaux immédiats, la nutrition et la sécrétion deviennent anormales, les glandes lymphatiques s'engorgent, et il survient dans divers organes des inflammations atoniques, avec tendance à la décomposition et à la suppuration. Quant au rachitisme, il a pour caractères une ossification imparfaite, un défaut de sels terreux, et une surabondance de parties aqueuses, en même temps que l'irritabilité est dépourvue d'énergie dans ses manifestations, et que la vitalité se concentre tout entière dans la sensibilité, ou même il lui arrive fréquemment de baisser.

### II. Sécrétion et nutrition.

§ 540. Portons maintenant nos regards sur les formations en particulier.

#### A. *Sécrétion.*

I. Les *sécrétions*, qui étaient douces et homogènes chez l'embryon, prennent peu à peu leur caractère propre; des différences plus prononcées s'établissent entre elles, en même temps que leur quantité s'accroît. La transpiration cutanée et l'exhalation pulmonaire augmentent; l'enduit lubrifiant de la peau devient plus abondant, mais plus huileux. Les pigmens se développent davantage. Il en est de même pour la couleur particulière de la peau, qui, chez le nègre, n'acquiert sa teinte noire parfaite qu'à l'âge de six ou sept ans. En général, les cheveux deviennent un peu plus clairs après la première année, mais ils prennent une teinte plus foncée pendant la troisième, et n'acquièrent celle qu'ils doivent conserver que vers la fin de la période, ou même dans le cours de la suivante. Le pigment noir de l'œil devient plus foncé, et la tache jaune de la rétine plus claire. La quantité de la salive diminue, et la proportion de ses principes salins augmente. Les membranes muqueuses sécrètent davantage de mucus; la graisse sous-cutanée, résidu de la nutrition qui s'est faite par la peau durant la vie embryonnaire, conserve encore la prédominance, mais il se dépose peu à peu plus de graisse dans l'épiploon, où, dès l'âge précédent, elle avait commencé à s'accumuler le long du trajet des vaisseaux. La moëlle des os se forme dans le même temps. La bile devient plus amère. L'urine se colore davantage dès la fin de la seconde année, et vers la fin de cette période, elle contient sensiblement de l'acide phosphorique et de l'urée.

#### B. *Nutrition.*

II. La *nutrition* devient de plus en plus différente dans les divers tissus et les diverses substances des organes. Certains courans de sang commencent à disparaître, de sorte que la distinction entre le parenchyme proprement dit et le sang devient de plus en plus prononcée.

1° La peau acquiert davantage de consistance. Les muscles deviennent aussi plus fermes, surtout ceux qui servent
à la mastication, de sorte que les joues se dessinent mieux,
et que les lèvres forment des bourrelets plus saillans. En
même temps, les extenseurs se développent davantage, et deviennent plus aptes à faire équilibre aux fléchisseurs. Le
cerveau prend plus de consistance, et reçoit moins de sang
dans son intérieur ; les nerfs deviennent aussi plus fermes et
plus blancs. Les poumons, jusqu'alors d'un jaune rougeâtre,
acquièrent une teinte plus rouge, et la solidité des cartilages
augmente dans les voies aériennes. Le trou ovale (§ 509, 2°)
et le canal artériel (§ 509, 3°) s'oblitèrent complétement ;
les artères deviennent plus amples, et les veines restent fort
étroites jusqu'à l'âge de cinq ou six ans (1). Les lobules des
reins se confondent de plus en plus, par un dépôt de nouveau
parenchyme entre eux. Pendant la seconde année, les ovaires
sont entourés d'une enveloppe plus ferme, moins transparente, et les ovaires accessoires ont disparu en entier ; les parois de la matrice prennent une épaisseur uniforme, celle du
corps augmentant davantage que celle du segment inférieur,
qui devient en même temps plus court ; les plis de sa face
interne disparaissent aussi vers la fin de la période, parce
qu'alors elle se développe davantage.

2° A l'égard de l'*ossification*, les deux points qui représen-
taient le corps de la seconde vertèbre du cou se soudent pendant la troisième année, et le supérieur produit l'apophyse
odontoïde ; les deux parties latérales de la première vertèbre
cervicale se soudent plus tard encore, sur la ligne médiane,
en avant ; les corps des trois vertèbres sacrées inférieures
commencent à s'unir ensemble vers la troisième année, ceux
de la seconde à quatre ans, ceux de la supérieure à cinq ou
six ans ; dans les vertèbres caudales, l'ossification fait des
progrès de la première à la seconde. Les arcs se soudent avec
les corps, durant la troisième année, aux six vertèbres cervicales inférieures ; dans la cinquième, à la seconde vertèbre
du cou, aux huit dorsales et aux quatre sacrées inférieures ;

(1) Mende, *loc. cit.*, t. IV, p. 111.

dans la sixième, à la vertèbre cervicale, aux quatre dorsales
supérieures, aux lombaires et à la première sacrée. Les
moitiés d'arc se réunissent ensemble, vers la fin de la troisième
année, aux deux vertèbres cervicales supérieures et à celles
du dos ; les apophyses épineuses se développent dans la suite,
de manière qu'on peut les sentir du dehors. Les apophyses
transverses antérieures, ou côtes cervicales, se soudent, de
la troisième à la sixième année, avec les apophyses transverses proprement dites des vertèbres du cou. Du reste, la colonne vertébrale s'arque peu à peu, les muscles extenseurs
qui se rendent de la partie inférieure du cou à la supérieure,
ou de la poitrine à la tête, refoulant les vertèbres cervicales
en avant, tandis que les muscles qui montent du bassin
au dos, produisent le même effet sur les vertèbres lombaires.

3° A cette époque de la vie, le crâne est encore sans diploe,
et ses protubérances ne se développent que peu. Mais, en
revanche, il se ferme ; à deux ans la grande fontanelle disparaît, et à trois ans il se forme, aux bords des os, des dentelu-
res ou des sutures, qui sont d'abord unies d'une manière
simple et assez lâche, mais qui, vers la cinquième année,
sont plus multipliées et s'engrènent davantage les unes dans
les autres. Les sinus sphénoïdaux se développent ; mais ils
sont encore peu considérables. Le canal auditif osseux continue de se former, surtout à la partie inférieure, de manière
que le trou auditif externe n'est plus aussi oblique, et devient
perpendiculaire. L'apophyse styloïde s'ossifie aussi pendant
la troisième année, et se soude avec la portion mastoïdienne,
tandis que le canal par lequel elle pénétrait dans la caisse du
tympan s'oblitère. Les parties de l'occipital se soudent ensemble durant la seconde et la troisième années. Les deux
moitiés du frontal se soudent également à deux ans, et à cinq
il ne reste plus aucune trace de leur suture. Les sinus frontaux ne se développent point encore. La partie inférieure de
la lame perpendiculaire de l'éthmoïde s'ossifie, et sa partie
supérieure se soude avec les masses latérales. L'autre d'Hib-
more acquiert un peu plus d'ampleur.

4° Les points d'ossification de l'omoplate grandissent, sans
se confondre ensemble. Celui de la grosse tubérosité de l'hu-

mérus se forme à deux ans, et celui de la petite à cinq ; tous deux s'unissent à six ans, l'un avec l'autre et avec la tête, mais non encore avec la diaphyse ; à l'extrémité inférieure, un point d'ossification, destiné à la tête de l'os, se développe dès le commencement de la seconde année. A six ans, le cubitus acquiert deux points dans sa partie supérieure, et un dans l'inférieure. Pendant le cours de la seconde année, il s'en produit un pour l'épiphyse inférieure du radius, et vers sept ans un autre pour l'épiphyse supérieure. Au carpe, l'ossification de l'os triangulaire commence à trois ans, celle du semi-lunaire et du scaphoïde à cinq. A trois ans, les noyaux des têtes des os métacarpiens paraissent ; ceux de la base des phalanges ne se développent qu'à quatre ans pour les phalanges proprement dites, à cinq pour les phalangettes, et à sept pour les phalangines.

5° L'ossification fait de tels progrès, dans les os pelviens, qu'à six ans ils sont presque en contact ensemble dans la cavité cotyloïde. Vers la fin de la première année, un noyau osseux se développe dans l'épiphyse inférieure du fémur ; il en paraît un à trois ans pour le grnd trochanter, puis un autre pour le petit. La rotule commence à s'ossifier dans le cours de la troisième année. Un noyau se manifeste vers la même époque à la partie supérieure du tibia, et un autre à la partie inférieure du péroné, dont la partie supérieure n'en acquiert un qu'à cinq ans. Au tarse, le troisième os cunéiforme s'ossifie, et enfin le scaphoïde. Les têtes des os métastarsiens s'ossifient, ainsi que les épiphyses supérieures des orteils, savoir, à quatre ans celle des premières phalanges, à cinq celle des troisièmes, et à six celles des secondes.

### III. Accroissement.

§ 541. L'enfant augmente d'environ trois pouces pendant la seconde année, c'est-à-dire que sa taille s'élève de vingt-cinq ou vingt-huit pouces à vingt-huit ou trente ; il croît, à trois ans, de deux pouces (c'est-à-dire arrive de trente à trente-deux); à quatre ans, il arrive de trente-trois à trente-cinq ; à cinq, de trente-six à trente-huit; à six, de trente-neuf à quarante; à sept,

de quarante-et-un à quarante-deux. Souvent l'accroissement
fait une pause à sept ou huit ans. Le poids augmente d'à peu
près vingt livres, et à sept ans il est d'environ quarante livres.

D'après les calculs de Quetelet, le terme moyen de la
taille et de la pesanteur durant les sept premières années de
la vie, est celui-ci :

|  | Chez les garçons. | | | | Chez les filles. | | | |
|---|---|---|---|---|---|---|---|---|
|  | Longueur. | | Poids. | | Longueur. | | Poids. | |
|  | Pouc. | lign. | Livres | onces. | Pouc. | lign. | Liv. | onces. |
| A 2 ans | 30 | 3 | 24 | 3 1/2 | 29 | 9 | 22 | 12 1/2 |
| A 3 ans | 33 |  | 26 | 10 | 32 | 6 | 25 | 3 |
| A 4 ans | 35 | 6 | 30 | 6 1/2 | 35 |  | 27 | 12 1/2 |
| A 5 ans | 37 | 9 | 33 | 11 | 37 | 3 | 30 | 11 |
| A 6 ans | 39 |  | 36 | 13 1/2 | 39 | 6 | 34 | 3 |
| A 7 ans | 42 | 3 | 40 | 13 | 41 | 6 | 37 | 8 |

I. De tous les organes, celui qui prend l'accroissement le
plus considérable et le plus important, à cette époque de la
vie, est le *cerveau*. Ce développement s'annonce déjà en partie par les impressions de la face interne du crâne qui correspondent aux lobes et anfractuosités de l'encéphale, et par
les sillons destinés à loger les artères et sinus du viscère. La
masse du cerveau, comparée à celle du reste du corps, est
beaucoup plus considérable chez le nouveau-né que chez
l'adulte (§ 524, 4°) ; elle diminue peu à peu d'une manière relative, à mesure que celle du corps augmente.
Ainsi la proportion entre la longueur de la tête et celle du
corps entier est de 1 : 4 au moment de la naissance, de
1 : 4 50 au bout d'un an, de 1 : 5 au bout de deux ans, et de
1 : 6 après cinq années. Mais le cerveau, considéré d'une
manière absolue, acquiert aussi, soit dans sa totalité, soit
dans ses diverses parties, les limites de son accroissement
pendant la seconde enfance, ce que les frères Wenzel surtout (1) ont démontré, après Sœmmerring. A la naissance, il
pesait plus de trois quarterons ; son poids est d'environ une
livre et demie à deux ans, et de deux livres et demie au

(1) *De penitiora cerebri structura*, p. 254.

moins à sept ans. Les frères Wenzel présument que plus tard
la texture intime du viscère se développe encore; mais il n'y a
réellement plus de développement quant à ce qui concerne
la fibration ou la substance, et nous devons par conséquent reconnaître que, soit chez l'embryon, soit après la naissance,
le développement matériel du cerveau précède celui de ses
fonctions, de même que l'œil et l'oreille sont produits de
très-bonne heure, mais n'acquièrent que plus tard, par l'exercice, l'aptitude à bien saisir et distinguer nettement les objets
qui sont de leur ressort.

1° La moelle épinière paraît acquérir sa force permanente
vers l'âge de sept ans; du moins, l'ampleur du canal vertébral n'augmente-t-elle plus à partir de cette époque. La
moelle allongée, qui avait six lignes de large chez le nouveau-
né, en acquiert neuf à un an, et douze à deux ans (1). Vers
cette époque aussi, les olives et les cordons médullaires du
sinus rhomboïdal deviennent plus prononcés. D'après mes
observations, le cervelet pèse trois gros et demi à la naissance, et plus de quatre onces chez l'enfant de sept ans; il
a donc augmenté de trente-et-un gros. Le cerveau proprement
dit pèse dix onces chez le nouveau-né, et au-delà de trente-
et-une à sept ans, de sorte qu'il a augmenté de vingt-et-une
onces. Or, comme le rapport du nouveau-né à l'enfant de sept
ans est de 1 : 9 pour le cervelet, et seulement de 1 : 3 pour
le cerveau, le premier, par son développement plus considérable, proportion gardée, marche plus vite que l'autre vers
l'état permanent. Pendant cette période, le cervelet croît plus
en largeur qu'en longueur. Il arrive, dans ce dernier sens, de
dix-huit à trente lignes, et dans l'autre de vingt-quatre à
quarante-six : le cerveau, au contraire, est porté de cinquante
lignes à soixante-et-dix-sept pour la longueur, et seulement
de quarante-huit à soixante pour la largeur (2). Le pont de
Varole, par correspondance avec le cervelet, s'étend de huit
à treize lignes dans le sens de sa largeur, c'est-à-dire d'avant
en arrière. La largeur de la glande pituitaire est portée aussi

(1) Serres, Anatomie comparée du cerveau, Paris, 1827, t. I, p. 102.
— Voyez aussi F. Leuret, Anatomie comparée du système nerveux considéré dans ses rapports avec l'intelligence, Paris, 1839, in-8 et atlas.
(2) Wenzel, *loc. cit.*, pl. I.

de quatre à sept lignes, et sa longueur seulement de trois lignes à quatre. Une proportion analogue a lieu par rapport aux ganglions du cerveau ; la longueur des tubercules quadrijumeaux est portée de cinq lignes et demie à sept seulement, et leur largeur de six à neuf; la longueur des couches optiques de treize à dix-neuf, et leur largeur de six à neuf; la longueur des corps striés de dix-neuf à trente-et-une, et leur largeur de cinq à dix. Quant au corps calleux, sa longueur s'étend au contraire de dix-neuf lignes à trente-cinq.

Au devant de la glande pinéale se forme, pendant les premières années de la vie, une substance mucilagineuse, qui, durant la septième année, commence à s'endurcir de dehors en dedans, et à prendre la forme d'un sable jaunâtre.

La bandelette olfactive devient peu à peu proportionnellement plus mince et plus longue, et le nerf de la cinquième paire, qui était d'abord plus mince que l'optique, acquiert par degrés plus d'épaisseur.

2° Si nous cherchons à nous former une idée générale des rapports de conformation du cerveau et du crâne, qui dépend de lui, nous reconnaissons qu'il n'est aucune région du corps où l'individualité s'exprime à un si haut degré, où la proportion des diverses parties, eu égard les unes aux autres, varie autant, et où, par conséquent, il soit si difficile d'établir une règle générale. Mais le fait qui domine tous les autres, et qui ressort aussi des observations de Tenon (1) et de Wenzel, c'est que la longueur est ce qui augmente le plus pendant l'enfance, après quoi vient la largeur, et en troisième lieu seulement la hauteur. Je trouve que la longueur est de quarante-deux à quarante-cinq lignes chez le nouveau-né, et de soixante-douze à soixante-seize chez l'enfant de sept ans ; la largeur, de trente-six à trente-huit chez l'un, et de cinquante-neuf à soixante-deux chez l'autre ; la hauteur, de trente-trois à trente-cinq chez le premier, et de cinquante-deux à cinquante-huit chez le second. C'est aussi dans sa longueur perpendiculaire que la circonférence du crâne croît le

(1) Mém. des savans étrangers, t. I, p. 227.
(2) Loc. cit., p. 254.

plus; le pourtour horizontal s'accroît moins, et moins encore
la circonférence mesurée dans le sens de la largeur.

3° Les parties du cerveau qui se développent le plus, pendant la seconde enfance, sont le *lobus caudicis*, avec ses
ganglions, et l'*operculum*, qui le couvre sur le côté; tous
deux croissent tant en longueur qu'en largeur; l'accroissement en longueur s'apprécie par des mesures prises d'avant
en arrière, depuis le bord postérieur du trou auditif jusqu'au bord antérieur du trou occipital. L'accroissement de
cette région est encore plus sensible dans le sens de la largeur : chez le nouveau-né, la plus grande largeur du crâne
est donnée par les bosses frontales et pariétales, de l'une à
l'autre desquelles le crâne se porte obliquement d'avant en
arrière et de dedans en dehors; depuis la seconde année jusqu'à
la septième, les alentours des bosses se développent davantage, de sorte que les bosses elles-mêmes font moins de
saillie, et qu'elles se confondent, pour ainsi dire, avec la
voussure générale.

4° L'accroissement en largeur est plus sensible encore aux lobes inférieurs du cerveau, ceux de tous qui se sont développés
le plus tard pendant la vie embryonnaire. Chez le nouveau-né,
les bosses pariétales représentent la plus grande largeur du
crâne, et à partir de là les os pariétaux se dirigent obliquement
en bas et en dedans. Chez l'enfant d'un an, cette surface est
moins oblique; elle se rapproche davantage de la perpendiculaire. Chez celui de sept ans, la plus grande largeur correspond au dessous des bosses. La plus grande largeur, à la
région postérieure des portions squameuses des os temporaux,
s'élève, jusqu'à la huitième année, de trente-cinq à soixante
lignes, et croît par conséquent de vingt-cinq lignes, tandis
que la largeur à la région des bosses pariétales n'augmente
que de vingt à vingt-deux lignes. L'accroissement en largeur
des lobes inférieurs, et l'élargissement, qui en est la suite,
des fosses moyennes de la base du crâne, influent aussi sur
la situation des conduits auditifs externes : ceux-ci, chez le
nouveau-né, occupent plus la base que la face latérale, de
manière que l'espace compris entre le bord supérieur externe de l'un et celui de l'autre ne dépasse point vingt-deux

lignes; à mesure que la pyramide du rocher s'accroît, simultanément avec la grande aile de sphénoïde, les conduits auditifs se trouvent rejetés plus en dehors ; la distance du bord supérieur de l'un à celui de l'autre est de trente lignes chez l'enfant d'un an , et de quarante chez celui de sept ans.

5° Les lobes antérieurs et postérieurs marchent ensemble quant à leur développement en largeur. Pendant la seconde enfance, la distance d'une bosse frontale à l'autre s'accroît de vingt lignes à trente, et celle d'une bosse pariétale à l'autre, de quarante lignes à soixante.

6° Les hémisphères du cerveau et ceux du cervelet se développent davantage que le tronc cérébral , de manière qu'ils acquièrent la prédominance sur lui.

A la partie antérieure de la tête , la base se développe beaucoup moins que la voûte ; si l'on tire une ligne de la base du vomer à celle de la grande aile du sphénoïde , et de là jusqu'à la suture frontale, on trouve que la moitié inférieure de cet arc a plus de neuf lignes chez le nouveau-né, treize chez l'enfant d'un an , et quinze chez celui de sept, de sorte qu'elle ne s'accroît pas tout-à-fait de six lignes, tandis que la moitié supérieure a d'abord vingt-quatre lignes et demie, puis trente-trois, et enfin quarante-trois, c'est-à-dire qu'elle augmente de dix-huit lignes et plus.

A la région moyenne du crâne le développement de la base est plus considérable que celui des lobes antérieurs , parce que les *lobi caudicis* , avec leurs ganglions , et les lobes inférieurs croissent beaucoup ; mais l'accroissement est plus considérable encore à leur partie convexe , qui correspond aux faces latérales de ces deux lobes , ainsi qu'à l'*operculum* et au lobe supérieur. Si l'on tire une ligne du bord antérieur du grand trou occipital au bord supérieur, externe et antérieur du conduit auditif , et de là au vertex , la portion située à la base est de onze lignes chez le nouveau-né , quatorze à un an , et vingt à sept ans , et celle qui occupe le vertex de trente-cinq lignes d'abord , puis quarante-quatre, enfin cinquante-six ; la région moyenne a donc augmenté d'environ neuf lignes à la base et d'environ vingt et une à la convexité.

A la région postérieure, que nous désignons par une ligne tirée du bord postérieur du trou occipital à la suture sagitale, en passant par la bosse pariétale, la portion située au dessous de cette bosse a trente lignes chez le nouveau-né, quarante à un an, et quarante-neuf à sept, tandis que celle qui est placée au dessus de la bosse en a successivement vingt-trois, vingt-neuf et trente-six. Ici donc la base a plus augmenté que la voûte; mais ce phénomène tient, d'une part, à ce que nous avons été obligés de prendre la bosse pariétale pour point fixe, et que la partie située au dessous comprend les lobes postérieurs du cerveau et les hémisphères du cervelet, d'un autre côté, à ce que ceux-ci s'étendent jusqu'à la base. Du reste, la prédominance des hémisphères semble plutôt, pendant la première enfance, se préparer matériellement que se prononcer d'une manière vitale; car, d'après Parent-Duchatelet et Martinet, l'inflammation des membranes plastiques du cerveau siége plus fréquemment à la base qu'à la voûte, tandis que le contraire a lieu chez l'adulte.

II. A la *face*,

7° Les parties inférieure et moyenne, depuis le menton jusqu'à la racine du nez, sont plus grandes; elles ont plus de hauteur, à l'époque de l'éruption des dents, et leur largeur augmente à trois ans, lorsque la mâchoire acquiert plus de force. Elles deviennent même, surtout dans le sexe masculin, beaucoup plus considérables que la partie supérieure, ou le front, mais elles perdent de leurs dimensions relatives à partir de la cinquième année, époque à laquelle le front se développe davantage.

8° Les bosses frontales font une forte saillie chez l'enfant, et au dessous d'elles le front descend perpendiculairement, parce qu'il n'existe point encore de sinus frontaux, quoique l'accroissement des lobes antérieurs du cerveau soit cause qu'à deux ans la racine du nez s'enfonce déjà un peu au dessous du niveau du front. Mais pendant que la partie supérieure de la ligne faciale acquiert ainsi d'une manière complète, et même un peu exagérée, le caractère propre à la formation humaine, la partie inférieure est plus oblique, et rappelle davantage la forme animale. En effet, comme les mâchoires renferment les germes plus ou moins développés tant des dents de lait que de celles de remplacement, et qu'en conséquence leur bord alvéolaire a presque la même épaisseur que chez l'adulte, l'arcade dentaire, qui est étroite, s'avance d'abord sous la forme d'une espèce de trompe, et ne s'affaisse que peu à peu. La proportion entre la partie saillante de la mâchoire et la longueur de la boîte cérébrale est de 1 : 7 chez le nouveau-né, 1 : 12 chez l'enfant d'un an, 1 : 14 chez celui de sept ans.

9° Le nez se rapproche davantage de la forme qui lui est propre, et devient plus grand par l'allongement de ses cartilages; mais la proportion entre sa longueur et la hauteur de la tête n'est encore que de 1 : 5, tandis que, chez l'adulte, elle est de 1 : 4.

10° Les mâchoires se sont développées très-rapidement pendant la première enfance, et elles ne font plus ensuite que de lents progrès jusqu'à sept ans. Chez l'enfant à la mamelle, elles ont augmenté de largeur; le pourtour du rebord dentaire est arrivé de trente lignes à quarante pour la mâchoire supérieure, et de vingt-cinq à trente-cinq pour l'inférieure; la prédominance de la mâchoire d'en haut sur celle d'en bas a donc diminué un peu, car la proportion de celle-ci à celle-là était de 1 : 1,20 chez le nouveau-né, et elle n'est plus maintenant que de 1 : 1,14; elle se réduit à 1 : 1,13 pendant la seconde enfance; car, chez l'enfant de sept ans, l'arcade dentaire a trente-sept lignes à la mâchoire inférieure, et quarante-deux à la supérieure. La hauteur de cette même arcade s'élève de quatre lignes à six ou sept pendant la première enfance; jusqu'à l'âge de sept ans, elle arrive à huit lignes pour la mâchoire inférieure, et à dix pour la supérieure, en la mesurant depuis le bord inférieur de l'orbite jusqu'à la première dent molaire, de sorte que, sous ce rapport, la mâchoire du haut croît plus que celle du bas.

11° La longueur de la mâchoire, prise en ligne droite, de l'angle au menton, est portée pendant la première année de la vie de quinze lignes à vingt et une, et n'augmente plus que de deux lignes durant les six années qui suivent. Chez le nouveau-né, le bord inférieur de la mâchoire du bas se porte obliquement de dehors en dedans et d'arrière en avant, à partir de l'angle, en sorte que les deux moitiés se réunissent sous un angle aigu au menton, et qu'elles y produisent une arête saillante. Cependant comme, à cette époque, il n'y a que les faces latérales gonflées par les dents qui forment un arc, le bord inférieur se courbe aussi en arcade dès le sixième mois, de manière que sa circonférence extérieure, mesurée d'un angle à l'autre, arrive de trente-sept lignes à quarante-sept, tandis que, depuis le septième mois jusqu'à la fin de la septième année, elle ne croît plus que de cinq lignes seulement. La région correspondante à la canine et à la première molaire est celle qui devient la première bombée à la mâchoire inférieure ; mais la face antérieure de celle-ci prend davantage la forme d'une arcade lorsque les incisives acquièrent plus de développement.

La distance du bord antérieur de la mâchoire supérieure au bord postérieur du palais est de douze lignes chez le nouveau-né ; elle est déjà de quinze à un an, et chez l'enfant de sept ans elle ne dépasse pas seize lignes.

12° A la mâchoire supérieure, la largeur de la portion palatine est portée de quatre lignes à six chez l'enfant à la mamelle ; mais elle ne croît plus que d'une demi-ligne jusqu'à l'âge de sept ans, et le rebord dentaire augmente peu ou même point de largeur pendant toute la durée de l'enfance.

13° La branche de la mâchoire inférieure, mesurée au dessous de l'apophyse coronoïde, a six lignes de large chez le nouveau-né, près de huit à un an, et neuf à sept ans. L'apophyse coronoïde monte en ligne droite chez l'enfant, de sorte que son bord antérieur s'élève obliquement du rebord dentaire, sans présenter encore d'échancrure. L'apophyse articulaire est d'abord de niveau avec le rebord dentaire, et se dirige horizontalement en arrière ; mais, à dater de la troisième année, elle se rapproche davantage de la situation verticale, de même que la cavité glénoïde, qui était d'abord plane, se creuse aussi peu à peu. L'apophyse zygomatique s'arque également davantage, de sorte que la fosse temporale devient plus grande, et que les muscles masticateurs acquièrent plus d'espace pour se loger.

14° Le développement considérable que les mâchoires prennent pendant la première enfance fait que la cavité orale est devenue plus spacieuse vers la fin de la première année, et qu'elle a cessé d'être un canal de succion ; les glandes salivaires se sont aussi développées davantage, et le pharynx est devenu plus ample. Le palais, qui, chez le nouveau-né, avait huit lignes de large, sur huit et demi de long, en a douze de large et onze de long au bout d'une année, treize de large et douze de long à sept ans.

III. A l'égard de la *poitrine*,

15° La hauteur de la cage thoracique, depuis la clavicule jusqu'à la douzième côte, s'élève de quatre pouces à sept. Le sternum, qui était long de deux pouces et demi chez le nouveau-né, a une longueur de trois pouces à un an, de quatre à deux ans jusqu'à quatre, et de cinq jusqu'à sept ans. La circonférence de la poitrine est de treize pouces à la naissance, de dix-sept à un an, de dix-huit à trois, de dix-neuf à cinq, et de vingt à sept. La largeur des épaules, qui était de quatre pouces et demi, s'étend jusqu'à neuf et demi.

16° Le cœur ne croît plus aussi rapidement, de sorte qu'il devient, proportion gardée, un peu plus petit ; le ventricule pulmonaire acquiert de plus en plus d'ampleur, et ses parois s'amincissent. Les poumons s'étendent davantage, et prennent aussi un volume relatif plus considérable, en même temps que le diaphragme s'abaisse et que le foie diminue d'une manière relative. Cependant la trachée-artère et le larynx continuent d'être étroits, de sorte que la voix est aiguë. Le thymus cesse de croître, et pâlit un peu, parce que ses vaisseaux diminuent de calibre.

IV. Le *ventre*,

17° Qui avait quatre pouces de long chez le nouveau-né, en a six au bout d'un an, sept à deux ans, huit à quatre ans, neuf à six ans, et neuf et demi à sept ans. Sa plus grande circonférence est de dix pouces et demi chez le nouveau-né, de dix-sept à un an, de dix-neuf à deux ans, de vingt à trois ans, et de vingt-deux à sept ans. Le pourtour des hanches arrive, pendant la première année, de neuf pouces à onze, et n'augmente plus que de neuf pouces pendant les six années qui suivent; leur largeur, qui était de trois pouces et demi, se trouve portée à sept.

18° L'estomac est plus allongé, et ses fibres musculaires sont plus développées. L'intestin grêle devient plus long, le gros intestin plus large, le cœcum plus volumineux, de sorte que, sous ce rapport, les proportions se rapprochent presque de ce qu'elles sont chez l'adulte. Le pancréas est plus gros, plus arrondi à sa grosse extrémité, et plus ferme dans son tissu; sa couleur est moins rougeâtre, et tire davantage sur le blanc-jaunâtre. La rate acquiert plus de volume. L'accroissement du foie s'arrête; mais la vésicule biliaire devient, proportion gardée, plus grosse. La vessie s'arrondit et s'agrandit, de sorte que les émissions d'urine deviennent moins fréquentes, mais qu'il sort davantage de liquide à la fois.

V. Les *membres* inférieurs prennent plus de développement pendant la première année, parce que le sang ne s'en détourne plus pour passer dans les artères ombilicales. Leur longueur, qui était de huit pouces et demi, se trouve portée à douze, tandis que les membres supérieurs n'en ont acquis qu'une de onze pouces. Le pied est devenu long de quatre pouces, et la main seulement de trois. Jusqu'à l'âge de sept ans la longueur des membres supérieurs arrive à dix-huit pouces, et celle des membres pelviens à dix-neuf: la main acquiert quatre pouces et demi de long, et le pied six pouces. Le bras est la partie qui s'allonge le plus, proportion gardée; l'avant-bras croît moins, et la main moins encore. L'accroissement proportionnel de la cuisse est supérieur à celui de la jambe, mais inférieur à celui du pied.

ARTICLE II.

*De la vie animale.*

I. Mouvement.

§ 542. La seconde enfance diffère de la première par une plus grande liberté dans la *force locomotrice*. Cet accroissement de liberté, auquel contribuent la souplesse et la flexibilité du corps entier, dépend en partie du développement progressif des muscles et des os, en partie, et surtout, de

celui de la vie intérieure et de l'éveil de la volonté. Il se manifeste par une activité infatigable, et l'exercice lui fait faire
de continuels progrès. Ainsi les mouvemens tendent peu à peu
à des buts bien déterminés ; les muscles de la face acquièrent
plus de vitalité, et peignent mieux l'état de l'âme, de manière
que les traits deviennent par degrés et plus fixes et plus ex-
pressifs. La volonté prend aussi de l'empire sur les excrétions,
d'abord sur celle de l'intestin, puis sur celle de la vessie urinaire. Mais ce qu'il y a surtout de caractéristique, c'est l'apparition, vers la fin de la première enfance, de trois mouvemens nouveaux qui expriment les progrès de la spontanéité.

1° En passant de la succion à la *mastication*, l'enfant complète sa séparation d'avec le corps maternel, qui avait commencé à l'époque du part, et il se dégage de tout ce qui restait en lui de la vie embryonnaire. Dès lors il trouve sa nourriture, non plus dans la substance du corps de sa mère, mais
dans des substances hétérogènes. Il entre donc en conflit immédiat avec le monde extérieur, sous le point de vue de la
nutrition, et il exerce un pouvoir qui lui est propre sur les matières alimentaires ; il triomphe de leur nature hétérogène par
la mastication et l'insalivation, et se les approprie. Mais ce
n'est pas tout d'un coup qu'a lieu son émancipation ; à la nutrition immédiate par la mère, en succède d'abord une mé-
diate ; les alimens qu'il reçoit ont été choisis et préparés par
la sollicitude maternelle, et il a besoin pendant quelque temps
qu'on les lui présente ; la mère prépare la nourriture non plus
d'une manière purement végétale, mais par un effet de sa
volonté, et cependant c'est toujours elle qui continue de
l'offrir à l'enfant.

2° L'enfant complète aussi cette séparation en passant des
bras de sa mère sur le sol, et devenant alors habitant de la
terre dans l'acception rigoureuse du mot. Il entre en rapport
immédiat avec la terre, se la soumet, y prend désormais son
point d'appui, et témoigne sa spontanéité en apprenant à se
tenir debout. Il s'exerce à changer de place par sa propre
force, à dominer l'espace par sa faculté locomotrice, et la
*marche* le fait entrer dans la sphère où il doit vivre désormais.
Mais il est encore enchaîné au voisinage de sa mère ; il ne peut

d'abord courir que peu de temps, et demande ensuite à être
porté ; il a besoin pendant quelque temps de guide et de soutien, mais la surveillance et la protection lui sont continuellement nécessaires, parce que sa faiblesse et son défaut de circonspection ne lui permettent pas de se garantir des dangers.

3° Il apprend enfin à *parler*, à peindre ses idées sous une
forme sensible qui leur corresponde ; dès lors aussi il entre
en rapport avec son espèce sous le point de vue intellectuel,
en même temps qu'il devient plus maître de ses idées, qui sont
mieux précisées, et qu'il acquiert la faculté de penser. Les
cris par lesquels il appelait à son secours, et les gestes qui lui
servaient à exprimer ses désirs, font place au langage, qui
lui donne rang parmi les hommes, et qui le met sur la même
ligne qu'eux. Mais c'est de sa mère qu'il apprend les formes
du langage, et la parole lui sert moins à agir sur les autres,
qu'à se perfectionner lui-même.

4° L'enfant apprend donc à dominer la matière par la
mastication, l'espace par la marche, et les idées sensorielles
par la parole. Ces nouvelles facultés lui procurent la liberté,
les deux premières dans le monde extérieur, la dernière dans
le monde intérieur et par rapport à l'espèce. Toutes trois ont
été amenées peu à peu par la première enfance ; en vivant du
lait maternel, l'enfant s'est formé à digérer une nourriture
étrangère ; en reposant sur les bras de sa mère, il s'est for-
tifié pour la marche ; en profitant des impressions sensorielles que sa mère lui a procurées, il a développé son âme de
manière à pouvoir l'annoncer par la parole. Mais ces trois
facultés n'expriment que le côté extérieur d'activités intérieures qui répandent leur influence sur l'être tout entier ; la
mastication n'est qu'une révélation extérieure de l'assimilation
et de la digestion de substances étrangères, qui commencent
maintenant dans le canal alimentaire ; la marche est l'expression du sentiment intime de la force et du penchant à la spontanéité ; la parole est la manifestation d'idées déterminées,
un signe annonçant l'éveil de la vie intellectuelle. La conscience et la volonté se déploient donc alors, avec leur caractère déterminant.

La mastication ouvre une nouvelle ère pour la vie plastique, la marche pour les désirs et les actions, la parole pour la pensée. Mais toutes trois s'engrènent pour ainsi dire l'une dans l'autre, et se servent mutuellement de soutien : la mastication a lieu par l'effet de la volonté, et développe le sens du goût ; la marche est dirigée par la connaissance sensorielle, dont elle favorise les progrès ; la parole est appelée par les désirs, et leur sert de moyen. Aucune de ces trois facultés ne peut donc être considérée comme la cause des autres, et toutes ensemble constituent une tendance vers la spontanéité. L'aptitude à jouir de l'indépendance se manifeste aussi par l'unité plus grande de la vie, qui résulte du pouvoir dominateur que la volonté a prise sur le corps, par le développement d'un caractère plus prononcé, tant au moral qu'au physique, puisque les maladies elles-mêmes prennent un type plus fixe quant à leur mode et à leur marche, par la possibilité de supporter plus long-temps et la privation de nourriture ou de sommeil, et l'exercice de l'activité sensorielle ou du mouvement musculaire, enfin par cette autre circonstance qu'il n'est plus aussi commun que les maladies portent une atteinte rapide et profonde à la force vitale.

### A. *Mastication.*

§ 543. Ce développement commence

I. Par la *dentition.* Les mâchoires du nouveau-né sont en quelque sorte grosses des dens, qui se sont formées et ont commencé à s'ossifier pendant la vie embryonnaire. Durant la première enfance, les dents continuent de se développer, et vers la fin de cette période, au neuvième mois environ, commence leur éruption, qui dure jusqu'à la fin de la seconde année ou au milieu de la troisième, époque à laquelle toutes les dents de lait existent. En même temps, les cloisons se sont plus développées, celles surtout qui séparent les secondes molaires des troisièmes, et qui n'existaient qu'en rudiment à la naissance.

1° Les dents s'avancent peu à peu vers le rebord alvéolaire pendant la première enfance. Cette progression semble être principalement déterminée par la marche de l'accroissement, qui procède de la couronne vers la racine ; comme cette dernière va toujours en s'allongeant, qu'elle est fixée par des vaisseaux et des nerfs, et que la substance osseuse de la mâchoire lui oppose de la résistance, la couronne, qui est plus mobile, doit se porter vers le rebord dentaire, où elle ne rencontre pas de substance osseuse. Cependant cette circonstance ne suffirait pas seule, car la mâchoire elle-même acquiert peu à peu plus de hauteur, de sorte qu'il se produit, au dessous de la racine de chaque dent de lait, un vide dans lequel s'insinue le germe d'une dent de remplacement, qui avait été d'abord plus rapproché du rebord dentaire : peut-être la turgescence croissante de ce germe contribue-t-elle pour sa part au soulèvement de la dent de lait.

2° L'éruption tient, d'une part, à ce que les enveloppes sont arrivées au point culminant de leur propre vie du côté qui regarde la couronne de la dent, d'une autre part, à ce qu'elles sont obligées de céder aux efforts toujours croissans de cette dernière. En effet, ces enveloppes sont des organes temporaires, qui servent au développement des dents, et les remplacent en attendant. Leur fonction, et par conséquent aussi leur vie, est donc arrivée à son terme quand les dents se sont développées ; mais celles-ci, en faisant effort pour sortir, doivent contribuer à accélérer la mortification. Après ,avoir sécrété l'émail pour la couronne, le follicule dentaire est mince et sec, ses vaisseaux disparaissent, et il périt ; il se déchire vis-à-vis du sommet de la couronne, et quand les dents ont plusieurs tubercules, il reste entre ces pointes des débris d'enveloppe, qui ne se détachent que quelque temps après l'éruption, par l'effet de la mastication (1) : le reste disparaît, à l'exception d'une petite partie qui revêt l'extrémité de la racine de la dent et sert de guide à ses vaisseaux. Le follicule fibreux s'ouvre également dans les points qui correspondent aux saillies de la couronne, et lorsque celles-ci se sont glissées à travers la déchirure, il s'attache d'une manière lâche au collet de la dent, dans le même temps qu'il tapisse, en forme de périoste, les parois de l'alvéole qui s'ossifient. Le cartilage

(1) Serres, Essai sur les dents, p. 71. — Ph. Blandin, Anatomie du système dentaire, Paris, 1836, in-8. — E. Rousseau, Anatomie comparée du système dentaire, 'Paris, 1827, in-8.

gingival, devenu de plus en plus mince vers la fin de la première enfance, disparaît à la sortie des dents, dont il tenait lieu; car, comme il est attaché à la vésicule dentaire; et que probablement il en reçoit des vaisseaux, il doit périr après qu'elle est ouverte. Les dents molaires le soulèvent, fort peu toutefois, avant qu'il s'ouvre; mais il disparaît de meilleure heure au dessus des incisives, dont on peut sentir le sommet avec le doigt, ou entendre le choc contre un corps dur, avant qu'elles soient devenues visibles, ce qui a fait présumer que le cartilage renfermait primordialement des ouvertures destinées à leur livrer passage. Pressé de toutes parts par les dents, ce cartilage est resorbé, ou même il se détache par parcelles, que la salive entraîne. En même temps que lui disparaissent de petites vésicules, analogues aux glandes de Meibomius, et réunies en manière de grappes, qui contiennent un liquide blanc, un peu épais, et qui paraissent servir à lubréfier le cartilage, pour entretenir sa souplesse (1).

3° L'éruption des dents n'est que la manifestation du développement plus considérable qu'elles ont acquis, et pendant le cours duquel les dents de remplacement se développent aussi de leur côté. Cependant, comme la première dentition marche avec plus de rapidité que la seconde, et produit plus d'effet qu'elle, ce développement n'est pas possible sans une exaltation de l'activité vitale dans les vaisseaux de la mâchoire, exaltation qui doit s'étendre aussi aux nerfs. Dans l'état normal, il ne résulte de là aucun trouble de la santé; cependant, lorsque plusieurs dents se développent à la fois ou à trop peu de distance les unes des autres, que la vie du sang a trop d'activité, que la sensibilité est trop tendue, ou qu'il survient des circonstances extraordinaires mettant obstacle à l'éruption, on voit éclater des phénomènes morbides. Les anciens étaient dans l'erreur, d'un côté en considérant la dentition comme un travail purement mécanique et les dents comme des corps étrangers, de l'autre en attribuant à leur sortie toutes les affections dont les enfans pouvaient être atteints; et s'abstenant par conséquent d'aller à la recherche

(1) Serres, *ibid*, p. 28.

des véritables causes; mais Wichmann n'en a pas moins été trop loin en niant tout-à-fait la dentition difficile (1). Les accidens que la plupart des adultes éprouvent à la sortie des dents de sagesse est un argument qui démontre qu'il s'est trompé. Les enfans qui font des dents ressentent presque toujours un chatouillement dans la gencive devenue plus sensible, ils tettent fréquemment l'un de leurs doigts, ils aiment à mordre des corps mous, et quelquefois ils crient lorsqu'ils en ont serré un qui était trop dur ; ils sont plus altérés qu'auparavant, éprouvent souvent des démangeaisons au nez, et sont parfois sujets à de fréquens éternuemens; ils ont les joues plus rouges, quelquefois d'un seul côté, dorment d'un sommeil agité, et ont souvent la diarrhée. La sécrétion plus abondante de salive et de mucus intestinal qui s'opère alors, semble avoir pour but d'appaiser l'éréthisme.

4° La dent incisive interne perce au neuvième mois, rarement dès le septième; elle parait d'abord à la mâchoire inférieure, puis à la supérieure. L'externe sort également au dixième mois, plus rarement au huitième. Au commencement de la seconde année, on voit paraître la première molaire, vers le milieu de cette année la canine, et à la fin la seconde molaire.

Chez aucun Mammifère l'éruption des dents n'a lieu si tard, ni d'une manière aussi lente. Les Lapins viennent au monde avec deux dents, et acquièrent les autres dans l'espace de dix jours. Chez les Ruminans, l'éruption commence dès avant la naissance, ou pendant les premiers jours qui la suivent, et elle est terminée à la fin du premier mois. Les Solipèdes sont dans le même cas; seulement le travail n'est achevé chez eux qu'au quatrième mois. Dans les Chiens et les Chats, il dure depuis la première semaine jusqu'à la dixième, et chez l'Éléphant depuis la seconde semaine jusqu'à la fin du troisième mois (2).

On a des exemples d'enfans venus au monde avec une ou plusieurs dents. C'est là une analogie avec les animaux. Il

(1) *Ideen zur Diagnostik*, t. II, p. 1.
(2) E. Rousseau, Anatomie comparée du système dentaire, Paris, 1827, in-8, fig.

arrive plus rarement que les dents ne percent pas , comme dans la famille des Mammifères édentés.

5° Il est digne de remarque que, pendant leur éruption , les dents se constituent en un tout bien coordonné. D'abord il y a harmonie entre les deux mâchoires ; quelques jours ou quelques semaines après la sortie d'une dent à la mâchoire inférieure, on voit paraître la dent homonyme à la mâchoire supérieure. Le même accord règne entre les deux moitiés de chaque mâchoire ; quelques jours après l'éruption d'une dent d'un côté, sort aussi la dent correspondante du côté opposé. En outre, les dents se disposent de manière à former une série; ainsi l'accroissement de largeur de la mâchoire permet à la canine de s'aligner avec les autres , quoique son germe fût primordialement hors de rang, car la première molaire se trouvait placée tout auprès de l'incisive extérieure. Enfin toutes les couronnes d'une mâchoire arrivent à la même hauteur pour former la surface de mastication , quelque différence qu'il y ait d'ailleurs entre les diverses dents, sous le point de vue de la longueur.

6° Dès que la dent est sortie, l'émail, auparavant d'un blanc mat, devient brillant et plus solide. La racine continue de croître, et acquiert peu à peu son développement complet. Ainsi l'incisive interne, qui avait deux lignes et demie de long à la naissance, en a trois au cinquième mois , quatre au septième, et six ou sept à sept ans. Mais les couronnes commencent de bonne heure à veillir; dès la fin de la seconde année le sommet tricuspide des incisives est remplacé par un bord plane, qui s'émousse de plus en plus, en raison de l'usure de l'émail, jusqu'à ce que celui-ci disparaisse entièrement, à quatre ans, sur le tranchant de la couronne, où la substance osseuse mise à nu paraît sous la forme d'une strie jaunâtre. Vers la même époque, le sommet de la canine a perdu aussi son émail : il est devenu obtus, et l'on y aperçoit un petit point brunâtre de substance osseuse , qui s'aggrandit pendant les années suivantes, et se convertit en une surface semi-lunaire (1).

7° Cependant les dents de remplacement se développent de

(1) Prochaska, *Opera minora*, t. II, p. 368.

plus en plus. La couronne et le corps des incisives sont formés à deux ans ; la couronne de la canine et de la première molaire se développe, ainsi que le corps de la troisième molaire; à trois ans, la couronne de la seconde molaire. Pendant la quatrième année, se forme la racine des incisives et de la troisième molaire, la couronne de la canine et des deux molaires antérieures s'achève à peu près, les tubercules de la quatrième molaire s'ossifient, et le follicule de la cinquième paraît. Alors donc il existe cinquante-deux dents, savoir vingt percées, vingt-huit en travail d'ossification, et quatre encore en germes. A sept ans, les incisives et la troisième molaire sont parfaites ; la racine de la canine et des deux premières molaires commence à se produire, la couronne de la quatrième molaire est développée, l'ossification n'a point encore commencé dans la cinquième.

II. L'éruption des dents signale le commencement d'une nouvelle période pour la *digestion*.

8° Le lait est sécrété en moindre quantité vers cette époque, et il subit aussi un changement dans ses qualités (§ 533, 5°, 7°); il est donc moins propre à rassasier l'enfant, qui accueille volontiers une autre nourriture, pour laquelle il prend peu à peu tant de goût, qu'il finit par se déshabituer du sein. Il demande des alimens variés, car le lait de sa mère, quelque agréable qu'il le trouve encore, le fatigue par son uniformité. D'ailleurs, ce n'est pas seulement de boisson qu'il a besoin, et il lui faut aussi une nourriture solide, pour mettre en jeu la puissance musculaire de son estomac, qui s'est accrue. Enfin il veut voir ce qu'il prend, afin d'accroître sa jouissance, et ce n'est plus assez pour lui de téter en aveugle pour obéir aux impulsions sourdes de la sensibilité générale. L'influence qu'exerce à cet égard le sens de la vue est bien démontrée par la facilité avec laquelle, en noircissant le mamelon, on dégoûte de le prendre l'enfant qui refuse de renoncer au sein ; il examine long-temps ce mamelon ainsi déguisé, et ne le demande plus, quelque abondante nourriture qu'il y ait puisée jusqu'alors.

Après le sevrage, le lait s'accumule pendant quelques jours dans les conduits lactifères, puis il est resorbé.

9° En cessant de téter, l'enfant commence par ronger, et il ne se met à mâcher qu'après l'éruption des dents molaires. Mais la mastication est encore faible chez lui, parce que les dents et les mâchoires manquent de solidité, parce que les muscles masticateurs n'ont point assez d'énergie : aussi n'y a-t-il que les alimens mous qui conviennent à cet âge.

10° La mastication et l'insalivation d'un côté, la variété des alimens de l'autre, développent le goût, et l'instinct porte l'enfant à préférer les substances douces et sucrées, qui conviennent mieux à l'état présent de sa constitution.

11° La fonction du canal intestinal change aussi. Les jeunes Ruminans ne commencent que quand ils mangent de l'herbe à ruminer et à mettre en action leur panse, qui jusqu'alors ne leur avait point servi. Chez l'enfant, quand il prend des substances étrangères, surtout solides, l'exercice fortifie la faculté digestive et la force musculaire du canal alimentaire ; les alimens font un plus long séjour dans l'estomac, et le besoin de manger ne renaît pas si fréquemment : le mouvement péristaltique devient plus lent et plus énergique ; les excrémens acquièrent plus de consistance, une couleur jaune plus foncée et une odeur fétide ; les évacuations sont moins fréquentes, et plus périodiques ; la volonté a plus d'empire pour les ajourner. Cependant il s'en faut encore de beaucoup que la digestion jouisse de sa pleine et entière force : il survient aisément des vomissemens, des diarrhées, des coliques. Les alimens simples, nourrissans et faciles à digérer, sont les seuls qui conviennent, et le scorbut de la bouche (ampoules de la membrane muqueuse qui dégénèrent en ulcères) est surtout déterminé par une trop grande variété de substances alimentaires.

B. *Marche.*

§ 544. Vers la fin de la première année, l'enfant

1° Cherche à se *tenir debout*, et il éprouve une joie visible lorsque la tentative lui réussit. Mais d'abord il perd l'équilibre presque sur-le-champ ; les genoux fléchissent, à cause de la faiblesse et du défaut d'exercice des muscles extenseurs, de sorte que l'enfant tombe assis. Il n'apprend donc à rester quelque temps debout qu'en se tenant par les mains à un corps solide.

2° Dès qu'il a appris à se tenir debout, sans aucun but extérieur, il cherche à *changer de place*, soit seulement pour mettre en jeu la force qu'il sent au dedans de lui-même, soit pour atteindre à un objet éloigné. Déjà il avait commencé, sur le sein de sa mère, à tendre involontairement les bras vers les objets qu'il souhaitait, puis il avait indiqué par là son désir d'être porté dans tel ou tel lieu, et plus tard il avait essayé de s'y traîner lui-même. Mais le changement de place qu'il tente maintenant, après s'être dressé sur ses jambes, tient à un rapport organique et primordial en vertu duquel les membres des deux côtés du corps tendent à se mouvoir alternativement, et en effet l'enfant remuait déjà les jambes l'une après l'autre quand il était ou couché ou assis. Avant de se lancer dans l'océan de l'espace, il louvoye sur les côtes; il chemine obliquement, en se soutenant alternativement avec ses deux mains. Pendant ce mouvement, il place les pieds en dedans, d'un côté parce que les muscles de la face interne de la jambe l'emportent encore en énergie sur ceux de la face interne, comme durant le cours de la vie embryonnaire, et de l'autre, parce que le bassin est plus incliné qu'il ne doit l'être dans la suite.

3° Le premier mouvement libre de l'enfant, qui a lieu au commencement de la seconde année, consiste non point à marcher, mais à *courir*, ou plutôt à se précipiter; aussi est-il fort sujet à tomber en avant, ses muscles extenseurs venant à cesser d'agir. La raison en est que les jambes sont plus fléchies pendant la course que pendant la marche, attendu la prédominance dont jouissent encore les muscles fléchisseurs, mais surtout que les désirs ont une vivacité en vertu de laquelle l'enfant voudrait être arrivé sur-le-champ au but : il se précipite vers le point d'appui qu'il attend, parce que quelques pas suffisent pour lui faire perdre l'équilibre, et sa première course n'est pour ainsi dire qu'une chute retardée par la progression.

4° A la fin de la seconde année, ou au commencement de la troisième, il apprend à *marcher*, ses muscles extenseurs

ayant acquis plus de force, ses rotules commençant à s'ossifier, mais surtout la précipitation qu'il mettait d'abord dans
tous ses mouvemens ayant fait place à une tenue plus posée.
Ce qui prouve que la circonspection joue ici un rôle plus
étendu que les dispositions purement mécaniques, c'est que
la petite fille d'un an s'avance seule d'un pas sûr lorsqu'elle
ne pense point à la marche et qu'elle est occupée tout entière
de la poupée qu'elle tient entre ses mains ; s'imaginant avoir
un enfant devant elle, et s'oubliant ainsi elle-même, elle acquiert par là une démarche moins chancelante. Plus l'enfant
a la conscience de la difficulté du marcher, et plus il se sou-
vient des dangers de la chute, moins ses pas sont solides.
Mais dès qu'il se sent ferme sur ses jambes, il veut se mouvoir de lui-même ; et repousse tout secours étranger : cependant il lui arrive souvent encore de faire des faux pas, soit
par défaut d'attention, soit parce qu'il ne sait point juger
les effets de la lumière et de l'ombre, ni apprécier les
distances.

C. *Parole.*

§ 545. Le système musculaire soumis à la volonté servait
tout entier à la manifestation involontaire de l'état intérieur
et à l'annonce symbolique du plaisir ou du déplaisir, avant
d'arriver à la réalisation d'un but matériel : le diaphragme et
les muscles costaux seuls avaient commencé, lors de la première respiration, à exercer leur force dans l'intérêt d'un but
mécanique, mais, dès le premier moment de leur action, ils
avaient été consacrés aussi à l'expression de la sensation. La
voix était l'explosion sans conscience de cette sensation, la
réaction organique contre un état intérieur ; le cri n'était que
la simple manifestation d'une atteinte portée à la sensibilité
générale ; la joie inspirée par l'activité sensorielle produisait
le rire ; une sensation déterminée s'était peinte ensuite dans
des exclamations déjà plus expressives. Devenu attentif à son
propre bruit, l'enfant avait fini par jouer avec ses organes vocaux, et son bégayement était le précurseur de la *parole* articulée, comme l'agitation vague des membres était celui de

l'aptitude à saisir des corps étrangers et à mouvoir son propre corps.

1° Les organes vocaux sont exercés depuis la naissance, et l'exercice les a rendus plus forts. La congestion vers la bouche, qui accompagne la dentition, détermine les organes de la parole à se développer. La cavité orale s'étant agrandie, la langue acquiert, par la mastication commençante, comme elle avait fait auparavant, mais à un moindre degré, par la succion, une motilité plus libre, en même temps que les progrès de l'ossification de l'hyoïde lui procurent un point d'appui plus solide. Les incives tiennent les deux mâchoires écartées l'une de l'autre, et les lèvres, au lieu de s'alonger en une sorte de trompe, font partie des parois tendues de la bouche, qui, avec les dents de devant, contribuent à modifier la voix.

2° Les conditions extérieures de l'*articulation* des sons existent donc désormais; mais cette articulation elle-même est le fruit d'un empire absolu acquis sur la voix, d'une modification variée de celle-ci par la synthèse volontaire des élémens, d'une production de sons qui se laissent résoudre en parties déterminées. La condition intérieure est l'existence d'idées précises, laquelle suppose à son tour la distinction entre le sujet et l'objet. Tant que l'activité de l'âme se réduit à la sensation, il n'y a non plus qu'une voix inarticulée, expression générale et vague de la subjectivité; la voix articulée, au contraire, est la peinture d'un objet, non tel qu'il nous est donné par le monde extérieur, mais tel qu'il s'est représenté en nous; elle repose donc sur l'intuition d'une image, par conséquent sur l'intuition de soi-même, dont elle est le reflet, comme la voix était celui de la sensation. Mais cette intuition de soi-même commence à la fin de la première enfance, quelque imparfaite qu'elle soit encore à cette époque.

3° Enfin la condition intermédiaire est la liaison entre une idée déterminée et des sons également déterminés. L'enfant à la mamelle a appris à embrasser les différentes activités sensorielles dans l'unité de la représentation ou de l'idée : maintenant, l'enfant qui cherche à traduire l'idée dans un langage physique, choisit ce qui peut frapper l'oreille, parce que c'est sous cette forme que son activité propre peut le

rendre de la manière à la fois la plus libre et la plus précise,
et qu'en jouant avec ses organes vocaux, en prenant plaisir
à faire sortir des sons de lui-même, il s'est exercé depuis
quelque temps déjà à cette faculté.

4° Mais la parole est provoquée tant par un penchant individuel qui porte à manifester la vie intérieure au dehors, que
par la sympathie avec le genre humain. De même que la sensation se révélait par la voix, de même aussi toute idée nette
veut se traduire par des sons déterminés : ce qui avait pris
une forme dans l'intérieur, à l'occasion d'impressions sensorielles, tend à se refléter sous une forme susceptible de frapper les
sens. Ainsi la parole émane de l'intérieur par l'effet de la réaction, par suite de l'antagonisme et de l'unité du monde physique et du monde intellectuel : le premier mot sort quelquefois, sous l'influence de l'affection, sans avoir été cherché et
d'une manière involontaire (1); l'affection est ici l'accoucheur de
la parole, et elle fait apparaître le mot qui s'était déjà formé
dans l'intérieur. Mais, en même temps, agissent la sympathie,
l'instinct de l'imitation et celui de la sociabilité; l'enfant reconnaît sa nature spirituelle en d'autres, il veut leur ressembler
par l'imitation de leurs sons, et il cherche à se rendre semblable à eux en faisant naître dans leur intérieur les mêmes
idées que celles qui existent en lui-même. Si la parole en
elle-même est un besoin pour lui, il sait se plier aux formes
qu'il trouve admises déjà, il apprend à comprendre la langue
de ceux qui l'entourent, et à l'imiter en comparant ses propres sons à ceux des adultes. Cependant il ne se laisse point
déterminer à cet égard d'une manière absolue, car non seulement il modifie les mots qu'il entend d'après la capacité
de ses organes et sa propre commodité, mais encore il en
crée de sa propre autorité.

5° Le langage devient pour lui un moyen de perfectionnement. Il est l'œuvre de l'intelligence, tire naissance de ce
qui a été compris, et permet de se faire comprendre. Il est
le produit de la liberté, et mène au développement de cette

_____

(1) Grohmann, *Ideen zur Geschichte der Entwickelung des kindlichen
Alters*, p. 148.

même liberté. D'après l'expression de Beckers (1), la pensée
est sans bornes par elle-même, et n'acquiert une signification
précise que par la parole ; en prenant corps dans les mots,
elle revêt une forme spéciale individualisée, de sorte que,
sans la parole, l'homme ne jouirait pas de la vie dans toute
sa plénitude. Les mots deviennent des chiffres par la combinaison desquels l'enfant apprend à avoir ses idées sous la
main et à en tirer de nouveaux résultats. La détermination
spontanée, en parlant, n'est d'abord qu'un type de la liberté,
une réaction organique ; la pensée de l'enfant s'exhale en
mots sur-le-champ et sans choix, et comme ses idées se
succèdent rapidement, il se fait aussi remarquer par la vo-
lubilité avec laquelle il parle. Peu à peu seulement il arrive
à une liberté d'un ordre plus élevé, c'est-à-dire qu'il apprend à réfléchir s'il doit manifester ou taire sa pensée, à
savoir quand et comment il doit parler.

6° La parole a pour point de départ ce qui est isolé ou particulier ; des *mots* seuls valent tout un discours, et l'enfant
ne les prononce d'abord que par pur plaisir de parler, sans y
attacher d'autre importance ; le temps seul lui enseigne à
s'en servir pour exprimer ce qu'il désire. Il commence par
des monosyllabes, et ne s'élève pas beaucoup au-delà des
mots disyllabiques. Les premiers dont il se sert désignent des
objets physiques, et sont des substantifs, qu'il emploie au
nominatif : ensuite viennent les verbes exprimant une action
physique, à l'infinitif ( avoir, prendre, etc. )

Le premier acte de volonté qu'il fasse, eu égard à la pro-
nonciation, consiste à mouvoir les lèvres, tandis que la
langue et le voile du palais contribuent davantage aux cris
involontaires ; les premiers mots sont formés de *b*, de *p*,
de *m*, de *v*, et il est digne de remarque que, chez la plupart
des peuples de la terre, l'*m*, la première et la plus molle des
consonnes labiales, prédomine dans le mot exprimant l'idée
de *mère*, au lieu que, dans celui qui sert à rendre l'idée de
*père*, il y a prédominance du *p* et du *b*, dont la prononcia-

(1) *Organism der Sprache*, p. 2-5.

tion exige plus d'efforts, du *t*, de l'*f*, et du *v*, qu'on ne parvient que plus tard à prononcer.

A ces mots labiaux succèdent ceux, contenant les sons *d*, *t*, *l*, *n*, que le bout de la langue produit avec la partie antérieure du palais ; puis l'*f*, l's et le *c*, qui exigent le concours des dents, enfin le *g*, le *k*, le *ch* des Allemands, le *j* des Espagnols, l'*r* et les diphthongues, qui sont formés par la base de la langue et le voile du palais. Cependant l'individualité fait naître une multitudes de nuances à cet égard ; car on trouve, par exemple, des enfans qui prononcent de bonne heure et facilement le *k*, tandis qu'ils ne prononcent le *v* qu'avec peine et plus tard.

Les consonnes sont unies d'abord avec les sons *a, ai, e,* qui exigent qu'on ouvre la bouche, plus tard avec *o*, *ou*, *i,* pour lesquels il faut rétrécir la cavité orale, plus tard encore avec *eu* et *u*.

7° Vers la fin de la seconde année, ou au commencement de la troisième, l'enfant prononce des *phrases*, c'est-à-dire qu'il ne se borne plus à exprimer une idée, mais peint une pensée en liant un sujet avec un attribut. Les premières phrases sont de deux mots, un substantif avec l'infinitif d'un verbe, ou même avec un adjectif sans verbe. Plus tard, la phrase embrasse plusieurs membres, deux verbes ou deux substantifs étant mis en rapport l'un avec l'autre, après quoi le mode de relation vient aussi à être exprimé par des adverbes et des prépositions.

8° Pendant le cours de la troisième année, l'enfant tient des *discours*, c'est à dire qu'il exprime des séries de pensées. Dès le commencement de cette année, il montre de la tendance à former une série de phrases ; mais sa langue est encore trop pauvre pour pouvoir réaliser cette intention. Ensuite il prononce, à la suite les uns des autres, des mots décousus, entremêlés d'une foule de sons inintelligibles, soit parce qu'il y a dans la série de ses pensées une véritable lacune, comblée seulement par des idées confuses, soit parce que l'expérience lui manque ; mais il n'en est pas moins content de lui-même ; il babille avec un air à la fois satisfait et sérieux. Peu à peu les conjonctions et les pronoms entrent dans le trésor de ses ressources, et de cette manière la faculté de parler est complétement développée en lui à l'âge de quatre ou cinq ans.

## II. Activité de l'âme.

### A. *Facultés intellectuelles.*

§ 546. Vers la fin de la première enfance, l'*âme* commence à jouir d'une activité et d'une mobilité plus grandes. L'enfant ne dort plus que trois heures par jour d'abord, puis une seule, et à partir de la cinquième année environ, il ne dort plus dans la journée, se contentant de dormir neuf à dix heures pendant la nuit; mais le sommeil est profond, et facile; lorsque la fatigue s'est emparée de lui, il s'endort même en mangeant et en marchant. Comme les notions qui naissent de la sensibilité générale sont encore si confuses qu'en cas de maladie il ne peut point préciser le siége des douleurs qu'il éprouve, de même il n'est pas encore arrivé à se faire une idée nette de la conscience, et il suit l'impulsion de la nature, sans réfléchir sur lui-même. Sa *connaissance* est tournée tout en dehors, et dirigée vers les objets qui frappent ses sens; la perception et la mémoire l'emportent chez lui sur les autres facultés, et la réceptivité a la prédominance sur la spontanéité.

1° La *perception* devient plus vivante; les impressions sont passagères, généralement parlant, mais peu à peu elles acquièrent plus de durée. L'attention croît aussi un peu par degrés; en même temps, elle se reporte des phénomènes isolés sur les événemens, et des objets sur les rapports, d'abord dans l'espace, puis dans le temps, de manière que l'esprit d'observation se développe. L'enfant ne s'occupe d'abord que du présent et des phénomènes qui agissent actuellement sur ses sens; il ne saisit point encore un récit, et éprouve de l'ennui en l'écoutant. Vers cinq ans seulement, il suit avec intérêt la marche des faits qu'on lui raconte, et il a la faculté de les lier dans son imagination, parce que la parole, dont il jouit pleinement, fournit un point d'appui intérieur à la marche de ses idées. Il cherche, par de fréquentes questions,

à satisfaire sa curiosité, qui roule plus sur les phénomènes
que sur leur cause ou leur but. De cette manière il accroît la
masse de ses connaissances, et se trouve plus à son aise dans
le monde ; comme il y reçoit plus par la parole que par l'intuition sensorielle immédiate, il est soustrait jusqu'à un certain point à l'esclavage des sens, et le commerce qu'il entretient avec des êtres pensans lui apprend à pénétrer plus avant
dans son propre intérieur.

2° La *mémoire* est soutenue par la parole, puisque le mot
donne à l'image une forme déterminée et par cela même permanente. D'abord elle consiste uniquement à reconnaître :
c'est la simple conscience qu'une impression actuelle ressemble
à celle qui a eu lieu déjà auparavant. Plus tard, l'idée antérieure est rappelée par d'autres idées affines. Ainsi la mémoire
croît avec la vivacité et la clarté des idées, de même qu'avec
la faculté de saisir les relations des choses ; c'est précisément
l'idée de cette relation, dans la pensée, qui unit les images à
l'âme. Au total, l'enfant oublie facilement ; cependant il y a
quelques impressions qui durent toute la vie.

3° A mesure que l'activité augmente, l'*entendement* acquiert
aussi davantage de spontanéité, et il met de l'ordre et de la
liaison dans les idées. Il s'élève, par abstraction, du particulier au général, mais s'arrête encore surtout à ce qui frappe
les sens, à la réalité. Ainsi, à quatre et cinq ans, l'enfant a
des idées de nombres, mais en tant seulement qu'il les rattache à des objets. La puissance des idées s'annonce déjà par
cette circonstance que l'enfant, avant d'arriver à distinguer
l'individu de l'espèce, emploie les noms propres à titre de
noms communs, et donne par exemple le nom du chien de la
maison à tous les chiens qu'il rencontre.

Ce qu'il y a de surprenant, c'est la rapidité des progrès que
fait l'enfant dans l'intelligence de la langue et l'acquisition de
son propre fond pour parler. Nous pourrions même dire qu'un
homme fait mettrait presque autant de temps à apprendre un
idiome étranger, par l'usage seulement, qu'il en faut à l'enfant
pour se mettre en possession de la langue maternelle et par
conséquent du langage en général. Sa première éducation,
sous ce rapport, consiste en ce qu'on lui dise le nom d'un

objet, dans le même temps qu'on le lui montre. Mais il apprend
à connaître les noms d'une foule d'objets sans qu'on ait pris la
peine de les lui enseigner. Si ensuite il sait apprécier, d'après
un simple son, quel est le mouvement visible qu'on fait en
l'imitant (par exemple prendre, donner, aller), cette faculté suppose déjà un certain pouvoir d'abstraction, car
elle indique une distinction établie entre le changement et la
substance dans laquelle s'opère cette mutation. On accompagne
ensuite ces mots de gestes, et de cette manière l'enfant conçoit pour la première fois l'expression subjective ( beau,
bon, etc. ), c'est-à-dire qu'il apprend à connaître les mots
indicateurs des qualités des choses, d'après les sensations
que ces qualités produisent en nous, attendu que son âme se
place, par un effet sympathique d'imagination, dans l'état exprimé par les gestes, qu'elle déduit cet état de la qualité de
l'objet, et qu'elle prend le son dont elle a été frappée en
même temps pour l'expression de cette qualité : si alors on
lui représente physiquement par gestes des qualités objectives,
telles que celles d'être grand, petit, éloigné, prochain, et qu'en
même temps on les lui nomme, il arrive à comprendre par
abstraction, en séparant l'attribut de la substance. Cependant,
parmi les mots de ce genre, il en est fort peu qu'on enseigne
ainsi à l'enfant, et il les apprend pour la plupart de lui-
même. Mais il apprend aussi des mots dont la signification n'est point immédiatement représentée d'une manière
sensible et ne peut être saisie que par la pensée, des mots
par conséquent dont on ne peut donner l'explication qu'à l'aide
d'autres mots représentant des pensées. C'est ainsi qu'il apprend peu à peu à exprimer, sans guide proprement dit, des
idées générales, telles que celles de chose, d'être ; à désigner
le nombre, c'est-à-dire à distinguer une chose de plusieurs,
à faire connaître s'il conçoit cette chose avec une autre, ou
cette autre avec une troisième, à déterminer les relations variables par les divers cas, modes et temps, etc. Il lui faut être
depuis long-temps familier avec le nom pour connaître le
pronom qui en tient lieu ; il est donc tout naturel que l'enfant
désigne d'abord par son nom propre chaque sujet dont il veut
parler, et qu'assez tard seulement il parvienne à employer,

dans cette vue, des désignations différentes, suivant que le sujet dont il parle est ou lui-même, ou celui à qui il s'adresse, ou un tiers. De ce que, pendant les trois premières années, il se désigne par son propre nom, et parle de lui-même à la troisième personne, on a voulu conclure qu'il n'avait point encore une conscience nette, qu'il ne savait pas encore bien se distinguer des choses extérieures. Mais il y a long-temps que l'enfant possède une conscience générale, autrement il ne pourrait point parler, et il lui est impossible de jamais se mettre en idée sur la même ligne que les autres choses. Loin de là toute connaissance quelconque des choses part de la conscience ; mais l'enfant, quand il dit *je* ou *moi*, n'acquiert point une conscience d'un ordre plus relevé, une intuition claire de sa nature spirituelle sous le rapport de sa généralité ou de sa particularité. Quand il se désigne par son propre nom, c'est qu'il se pose manifestement lui-même, c'est qu'il n'a pas de manière plus simple et plus naturelle pour se distinguer soi-même de tout autre. Il ne peut arriver que tard à s'apercevoir que celui qui parle désigne sa propre personne par *je*, et à faire l'application de cette coutume à lui-même. Du reste, il y a beaucoup de différences à cet égard ; j'ai observé des enfans qui, dès l'âge de deux ans, employaient *mon* et *mien* presque toujours à propos.

Toutes ces connaissances, l'enfant les acquiert en quatre ou cinq années, par le seul commerce avec sa mère et les personnes qui l'entourent ; il peut même apprendre, dans ce laps de temps, non seulement la langue de sa mère et le patois de sa bonne, mais encore deux ou trois idiomes différens, revêtir simultanément une seule et même pensée de formes tout-à-fait différentes, et les exprimer dans chacune de ces langues, sans confondre l'une avec l'autre.

D'après cette manière dont l'enfant arrive ainsi par abstraction à connaître la signification de la plupart des mots, il nous est facile de concevoir en quoi consiste le langage et comment on l'apprend. La langue est l'œuvre de la nature humaine intelligente, œuvre dans laquelle l'âme s'exprime comme être indépendant et dégagé du corps. De même que le principe spirituel de la vie se lie à un support matériel dans la génération, se revèle comme créateur dans cette association, et donne à la matière la forme d'un corps organique, afin de pouvoir, par cette union avec une chose finie, se représenter comme individu, de même aussi le langage est un mouvement du corps organique par lequel l'âme se révèle immédiatement dans la sphère des objets sensibles, qui prend toutes les formes, s'attache à toutes les excitations de l'existence intérieure, une sorte d'appareil consistant uniquement en activité, qui est inépuisable et infini dans ses productions, et qui repose sur des lois simples, éternelles, d'une application générale. L'intelligence de l'enfant se formerait une langue au moment où elle s'éveille; mais elle trouve son reflet dans celle qui existe, elle s'y reconnaît et se l'approprie; l'idiome n'est que l'habit dont se revêt l'intelligence parlante générale. Mais, de même que le corps, le langage devient aussi un point d'appui pour l'âme; les activités de cette dernière se représentent désormais sous des formes déterminées; le torrent des idées est renfermé dans un lit, et à ce chaos flottant succède une configuration mieux arrêtée : les idées, par cela même qu'elles sont mieux frappées, deviennent plus précises et plus claires; leur persistance plus grande rend l'âme plus indépendante des sens, et le monde intérieur plus puissant contre le monde extérieur; or les idées arrêtées préparent à la pensée, puisqu'on peut les associer ensemble, ou les résoudre en leurs parties.

4° De la comparaison établie entre l'idée particulière qui se présente actuellement à l'esprit et une idée plus générale, formée auparavant, naît le *jugement*. L'enfant a donc la matière du jugement dans sa mémoire enrichie; il saisit facilement les analogies, et comme il ne s'attache qu'aux surfaces, il devient spirituel; mais son impartialité fait aussi que souvent il rencontre juste, et par conséquent il est naïf. Il fonde son jugement sur l'impression que font les choses; de même qu'il a la vue courte au physique, de même aussi il n'embrasse rien dans sa totalité, ne pèse point les motifs, ne calcule pas les suites, et n'arrive jamais à une intuition profonde de l'essence des rapports.

5° Beaucoup de Mammifères, et parmi eux plusieurs mê-

me qui, dans l'âge adulte, sont fort sérieux ou très-obtus,
jouent pendant l'époque qui précède la maturité; tels sont
les bêtes ovines et à cornes, l'Ane, le Chien, le Chat, le Renard, l'Ours, le Blaireau, la Loutre de mer, la Marte, la
Taupe, la Souris. L'essentiel de ces jeux consiste en ce que
tantôt les animaux font des mouvemens sans but, tentent le
possible, et essaient ainsi leurs forces par les cabrioles les
plus singulières, tantôt se posent en ennemis les uns à l'égard
des autres, se mordent, se poussent, se renversent, se poursuivent; mais ils en viennent là parce que leurs forces se
sont développées, sous l'influence du lait maternel, pas assez
encore cependant pour qu'ils puissent les faire servir à l'acquisition de leur nourriture. Ainsi le jeune Renard jette en
l'air les Souris que sa mère lui a apportées, et les reçoit dans
sa gueule; mais lorsque plus tard il est obligé d'aller les
chercher lui-même, il s'abstient de ces jeux inutiles. Le jeu
est donc l'école de l'enfance, et un moyen d'éducation pour
l'homme. L'enfant, surveillé par la tendresse de ses parens,
n'a ni le besoin ni le pouvoir de poursuivre ce qu'on appelle
le but réel de la vie; libre de la contrainte qu'impose l'obli-
gation de se procurer le nécessaire, il emploie ses jeunes
forces à des jeux qui n'ont en apparence aucun but, mais au
fond desquels se trouve un sens de haute portée. Le jeu est
un plaisir sensuel, mais dans lequel l'esprit prédomine et
l'activité spontanée joue un rôle créateur. L'enfant franchit
les bornes de la réalité en se figurant, pendant qu'il joue, être
autre chose que ce qu'il est en effet, et rêvant pour lui un
monde qui lui est totalement étranger; son imagination se
développe et fait naître l'esprit d'invention; tandis qu'il s'efforce d'atteindre un but imaginaire, ses forces prennent du
développement; en voyant ce qu'il a produit, il acquiert la
conscience de sa propre force, et les diverses émotions qu'il
éprouve impriment un éclat plus vif à tous les ressorts de la
vie intérieure. D'abord il ne joue qu'avec des choses, et ce
jeu lui plaît d'autant mieux que lui-même l'a trouvé ou préparé, ou qu'il ressemble si peu à ce qu'il représente que
l'imagination est contrainte à de plus grands efforts; ensuite
il joue aussi avec d'autres enfans, et ceux-ci ne lui servent

d'abord que d'instrumens, jusqu'à ce qu'enfin il entre véritablement en rapport avec eux, et que le conflit des forces
ouvre devant lui un plus vaste champ. Son imagination ne lui
suggère d'abord que des positions; ensuite elle crée des événemens, et plus ici l'âme est remuée par les alternatives de
crainte et d'espérance, de douleur et de joie, plus le jeu
cause de plaisir. Bientôt aussi son imagination veut s'exprimer
dans des productions extérieures, et alors il s'élève par degrés d'une sphère restreinte à une autre plus vaste, d'une imitation grossière à une invention qui témoigne plus d'art; l'enfant barbouille d'abord, puis il construit des maisons, établit
des jardins, enfin il découvre des îles désertes, les défriche, et
organise un chimérique état. La pensée nue n'a point encore
accès dans son âme, il faut qu'elle lui arrive en images, et
comme revêtue d'un corps vivant : aussi aime-t-il les récits
figurés et faciles à saisir, les fables, les contes. Aussi se plaît-
il à faire reparaître devant son imagination les images qu'il
connaît déjà, et témoigne-t-il du mécontentement losqu'on
vient à changer la moindre petite circonstance dans une nar-
ration qu'il affectionne. Il aime l'extraordinaire, le merveil-
leux, et y ajoute foi volontiers, parce que son intelligence
ne lui montre pas les bornes du possible. Lorsque le monde
visible s'enveloppe du manteau de la nuit, il est saisi du sentiment d'une force spirituelle, sentiment qui, sous la main
créatrice de l'imagination, enfante la croyance aux reve-
nans, dont la crainte le poursuit sans même qu'elle ait été
provoquée par aucun récit. Enfin l'enfant raconte ses rêveries
comme autant d'événemens réels, parce qu'elles l'ont absorbé
tout entier, et en cela il est plutôt poète que menteur.

### B. *Facultés morales.*

§ 547. Le *caractère*

1° Porte l'empreinte de la vivacité et de la gaité : l'enfant
est joyeux de sentir qu'il y a en lui un principe d'activité, et
que sa spontanéité fait chaque jour des progrès. Dans les momens où l'imagination exerce le plus d'empire, par exemple
le soir, avant de se mettre au lit, son allégresse va jusqu'à

l'extravagance. De même, il a beau se faire mal en jouant, sa
joie n'en est point troublée ; la prédominance des facultés de
l'âme sur la sensibilité générale lui apprend à braver la douleur, et il ne s'amollit que quand on le plaint trop, quand on
attache trop d'importance aux maux qu'il s'est attiré. Le cercle de ses relations immédiates s'agrandit peu à peu, et les
choses pour lesquelles il a de la réceptivité font sur lui une
impression vive, mais peu durable. Il s'égaye et s'attriste aisément, et les émotions se succèdent rapidement en lui. La
grande réceptivité dont il est doué lui donne de la tendance
à contracter des habitudes, et lui inspire de la docilité. Le
sentiment s'exprime librement dans le langage, et les désirs
se taisent.

2° Pendant que l'enfant acquiert plus de liberté dans le
choix de ses alimens, qu'il accorde la préférence aux choses
douces, et qu'il devient plus ou moins friand, le plaisir que
lui fait éprouver tout ce qui a l'apparence de la gaîté et de la
vie, tout ce qui appartient ou ressemble à l'homme, éveille
aussi en lui le sentiment du beau. Seulement il faut que le
beau se présente sous les formes les plus simples, qu'il tombe
aisément sous les sens, que sa signification idéale soit mas-
quée, et que, borné au temps ou à l'espace, il soit par conséquent facile à saisir. Ainsi l'enfant affectionne les imitations
en petit, mais la beauté d'un paysage ne fait point encore
d'impression sur lui. Les chansonnettes, les récits rapides lui
plaisent, tandis que les poëmes d'une certaine étendue et
d'un style élevé n'ont point d'accès dans son âme. Il a du
goût d'abord pour la nature, puis pour l'ordre, et n'aime pas
qu'on dérange les objets qui lui appartiennent. Du reste, le
plaisir que le beau lui inspire n'est point encore pur ni dégagé
de la jouissance sensuelle, car il veut avoir sur-le-champ et
tenir entre ses mains ce qui lui plaît.

3° En effet, l'égoïsme l'emporte encore chez lui sur le sentiment moral. Il a besoin de se fortifier au dedans de lui-même,
et de tout rapporter à soi, avant de pouvoir comprendre son
propre moi dans des relations d'un ordre plus élevé. Il n'a
point encore de sympathie générale, il tourmente les animaux, et se montre d'autant plus dur envers eux qu'ils ressem-

blent moins à l'homme. Voulant avant tout accomplir sa volonté, parce qu'il n'est point encore en état d'apprécier ce qui
peut s'élever contre elle, il oppose son caprice à tous les
obstacles : il n'a aucune idée des droits d'autrui, et cherche
indistinctement à se procurer tout ce qui le flatte. Marchant
ainsi d'un pas chancelant sur la ligne de démarcation entre le
bien et mal, il a été construit par la nature de telle sorte que
sa dureté devient force et non cruauté, son caprice liberté
et non opiniâtreté, son désir de posséder besoin d'acquérir
et non avidité.

Comme rien ne parvient à sa vie intérieure que sous la
condition de revêtir une forme sensible, de même la loi morale
se personnifie en lui sous la forme de ses parens. L'enfant a
goûté les premières joies de la vie sur le sein maternel, les
attentions de sa mère lui ont continuellement procuré des
sensations agréables, et il a pris pour elle un attachement
qui devient un amour intime à mesure que son âme continue
de se développer. Mais, chez son père, il reconnaît la sévérité et le pouvoir, à côté de la bienveillance, et il se sent de
l'estime pour lui. Or l'amour lui inspire de la douceur, et l'estime le porte à l'obéissance. Poussé déjà par son penchant à
l'imitation, et voulant d'ailleurs ressembler à sa mère, qui lui
fait toujours du bien, il fait part de ce qu'on lui donne à ses
parens, moins volontiers à ses frères ou sœurs, se réjouit de
la victoire qu'il vient de remporter sur lui-même, et en tire
vanité ; mais il s'attend en revanche à des éloges et à des caresses, car il veut faire plaisir et voir de la reconnaissance,
et goûter ainsi pour la première fois la joie du bienfait. Pour
ne pas perdre l'amour de sa mère et ne point encourir les
réprimandes de son père, il se soumet à leurs commande-
mens ; dès qu'il a commis une faute, sa conscience s'éveille à
leur aspect, et une lutte a lieu en lui entre la crainte de la
honte et du châtiment et le besoin de se débarrasser du poids
de sa faute par un aveu sincère. La punition elle-même exerce
une influence salutaire sur son sentiment moral, car d'un
côté elle lui apparaît comme la suite nécessaire de l'action
dont il s'est rendu coupable, comme l'inévitable effet de l'exercice de la justice, et d'un autre côté elle se montre à ses re-

gards adoucie par l'amour, qui interpose sa médiation entre la faute et la justice; car il prétend à l'équité et à la miséricorde, et se révolte quand on lui applique le droit dans toute sa rigueur; le sentiment d'honneur qui germe en lui veut aussi qu'on ne le blesse pas, et il ne faut pas que le châtiment soit connu des étrangers, bien moins encore qu'il ait des témoins.

L'instinct de la sociabilité, dont la tendance immédiate est le plaisir sensuel, a pour fondement un sentiment de sympathie, et développe la moralité. La parole ayant mis l'enfant en rapport avec les autres hommes, il peut devoir à des discours de la joie ou de la tristesse. Il veut plaire et être aimé, mais trouver en cela une jouissance immédiate, et les jeux solitaires ne le flattent plus autant que par le passé. De même qu'en grandissant il devient timide et éprouve une certaine gêne en présence des étrangers, comme s'il sentait sa faiblesse et craignait de la laisser entrevoir, de même aussi il montre d'abord de la réserve dans la société des autres enfans, mais l'égoïsme et la défiance cèdent promptement à la sympathie et au plaisir, et bientôt commence le jeu, pendant lequel s'organise une espèce de société. Après quelques courts momens de concorde, la licence se manifeste, parce que chaque force suit sa propre direction; chacun veut faire sa volonté, avoir ce qu'il y a de mieux, occuper la première place, et le jeu cesse, parce que le plus faible s'éloigne. Lors d'une nouvelle rencontre, l'enfant apprend à se soumettre à la volonté du plus fort, ou du plus habile, ou de la majorité, afin de ne point être exclu du jeu ou maltraité, et les débats qui avaient lieu précédemment à l'égard de la possession ne se renouvellent plus, parce qu'on s'est aperçu qu'il n'y a que celui qui a vu, saisi ou possédé une chose le premier, qui ait un droit sur elle. De cette manière l'égoïsme trouve ses bornes dans le conflit des forces.

4° En reconnaissant ainsi un but supérieur, l'enfant apprend à se soumettre à la loi de la nécessité, tandis qu'il avait été jusqu'alors totalement dépourvu d'empire sur lui-même. Il s'était d'abord contenté de désirer; mais, quand le jugement se développe en lui, il acquiert la volonté, à laquelle la

conscience de sa propre force, notamment la faculté de changer de lieu et celle de parler, procurent à la fois et plus d'é-
tendue et davantage de précision. L'enfant apprend à déployer ses forces pour atteindre au but, quand il rencontre
des obstacles, et la ruse ne lui est pas non plus étrangère
lorsque sa force ne suffit point.

5° Le penchant à agir prédomine chez l'enfant ; car il ne
s'agit pas pour lui d'arriver à un résultat immédiat, mais
seulement d'exercer ses forces, de perfectionner ses sens,
d'enrichir sa mémoire, de développer son intelligence, et
d'accroître l'évidence du sentiment de soi-même. Aussi a-t-il
pour caractère une continuelle mobilité. Dès que sa force
musculaire peut lui servir à changer de lieu, il se met à sautiller et à sauter, négligeant, dans les transports de sa joie,
de ne pas prodiguer ses forces au delà du besoin : il aime les
jeux bruyans, et se complaît au bruit qu'il produit, parce que
c'est un moyen de rendre apparente à ses sens l'énergie qui
l'anime ; la malice, le goût de la destruction, le plaisir de
nuire sont également des moyens de donner un corps au sentiment de la force intérieure. Le penchant à créer se manifeste
en même temps que le goût pour les formes : l'enfant, qui
n'avait fait d'abord que griffonner, satisfait de la faculté qu'il
témoignait ainsi de produire des choses visibles, se met ensuite à tracer des figures, à esquisser des têtes d'homme,
des maisons, des arbres. Dès que ses mouvemens ont acquis
plus d'aplomb et de facilité, il devient entreprenant ; dépourvu
d'abord de prudence, parce qu'il ne connaît point le danger,
les maux qu'il s'attire lui inspirent peu à peu de la circonspection. Sa curiosité est un besoin d'acquérir de nouvelles idées, et
son instinct imitateur, qui naît en partie du besoin d'activité,
en partie aussi de la sympathie, le conduit à de nouveaux essais, multiplie ses progrès, fait naître enfin chez lui le sentiment de l'honneur, parce qu'il est fier d'accomplir un travail
quelconque ou de s'acquitter d'une mission dont on l'a chargé.

## ARTICLE III.

### De la différence des sexes.

§ 548. La *différence sexuelle* du développement se manifeste

1° Dans le caractère de la formation. Le garçon est, dès le principe, plus grand et plus pesant que la fille, et celles de ses parties dans lesquelles l'irritabilité se déploie, par conséquent les mâchoires, le nez et les membres, surtout la main et le pied, prennent un accroissement proportionnel plus considérable, de même aussi que sa substance musculaire devient plus ferme, et que sa peau acquiert plus de consistance.

2° Les garçons témoignent plus d'indépendance, et les filles plus de sympathie. La vie se porte davantage à l'extérieur chez les premiers, à l'intérieur chez les secondes. Le garçon aime les jeux bruyans, qui exigent des mouvemens violens; la fille affectionne les amusemens tranquilles et gracieux. L'un crée et détruit, construit et démolit; l'autre range, embellit et conserve.

3° En vertu de leur sympathie plus vive, les filles ont plus de réceptivité; elles apprennent avec plus de facilité, deviennent plus réfléchies, observent mieux les nuances délicates, acquièrent de l'adresse et de la finesse, et savent obtenir ce qu'on leur refuse, par la prière, la flatterie et la ruse. Les garçons ont plus de peine à concevoir, ils aiment plutôt à acquérir par eux-mêmes qu'à recevoir des autres; ils sont portés à la contradiction, et cherchent à parvenir au but de leurs désirs par la persévérance. Ils ont donc plus d'empire sur leurs mères, comme les filles en exercent davantage sur leurs pères. Celles-ci apprennent de meilleure heure à parler, parce que leur sympathie plus active leur donne plus d'aptitude à comprendre les autres, et qu'elles sentent plus vivement le besoin de se communiquer : elles donnent aussi à leurs discours plus d'expression et une intonation plus juste.

4° L'imagination a déjà un vague soupçon de la destination future. Les garçons jouent au soldat, au cavalier, parce que ces professions leur apparaissent comme l'idéal dans lequel le courage physique et la force musculaire s'expriment le mieux. Les filles, au contraire, s'imaginent être mères; elles jouent à la poupée, elles aiment les petits enfans, elles cherchent à leur être agréables, elles les soignent, elles les veillent, tandis que le garçon se contente de les tolérer lorsqu'ils lui servent d'instrumens dans ses jeux et accomplissent sa volonté.

5° Les deux sexes se forment mutuellement dans leur relation l'un avec l'autre. Les filles n'aiment pas ce qui est grossier, ni les garcons ce qui est monotone et tranquille. La fille aime à faire le mentor et cherche à polir le garçon, qui de son côté voudrait lui inspirer de la force et du courage. Il y a des momens où l'un des sexes est entraîné par l'autre, où le frère aide sa sœur à s'occuper du ménage, et où la sœur fait vacarme avec son frère; puis viennent des jeux dans lesquels chacun joue le rôle qui convient à sa nature, où l'on voit, par exemple, le garçon, transformé en cocher, mener à la promenade sa sœur affectant les airs d'une mère de famille entourée de ses enfans.

## Section deuxième.

### DE LA JEUNESSE.

§ 549. La *jeunesse*, considérée d'une manière générale, a pour caractère un certain équilibre qui s'établit entre la mobilité et la force. La vie prend une direction plus déterminée, le jeune homme ne dépend plus aussi immédiatement de ses parens, et l'éducation le prépare à entrer dans le cercle d'action où il est appelé à jouer un rôle.

### CHAPITRE PREMIER.

#### De la première jeunesse.

La *première jeunesse* (*pueritia*) s'étend depuis l'âge de huit ans jusqu'à celui de quatorze ou seize.

1° Elle est le précurseur de l'état permanent. Les derniers organes transitoires (les dents de lait et le thymus) disparaissent. Le retentissement de la vie embryonnaire s'éteint donc peu à peu. L'accroissement cesse déjà dans quelques organes (notamment le cerveau et les dents de remplacement), tandis que d'autres acquièrent les proportions qu'ils doivent conserver, et que la physionomie prend des traits plus arrêtés. Comme la force dont l'homme est appelé à jouir se prononce aussi sous le point de vue moral, les lois romaines accordaient déjà des droits à cet âge, mais seulement sous l'autorité d'un tuteur. A mesure que l'homme se rapproche de la pérennité, l'économie se prépare chez lui à remplir sa destination future, mais en même temps aussi commence le côté sérieux de la vie. Les forces, qui jusqu'alors n'avaient agi que pour procurer le plaisir de sentir la vie, mais qui cependant s'étaient développées par degrés, sont maintenant appliquées à des buts déterminés; elles cessent d'être les instrumens de jeux capricieux, et servent à acquérir certaines capacités, à enrichir le savoir de telle ou telle connaissance spéciale : le jeu n'est plus qu'un délassement, à la suite du travail.

2° Le premier pas fait vers la vocation future se rattache à la différence sexuelle, qui devient plus prononcée et pour la forme et pour le fond. L'enfant n'avait montré que le développement du caractère propre à l'espèce humaine; mais, dans la première jeunesse, l'homme devient *garçon* ou *fille*. Comme la vocation du sexe féminin se rapproche davantage de la destinée humaine en général, la fille se développe de meilleure heure, et la première enfance ne dure pour elle que jusqu'à quatorze ans, tandis qu'elle s'étend jusqu'à seize pour le garçon. La sexualité se prononce dans le caractère général et les proportions de l'organisme, mais surtout dans la vie morale, tandis que le développement des organes génitaux fait peu de progrès.

3° La consolidation de la spontanéité se manifeste par la manière dont l'assimilation et la réaction ont lieu avec plus d'énergie que chez l'enfant, quoique la réceptivité prédomine encore comparativement à ce qu'on verra dans la suite, car l'âme s'occupe surtout du présent immédiat, et la sensualité gêne encore la réflexion. Comme la vie est principalement tournée vers l'extérieur, vers ce qui frappe les sens, et que l'homme en est venu à pouvoir dominer complétement ses sens et ses membres, de même aussi la vie animale est plus active, et elle entretient des rapports plus animés avec le monde extérieur. Mais l'exaltation du sentiment de soi-même et l'habitude de tout rapporter à soi développent aussi de plus en plus l'instinct de l'indépendance.

4° La vie ayant acquis plus de consistance, et n'étant plus mise en danger ni par aucune métamorphose considérable, ni par des efforts violens, la mortalité est moindre à cette époque de la vie qu'à toute autre. Les tables de mortalité montrent qu'à chacune des années qui la constituent la proportion des mourans aux survivans est de 1 : 100, et au-delà. La mortalité diminue pendant les premières années et atteint son minimum en France à onze ans, dans les Pays-Bas à douze, dans le Valais à treize; ensuite elle croît de nouveau, ce qui paraît tenir au développement de la puberté, dont l'apparition semble suivre la même progression dans ces trois contrées. Ce qui le confirme, c'est qu'il meurt plus de filles que de garçons, tandis qu'auparavant il périssait plus d'enfans mâles que d'enfans de l'autre sexe. Ainsi, à Paris, en 1827, la proportion entre la mortalité du sexe féminin et celle du sexe masculin, a été, de un à huit ans : : 3863 : 4217, ou : : 1 : 1,09, et depuis huit ans jusqu'à quinze : : 321 : 240, ou : : 1 : 0,74(1). A Berlin, cette proportion a été, de 1752 à 1755, depuis un an jusqu'à six, : : 3217 : 3604, ou : : 1 : 1,11, et depuis six ans jusqu'à quinze : : 296 : 284, ou : : 1 : 0,95 (2); à Breslau, depuis 1813 jusqu'en 1822, depuis un an jusqu'à sept : : 5325 : 6085, ou : : 1 : 1,14, et depuis sept ans jusqu'à quatorze : : 337 : 342, ou : : 1 : 0,92.

## ARTICLE I.

### De la vie végétative.

#### I. En général.

§ 550. Pendant cette période de la vie, la vie plastique augmente surtout d'énergie intérieure; car, la plupart du temps, les scrofules disparaissent, ou au moins diminuent, surtout lorsque la respiration devient plus énergique. La substance osseuse acquiert plus de solidité, et par cela même le rachitisme cesse, ne laissant que les vices de conformation qu'il a déterminés.

1° L'appétit est fort vif, et exige quatre repas par jour

(1) Annuaire pour 1824, p. 94.
(2) Suelsmilch, *loc. cit.*, t. II, p. 13.

attendu, d'un côté, que la multiplicité des mouvemens et l'énergie de la vitalité rendent la consommation considérable, d'un autre côté, que le développement prochain de la puberté exige aussi une plus grande abondance de matériaux, absolument de même que la larve des Insectes se prépare à sa dernière métamorphose et au développement des organes génitaux en prenant une grande quantité de nourriture. Les alimens préférés sont les fruits et la pâtisserie ; la friandise a pour objet les choses douces, grasses et farineuses. La force digestive a augmenté, l'estomac et le canal intestinal sont plus musculeux, la sécrétion salivaire est plus abondante, les excrémens ont plus de consistance, ils exhalent une odeur plus fétide, et leur expulsion a lieu deux fois par jour.

2° Les organes aériens prennent plus d'extension ; la respiration devient plus forte, et prend le caractère d'un besoin plus pressant. C'est pourquoi aussi on a remarqué, avec Nasse, surtout chez les garçons de onze à quinze ans, que la cyanopathie était mortelle à un haut degré, et que les maux de gorge étaient fort communs. La sécrétion qui s'effectue dans les poumons augmente, et alors, pour la première fois, on voit, dans les maladies de ces organes, des crises qui ont lieu par les crachats. Un pigment de couleur foncée commence aussi à se déposer dans les glandes bronchiques.

3° L'artérialité devient de plus en plus prononcée ; le pouls exécute 90 à 95, et enfin 80 à 85 pulsations par minute. Les saignemens de nez sont fréquens.

4° La peau acquiert plus de consistance et une teinte rouge plus vive ; elle absorbe moins. La sueur n'est en général point encore abondante, quoiqu'elle serve souvent déjà de voie aux crises. Les maladies de peau diminuent. Les poils croissent abondamment, et, comme l'iris, ils prennent la couleur qu'ils doivent conserver.

5° Le système urinaire entre pour la première fois en pleine activité. L'urine devient plus chargée et plus foncée en couleur. Les crises ont plus souvent lieu par elle. Comme la vessie est devenue plus ronde et plus spacieuse, les émissions sont moins fréquentes et plus copieuses.

6° L'accroissement a lieu d'une manière moins rapide et moins uniforme. La longueur du corps, qui avait augmenté d'environ vingt-deux pouces pendant les sept premières années, ne croît que d'environ quatorze pouces durant les sept années de la première enfance, et arrive à environ quatre pieds et demi (1). Le poids, qui s'était accru d'à peu près trente-deux livres durant la période précédente, augmente maintenant de quarante-une, et finit par s'élever à environ quatre-vingt livres. Quetelet assigne les nombres moyens qui suivent à la taille et au poids du corps.

| | Chez les garçons. | | Chez les filles. | |
|---|---|---|---|---|
| | Longueur. | Poids. | Longueur. | Poids. |
| | Pouces lignes. | Livres onces. | Pouces lignes. | Livres onces. |
| à 8 ans | 44 6 | 44 5 1/2 | 43 6 | 40 10 1/2 |
| à 9 ans | 46 6 | 48 6 1/2 | 45 6 | 45 9 1/2 |
| à 10 ans | 48 9 | 52 6 1/2 | 47 9 | 50 4 |
| à 11 ans | 50 9 | 57 14 1/2 | 49 6 | 54 14 |
| à 12 ans | 52 9 | 63 11 1/2 | 51 9 | 63 11 1/2 |
| à 13 ans | 55 | 73 7 | 53 6 | 70 6 |
| à 14 ans | 57 | 82 13 | 55 6 | 78 9 1/2 |
| à 15 ans | 59 | 93 6 1/2 | 57 3 | 86 7 |
| à 16 ans | 60 9 | 106 2 1/2 | 58 6 | 93 4 1/2. |

D'après cela, la différence de masse entre les deux sexes est peu considérable jusqu'à douze ans, époque à laquelle elle commence à devenir de plus en plus sensible, tandis que la croissance se ralentit alors, et que l'accroissement annuel du poids augmente. Si l'on compare à ces résultats le rapport existant à l'âge de sept ans, on voit que la croissance annuelle s'élève, terme moyen, à deux pouces trois lignes chez les garçons et deux pouces chez les filles jusqu'à douze ans, mais qu'à partir de cette époque jusqu'à seize ans, elle est d'environ deux pouces pour les premiers et d'un pouce neuf lignes pour les secondes ; au contraire, la crue annuelle du poids est, terme moyen, de quatre livres et demie chez les garçons, et de cinq livres un quart chez les filles, depuis huit ans jusqu'à

(1) *Voyez* L.-R. Villermé, Mémoire sur la taille de l'homme en France (Annales d'hygiène publique et de médecine légale, t. I, p. 351 et suiv.).

douze, de dix livres et demie chez les garçons, et de sept livres un quart chez les filles, depuis douze ans jusqu'à dix-sept.
La graisse diminue sous la peau, et le corps entier devient
plus grêle.

7° L'ossification fait des progrès, de manière que les épiphyses ne sont plus séparées des diaphyses que par des lames
cartilagineuses fort minces. Les os ayant augmenté de densité, leur surface est très-lisse, et le développement du système musculaire y rend les enfoncemens et les saillies plus
prononcés, tandis que la cavité médullaire se forme dans l'intérieur des os cylindriques. Les apophyses de la colonne vertébrale se développent davantage, sans cependant s'ossifier
entièrement à leur extrémité. Des points d'ossification paraissent dans la troisième et enfin dans la quatrième vertèbres
coccygiennes.

8° A l'égard des organes du bas-ventre, l'estomac et le
gros intestin deviennent plus amples, le cœcum plus volumineux, le foie plus petit proportionnellement, plus ferme et
d'un brun plus clair, la vésicule biliaire plus grande, la rate
plus grosse et d'un rouge brun plus foncé. Les reins perdent
jusqu'aux dernières traces de leur structure globuleuse, et
leur surface paraît entièrement lisse. Les ovaires sont situés
dans le bassin.

9° Le bassin commence à s'élargir, surtout chez les filles,
et les hanches, en s'arrondissant, se rapprochent davantage
du type féminin. Les trois os pelviens se touchent dans le
fond de la cavité cotyloïde, et sont au moment de se souder
ensemble. Des points spéciaux d'ossification se développent
dans la crète iliaque et au bord inférieur de l'ischion. La
marche sur deux pieds diminue l'inclinaison du bassin, en
obligeant les pubis à remonter un peu par rapport au sacrum.
Il résulte de là, suivant la remarque de Bailly, que les muscles psoas et iliaques internes sont plus tendus, en sorte que
la cuisse et la pointe du pied se trouvent plus en dehors chez
l'enfant.

10° Les membres augmentent de longueur. La cuisse acquiert, comme l'avait déjà vu Bird, une longueur égale à
celle de la jambe, y compris le talon, tandis qu'auparavant

elle était plus courte. L'ossification de la rotule fait des progrès, et il se produit, dans la tubérosité du calcanéum, une épiphyse, qui se soude avec le corps de l'os.

11° La cage thoracique augmente d'une manière assez considérable chez les garçons. Suivant Bird, sa circonférence est de vingt deux pouces à dix ans, et de vingt-six à quatorze, tandis que, pendant ce même laps de temps, celle du ventre ne s'élève que de vingt-deux pouces à vingt-cinq. Les poumons deviennent plus gros; le thymus disparaît de bas en haut, et son dernier résidu s'efface ordinairement vers la treizième année (*), au sommet de la poitrine, où une petite quantité de graisse le remplace ensuite. Les pièces osseuses du sternum se soudent ensemble, d'abord dans la poignée, puis dans le corps.

12° L'apophyse coracoïde de l'omoplate se soude la plupart du temps avec le corps, et l'on voit paraître des points d'ossification pour l'acromion, l'angle inférieur et la base. Ceux de la poulie et de la tête inférieure, à l'extrémité antibrachiale de l'humérus, s'unissent ensemble, comme aussi ceux des condyles et du bord interne de la poulie, qui se forment seulement à cette époque. L'épiphyse inférieure du radius se soude avec le corps. Le grand os et le trapézoïde s'ossifient au carpe, puis enfin le pisiforme.

13° A partir de cette époque, la tête croît plus en largeur qu'en longueur et en hauteur, de manière qu'elle se rapproche de ses proportions permanentes. Au crâne, les sutures deviennent plus dentelées et plus profondément engrenées, le diploë se développe davantage, et la face interne devient plus solide et plus lisse : l'apophyse mastoïde acquiert plus de saillie. La proportion de la face et du crâne se rapproche de ce qu'elle doit être dans la suite, et la face surtout augmente d'étendue. La cavité nasale et l'antre d'Highmore deviennent plus spacieux. Les sinus sphénoïdaux et frontaux commencent à se développer. La mâchoire supérieure se

---

* Krause (Muller, *Archiv*, 1837, cah. I, p. 6) dit avoir trouvé le thymus chez tous les sujets de vingt à trente ans, même plus gros que chez les enfans, l'avoir rencontré chez des hommes de trente à cinquante ans, et en avoir même découvert des débris chez des sujets plus âgés.

voûte davantage, et s'étend plus en arrière, ce qui contribue surtout à agrandir son sinus. A la mâchoire inférieure, la branche prend plus de développement et devient verticale : le développement des molaires postérieures fait que son bord antérieur monte d'abord d'avant en arrière, puis d'arrière en avant, de sorte que l'apophyse coronoïde fait davantage de saillie au dessus de l'échancrure : le bord postérieur devient aussi plus échancré, et l'angle se développe davantage. Le condyle s'élève plus, et la cavité glénoïde devient plus profonde. La mâchoire inférieure, considérée en masse, acquiert plus de largeur, de sorte que la différence entre son rebord dentaire et celui de la mâchoire supérieure va toujours en diminuant.

## II. Seconde dentition.

§ 551 La *seconde dentition* commence bien plus tôt chez les animaux que chez l'homme : à deux ans chez l'Eléphant, à dix mois dans le Cheval, à sept chez le Chat, à cinq chez les bêtes à cornes, à quatre chez le Chien, à trois semaines chez le Lapin, dont la première incisive permanente est percée au moment de la naissance. Cuvier assure même qu'il tombe déjà des dents pendant la vie embryonnaire chez le Cochon d'Inde et la Baleine. Mais cette dentition consiste en ce que des dents nouvelles s'ajoutent à celles qui existaient déjà, et à ce que celles-ci sont elles-mêmes remplacées par d'autres. Nous appellerons les premières dents nouvelles, et les autres dents de remplacement. Celles-ci sont des répétitions des dents de lait, mais elles ont plus de volume, et en partie aussi une autre forme, car elles présentent deux pointes, tandis que les dents de lait en ont quatre.

1° Les dents de lait étaient les premiers produits de la formation dentaire. Leur ossification a commencé pendant la vie embryonnaire, à une époque, par conséquent, où toute formation d'os était encore fort incomplète, s'approchait même déjà de sa fin, et leur développement entier, depuis l'apparition de leurs germes jusqu'à leur éruption, s'est trouvé compris dans une période dont la durée n'embrasse pas tout-à-fait trois années. Les dents permanentes se forment plus tard, et ont besoin pour cela d'un espace de temps qui va presqu'à neuf années. D'après Thénard, les dents de lait contiennent moins de phosphate calcaire et plus d'eau (1) que les dents permanentes; leur émail est plus mince, et leur couronne plus étroite. Elles s'usent plus promptement, et sont aussi peu aptes à supporter un effort considérable des muscles masticateurs qu'à durer long-temps. Elles ne sont point, comme les os et autres parties qui ont commencé à se former pendant la vie embryonnaire, en état de se perfectionner par une métamorphose de leur substance; loin de là, quand leur racine a paru, tout est terminé en elles, et dans la supposition où un renouvellement de matériaux s'y opérerait encore, il ne saurait suffire à rajeunir sans cesse leur tissu. Si, chez certains animaux, quelques dents croissent après leur éruption, et pendant toute la vie, ce ne sont, à proprement parler, que des couronnes, sans racines closes, de sorte qu'il reste toujours une large ouverture par laquelle le germe dentaire continue de communiquer librement avec l'organisme : du reste, tantôt ces dents sont formées primitivement, et conservent la même longueur qu'elles avaient au moment de l'éruption, attendu qu'elles poussent à proportion de l'usure qu'éprouve leur surface triturante, comme il arrive à la première et à la troisième incisives des Lapins; tantôt ce sont des dents de remplacement, et elles vont toujours en s'allongeant, parce que le sommet de leur couronne s'use moins, comme on le voit dans les défenses de l'Éléphant.

Les dents de lait de l'homme ne sont destinées, en vertu des dispositions précédemment signalées, qu'à une existence de courte durée, ce qui fait que leurs vaisseaux et leurs nerfs n'en ont qu'une transitoire. L'artère dentaire inférieure, qui donne des branches aux dents de lait de la mâchoire inférieure, cesse de charier du sang vers la septième année : le canal osseux qui la renferme se rétrécit ensuite, et il s'obli-

---

(1) Serres, *loc. cit.*, p. 52.

tère pendant la neuvième année (1). Cette flétrissure des vaisseaux sanguins, suivie enfin de leur disparition, qui entraîne
aussi celle des ramificiatons nerveuses correspondantes, est
la cause essentielle de la chûte des dents de lait, entre lesquelles et l'organisme vivant il ne reste plus, en effet, aucune
connexion.

2° Ajoutons encore, en premier lieu, que les dents de lait
deviennent branlantes, parce que l'accroissement de la partie
antérieure de la mâchoire les écarte les unes des autres, et
parce que leurs racines sont moins solidement retenues, la
partie inférieure des alvéoles étant obligée de s'agrandir pour
faire place aux dents de remplacement qui s'y introduisent·
et sont plus larges. D'un autre côté, leur chûte est favorisée
par l'effort que ces dernières exercent contre elles. En effet,
lorsque les couronnes des dents de remplacement sont formées, vers l'âge de sept ans, elles s'élèvent, avec leurs follicules, du côté de la gencive, et dilatent les ouvertures qui
existent aux cloisons interposées entre elles et les dents de
lait, jusqu'à ce qu'enfin, ces cloisons disparaissant en entier,
par l'effet de la pression continuelle, les deux dents se trouvent logées dans un même alvéole, comme elles l'étaient
primordialement, avant la formation des cloisons. L'incisive
interne de remplacement est située au dessous de la dent de
lait correspondante; l'externe, au contraire, se trouve en
partie sous l'incisive de lait, en partie sous la canine, parce
que la mâchoire n'a point encore assez d'étendue pour contenir à côté les unes des autres les dents de remplacement,
qui sont plus larges que les autres; il résulte de là que la
canine de remplacement ne peut se loger que hors de rang,
derrière l'incisive externe de lait et la première molaire de
lait; les molaires de remplacement sont situées entre les racines bifurquées des dents de lait correspondantes. La pression des follicules turgescens gène l'afflux du sang vers les
racines des dents de lait, par conséquent aussi leur nutrition, et favorise, au contraire, l'absorption de ces mêmes

(1) Serres, *loc. cit.*, p. 47.

racines ; aussi deviennent-elles plus courtes et plus minces, comme rongées, ce qu'on remarque surtout aux incisives, et ce qui en rend la chûte plus facile. Dans les cas rares où il ne se développe pas de dents de remplacement, celles de lait restent en place. Mais ce mécanisme n'est jamais qu'une circonstance accessoire ; car si les dents de lait n'étaient point arrivées au terme de leur existence, elles résisteraient à la pression que celles de remplacement exercent contre elles. Aussi les voyons-nous tomber, quoique les racines des canines soient toujours fort peu attaquées, et que celles des incisives et des molaires ne le soient quelquefois pas du tout : aussi remarque-t-on que, dans les cas même où les canines ont percé hors de rang, et dans ceux où elles ne se sont point développées, les dents de lait n'en tombent pas moins au bout d'un laps de temps assez court, presque toujours avant l'expiration de la période qui constitue la jeunesse.

3° Le follicule fibreux de la dent de remplacement était né, comme une gemme ou un bourgeon, à la surface du follicule de la dent de lait, et il tient maintenant, par un prolongement en forme de cordon, au périoste de l'alvéole dans lequel s'est converti le follicule de la dent de lait. La couronne de la dent de remplacement transforme le cordon en un canal (*gubernaculum, iter dentis*), à travers lequel la dent, qui commence à produire la racine, pénètre dans l'alvéole destiné à le recevoir et renfermant la dent de lait. Si cette dernière n'est point encore disposée à tomber, et lui oppose un obstacle, elle se fraie près d'elle une voie à travers la mâchoire, attendu que son follicule éclate, comme celui de la dent de lait qui perce, et se convertit en périoste d'un alvéole propre. Du reste, il survient rarement des accidens sympathiques, tels que gonflement des glandes du cou, ophthalmie, etc., parce que l'éruption est plus préparée d'avance que celle des dents de lait.

2° Une dent nouvelle, la troisième molaire, qui est la plus grosse et la plus forte de toutes, marque le début de la seconde dentition, en perçant vers l'âge de sept ou huit ans. Ensuite les dents de lait tombent, et celles de remplacement paraissent : l'incisive interne, puis l'externe, changent à huit ou neuf ans, la seconde molaire à dix, et la canine à onze. Enfin la seconde dentition se termine, à l'âge de douze ans environ, par l'éruption d'une seconde dent nouvelle, la quatrième molaire, ce qui porte le nombre des dents à vingt-huit.

Du reste, l'agrandissement de la mâchoire, dont il a déjà été parlé (§ 550, 13°), correspond d'une manière exacte à la seconde dentition. Les parties latérales sont celles qui se prolongent les premières, tandis que, jusqu'à l'âge de sept ans, l'apophyse coronoïde de la mâchoire inférieure et l'apophyse montante du maxillaire supérieur s'élèvent immédiatement au bord de l'alvéole de la troisième molaire; après l'éruption de cette dent, un vide se forme pour la quatrième molaire, qui commence alors à s'ossifier, et dont le follicule tenait auparavant à celui de la troisième; dès que la quatrième molaire est sortie, l'allongement des mâchoires, qui continue toujours, procure de la place pour la cinquième, dont la couronne commence à s'ossifier vers la dixième année. Mais ce n'est pas seulement la partie extérieure de l'arcade dentaire qui s'agrandit pour admettre les nouvelles dents; la partie interne augmente aussi pour les dents de remplacement, dont la largeur surpasse celle des dents de lait, qui ne laissent cependant pas d'intervalle entre elles : c'est à tort que Hunter et Miel (1) ont révoqué en doute cette augmentation.

5° Les dents permanentes ont encore besoin de deux ou trois années, après leur éruption, pour développer leurs racines; pendant ce laps de temps elles gagnent de la force, attendu que leur cavité se rétrécit peu à peu, par des dépôts successifs de substance osseuse; mais insensiblement elles commencent aussi à s'user; les pointes des incisives ont disparu vers la douzième année, de manière que la couronne présente un bord droit et tranchant (2).

(1) Mémoires de la société médicale d'émulation, t. VII, p. 426; — t. IX, p. 536.

(2) Ph. Blandin, Anatomie du système dentaire considérée, dans l'homme et les animaux, Paris, 1836, in-8, fig.

ARTICLE II.

## De la vie animale.

### I. Mouvement.

§ 522. Pendant cette période de la vie, le *mouvement* devient plus énergique, et se soumet entièrement à la volonté.

1° La mastication surtout augmente beaucoup de force, par l'effet des changemens qui viennent d'être décrits. Les dents permanentes sont d'une substance plus solide, et, comme les incisives et canines ont plus de largeur que les dents de lait correspondantes, comme aux deux molaires antérieures s'en ajoutent encore deux nouvelles, il résulte de là que la surface destinée à effectuer la mastication devient beaucoup plus étendue. En outre, la branche de la mâchoire inférieure perd cette obliquité en vertu de laquelle les muscles crotaphites s'y inséraient sous un angle aigu, et elle se rapproche davantage de la situation verticale, en sorte que les muscles temporaux, faisant avec elle un angle presque droit, acquièrent plus de force, dans le même temps que la cavité glénoïde devient plus profonde et l'articulation plus solide.

2° Le mouvement des membres est rapide, aisé, infatigable, et interrompu seulement par un sommeil de dix heures, qui n'a lieu que pendant la nuit, et qui est très-profond. La simple marche ne suffit plus aux forces croissantes, qui exigent des mouvemens plus rapides et plus énergiques. Les filles elles-mêmes aiment d'abord les mouvemens violens, et courent avec assurance; plus tard, la danse leur suffit, tandis que les garçons s'exercent à sauter, à grimper, à lutter, à lancer. L'empire que la volonté a pris sur les muscles devient la source de l'adresse, qui procure l'habileté dans les travaux manuels et l'exécution musicale. Les garçons, chez lesquels prédomine la force matérielle des muscles, acquièrent cette adresse à un moindre degré, et seulement par rapport à certains mouvemens; ils sont plus lourds que les filles, dont la démarche, le maintien et en général toutes les manifestations portent davantage le cachet de l'aisance et de la grâce.

3e La parole se développe complètement, et la faculté de chanter commence à paraître.

## II. Facultés intellectuelles et morales.

§ 553. L'activité intellectuelle prend une direction mieux déterminée.

1° L'enfant ne faisait que saisir à son insçu, en raison de sa réceptivité pour les impressions, et parce que les objets enchaînaient son attention. Maintenant commence l'époque à laquelle l'homme apprend d'une manière active, l'esprit se dirigeant de lui-même vers les objets et faisant des efforts pour concevoir. La faculté d'apprendre repose, d'un côté, sur la curiosité et l'avidité de savoir, sur le besoin de s'occuper, d'acquérir la connaissance des produits de la nature et des affaires humaines, d'un autre côté, sur le désir de ressembler aux adultes. Comme elle doit son développement à l'instinct de l'activité et à celui de l'imitation, elle naît du jeu, et doit en porter d'abord le caractère. Mais, à mesure que la masse des connaissances augmente, la force intérieure s'accroît aussi, de sorte que, vers l'âge de douze ans, au plaisir de savoir se joint celui d'avoir acquis ce savoir avec peine et labeur; alors donc commence l'étude proprement dite. Les filles sont plus dociles, et on les dirige plus aisément dans la carrière qu'elles doivent parcourir ; les garçons, chez lesquels l'individualité est portée à un plus haut degré, ne saisissent pas tout avec autant de facilité : ils ont moins de réceptivité, et repoussent ce qui ne correspond point à leurs goûts ou à leur talent particulier.

La lecture et l'écriture non seulement multiplient les points de contact avec le genre humain, mais encore font jeter de plus profondes racines au conflit intérieur du monde intellectuel et du monde phénoménal, tant sous le point de vue passif que sous le rapport actif, car l'écriture fait connaître l'accord du signe visible avec le son exprimant une pensée, et la lecture, qui soumet l'individu à l'action de l'esprit, indépendamment des conditions de l'espace et du temps, le rallie et le fait participer à la vie intellectuelle de son espèce.

La mémoire acquiert son plus grand développement dans les dernières années de cette période, et comme elle est prédominante, le jeune homme apprend facilement par cœur. C'est alors qu'il acquiert les connaissances qui doivent lui servir toute sa vie, celle des langues, celle de l'histoire, etc.

Outre les connaissances que ses maîtres lui procurent, le jeune homme s'efforce encore d'en acquérir d'autres. Il cherche à satisfaire son avidité de savoir, d'abord par des questions qu'il adresse à chacun, puis par ses propres investigations, par des comparaisons et des combinaisons : la curiosité d'apprendre l'origine mystérieuse de l'homme se dirige principalement vers la procréation chez le jeune homme, vers la parturition chez la jeune fille.

2° L'intelligence se développe davantage vers le milieu de cette période. Après s'être exercée d'abord à trouver les analogies et les rapports, elle acquiert plus tard une tendance prononcée à chercher les particularités. L'esprit de saillie diminue à mesure que celui d'analyse fait des progrès, et la faculté d'abstraire annonce qu'elle commence à s'exercer par l'aptitude à concevoir des nombres et des rapports numériques dont il n'est pas possible d'avoir l'intuition directe. L'intelligence se développe de meilleure heure chez les filles ; elles ont le coup-d'œil plus rapide et le jugement plus juste, parce qu'elles saisissent mieux, dans son ensemble, chaque objet qui correspond à leur manière de sentir, et qu'un instinct naturel les porte à trouver de suite la vérité. Les garçons, au contraire, font des progrès moins rapides, parce qu'ils veulent approfondir et examiner, et qu'ils aiment à s'apesantir sur les détails ; de très-bonne heure, ils annoncent, par d'éternelles questions, l'infatigable tendance qui les porte à la recherche des causes, et si une réponse quelconque les satisfait d'abord, plus tard ils exigent des preuves convaincantes, tandis que les jeunes filles s'inquiètent moins des causes, et sont plus disposées à croire de confiance. Le garçon s'exerce à comparer, analyser et combiner des idées, ce qui fortifie peu à peu son esprit : il ne veut plus entendre parler de contes, commence à prendre les lois de l'entendement lui-même pour base de ses jugemens, et finit par douter des

dogmes qu'on lui a inculqués ; il cherche des idées et des règles , il est plus enclin à la théorie et à l'esprit de système ,
tandis que la fille se rapproche davantage de la pratique, et a
plus de réceptivité pour tout ce qui s'exprime sous les dehors
de la vie et de l'action.

3° La gaîté , la légèreté, l'inconstance , l'insouciance et l'impartialité arrivent à leur plus haut degré de développement
durant la première moitié surtout de cette période. Le garçon
se fait remarquer par son égoïsme , la violence de ses désirs
et son impatience : plein du sentiment de lui-même , il mé-
prise tout ce qui sent la faiblesse , n'estime que la force , est
audacieux et entreprenant , cherche volontiers les luttes et
les dangers , et témoigne souvent dans ses espiègleries un
certain défaut de sensibilité et de délicatesse , parce que tout
en lui doit avoir le caractère de l'homme et respirer l'énergie. Il prend une direction plus noble lorsque sa prédilection
pour la grandeur et la force vient offrir à son imagination l'i-
déal de la bravoure et de la générosité , et le détermine à
jouer, dans sa petite sphère , le rôle de protecteur des droits
d'autrui et de redresseur de torts. De cette manière , l'imagination revet d'un corps l'idée que la raison n'a point encore
pu saisir dans toute sa pureté, et la représente par des images
qui lui procurent en quelque sorte le droit de bourgeoisie dans
l'âme. Le sentiment d'honneur fait aussi des progrès : le garçon rougit quand on le loue, de même que quand on le répri-
mande , parce que la louange chatouille son désir secret d'être
applaudi ; du reste, il ne veut pas qu'on le regarde comme un
être sans intelligence , comme un enfant ; il commence même
déjà à tirer vanité des prérogatives civiles de sa famille, à moins
qu'un sentiment plus élevé de sa propre force ne lui apprenne
à les dédaigner. La fille obéit davantage au sentiment ; elle est
plus infatigable et persévérante ; elle a plus de goût pour
l'harmonie, les agrémens, la douceur : la pudeur acquiert
aussi plus d'empire chez elle.

4° Le sentiment vague de la destination de l'homme devient
plus net : il suggère des désirs, des espérances et des rêves
d'avenir , qui allègent le joug de l'étude. La jeune fille joue
d'abord à la maman, puis à la dame, et enfin à l'amante ;

mais le garçon, qui avait commencé par se faire cocher ou soldat, s'élève au rang de chevalier et de commandant.

5° La jeune fille aime et caresse les animaux doux ; le garçon préfère les animaux courageux et robustes, pourvu qu'ils se soumettent à sa volonté et se laissent diriger par lui. Il est timide avec les adultes, parce que le sentiment de leur prépondérance le gêne : parmi ses pareils, il est hardi, et n'accorde son amitié qu'à ceux qui acquièrent son estime, sans blesser sa vanité, ou qui s'attachent et se soumettent volontiers à lui, tandis que la jeune fille, dont la sympathie est plus active, choisit moins et contracte plus facilement des liens d'amitié.

6° Au moment où la sexualité s'éveille, son premier effet est d'éloigner les sexes l'un de l'autre, et de porter le développement du caractère sexuel presque jusqu'au degré de l'inimitié. La délicatesse propre aux femmes semble au garçon une faiblesse honteuse ; la dépendance et la concentration de la nature féminine lui répugnent ; il fuit la jeune fille, ou la raille, et exerce sa malice contre elle ; mais la tournure chevaleresque de son esprit le porte à la protéger quand elle a besoin de son secours ; les femmes lui déplaisent aussi, mais l'amour qu'il porte à sa mère l'apaise, et la douceur de celle-ci agit sur lui d'une manière salutaire. La jeune fille fuit le sauvage et turbulent garçon : elle se montre réservée envers les hommes, elle témoigne même de la retenue avec son père, mais elle ne s'en rapproche que davantage de sa mère, qui devient sa confidente.

## CHAPITRE II.

### De la jeunesse proprement dite.

§ 554. La *seconde jeunesse*, ou *jeunesse proprement dite*, appelée aussi *adolescence (adolescentia)*, s'étend depuis le moment où la faculté procréatrice commence à se développer (puberté) jusqu'à la fin de l'accroissement, c'est-à-dire, chez l'homme, depuis l'âge de seize ans jusqu'à celui de vingt-trois, et chez la femme, depuis la quatorzième jusqu'à la vingtième année. C'est l'âge de la maturité, qui n'a lieu cependant qu'à la fin de cette période : la faculté de procréer se prépare seulement à entrer en exercice dans la période suivante, et quoique la vie spirituelle se rapproche de sa pleine et entière indépendance, elle n'y arrive cependant point encore tout-à-fait. Aussi la législation romaine considérait-elle cet âge de la vie comme une *minorité* (*minor ætas*), pendant laquelle la personne, quoique n'étant plus soumise à l'autorité immédiate du tuteur (*tutela*), ne pouvait cependant disposer de sa fortune qu'avec son consentement (*curatela*), et jouissait du droit de contracter certains engagemens, mais à la condition qu'ils fussent déclarés nuls dans le cas où ils auraient été de nature à lui porter préjudice.

Le caractère essentiel de l'adolescence consiste dans le conflit de l'individualité avec l'universalité, exprimée au dehors sous la forme de la sexualité. On peut y distinguer trois périodes ; la première, dans laquelle l'individualité est prédominante encore ; la seconde, dans laquelle le conflit atteint au plus haut degré ; la troisième, où la relation générale l'emporte. Le caractère d'égoïsme dont la vie a été revêtue jusqu'ici, a renforcé l'individualité, qui réagit au dehors, et se manifeste à l'extérieur par un brillant coloris, qu'elle ne doit cependant qu'à l'antagonisme avec l'univers, qu'à sa relation avec le tout ; mais cette relation s'élève elle-même à une hauteur jusqu'à laquelle il lui eût été sans cela impossible d'atteindre ; car l'universalité et le rapport avec l'espèce sont une chose intérieure, qui constitue le noyau de l'individualité, ne fait que se refléter à l'extérieur, mais se peint dans toute sa pureté à l'intérieur. L'individualité n'arrive donc à la véritable indépendance qu'en devenant dépendante de l'espèce.

ARTICLE I.

*De la vie par rapport à l'individu.*

§ 555. L'*individualité* mûrit donc, et se rapproche des limites du développement dans les parties extérieures du corps.

1° Au début de cette période, l'accroissement marche la

plupart du temps d'une manière rapide, et, dans les cas surtout où il a précédemment éprouvé quelque retard, il fait une espèce de saut, et allonge parfois le corps de quatre ou cinq pouces en un an. Il y a surabondance de sucs et exaltation de la vitalité dans les articulations; en effet, elles ont un volume hors de proportion avec le reste du corps, et sont quelquefois douloureuses, ce qui s'accompagne d'une tuméfaction des glandes lymphatiques voisines, celles de l'aine surtout. La cessation de l'accroissement est la limitation de l'individualité par le type de l'espèce; elle a lieu vers l'âge de dix-huit, de vingt ou de vingt-trois ans. Alors la taille moyenne est de cinq pieds à cinq pieds et demi pour l'homme, et de quatre pieds huit pouces à cinq pieds deux pouces pour la femme. Le poids moyen s'élève à cent trente livres. En même temps, les proportions qui doivent persister désormais s'établissent; le bassin et la poitrine se développent davantage, la tête qui prédominait dès le principe, et les membres qui, au début de la période, s'étaient développés hors de proportion, subissent une diminution relative.

2° Les os deviennent plus gros et plus consistans; ils prennent en général leur forme permanente; car la plupart des épiphyses s'ossifient. Il reste encore deux de ces épiphyses, en forme de disques, l'une au dessus, l'autre au dessous des corps des vertèbres; mais, à vingt-trois ans, les apophyses sont soudées avec leurs épiphyses. Les vertèbres pelviennes se soudent ensemble, de bas en haut, par l'ossification de leurs cartilages intermédiaires; il n'y a que les deux supérieures qui restent encore séparées pendant quelque temps.

Le corps du sphénoïde se soude avec l'os occipital. L'apophyse styloïde se soude également avec le temporal, si l'union n'avait pas déjà eu lieu auparavant. Les progrès du développement des sinus frontaux rendent la partie inférieure du front plus saillante, et la ligne faciale plus oblique. L'étendue qu'acquièrent les fosses nasales et les antres d'Highmore développe la face et lui fait acquérir les proportions qu'elle doit avoir, eu égard au crâne. Le développement de la dernière molaire rend plus saillante la partie latérale de la mâchoire supérieure, ou la tubérosité maxillaire, de sorte

que l'apophyse palatine du sphénoïde devient perpendiculaire, d'oblique qu'elle était auparavant.

Il se développe, dans la tête et la tubérosité des côtes, des
noyaux osseux, qui ne tardent pas à se souder. Ceux du corps
du sternum se soudent également ensemble. Il survient une
épiphyse à l'extrémité sternale de la clavicule. L'omoplate
s'ossifie complétement. Les épiphyses de l'humérus se soudent à la diaphyse, d'abord l'inférieure, puis la supérieure.
La soudure a lieu en sens inverse au cubitus et au radius.
Les têtes des os métatarsiens et des phalanges se soudent.

Les os du bassin se réunissent ensemble, dans la cavité
cotyloïde; l'épiphyse de la tubérosité s'efface également. Au
fémur a lieu la soudure, d'abord du petit trochanter, puis de
la tête, ensuite du grand trochanter, enfin de l'épiphyse inférieure. Les épiphyses inférieures se soudent, au contraire,
avant les supérieures, au tibia et au péroné. L'épiphyse du
calcanéum s'efface, de même que celles des têtes des os métatarsiens et des phalanges des orteils.

3° La dernière molaire, appelée dent de sagesse, perce de
vingt à vingt-trois ans. Son éruption est accompagnée quelquefois, mais rarement, de symptômes inflammatoires et fébriles,
ou d'affections du système sensible, telles que maux de tête,
vertiges, spasmes et convulsions.

L'émail des dents commence à disparaître aux surfaces tri-
turantes, de manière qu'on aperçoit la substance osseuse,
jaune ou brunâtre. On découvre aussi une ligne jaune, vers
la dix-huitième année, au sommet des incisives, surtout des
internes (1), et à vingt ans, de petits points brunâtres au sommet de la canine, à la première molaire inférieure, à la pointe
externe de la première du haut, enfin à la seconde tant du
haut que du bas (2).

4° La vésicule biliaire et la rate deviennent plus volumineuses. Les reins sont moins gros, proportion gardée, qu'ils
ne l'avaient été jusqu'alors. L'urine contient une plus grande
quantité d'urée. La vessie se distend davantage en arrière et

---

(1) Prochaska, *Opera minora*, t. II, p. 368.
(2) *Ibid*, p. 378.

en haut, de manière que l'ouraque cesse de correspondre au milieu de sa face supérieure, mais se trouve tourné plus en devant.

5° La substance musculaire devient plus ferme et plus rouge, la graisse plus consistante et plus jaune.

§ 556. Le charme principal de la jeunesse, qui se manifeste à cette époque, consiste dans l'équilibre des forces et de la motilité. La vitalité a pris plus d'énergie, et elle s'exprime librement à l'extérieur ; la faiblesse de l'enfant a disparu, mais la fermeté de l'homme n'est point encore développée, et l'on voit même le trop plein de la vie déborder de toutes parts ; l'activité a pris un caractère spécial, mais elle ne s'est point renfermée dans des bornes, et elle ouvre encore une libre carrière à des espérances illimitées. Toutes les fonctions marchent rapidement et s'accomplissent avec énergie. Les maladies ont un cours prompt, et la force médicatrice de la nature déploie une grande puissance.

1° Le conflit de l'organisme avec l'atmosphère dépasse de beaucoup le point où il s'était arrêté jusqu'alors. Le sang afflue avec plus de force vers les poumons ; ceux-ci grossissent, et acquièrent leur volume permanent, car la cage thoracique s'agrandit ; la précipitation du carbone fait naître des stries et des taches grises, bleuâtres et noirâtres, aux poumons ; la trachée-artère devient plus ample, sa substance cartilagineuse plus solide, et la voix plus forte. La respiration est plus profonde, plus complète, plus énergique ; elle devient un besoin plus pressant : l'air renfermé et impur exerce une action nuisible sur l'organisme, et les anomalies du système vasculaire qui gênent la respiration ou en restreignent les effets, amènent presque toutes la mort à cette époque, parce que la respiration n'est plus suffisante pour maintenir la vie au degré du développement qu'elle a atteint. Les maladies de poitrine sont communes, violentes et dangereuses : on voit souvent des saignemens de nez, le coryza, l'angine, la toux ; les irritations des voies aériennes entraînent fréquemment la pneumonie, et l'afflux plus considérable du sang, joint à la délicatesse des vaisseaux, devient une cause d'hémoptysie. Quand la respiration est insuffisante, il se développe des tubercules pulmonaires, et l'étroitesse de la cage thoracique amène la phthisie.

2° La plasticité en général est plus énergique; les restes des scrofules et des exanthèmes affines disparaissent; d'autres maladies encore, par exemple les spasmes, cèdent devant la nouvelle direction que prend la vie; l'appétit est vif, quoique moins impérieux qu'à l'époque précédente, la digestion prompte, et la transpiration abondante, sans que l'absorption s'en trouve diminuée; les sécrétions sont plus concentrées, et l'exhalation cutanée acquiert de l'odeur.

3° Le système sanguin prédomine, et le sang l'emporte sur tous les autres liquides; il est artériel à un haut degré, vermeil, chaud, plastique, riche en fibrine; le cœur est plus ferme, les vaisseaux sanguins ont plus de consistance, et les veines sont proportionnellement plus fortes; le pouls est vigoureux et plein, il bat environ 75 à 80 fois par minute; la production de chaleur est vive, la couleur florissante, la substance entière imprégnée de sucs et élastique. La pléthore sanguine franchit aisément les bornes en deçà desquelles elle est compatible avec la santé, surtout lorsque l'accroissement se ralentit ou cesse, et les causes excitantes occasionent fréquemment la fièvre, des congestions, des inflammations, des hémorrhagies; celles-ci servent surtout de crises dans les maladies; le sang ne se porte plus aussi fortement au cerveau que chez l'enfant et le jeune homme, parce que cet organe est arrivé au dernier terme de son développement; il se répand davantage dans les parties périphériques, qui ont acquis plus d'étendue; ainsi les artères carotides et vertébrales le distribuent, les premières à la face devenue plus longue et plus large, les autres à la nuque et au cou devenus plus volumineux.

4° La vie morale est caractérisée, surtout au commencement de cette période, par une mobilité extrême, par une réceptivité fort étendue en tous sens; les sens sont vifs, l'odorat s'est développé davantage, avec les organes aériens, et il est devenu une source plus féconde de jouissances. Mais, en même temps, le goût du beau dans la nature et l'art a pris plus d'extension. La direction du dedans au dehors prédomine encore au début de l'adolescence, et détermine l'éparpillement des forces ; le charme de la nouveauté règne encore en souverain, les impressions et les affections sont vives, l'imagination est sans cesse en jeu ; l'adolescent aime à se bercer des illusions de la vie ; prompt à agir, il n'a ni souci de l'avenir, ni constance dans ses déterminations.

5° La jeunesse a enfin pour caractère d'offrir une représentation fidèle de l'intérieur à l'extérieur, de laisser percer l'idéalité à travers l'enveloppe matérielle ; c'est l'âge de la beauté, dans laquelle l'harmonie des formes révèle la plénitude de la vitalité, et qui nous montre la force dans toute sa fraîcheur, non encore courbée sous le poids des charges de la vie, mais adoucie cependant par la délicatesse, cette compagne fidèle du défaut de maturité. La vie perce partout, dans l'éclat des yeux, dans le tendre coloris de la peau, dans l'équilibre des membres, dans la légèreté et la grâce des mouvemens ; le chant et la danse, qui appartiennent surtout à l'adolescence, la hardiesse et l'énergie des mouvemens, annoncent une force qui déborde de tous côtés, et qui se rit des bornes imposées par la nécessité et l'utilité ; enfin la périphérie entière n'est qu'une gaze légère à travers laquelle perce l'état de l'âme ; la physionomie et le maintien peignent la pensée avec vérité, et les mutations rapides du coloris décèlent les moindres émotions avant même que la bouche ait pu les exprimer.

ARTICLE II.

*De la vie par rapport à l'espèce.*

§ 556. La *faculté procréatrice* se développe, sans cependant arriver à parfaite maturité. Comme l'individualité prédomine chez l'adolescent, et que le développement de cette faculté ne consiste pour lui qu'en une addition de forces nouvelles, la marche en est lente, graduelle et insensible. Mais, chez les femmes, la procréation est la principale direction de la vie, qui consacre moins la richesse de la force plastique à l'individu, dont elle achève de meilleure heure l'accroissement, afin de pouvoir arriver plutôt au but de la conservation de l'espèce. Aussi le développement de la faculté procréatrice a-t-il lieu d'une manière plus rapide et plus orageuse chez la jeune fille ; aussi est-il signalé par des phénomènes sensibles, et exerce-t-il une bien plus grande influence. De cette influence il résulte que c'est surtout la poitrine qui se développe chez le jeune homme, et le bassin chez la jeune fille ; le sang se porte de préférence au poumon chez l'un et à la matrice chez l'autre.

Les organes génitaux deviennent proportionnellement plus volumineux, plus vivans, plus excitables, plus accessibles aux impressions ; une connexion plus intime s'établit entre eux et l'organisme entier, de sorte que la castration devient beaucoup plus dangereuse à cet âge qu'elle ne l'était auparavant. Les organes de la génération, qui n'avaient fait jusqu'alors que se nourrir, commencent maintenant à sécréter. C'est aussi à cette époque, pour la première fois, qu'une sécrétion onctueuse et lubréfiante s'opère à leur périphérie, dans les follicules sébacés qui entourent le gland de la verge et garnissent le vestibule du vagin.

I. Chez la femme, tous les organes qui font partie du système génital reçoivent plus de sang, entrent en turgescence, et se rapprochent davantage du type féminin.

1° Le bassin s'étend sur les côtés, s'élargit, devient moins incliné, et acquiert ses proportions spéciales, tandis que, chez l'adolescente, il conserve davantage les formes de l'enfance.

2° Les ovaires croissent rapidement ; ils deviennent plus gros, arrondis, ovalaires et bosselés, au lieu que jusqu'alors ils avaient été allongés, aplatis et lisses.

3° Les franges du pavillon des trompes s'allongent. La matrice reçoit plus de vaisseaux ; elle devient plus rouge et s'élargit, son corps et son fond se développent davantage, de sorte que son col devient proportionnellement plus court et plus étroit. En se renflant ainsi, elle arrondit peu à peu la région hypogastrique, immédiatement au dessus des pubis, qui jusqu'alors avait été plate.

4° Le vagin, dont le réseau vasculaire se développe davantage, devient plus imprégné de sang, plus mou, plus extensible et plus large; ses plis se multiplient. Le mont de Vénus se dessine ; il y croît des poils courts, qui peu à peu s'allongent et se frisent. Les grandes lèvres deviennent plus rouges et plus pleines. En même temps, les seins se dessinent, parce qu'il y arrive une plus grande quantité de sang et qu'il se dépose de la graisse dans leur tissu ; l'auréole prend une teinte de rouge-brun, et le mamelon devient un peu saillant.

5° Après ces préliminaires viennent les signes précurseurs de la menstruation, c'est-à-dire des douleurs dans le dos, les lombes et le ventre; un sentiment de plénitude, de pression et de tension dans le bassin; plus de turgescence, de chaleur et de sensibilité dans la sphère externe des organes génitaux, et parfois aussi un écoulement muqueux. Puis les premières règles paraissent, caractérisées par une perte de sang légère et qui dure peu. Elles reviennent d'abord d'un manière irrégulière, presque toujours au bout de six ou huit semaines, et ne prennent que peu à peu un type plus régulier.

II. Chez les jeunes gens,

6° C'est des testicules que part le développement. Ils deviennent plus gros, plus pesans, plus fermes, et sécrètent du sperme. Le scrotum devient plus chaud et plus brun ; une contractilité vive le fronce et le soulève davantage; quelquefois il est sensible au contact des vêtemens.

7° Les vésicules séminales grandissent, et prennent enfin leur forme d'intestin. La prostate devient plus volumineuse, moins dure, plus riche de sang. Son lobe médian surtout se développe, et elle commence à sécréter.

8° Le menton se couvre de duvet, et le pubis de poils grêles, mous, d'une teinte claire, qui peu à peu deviennent plus raides et frisés. Les corps caverneux, jusqu'alors denses et serrés, se ramollissent et rougissent; la verge devient plus grosse, le gland plus sensible, plus long et plus épais; le prépuce, dont l'accroissement ne marche point aussi vite, devient plus ample et plus facile à retirer en arrière. Il survient, dans le lit principalement, des érections, qui paraissent contribuer au développement du membre viril. Enfin il s'opère aussi des pollutions nocturnes.

§ 558. Dans le même temps,

I. Le développement de la sexualité va toujours en faisant des progrès. Chez l'adolescent, elle se déploie davantage, et imprime un autre caractère à l'être tout entier. Chez la jeune fille, elle se concentre surtout dans les organes génitaux, et amène moins de changemens dans la vie générale.

1° Chez l'adolescent, le tissu cellulaire devient plus ferme, et la graisse plus rare ; les muscles acquièrent plus de consistance, et font plus de saillie ; les formes deviennent plus sveltes. La peau devient plus ferme, lisse et blanche ; la transpiration acquiert une odeur particulière, surtout aux aines et aux aiselles. Tandis qu'il pousse, chez la jeune fille, au dessus des coins de la bouche, de petits poils presque insensibles, qui n'acquièrent point de développement, des poils follets se montrent, chez l'adolescent, d'abord aux coins de la bouche, puis à la lèvre supérieure, ensuite au menton et aux joues, enfin sous le menton, et deviennent peu à peu une barbe proprement dite, qui occupe toute la partie inférieure de la face. D'autres poils poussent en même temps sur la poitrine et dans le creux de l'aiselle.

2° Le développement que prennent toutes les voies aériennes fait acquérir à la voix plus de résonnance, d'étendue et de force. Le larynx, qui avait peu crû jusqu'alors, devient rapidement plus volumineux, surtout chez les adolescens ; il résulte de là que le col est plus gros, le cartilage thyroïde plus saillant, et la glotte une fois aussi large que par le passé (1). Richerand (2) l'a trouvée, chez un jeune homme de quatorze ans, longue de cinq lignes et demie ; il a remarqué, en outre, qu'en moins d'un année elle double d'étendue, soit sous le rapport de sa longueur, soit dans le sens de sa largeur, tandis que, chez la jeune fille, elle n'acquiert qu'une longueur de sept lignes. Lorsque l'enfant entre dans l'adolescence, sa voix change de caractère ; elle est d'abord perçante, rauque et enrouée.

II. Le développement de la faculté procréatrice exerce une influence considérable sur la vie.

(1) E.-A. Lauth, Remarques sur la structure du larynx et de la trachée-artère (Mém. de l'Académie royale de méd., Paris, 1835, t. IV, p. 95).
(2) Mém. de la Société médic. d'émulat, t. III, p. 327.

3° Si l'accroissement a déjà fait de grands progrès chez la jeune fille, il s'arrête tout d'un coup à l'époque de la puberté, et le corps n'augmente plus; si, au contraire, il était demeuré en arrière, il marche alors avec rapidité, et le sujet maigrit. Du reste, les parties voisines des organes génitaux se développent davantage; les hanches et les cuisses deviennent plus pleines, et, en même temps que les seins se dessinent, le cou, les épaules et les bras acquièrent une forme plus arrondie.

4° L'apparition de la puberté amène souvent, chez les femmes, des affections du système vasculaire, la plénitude, la dureté, l'accélération ou d'autres anomalies du pouls, des congestions, des battemens de cœur, l'oppression de la respiration, l'anxiété, le mal de tête, des douleurs de dents, des hémorrhagies, des inflammations érysipélateuses, des fièvres.

5° La sensibilité surtout est affectée. Il survient des douleurs dans le dos et le bas-ventre, un sentiment de tension et de pression dans le bassin, de la pesanteur par tout le corps, surtout aux lombes et dans les cuisses, des lassitudes, des envies de dormir, de la mauvaise humeur, de l'anxiété et des inquiétudes, une exaltation de la sensibilité, une disposition à verser des larmes, à laquelle succèdent rapidement les élans d'une joie immodérée. A une époque où la conscience en général est peu développée encore, les sensations obscures et vagues qui naissent d'une nouvelle direction imprimée à la vie, peuvent bouleverser le caractère, et faire naître des désirs bizarres, même criminels. Aussi voit-on éclater quelquefois des désordres extraordinaires de la sensibilité; une sympathie morbide, qui fait qu'au moyen de l'imagination la vue d'une personne atteinte de convulsions provoque des convulsions analogues; l'extase, ou l'immobilité extérieure, avec exaltation au dedans; la catalepsie, ou l'abolition passagère du pouvoir de la volonté, avec faculté, dans les muscles, de céder aux impulsions mécaniques et de conserver, par une action continue, la situation dans laquelle on les met; un développement insolite ou des hallucinations des sens, notamment de l'odorat et du goût, qui font paraître agréables les choses les plus répugnantes; la léthargie, ou une longue et complète suspension de la vie animale ; le somnambulisme, une réceptivité extrême pour le magnétisme animal et la clairvoyance magnétique, état dans lequel, l'activité spontanée de l'âme étant suspendue, l'exaltation de la sensibilité générale fait acquérir à cette dernière la lucidité des actions sensorielles, et la place en dehors des bornes d'espace et de temps qui sont assignées à toute connaissance acquise par les sens (1). D'un autre côté, l'invasion de la puberté guérit certaines affections spasmodiques, notamment l'épilepsie et la danse de Saint-Gui.

6° Mais ce développement est un levier puissant pour amener celui de la vie morale, surtout chez le sexe masculin. Le jeune garçon avait, comme l'enfant, un égoïsme légitime ; car, pour s'assurer un fond de vie, il était obligé d'attirer tout à lui, et l'égoïsme était nécessaire à la satisfaction de soi-même. Pendant l'adolescence, la tendance universelle s'éveille avec la faculté procréatrice, qui n'en est qu'une expression particulière ; l'horizon, borné d'abord à l'aperception des particularités au moyen des sens, s'étend jusqu'à l'intuition du tout, et la conscience de soi-même ouvre en même temps le monde intérieur, du fond duquel des idées sortent avec toute leur puissance. Mais comme la vie ne fait encore que marcher vers la maturité, cet âge est caractérisé aussi par le défaut d'équilibre, par une lutte entre la direction individuelle et la direction universelle, qui entraîne une certaine hésitation, et donne lieu à un certain nombre de contradictions et d'erreurs. La vie intérieure, considérée d'une manière générale, est entrée dans un état de plus grande tension ; l'imagination a pris un vol plus hardi, qui l'élève jusqu'au monde supérieur à celui des sens, et les sensations étranges qui accompagnent la métamorphose organique, ont mis un terme à la fixité qui avait dominé jusqu'alors ; elles ont labouré et ameubli le sol dans lequel le caractère prend ses racines, de manière qu'il en peut pousser des sentimens plus profonds. Il s'éveille une tendance vers l'infini et l'invariable, qui fait qu'on ne se trouve plus satisfait de tout ce qui est périssa-

(1) Osiander, *Ueber die Entwickelungskrankheiten*, t. I, p. 6-60.

ble (1), mais qui n'a point d'abord de forme précise, ni de but arrêté. L'unité de la vie et la paix de l'enfance ont disparu ; l'adolescent reconnaît avec chagrin que la maturité de l'individualité ne lui amène pas le bonheur qu'il attendait d'elle ; un désir vague s'empare de lui, et dans son désapointement il détourne ses regards du présent, pour les porter sur l'avenir; il sort de la réalité pour se jeter dans un monde avec lequel les sens n'ont aucun point de contact. Il se livre volontiers à l'enthousiasme, se berce de rêveries, ou tombe dans la mélancolie, jusqu'à ce que, la maturité approchant de son terme, tout s'éclaircit pour lui et son âme devient à la fois plus sérieuse et plus forte. La jeune fille qui se développe a beaucoup de propension au fanatisme religieux, ce qui ne l'empêche pas de sentir vivement et d'être facile à séduire ; elle éprouve alors les tourmens d'un désir avide des choses célestes ; mais des idées de sexualité s'associent toujours aux images qu'elle se crée d'un monde étranger à celui où elle vit : elle se complaît dans la souffrance, l'affliction, la douleur, aime à rêver le malheur, et se tourmente elle-même, mais non sans ostentation, car c'est alors qu'on rencontre ces exemples de convulsions simulées, de clairvoyance magnétique, d'ensorcellement, de faculté d'avaler des épingles ou de supporter la faim et la soif (2), en un mot, toutes ces impostures soutenues avec tant d'opiniâtreté, qui ne peuvent avoir leur source que dans le désir d'exciter l'intérêt et de faire sensation.

A part ces erreurs possibles, la direction idéale qui s'éveille prépare la femme au rôle qu'elle devra bientôt remplir. L'adolescente échange l'extravagance et l'espiéglerie de l'enfance contre une moralité sévère ; elle se pénètre de sentimens religieux, elle développe en elle l'esprit d'observation, elle juge avec un tact exquis les caractères et les événemens, et jamais elle ne manque aux convenances, même au milieu des épanchemens de la joie. Chez l'adolescent, le

(1) Grohmann, *Geschichthe der Entwickelung des kindlichen Alters*, p. 216.

(2) Osiander, *loc. cit.*, t. I, p. 30-58.

sentiment d'une force qui déborde fait naître en même temps l'ambition. Avec la réflexion se développent pour la première fois en lui l'antagonisme intérieur et l'intuition de sa propre action intellectuelle, tandis qu'avant cet âge, obéissant seulement aux impulsions de la nature, il pensait, jugeait et désirait par instinct. Dès que la conscience de soi-même est éveillée, au lieu d'apprendre, le jeune homme étudie, c'est-à-dire qu'il travaille à former lui-même son esprit; à la curiosité, qui lui avait servi de guide jusqu'alors, succède un véritable désir de savoir; l'esprit quitte l'empirisme pour entrer dans la science, il passe de l'observation des faits isolés à la recherche du lien qui les unit, ou à la théorie, et c'est avec une assurance pleine de joie qu'il s'attache au système qui a conquis son suffrage. Plein du sentiment de sa force; il est désintéressé, libéral et généreux; poussé par le besoin d'agir, il idéalise des plans, il ne croit à l'impossibilité de rien, et ne redoute rien, la mort moins que toute autre chose. Il vise à la liberté, dont le sentiment lui est nécessaire pour parvenir à se former lui-même, et, dans son besoin d'indépendance, la maison paternelle devient trop étroite pour lui : son esprit entreprenant lui suggère le goût des voyages; il veut avoir des dangers à combattre, il veut courir les aventures pour juger par expérience des diverses situations de la vie et y déployer ses propres facultés; mais à peine s'est-il éloigné qu'un noir chagrin s'empare de lui, et que des regrets douloureux lui font sentir le prix de ce qu'il a perdu. La jeune fille, au contraire, abandonne avec peine ses parens; mais, dès qu'elle a été obligée de les quitter, elle s'accoutume plus facilement à des usages étrangers, et souffre moins de la nostalgie.

Les deux élémens de cette période de la vie se succèdent d'une manière plus marquée chez la jeune fille; après le développement d'une conscience nette de soi-même, on voit s'éveiller en elle la tendance à l'idéalité, le sentiment moral et religieux, la sympathie générale, et le besoin d'agir pour l'humanité dans le cercle qui lui est assigné. Chez l'adolescent, au contraire, cet antagonisme marque les deux directions principales de la vie entre lesquelles il s'agit pour lui de faire un choix : tantôt l'incrédulité conserve la prédominance, de sorte que la relation générale passe au service de l'égoïsme, tout se reporte plus au dehors, et la force de la jeunesse est employée à la jouissance des sens, le talent consacré à l'acquisition des prérogatives civiles, et la vie sacrifiée à l'apparence ; tantôt la relation générale l'emporte, et l'idéalité ramène le jeune homme davantage en lui-même, où il grandit sous le point de vue de la vie intérieure.

7° Des tendances opposées se manifestent dans les rapports d'un sexe avec l'autre. La jeune fille est dominée par le désir de plaire, et quelque sévère que soit sa moralité, quelque facile qu'il soit de blesser sa pudeur, elle cherche à appeler l'attention des hommes sur elle et à piquer leur sensualité ; aussi fait-elle ressortir ce qu'elle croit être sa beauté particulière ; elle rit, marche ou s'occupe différemment suivant que la bouche, le pied ou la main est ce qu'il y a de plus beau en elle ; elle couvre son sein, comme l'organe marquant le but auquel elle aspire en silence, et cependant elle en est fière, parce qu'il exprime sa destination ; aussi le voile-t-elle plutôt qu'elle ne le cache. De son côté, le jeune homme est attiré par les femmes, et cependant quelque chose l'empêche de s'approcher d'elles ; il veut leur paraître intéressant par son courage, et néanmoins il se montre timide devant elles. Ces contradictions, par lesquelles la nature prévient un rapprochement trop précoce des sexes, qui ne s'accorderait point avec son but, ne demeurent sans effet que quand des âges disproportionnés viennent à se rencontrer, également contre le vœu de la nature ; les hommes dépourvus de beauté et de jeunesse réussissent d'autant mieux auprès des adolescentes qu'elles éprouvent déjà d'une manière générale le besoin d'enchaîner un homme, avant de s'être formé l'idéal d'un soupirant, et les femmes âgées attirent aisément les jeunes gens, parce qu'elles savent aiguillonner leurs désirs et enhardir leurs démarches.

La première éjaculation et la première éruption des règles effraient l'innocence, qui n'a point encore une idée nette du but de cette évacuation ; mais le phénomène est momentané chez le jeune homme, dont par cela même il attire peu l'attention, tandis qu'il dure davantage chez la jeune fille,

pour laquelle aussi il devient un sujet plus sérieux de réflexions.

8° La manière caractéristique dont les formes principales
de la vie se manifestent à cet âge, a été si heureusement saisie et représentée d'une manière tellement idéale par les
artistes de la Grèce, qu'un coup d'œil jeté sur leurs chefs-
d'œuvre nous la fait mieux connaître qu'aucune description.
Diane et Anadyonème désignent les deux périodes du développement de la femme. Diane est l'image de la jeune fille
dans l'essence de laquelle la sexualité n'a point encore péné-
trée ; la force de la jeunesse, dans toute sa fraîcheur, apparaît en elle sous les dehors d'une vigueur, que le sentiment
de la féminité n'a point encore adouci ; malgré toute la délicatesse de sa complexion, on voit que, dans ses membres
élancés, prédominent des muscles entourés d'un rare tissu
graisseux, qui permettent de suivre le cerf à la course et de
bander l'arc ; absorbée par un plaisir qui n'est point de son
sexe, la déesse exprime dans tout son être l'insouciance, la
pudeur, la sévérité, la froideur et la satisfaction de soi-même.
Toute la personne d'Anadyomène respire la sexualité et témoigne que le caractère de la femme vient de pénétrer pour
la première fois dans l'organisme entier ; des formes molles
et rebondies reflètent la richesse de l'activité plastique ; sa
marche lente et son maintien annoncent qu'elle porte ses regards en elle-même, et qu'elle y découvre une nouvelle vie,
qui va se déployer au dehors ; son œil languissant décèle le
besoin d'amour ; la pudeur, impuissante à cacher l'ardeur des
désirs, leur donne seulement une expression plus significative,
et le charme répandu sur le tout, loin d'être obscurci par-là,
n'en devient que plus attrayant pour le sentiment moral.

L'antagonisme de Bacchus et d'Apollon exprime moins la
différence du degré de développement que celle des deux directions de la vie entre lesquelles le jeune homme doit opter.
Bacchus représente la direction qui entraîne vers les jouissances de la sensualité ; la fougue du jeune âge n'a pas permis
au caractère masculin de se prononcer ; la rondeur des membres et l'abandon de la pose annoncent qu'il n'y a point eu
là de prise pour le sérieux de la vérité, et que si le dieu a

étendu sa domination dans des expéditions extravagantes, c'est plus en les séduisant qu'en leur faisant sentir sa force, qu'il a soumis les peuples. On voit que l'organisation n'est point achevée ; car, quelque agréable que paraisse le charme de la jeunesse, il y a cependant quelque chose d'efféminé en elle, et elle n'offre pour ainsi dire que la caricature de l'homme. Apollon, au contraire, montre, par la domination de l'idée siégeant sur son front, une élévation qui n'est tempérée que par l'attrait de la jeunesse : ses formes majestueuses annoncent une force supérieure, et sa pose noble exprime non la volonté de dominer, non celle de faire prévaloir son individualité, mais le sentiment impartial et vrai de la dignité que donne l'idée : le libre empire que le sien exerce sur ses membres prouve la puissance de sa volonté, et le calme qui règne dans sa personne entière témoigne que tout ce qu'il y avait en lui d'égoïste s'est effacé devant une tendance plus élevée.

**FIN DU QUATRIÈME VOLUME.**

# TABLE

## DU QUATRIÈME VOLUME.

Troisième sous-série. Résumé des considérations sur le développement de la configuration extérieure.     1

    I. La vie considérée en égard à l'espace.     *ib.*

      A. Direction de l'embryon par rapport à l'œuf et au corps incubateur.     *ib.*

      B. La direction considérée en elle-même.     7

        1. Périphérie et centre.     *ib.*

        2. Dimensions.     16

          *a.* Dimensions dans les formes fondamentales.     *ib.*

          *b.* Dimensions dans leurs rapports les uns avec les autres.     14

    II. La matière considérée eu égard à la vie.     22

Seconde série. Du développement de la composition matérielle.     26

    Chapitre I. De l'admission des substances du dehors dans l'organisme.     *ib.*

    Article I. Des voies par lesquelles s'introduisent les substances du dehors.     *ib.*

    I. Voies par lesquelles les substances du dehors pénètrent dans l'œuf.     34

    II. Voies par lesquelles les substances du dehors pénètrent dans l'embryon.     38

Article II. De la nature des substances qui servent au développement de l'organisme. 46

Chapitre II. Des transformations que les substances du dehors subissent dans l'organisme. 55

Article I. De l'assimilation. 63

I. Respiration. 68

II. Glandes sanguines. 83

Article II. De la sécrétion. 86

I. Formation des solides. ib.

II. Formation des liquides. 88

Seconde subdivision. Du développement de la vie animale. 101

Chapitre I. Des mouvemens. ib.

Chapitre II. Du sentiment. 115

Troisième division. Résumé des Considérations sur le développement de l'organisme. 125

Chapitre I. De l'origine des corps organisés. ib.

Article I. De la production des organismes par analyse. 130

Article II. De la production des organismes par synthèse. 137

Chapitre II. De l'essence de la vie. 147

Chapitre III. Du développement organique. 153

LIVRE SECOND. Du passage de la vie embryonnaire à la vie indépendante. 173

Section première. De la séparation du corps maternel et de l'œuf. ib.

Chapitre I. Du part. ib.

Article I. Des causes du part. 165

I. Part prématuré,                    180

II. Part tardif.                      183

Article II. Des forces qui accomplissent le part.    192

Article III. De la manière dont s'effectue le part.    220

    I. Mécanisme du part.                 *ib.*

       A. Particularités relatives à l'embryon qui favorisent la parturition.               222

       B. Particularités relatives à la mère qui favorisent la parturition.               229

    II. Marche de la parturition.           237

       A. Première période.            238

       B. Seconde période.             240

       C. Troisième période.           242

       D. Quatrième période.          244

       E. Cinquième période.          247

    III. Circonstances de la parturition.      249

       A. Influence de la parturition sur la mère.    256

       B. Influence de la parturition sur le fruit.    260

Chapitre II. De l'éclosion.             [268

*Section seconde.* Des conséquences de la séparation du corps maternel et de l'œuf.          279

Chapitre I. Des conséquences de la parturition à l'égard de la mère.          *ib.*

    I. Retour aux conditions antérieures.      281

    II. Direction de l'activité vitale vers la périphérie.    284

Chapitre II. Des conséquences du part à l'égard de l'enfant.          288

    I. De la première respiration.          *ib.*

II. Manière dont s'accomplit la première respiration. 292

Article II. Des conséquences de la première respiration. 294

I. Effets sur les organes respiratoires. *ib.*
II. Effets sur le système sanguin. 302
III. Effets sur l'ensemble de la vie. 310

LIVRE TROISIÈME. De la vie indépendante. 311

Première division. Du cours de la vie. *ib.*

*Section première.* De l'enfance. 313

Chapitre I. De la première enfance. 313

Article I. De la dépendance de l'enfant. 315

I. Dépendance de l'enfant sous le rapport de la protection dont il a besoin. 317
II. Dépendance de l'enfant sous le rapport des soins qu'exige sa peau. 340
III. Dépendance de l'enfant eu égard à la nourriture. 347

A. En général. *ib.*
B. Lactation. 351

1. Glandes mammaires. *ib.*
2. Lait. 350
3. Vie des glandes mammaires. 369
4. Allaitement. 373

Article II. Du développement de l'enfant. 384

I. Force vitale du nouveau-né. *ib.*
II. Vie animale du nouveau-né. 388

A. Sens. 398

B. Facultés intellectuelles. 404

C. Facultés morales. 412

D. Mouvement. 422

III. Vie végéto-animale. 429

A. Respiration. *ib.*

B. Nutrition. 431

IV. Vie végétative. 142

A. Système sanguin et cutané. *ib.*

B. Organes de la vie plastique. 447

C. Ossification. 451

D. Accroissement. 454

Chapitre II. De la seconde enfance. 456

Article I. de la vie végétative. 457

I. Plasticité. *ib.*

II. Sécrétion et nutrition. 460

A. Sécrétion. *ib.*

B. Nutrition. *ib.*

III. Accroissement. 463

Article II. De la vie animale. 473

I. Mouvement. *ib.*

A. Mastication. 476

B. Marche. 482

C. Parole. 484

II. Activité de l'âme. 489

A. Facultés intellectuelles. *ib.*

B. Facultés morales. 495

Article III. De la différence des sexes. 499

# TABLE.

*Section seconde.* De la jeunesse.      539

     501

Chapitre I. De la première jeunesse.      *Ib.*

Article I. De la vie végétative.      503

I. En général.      *Ib.*
II. Seconde dentition.      508

Article II. De la vie animale.      513

I. Mouvement.      *Ib.*
II. Facultés intellectuelles et morales.      514

Chapitre II. De la jeunesse proprement dite.      517

Article I. de la vie par rapport à l'individu.      518
Article II. De la vie par rapport à l'espèce.      523

FIN DE LA TABLE DU QUATRIÈME VOLUME.

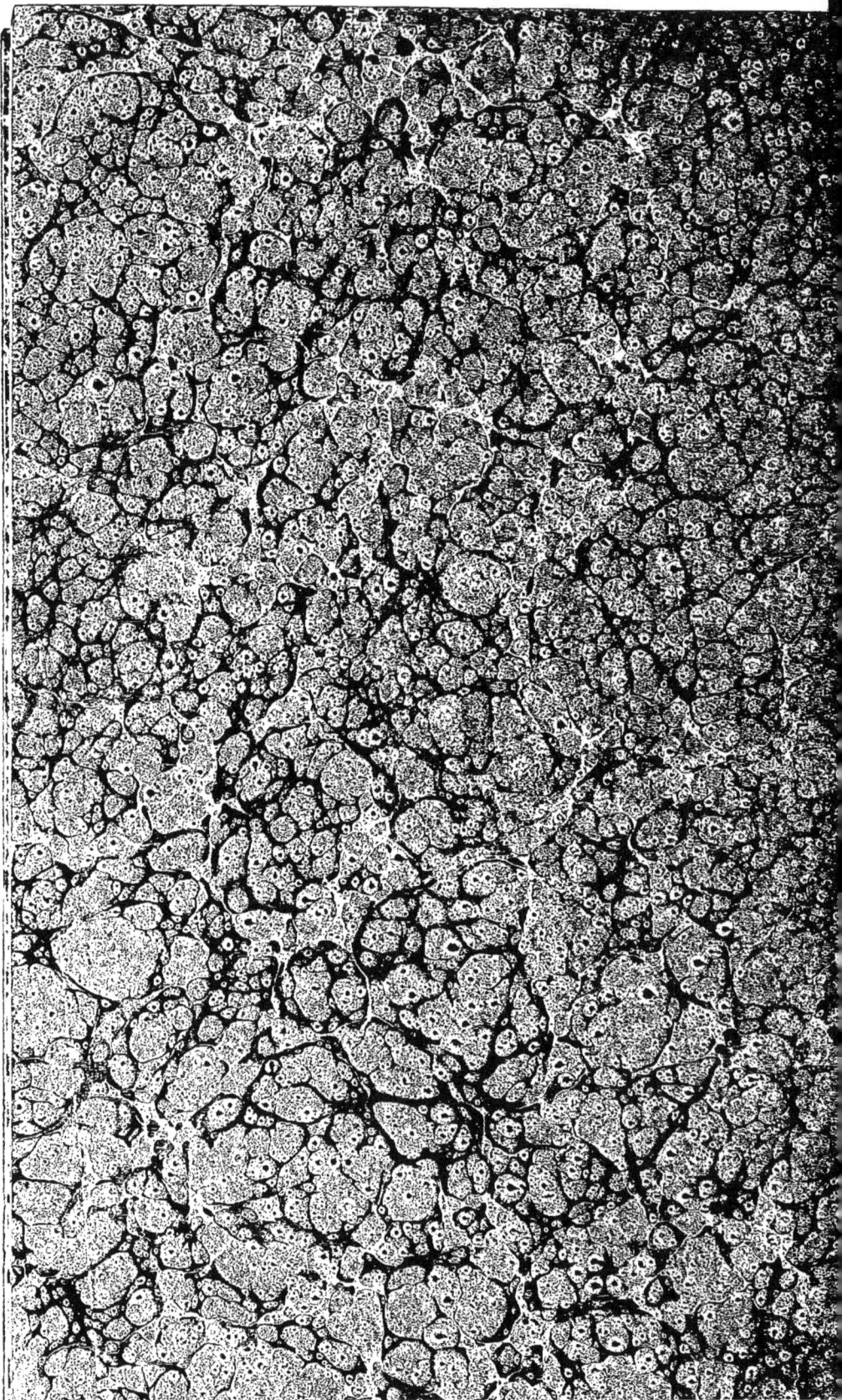

www.ingramcontent.com/pod-product-compliance
Lightning Source LLC
Chambersburg PA
CBHW031355210326
41599CB00019B/2770